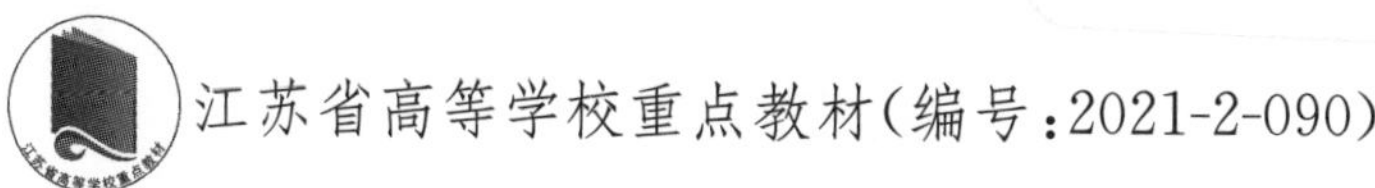

江苏省高等学校重点教材(编号:2021-2-090)

网络测量学

程　光　吴　桦　胡晓艳　编著

东南大学出版社
SOUTHEAST UNIVERSITY PRESS
·南京·

内 容 提 要

本教材分为13章，从测量算法、测量工具、开源数据等角度，系统而全面地介绍了网络测量领域中涉及的核心技术内容，包括网络流量测量方法与分类、加密流量及恶意流量测量、流量仿真、公共流量数据集、流量分析工具、网络性能相关测量、新型网络测量技术等。教材内容全面、深入，既包括对网络测量基本知识的介绍，更注重对近几年网络测量领域前沿研究的论述。通过对该教材的学习，能够让学生系统掌握网络测量理论及方法分析能力，为学生将来进一步从事网络安全相关的工作和研究提供了基础理论知识和实践指导，进而培养具有较高实践能力与分析能力的网络空间安全高层次人才。本教材被评为2021年江苏省高等学校重点教材。

图书在版编目(CIP)数据

网络测量学 / 程光，吴桦，胡晓艳编著. — 南京 ：东南大学出版社，2022.5

ISBN 978-7-5641-9906-7

Ⅰ. ①网… Ⅱ. ①程… ②吴… ③胡… Ⅲ. ①计算机通信网-测量-高等学校-教材 Ⅳ. ①TN915

中国版本图书馆 CIP 数据核字(2021)第 258715 号

责任编辑:朱 珉　**责任校对**:子雪莲　**封面设计**:顾晓阳　**责任印制**:周荣虎

网络测量学 Wangluo Celiangxue

编　　著	程　光　吴　桦　胡晓艳
出版发行	东南大学出版社
社　　址	南京市四牌楼2号(邮编:210096　电话:025-83793330)
经　　销	全国各地新华书店
印　　刷	南京玉河印刷厂
开　　本	787mm×1092mm　1/16
印　　张	24.75
字　　数	636千字
版　　次	2022年5月第1版
印　　次	2022年5月第1次印刷
书　　号	ISBN　978-7-5641-9906-7
定　　价	88.00元

本社图书若有印装质量问题，请直接与营销部联系，电话:025-83791830。

引　言

随着互联网的飞速发展，网络逐渐成为承载政治、军事、经济、文化等领域的全新空间，网络安全对国家安全、经济发展具有不可忽视的作用。2015 年，国务院学位委员会决定在“工学”门类下增设“网络空间安全”一级学科，以便加快网络空间安全高层次人才培养工作。2016 年国家设立网络空间安全学科以来，全国近 100 所高校设立了网络空间安全相关专业，以加快网络空间安全高层次人才培养工作。网络测量是网络空间安全学科最基础的课程体系之一，大量前沿性的网络空间安全研究和问题的解决都要依赖对全球互联网网络观测来开展。目前国内已有东南大学、清华大学、哈尔滨工业大学、中国科学院大学等学校开设了网络测量相关课程。

然而，目前国内尚缺乏系统全面的网络测量教材，各学校基本都采用自编教材或学术研究成果作为课程教材，这对网络空间安全人才的系统、快速培养产生了瓶颈。在网络空间安全的人才培养体系中，优秀的教材必不可少，习总书记指出，“培养网信人才，要下大功夫、下大本钱，请优秀的老师，编优秀的教材”。然而，目前国内尚缺乏系统全面的网络测量教材。网络测量领域与网络空间安全中众多重要研究领域息息相关，许多前沿的网络安全研究工作都要基于网络测量来开展。缺乏优秀的网络测量教材，给各大高校加快网络空间安全的人才培养工作带来了不便。

东南大学 2016 年 1 月获首批网络空间安全一级学科博士点，2017 年 9 月获批中央网信办、教育部“一流网络安全学院建设示范项目高校”，2018 年 3 月“网络空间安全”本科专业通过教育部审批，2019 年 12 月入选首批教育部一流本科专业建设“双万计划”，2018 年 7 月获批国家互联网信息办公室、教育部“网络空间国际治理研究基地”，2019 年 9 月获批“网络空间安全”博士后流动站。学院积极开展网络空间安全的人才培养与科学研究，强化实践实训和创新能力的培养，2019 年学生参加各类网络安全竞赛 20 余场，获奖超过 30 项，其中全国“互联网+”大学生创新创业大赛中获 1 项金奖、1 项银奖；第十二届全国信息安全竞赛作品赛中获 2 项一等奖、3 项二等奖，创新实践能力赛 1 项一等奖等。利用先进的教学环境设施，东南大学积极开展网络空间前沿研究工作，在网络空间安全监测和防护、网络大数据分析、网络测量与行为学等方向形成了自己的研究特色。这些专业资质和背景为本教材的服务和培训提供了有力支撑，学院已经向 10 余所全国高校和专业研究部门推荐该教材的使用，并提供相应的培训和服务。

本教材是东南大学基于二十年来在网络测量领域的一系列研究成果，并结合国际上网络测量的研究成果编写而成，致力于填补目前各高校网络测量教材的空白。本教材分为 13 章，从测量算法、测量工具、开源数据等角度，系统而全面地介绍了网络测量领域中涉及的各个方面的内容，包括网络流量测量方法与分类、加密流量及恶意流量测量、流量仿真、公共流量数据集、流量分析工具、网络性能相关测量、新型网络测量技术等，同时结合课程中的思政元素进行思政教育。教材内容全面、深入，既包括对网络测量基本知识的介绍，更注重对近几年网络测量领域前沿研究的论述。通过对该教材的学习，能够让学生掌握网络测量理论及分析能力，为学生将来进一步从事和网络安全相关的工作和研究提供了基础理论知识和实践指导，进而培养具有较高实践能力与分析能力的网络空间安全高层次人才。建议本科生学习 1～3 章,6～11 章,硕士研究生学习全书。

本自编教材在东南大学网络空间安全学院、计算机科学与工程学院的“网络测量”课程中得到应用。学生利用本自编教材学习完本课程之后,可系统地学习和掌握主动和被动网络测量方法基本理论和概念、网络测量的抽样测量和数据流分析方法、基于机器学习和深度学习的流量分析方法及相关分析工具、公共的测量技术研究成果(公共数据源、工具和网络测量实验床等)。基于本自编教材的使用,已经取得了显著的教育教学成果。本自编教材在课程授课过程中可以引导学生开展网络安全技能方面的学习,同时能够有效支持学生参加竞赛和企业的实践项目,运用网络测量分析方法解决实际问题,开展长效性的人才跟踪机制,为学院提供优质生源储备。针对听课学生的教学效果进行分析,发现学习了网络测量课程和本教材的学生,其实践攻防动手能力和综合分析水平有了显著的提高;相关学生具有很强的综合能力和实际问题处理能力,在公网中已经发现了 20 余个真实系统的高危和中危漏洞。

在本教材编写过程中,李欣、常媛媛、袁帅、水思源、戴显龙、陈晰颖、郭树一、王甫舟、黄昊晖、端宇、刘恩全、陈廷政、宋晓怡、吴斯、葛飞、尹君、刘亚、王磊、曹克、滕志通、蒋泊淼、魏海洋等研究生参与了本教材资料整理、编写等工作,程光负责第 1～8 章撰写,吴桦负责 9～11 章撰写,胡晓艳负责 12、13 章撰写,全书由程光统稿。

本教材获国家自然基金面上项目:复杂新型网络协议下的加密流量精细化分类方法研究(62172093),国家重点研发项目:下一代网络处理器体系结构及关键技术研究(2018YFB1800602)、内生安全交换机关键技术研究(2020YFB1804604)、海量公害网页、图片、视频流量识别技术,教育部中国移动联合基金:下一代网络拒绝服务攻击检测和防护关键技术研究(MCM20180506),国家重点研发项目中央高校基本科研业务费等项目支持,在此一并感谢。

本教材被评为 2021 年江苏省高等学校重点教材。

程　光

2021 年 11 月 8 日

于东南大学九龙湖校区

目　录

1 概述

如今飞速发展的互联网无疑超出了当初所有设计者的预期，作为现代社会必不可少的基础设施，网络已经成为科技发展和社会进步的重要支撑。在此背景下，网络测量技术作为充分认识和研究网络行为的重要手段，对于改善现有的网络状况和预测未来网络发展趋势的重要性不言而喻。对于网络测量的研究最早可以追溯到 Leonard Kleinrock 教授和他的团队在 ARPANET 上所做的工作。因而可以说，网络测量是伴随着互联网的诞生而出现，且随着互联网的演进而不断发展变化的。目前，国际上已经有越来越多的专家学者致力于网络测量相关的研究中，网络测量也逐渐成为目前计算机网络领域重要的研究热点。

本章是全书的概述，目的是对互联网的发展和网络测量的整体背景进行简要的阐述，从整体上粗线条地勾勒出本书所涉及的内容框架。本章包含了大量的背景知识，同时也会涉及一些网络测量领域的基础概念，以便使读者具备阅读后续章节的基本知识。本章首先向读者介绍互联网的发展脉络，包括网络发展过程中的技术更迭历程、与网络技术相关的热点事件，以及现今网络发展过程中所面临的各种挑战。同时，也会对网络测量技术的发展历程、网络测量领域的研究现状加以介绍。接着，对当前全球互联网的网络资源分配状况进行介绍，之后围绕流量、拓扑、性能三个方面来介绍互联网的整体发展概况。最后，简要介绍网络测量指标及测量方法等基本概念，以便读者在阅读完本章后能够对网络测量领域的基本概念有所了解。

1.1 互联网发展历程

什么是互联网？简单地说，互联网是一个由众多网络互连而成的网际网络。1995 年 10 月 24 日，美国联邦网络委员会为互联网做了这样的定义："互联网是一个全球性的信息系统，系统中的每台主机都有一个全球唯一的主机地址，地址格式通过网际协议（Internet Protocol，IP）定义。系统中主机与主机间的通信遵守传输控制协议/网际协议（TCP/IP 标准），或是其他与 IP 兼容的协议标准来交换信息。在以上描述的信息基础设施上，利用公网或者专网的形式，向社会大众提供资源和服务。"

1.1.1 互联网历史

作为 20 世纪以来发展最为迅速的技术，互联网已经渗透到社会生活的各个领域，成为科技发展和社会进步的重要支撑。可以说，互联网的发展历史也是现代技术飞速发展的科技史，本小节将简要介绍全球互联网的发展历程。

20 世纪 50 年代的冷战时期，美国的国防网络依赖于易受破坏的电线路，而苏联不断增长的科技实力（尤其是在 1957 年发射的 Sputnik 1 号），使美国担心苏联可能会通过摧毁美国的远程通信网络而造成威胁。1958 年 2 月 7 日，美国国防部签署成立了美国国防部高级研究计划局(Advanced Research Projects Agency,ARPA①)。该机构的成立是科学史上的一个重要时刻,因为它导致了今天我们所熟知的互联网的诞生。

20 世纪 60 年代是互联网基础技术的诞生阶段。1961 年 7 月,麻省理工学院的 Leonard Kleinrock 发表了第一篇关于分组交换理论的论文,开始了关于该领域的研究,为互联网的诞生提供了一定的技术基础。1962 年 8 月,麻省理工学院的 J. C. R. Licklider 在一系列备忘录中讨论了"银河网络(Galactic Network)"的设想,首次描述了一个全球互连的计算机系统,这一概念本质上与如今的互联网十分相似。1964 年,Leonard Kleinrock 在之前工作的基础上,出版了第一本关于分组交换技术的书,Kleinrock 还说服了 Lawrence G. Roberts 关于分组通信的可行性。1966 年末,Roberts 前往 ARPA,发展了计算机网络的概念并迅速制定了阿帕网计划。1969 年 ARPA 资助建立了由 4 个节点互联而成的试验性分组交换网络 ARPANET。由于 Kleinrock 对分组交换理论的早期发展以及对网络分析、设计、测量的贡献,他所在的加利福尼亚大学洛杉矶分校(UCLA)网络测量中心(NMC)被选为 ARPANET 的第一个节点[1]。ARPANET 成为互联网最早的雏形,它的建成和运行标志着计算机网络发展的新纪元。

20 世纪 70 年代,基于分组交换技术的计算机网络建设在全球范围迅速展开,随着一系列公用分组交换网的建设和投入运行,人们逐渐认识到制定相关标准的紧迫性,对此,国际电话电报咨询委员会(CCITT,即现在的"国际电信联盟电信标准局(ITU-T)")于 1976 年首次提出了 X. 25 建议书。与此同时,计算机网络体系结构方面的研究也取得了一系列重要成果。1974 年,IBM 公司提出了第一个按分层方法制定的网络体系结构 SNA。网络体系结构出现后,虽然同一公司生产的设备可以容易地互连,但不同公司的设备之间的互连却很困难。虽然 Telnet(Telecommunication Network Protocol,电信网络协议)协议和 FTP 协议(File Transfer Protocol,文件传输协议)的出现在一定程度上解决了相异系统之间的连接和文件传输的问题,但对于异构系统之间互连的需求日益迫切。为此,国际标准化组织(International Organization for Standardization,ISO)于 1977 年成立了专门机构研究该问题,并提出了著名的开放系统互联参考模型(Open System Interconnect Reference Model,OSI/RM)。

在 20 世纪 70 年代还有一项重大的突破,那便是 TCP/IP 的诞生,它的出现使得不同计算机和不同网络之间的互联成为可能。1972 年,Bob Kahn 提出了"开放结构互联"的概念,试图允许不同的网络可以在不同的体系结构、不同的拓扑结构和不同的通信协议下,通过一个网际的转换层来实现互连。1973 年,ARPA 启动了"网际互联(Internetworking)"的研究项目,Kahn 和早期参与 ARPANET 的网络控制协议(Network Control Protocol,NCP)设计开发的 Vint Cerf 等人,意识到在当前互联网络环境下需要开发新的通信协议以满足开放结构互联环境的需要。他们将其研究成果以"A Protocol for Packet Network Interconnection(一种分组网络互联协议)"为题发表在 1974 年 5 月的 IEEE Transactions on Communications 上,这就是后来的著名的 TCP/IP(Transmission Control Protocol/Internet Protocol)。此时的 TCP/IP 还只是一个协议,即 TCP。到 1978 年,TCP 才正式被划分为 TCP 和 IP 两部分,前者主

① 美国高级研究计划局(ARPA)于 1971 年更名为美国国防部高级研究计划局(Defense Advanced Research Projects Agency,DARPA),1993 年更名为 ARPA,1996 年再次更名为 DARPA。

要处理流量控制和差错控制，后者负责寻址和转发。

20 世纪 80 年代初，在 TCP/IP 研制成功后，ARPANET 开始转向使用新出现的 TCP/IP。1982 年，TCP/IP 成为刚刚起步的互联网的重要协议，美国国防部要求所有连入 ARPANET 的网络必须采用 IP 协议互联，并在 1983 年完成了这种转换。1986 年，美国国家科学基金会(NSF)资助建成了基于 TCP/IP 技术的 NSFNET，连接 5 大超级计算中心和一些主要的大学和研究机构。NSFNET 面向全社会开放，很快取代 ARPANET 成为主干网，这也使得互联网的发展进入了以资源共享为中心的使用服务阶段，这是互联网的第一次快速发展，也为互联网的商业化提供了前提。1987 年，UUNET 通信服务公司在 Usenix 基金的支持下成立，它提供商业的 UUCP(Unix-to-Unix Copy)服务和 USENET 服务，在此背景下，互联网商业化萌芽开始出现。1988 年，互联网中继聊天(IRC)被首次部署，为今天的实时聊天应用开创了先河。80 年代是互联网基础应用发展的时代，也是互联网奠定全球化基础的关键时刻。

互联网真正进入大众视野，是从 20 世纪 90 年代开始的。1994 年，正值 ARPANET 建成 25 周年，美国各界举行了隆重的纪念活动，互联网开始进入社区、银行甚至购物中心，由此拉开了互联网商业化的序幕。而 WWW 技术的诞生也开启了信息时代的新纪元。1989 年，欧洲核子研究组织(CERN)的科学家 Tim Berners-Lee 研究并发明了万维网(World Wide Web，WWW)。1990 年，万维网完成了超文本标记语言(Hyper Text Markup Language，HTML)的开发。1993 年，NSCA(National center for Supercomputing Application)开发了一个叫做 Mosaic 的程序，用以浏览 WWW 文档。Mosaic 是互联网历史上第一个普遍使用和显示图片的浏览器，它的诞生被认为是开启互联网辉煌年代的里程碑。此后，众多浏览器公司纷纷问世，网站数量与计算机数量迅猛增长，商业化需求越来越强烈。同年，美国政府提出“信息高速公路”计划，虽然当时该计划并不将“信息高速公路”等同于互联网，但互联网以其极快的发展速度及巨大的影响力，迅速被人们认为是信息高速公路的雏形。“信息高速公路”计划的提出，极大地触动了世界各国，由此加快了互联网在全球的扩展。

21 世纪初，互联网开始进入政治领域，网络治理步入全球政治视野，同时，博客、维基百科等应用的兴起使得广大网民开始成为网络内容的生产者。2004 年，Facebook 问世，当时称为“The Facebook”且只面向大学生开放；2005 年 YouTube 推出，使得网民可以免费分享网络在线视频；2006 年，Twitter 诞生。这几大社交媒体的崛起，标志着 Web2.0 时代的全面到来。2007 年，第一代 iPhone 正式发售，标志着移动互联网时代的正式开启。2008 年，中国网民大幅度超过美国，跃居世界第一。在这一时期，全球网民数量剧增，互联网真正进入全球化阶段。

2010 年以来，智能终端的全面崛起使得移动互联网迅猛发展，促进了全球互联网的新一轮扩张，网络更加深入地改变着人们的日常生活。2016 年，美国商务部下属机构国家电信和信息局将互联网域名管理权正式移交给互联网名称与数字地址分配机构(The Internet Corporation for Assigned Names and Numbers，ICANN)，标志着互联网迈出了走向全球共治的重要一步。5G、人工智能等技术的发展，也为互联网的发展带来了新的机遇与挑战。同时，2020 年爆发的新冠肺炎(COVID-19)疫情使得线上办公、线上学习、线上购物等“云作业”方式迅猛发展，加速了企业数字化时代的到来。

1.1.2　网络面临的问题

互联网经历了 50 多年的发展历程，逐渐深入社会生活的各个领域，为推动技术革新和社会进步做出了巨大的贡献，但随着网络规模不断扩大，网络运营和网络管理日益复杂，互联网的发展也面临着一系列的挑战。

1）网络可扩展性

互联网的发展速度和规模已远远超过了最初设计者的设想，早期对 IP 地址的分配和管理的不完善，导致目前 IPv4 地址空间严重不足。2011 年 2 月 3 日，IANA（The Internet Assigned Numbers Authority，互联网数字分配机构）宣布其 IPv4 可用分配地址耗尽，已将所有的 IPv4 地址划分给全球的五个区域互联网注册机构分配。而全球五大地区性互联网注册机构的 IPv4 地址空间储备池也即将消耗殆尽①。

IP 地址的缺乏制约和影响了互联网的应用和发展，目前应对这一问题的方法主要为两种：一种是使用 IP 地址转换的方法，但这种方法如果在较大范围内应用则可能会变得很不稳定，因而不是一种长期解决方案；另一种方法就是使用新的 IP（IPv6）以支持更大的地址空间。基于目前庞大的网络规模，IPv6 无法立刻替代 IPv4，因此尽管 IPv6 的普及率在不断提高，互联网仍会在相当长的一段时间内处于 IPv4 和 IPv6 共存的过渡状态。在此背景下，如何实现平稳快速地向 IPv6 过渡，是互联网可扩展性所面临的一大挑战。

2）网络信息安全

互联网设计之初主要关注网络的开放性，并未对网络系统的安全性加以详细考虑，但随着互联网商业化的程度不断深入，网络安全性所引发的问题越来越不容忽视。

从 1988 年的莫里斯蠕虫（Morris Worm）带来互联网第一场大规模的安全事故，到 2017 年“WannaCry”勒索病毒的全球肆虐，黑客攻击、数据泄露、网络非法贸易等网络安全事件层出不穷。而网络规模的急剧扩大也使得网络安全事件的波及范围和传播速度达到了前所未有的高度。思科 2020 年发布的年度报告显示[2]，网络攻击的数量以及网络攻击所造成的数据泄露量不断增长，预计到 2023 年，全球 DDoS 攻击（Distributed Denial of Service Attack，分布式拒绝服务攻击）总数将达到 1 540 万次，约为 2018 年全球 DDoS 攻击总数的两倍。

除了黑客攻击所带来的公认的网络安全问题之外，在互联网中还存在着个人信息安全与公共安全之间的对立。早在 1997 年，美国作家 Dan Brown 就在《数字城堡》一书中探讨了公民隐私与国家安全之间的矛盾。2001 年“9・11”事件后，美国颁布了《美国爱国者法案》，极大地增强政府搜集和分析美国民众私人信息的权力，这在一定程度上有利于维护美国的国家安全，但也极大地威胁到了网络用户的隐私，为 12 年之后爆发的“棱镜门事件”铺设了危险的法律之路。时至今日，个人隐私与公共安全之间的矛盾依然存在。

同时，网络也逐渐成为国家之间博弈的新战场。2010 年，为破坏伊朗的核武器计划，美国和以色列联合研发了一种计算机蠕虫病毒——“震网”，成功破坏了伊朗多地的 SCADA 设备。而 2013 年“棱镜门事件”的爆发，更是使网络安全迅速上升为国家安全所面临的最突出的挑战。对此，习近平总书记在 2014 年中央网络安全和信息化领导小组第一次会议上郑

---

① https://www.potaroo.net/tools/ipv4/

重地提到“没有网络安全就没有国家安全”。如今，网络安全俨然已成为国家安全体系中的重要组成部分，网络的安全性不仅影响到社会的稳定，甚至会影响国家重要科研成果的进展。

2020 年，受新冠疫情影响，全球远程办公需求迅猛增长，一些黑客组织借此机会大肆发起网络攻击。据 Risk Based Security 的报告显示[3]，2020 年泄露的数据量超过 370 亿条，与 2019 年相比增长了 141%。由于特殊的疫情背景，医疗领域成为网络攻击的最大受害者。2020 年针对医疗行业的 APT 事件增幅达到了 117%，许多国家的医疗机构都遭受到了黑客攻击，其中甚至包括对疫苗相关研究成果的窃取。在网络攻击日趋频繁的今天，网络空间的治理将成为各国都需要面临的全球性问题。

3）网络服务质量保障

早期的 ARPANET 具有试验性质，Kleinrock 教授及其团队可以在必要的时候，为了识别和修复严重的网络故障等而关闭网络。而如今，随着网络商业化的深入，对于网上银行等严重依赖网络的商务活动而言，网络服务质量（Quality of Service，QoS）直接影响到网络用户的体验质量（Quality of Experience，QoE），即使是网络质量的不稳定性都可能带来巨大的损失，而各种原因造成的网络中断则会造成更为严重的后果。

2018 年 12 月 6 日下午，软银东日本和西日本两大中心机房的 18 台 4G 核心网网元突发故障，造成全网大量用户无法正常通信。故障持续 4 小时 25 分，共计造成约 3 060 万软银用户无法正常通信，是日本通信史上一次罕见的重大通信事故。由于故障发生在白天，影响范围广，对软银造成了极大的负面影响，致使其股票大跌，5 天内超过 1 万用户解约。而在 2019 年 7 月 11 日，澳大利亚新南威尔士州网络流量过载，导致澳大利亚最大的电信运营商 Telstra 突发网络故障，造成澳大利亚全国断网数小时。由于突然断网，澳大利亚各大银行的自动取款机和支付系统无法运行，超市无法收银，被迫人工点钞，医院救护车无法调度等，混乱持续到当天晚上 19 点才恢复正常。据澳大利亚广播公司评估，断网造成的损失超过了 1 亿美元。

互联网作为信息时代的基础设施，极大地影响着人们的生活、社会的稳定以及国家的安全。有服务质量保障的网络不仅是未来大规模实时交互应用发展的前提，也是维护国家网络安全的重要保障。长期以来，美国掌握着世界互联网域名分配、先进的软硬件技术等多域网络资源，借此形成数字霸权。在这种背景下，俄罗斯政府认为，如果未来与西方国家局势恶化，美国有可能会切断俄罗斯与根服务器的连接，从而严重威胁到国家的安全和发展。对此，俄罗斯积极开展“断网”测试，并于 2019 年 12 月 23 日宣布完成了将内部网络与全球互联网断开的测试，使得其网络基础设施在与全球互联网隔断之后仍能正常运转。俄罗斯的“断网”，并非完全不使用网络或与国际互联网完全断裂，而是在国家网络面临紧急情况时所能采取的应对措施。“断网”事件在国际上引发了一系列争议和思考，尽管“断网”的效果和安全性还有待检验，但在对网络依赖程度日益增大的今天，“主权互联网”不可避免地成为网络空间防御战略的重要一环。因此，只有建立起国家的“主权互联网”，才能在关键时刻避免国家网络受制于人，从而更好地保证国家的安全。

4）网络内容传播的问题

移动网络的发展和智能终端的普及，使得网络成为人们自由发表个人观点的新平台，但由于网民素质良莠不齐，经常会出现各种网络谣言，且由于网络信息的传播速度极快，一些谣言甚至会发展成为网络暴力，严重影响网络的健康发展。更有不法分子会利用网络谣言来操控社会舆论，混淆真假，给社会发展带来了严重的危害。

除了网络谣言之外，网络中还充斥着大量的垃圾信息，不仅干扰了网络用户的正常生活，而且占用了大量的网络资源。在 2020 年的前 2 个季度中，垃圾邮件在全球邮件流量中的平均占比超过了 50%，这些垃圾邮件浪费大量的网络带宽和网络用户的浏览时间①。

此外，网络内容传播的自由性也为版权问题带来了新的挑战。早在 1998 年，Napster 公司在互联网上为音频文件的共享打开了大门，引发了音乐行业和电影行业的不满，由此掀起了互联网领域的强化版权的保护进程。2003 年世界上最大的盗版资源网站——“海盗湾”一经成立，立刻在互联网圈里声名鹊起，尽管屡次遭受政府的打击，但海盗湾迄今依然变换着各种域名继续运营。至今，互联网领域内仍然不可避免地存在着各种各样的版权问题，由于网络的开放性和信息传播的自由性，对于网络内容的版权监管工作十分困难。

5）新的应用需求给网络带来的挑战

网络技术的飞速进步促进了网络在社会生活中的应用，而大规模的网络应用又反过来对网络技术提出了更高的要求。同时，各领域新兴技术的发展，也需要更为先进的网络技术的支撑。比如远程医疗对于分布式医疗设备的数据传输（例如高清晰度的三维医学图像的传输）的高可靠性的要求，无人驾驶对于低时延的要求，未来数字化战场对于大规模分布式设备协同工作的需求，国家危机处理系统的高速率高可靠的要求等。同时，网络领域相关的责权划分也需要更为完善的法律制度保障。这些都对网络技术本身和相应的社会管理制度等方面提出了新的要求，这也是网络发展过程中所要面临的新的挑战。

1.1.3 新型网络体系结构

作为经济发展和社会进步的重要基础设施，互联网无疑成为众多新兴技术发展的重要载体。随着各种创新应用的不断涌现，人们对互联网的需求越来越大，同时也对网络的各项功能指标提出了更高的要求。虽然目前基于 IPv6 协议的新一代互联网的轮廓已逐渐清晰，大规模的 IPv6 网络正在建成和发展，但是互联网所存在的一些问题并不会随着 IPv6 网络的应用而得到解决，相反，随着信息社会对互联网不断提出新的要求，更需要对现有的互联网体系结构的基础理论进行新的思考和研究[17]。

对新一代互联网的研究对于网络未来的发展方向具有十分重要的作用，同时也深刻地影响着经济社会的发展形态。万物互联时代的到来和数据密集型应用的广泛普及，都对未来 6G 网络的业务支撑维度和服务广度及深度提出了新的挑战，同时，高密度异构网络的大规模部署也加剧了各种基础设施的能源消耗，带来了新的网络安全问题和环境影响问题。下一代网络的发展不仅要实现深度赋能经济和智能服务社会的能力，同时也要对网络未来的生态可持续发展进行多方位的超前规划。此外，如何更好地测量和评估下一代网络的性能，以及其对经济、社会和自然发展的影响，也是需要深入思考的话题。

在此背景下，众多研究学者纷纷投入到新一代互联网的研究中，美国等发达国家从 20 世纪 90 年代中期陆续开始了对新型网络体系的研究，而我国的科技人员也于 90 年代后

① https://securelist.com/spam-and-phishing-in-q2-2020/97987/

期开始了关于下一代互联网的研究工作。

1）新型网络体系结构的特征

对于新的网络体系结构的研究，主要是为了克服目前互联网存在的各种不足之处，应对越来越多的技术挑战。因而虽然人们对“新一代互联网和现有互联网的主要区别”还没有一个明确的定义，但对于新的网络体系结构所应该具有的基本特征还是具有较为一致的看法：新一代的网络体系结构应该能够应对目前互联网在“扩展性、实时性、可靠性、安全性、高性能”等方面的技术需求。

(1) 扩展性

由于现有互联网存在着庞大的网络规模和用户群体，人们通过不同的终端设备接入互联网，且不同的用户群体对于不同的网络服务具有多样化的业务需求(例如会对网络服务的互操作性、实时性、可用性、可管理性、服务的个性化等提出不同的要求)。在此背景下，人们希望新的网络体系结构能够支撑起相应的服务模型，使得网络能够针对不同的业务灵活地提供高可用、高性能的服务。

(2) 实时性和可靠性

虽然如今的网络传输速率与之前相比已经有了飞速的发展且有望获得进一步的提升，但目前的互联网通常会在数据传输的实时性和可靠性之间进行折中，无法很好地同时满足两者。因而目前的网络还无法满足人们对于一系列以高可靠低延时为重要前提的新兴领域(如远程医疗、无人驾驶、危机处理系统等)进一步推进的需求。

(3) 安全性

互联网自诞生之初就存在着一定的脆弱性，在互联网发展的历程中，网络安全技术也随着互联网的发展而几经更迭。如今的互联网作为一个复杂庞大的系统，聚集了大量的硬件设备和繁杂多样的软件应用，每一种硬件设备或者软件应用的缺陷都可能被利用来发起网络攻击。网络在保证自身可用性的前提下，还要为运行在其上的应用数据提供所需要的安全功能，这本身就是一个十分困难的问题。然而，随着人们对于互联网的依赖程度不断加深，网络安全的问题也越来越引起人们的重视，更为安全的网络环境也是人们对未来网络发展提出的一项重要的需求。

(4) 高性能

随着数字信息化时代的到来，互联网的数据规模呈指数级持续增长，而物联网的发展和各种终端设备的广泛使用更推动了网络数据量这种爆炸式增长的趋势。在此背景下，各类网络应用都面临着各种高并发场景下海量数据快速稳定处理的挑战。同时，现有的网络技术在满足了用户的使用需求的同时，也催生了人们对于网络性能更高的要求，人们希望新的网络能够支持更高性能的新一代互联网应用。

(5) 可持续性

对于可持续问题的关注是近年来逐渐凸显的一个方向，近年来，国际社会和国内业界越来越重视下一代通信技术和未来网络的可持续发展。在此背景下，国际上很多电信网络运营商在未来网络的运营和管理中都十分关注绿色发展和绿色创新。欧盟委员会于 2019 年发布的《欧洲绿色新政》，政策措施重点关注了信息和通信技术领域。尽管“可持续发展”正在引起人们更多的关注，但目前已有的关于新型网络的研究工作还是更多地关注网络功能层面，尚未有对可持续网络的深入探讨。

上述基本特征是新一代互联网研究的主要目标，多年来，各国纷纷围绕着这些特征需求，基于对现有互联网体系结构的研究和思考，进一步开展对新型网络的研究工作。

2）国外新一代互联网研究进展

(1) FIND 和 GENI

1993 年，美国政府提出了下一代互联网倡议(Next Generation Internet Initative，NGII)计划，该计划的目标是开发出规模更大、速度更快的下一代网络，提供更为先进的网络应用服务。2005 年，美国自然科学基金会(National Science Foundation，NSF)启动了两项有关新一代互联网的研究计划：未来互联网设计(Future Internet Design，FIND)①和网络创新的全球环境(Global Environment for Networking Innovation，GENI)②。

FIND 是美国国家科学基金会网络研究计划的一个重要的新型长期项目。FIND 旨在使研究者思考未来 15 年的全球网络需要什么，以及如果不受限于当前的网络状况(假如从头开始设计网络)那么将如何建立网络。FIND 希望在网络架构、网络原则和网络机制设计等方面都尽量能做到不受以往研究的影响和制约，即“clean slate process”。该项目的理念是通过暂时放下现在的研究思维，将集体思想从当前的网络状态的约束中解放出来，从而帮助构想未来的网络蓝图。FIND 项目的覆盖面很广，除了对网络更高的安全性、可用性的研究外，还考虑其他新技术(如无线、光学等)可能对网络发展带来的影响，以及思考网络会如何影响和塑造经济社会的发展方向。

GENI 是一个开放的基础设施，旨在发现和评估可以作为 21 世纪互联网基础的创新型概念和新型技术。GENI 为大规模网络和分布式系统研究提供了一个虚拟实验室，作为一个共享的测试平台，GENI 使得众多实验者可以同时在该平台上进行多项实验，适用于网络的大规模探索，有助于促进网络科学、网络安全、网络服务和应用等方面的技术创新。GENI 允许实验者进行以下操作：从美国各地获取计算资源；在最适合实验的拓扑结构中连接计算资源；在所连接到的这些计算资源上安装自定义的软件甚至是操作系统；在实验中控制网络交换机如何处理网络流量数据。

此外，GENI 还是一个联邦测试平台③，这意味着 GENI 中的资源由不同的组织所拥有和操作。同时，这也意味着 GENI 可以潜在地为实验者提供更多的资源。GENI 允许实验者访问数百种广泛分布的网络资源，包括计算资源(如虚拟机和裸机)和网络资源(如网络链路、交换机和 WiMax 基站等)。实验者可以对实验网络的终端主机进行编程，也可以对网络核心中的交换机进行编程，从而使得研究人员能够对新的网络层协议或者新的 IP 路由算法加以试验。同时，GENI 还提供了网络测量系统，能够为主动测量和被动测量提供所需的网络探针、测量数据的存储、分析和可视化工具，有利于推动新型网络测量相关研究的进一步开展。

(2) SDN

软件定义网络(Software Defined Network，SDN)也是目前关注较多的一个新型网络结构。为了突破传统网络发展的制约性，斯坦福大学的 McKeown 教授于 2008 年提出了

---

① http://www.nets-find.net/

② https://www.geni.net/

③ https://groups.geni.net/geni/wiki/GeniNewcomersWelcome

OpenFlow 的概念，发表了基于 OpenFlow 协议的新型网络原型设计的论文，并在 2009 年正式提出软件定义网络(SDN)的概念。2011 年，McKeown 教授联合相关研究者成立了开放网络基金会(Open Networking Foundation，ONF)，负责 OpenFlow 协议的标准化制定和推广，极大地推进了 SDN 的标准化工作[15]。

在传统的网络架构中，由于网络设备是由设备制造商所提供的，因而如果一个网络业务在部署上线之后发生了需求变动，可能需要修改网络设备上的配置参数，这是非常烦琐且极易出错的。在网络需求不断变化的环境下，网络体系结构的相对稳定性和网络业务需求的复杂多变性之间就形成了一定的矛盾。而 SDN 利用分层的思想，构建一个控制平面和转发平面相分离的网络架构，旨在打破传统网络里控制平面和数据平面之间的紧耦合。在这种架构下，数据与控制的解耦合使得应用的升级与设备的更新换代相互独立，因而新的应用能够在各种设备上进行快速部署。同时，控制逻辑的中心化使得运营商能够通过控制器来获取全局网络信息，从而能够更好地进行网络管理和网络性能的升级工作。

3) 国内新一代互联网研究进展

面对互联网发展过程中逐渐出现的各种技术挑战以及人们对下一代互联网的发展需求，我国在 20 世纪 90 年代末开始了下一代互联网的研究。1998 年，CERNET 的研究者在我国第一次搭建了 IPv6 试验床。2000 年底，国家自然科学基金委支持启动了“中国高速互联研究实验网络 NSFCNET”项目，2001 年，我国第一个下一代互联网地区试验网在北京建成并通过验收。该网络采用了当时国际上先进的 DWDM 和 IPv6 技术，连接了清华大学、北京大学、北京航空航天大学、中国科学院、国家自然科学基金委员会等 6 个节点，开发了一批面向下一代互联网的重大应用，并且通过美国的 Internet2，实现了我国下一代互联网试验网与国际下一代互联网的对等互联。2003 年，国务院批复了由国家发改委主导的八部委“关于推动我国下一代互联网有关工作的请示”，随后国家发改委正式批准中国下一代互联网示范工程项目(CNGI)。我国下一代互联网由此正式进入了大规模研究与建设阶段①。

2003 年，清华大学、国防科技大学、北京邮电大学、东南大学和中科院网络信息中心 5 个单位共同承担了国家“973”计划项目“新一代互联网体系结构理论研究”。该项目围绕新一代互联网体系结构基础理论、新一代互联网路由交换理论、网络动态行为和传输控制理论、可信任的互联网安全体系结构和安全监控理论、新一代互联网服务模型和服务管理理论、新一代互联网技术综合实验验证及演示平台等六个方面展开了深入研究。该项目在探索新一代互联网体系结构方面取得了重要的理论研究成果，同时这些理论成果逐步进行了推广应用，并为相关产业的发展提供核心的技术支撑。

2004 年，我国成功开通了连接分布在全国 25 个节点、采用纯 IPv6 技术的 CNGI-CERNET2 主干网。目前，通过对公网上 BGP 路由的统计，我国已同美国、日本、韩国、俄罗斯、加拿大、澳大利亚、欧盟以及我国香港地区建立了连接，同时提供泰国、越南、斯里兰卡等 10 个周边地区国家的 IPv6 流量中转服务，我国的 IPv6 网络在亚太地区的枢纽地位越来越明显②。

2012 年，为加快推进我国下一代互联网发展，党中央、国务院从战略高度给予重视，指

① http://www.edu.cn/cngi_7947/20090401/t20090401_370119.shtml

② http://www.cngi.cn/article/content/view?id=272111

导发改委、工信部、中国科学院等部门研究制定了《关于下一代互联网“十二五”发展建设的意见》。2013 年，为了着力探索解决我国下一代互联网发展遇到的问题、加快基础设施的建设和升级，我国开展了“国家下一代互联网示范城市”建设工作，在已具备一定基础条件的城市中(包括北京、沈阳、上海、南京、苏州、无锡、杭州等 22 个城市)，先行支持建设一批示范城市，以便更好地推动新型网络技术的大规模应用。

2020 年 3 月国家发改委批准，预计投入 16 亿元，由江苏省未来网络创新研究院牵头建设未来网络发展与重大科技基础设施(CENI)。该设施要建设一个开放的、灵活的、可持续发展的大规模先进通用试验设施，满足“十三五”和“十四五”期间国家关于下一代互联网、网络空间安全、天地一体化网络等重大科技项目的试验验证需求以及中长期网络研究开发试验需求，获得超前于产业 5～10 年的创新成果。该设施支持互联网科学模型、体系结构基础理论、演进机制的创新研究；支持网络核心器件、设备与系统的研发验证，支持高速、移动、安全、泛在的新一代信息基础设施的加速构建，探索适合我国未来网络发展的技术路线和发展道路；支持国家网络空间安全监测、防范技术的攻防演练与安全保障能力的验证，使我国在网络空间国际竞争中掌握主动权；服务国家网络强国战略，实现网络核心技术从跟随到领跑的跨越式发展。

1.1.4 网络测量概述

网络已经成为现代信息社会最重要的基础设施，互联网的开放性促成了它的迅猛发展，使得互联网发展成为目前这样高度异构、庞大多变的复杂系统，在给人们的生活带来便利的同时，也给网络的管理和分析带来了很大的困难。在此背景下，网络测量作为充分认识互联网的行为、改善网络 QoS 和预测互联网发展趋势的重要手段，其重要性不言而喻，目前，国际上已经有越来越多的专家学者致力于研究网络测量，网络测量也逐渐成为目前网络空间安全领域重要的研究热点。

1) 网络测量定义

网络测量是指按照一定的方法和技术，利用软件或硬件工具来测试或验证表征网络状态指标或者用户行为指标的一系列活动的总和。

网络测量的分类标准有多种，根据网络测量的方式，可分为主动测量和被动测量；根据测量节点的多少，可分为单点测量与多点测量；根据测量所采用的协议，分为基于 BGP 协议的测量、基于 TCP/IP 协议的测量以及基于 SNMP 协议的测量；根据测量的内容，分为网络拓扑测量、网络性能测量和网络流量测量。

2) 网络测量的发展历程

对于网络测量的研究最早可以追溯到 Leonard Kleinrock 教授和他的团队在 ARPANET 上所做的工作。早期的 APRANET 的研究和建设并没有想象的那么顺利，通信效果也不是很好，Kleinrock 教授在 UCLA 的网络测量中心(NMC)对这个试验网进行了大量的测试，以便进行故障的调试和网络性能优化。到了 20 世纪 80 年代，随着技术的成熟和系统的稳定，通信节点引起的致命故障逐渐减少，此时主要通过一些监测手段来尽量确保网络的正常运行。

20 世纪 90 年代以来，随着网络商业化所带来的互联网快速普及和发展，以电子商务为代表的各类新型网络应用使得简单的网络监测技术的不足之处越来越突出，人们需要实时地监测网络行为，以保障良好的网络服务质量。因此，越来越多的机构开始致力于研究对互联网进行监测和测量的新技术，从而将网络测量领域的研究推向了一个新的层次。

1995 年，美国国家科学基金会(National Science Foundation，NSF)开始着手对互联网进行系统的测量；1996 年初，美国国家应用网络研究实验室(National Laboratory of Applied Network Research，NLANR)在 NSF 的支持下召开了互联网统计与指标分析(Internet Statistics and Metrics Analysis，ISMA)研讨会，标志着大规模、系统化网络性能测量的开始。虽然研讨会的参与者们对于测量指标、测量数据的访问权等方面还存在着很多分歧，但都肯定了测量基础设施的重要性。1997 年，互联网数据分析合作组织(Cooperative Association for Internet Data Analysis，CAIDA)在美国加州大学圣地亚哥分校超级计算中心成立，对网络测量的相关理论和方法展开系统研究。CAIDA 后来对发现 IPv4 互联网在安全性、可扩展性等方面的不足做了大量的工作，预测了 IPv4 可能耗尽的时间，促进了 IPv6 的加快引入，为网络协议的研究提供了真实的网络数据。

目前，国际上已出现了许多与网络测量相关的科研组织，许多科研组织建立了多个网络测量体系，如 NIMI、Surveyor、IEPM、MOAT、NWS、PPNCG 等，借助广泛分布的测量站点，在全球范围内对互联网的性能状况进行监测和分析。

我国在网络测量领域的研究起步较晚，但目前国内各大高校和科研机构也已经相继开展了网络测量相关的研究工作，并取得了一些进步。清华大学作为国内最早从事网络运行管理和测量理论与技术研究的高校之一，长期协助进行 CERNET、CERNET2(纯 IPv6 试验网络)等网络的性能测量与管理工作，设计并实现的基于联邦架构的全球网络性能测量平台 GPERF 在全球已有近千个测量点。中国科学院计算技术研究所研发了以网络业务的性能监测为中心的系统 NIPMAS、以大规模网络性能监测为中心的系统 CNWeather、以 IPv6 网络的性能监测为中心的系统 FOX 和以高速实时流量监测为中心的系统 NetTurbo，其中 NIPMAS 和 NetTurbo 系统已获得实际应用，CNWeather 系统成为评估我国互联网的基础设施。东南大学对网络行为测度及其描述模型和新的网络测量方法进行了重点研究，构建了互联网主干网流量采集与被动测量平台 IPTAS，该平台可提供 2005 年以来从 CERNET 和 JSERNET 主干网采集的实际流量数据(IPTRACE)，供网络流量行为的研究使用，同时积极与企业合作开展 5G Massive MIMO(大规模天线技术)系统测量技术的研究。

网络测量伴随着互联网的产生而出现，能够帮助人们更好地理解网络行为、研究网络运行状况，对于现有网络技术的完善和未来网络的发展规划都具有十分重要的意义。越来越多的科研机构在对新型网络技术进行研究的同时，也会对网络测量技术提出更高的要求，从而使得关于网络测量的研究也随着互联网的发展而不断进行着技术更迭。

3）*网络测量的研究范畴*

目前，国际上对于网络测量和互联网数据的分析主要集中在拓扑、工作负载、性能、路由以及网络安全分析五个方面[4]。

拓扑测量与分析：拓扑测量主要研究网络实体之间的互联关系。互联网作为一个全球范围内开放的复杂网络，始终处在不断的变化中。测量互联网的拓扑结构对于了解网络规模、开发新的网络技术具有十分重要的意义，国外已经开始利用最新的宏观拓扑特征研究成果来指导下一代互联网协议的设计。在互联网复杂多变的环境下，跟踪和可视化互联网的拓扑结构具有一定的挑战性，国际组织 CAIDA 的 Skitter 项目在这方面做了大量的工作，截至 2008 年，Skitter 项目已收集了 4TB 的全球网络拓扑数据，随后 Skitter 正式被 Ark 项目所替代。

工作负载测量与分析：工作负载特性的分析需要从网络中采集特定节点的流量信息，如在路由器或者交换机中安放探针等测量设备，获取线路上传输的流量并存储测量结果。通过对这些流量数据进行分析和建模，可以更好地认识网络的发展态势，发现网络中的潜在威胁，有助于现有网络的完善和发展。

性能测量与分析：网络的性能直接决定了网络的服务质量和效率，与用户体验密切相关，直接影响到网络服务提供商的竞争力。网络性能测量与分析工作主要通过对时延、丢包率、吞吐量等网络参数进行数据采集和统计，从而在此基础上分析出网络行为和当前网络质量。

路由测量与分析：有效稳定的路由对于互联网的鲁棒性和可靠性至关重要，分析网络路由行为对当前网络体系结构的研究和下一代互联网的软硬件设计都具有重要的意义。路由测量的主要工作包括：新路由策略带来的影响、拓扑结构的变化对网络造成的影响、网络中关键路径造成的单点故障瓶颈等。

网络安全分析：网络安全最初并没有出现在网络测量的研究范畴内，但随着近年来网络攻击事件不断出现，网络蠕虫和病毒所造成的巨大破坏使人们逐渐认识到网络安全的重要性，针对网络安全而进行的测量工作也逐渐成为网络测量的又一重要研究方向。在对网络流量进行实时分析并对网络行为特征进行提取的基础上，可以根据网络攻击行为的早期特征对其进行分析和分类，建立起相应的判定模型，有助于及时发现网络攻击行为，从而降低损失。目前，许多专家学者都在基于测量的网络安全分析方面开展了大量的研究工作，使得对网络安全性的测量和研究也逐渐成为网络测量领域的热点。

4) 网络测量所面临的挑战

网络测量是获取网络性能和开展网络管理的基础，已成为网络故障诊断、网络性能评估的重要依据，但目前网络测量的发展还面临着一定的挑战。

互联网设计之初没有详细考虑到网络测量的便利性，网络中核心设备的低观测性，使得对于网络细节的测量存在着一定的难度，而现代网络规模庞大、高度异构、复杂多变的特性也给网络测量带来了一系列的困难。同时，随着人们对于网络测量数据的要求不断提高，测量的精确度方面也面临着新的问题：

(1) 测量资源与测量精度之间的平衡：在网络中额外的测量机制需要消耗网络资源(包括带宽资源、计算资源和存储资源等)，可能会对网络的运行性能造成一定的影响。因此，如何在保障合理的测量精度的前提下尽可能降低对网络资源的消耗，是网络测量所需面临的问题。

(2) 测量实时性与测量精度之间的平衡：由于测量机制具有一定的复杂性，对网络流量的处理需要消耗一定的时间，因而必然会对测量的时间精确度造成一定的影响。因此在对大规模流量进行测量时，需要在测量实时性和测量精度之间进行平衡。

1.2　互联网资源分配

1.2.1　IP 地址分配

互联网协议地址(Internet Protocol Address,IP address)是分配给网络上使用网际协议(Internet Protocol,IP)设备的数字标签。IP 地址主要有两个功能:标识主机和网络寻址。目前有两类 IP 地址处于活跃使用状态,即:IPv4(IP version 4)和 IPv6(IP version 6)。IPv4 最初部署于 1983 年 1 月 1 日,至今仍然是最为常用的版本。IPv6 协议的部署则始于 1999 年。

IPv4 地址和 IPv6 地址一般都以按层分配的方式进行分配。用户的 IP 地址由网络服务提供商(Internet Service Providers,ISPs)进行分配。而 ISPs 从本地网络注册中心(Local Internet Registry,LIR)或者国家网络注册中心(National Internet Registry,NIR),或者其相应的区域网络注册中心(Regional Internet Registry,RIR)获得 IP 地址的分配。

IPv4 地址分配与 IPv6 地址分配都有其公认的国际准则和策略。IANA 依据这些国际准则和策略分配 IPv4 地址和 IPv6 地址空间。IANA 对 IPv4 与 IPv6 进行分配的核心要义如下:

(1) RIRs 从 IANA 获取 IPv4 地址空间的/8 前缀地址块,IPv6 地址空间的/12 前缀地址块。

(2) RIRs 可以向 IANA 申请获得附加的 IPv4 地址块或 IPv6 地址块,但是必须满足以下条件:该 RIR 所分配的地址空间剩余量不足其所分配地址块的一半,或者其剩余地址量在接下来的 9 个月里不足以满足用户的需求。

(3) RIRs 收到的/8 前缀 IPv4 地址块的数量和/12 前缀 IPv6 地址块的数量由 IANA 建立的公式计算。

1) IPv4 地址分配

IPv4 地址分配包括 IPv4 地址空间分配、IPv4 组播地址分配和 IPv4 特殊目的(如私有 IP 地址)地址分配。

最初,IANA 直接管理所有 IPv4 地址空间。之后,部分地址空间被分配给多个其他注册中心(如 APNIC、RIPENCC、AFRINIC、LACNIC),以便进行特定目的的管理或进行区域性的管理。针对 IPv4 地址空间的分配,采用逐级分配的形式,如图 1.1 所示。首先,ICANN 作为互联网编号分配机构(IANA)的职能机构,将 IPv4/8 前缀地址块分配给世界各地的五个区域互联网注册机构(RIRs),接着 RIRs 从其分配到的 IP 地址块中取出较小的 IP 地址块分配给 NIR,由 NIR 自行分配其地址空间内的 IP 地址资源给 ISP 或者其他网络运营商(如 LIR),最后由 ISP 或其他网络运营商将 IP 地址资源分配到终端用户(End Users,EU)。

IPv4 组播地址的范围是 224.0.0.0 到 239.255.255.255。针对 IPv4 组播地址分配,IANA 规定了组播地址与其用途的映射关系,例如 224.0.0.0 到 224.0.0.255 之间的地址(包含两边)被保留给路由协议和其他低级别拓扑发现或维护协议所使用,如网关发现和组成员报告等。组播路由器不应该转发任何目的地址在此范围内的组播数据报,无论其 TTL 值是多少。

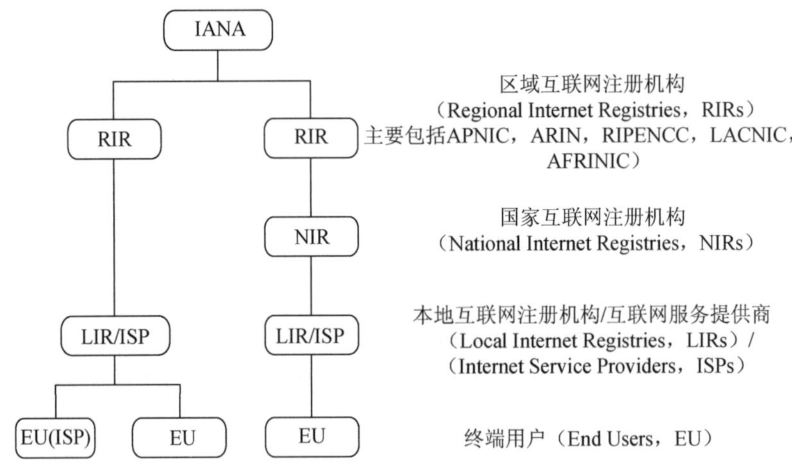

图 1.1　IP 地址分配架构

针对 IPv4 的特殊目的地址分配，IANA 规定 10.0.0.0/8、172.16.0.0/12、192.168.0.0/16 用于私有地址，100.64.0.0/10 用于共享地址空间。

2）IPv6 地址分配

ICANN 在 2006 年 9 月批准了将 IPv6 地址空间分配给 RIRs 的政策。IPv6 地址分配包括 IPv6 全球单播地址分配、IPv6 组播地址分配、IPv6 任播地址分配。针对 IPv6 全球单播地址，IANA 采取与 IPv4 相同的策略，即采用逐级分配策略，如图 1.2 所示，由 IANA 划分/12 地址块给 RIRs，各 RIRs 分配其地址空间下网络前缀为/32 的地址空间给 IPv6 ISP，由 IPv6 ISP 分配其地址空间下网络前缀为/48 的地址空间给终端用户。针对 IPv6 组播地址与任播地址分配，IANA 均进行了详细规定，例如规定其组播地址均为 FF 开头，并针对其不同地址做出具体规定，例如 FF01:0:0:0:0:0:1 为所有节点的组播地址等。

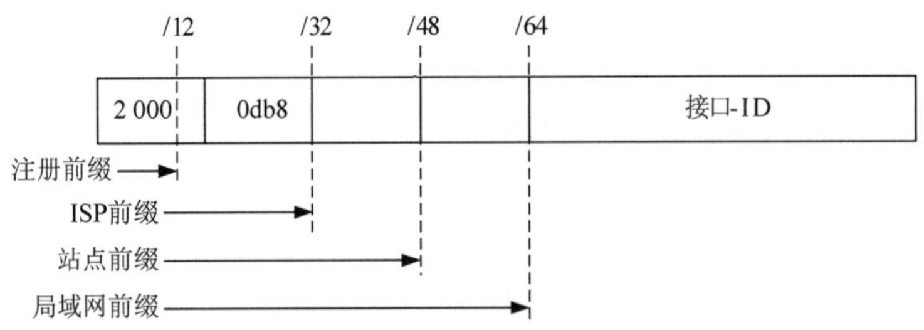

图 1.2　IPv6 全球单播地址分配

此外，据 RFC7249 所述，大量的 IPv6 地址空间（大约整个地址空间的 7/8）都被 IETF 保留了，以便在需要满足未来需求的时候，能够从这个保留的地址空间中进一步分配出全球唯一的单播地址空间。同时，一些研究表明 IPv6 网络正在缓慢成熟，但值得注意的是，在 2012 年之后，IPv6 在自治系统（AS）级别上的增长似乎有所放缓。虽然大多数核心互联网传输提供商已经部署了 IPv6，但边缘网络仍然滞后[5]。

1.2.2　自治系统号分配

在全球范围内广泛分布的互联网所带来的路由信息非常庞大，而单个路由器所能处理的路由信息有限，因此路由信息必须按层次进行分级管理，自治系统(Autonomous System，AS)就是为了分层次管理路由信息而设立的。RFC1771 对 AS 的定义是：AS 是使用同一路由策略的一组路由器的集合，处于统一的技术管理下。AS 内部数据包使用内部网关协议(如 RIP、OSPF)，外部数据包使用外部网关协议(如 BGP)。

自治系统号(Autonomous System Number，ASN)是区域互联网注册机构(RIR)分配给自治系统的全球唯一标识，ASN 与 IP 地址都属于网络基础资源，对于满足网络发展具有重要意义。最初 16 位的 ASN 最多只能分配给 65 536 个自治系统，已无法满足网络发展的需要。2007 年 1 月，32 位自治系统号开始分配和使用，这些编号将以“高 16 位数值的十进制形式、低 16 位数值的十进制形式”来使用。RFC 4893 说明了在 BGP 中使用 32 位的 ASN 的方法。例如编号为“268468224”(十六进制则为“10008000”)的 ASN 写作“4096. 32768”。

与 IP 地址分配一样，ASN 的分配同样由 IANA 进行管理，同样采用逐级的分配方式：IANA 划分 ASN 块给 RIRs(包括 AFRINIC、APNIC、ARIN、LACNIC、RIPENCC)，由 RIRs 制定其各自的划分方法，再进一步将 ASN 分配给其下属的网络服务提供商。例如 IANA 将 ASN 为 23 552—24 575 的 ASN 块分配给 APNIC，APNIC 选择将该范围内的为 23 910 的 ASN 分配给中国教育科研网 CNGI-CERNET2。

1.2.3　域名分配

域名(Domain Name)是由一串用点分隔的字符串组成的互联网上某一台计算机或计算机组的名称，用于在数据传输时进行定位标识。当前，对于每一级域名长度的限制是 63 个字符，域名总长度则不能超过 253 个字符。

域名采用分层管理模式，如图 1.3 所示，域名空间由一个域名树组成，树中的每个节点都包含与域名相关的信息，树从 DNS 根节点开始细分为多个节点。根下面一级的节点就是最高一级的顶级域名(由于根没有名字，所以在根下面一级的域名就叫做顶级域名)，顶级域名包括通用顶级域名(Generic Top-Level Domain，gTLD)，如著名的 com、info、net、edu 和 org 域，以及国家代码顶级域名(Country Code Top-Level Domain，ccTLD)。顶级域名可往下划分子域，即二级域名，由其所属的顶级域名管理，通常为公司名，如 baidu、cisco 等。再往下划分就是三级域名、四级域名等。一旦某个单位拥有了一个域名，它就可以自己决定是否要进一步划分其下属的子域，并且不必由其上级机构批准。

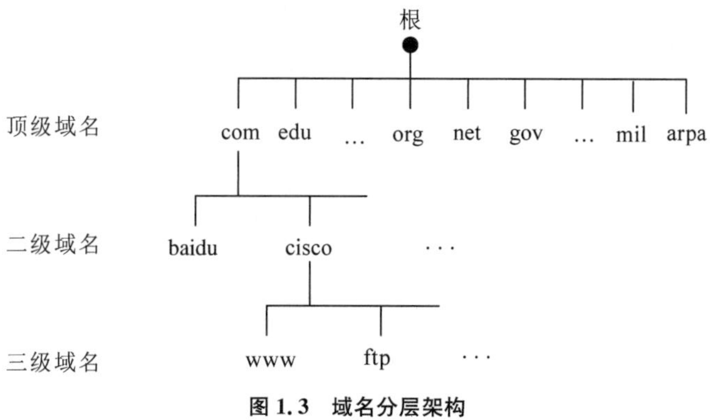

图 1.3　域名分层架构

域名系统(Domain Name System,DNS)是互联网的一项服务。它作为将域名和 IP 地址相互映射的一个分布式数据库,能够使人更方便地访问互联网,而不用去记忆不够直观的 IP 地址。

DNS 通过域名服务器解析域名,一个域名服务器所负责的范围,或者说有管理权限的范围,就称为区。域名服务器也采用分层结构,每一层的域名上都有自己的域名服务器,每一级域名服务器都知道下级域名服务器的 IP 地址。由高到低按层次进行划分,可以分为几大类:根域名服务器、顶级域名服务器、权限域名服务器和本地域名服务器,其对应作用如表 1.1 所示。

表 1.1　域名服务器分类

类　别	作　用
根域名服务器	最高层次域名服务器,全球一共有 13 个根域名服务器,所有的根域名服务器都知道所有的顶级域名服务器的域名和 IP 地址
顶级域名服务器	负责管理在该顶级域名服务器注册的二级域名
权限域名服务器	负责一个区的域名解析工作
本地域名服务器	当一个主机发出 DNS 查询请求时,这个查询请求首先发给本地域名服务器

1.3　互联网状态

1.3.1　流量概况

互联网流量是网络用户、网络应用、网络设备等各种网络要素共同作用的产物,反映着网络的变化状况和各种网络行为。自互联网出现以来,对网络流量的分析和研究一直都是互联网研究领域的基础。

1) 全球互联网流量增长状况

根据思科发布的 *Cisco Global Cloud Index* 2016—2021 显示[6](如图 1.4 所示),预计到 2021 年,全球数据中心的总流量将达到 20.6 ZB(约为 2016 年的 3 倍)。其中,不包括在数据中心内部的流量,即跨越互联网和 IP 广域网网络进行传播的流量将达到 3.3 ZB。

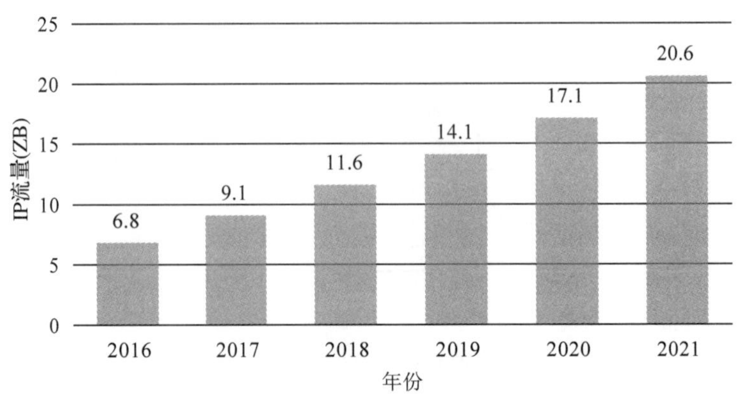

图 1.4　全球数据中心 IP 流量增长情况

全球数据中心的流量将以25%的CAGR(Compound Annual Growth Rate,复合年增长率)增长。而相比之下,云数据中心的流量增长速度更快(27%),预计从2016年到2021年将增长3.3倍。云架构的快速采用,云数据中心处理更高流量负载的能力,以及云数据中心支持更多的虚拟化、标准化和自动化等,都是云数据中心流量增长的重要原因。此外,SDN/NFV的流量也处于增长趋势,数据中心采用SDN/NFV的趋势也在不断加快。

同时,随着移动设备的普及,移动流量也呈现出显著的增长趋势。据Ericsson于2020年6月发布的移动报告显示[7],在2019年至2025年期间,移动流量预计将以每年31%的速度不断增长。而移动流量的增长主要是由于智能手机用户量不断增长所带来的,预计到2023年,全球移动用户数将增长至57亿,超过70%的人口将实现移动互联,这也促进了全球互联网总体流量的增长趋势。

2) IPv6流量状况

欧洲电信标准化协会(European Telecommunications Standards Institute,ETSI)于2020年8月发布的第35号白皮书显示,IPv6在用户数量、流量数据等各方面的增长速度均高于IPv4,支持IPv6的网站的占比以24%的CAGR增长[8]。据CAIDA的数据显示①,目前,IPv6的流量数据在总流量中的占比每3年增加10倍。

全球范围内日趋完善的IPv6网络基础设施,为IPv6流量的快速上升奠定了坚实的基础。近年来,IPv6的部署在全球推进迅速,截至2020年6月,综合IPv6部署率在30%左右或以上的国家或地区占了地图面积的一半以上[9]。

根据2021年1月亚太互联网络信息中心(APNIC)网站的数据显示②,全球IPv6的部署率已超过27%,从各大洲情况来看(如表1.2所示),南亚、北美、西欧地区对于IPv6的部署程度明显高于其他地区。

表1.2 全球各地区的IPv6状况(2020年1月8日—2021年2月6日的平均数据)

地区编码	地 区	支持IPv6 (IPv6 Capable)	首选IPv6 (IPv6 Preferred)	样本数
XT	亚洲南部,亚洲	58.63%	56.73%	42 220 778
XQ	北美洲,美洲	49.40%	48.71%	16 704 843
QO	西欧,欧洲	45.32%	44.77%	9 855 193
XO	美洲中部,美洲	31.15%	30.92%	6 640 182
QM	欧洲北部,欧洲	29.47%	28.70%	5 897 619
QP	澳大利亚和新西兰,大洋洲	27.93%	27.03%	1 565 167
XP	南美洲,美洲	24.57%	24.20%	18 204 216
XS	亚洲东部,亚洲	22.51%	18.72%	59 412 716
XU	东南亚,亚洲	20.29%	19.82%	20 148 940
XW	欧洲东部,欧洲	10.77%	10.61%	13 201 892
QN	欧洲南部,欧洲	9.23%	9.14%	6 556 119

① https://www.caida.org/data/passive/trace_stats/ipv6_traffic.xml

② https://stats.labs.apnic.net/ipv6

续表 1.2

地区编码	地　区	支持 IPv6 (IPv6 Capable)	首选 IPv6 (IPv6 Preferred)	样本数
XV	亚洲西部,亚洲	7.60%	7.45%	11 913 967
XN	加勒比,美洲	6.38%	6.32%	1 327 451
XH	非洲东部,非洲	1.91%	1.89%	5 498 324
XI	非洲中部,非洲	1.07%	1.07%	1 557 632
XJ	非洲北部,非洲	1.06%	1.05%	7 363 150
XK	非洲南部,非洲	0.24%	0.17%	2 256 350
XL	非洲西部,非洲	0.24%	0.22%	6 715 572
QQ	美拉尼西亚,大洋洲	0.11%	0.11%	126 440
QS	波利尼西亚,大洋洲	0.01%	0.01%	23 273
XR	亚洲中部,亚洲	0.01%	0.01%	2 449 233
QR	密克罗尼西亚,大洋洲	0.00%	0.00%	25 452

我国自 2017 年发布《推进互联网协议第六版(IPv6)规模部署行动计划》以来,IPv6 的部署率显著上升。2018 年 6 月底,中国已完成北京、上海、广州、郑州、成都五个互联网骨干直联点的 IPv6 改造,累计开通 IPv6 网间带宽 3.5 Tb/s,标志着 IPv6 骨干网网间互联体系初步建立,极大地推动了我国固定网络基础设施的整体改造,加速了 IPv6 规模部署进程。同时,我国 IPv6 地址申请量一直保持着较快的增长趋势。在"2020 中国 IPv6 发展论坛"上发布的《中国 IPv6 发展状况(白皮书)》显示[10],截至 2020 年 7 月,我国 IPv6 地址资源总量达到 50 209 块(/32),居世界第二位,支持 IPv6 的 AS 数量占比超过 50%,我国超过半数的网络已经完成 IPv6 改造。

虽然我国的 IPv6 地址数量能够满足当前 IPv6 规模部署的要求,但随着物联网、车联网、工业互联网的快速发展,我国未来对于 IPv6 地址的需求量依然较大。从 2020 年 3 月 APNIC 公布的国家 IPv6 用户普及率部分排名①来看,我国 IPv6 的用户普及率仅为 15.42%,还有很大的提升空间。从国内网络环境来看(如表 1.3 所示),我国网络的 IPv6 平均普及率在 18%左右,其中,CERNET2 和部分省市的 5G 网络等新建立的网络体系的 IPv6 覆盖率在 95%以上,但由于其建成时间不久,用户数量相对较少。而对于用户数较多的骨干网而言,由于其网络体系过于庞大,进行协议更新与升级的难度较大,因此其 IPv6 覆盖率只有 15%左右。

表 1.3　国内部分网络的 IPv6 普及情况

自治系统号 (ASN)	自治系统名称 (AS Name)	支持 IPv6 (IPv6 Capable)	首选 IPv6 (IPv6 Preferred)	样本数
AS23910	中国下一代互联网 CERNET2	96%	95%	100
AS132225	中国电信青海 5G 网络	95.38%	80.77%	130
AS140485	中国电信浙江杭州 5GC 网络	89.64%	78.60%	743

① https://labs.apnic.net/dists/v6dcc.html

续表 1.3

自治系统号 (ASN)	自治系统名称 (AS Name)	支持 IPv6 (IPv6 Capable)	首选 IPv6 (IPv6 Preferred)	样本数
AS131285	中国电信湖北 5G 网络	87.67%	76.86%	981
……	……	……	……	……
AS4134	中国电信骨干网 金融街 31 号	15.60%	13.13%	1 055 811
AS4837	中国联通 中国 169 骨干网	15.10%	13.19%	642 531
AS9808	广东移动通信有限公司	28.81%	25.37%	414 459

此外，根据国家 IPv6 发展监测平台的监测结果显示，截至 2020 年 7 月，我国国际出入口流入总流量达 72.09 Gb/s，流出总流量达 29.17 Gb/s；LTE 核心网流入流量达 4 057.10 Gb/s，流出流量达 314.96 Gb/s。同时，LTE 核心网 IPv6 流量增长迅速，三大运营商（中国电信、中国移动、中国联通）的 IPv6 流入流量分别占 IPv4 流入流量的 11.74%、10.07%和 8.93%。目前 LTE 终端大部分已经支持 IPv6，终端瓶颈已经逐渐消失。

3）网络应用的流量分布情况

根据美国网络设备公司 Sandvine 在 2020 年 5 月发布的 *The Global Internet Phenomena Report* 显示[11]，全球总流量按其应用类型主要可以划分为视频流媒体、网页、游戏、社交网络、文件共享类等多个领域。

在各类应用中，视频流媒体所产生的流量在总流量中的占比最大，报告显示，2020 年全球视频流量在总流量中的占比由 2019 年的 55.44%上升到 57.64%。其增长原因除了网络视频资源的增加之外，还包括视频清晰度的提高、服务商针对用户体验的改进等因素。此外，2020 年的疫情导致人们无法正常外出，大量用户在视频应用上搜索观看各类影视剧，这也加速了视频流量的增长。不仅是视频应用，社交网络的流量也在这一阶段呈现出大量的上升，2020 年社交网络的流量占比由 2019 年的 8.95%增长到了 10.73%，如果将社交分享所产生的流量（例如将照片、视频上传到云端并在社交网络分享或转发给朋友）也考虑在内，则此类应用流量将达到 17.5%的占比。

网页流量在总流量中的占比从 2019 年的 10.14%下降到了 8.05%，虽然有所下降，但网页流量的占比量依然很大。同时，网页中加密流量的占比越来越高，据 Netmarketshare 发布的数据显示，截至 2019 年 10 月，全球使用 HTTPS 加密的 Web 流量的比例已经超过了九成，这也在一定程度上促进了 HTTPS 协议的增长。值得一提的是，虽然网页流量整体有所下降，但通过应用程序和嵌入式浏览器（如社交网络应用程序）进行网页访问的流量却在增加，这也在一定程度上反映出社交网络的市场在不断增长。

由于数字游戏应用的持续推动、电子竞技的逐渐普及，2020 年游戏流量的占比从 2019 年的 2.2%增长到了 4.24%，虽然占比较少，但其增长速度仅次于视频流量。最初的游戏流量主要集中于下行数据，但目前交互式游戏（包括云游戏）不断增长，流量排名靠前的几款游戏分别为 ROBLOX（罗布乐思）、PLAYER UNKNOWN（绝地求生）、FORTNITE（堡垒之夜）、LEAGUE OF LEGENDS（英雄联盟）、MINECRAFT（我的世界）。

总体而言，2020 年网络流量总体增长了约 40%，几乎所有类型的流量都在这段时间内快速增长，其中视频流媒体、社交网络以及游戏应用的增长最为显著。此外，即使一些应用类型的流量占比有所下降也并不意味着其发展受限，比如文件共享类流量的占比从 2019 年的 8.51%下降到了 4.64%，但其总体流量仍处于增长状态且其增长速度比正常情况下还要快，只是由于其增长速度不及其他应用，因而在总流量中的占比才出现下降的情况。

1.3.2 拓扑概况

1) 全球网络拓扑状况

TeleGeography 公布的“Global Internet Map 2018”（如图 1.5 所示），通过顶级的国际路由来反映世界网络骨干网架构，展现出各区域之间的网络带宽容量、IP 数据传输路径、重要的服务提供商(ISP)等。该图从一定程度上反映出了各地区网络发展的差异性，例如从图中 IP 数据传输路径的分布来看，欧洲地区的网络发展情况要显著高于非洲地区。

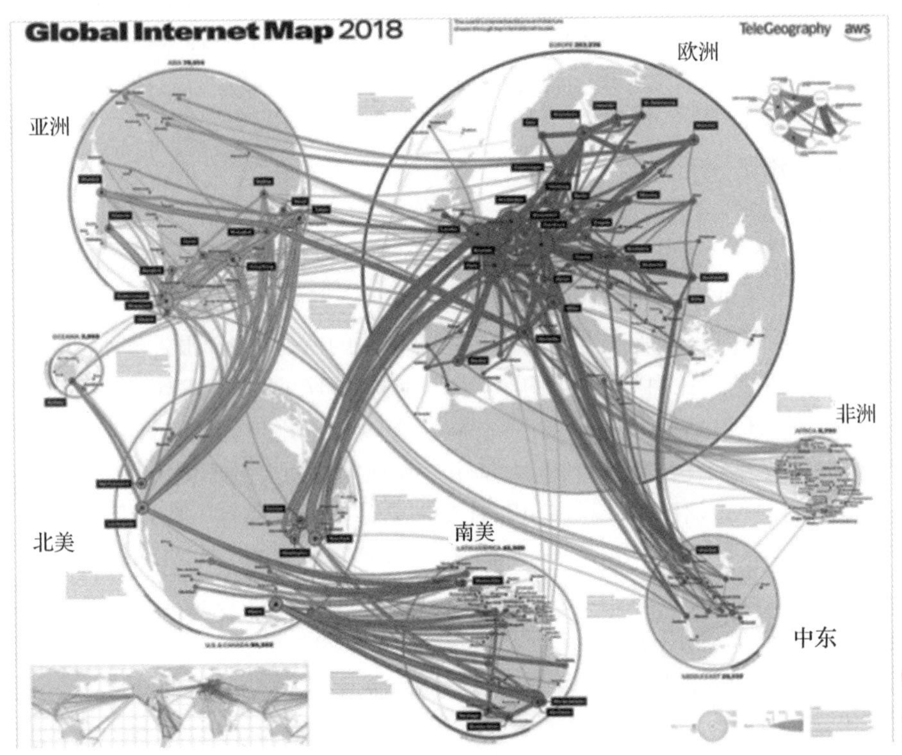

图 1.5 全球网络拓扑状况图①(扫描见彩图)

网络基础设施的高速建设在推动互联网高速发展的同时，也给人们接入互联网带来了极大的便利，根据 2021 年第一季度的世界互联网使用率和人口数据显示（如表 1.4 所示）②，全球互联网用户渗透率已经超过了 60%，欧洲和北美地区的互联网用户渗透率甚至超过了 88%。据思科于 2020 年发布的年度报告显示，到 2023 年，全球互联网用户总数预计将增长至 53 亿、用户渗透率将达到 66%[2]。

① https://www2.telegeography.com/global-internet-map

② https://www.internetworldstats.com/stats.htm

表 1.4 世界互联网使用率和人口数据估计情况(2021 年第一季度)

世界地区	人 口	人口在世界人口的占比	2021 年 3 月 31 日互联网用户数	渗透率	2000—2021 年的增长情况	互联网在世界的占比情况
亚洲	4 327 333 821	54.9%	2 762 187 516	63.8%	2 316.5%	53.4%
欧洲	835 817 920	10.6%	736 995 638	88.2%	601 3%	14.3%
非洲	1 373 486 514	17.4%	594 008 009	43.2%	13 058%	11.5%
拉丁美洲/加勒比	659 743 522	8.4%	498 437 116	75.6%	2 658.5%	9.6%
北美洲	370 322 393	4.7%	347 916 627	93.9%	221.9%	6.7%
中东	265 587 661	3.4%	198 850 130	74.9%	5 953.6%	3.9%
大洋洲/澳大利亚	43 473 756	0.6%	30 385 571	69.9%	298.7%	0.6%
世界总计	7 875 765 587	100.0%	5 168 780 607	65.6%	1 331.9%	100.0%

各国为了跟上互联网发展的步伐,除了加快构建国内的网络基础设施外,还建设了大量的海底光缆用于连接互联网。在互联网向新兴市场普及的背景下,海底光缆的架设工作自 2016 年前后起加速,美国互联网巨头谷歌和 Facebook 对此做出大量的工作,2016 年至 2020 年完工的全部光缆中约有三成是由这两家公司出资的。以中国电信、中国联合通信和中国移动通信为代表的中国企业近年来也非常活跃。此外,华为与英国全球海事系统有限公司共同成立的子公司华为海洋网络公司,在全球先后开展约 90 个海底光缆项目。据美国调查公司 TeleGeography 的统计显示,2019 年,已建及拟建的世界海底光缆的总长度约为 120 万 km。大约 380 条现役海底光缆承载着约 95%的洲际语音和数据流量。而为了跟上全世界范围内的数据洪流,并且尽可能地实现全球范围内的数据同步,海底光缆还需要加速建设。政府和企业竞相争夺海底光缆项目,除了商业考虑外,也涉及国家间的政治博弈。

2) 全球 AS 状况

与 IP 地址一样,ASN 也属于网络基础资源,对于网络的发展具有十分重要的意义。各个国家或地区所拥有的 ASN 资源情况,很大程度上体现了这个国家或地区的网络发展水平。目前,全球已分配了 181 389 个自治系统号码,一共有 240 国家/地区已经分配了自治系统号码。

自治系统的分布情况和用户情况可以在一定程度上反映出一个国家或地区的网络发达程度。CAIDA 的 AS RANK 项目是 CAIDA 对自治系统(可大致映射到网络服务提供商)和注册组织(一个或多个 AS 的集合)进行的排名,该排名依据 CAIDA 的 Archipelago 测量架构所收集的拓扑数据,以及 Route Views 项目和 RIPENCC 所收集的 BGP 路由数据。自治系统和组织机构根据其客户域大小(即直接和间接客户数)来进行排名,该排名反映了各个国家的自治系统对于全球路由系统的影响程度。在 CAIDA 官网所公布的 AS Rank① 排名前 100 的组织中,美国的组织占据了绝大多数,这一方面是由于互联网早期发展的历史原因所形成的,同时也在一定程度上体现出美国网络对全球的路由系统具有较大的影响力。

近年来,我国的网络技术也一直处于快速发展的状态。从 AS 排名来看,我国一些网络

① https://asrank.caida.org/

服务提供商(ISP)的 AS 排名相对靠前,如中国电信(AS 排名 39)、中国移动(AS 排名 59)。截至 2020 年 7 月,我国已在互联网中通告的 AS 数量为 609 个。在已通告的 AS 中,支持 IPv6 的 AS 数量为 325 个,占比 53.4%,AS 数量的变化在一定程度上反映了目前我国网络的发展程度。同时,随着支持 IPv6 的 AS 数量不断提升,我国已经有超过 50%的网络完成了 IPv6 的改造。这些都体现了我国网络状况整体处于飞速的发展进步中,但考虑到我国庞大的网民数量,我国互联网的发展水平与发达国家相比还有很大的差距。

3) 中国骨干网的拓扑状况

中国公用计算机互联网(CHINANET)、中国科技网(CSTNET)、中国教育和科研计算机网(CERNET)和中国金桥信息网(CHINAGBN)构成了中国互联网的骨干网。其中,CSTNET 和 CERNET 主要为科研、教育提供非营利性的网络服务。

CHINANET 骨干网的拓扑结构分为核心层和大区层,核心层由北京、上海、广州、沈阳、南京、武汉、成都、西安等 8 个核心节点组成,提供与国际互联网的互联以及大区之间的信息交换通路。其中,北京、上海、广州三个核心层节点各设两台国际出口路由器与国际互联网相连(如图 1.6 所示)。

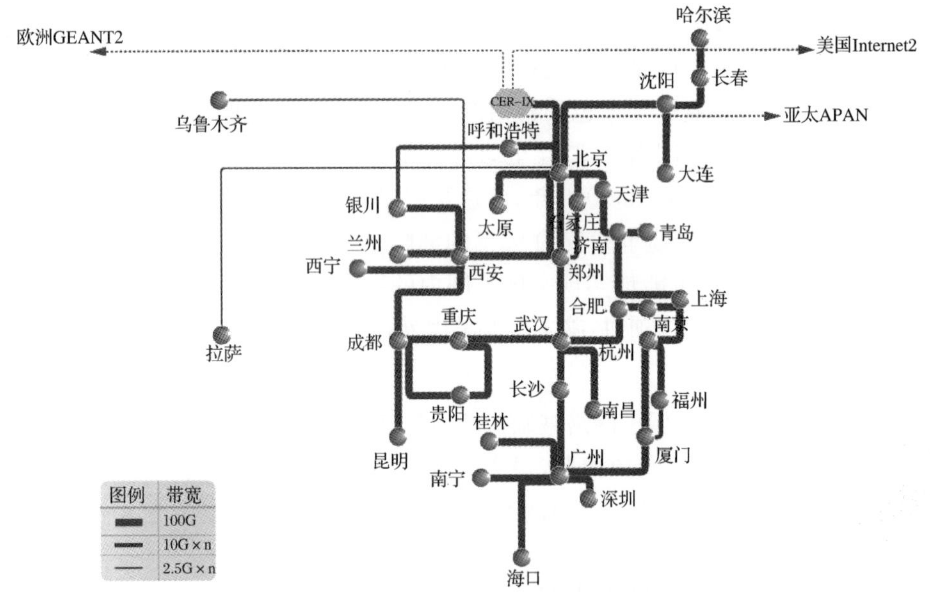

图 1.6 CNGI-CERNET2 主干网拓扑图

CSTNET 由北京、广州等十三家地区分中心组成国内骨干网,拥有多条通往美国、俄罗斯、韩国、日本等国的国际出口,并与香港、台湾等地区以及中国电信、中国网通等主要互联网运营商实现高速互联。目前,CSTNET 已全面支持 IPv6。

CERNET 是由国家投资建设,教育部负责管理,清华大学等高等学校承担建设和管理运行的全国性学术计算机互联网络。CERNET 分四级管理,分别是全国网络中心、地区网络中心和地区主节点、省教育科研网、校园网。CERNET 全国网络中心设在清华大学,负责全国主干网的运行管理。地区网络中心和地区主节点分别设在清华大学、北京大学、北京邮电大学、上海交通大学、西安交通大学、华中科技大学、华南理工大学、电子科技大学、东南大学、东北大学等 10 所高校,负责地区网的运行管理和规划建设。CERNET 于 2013 年完成了“211 工程”三期工程，光纤传输网覆盖范围扩展到全国 29 个省/自治区/直辖市，总长达 22 000 km，接入的高校和科研单位超过 2 000 所，为高等教育和科技创新提供了先进的信息基础设施[①]。

2003 年以来，CERNET 联合清华大学等 100 多所高校参加了由国务院批准、国家发展改革委等八部委联合组织的中国下一代互联网示范工程(CNGI)。2004 年，采用纯 IPv6 技术，开通了连接分布在全国 20 个城市、25 个节点的 CNGI-CERNET2 主干网。CNGI-CERNET2 立足于国产关键网络设备和自行研发的网络技术，建成了世界上最大规模的纯 IPv6 大型互联网主干网。2016 年启动“互联网＋”重大工程项目：面向教育领域的 IPv6 示范网络(CERNET2 二期建设项目)，积极推进 IPv6 的规模部署。

1.3.3 性能概况

自互联网发展以来，随着网络技术的不断成熟，互联网的性能也得到了完善和提升，网络的抗干扰能力、传输效率等都经历了飞速的发展。

1) 全球宽带速度

Cable. co. uk[②] 设计了一项关于全球宽带速度的研究，该研究的数据由一个开源工具 M-Lab 收集，参与者来自全球各地的民间组织、教育机构和私营企业等。M-Lab 由新美国开放技术研究所(New America's Open Technology Institute)、谷歌、普林斯顿大学的行星实验室(PlanetLab)等团队主导。该研究已进行了四年，通过追踪各国家和地区在 12 个月里的宽带速度测量数据，得到全球总体平均宽带速度。

与往年的数据相比，全球平均宽带速度正在快速增长。2016 年 5 月 11 日至 2017 年 5 月 10 日期间，测量得到的全球平均宽带速度为 7.40 Mb/s；2017 年 5 月 30 日至 2018 年 5 月 29 日期间，测量得到的全球平均宽带速度为 9.10 Mb/s，增长了 22.97%。而 2018 年 5 月 9 日至 2019 年 5 月 8 日期间，测量得到的平均速度为 11.03 Mb/s，在 2018 年基础上进一步增长了 21.21%。在通常情况下，全球宽带速度每年的增长超过 20%。然而，2020 年测量得到的全球平均速度上升到了 24.83 Mb/s，是前一年平均速度的两倍多。对此，Cable. co. uk 声明这种大幅上升可能是由于 M-Lab 测量平台在这一年的升级所导致的。

2020 年，该公司公布了全球 221 个国家的平均宽带速度及排名，从其公布的全球宽带速度的分布图上看，宽带速度较快的国家及地区大多集中在欧洲附近，而速度较慢的国家及地区则多数集中在非洲大陆。从数据来看，对全球平均宽带增长趋势贡献最大也是那些发达国家，它们不仅拥有已经建成的速度更快的网络基础设施，而且也已经开始了最新技术的显著推广和应用。而相对而言，排名靠后的国家宽带速度变化不大、发展也较为缓慢。国家间的网络速度相差很大，且这种差距仍然在不断扩大。

不同国家和地区的经济、政治、地理环境的不同，使得其互联网的发展也有所差异。一般来说，一个国家或地区的地理范围越大、越不发达，互联网的接入速率就越慢，反之则网络发展得越快。通常而言，地理面积越小的国家越容易进行基础设施的升级，且在较小的区域内提供网络的高速连接也相对容易。而对于一些地理位置偏远、有干旱、政治动乱等不良因

① https://www.edu.cn/c_html/cernet/cernet25/dawang.shtml

② https://www.cable.co.uk/broadband/speed/worldwide-speed-league/#map

素，或者农业为主要经济活动的国家而言，高速的互联网建设没有紧迫的经济必要性，因此互联网发展缓慢。

2）我国网络性能状况

2017 年中国全面建成全光网城市，3 个新增骨干直联点投入运行，共有 13 个骨干直联点。数据显示，互联网骨干直联点开通后，网间延时降低 60%以上，从 120 ms 降低到 40 ms 以下，丢包率降低 90%以上，网络响应速度提高 85%以上，网络基础设施支撑能力大幅提升。根据中国宽带联盟发布的 2019 年第三季度《中国宽带速率状况报告》(第 25 期)显示，2019 年第三季度我国固定宽带网络平均下载速率达到了 37.69 Mb/s，我国移动宽带用户使用 4G 网络访问互联网时的平均下载速率达到 24.02 Mb/s，网络速率均呈现出一定的提升。

报告中还发布了全国各省(区、市)、主要城市和基础电信企业宽带网络相关速率的排名情况。在各省固定宽带下载速率方面，上海、北京、天津位列全国前三位，且上海、北京已率先超过了 40 Mb/s，而在全国主要城市的排名中，上海、北京、南京、郑州、天津位居前五位。在 4G 网络的下载速率方面，上海、北京、天津、浙江、江苏的 4G 网络用户下载速率排在了全国省级行政区的前五位。就全国地区分布来看，东部地区 4G 移动宽带用户的平均下载速率最高。

近年来，我国深入推进"提速降费工作"，大力推动宽带网络基础设施的升级，宽带网络的发展也进步显著。截至 2019 年第三季度，全国光纤宽带用户占比超过 91%，宽带用户持续向高速率迁移，100 Mb/s 及以上接入速率的固定互联网宽带接入用户已占总用户数的 80.5%。工信部提出的"双 G 双提"工作也在稳步推进，《千兆城市建设指标体系》的发布，也将不断推动我国固定宽带迈入千兆时代，这些都为我国的网速提升奠定了坚实的基础。

3）各国家之间的 RTT 情况

互联网是一个遍布全球的网络，网络数据的传输有时需要跨越多个国家。而各个国家之间的网络通信状况可以在一定程度上反映出各国网络互联状况的差异性，同时，国家间的网络通信状况也会受到政治因素影响。

Ark(Archipelago)是一个全球分布式网络测量平台，是 CAIDA 的主动测量基础设施，自 2007 年以来就为各种网络研究团体提供数据。它由位于 40 多个国家的专用测量节点组成，位于这些测量节点的监视器通过收集到达各个国家(包括美国各州)的往返时间(round-trip time，RTT)，计算其中位数并在图中用对应的颜色显示出该 RTT 数值(最大显示值为 1 000 ms)，从而得到 RTT 分布图(以毫秒为单位)。

一般来说，Ark 监测器所在国家的 RTT 最低，随着地理距离的增加，RTT 会缓慢增长。但也有一些国家的 RTT 值与周边地区相比显著提高，这可能是由于该地区的网络基础设施的差异性所造成的较慢的网络速度。此外，政治边界也会影响数据包的传输速度，造成国家间 RTT 的显著差异。

1.4 网络测量指标

目前互联网正处于飞速发展的阶段，而网络测量的标准化工作还不能与迅猛发展的网络相匹配,网络的测量还缺乏一定的标准测量框架。在这种情况下,互联网工程任务组(The Internet Engineering Task Force, IETF)成立了专门的 IP 性能度量(IP Performance Metrics, IPPM)工作组,致力于形成一套标准的测度,用以刻画网络数据传送服务的质量、性能和可靠性。

1.4.1 测量指标

测量指标是客观测量中的一个量化指标,IETF 将测量指标称为"测度(Metric)"。"测度"定义了 Internet 组成部分的不同属性。在 Internet 中有一些关于 Internet 性能和可靠性的参量,当其中一个参量被详细说明后,称这个参量为一个测度[12]。

很多测量方法都有各自的测量指标,这些测量指标可能是通过直接测量获得的,也可能是其他测量指标的函数。获得测量指标的测量步骤或方法都存在一定的误差,因此在测量过程中除了获得和记录测量指标之外,理解和记录误差和不确定性的来源并对其进行量化,也是网络测量中的关键任务。

1.4.2 性能类指标

网络测量中常通过一系列的参数来描述网络的性能,这些参数是网络本身特性的体现。通过对这些性能参数进行测量,可以对网络状况有较为全面的理解。这些经过严格定义的参数称为网络性能测量指标,性能指标主要有时延、带宽、丢包率、吞吐量等。

1) 时延

时延(如图 1.7 所示)是指一个分组从一个网络的一端传送到另一端所需要的时间,即从数据分组第一个比特进入路由器开始到最后一个比特从目的路由器输出的时间间隔。时延包括发送时延、传播时延、处理时延、排队时延。

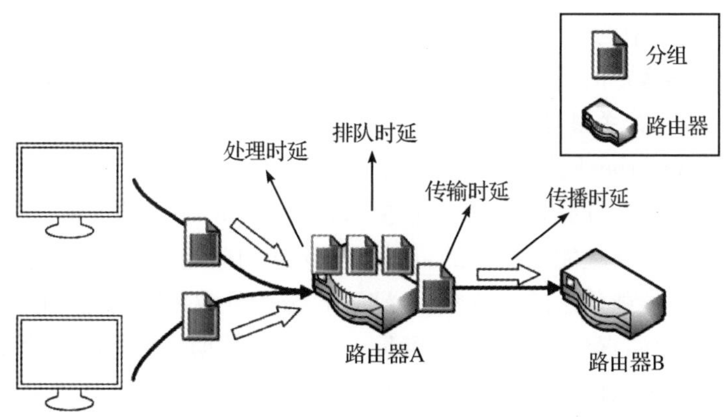

图 1.7 时延示意图

(1) 发送时延:指节点在发送数据时使数据分组从节点进入到传输媒体所需的时间,即从数据分组的第一个比特开始发送起,到最后一个比特发送完毕所需的时间。发送时延又称传输时延,和发送的数据大小有关。

(2) 传播时延:指数据分组从发送端发送数据开始,到接收端收到数据为止,所经历的全部时间。传播时延和传输距离相关,其计算公式为:传播时延=传输信道长度/信号的传播速率。

(3) 处理时延:当一个数据分组到达路由器后,路由器查找转发表、确定转发目的接口、通过内部交换系统将报文发送到目的接口,这一系列操作所对应的时延称为处理时延。

(4) 排队时延:由于流量存在突发性,到达路由器或目的接口的数据分组会先被放到缓冲队列中等待处理,这部分时延称为排队时延。排队时延是由缓冲队列中排在它前面的数据报文所决定的,是随机变化的。

时延直接影响着应用的性能,尤其对实时应用(如语音、视频业务)的性能具有十分重要的影响,过大的时延可能会导致应用因超时而造成服务失效。在时延测量中,常涉及以下几个指标。

(1) 单向时延(One-way Transmit Time,OTT):即从源节点发送数据分组开始,到目的节点接收到报文的时间。由于互联网中的路径往往是非对称的,且许多应用对于不同方向的时延指标有不同的要求,使用单向时延指标可以较为准确地反映网络的实际服务质量。

(2) 往返时延(Round-Trip Time,RTT):两节点之间的往返时延由源节点到目的节点的单向时延、目的节点到源节点的单向时延、目的节点的处理时延三部分组成。往返时延对于 TCP 中重传超时(Retransmission Timeout,RTO)的设置及发送窗口的设定具有重要的意义。

(3) 时延抖动:时延抖动是由于网络状态的动态变化(包括动态变化的排队时延等)而造成的数据分组之间的时间间隔的不统一,它代表了数据分组到达过程的平稳度。对于流媒体应用而言,大的时延抖动将造成流媒体应用处理上的困难和媒体播放的不稳定。

此外,源节点和目的节点之间的时钟同步误差会影响时延的测量结果,因而在高精度的网络测量过程中,还需要考虑网络设备间的时钟同步误差所带来的影响[13]。

2) 带宽

在计算机网络中,带宽用来表征网络中某通道传送数据的能力,因此网络带宽表示的是:在单位时间内网络中的某信道所能够通过的“最高数据率”,其单位为比特每秒(b/s)。在网络运营商提供给客户的网络服务等级协议(Service-Level-Agreements,SLA)中,网络带宽(Bandwidth)也是一个关键参数,是衡量网络特征的重要指标。带宽直接影响到包括流媒体、P2P 应用、各类 Overlay 网络在内的各种网络应用的性能。

此外,还需要注意区分网络带宽和吞吐量(Throughput)之间的关系:一个应用能够获得的带宽是由路径上的设备性能及其上的背景流量所共同决定的,而一条链路上的吞吐量指的是实际链路中每秒所能传送的比特数,由路径容量和负载共同决定,且处于不断变化中。简言之,数据吞吐量是数据包传输的实际度量,而带宽是数据包传输的理论度量。因而吞吐量有时是比带宽更重要的网络性能测度,在某些场景下,网络测量工作中会更倾向于用吞吐量来表示一个系统的测试性能。

3) 丢包

数据报文在从源节点发往目的节点的过程中,可能会发生报文传输错误,在网络硬件故障或网络负载较多时,报文可能会发生丢失。在有线网络中,网络拥塞是造成丢包的主要原因,而在无线网络中,引起丢包的主要原因则是无线信号的干扰和路径衰减。

丢包会造成数据报文在网络中的超时重传,较大程度的丢包会使网络负载增加,导致网络性能恶化。衡量链路丢包性能的参数主要有丢包率、丢包距离、丢包频率等。

除了上述的测量指标外，网络性能测量的内容还会包括连通性、报文乱序等方面的测量。虽然严格来讲，连通性是网络的基本属性而不是网络性能，但确定网络的连通性通常是网络性能测量的第一步，ITU-T 建议可以使用一些方法对连通性进行定量的测量。

通过对性能类指标进行测量，可以分析网络状态，有助于对特定的网络进行维护管理，从而保障网络服务质量。在周期性地监视网络性能的基础上，通过数值模型可以预测出网络在下一阶段的性能状态，对网络的完善和发展具有十分重要的意义，因而性能测量也是网络测量领域中研究最多的部分。

1.4.3 流量类指标

网络流量测量主要通过捕获网络数据分组并对其进行处理，从中提取出统计信息，用于分析网络行为的特征。在目前的研究中，网络流量的测量多采用被动测量方式。

对于流量类的测量，通常是基于统计信息来分析整体的流量特征，在网络流量测量过程中常见的流量类指标有以下几种：

1) IP 吞吐量

IP 吞吐量是指单位时间内在网络中给定点成功传送的 IP 数据包数量，也就是分组吞吐量，可以用字节或比特吞吐量来衡量，即单位时间内在网络中给定点成功传送的 IP 数据包的字节或比特总数。单位是比特每秒(bit/s、b/s)、字节每秒(B/s)或分组每秒(p/s)。

2) 流量大小和分布

该类指标主要研究的是：在给定单位时间间隔内，网络中传输的各种不同类型数据包的流量大小及其占总流量的比例分布情况，包括不同业务流量的数据量大小和分布情况、各端口的数据包大小及分布情况、不同网络协议的数据分布情况(主要包括对 IP、TCP、UDP 和 ICMP 协议的网络流量分布的统计数据)等。

同时，随着网络中各类业务流量的急剧增长，电信运营商特别关注大流(heavy hitters)等相关指标，大流与产生大量流量的主机相关，对大流的检测与分析应用于网络计费、异常检测及流量工程等领域。

3) 流持续时间

随着互联网的快速发展，长持续时间流广泛存在于许多互联网应用中，如网络视频、社交网络等[16]。因而目前关于流持续时间的研究主要体现在长持续时间流检测和每流持续时间检测两个方面。流持续时间是网络测量与监控的一个重要的流量特征，流持续时间的相关指标常被应用于网络流量分类和异常检测中。

4) 峰值流量信息

峰值流量信息通常是各服务提供商在实际网络测量中关注较多的一项指标，通过对峰值流量数据的特征(包括对峰值出现的时间分布情况、峰值时期的数据量大小、峰值的持续时间、峰值数据总和等)进行统计分析。

5) 网络总流量

网络总流量是指在给定时间内网络中所有业务流量的总量，网络总流量通常不作为研究网络流量的直接指标，而是作为研究其他流量指标的背景信息来对网络状况进行整体衡量。

网络流量测量是网络流量行为分析的基础，目前流量测量相关的研究工作主要体现：流量分析模型、网络流量的预测、网络观测节点的规划、抽样算法的研究、海量数据的挖掘和分析处理等方面。

1.4.4 拓扑类指标

网络拓扑测量就是要通过各种探测方法获得网络中各节点之间、各 AS 域之间的连接关系，进而获悉网络的拓扑状况，以便进行资源调度和流量分配。对于网络拓扑类的测量主要包括中心性、相似性和鲁棒性的度量。

1）拓扑结构中心性

网络中节点的价值往往取决于该节点在网络中所处的位置，通常用中心性指标进行度量。

度中心性(Degree Centrality,DC)：最直接的中心性度量指标，即用网络中节点的直接邻居个数来表示该节点的重要程度。

介数中心性(Betweenness Centrality,BC)：假设网络中的信息总是选择通过最短路径进行传递，那么经过某个节点的最短路径的数目就可以描述该节点在信息传播方面的繁忙程度，体现其对信息传播量的直接影响。这种刻画了节点对网络传播信息的控制能力的指标称为介数中心性。

接近数中心性(Closeness Centrality,CC)：采用节点到网络中其他所有节点最短距离的平均值来定义的节点重要性指标称为接近数中心性。接近数中心度体现的是一个点与其他点的邻近程度，接近数中心度越高，表示在该节点对其他节点的状态进行观测时的效果越好。

针对不同的网络和不同的测量目的，节点的重要性判断标准也不同。尽管研究人员已经提出了大量的测量指标，但对于具体的度量标准还没有统一和明确的说明。

2）拓扑结构相似性

拓扑结构的相似性是网络分析领域中非常重要的研究工作之一，很多典型的应用都基于相似性的度量标准。由于动态网络的结构会随时间不断变化，因此高效且准确地衡量动态网络的结构相似性具有重要意义，这在许多实际的网络分析应用如网络分类和聚类、异常和不连续性检测、状态划分、多层网络的层次约简以及生成模型的选择中都起着重要的作用。

典型的相似性度量指标包括基于共享邻居的节点相似性、基于路径的相似性、基于随机游走策略的节点相似性、节点控制能力相似性等。其中，基于共享邻居的节点相似性认为两个节点的共同邻居数越多，节点就更相似。基于路径的相似性指标则是在共享邻居的基础上又考虑了更高阶的邻居。

3）拓扑结构鲁棒性

从一个复杂网络中移除一个节点的同时，也会删除掉其连接的所有边，因而可能导致某些节点之间无法连通。如果在移除一些节点后，网络中的绝大部分节点还能保持连通，则认为该网络的拓扑结构对节点故障具有鲁棒性。

度量网络鲁棒性的指标主要是：节点间的平均路径长度以及最大连通子图的规模。显然，平均路径长度越小或者最大连通子图越大，说明网络的鲁棒性越好。

网络拓扑结构的中心性、相似性和鲁棒性的度量在网络分析中都具有重要的作用。拓扑结构中心性用以衡量网络节点的价值，可用于观测节点的选取和部署工作；拓扑结构相似性对于网络状态划分和异常检测等相关研究的推进具有重要的意义；而鲁棒性则可用于衡量在潜在的故障风险的情况下保持网络正常服务功能的能力。关于这些度量指标的研究也一直是网络测量领域研究的热点。

1.5　网络测量方法

网络的测量方法按照是否在网络中产生额外流量可分为主动测量和被动测量[14]。主动测量通过主动产生的流量来探测网络属性，而被动测量则只对被测网络中已有的流量进行监测记录。对不同的节点间的网络性能测量描述一般使用主动测量方式，而对单个节点的性能测量描述一般使用被动测量方式。主动测量主要用于测量网络的属性（如网络单向时延、往返时间等），而被动测量则一般用于测量网络流的特征（如流的分布、统计等）。

此外，当前的网络测量还趋向于采用主动测量与被动测量相结合的方法，如利用主动测量确定网络的整体性能，而当网络发生异常时，则采用被动测量方法进行故障定位。

1.5.1　被动测量

1）被动测量的概念

被动测量指的是在不注入新的流量的情况下监测网络流量的过程，可以出现在网络的不同有利位置上。被动测量借助包捕获器捕获并记录网络流量，进而对流量进行统计分析，被动地获知网络行为状况。由于被动测量不必发送探测包，因而又称为非侵扰式测量。随着网络流量速率的增加，海量数据给被动测量带来了一定的困难，在此背景下，被动测量常采用抽样测量技术，以减轻捕获器和存储资源的负担。

被动测量可以通过以下几种方式实施：

（1）利用网络探针：网络探针可用于监测网络传输状态，分析捕获的数据包，以实现对网络相关业务的测量。

（2）服务器端测量：通常是在服务器端安装测试代理，实时监测服务器的性能、资源使用等状况。

（3）用户端测量：将监测功能封装到客户应用中，从特定用户的角度实时监测相关业务性能。

（4）端口镜像测量：通过配置交换机或路由器等网络设备，将待测端口的网络流量数据转发到特定的端口，以此来实现对待测网络流量的监听。

2）流量探针方法

探针是一种部署在网络出口的旁路设备或者程序，能够对进出网络的流量进行监控和分析，可用于预测网络流量、发现网络攻击行为。根据网络类型和部署方式的不同，采集流量数据的网络探针也有所不同。被动测量通常会在待测网络的不同节点上安装网络探针，以便能够较为全面地获悉待测网络的流量信息。

网络探针也叫数据采集探针，是专门用于获取链路流量数据的软硬件设备。目前存在很多类型的网络探针，常见的有以下几类：

(1) SNMP/RMON 探针

简单网络管理协议(Simple Network Management Protocol，SNMP)是一种用于在网络设备之间交换管理信息的应用层协议，提供从网络设备收集网络管理信息的方法。SNMP 探针一般以软件方式实现，由管理者定期向代理发送 SNMP 请求，来获取相关的流量信息。RMON 协议是对 SNMP 标准的扩展，它在一定程度上减少了网关工作站的工作负担。

SNMP 属于网络管理平台，为网络管理应用系统和被管的网络设备之间的交互提供了标准的界面，通常由软件实现的流量监测系统作为 SNMP 的管理者，由路由器等网络设备作为 SNMP 的代理，管理者定期向代理发送 SNMP 请求，来获取相关的流量信息。目前，SNMP 被广泛地实现在各种网络设备中，网络设备通常都可以提供标准的 SNMP 功能，因而能够满足一般的链路流量监测的需求，但其功能单一，无法进行流和分组的详细分析和历史数据分析。

远端网络监控(Remote Network Monitoring，RMON)是一个标准监控规范，定义了远程监视的标准功能以及远程监控代理的接口，可以使各种网络监控器和控制台系统之间交换网络监控数据。RMON 协议是对 SNMP 标准的扩展，它使得 SNMP 中的一些原本需要利用网关工作站进行的工作在本地就可以完成，在本地完成后再发给工作站，减少了对网络带宽的占用。RMON 在网络规划、网络性能优化、网络故障诊断等方面发挥了重要的作用。

该类网络探针的相关产品有：HP OpenView、Cisco Works、Nortel Optivity 等，这些产品极大地方便了对网络行为的监测与管理。

(2) NetFlow/sFlow 探针

为减轻海量数据给捕获器和存储资源造成的负担，被动测量通常会采用抽样测量技术，通过抽样测量技术从总体流量数据中筛选出代表性的子集，并根据该子集来推断出原始流量的特征信息。NetFlow 和 sFlow 便是抽样测量技术中具有代表性的应用实例。

NetFlow 是 Cisco 公司开发的专用流交换技术，最初是为了进行网络流量计费、流量统计以及其他 IP 流量特性(如带宽利用率、应用性能等)的测量工作而研发的，如今，NetFlow 还被用于网络规划、网络可用性监测、网络异常检测和故障定位等方面。

sFlow 也是一种基于抽样的流量监测技术，嵌入在路由器或交换机等网络设备内，由 InMon、HP 和 Foundry Networks 于 2001 年联合开发。其目标是实现高速网络中多设备、多端口的基于应用的流量测量。sFlow 的采样分为报文采样和计数器采样两种，前者采用 UDP 报送，后者采用 SNMP 报送。

与 sFlow 相比，NetFlow 能够在广域网上得到很好的运用，且支持 NetFlow 的设备和供应商相对更多，应用范围更广。目前，支持 NetFlow 的厂商有 Cisco、Juniper、Extreme 等；支持 sFlow 的厂商有 Foundry、InMon 等。相关的产品主要有：Cisco Flow Collector、Arbor Peakflow、CAIDA cfowd、FlowScan、Genie NTG 等。

(3) 硬件探针设备

硬件架构的数据采集探针是专用于获取网络链路数据的硬件设备，能够做到高速端口的线速流量采集。硬件采集探针通常是为了监测某个特定网络的流量而专门设计的技术方案，常特定于具体的网络环境加以实现，能够应对海量数据的测量，但费用较为昂贵。一些硬件采集架构还需要在网络的中心端和各远端分支分别部署相应的硬件设备，部署过程较为复杂。

1.5.2 主动测量

1）主动测量的概念

主动测量是指主动地向待测网络发送特定的网络探测包，根据网络中间节点的反馈信息分析这些包在网络中的传输结果，得到待测网络的状态，以此来构造网络拓扑图，或者分析当前网络性能、评估网络状况。主动测量依赖于向网络中注入的测量包，因此这类方法一定会产生额外的流量。另一方面，测量中所使用的流量大小以及其他参数都是可以调节的，因此主动测量法能够明确地控制测量过程中所产生的流量的特征，如流量的大小、抽样方法、发包频率、测量包大小和类型等（以用于仿真各种场景），通常只需利用很小的流量即可获得较有价值的测量结果。主动测量意味着测量可以按照测量者的意图进行，容易进行场景的仿真，可用于检验网络是否满足 QoS 或 SLA 等。

采用主动测量的方式进行网络测量的优势在于可以针对特定的目标进行分析，目的性强，并且可用来探测网络中未知的拓扑结构。但是主动测量发出的特定探测包会占用网络资源，因而可能会影响待测网络的性能从而使得测量结果呈现出一定的误差。并且如果过于频繁地使用探测包，还会在网络中产生大量的非正常流量，增加网络负担，甚至可能对被测网络的性能产生负面影响。因此，在开发主动测量系统时，需要仔细考虑测量过程中可能对网络实际传输的流量造成的影响，还要考虑到额外的流量是否会对获得的结果造成较大的偏差。

2）主动测量方法

常见的主动测量方法主要有 Ping、Traceroute、NetPerf 等。

（1）Ping

Ping 是最初的网络测试与诊断工具，主要用于测量网络的连通性、时延和丢包率。在网络诊断任务中，常使用该工具来确认主机是否处于活动状态，更确切地说，是测试该主机的网络接口是否处于正常运行的状态。Ping 是基于网络控制信息协议（Internet Control Message Protocol，ICMP）进行工作的，而某些网络设备出于安全性等方面的考虑，可能会将 ICMP 消息过滤掉，在这些情况下，就无法使用 Ping 命令进行探测。

（2）Traceroute

Traceroute 是在 Unix 平台上发展起来的，该工具及其衍生版本主要用于测量从源端到目的端的路由信息，其实现过程主要基于 IP 分组包头的存活时间（Time To Live，TTL）字段。Traceroute 工具的出现，适应了 Internet 的多网关互联的体系结构，可以追踪数据包可能经过的一条路由路径。通过该工具可以发现错误路由、网关故障或目标主机故障等。与 Ping 相比，Traceroute 工具产生的网络负载相对较大。CAIDA 开发的 GTrace 便是带图形界面的 Traceroute 版本，通过图形化界面更方便用户的交互。

（3）NetPerf

NetPerf 工具主要用于测试单向网络吞吐率和单向端到端的延迟。NetPerf 工具以客户机/服务器模式工作，有两个主要的元素：NetPerf 和 NetPerfserver，分别部署在测量的源端和目的端。

除了上述的几种典型的工具外，还有 Treno、Iperf、Nettimer 等主动测量工具，以及专门为大规模精确测量而开发的专用软硬件系统，如 Surveyor、PingER 等。在主动测量领域中，CAIDA 的 Ark(Archipelago)作为专门为主动测量而定制的分布式测量平台，由位于 40 多个国家的专用测量节点组成，这些节点为网络研究人员提供了一个软硬件平台，用以支持高度协调的网络测量实验。

3）主动测量的系统支持

主动测量工具需要向待测网络中注入一定的探测包，而有效探测包的注入、数据包的离开及到达时间等的精确测量都需要在操作系统的内核中加以实现。因此需要定义特定的系统文件库和系统接口，用以满足主动测量的实现需求。PeriScope 是操作系统内核中实现的可编程库，具有一个应用程序接口(Application Programming Interface，API)。利用该接口，可以定义新的探测包结构，也可以定义一些推测技术用于从探测包的到达模式中进一步获取网络信息。

由于频繁的主动测量所产生的非正常流量可能会对待测网络的性能产生一定的影响，因而具有一定的安全隐患，因此网络管理者有时需要对此类操作加以限制。例如，Scriptroute 工具就允许非授权的用户向网络中注入探测包，但其操作权限的范围需要由系统管理员进行预设。

1.5.3 协同测量

目前对于协同测量的概念还没有较为明确的定义，宽泛地看，协同测量可以包括测量方法上的协同性和测量设备间的协同。

1）主被动混合的协同测量

主动测量使用灵活，但需要向网络注入探测包，可能对测量结果产生干扰；被动测量不会影响网络本身特性，但往往只能监测到局部信息，无法获悉网络全局状态。因而在实际测量过程中，经常使用混合测量方式以取二者之长。

通过灵活组合主动测量和被动测量方法，结合二者的优点来设计测量机制，以此实现网络测量方法的协同。典型的代表有反应式测量(Reactive Measurement)、带内测量(In-band Measurement)和交替标记性能测量(Alternate Marking-Performance Measurement，AM-PM)。其中，带内测量是近几年兴起的一种混合测量方法，通过路径中间交换节点对数据包依次插入元数据(Measure Metadata)的方式完成网络状态的采集工作，能够实现更细粒度的网络测量。

2）网络设备间的协同测量

网络设备间的协同测量主要体现在大规模的网络测量中。比如在较大规模的软件定义网络(SDN)中，单一控制器的部署方式由于处理能力有限，会造成网络的性能瓶颈，而多控制器分布式部署方式可以解决 SDN 中控制平面的性能瓶颈问题，因而被认为是未来主流的部署方式。但在这种模式中，设计测量架构则需要考虑更为复杂的测量机制，即多控制器分布式协同测量的测量机制，包括测量任务的调度、测量配置的同步、测量资源的分配、测量结果的合并等。

1.6 课程思政

全球互联网整体形势的形成与长期的网络技术积淀息息相关。由于历史原因,我国的网络发展起步慢,基础资源的建设和技术积累还远远不够,在全球互联网的拓扑上还处于边缘位置。从全球互联网的带宽资源情况上看,我们处于国际中等水平,距离美国等西方国家仍有较大差距。在网络资源方面,由于网络发展的历史原因和 IPv4 地址空间的限制,我国在 IPv4 资源上完全落后于美国等西方国家。因而 IPv6 对我国的网络发展而言是一个新的机遇,我国也在积极加强 IPv6 的推广力度,IPv6 的建设也取得了长足的进步。同时,我国也积极推动对 AS 资源的管理和建设工作。但随着物联网、车联网、工业互联网快速发展,未来我国对于 IPv6 地址的需求量依然较大,我国的网络建设之路依然任重道远。

网络已经成为社会发展所必需的基础设施,网络资源的分配、网络技术的发展都会影响到国家间的政治博弈。网络测量不仅需要考虑到对网络性能的优化,更需要为保障国家网络的正常运行而服务。在互联网测量方面,需要尽快考虑类似于俄罗斯断网实验的技术,对可能遇到的危机防患于未然。同时,网络作为全球共享的资源,各国也应树立网络空间命运共同体的意识,在网络资源两极分化的情况下,为进一步缓解差距,应合理地帮助技术落后的地区加强测量基础设施的建设与部署,完善全球互联网测量数据,积极促进全球互联网管理机制决策。

1.7 本章小结

本章首先介绍了互联网发展的背景,包括网络发展的早期背景、发展过程中的技术更迭历程、互联网发展至今所面临的问题及挑战等。同时,对网络测量技术的相关概念、发展历程和研究范畴等加以简要介绍。

其次,本章对网络资源的分配情况进行了介绍,对包括 IP 地址、ASN、域名的分配规则及目前的分配情况进行了简单的说明。本章还围绕流量概况、拓扑概况、性能概况三个方面对全球互联网的整体状况加以阐述,同时也对近几年我国网络的发展情况进行简单的介绍。从总体来看,全球互联网仍然保持着较快的发展趋势,但国家间的网络水平存在两极分化的现象,且其差距还在不断加大。而纵观我国的网络状况,虽然近几年我国在网络性能和 IPv6 普及率等方面有了长足的进步,但考虑到我们国家庞大的网民数量和潜在的发展需求,我国未来互联网的发展之路仍然任重道远。

最后,本章针对网络测量领域的相关概念进行了介绍,以便读者能够具有一定的基础知识来继续学习后续的章节。围绕性能类、流量类、拓扑类这三个方面,本章对当今网络测量过程中常用的测量指标(如丢包、时延、带宽等)进行了简单的说明,这些指标经常被用于评估网络的整体状况。在网络测量的过程中还需要结合具体的测量目标选取契合的测量方法,现阶段的网络测量方法主要包括被动测量方法、主动测量方法和协同测量,本章对常用的测量方法和测量工具也进行了介绍。

本章作为全书的概述部分,涉及了大量的背景知识和网络测量领域的相关概念,希望读者在阅读完本章后能够大致了解到网络测量领域的整体框架,从而具有继续学习后续章节的基本知识储备。

习题 1

1.1 什么是网络测量?

1.2 网络测量有哪些分类?

1.3 网络测量的测量内容主要包括性能类测量、流量类测量、拓扑类测量,三者分别有哪些常见的指标?

1.4 网络测量的主要方法有哪些?各有何特点?分别应用在什么场景中?

1.5 目前互联网中主要应用的流量类型有哪些?

1.6 你认为网络测量能够在哪些方面支持互联网的发展?

参考文献

[1] Leiner B M,Cerf V G,Clark,D D,et al. Internet Society:A Brief History of the Internet 1997[R/OL]. [2021-02-07]. https://www.internetsociety.org/wp-content/uploads/2017/09/ISOC-History-of-the-Internet_1997.pdf.

[2] Cisco. Cisco Annual Internet Report(2018—2023)White Paper[R/OL]. (2020-03-09)[2021-02-09]. https://www.cisco.com/c/en/us/solutions/collateral/executive-perspectives/annual-internet-report/white-paper-c11-741490.html.

[3] Risk Based Security. 2020 Year End Report Data Breach Quick View[R/OL]. [2021-02-09]. https://pages.riskbasedsecurity.com/en/en/2020-yearend-data-breach-quickview-report.

[4] Claffy K C. Internet Measurement and Data Analysis: Topology, Workload Performance and Routing Statistics[R/OL]. NAE'99 Workshop. [2021-02-09]. https://www.caida.org/publications/papers/1999/Nae/Nae.html#data.

[5] Jia S Y,Luckie M,Huffaker B,et al. Tracking the deployment of IPv6:Topology,routing and performance[J]. Computer Networks,2019,165:106947.

[6] Cisco. Cisco Global Cloud Index,2016—2021[EB/OL]. [2021-02-09]. https://www.cisco.com/c/en/us/solutions/collateral/service-provider/global-cloud-index-gci/white-paper-c11-738085.html.

[7] Ericsson. Ericsson Mobility Report[R/OL]. (2020-06)[2021-02-09]. https://www.ericsson.com/49da93/assets/local/mobility-report/documents/2020/june2020-ericsson-mobility-report.pdf.

[8] ETSI. IPv6 Best Practices,Benefits,Transition Challenges and the Way Forward[R/OL]. (2020-08)[2021-02-09]. https://www.etsi.org/images/files/ETSIWhitePapers/etsi_WP35_IPv6_Best_Practices_Benefits_Transition_Challenges_and_the_Way_Forward.pdf.

[9] 下一代互联网国家工程中心,全球 IPv6 测试中心. 2020 全球 IPv6 支持度白皮书[R/OL]. (2020-07)[2021-02-09]. https://www.ipv6ready.org.cn/public/download/ipv62.pdf.

[10] 推进 IPv6 规模部署专家委员会. 中国 IPv6 发展状况(白皮书)[R/OL]. (2020-08)[2021-02-08]. https://wenku.baidu.com/view/67c1e0360708763231126edb6f1aff00bfd5703f.html.

[11] SANDVINE. The Global Internet Phenomena Report[R/OL]. (2020-05)[2021-02-09]. https://www.sandvine.com/phenomena.

[12] Paxson V. Towards a Framework for Defining Internet Performance Metrics[C]. //Proceedings of INET 96,1996.

[13] Demichelis C, Chimento P. IP Packet Delay Variation Metric for IP Performance Metrics(IPPM)[R/OL]. RFC 3393, DOI 10.17487/RFC3393,November 2002,[2021-02-09]. https://www.rfc-editor.org/info/rfc3393.

[14] Williamson C. Internet Traffic Measurement[J]. IEEE Internet Computing,2001,5(6):70-74.

[15] Yassine A,Rahimi H,Shirmohammadi S. Software defined network traffic measurement:Current trends and challenges[J]. IEEE Instrumentation & Measurement Magazine,2015,18(2):42-50.

[16] 周爱平,程光,郭晓军,等. 长持续时间数据流的并行检测算法[J]. 通信学报,2015,36(11):156-166.

[17] 吴建平,刘莹,吴茜. 新一代互联网体系结构理论研究进展[J]. 中国科学(E 辑),2008,38(10):1540-1564.

2 报文流量测量基本方法

网络测量技术对于网络发展具有重要意义。网络数据包承载着大量的信息，在 TCP/IP 协议中占有重要地位，掌握基本的网络测量方法是更深入了解、分析网络的基础。对网络流量的采集和分析，可以为实施网络规划、控制、管理提供依据，同时能够全面把握网络整体特征，为分析网络性能参数、链路故障、设备状况等参数提供基础[1]。

报文流量测量是网络流量分析的基础，通过对网络的报文流量测量，可以进一步对数据包内容进行解析，掌握网络行为的基本特征，发现网络行为变化的基本规律，构造出反映网络行为的数学模型。通过对获取到的异常报文进行分析能够及时阻止内部的计算机通过互联网发生的敏感信息泄露，快速定位追查源头，防止违规事件发生，能够对整个网络及计算机用户上网行为、网络流量进行监控，同时帮助网络高效、稳定、安全地运行，为网络规划与建设、网络安全、高性能协议设计等诸多研究工作提供有效的技术支撑。

本章将从如下几个方面对报文流量的测量方法进行阐述与分析。第 2.1 节主要从基于报文和基于流两方面对被动测量获取方法进行介绍，并介绍一些常用的报文获取工具。第 2.2 节主要基于 Libpcap 的相关工作原理及应用来介绍 Libpcap 被动报文获取方法。第 2.3 节主要从基于硬件、抽样、哈希函数等三种方面介绍高速流量报文获取方法。第 2.4 节通过介绍流量构造工具 Libnet 的相关知识点来讲述基于 Libnet 的主动报文发送方法，主要从主动报文构造方法、流量发送模型和高速报文发生器三个方面对主动报文发送方法进行介绍。第 2.5 节主要介绍智能手机报文的测量方法，构造了测量实例与测量环境。最后是对本章的总结。

2.1 被动报文获取方法

报文是网络中交换与传输的数据单元，包含了将要发送的完整的数据信息，报文长度不限且可变。网络被动报文抓取是指通过对主机网络设备的探测，实现获取该网络当前传输的所有信息，并根据信息的源主机、目标主机、服务协议和端口等信息简单过滤掉不关心的数据，然后提交给上层应用程序进一步处理。网络报文获取方法主要有主动测量和被动测量两种。主动测量通过向网络中发送测量流量来获取两个指定端点间的网络性能信息。被动测量则是在网络中监听某一点经过的报文以获取网络的流量信息。两种方法有着不同的优劣性。主动测量可以获取端到端的网络性能信息，但由于需要向网络发送流量，主动测量方式必然会对网络的性能产生影响，使测量值与实际值之间存在偏差。对比主动测量对网络带来的影响，被动测量则可以在不影响网络本身的运行情况下获得相对客观的数据与测量结果，其可以通过包嗅探程序的协助来实现。包嗅探器程序有 WireShark 和 TCPdump 等抓包工具，它们依赖于 Libpcap 库和 BerkeLey 包过滤器(BPF)。此外，一些网络入侵检测系统(NIDS)，如 Snort 和 Zeek(原名 Bro)，也类似地通过基于 Libpcap 和 BPF 的抓包收集数据，以检测恶意流量并进行进一步处理。本节主要介绍被动报文的获取方法。

2.1.1 基于报文的被动测量

基于网络原始数据的报文测量实现技术主要有两种，一种是基于原始数据的套接字 socket 技术，另一种是基于网络协议栈的报文捕获技术 Libpcap。原始套接字开发者可发送任意的数据包到网上开发网络攻击等特殊软件，其需要开发者手动组织数据、各种协议包头、校验和计算。基于协议栈的报文捕获技术 Libpcap 包含一套高层的编程接口的集合。报文从网卡复制到网络协议栈，再从协议栈拷贝到用户空间，其使用非常广泛，几乎只要涉及网络数据包的捕获的功能，都可以用它开发。下面分别简单介绍这两种方法。

1）Socket 编程

套接字 Socket 是一种通信机制，这使得客户/服务器系统的开发工作既可以在本地单机上进行，也可以跨网络实现 Linux 所提供的功能。

Socket 编程是现在大多数测量工具实现网络间通信的基础。Socket 可以看成是两个程序进行通信连接中的一个端点，一个程序将一段信息写入 Socket 端点中，该 Socket 将这段信息发送给 Socket 另外一个端点，使这段信息能传送到其他主机中。简单来说，Socket 可以看成是不同主机间，进程进行双向通信的端点，是通信双方的一种约定。但是 Socket 编程对于实现过程的封装性较低，使得其在某些情况下，不能满足网络通信的实时性、高效性的要求。

2）Libpcap

Libpcap(Packet Capture Library)即数据包捕获函数库，是 Unix/Linux 平台下的网络数据包捕获函数库。它是一个独立于系统的用户层包捕获的 API 接口，为底层网络监测提供了一个可移植的框架。Libpcap 采用基于网卡的原理捕获数据包，支持所有基于 Unix 的操作系统，能够快速采集和过滤网络流量。

Libpcap 可以实现数据包捕获(捕获流经网卡的原始数据包)、流量采集与统计(网络采集的中流量信息)和规则过滤(提供自带规则过滤功能，按需要选择过滤规则)的功能。

关于 Libpcap 的工作原理和相关应用将在本章第 2.2 节进行详细介绍。由于报文包含了将要发送的完整的数据信息，网络原始数据报文测量对网络带宽的需求较高，而我们通常将相同五元组(源地址，源端口，目的地址，目的端口、协议)的报文定义为一条流，这意味着不需要每条原始数据报文的详细信息，因此网络流中更适合高速大量的测量需求。下面将介绍基于 Flow 的网络被动测量。

2.1.2 基于 Flow 技术的被动测量

Flow 是网络设备厂商为了在网络设备内部提高路由转发速度，而引入的一个技术概念，目前一般使用硬件实现的快速转发模块，替代高 CPU 消耗的路由表软件，查询匹配计算部分。在 Flow 模式下，数据包将通过几个给定的特征定义归并到特定的集合中，这个集合就是 Flow。每个 Flow 的第一个数据包除了记录该 Flow 的产生以外，还需要路由查询等相关操作并将操作结果同时存入 Flow 记录中，该 Flow 集合的后续数据包将直接从 Flow 的已有记录中获得路由转发信息，从而提高网络设备的路由转发效率。Flow 记录能够提供丰富信息，因此高端网络流量测量技术中，广泛地运用 Flow 数据作为支撑，以提供网络监测、网络规划、快速排错、流量图分析、应用业务定位、安全分析等数据挖掘功能。

1）NetFlow

NetFlow 是 Cisco 开发的一种网络协议，用于收集 IP 流量信息和监控网络流量。NetFlow 技术利用分析 IP 数据包的源 IP 地址、目标 IP 地址、源通信端口号、目标通信端口号、第三层协议类型、TOS 字节(DSCP)、网络设备输入输出的逻辑网络端口等 7 个属性，实现对网络中传送的各种不同类型业务数据流的快速区分。NetFlow 可以对每个数据流进行单独的跟踪和准确统计，记录其转发处理和路由等流向特性信息，统计数据流的服务类型，起止时间，及所包含的数据包数量和字节数量等流量信息。NetFlow 可以按定义好的时间周期，定时输出采集到的数据流流量和流向信息的原始记录，也可以先对原始记录进行汇聚处理后，再输出统计的结果。

NetFlow 的优点在于其可以对特定网络位置的每个数据包进行采样，这使网络管理员可以深度监视和分析收集的数据。同时 NetFlow 可以捕获每个数据流，包含完整地统计信息，在信息收集到收集器之前对其进行汇总，使得数据监控的精确度更高。

但是，NetFlow 不能提供实时流量监控，网络流量收集与查看之间存在时延，可能导致网络中的问题监控不及时。NetFlow 在传统的网络上具有出色的可见性，但在具有云服务和软件定义等更复杂网络上，数据可见性一般。NetFlow 需要对监控的网络流量数据先进行缓存再做分析处理，大量的数据缓存容易导致交换机/路由器的性能问题。

2）sFlow 技术

sFlow 是 Sampled Flow 的简称，是一种用于监控数据在交换机或者路由器流量转发状况的技术。sFlow 技术独特之处在于它能够在整个网络中，以连续实时的方式监视每一个端口，不需要镜像监视端口，对整个网络性能的影响非常小。sFlow 一般由两部分构成：sFlow 代理和 sFlow 接收器，sFlow 代理一般嵌入在网络设备的 ASIC 芯片中，通过一种采样机制，采集网络数据流，经过特定编码后发给 sFlow 接收器。sFlow 接收器收到代理发来的数据后，经过处理即可对网络流量和数据进行分析统计。

sFlow 的采样分析方式有助于故障排除和识别异常流量。用户无需记录所有内容，可减少对交换机造成的 CPU 压力，但仍可以根据采样的数据迅速诊断异常行为。

但是 sFlow 的采样分析不能像 NetFlow 那样提供详细的数据包分析，而且在数据采集数量有限时，随机采样的方式仅适用于一般数据分析，不利于深层分析。如果 sFlow 使用高采样率，则精度不是问题，但若采样率很低，则用户将获得不可靠且不准确的采样数据。如果要清晰的监控网络流量状况，网络中的每个交换机和路由器都必须兼容 sFlow。如果支持 sFlow 的组件数量有限，采集数据的不准确性将会进一步增加。sFlow 的随机采样只能针对网络中的部分数据进行分析，容易忽略其他大量未被分析的网络流量中的恶意数据包，致使在网络受到外部攻击时难以被发现。

2.1.3 常用嗅探工具软件

数据包嗅探工具是用于检测和监视网络流量的硬件或软件。当网络中安装了数据包嗅探器时，嗅探工具将能够拦截网络流量并捕获原始数据包。我们可以使用常用的嗅探工具来解决网络疑难问题，进行网络协议分析，以及作为软件或通信协议的开发参考，同时也可以用来作为学习各种网络协议的教学工具等。这些工具会随用途的不同而变化，也会根据实际使用的情况，甚至是开发者的更新情况而变化。本节主要介绍 Sniffer、Tcpdump、Wireshark、CoralReef 四种常用的嗅探工具软件。

1）Sniffer

Sniffer（嗅探器）是一种基于被动侦听原理的网络分析方式。使用 Sniffer 可以监视网络的状态、数据流动情况以及网络上传输的信息。Sniffer 具有三大主要功能：① 协议解析（Decode）；② 网络活动监视（Monitor）；③ 专家分析系统（Expert）。Sniffer 分为软件和硬件两种，软件的 Sniffer 有 Sniffer Pro、Network Monitor、PacketBone 等，其优点是易于安装部署，易于学习使用，同时也易于交流；缺点是无法抓取网络上所有的传输，某些情况下也就无法真正了解网络的故障和运行情况。硬件的 Sniffer 通常称为协议分析仪，一般都是商业性的，价格也比较昂贵，但会具备支持各类扩展的链路捕获能力以及高性能的数据实时捕获分析的功能。

2）Tcpdump

Tcpdump 是一个主要在 Linux 操作系统中捆绑的数据包嗅探器，但是其他操作系统（例如 Solaris、BSD、Mac OS X、HP-UX 和 AIX）也可以使用。Windows 中可以使用“WinDump”。像 Snoop 一样，tcpdump 在标准命令行上运行，并输出到通用文本文件中以进一步分析。tcpdump 使用标准的 Libpcap 库作为应用程序编程接口，以捕获用户级别的数据包。

由于性能方面的考虑，tcpdump 用作流量捕获工具，其仅捕获数据包并将其保存在原始文件中，分析功能不多。但是，由于 tcpdump 的特殊性，为此构建了许多分析工具。例如，“tcpdump2ascii”是一个 Perl 脚本，用于将 tcpdump 原始文件的输出转换为 ASCII 格式。“tcpshow”是一种实用的工具，用于以人类可读的方式打印原始的 tcpdump 输出文件。“tcptrace”是 tcpdump 的免费且强大的分析工具。它可以产生不同类型的输出，例如经过时间、发送和接收的重传字节数和段、往返时间、窗口广告和吞吐量等。

3）Wireshark

Wireshark（以前是 Ethereal），这个免费的数据包嗅探器很像 tcpdump。但是，它提供了具有排序和筛选功能的用户友好界面（命令行版本为“Tshark”）。Wireshark 支持从实时网络和保存的捕获文件中捕获数据包。捕获文件格式为 Libpcap 格式。它支持各种操作系统，例如 Linux、Solaris、FreeBSD、NetBSD、OpenBSD、Mac OS X、其他类似 Unix 的系统和 Windows。它还可以在 TCP 对话中组合所有数据包，并在该对话中向用户显示 ASCII、EBCDIC、十六进制等格式数据。

4）CoralReef

CoralReef 是由应用互联网数据分析中心（CAIDA）开发的一套全面的软件套件，用于实时从被动 Internet 流量监控器或从跟踪文件收集和分析数据。该软件包包括对标准网络接口和专用高性能监视设备的支持，用于 C 和 Perl 的编程 API，以及用于捕获、分析和 Web 报告生成的应用程序。

CoralReef 为广泛的捕获设备和工具集合提供了一个统一的平台，这些工具可以应用于网络的多个层次。它的组件提供了在广泛的现实世界网络流量流应用上的措施，包括验证和监控硬件性能的饱和和网络流约束的诊断,可以用来产生独立的结果或产生数据供其他程序分析。CoralReef 报告应用程序可以以文本格式输出,这些文本格式可以很容易地通过常见的 Unix 数据搜索实用程序(例如 grep)进行操作,为在操作设置中进行定制提供了巨大的灵活性。

CoralReef 为网络管理员提供了一个平衡的功能集合,以监视他们的网络和诊断故障点。它是高级监视工具和"转储"实用工具之间的有用桥梁,这些工具只在粗略的聚合级别上工作,而"转储"实用工具可能会让管理员不堪重负。通过涵盖从原始数据包捕获到实时 HTML 报告生成的范围,CoralReef 为广泛的网络管理需求提供了一个可行的工具包①。

2.2　Libpcap 被动报文获取

Libpcap 是 Packet Capture Library 的英文缩写,是 Unix/Linux 平台下的网络数据包捕获函数库,该库提供的 C 函数接口用于捕获经过指定网络接口(通过将网卡设置为混杂模式,可以捕获所有经过该网络接口的数据包)的数据包,由美国洛伦兹伯克利实验室编写。

Libpcap 提供的接口函数主要实现和封装了与数据包的采集、构造、发送等有关的功能。Tcpdump 就是在 Libpcap 的基础上开发完成的。

2.2.1　Libpcap 概述

在计算机网络管理领域,pcap 是用于捕获网络流量的应用程序编程接口(API),该名称是数据包捕获的缩写,但不是 API 的专有名称。在 Linux 系统平台下存在着以下三种数据包分组捕获机制:

1) 数据链路提供者接口(DLPI)

数据链路提供者接口(Data Link Provider Interface)是 Linux 系统中数据链路层向网络层提供的一种服务,是数据链路对网络层服务的提供者和使用者间的一种标准接口,它的实现原理主要是 Linux 的流机制。

2) SOCK-PACKET 类型套接口

Linux 系统中有一种称作 SOCK-PACKET 的套接字类型。这种类型的 Socket 能获得流过系统网络接口的所有数据包。操作系统一般有自带的支持 Socket 的函数接口。

3) 伯克利数据包过滤器(BPF)

伯克利数据包过滤器是种非常高效和普遍使用的数据包捕获机制,是 Linux 系统上的一种数据包捕获和过滤接口。BPF 在链路层捕获网络数据包,再从所有捕捉到的数据包中筛选出所要的网络数据包,捕获和过滤数据包都是在操作系统内核中进行的,速度比较快。BPF 把捕获的数据包先缓存在内核中,再传送,这也提高了数据包传输的速度。从性能和效率方面来说,BPF 大于 DLPI,DLPI 大于 SOCK-PACKET。

在一般普遍的实际使用中,人们通常首选 Libpcap 来捕获数据包。因为其数据包捕获

---

① http://www.caida.org/tooLs/measurement/coraLreef/

功能比较强大,技术比较成熟,后来成为了网络数据包捕获的标准接口。并且在 Libpcap 的基础上,人们开发了很多著名的嗅探软件和系统,如开源的广泛使用的数据包捕获和分析工具 Wireshark,Liunx 系统下普遍使用的 tcpdump,网络入侵检测系统 snort 等。Libpcap 的底层捕获机制是 BPF。BPF 具有两个作用:一是在链路层进行数据包的接收和发送,将捕获到的网络数据包传送到过滤器部分;二是 BPF 可以根据人们设置的过滤规则对数据包进行筛选过滤,降低捕获数据包时系统的负载以及用到的缓冲区空间。BPF 的过滤功能是通过系统的解释器对捕获的数据包中的数据进行计算操作,并将结果与过滤规则进行对照,根据比较的结果决定是否拒绝将数据包上传的方式实现的。

2.2.2　Libpcap 原理

Libpcap 由两部分组成:网络分接口(Network Tap)和数据过滤器(Packet Filter)。网络分接口通过旁路机制从网络设备驱动程序中收集数据拷贝,数据过滤器决定接收数据包规则。

Libpcap 运行机制的第一步是将网卡设为混杂模式,这种模式能捕获到通过该网络接口上的所有数据包。当一个数据包到达网络接口时,Libpcap 首先利用已经创建的 Socket 套接字从链路层驱动程序中获得该数据包的拷贝,利用 BSD Packet Filter(BPF)算法对接收的链路层数据包进行过滤,BPF 过滤器根据用户已经定义好的过滤规则对数据包进行逐一匹配,匹配成功则放入内核缓冲区,并传递给用户缓冲区,匹配失败则直接丢弃。如果没有设置过滤规则,所有数据包都将放入内核缓冲区,并传递给用户层缓冲区。一般的数据包传送路径是从网卡捕获,再经过设备驱动器,数据链路层、网络层、运输层,最后到应用程序。Libpcap 的工作原理如图 2.1 所示。

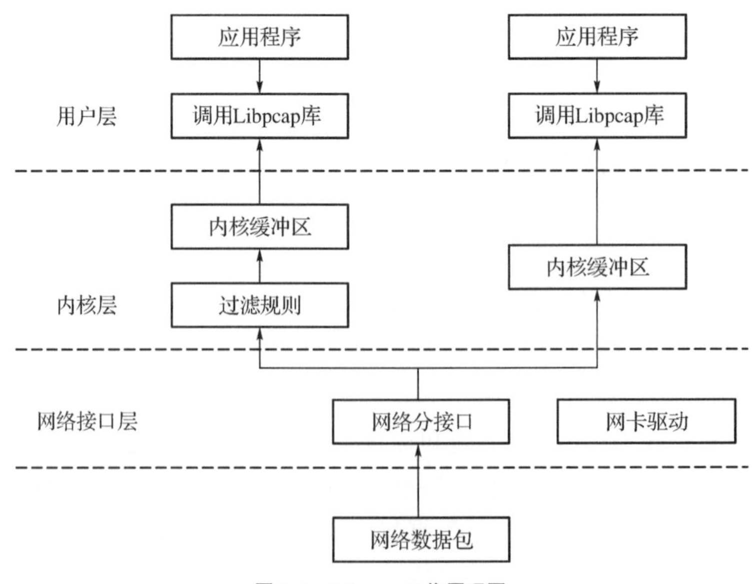

图 2.1　Libpcap 工作原理图

概括来说,Lipcap 抓包流程可划分为如下五步:

(1) 选择嗅探网卡。

(2) 初始化 pcap,使用文件句柄传入需要嗅探的设备。

(3) 设置 BPF 过滤规则,创建一个规则集合,编译并使用。

(4) pcap 进入主循环。在此阶段 pcap 收到报文后调用后续函数,在接收到指定数量的数据包或达到结束条件后结束循环。

(5) 关闭会话并释放网络接口。

总体来说,Libpcap 的作用是完成对数据包的捕获、过滤、分析和存储。对数据包的捕获是 Libpcap 最重要的功能,过滤机制是 Libpcap 的基础,Libpcap 可以利用使用者设置的过滤规则来对捕获到的网络数据包过滤,而且对数据包的过滤是在操作系统的内核空间完成的,速度快、效率高。在完成对数据包的捕获后,Libpcap 对所获得的数据包进行处理和分析,结合 Linux 的内置函数解析出数据包各个字段的详细信息。Libpcap 在捕获数据包后,也可以把数据包信息写入文件中,使用者能调用存储数据包的文件,然后再用 Libpcap 相应的函数打开,来获得数据包信息。

相对于操作系统内核 TCP/IP 协议栈的收包过程而言,Libpcap 绕过了协议栈中的 IP 层和 TCP、UDP 层的处理过程,将数据包直接从数据链路层拷贝到应用程序的缓冲区中,节省了大约 10%的处理时间。

2.2.3 Libpcap 库安装使用及主要函数

1) Libpcap 库安装

Libpcap 属于开源项目,现在由"The Tcpdump Group"维护。目前提供的安装方式为源码编译安装,Libpcap 的编译又依赖于 gcc、flex、bison、byacc 的预先配置。下面简单介绍 Libpcap 依赖工具和库的安装。

(1) 进行 gcc 编译环境的安装,gcc(版本 4.9+)或 clang(版本 3.4+)。

```
#apt update
#apt upgrade
#apt install build-essential
#apt-get install gcc libc6-dev
```

(2) 安装完 gcc 后,进行 flex、bison、byacc 的安装

```
#apt-get install bison flex
#apt-get install flex bison byacc
```

2) Libpcap 函数库

Libpcap 函数库中大约有 24 个通用的 Libpcap 函数,本节只对几种较常用的函数做详细介绍。

(1) pcap_open_live()

pcap_open_live()函数的功能是打开选择的网络接口,它的定义如下:

pcap_t * pcap_open_live(const char * equipment, int maxbyte, int is_mix, int exceed_m, char * errbuf), equipment:需要打开的网卡的名称,maxbyte:设置能捕获到的数据包的最大字节,一般设为 65535。is_mix 设置是否用混杂模式打开网卡。exceed_m 设置超时时间。这个函数的返回值是捕获数据包的指针,出错则返回 null,并把错误信息写入 errbuf 中。

(2) pcap_lookupdev()

pcap_lookupdev()函数返回可以被 pcap_open_live()调用的网络设备名指针。它的定义是：char * pcap_ lookupdev (char * errbuf)，出错时会返回 null，并把错误信息写入 errbuf 中。

(3) pcap_dispatch()

pcap_dispatch()函数的作用是捕获网络数据包，其中的回调函数可以处理数据包。其函数定义为：pcap_dispatch(pcap_t * p, int cnt, pcap_handler callback, u_char * user)，p 是使用的网络设备的指针，是 pcap_open_live()返回值。cnt 是指设置最多捕获多少数据包，cnt 如果是负数则一直捕获数据包直到读取到 EOF 或者超时时才停止捕获。user 是提供给 callback 的参数。callback 表示回调函数，它的形式是 void callback(u_char * arg, const struct pcap_pkthdr * pkthdr, constu_char * packet)，arg 是 pcap_dispatch()的最后一个参数，pkthdr 是捕获的数据包的 pcap_pkthdr 类型的指针，里面包含数据包的一些信息，packet 是收到的数据包结构指针，指向数据包头。

(4) pcap_compile()

pcap_compile()的作用是把用户设置的过滤规则字符串编译到程序中。它的定义是：int pcap_compile(pcap_t * p, struct bpf_program * fp, char * str, int opti, bpf_u_int32 netmask)，p 是使用的网络设备的指针，fp 是 bpf_program 结构的指针，存放编译后的过滤规则，str 是设置的编译到程序中的过滤规则字符串。opti 表示是否需要优化过滤表达式，netmask 表示本地网络的网络掩码，一般设为 0。

(5) pcap_setfilter()

pcap_setfilter()的作用是设置一个过滤器。它的定义是：int pcap_setfilter(pcap_t * p, struct bpf_program * fp)，p 是使用的网络设备的指针，fp 是 bpf_program 结构指针，是在 pcap_compile()中赋值返回的。

(6) pcap_next()

pcap_next()的作用是返回指向下一个数据包的指针。它的定义是：u_char * pcap_next (pcap_t * p, struct pcap_pkthdr * h)，p 是使用的网络设备的指针，h 是保存收到的数据包的 pcap_pkthdr 结构的指针，返回值是指向下一个数据包的指针，没抓到包时返回 NULL.

(7) pcap_close()

pcap_close()的作用是关闭 pcap_open_live()获取的网络接口对象，并释放相关资源。函数定义为：void pcap_close(pcap_t * p)，p 是使用的网络设备的指针。

3) Libpcap 过滤规则

Libpcap 的一个重要机制是过滤机制，过滤规则是专门为过滤机制设计的，BPF 过滤规则由标识和修饰符组成，有以下三种修饰符：

(1) 类型修饰符，它的作用是确定使用什么种类的标识符，它分为三种：port 是端口类型，host 是主机类型，net 是网络类型。

(2) 方向修饰符，它表明了传送的方向，共有两种，它们是 src，dst，其中 src 是数据包的源地址，dst 是目的地址。

(3) 协议修饰符，它实际上就是协议名称，表明要过滤这种协议类型的数据包，例如 ether，ip，ipv6，arp，tcp 和 udp 等就是协议修饰符。每个不同的修饰符就是对应的协议类型。

BPF 的过滤规则还需要通过连接词把修饰符修饰的标识结合起来，连接词就是我们经常用的 and，or 和 not。and 表示它两边的条件都成立才可以，如："src 192. 168. 54. 61 and port 70"这个条件是用来捕获 src 为 192. 168. 54. 61 并且 port 为 70 的网络数据包。or 表示它两边的条件只要有一个成立就可以，如："src 192. 168. 54. 61 or dst 192. 168. 25. 54"这个条件是用来捕获 src 是 192. 168. 54. 61 和 dst 是 192. 168. 25. 54 的网络数据包。not 表示的是捕获所有不满足 not 后面条件的网络数据包，如："not src 192. 168. 25. 54"这个条件是用来捕获所有 src 不是 192. 168. 25. 54 的网络数据包。表 2. 1 表示了一些常用的过滤规则。

表 2. 1　Libpcap 常用的过滤规则

src host hostname	表示只捕获源地址是 hostname 的网络数据包，hostname 表示主机名或者是 IP 地址
tcp src hostname	表示要捕获的是源地址为 hostname 的 tcp 协议的网络数据包
ether dst macaddress	表示要捕获 MAC 地址为 macaddress 的网络数据包
dst port portkey	表示要捕获的网络数据包的目的端口号为 portkey，portkey 是数字

2. 2. 4　WinPcap 工具

WinPcap 是 Libpcap 的 Windows 版本，它是一个基于 Win32 的捕获数据包和网络分析的体系结构，它包括一个内核级的包过滤器，一个底层的动态链接库(Packet. dll)，一个高层并且与系统无关的库(WPcap. dll，基于 Libpcap0. 6. 2 版本)。WinPcap 是集成于 Windows95、98、ME、NT、2000 和 XP 操作系统的设备驱动程序，它可以从网卡捕获或者发送原始数据，同时能够过滤并且仓储数据包。开发 WinPcap 这个项目的目的在于为 Win32 应用程序提供访问网络底层的能力。

1) WinPcap 内部结构

WinPcap 是针对 Win32 平台上的抓包和网络分析的一个架构，它由内核级的网络组包过滤器(Netgroup Packet Filter，NPF)、用户级的动态链接库 Packet. dll 和 Wpcap. dll 等 3 个模块组成。

(1) 网络组包过滤器。它是运行于操作系统内核中的驱动程序，它直接与网卡驱动程序进行交互，获取在网络上传输的原始数据包。NPF 与操作系统有关，WinPcap 开发组针对不同的 Windows 操作系统提供了不同版本的 NPF。在 Win95/98/ME 系统中，它以 VXD 文件形式存在，在 WindowsNT 和 Windows 2000 系统中，它以 SYS 文件形式存在。该模块提供了抓取数据包以及发送数据包的基本功能，此外还提供了一些高级功能，如数据包过滤系统和检测引擎。

(2) 低级动态链接库。Pactet. dll 用于在 Win32 平台上为数据包驱动程序提供一个公共的接口。不同的 Windows 版本在用户态和内核态之间提供互不相同的接口，而 Pactet. dll 可以屏蔽这些接口的区别，提供一个与系统无关的 API。基于 Pactet. dll 开发的数据包截获程序可以运行于不同的 Win32 平台而不必重新进行编译。Pactet. dll 可以执行如获取适配器名称、动态驱动器加载以及获得主机掩码及以太网冲突次数等低级操作。

(3) 高级动态链接库。Wpcap. dll 模块与 Unix 系统下的 BSD 截获架构提供的 Libpcap 库完全兼容。它提供了一组功能强大且跨平台的函数，利用这些函数可以不去关心适配器和操作系统的类型。Wpcap. dll 含有诸如产生过滤器、定义用户级缓冲以及包注入等高级功能。编程人员既可以使用包含在 Pactet. dll 中的低级函数直接进入内核级调用，也可以使用由 Wpcap. dll 提供的高级函数调用，这样功能更强，使用也更为方便。Wpcap. dll 的函数调用会自动调用 Pactet. dll 中的低级函数，并且可能被转换成若干个 NPF 系统调用。

2) WinPcap 的主要函数库

WinPcap 函数库主要有如下函数：

函　数	属　性
int pcap_findalldevs(pcap_if_t * * ,char *)	用来获得网卡的列表
voidpcap_freealldevs(pcap_if_t *)	与 int pcap_findalldevs(pcap_if_t * * ,char *)配套使用，当不需要网卡列表时，用此函数释放空间
pcap_t * pcap_open_live(const char * ,int,int,int,char *)	用来得到一个包抓取的描述符
int pcap_loop(pcap_t * ,int,pcap_handler,u_char *)	捕获数据包，不会响应 pcap_open_live()中设置的超时时间
int pcap_dispatch(pcap_t * ,int,pcap_handler,u_char *)	捕获数据包，可以不被阻塞
int pcap_next_ex(pcap_t * ,structpcap_pkthdr * * ,const u_char * *)	捕获数据包
int pcap_compile(pcap_t * ,structbpf_program * ,const char * ,int,bpf_u_int32)	编译一个过滤设备，与 pcap _ setfilter()配合使用
int pcap_setfilter(pcap_t * ,struct bpf_program *)	用来关联一个在内核驱动上过滤的过滤器，这时所有网络数据包都将流经过滤器，并拷贝到应用程序中

然而，传统的基于 Linux 内核旁路的数据包捕获方式存在着吞吐率极低的缺点，使 CPU 承担了很大负载并且无法实现多线程或多进程数据包并行处理。随着高速网络的发展，这种传统的处理方式会成为整个系统的性能瓶颈，对系统资源耗费极大，无法运行在高速网络中。因此我们需要考虑更为有效的高速流量报文获取方法。

2.3 高速流量报文测量方法

随着信息技术和互联网技术的飞速发展，网络 IP 流量不断呈现“更多、更快”的特征。“更多”主要体现为 IPv6 地址的普及、网络协议的多样化、网络结构的复杂化以及设备和用途的多样化，“更快”则主要表现为主干网络数据量的增长和带宽的增长，使用光纤后，普通的家庭用户网络带宽也可以达到百兆级别。这些发展，都给报文流量测量带来了一定程度的困难。当前在高速骨干网链路上，基于报文的网络流量测量需要极高的计算和存储资源，从而给网络流量测量研究开发带来了技术挑战。传统的网络流量测量方法面临的主要问题是可扩展性，不能够适应高速网络环境。本节主要介绍高速流量报文获取方法。

高速网络流量报文获取问题主要分三种方法：利用高性能的专用硬件，如 TCAM、ASIC 等实现高速链路上网络流量的数据处理。利用抽样技术等算法可以降低系统的负荷，对部分有代表性的网络流量数据进行采集处理。利用数据流技术对所有网络流量数据进行处理，有效地减少存储资源的需求，同时保持一定的准确性。

2.3.1 高性能网络报文测量架构

DPDK、PF_RING、Netmap 三种高性能网络报文测量架构。

1) DPDK

DPDK(Intel Data Plane Development Kit)是 Intel 提供的数据平面开发工具集，为 Intel Architecture(IA)处理器架构下用户空间高效的数据包处理提供库函数和驱动的支持(如图 2.2 所示)。通俗地说，其是一个用来进行包数据处理加速的软件库。DPDK 不同于 Linux 系统以通用性设计为目的，而是专注于网络应用中数据包的高性能处理。具体体现在 DPDK 应用程序是运行在用户空间上利用自身提供的数据平面库来收发数据包，绕过了 Linux 内核协议栈对数据包的处理过程。DPDK 是一套强大、高度优化的用于数据包处理的函数库和驱动集合，可以帮助用户将控制面和数据面平台进行整合，从而能有效地执行数据包处理，可以极大地提高数据处理性能和吞吐量并提高效率。

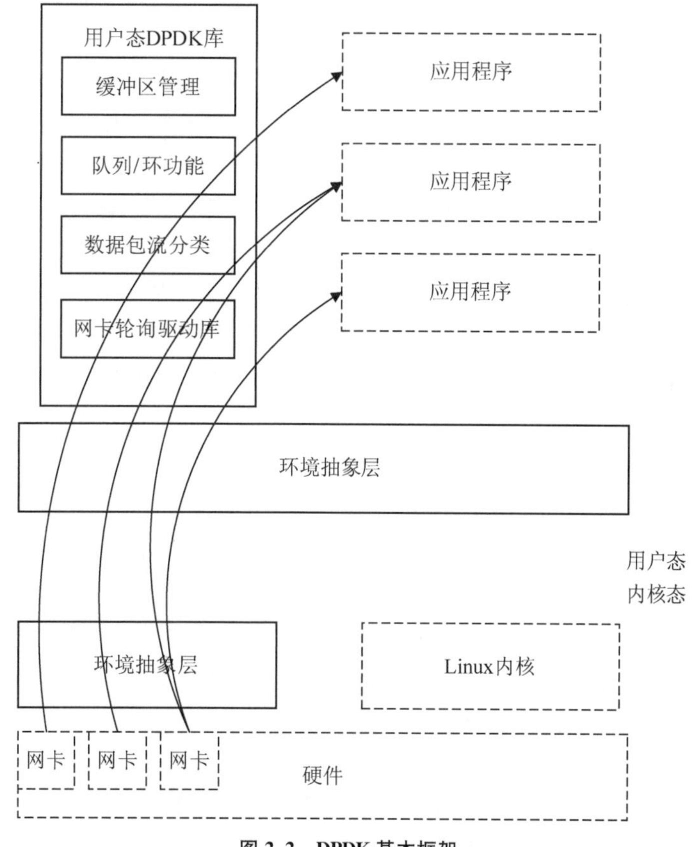

图 2.2 DPDK 基本框架

和传统的网络数据包俘获方式相比，DPDK 主要进行了以下改进：

(1) 轮询模式驱动(Poll Mode Drivers，PMD)：使用 PMD 代替了传统模式通过中断的网卡接收和发送数据包的工作方式，将收到的数据包通过直接内存存取模式(Direct Memory Access，DMA)传输到内存中并直接交由应用程序处理从而实现了零拷贝，极大地提升了收发包的性能。

(2) 运行在用户空间的 I/O 技术(UIO)：使用 UIO 机制使网卡驱动程序运行在用户态，

将原本在内核态处理的工作直接交由用户态应用程序处理，避免了不必要的内核态和用户态之间的系统调度，提高了执行效率。

(3) 大内存页面技术：DPDK 通过绑定 2 MB 或者是 1 GB 的 huge 内存页来代替传统的 4 KB 普通页，提高内存使用效率让程序尽量独占内存防止内存换出，扩大页表提高 hash 命中率，提升数据俘获中页面查找的速率。

(4) CPU 亲和性：利用 CPU 亲和性主要是将控制面线程以及各个数据面线程绑定到不同的 CPU 内核，省却了反复调度的性能消耗，同时支持 NUMA 架构尽量访问本端内存。

(5) DPDK 使用了 rte_mbuf 结构来存储数据包，将数据结构体部分和数据部分合在一起，因此只需要分配一次内存即可，进一步节省了分配内存开销，提高了数据接收和存储的速度。

DPDK 提供了报文数据包处理库和驱动集合，包括数据包的接收和发送等模块，利用 DPDK 提供的模块实现网络数据捕获首先需要进行 CPU 和网卡的绑定，接着申请大内存页，然后使用接收数据包读取网卡上接收的数据，最后将数据进行保存。

DPDK 报文捕获主要包括了以下几个步骤：

(1) 加载用户态 DPDK 核心库提供的网卡轮询驱动 PMD(Poll Mode Driver)，该驱动提供了用户态 I/O(Userspace I/O)，将网卡驱动的收包动作放于用户态执行。

(2) 初始化环境抽象层 EAL。该层提供了一个通用的接口用来隐藏硬件实现。通过环境抽象层 EAL，DPDK 直接绕过 Linux 内核使得用户态应用程序有权限访问和分配系统的硬件资源，直接与硬件进行交互。

(3) 使用用户态，DPDK 核心库中的缓冲区管理功能，在内存中预分配存储驱动获取报文的缓冲区，网卡通过 DMA 直接将报文存储到该缓冲区。

(4) UIO 读取报文时使用用户态 DPDK 核心库中的队列/环功能，根据业务场景选择合适的生产消费模式。队列/环(Queue/Ring)功能为单生产者单消费者，单生产者多消费者、多生产者单消费者、多生产者多消费者的入列和出列以及入环与出环提供了无锁的实现。

DPDK 借助于用户态 I/O，使轮询模式的网卡驱动运行在用户态接收报文，一切数据操作都发生在用户态，故与其他两种技术相比，基本避免了系统调用的使用以及用户态内核态上下文切换的开销。与 NAPI 即异步中断模式相比，在本驱动模式下，网卡的一切中断被关闭，由此消除了中断上下文的切换。每当报文填满网卡接收队列之后填写接收描述符，CPU 只需轮询该描述符即可感知是否进行报文处理，该机制保证 CPU 只专注于对报文的轮询 I/O 与处理，提高了报文的接收与处理效率。

基于 DPDK 框架实现的流量发生器将数据包的产生过程全部交由用户管理，保证了报文生成的灵活性、系统的高速性的同时也降低了成本。DPDK Pktgen 就是一个高速生成数据报文与测试网络的软件，其利用了 DPDK 的 UIO 的特点，并且结合接收方扩展(Receive Side Scaling，RSS)技术，提高了缓存命中率和整体性能。Pktgen 的操作更加简单方便，可灵活配置发包速度等参数，但其性能和发包流量受限于 DPDK 分配的 huge 内存页大小。

2) PF_RING

PF_RING 是一种新型的网络套接字技术，采用 Linux NAPL 实现对数据包的快速读写，能够显著提高读写性能。其中 NAPL 是一种轮询技术，借助延迟中断技术消除了内核对每一个数据包的中断请求处理过程，具体流程为：NAPL 将从网卡接收到的数据包存储在一块环形缓冲区域，即 PF_RING 的核心数据存储区域；利用内存映射机制，用户空间应用程序通过对环形缓冲区的轮询操作，实现对内核数据包的直接访问，从而消除了数据包从内核空间传输到用户空间的拷贝过程，极大地提升了数据包抓取的性能[6]。

PF_RING 的技术框架如图 2.3 所示，其中：

(1) 经过加速的内核驱动使得数据包从网卡拷贝到 PF_RING 内核的代价减小。

(2) 用户空间的 PF_RING 的 SDK 库，对于用户空间的程序提供了透明的支持。

(3) 特殊的 PF_RING 网卡驱动(该模块可选)通过有效地将数据包从网卡驱动拷贝给 PF_RING 且不经过 Linux 内核的数据结构。

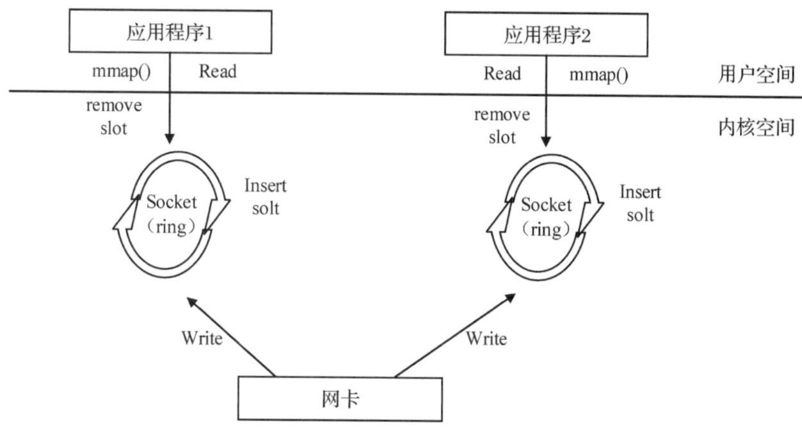

图 2.3 PF_RING 逻辑结构图

PF_RING 实现了一种新的 Socket 通信的类型(PF_RING)，利用其用户空间的应用程序可以直接与 PF_RING 的内核模块通信。应用程序可以得到一个 PF_RING 的句柄，并调用函数库中的函数。数据包将会从一个内存的环形缓冲区中读取，该环形缓冲区是在应用程序启动时所创建的。每一个到来的数据包会被 PF_RING 的内核模块拷贝到环形缓冲区中，以被用户空间的应用程序读取。

相较于传统的 Pcap，拥有单个环形缓冲区的 PF_RING 所能实现的性能就已经远超前者。此外，PF_RING 还充分利用现代计算机的多核架构和多线程技术，在内核中申请多个环形缓冲区，通过多线程轮询的方式将流经网卡的数据包均匀地分布到多个环形缓冲区。因此，多个用户空间的应用程序可以实现对数据包的并行处理，这大大提高了对数据包的处理效率。借助商用网卡适配器和高性能处理器，PF_RING 能够实现 10 Gb/s 的数据包抓取速率。

3) Netmap

Netmap 是一个基于零拷贝思想的高速网络 I/O 架构(见图 2.4 所示)，在内存映射的基础上，进一步减少了数据包的传输代价，实现了数据包在接口之间的有效传输、网卡与主机协议栈之间的高效通信，它能够在千兆或万兆网卡上达到网卡的线速收发包速率，并且能够有效地节省 CPU 等计算机资源[7]。零拷贝(zero-copy)是指主机、路由器等设备与网卡交互时，CPU 不需要将数据从一个内存区域拷贝到另一个内存区域，零拷贝通过减少数据拷贝或共享总线操作的次数，消除通信数据的不必要的拷贝过程，能够有效地提高通信效率、节省存储空间和处理时间。因此，零拷贝技术在高速网络数据处理领域有着广泛的应用。

当网卡运行在 Netmap 模式下，NIC 环会与主机协议栈断开，Netmap 会拷贝一份 NIC

环,被称作 Netmap 环。同时,Netmap 还会另维护一对环,用于与主机协议栈进行交互。这些环所指向的用于存储数据包内容的缓存位于共享空间,网卡直接将数据包存入这些缓存。应用程序可以通过调用 Netmap API 访问 Netmap 环中的数据包内容,也就可以访问用于存储数据包的缓存,也就是说,当应用程序需要访问数据包内容时,无需从内核空间到用户空间的拷贝,可以直接访问,从而实现了网络数据包的零拷贝。此外,Netmap 并不会将网卡寄存器和内核的关键内存区域暴露给应用程序,因而用户态的应用程序并不会导致操作系统崩溃,所以相对一些其他的零拷贝架构,Netmap 更为安全。

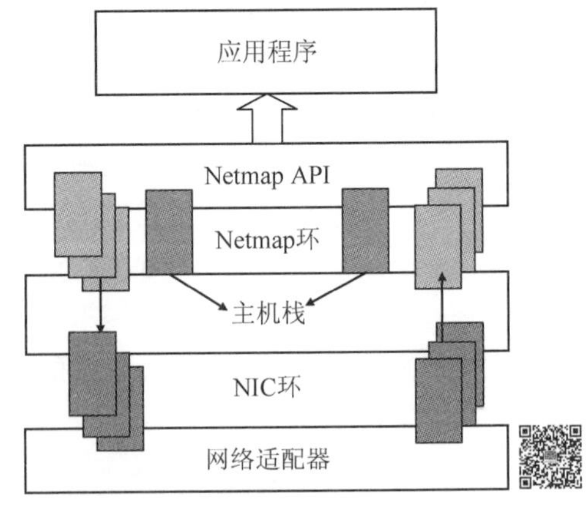

图 2.4　Netmap 架构图(扫描见彩图)

Netmap 还会通过以下几种手段来增加网络 I/O 的速度:

(1) 预分配固定大小的数据包存储空间,以消除每个数据包存储时动态分配内存所导致的系统开销;

(2) 让用户态程序直接访问到网络数据包缓冲区,以减少数据拷贝的开销;

(3) 使用一个轻量级的元数据表示,以屏蔽硬件相关的一些特性。该元数据表示支持在一次系统调用中处理大量数据包,从而可以减少系统调用的开销。Netmap 以其对多硬件队列和多核架构 CPU 的支持,可以实现高速数据包抓取的功能。

2.3.2　基于硬件高速报文获取方法

1) ASIC

ASIC(Application Specific Integrated Circuit,专用集成电路)芯片是用于供专门应用的集成电路芯片技术,在集成电路界被认为是一种为专门目的而设计的集成电路(如图 2.5 所示)。

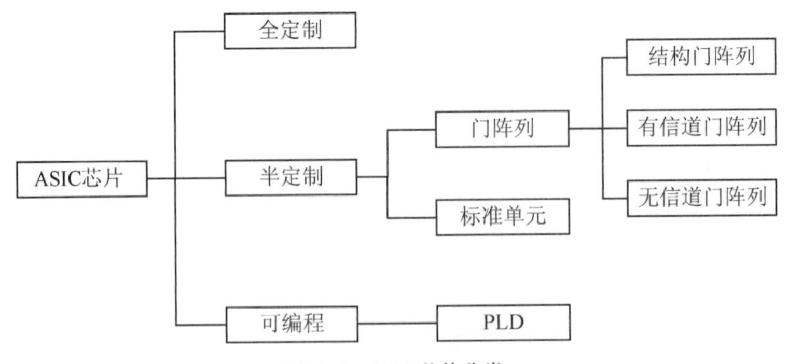

图 2.5　ASIC 芯片分类

ASIC 分为全定制、半定制与可编程芯片。

(1) 全定制 ASIC 芯片:全定制 ASIC 芯片是定制程度最高的芯片之一,研发人员基于不同电路结构设计针对不同功能的逻辑单元,于芯片板搭建模拟电路、存储单元、机械结构。全定制 ASIC 芯片在性能、功耗等方面表现优异。全定制 ASIC 芯片平均算力输出约为半定制 ASIC 芯片平均算力输出的 8 倍,采用 24 nm 制程的全定制 ASIC 芯片在性能上优于采用

5 nm 制程的半定制 ASIC 芯片。

(2) 半定制 ASIC 芯片：构成半定制 ASIC 芯片的逻辑单元大部分取自标准逻辑单元库，部分根据特定需求做自定义设计。① 门阵列芯片：门阵列 ASIC 芯片包括有信道门阵列、无信道门阵列和结构门阵列。门阵列 ASIC 芯片结构中硅晶片上预定晶体管位置不可改变，设计人员多通过改变芯片底端金属层等方式调整逻辑单元互连结构。② 标准单元：该类 ASIC 芯片由选自标准单元库的逻辑单元构成。设计人员可按算法需求自行布置标准单元。

(3) 可编程 ASIC 芯片：PLD(Programmable Logic Device)视为可编程 ASIC 芯片子类别，PLD 亦称可编程逻辑器件，在结构上包括基础逻辑单元矩阵、触发器、锁存器等，其互连部分作为单个模块存在。设计人员通过对 PLD 进行编程以满足部分定制应用程序需求。

ASIC 芯片技术发展迅速，ASIC 芯片间的转发性能通常可达到 1 Gb/s 甚至更高，于是给高速交换矩阵提供了极好的物质基础。

国防科技大学的谭明锋等[2]基于 ASIC 提出了一种 IP 路由查找算法，该算法用多个 Hash 函数对不同长度的前缀进行映射并保存在不同的组相联存储器中，运用组相联存储器的特性很好地解决了 Hash 碰撞，并极大地减少了空间耗费。查找时并行查找所有存储器以进行最长前缀匹配，可在一次访存时间内完成查表，而路由更新平均只需数次访存。该算法在使用 10 ns 的存储器件时已可满足 OC768 接口的线速转发要求，具有良好的可扩展性和并行性，可满足更大容量的路由表和更高速度网络单元的线速转发要求。

该算法对于路由表的增长有很强的适应性。如图 2.6 左图所示，其把多个算法 ASIC 并联在一起，每个 ASIC 中保存整个转发表的一部分，从而减少对每个 ASIC 的容量要求。在进行路由更新和搜索时，可以根据前缀地址的前若干位进行片选，决定要操作的 ASIC。

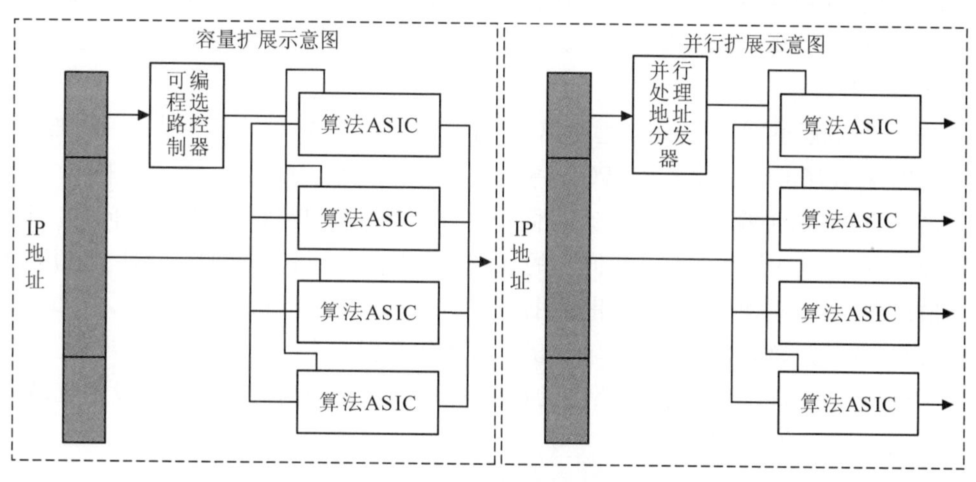

图 2.6　算法可拓展性和并行性

此外，该算法还有很好的并行性，当报文的到达速度高于查表速度时，可采用图 2.4 右图中的并行结构。与扩展性结构不同，这里每个 ASIC 中都保存完整的转发表。查表时由分发器将目标 IP 地址流水地分配到各个 ASIC 上进行查表，查到的结果流水送出。由于查表时间固定，因此报文具有保序性。这两种模式可以组合出大容量、高并行性的 IP 路由查找引擎。可以根据路由器的实际情况，如同在个人电脑上插拔 RAM 内存一样进行灵活的配置。通过这种容量扩展和并行扩展，可以解决未来更高速率和更大容量设备的线速转发要求。

2）FPGA

FPGA(Field Programmable Gate Array，现场可编程门阵列)是在PAL、GAL等可编程器件的基础上进一步发展的产物。与图形处理单元(GPU)或ASIC不同，FPGA芯片内部的电路不是硬蚀刻的——它可以根据需要重新编程。这种能力使FPGA成为ASIC的绝佳替代品。它属于专用集成电路中的一种半定制电路，是可编程的逻辑列阵，能够有效地解决原有的器件门电路数有限的问题。

FPGA采用了逻辑单元阵列(LCA-Logic Cell Array)这样一个新概念，内部包括可配置逻辑模块(CLB-Configurable Logic Block)、输入输出模块(IOB-Input Output Block)和内部连线(Interconnect)三个部分。

FPGA通常包含三类可编程资源：可编程逻辑功能块、可编程I/O块和可编程互连。可编程逻辑功能块是实现用户功能的基本单元，它们通常排列成一个阵列，散布于整个芯片；可编程I/O块完成芯片上逻辑与外部封装脚的接口，常围绕着阵列排列于芯片四周；可编程内部互连包括各种长度的连线线段和一些可编程连接开关，它们将各个可编程逻辑块或I/O块连接起来，FPGA在可编程逻辑块的规模，内部互连线的结构和采用的可编程元件上存在较大的差异。

FPGA可通过开发工具实现在线编程。与CPLD(复杂可编程逻辑器件)相比，FPGA属寄存器丰富型结构，更加适合于完成时序逻辑控制。因此，FPGA为高速报文并行采集与处理提供了一个很好的平台。中国科学院兰小东[3]在深入分析JESD204B协议的基础上设计了相应的数据传输数字电路及外围辅助电路，应用于3GS/s-12bitADC芯片的研发之中。在此基础上，设计了基于FPGA 7K325T的验证电路，可以保证芯片能够以各通道7.5 Gb/s的速度正常工作。

清华大学的耿立中等[4]为实现远距离的高速基带信号传输设计了一种以RS485标准为物理层基础，在现场可编程门阵列(FPGA)平台上实现的数据传输协议。该协议利用串行信号的跳变沿作为高速时钟检测的起点实现位同步，可以有效地解决信号码间干扰问题。其利用8B/10B编码实现帧同步，可以保证位同步的准确性和帧同步控制字符的可靠性。利用FPGA平台对协议进行了实验测试，测试结果表明该协议可以实现220 m距离上的14.5 Mb/s的有效数据传输，为长距离的高速数据传输提供了可靠的实现方法。

以上硬件设备可以支持高速网络上的数据采集工作，然而高性能的硬件设备较昂贵，因此在应用上有一定的局限性。

2.3.3 基于算法的高速报文获取方法

基于算法的高速报文获取方法主要有抽样方法和数据流方法。抽样方法是指从原始流量数据中选择有代表性的分组子集，抽样采集可以使系统的处理负荷大为减轻，可扩展性较强，由于其能从样本特征参数反映出原始流量特征参数，因此具有一定的测量精度。抽样数据除了可以对流量特征进行分析外，还在流量计费、性能特征测量、异常检测等领域广泛应用。对于互联网中的流量，有分组抽样和流抽样这两类抽样方法[5]。

1) 分组抽样

分组抽样假设每个分组都是独立的，其对构成网络流量的分组进行抽样，不考虑分组之间的相关性。常用的分组抽样方法包括系统抽样、简单随机抽样和分层随机抽样。

系统抽样(systematic sampling)是指以固定的间隔抽取对象，在选择抽取第1个对象后，每隔N个对象选择下一个对象。系统抽样方法是一种广泛应用的抽取方法，但是系统抽样存在一定的周期性。

简单随机抽样(simple random sampling)是指以一定的概率抽取对象，每个对象被抽取的概率可以是相同的也可以是不同的，这种概率一般会遵循某种概率分布函数。在流量测量中，常用的随机抽样方法分为简单随机抽样和随机增量抽样。随机抽样方法可以避免系统抽样的同步问题。

分层随机抽样(stratified random sampling)是指首先把总体分成若干层次或类型组，然后从各个层次中按一定的比例随机抽样。这种分层可以是按照元素的排列顺序进行划分，也可以按照元素的某个特征，如分组长度、协议类型等进行分层，然后分别进行抽样。在流量测量中，常用的分层抽样为均匀分层随机抽样(uniform stratified random sampling)。该方法可以保证抽样相对于元素的属性是无偏的，减少分组统计的误差，使得估计结果更接近于原始数据。

2) 流抽样

流抽样(Flow sampling)是指在指定测量时间内对网络流进行抽样。流抽样主要有两种抽样方式：① 先对分组进行抽样，再对分组进行流归并；② 先对分组进行流归并，再对流进行抽样。在流抽样中，构成网络流量的分组并不孤立，它们是为了完成具体的应用而产生的，分组之间存在着一定的关联，这种关联通过流进行体现。

由于流、分组的统计特性的特点不同，因此流抽样和分组抽样也存在着不同的需求。分组大小由于传输技术的限制，其最大长度不会超过网络能够支持的最大值，然而流的大小并不受传输技术影响。对于流量测量，采用哪种测量和抽样方法是由网络测量的目的决定的。对于流量计费，关注流量的长度、大小，大流丢失会导致大量信息损失，因此需要保证大流被抽样；如果对所有的流按照相同的概率进行抽样，少量的大流信息很容易被漏掉。然而对于异常监测，需要保留尽量多的流信息，如 SYN FLooding，DoS 攻击等通常由大量的小流构成。抽样是降低内存消耗和分组处理时间的最广泛采用的方法之一，但由于网络的不稳定性，结果可能存在较大的误差。

2.4 主动报文发送方法

主动构造所需的测量报文，是进行主动测量的前提，本节将重点讨论主动报文构造、发送等相关方法。

主动报文构造方法被应用于网络攻防、网络构架、入侵检测系统测试、网络性能测试等诸多方面，利用流量生成器可以在实验的环境中离线地生成网络流量。如何使生成的网络流量接近于真实的网络流量，成为计算机网络研究的一个重要方向。

从模型驱动方式上看，主要有两类主动报文构造技术：一类是根据网络流量数据生成流量，最简单的就是将这些数据包重放。但这并不能反映网络的普遍特性，而只能反映某个时刻的特征。另一类则是流量建模法。该方法通过对网络流量进行分析，获取其统计特征，抽象出能够刻画这种特征的数学模型。流量建模方法试图用数学方法解析网络流量特性，进而合成网络流[8]。流量建模的意义是在刻画流量特性的同时，又能给出流量特性的量化表示，为进一步地理论分析提供依据。现如今网络规模十分庞大，网络服务业务应用广泛且在不断地增长之中，如何建立一个准确有效的网络流量模型逐渐成为网络流量建模领域的研究热点[9]。

2.4.1 流量构造工具 Libnet

网络测量中的主动测量方法遵循的共同设计原则是将经过特殊组合的报文注入网络，然后通过返回的信息来推断网络对这些报文的处理方法，由此获得网络的状态信息。因此主动报文构造方法就非常的重要，需要使用相应的工具对报文进行构造，并用来发送这些数据包。

Libnet 就是一款功能强大的报文构造工具，可以生成任意类型的报文。它是一个与 Libpcap 类似的数据包注入器，可以用来编写有关网络测试、网络故障诊断和网络安全等方面的应用程序和工具。许多网络工具(如 Snort，Nmap)都是利用它来实现其部分功能。在 Libnet 出现以前，如果要构造数据包并发送到网络中，程序员需要通过一些复杂的接口来处理。Libnet 为程序员提供了一个简单而易于使用的编程接口，可以帮助程序员方便地构造网络数据包，编写网络应用程序。

Libnet 主要用 C 语言写成，建立一个简单统一的网络编程接口以屏蔽不同操作系统底层网络编程的差别，使得程序员将精力集中在解决关键问题上。它提供一系列的接口函数，实现和封装了数据包的构造和发送过程。利用它可以构造从应用层到链路层的各层协议的数据包首部，并将这些首部与负载数据有序地组合在一起发送出去[10]。

Libnet 支持几乎所有常用网络协议，支持从链路层到 IP 层数据包的构造和发送。Libnet 使用原始套接字层构造 IP 数据包，包括 IPv4 和 IPv6，也可以从链路层构造更多种类的数据包。同时，Libnet 与具体的操作系统平台无关。Libnet 目前可以在 Windows、Linux、OS、FreeBSD 等操作系统上运行，并且提供了统一的接口。

2.4.2 使用 Libnet 构造数据包

Libnet 库提供两种方式发送数据包至网络接口：原始套接字接口和链路层接口。原始套接字接口较简单，在网络层及以上构造数据包，不需要构造链路层以太网头；链路层接口较为复杂，在数据链路层构造数据包，不经过网络层直接发送至网络，功能更为强大。

1) 网络初始化

激活网络发送接口，应用 libnet_t * libnet_init(int injection_type，char * device，char * err_buf)初始化函数库，返回一个 libnet_t 类型描述符，若成功就返回一个 libnet 句柄用于后来的构造和发送过程，若失败则返回 NULL。其中，injection_type 表示要构造数据包的类型，包括 libnet_link，libent_adv_link，libent_raw4 等。device 表示网络接口，可以为 NULL 或由 libnet 进行选择。参数 err_buf 存放一段大小为 libnet_errbuf_size 的内存的出

错信息。若要产生数据链路物理帧,须先使用函数 libnet_open_link_interface()打开接口设备(如图 2.7 所示)。

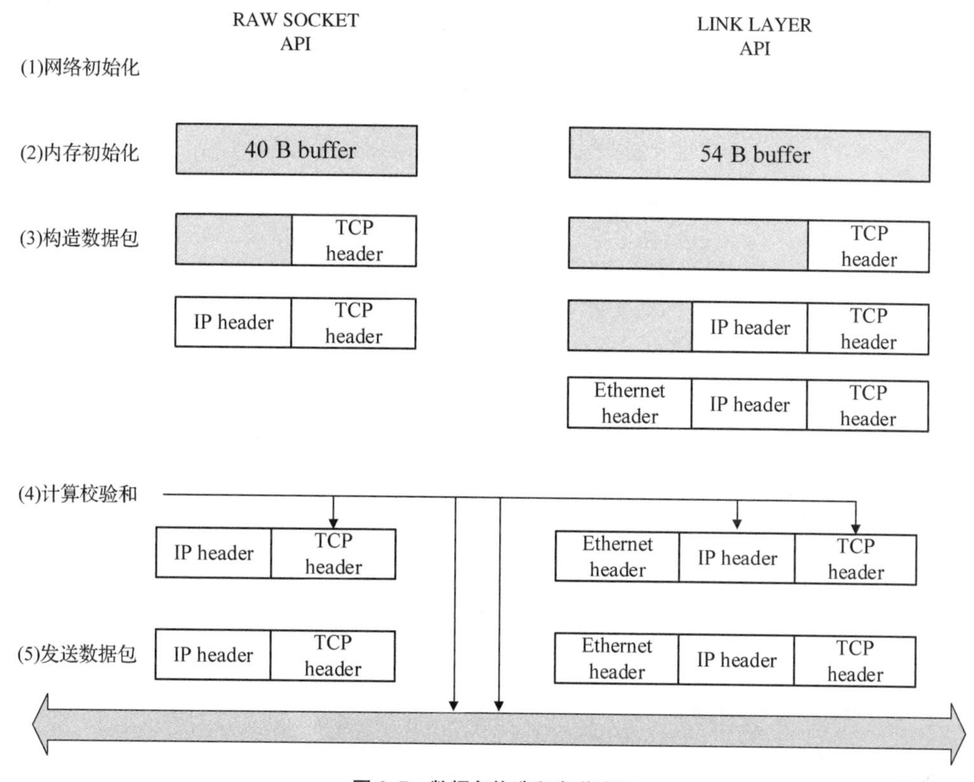

图 2.7 数据包构造和发送流程

2) 内存初始化

内存初始化要根据发送方式精确计算内存分配的大小。事先知道要构造的数据包的大小,若用数据链路层方式构造 IP 包,packet_size 为负载长度 payload_len 加上 34 B[IP header(20 B)+Ethernet header(14 B)],若用数据链路层方式构造简单的 TCP 或 UDP 分组,packet_size 为负载长度 payload_len 加上 54 B[TCP/UDP header(20 B)+IP header(20 B)+Ethernet header(14 B)]。程序结束前要释放已分配的内存空间。

3) 构造所需要的分组

Libnet 可以构造很多协议格式的数据包,每种协议的数据包部分都用某个函数实现。每个协议构造函数一般都包括四部分:与协议相关的一些选项、与协议相关的负载和其长度、Libnet 句柄、协议标记。用参数 ptag_t 表示协议标记,值如果是 0,就表示创建一个新的协议数据,如果不为 0,就修改它表示的协议数据。每个构造函数都返回一个协议标记。

一个完整的数据包通常由几部分协议构造函数构造,其构造顺序必须按照从高到低的顺序进行,即:构造应用层协议数据,构造传输层协议数据,构造网络层协议数据,最后构造链路层协议数据。我们使用链路层接口构造 TCP 包,如图 2.8 所示。按照顺序,在传输层需要调用 libnet_ptag_t libnet_build_tcp(),偏移量为 34 B,包括 IP 头 20 B 和以太网帧头 14 B,在 IP 层调用 libnet_ptag_t libnet_build_ipv4(),偏移量为以太网帧头 14 B,为在链路层调用 libnet_ptag_t libnet_autobuild_ethernet(),偏移量为 0 B。

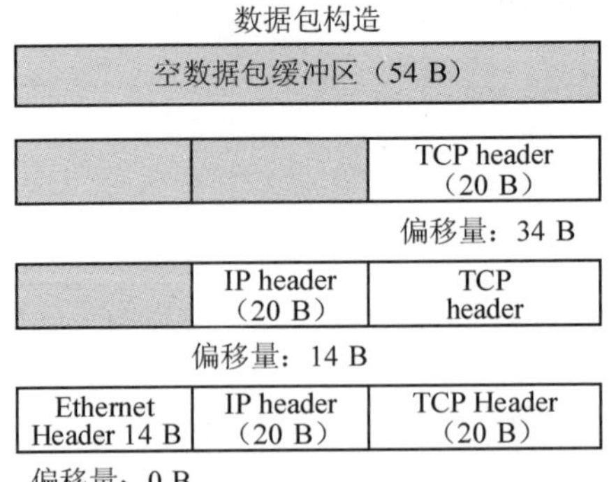

图 2.8　链路层方式 TCP 包的构造

4）计算校验和

Libnet 库提供 libnet_do_checksum(u_char * packet,int protocol,int packet_size)函数来计算校验和。由上所述，产生 IP 分组时，只需要计算 IP 校验和，产生 TCP 或 UDP 分组时，则要先计算 TCP 或 UDP 校验和，再计算 IP 校验和。校验协议由参数 protocol 决定。

5）数据包发送

将构造好的分组发送到网络当中去，调用 int libnet_write(libnet_t * l)实现。若发送正确，返回发送的字节数，否则返回－1。

2.4.3　流量发送模型

按照不同的阶段，流量模型可分为传统模型和自相似模型。传统模型的思想来自传统的电话网络模拟，产生的流量通常仅具有时域上的短相关性。当降低时间分辨率，即增大时间尺度时，流量突发性就会趋向缓和。主要的传统模型有泊松模型、马尔可夫模型等。

Leland 等人在 20 世纪 90 年代初第一次明确提出了网络流量中存在着自相似现象，也就是说网络流量在较长的时间段内都是相关的，即所谓的长相关[8]，在此基础上，研究人员提出了许多基于自相似性的模型，例如重尾分布的 ON/OFF 模型、M/G/∞排队模型。

1）传统模型

网络中传输的数据包是信息网络流量的载体。在传统的网络流量仿真中，一个或多个仿真事件与访问路由器的每组流量相关联(表示流量到达和离开)。

传统的模型一般基于泊松过程，按照分类方式，可以说它们的特点即为短相关性，下面介绍几个经典的传统模型。

(1) 泊松模型

泊松(Poisson)模型是 20 世纪初 ErLang 根据电话业务的特征提出来的，最初用于电话网的规划和设计，可以较为准确地描述电话网中的业务特征并得到广泛的应用。在网络流量建模的早期，人们便使用泊松模型来研究网络流量。泊松模型指在时间序列 t 内，包到达的数量 $n(t)$符合参数为 λt 的泊松分布，即公式(2.1)。

$$P_n(t)=\frac{\mathrm{e}^{-\lambda t}(\lambda t)}{n!}(n=0,1,2,\cdots,N) \tag{2.1}$$

其相应的包到达的时间间隔序列 t 呈负指数分布，即 $F(t)=1-\mathrm{e}^{-\lambda t}$。其中，泊松过程的强度

λ 表示单位时间间隔内出现包数量的期望值，即包到达的平均速率，其值为 $\lambda=1/E(t)$。泊松模型假设网络事件(如数据包到达)是独立分布的，并且只与一个单一的速率参数 λ 有关。泊松模型较好地满足了早期网络的建模需求，在网络设计、维护、管理和性能分析等方面发挥了很大的作用。然而，根据泊松流量模型，从不同的数据源汇聚的网络流量将随着数据源的增加而日益平滑，这与实际测试的流量是不符合的，因而该模型变得已不适于刻画实际的网络流量。

(2) 马尔可夫模型

马尔可夫模型是一种随机过程模型，它根据某一变量当前状态和其动向来预测其未来的状态，具有后无效性的特点。所谓的后无效性是指：若变量在时间 t_n 的状态已知，在该随机过程中，变量在此时刻之后出现的状态的概率只与该时刻有关，而与该时刻之前的状态无关。直观上来看，如果把此刻记为时间 t_n，当 $t>t_n$ 时，时间 t 就成为“将来”；若 $t_0<t_1<\cdots<t_{n-1}<t_n$，此处 $t_0,t_1,\cdots,t_{n-1}$ 就成为“过去”。

马尔可夫链数学定义如下：用 $\{X(t),t\in T\}$ 表示一个随机过程，用 E 表示状态空间。对于任意非负时间 $t_0<t_1<\cdots<t_{n-1}<t_n<t$，其对应的状态分别为 $x_1,x_2,x_3,\cdots,x_n,x,x\in E$，随机变量 $X(t)$ 在 $X(t_1)=x_1,\cdots,X(t_n)=x_n$ 条件下的分布函数只与 $X(t_n)=x_n$ 有关，即对于离散型随机变量 $X(t)$，满足公式(2.2)：

$$P\{X(t)=x\,|\,X(t_1)=x_1,\cdots,X(t_n)=x_n\}=P\{X(t)=x\,|\,X(t_n)=x_n\} \tag{2.2}$$

则称随机过程 $\{X(t),t\in T\}$ 是一个马尔可夫链，条件概率 $P\{X(t)=x\,|\,X(t_n)=x_n\}$ 表示该随机过程在时刻 t_n 的一步转移概率。

马尔可夫模型引入了相关性，通过前一状态预测后一状态，此方法在网络流量预测中应用十分广泛，常见的马尔可夫模型在流量模型上的应用有马尔可夫泊松过程(Markov-Modulated Poisson Process，MMPP)，在这里简单介绍一下 MMPP。MMPP 是泊松过程的一个泛化，其中到达率随时间变化。M 状态的 MMPP 可以看作 m 个独立的泊松过程，其中 λ_i 是第 i 个过程的到达速率。由 M 状态马尔可夫链支持的交换机可以确定 m 个到达过程中哪个是活动的，即它是哪个到达过程中被生成的。假设第 i 个到达过程是活动的，这个过程仍然对于均值为 σ_i^{-1} 的指数分布的时间量有效，在活动期结束时，交换机以概率 p_{ij} 来选择第 j 个过程作为下一个活动期。由上述过程可得，M 状态的 MMPP 可以用参数 $\lambda_i,\sigma_i^{-1},p_{ij}$ $(i,j=1,2,\cdots,m)$ 完整地表示出来。

(3) 传统模型的不足

传统流量模型的优点是相应的概率理论知识发展比较完善，队列系统性能评价易于数学解析。由于传统的业务模型只有短相关性，即在不同的时间尺度上有不同特性，从而无法描述网络的长相关性。从传统模型得到的结论是：这些模型仿真产生的业务，通常在时域仅具有短相关性，当业务源数目增加时，突发性会被吸收，聚合业务变得越来越平滑，不能反映业务突发性；而且，传统模型产生的业务流高频成分多而低频成分少，相关结构呈指数衰减，因而不能准确地描述流量自相似性。总结起来，有以下几点：

① 实际的数据包和大部分连接的到达是相关联的，并不严格服从泊松分布；

② 传统的业务模型只具有短相关性，而流量自相似性反映业务在较大时间尺度具有突发性，对缓存的占用比传统排队论的分析结果要大，这样会导致更大的延时，这说明泊松模型会降低网络的性能；

③ 对于传统模型,当业务源数目增加时,突发性会被吸收,聚合业务会变得越来越平滑,但却忽略了流量的突发性。

2) 自相似模型

自从 1994 年流量的自相似特性被发现后,各种基于自相似性的流量模型被不断地提出。基于网络流量的自相似性,有两类建模方式:一类是构造建模(物理模型),这类方式试图利用已知的传输知识来解释所观察到的数据特征,如由于资源共享而导致大量信源叠加的事实,这类建模方式中具有代表性的有重尾分布的 ON/OFF 模型、M/G/∞排队模型;另一类是行为建模(统计模型),这类方法试图用数据拟合方法模拟所测量真实数据的变化趋势,代表模型有 FBM 模型和基于小波的模型等。

(1) ON/OFF 模型

ON/OFF 模型是从物理意义角度建立的自相似模型。研究表明,无穷多个独立的具有重尾分布的业务源产生的流量,在汇集点汇聚时,其流量特征会表现出自相似特性。在 ON/OFF 模型中,所有业务源只有 ON 和 OFF 两个状态。在 ON 状态时,业务源以一定的速率发送数据,数据包大小符合重尾分布;在 OFF 状态,业务源停止发送数据[12]。ON/OFF 模型拓扑结构如图 2.9 所示。

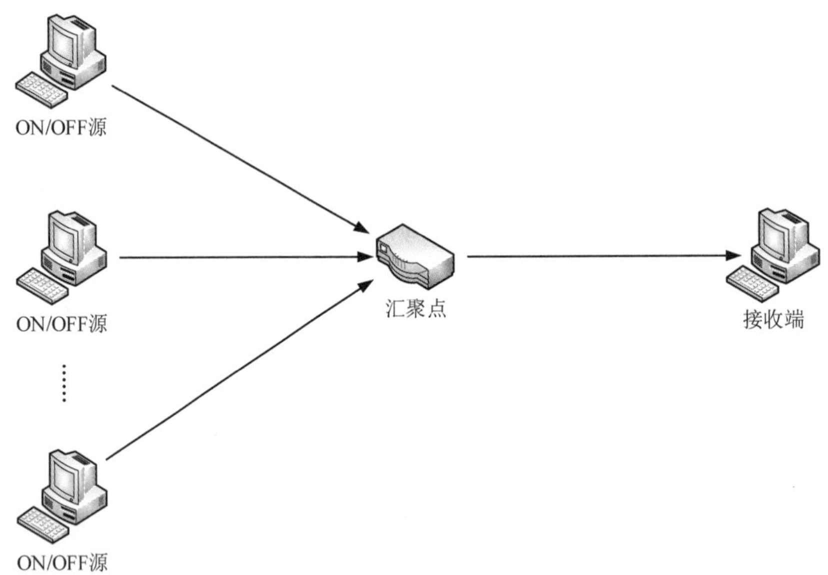

图 2.9　ON/OFF 模型拓扑结构

使用 ON/OFF 模型生成网络流量流程如下:

Step1:ON/OFF 数据源解析获取流量生成参数;

Step2:业务源生成 ON 周期内需要发送的数据包;

Step3:若 ON 周期未结束,发送生成的数据包,计算下一个数据包发送时间,在该时间到达时继续发送数据包,如此重复;

Step4:若 ON 周期结束,则计算 OFF 周期时间,在该时间段内,ON/OFF 源不发送任何数据包;

Step5：当 OFF 周期时间结束时，若未到生成流量截止时间，则计算新的 ON 周期，转 Step2。

若随机变量 X 服从重尾分布，则其满足公式(2.3)：

$$P[X>x]\sim x^{-\alpha}(x\rightarrow\infty,0<\alpha<2) \tag{2.3}$$

帕累托(Pareto)分布是一种最简单的重尾分布，其概率密度函数为公式(2.4)：

$$f(x)=\alpha k^{\alpha}x^{-\alpha-1}(\alpha>0,k>0,x\geqslant k) \tag{2.4}$$

其分布函数为公式(2.5)：

$$F(x)=P[X\leqslant x]=1-(k/x)^{\alpha} \tag{2.5}$$

模型中的每个业务源按照 Pareto 分布发送数据包，当所有 ON/OFF 业务源产生的数据包汇集时，流量就会呈现出自相似特性。

用 ON/OFF 模型叠加产生自相似流量可以解释产生自相似的部分原因：若文件大小符合重尾分布，则对应的文件传输均导致链路层的自相似性，而与所用的传输协议等相关较小。

但也有明显的缺点，假设前提过于严格，即各个源端必须是独立同分布的，且输出速率为常数，而大多数网络业务的分布是无法建立在此前提下的。这些都使得它在实际应用中受到很大限制。

(2) M/G/∞排队模型

丹麦电话工程师 A. K. 埃尔朗在解决自动电话设计问题时提出了排队论的基本思想，也称作话务理论。图 2.10 是一种最简单的排队系统模型，包括输入过程、排队规则和服务机构三个组成部分。输入过程描述顾客到达的时间分布规律，排队规则描述当前服务是否允许排队以及顾客是否愿意排队，服务机构描述的是服务台数目及顾客服务时间分布规律。排队模型一般使用符号表示，其形式为：$X/Y/Z$。这种方法最初由肯达尔引入，所以也称为肯达尔记号。记号中 X 表示输入过程，Y 表示服务时间分布，Z 表示服务台数目。

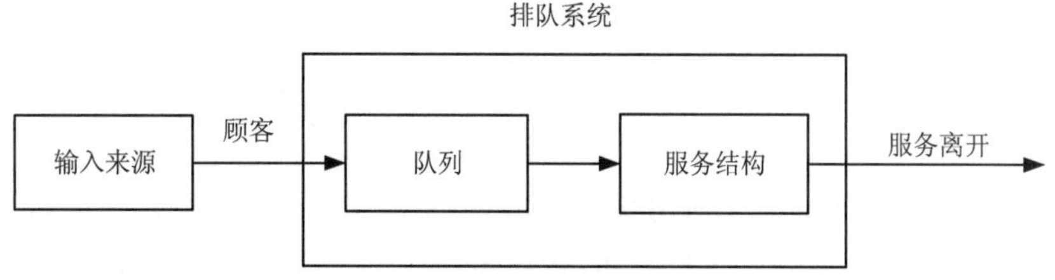

图 2.10　排队系统模型

M/G/∞排队模型表示：输入顾客流服从参数为 λ 的 Poisson 过程(因 M 表示相继到达的时间间隔呈负指数分布)，系统内有无穷个服务设备，每个服务设备的服务时间 T 服从独立同分布 G。M/G/∞序列是指排队系统中的顾客总数在时间轴上构成的序列。M/G/∞模型可以通过选取不同的 G 使序列具有长/短相关的结构，系统的服务时间 G 服从 Pareto 分布的时候，顾客总数序列构成一个渐进自相似过程。M/G/∞序列无法直接用概率密度或分布函数描述。改进后的 M/G/∞模型(包间隔即顾客流用 Pareto 分布代替指数分布)生成的流量更能反映真实流量的排队特性。

M/G/∞排队模型也是一种采用构造方式的自相似网络流量模型。由于现在 IP 网络设备都基于分组交换，并且在设备的接口上都采用了统计复用的实现方式，所以该模型的一个优点在于从排队系统的角度解释了网络流量产生自相似特性的原因；另外一个优点是该模型比较适合于分析自相似网络流量输入时的排队性能。但是，该模型假设了服务器一直处于忙期，主要凭借服务时间的随机性来描述自相似特性，因此对网络流量的突发性描述方面存在不足。

(3) FBM/FGN 模型

在自相似模型中，常用 Hurst 参数刻画某个单一分形的长期行为，但是面对复杂多变的真实网络环境，网络流量长期特征和短期特征差别较大，这种单一分形无法刻画流量短期特性。近年来的研究也同样表明，网络流量既具有自相似特性，也存在多重分形特性。于是，研究人员在自相似特性基础之上提出了多重分形模型来刻画网络流量。

分形布朗运动(FBM)是一种统计自相似过程的分形数学模型。设随机过程$X(t)$为一般布朗运动，则分形布朗运动 $X_H(t)$满足公式(2.6)：

$$X_H(0) = b_0$$

$$X_H(t) - X_H(0) = 1/\Gamma\left(H+\frac{1}{2}\right)\left\{\int_{-\infty}^{0}\left[(t-s)^{H-\frac{1}{2}} - (-s)^{H-\frac{1}{2}}\right]\mathrm{d}X(s) + \int_{-\infty}^{0}\left[(t-s)^{H-\frac{1}{2}}\right]\mathrm{d}X(s)\right\} \tag{2.6}$$

其中，$t>0$，H 为自相似系数，$0<H<1$。当 $b_0=0$，$H=1/2$ 时，分形布朗运动就变为一般布朗运动。

通过计算协方差，可以证明分形布朗运动自相似过程是不稳定的。但是其增量具有平稳的自相似性，用 $Z_H(k)$表示 FBM 的增量，其描述形式如公式(2.7)：

$$Z_H(k)=X_H(k)-X_H(k-1) \tag{2.7}$$

此处的 $Z_H(k)$称为分形高斯噪声 FGN，它是一个严格的二阶自相似过程。

在此基础之上就可以建立具有自相似特性的网络业务流模型。用 $A_t^{(i)}$ 表示第 i 个信源在时间$[0,t]$内的输入业务流，平均输入速率为 m，则聚合的网络业务流可以用公式(2.8)表述：

$$A(t)=mt+\sqrt{\alpha m}X_t,\ t\in(0,+\infty) \tag{2.8}$$

其中，$A(t)$表示时刻 t 之前的所有业务流，m 表示整个网络流的平均到达速度，α 为方差系数，X_t 是标准的分形布朗运动。实验表明，该模型产生的网络流量的自相关系数 H 满足 $0.5<H<1$。

在使用 FBM 进行自相似网络流量建模时，只需要提供业务流输入的平均速率、方差和自相似系数这三个参数就可以确定模型。但是由于 FBM 参数较少，其在描述流量的短相关特性上面存在缺陷。

(4) 自相似模型小结

这一时期还有许多其他的自相似模型如小波模型，这里不再一一介绍。自相似流量模型与传统流量模型的不同之处在于：自相似模型是建立在网络特性的基础上，可以描述流量的突发性和长相关性，刻画了业务流量的自相似特性，有助于全面地认识网络业务流在各个方面的内在规律。表 2.2 对文中的自相似模型做了一个简单的对比。

表 2.2 几种网络流量模型对比

模 型	ON/OFF	M/G/∞	FBM/FGN
物理意义	有	有	无
长相关	ON/OFF 分布函数无限方差	服务时间 G 分布函数无限方差	有
短相关	ON/OFF 分布函数有限方差	服务时间 G 分布函数有限方差	无
平稳性	平稳	通常非平稳	平稳
复杂度	$O(n)$，建模复杂度取决于源数	$O(n)$，建模复杂度取决于服务数	$O(n)$

2.4.4 高速报文发生器

高速报文发生器通常有两种应用场景，利用高速报文发生器模拟网络攻击流量和利用高速报文发生器模拟物联网流量。

1) 利用高速报文发生器模拟网络攻击流量

网络攻击行为的建模仿真与网络攻击流量的自动生成对于网络攻击效果评估和网络安全设备(IDS、防火墙等)的性能评估等活动具有重要意义。在进行这些评估活动的过程中，不可避免地需要用到各种攻击行为的攻击流量。

因此需要设计高速报文发生器来生成需要的攻击流量，对网络设备进行压力测试来保证系统的安全性。2021 年 10 月微软报告了峰值流量达到 2.4 Tb/s DDoS 攻击。为了对网络安全设备有很好的检测，普通的发包程序不能满足相应的要求，需要速度更高的高速报文最大规模发生器来模拟这样的攻击流量。

2) 利用高速报文发生器模拟物联网流量

物联网(Internet of Things，IoT)结构复杂，类型各异，且不同物联网应用场景的流量特征差异很大。为分析复杂的物联网网络环境和流量对网络及其他应用带来的影响，对物联网流量特征进行分析和预测变得日益重要。

由于获取物联网场景下规模庞大且类型复杂的应用流量数据十分困难，为完成物联网流量预测与模型评估，需要使用高速报文发生器。但同时高速报文发生器也有一定的局限性，在普通 PC 上对报文进行生成的速度有较大的限制，利用发包工具进行发包的发包速度量级通常在百兆，但实际需要的报文速度则可能要达到千兆、万兆的级别。

当计算机通过网卡对进行通信时，计算机发送数据的速度也受此影响，普通主机的网卡速度在百兆以及千兆这个范围。同时受 PCI 带宽限制，网卡的数据发送，一般是通过南桥芯片中的 PCI 接口工作，该接口的速度在 38 MB/s 左右，这对报文的速度也有限制。

此外，报文构造程序需要进行相应的编译，才能完成发包的功能。软件编译的过程影响了发包的速度。不同的报文构造程序，对速度也有着较大的影响。例如利用 Libnet 构造的数据包相比专门的 DDoS 攻击测试程序 LOIC 速度只有 6 Mb/s 左右。与主机相连接的网线、交换机、路由器等，它们的速度也是有着上限值，这也限制着高速报文的发生。普通网线、交换机的传输速度在百兆以及千兆这样的级别，如果需要发送万兆级别的流量，普通主机的网络连接显然是不合适的。

2.5 手机报文获取

随着社会信息化、网络化大潮的推进，移动设备（如智能手机、平板电脑等）越来越多地渗透到人们的日常工作与生活中，成为全球数十亿人不可或缺的工具。对于移动设备特别是手机的流量采集是网络测量的重要环节。

移动设备网络流量获取分析的目的是从网络流量中推断设备、用户及设备上安装的应用程序的相关信息。移动设备网络流量分析由传统的网络流量分析领域发展而来，与传统网络流量相比，移动设备产生的下载流量比上传流量大，流量持续时间较短、报文数目较多且单个报文长度较短。随着移动终端的不断发展，需要对移动终端特征及其流量特征进行分析，掌握网络当前最新的终端与流量的特征。

2.5.1 在 Wi-Fi 网络下抓取手机报文流量

在第 2.2 节中我们了解了 Libpcap 的工作原理以及 Libpcap 具体应用 tcpdump，本节介绍基于 tcpdump 的两种手机报文测量方法的基本原理以及具体案例分析。

1）在计算机上抓取手机报文流量

（1）适用场景与基本原理

Wi-Fi，也叫 WiFi，全称是 Wireless Fidelity，意思是无线保真。Wi-Fi 是一种无线连接技术，通过这种技术，可以将手机、平板，以及电脑以连接在一起。Wi-Fi 是一个由 Wi-Fi 联盟（Wi-Fi Alliance）所持有的无线网络通信技术的品牌。它的目的是对采用 IEEE802.11 为标准的网络无线产品的互通性进行改善。Wi-Fi 可以说是 WLAN 的重要组成部分。从无线局域网的层面看待 Wi-Fi，它实际上是一种商业认证，具体指的是“无线相容性认证”。同时，它也是一种无线联网技术。与以往的利用网线进行计算机之间的连接不同，它主要是通过无线电波来联网，即通过一个无线路由器，只要该无线路由器可以上网，并且在它的电波可以覆盖的有效范围之内，便可以使用 Wi-Fi 方式进行联网。本节中将无线路由器统称为 Wi-Fi。

移动设备产生的网络流量可从网络各个层次（如数据链路层、传输层、应用层）或节点（Wi-Fi 网络接入点或设备内）收集，数据来源主要有：移动设备、网络访问点（access point，AP）、Wi-Fi 监控器和运行移动设备仿真器的计算机。最直接的流量收集方法是在移动设备上安装轻量级的应用记录程序。除此之外，在可控制的小规模网络中，也可利用小型网关、VPN 服务器和台式计算机等作为 AP 来记录用户的网络流量，图 2.11 展示了这种流量收集方式。随着移动用户对 Wi-Fi 网络需求的增长，Wi-Fi 访问点也被用于流量收集。Wi-Fi 网络通常包括两种类型的硬件设备：采用 IEEE802.11 标准为移动设备提供网络连接的 AP 与将来自 AP 的网络流量转发至互联网的网关。Wi-Fi 调制解调器等硬件既可用作 AP 又可用作网关。在 Wi-Fi 访问点进行流量收集又分为网络中只存在单访问点和网络中存在多访问点的情况。

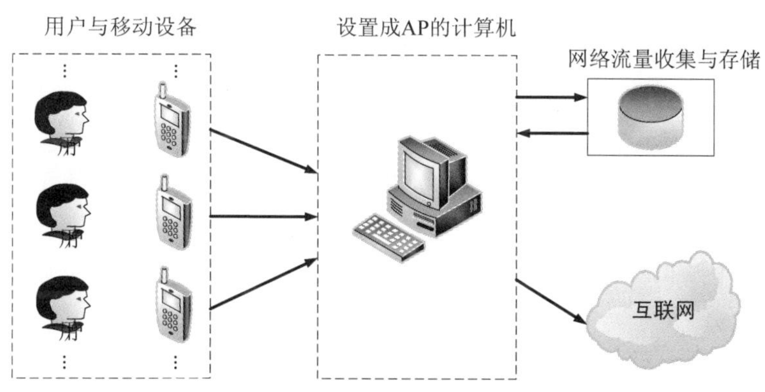

图 2.11 移动设备流量收集

移动设备产生的网络流量可从 Wi-Fi 网络接入点收集，将计算机作为 AP 且在计算机上抓取手机报文流量是最简单方便的手机报文流量获取方法，方便实验者操作且只需要实验者掌握基本的网络知识，不需要熟悉其他工具软件的使用。在计算机上抓取手机报文流量主要原理是将计算机设置为 AP 以在计算机上收集手机报文流量。所以，在计算机上抓取手机报文流量，需要搭建如图 2.12 所示的数据报文抓取环境，其需要满足以下几个条件：PC 端安装 Wireshark 软件；PC 端支持设置网卡为无线 AP；手机连接 PC 以太网卡设置的无线 AP。

图 2.12 数据报文抓取环境

通用的移动设备数据包捕获环境的优点包括：① 搭建步骤比较容易；② 能够实现数据包的实时捕获，并且可以直接在 Wireshark 工具中进行查看分析；③ 对移动设备的要求不高，只要移动设备支持无线上网功能即可。

在计算机上抓取手机报文流量，需要用到具有热点创建功能的软件来创建 Wi-Fi 热点，如图 2.13 所示，再使用需要抓包的手机连接 Wi-Fi 热点，最后可以使用热点所在主机上的 Wireshark 抓包软件抓取手机上流经无线网卡的流量。

在计算机上抓取手机报文流量时，需要注意这种方法很容易受到因为计算机性能不佳带来的网络环境波动的影响，同时计算机上需要安装数据包捕获工具，例如 Wireshark。

图 2.13 Windows 移动热点

(2) 具体案例分析

① 利用已经连接到互联网的电脑创建 Wi-Fi，可以下载软件 360Wi-Fi 或者使用 Windows 自带的移动热点功能将无线网卡变成无线 AP。Windows 自带的移动热点功能可以在新通知—移动热点—编辑里设置。

② 打开 PC 端的 Wireshark 软件在初始界面选择捕获的接口为 WLAN，如图 2.14所示。

点击界面左上角的红色结束方块就可以结束抓包过程，Ctrl＋S 将抓取的包保存在 PC 端。

③ 完成手机上流经电脑无线网卡的流量的抓取。

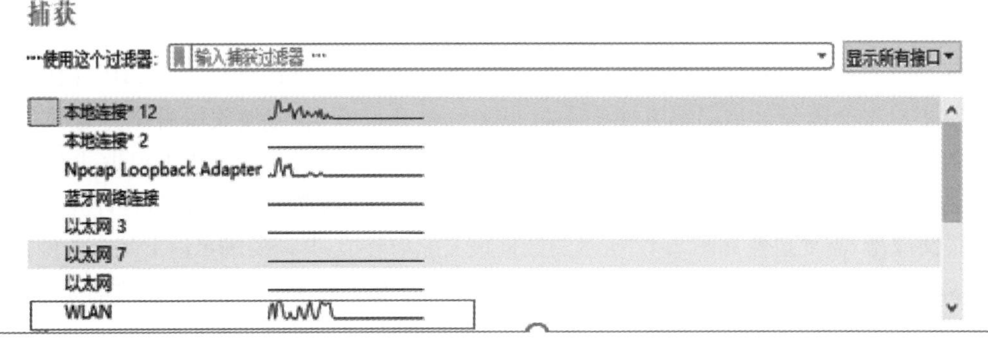

图 2.14 选择接口

2) 在路由器上抓取手机报文流量

(1) 适用场景及基本原理

当用户使用手机访问网络时，手机在不断接收与发送数据包，这些数据包都会通过路由器进行分发，由于移动设备产生的网络流量可从网络接入点设备内收集，路由器也是一个网络接入点设备，我们通过路由器对数据进行抓包，就能提取到手机报文流量。

在路由器上采集的方案不仅可以抓取手机在无线 Wi-Fi 网络环境下的报文流量，同时还可以根据具体实验需求通过系统插件如 tc 和 netem 等来控制链路的延迟、丢包、带宽等参数。所以在特定实验场景下，会使用到在路由器上抓取手机报文流量的方案。

在路由器上抓取手机报文流量的主要原理是利用已取得 root 权限的基于 Linux 系统的软路由来实现数据转发并在 Linux 系统中安装 tcpdump 数据包捕获软件。所以，在路由器上抓取手机报文流量需要搭建如图 2.15 所示的数据报文抓取的软路由环境。在路由器上抓取手机报文流量需要满足以下条件：软路由安装 tcpdump，软路由需取得 root 权限，方便用户对系统文件进行修改。

在路由器上抓取手机报文流量首先需要软路由 LAN 口连接一台无线路由器和计算机，然后手机连接无线路由器发出的热点，最后在软路由的 Linux 系统终端上输入 tcpdump 抓包命令，抓取手机上流经 LAN 口绑定网卡的所有流量。

在路由器上抓取手机报文流量的方法需要注意的是：① 了解软路由的内部结构，从而方便搭建流量采集环境；② 熟悉 Linux 系统，方便在软路由系统上安装和使用 tcpdump 工具；③ 要注意区分网卡是 WLAN 还是 LAN 口，PC 通过网线连接软路由后，浏览器访问 192.168.1.1，从而进入软路由后台控制界面里查询；④ PC 端下载 Xshell 软件，通过网线连

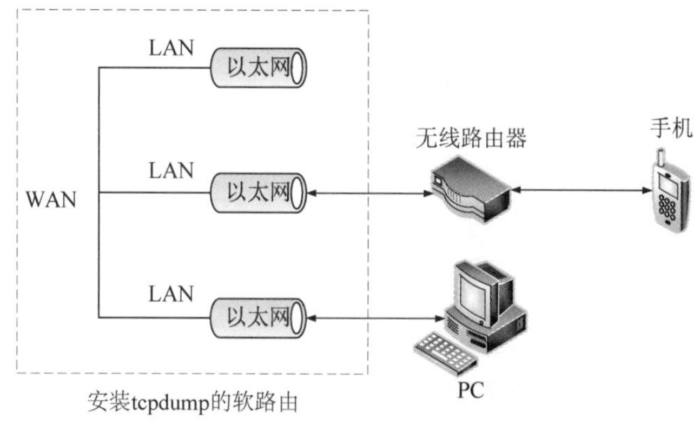

图 2.15 手机数据报文抓取环境

接软路由 LAN 口，便于软路由系统与用户交互。

(2) 具体案例分析

① 软路由 LAN 口通过网线连接 PC 端网卡口，在 PC 端浏览器中输入管理 IP(管理 IP 视具体情况而定，例如 192.168.1.1 可以进入软路由控制界面。初始密码默认为 admin，具体情况需要与购买的商家确定)。软路由出厂已经自带路由功能，如需实现其他功能，可以手动在控制界面里设置。

② PC 端打开 Xshell，连接路由器，在命令行输入 opkg install tcpdump，等待软路由下载 tcpdump 完成。如果 opkg install tcpdump 安装失败，则重新输入 opkg update，opkg install Libpcap 和 opkg install tcpdump 命令，等待安装完成。因为如果没有安装 Libpcap 及其依赖库的话，tcpdump 无法编译，所以要先下载 Libpcap。

③ 查看各个网卡的信息，可以进入软路由系统中用 ifconfig 命令查看四个网卡的信息，查看网卡信息是为了找出待抓取的网卡，方便后续 tcpdump 命令抓包。

④ 使用 tcpdump 命令抓包，可以对每一张网卡单独抓包，也可以同时抓几张网卡的包。

抓取 eth0 的方法是：tcpdump -i eth0 -w test.pcap；同时抓 eth0 和 eth3 的方法是：tcpdump -i eth3 -w t esteth3.pcap & tcpdump -i eth0 -w testeth0.pcap。Ctrl+C 停止抓包。

2.5.2 在移动网络下抓取手机报文流量

上节介绍基于 tcpdump 的两种在 Wi-Fi 网络下的手机报文测量方法的基本原理以及具体案例分析。本节主要介绍基于 tcpdump 在移动网络下的手机报文测量方法的基本原理以及具体案例分析。

1) 适用场景及基本原理

手机一般有两块网卡，Wi-Fi 采用的以太网卡以及 3G/4G 的无线 Modem 型网卡(基带模块)，两种网卡一般不同时使用。3G/4G 上网用的是蜂窝移动网络，信号以电磁波的形式在空气中进行传播，发送到距离最近的基站，基站通过交换机转发到覆盖目标设备的基站，并通知目标设备，回传结果，这种上网模式在链路层，用的一般是 PPP(Point-to-Point Protocol)协议，而其上网媒介用的则是无线通信专用的无线基带通信模块，图 2.16 展示了安卓无线流量上网模型。

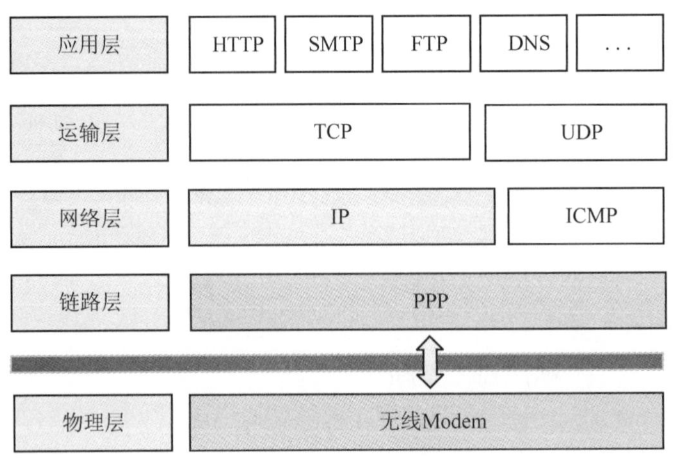

图 2.16　安卓无线流量上网模型

在数据链路层，PPP(Point-to-Point Protocol)协议提供了一种标准点对点的传输方式，为各种主机、网桥和路由器通信提供通用连接方案。

Android 系统如果想要利用 PPP 协议进行数据通信，必须首先按照 PPP 协议建立数据通信链路。PPP 数据链路的建立需要完成三个步骤，包括链路层配置、链路认证以及网络层配置。这个过程中，通信双方必须通过协商，确定数据包格式、IP 地址等链路参数，才能正确建立 PPP 数据链路。通信链路建立后，pppd 会创建一个网络接口(如 ppp0)，内核中的 PPP 协议模块也会登记该网络接口，对上层应用而言，该虚拟网络接口 ppp0 或者 rmnetxxx，就是无线上网需要调用的接口，并且该接口创建之初就已经从移动网络获得了动态分配的 IP 地址，对上层应用而言可以看做一块真实的，并且已经激活的网卡设备，可以像使用以太网卡一样，进行 TCP/IP 网络通信。

2.5.1 节介绍的两种方案都是在网络接入点采集手机流量，可能会导致无法采集到单一手机设备的纯净报文数据。所以在移动设备上安装数据包捕获程序是最直接的流量收集方法，同时能抓取到具体移动设备的纯净流量。这种方法主要原理是取得安卓手机 root 权限从而利用 tcpdump 软件的数据包捕获功能，进而可以同时实现手机在移动运营商网络环境下和 Wi-Fi 网络环境下的报文流量抓取。这种方法可以在手机上抓取手机报文流量，需要搭建如图 2.17 所示的数据报文抓取环境。在手机上抓取手机报文流量需要满足以下两个条件：数据线连接 PC 端和手机以及手机端安装 tcpdump。

在安卓手机上抓取手机报文流量首先需要在 PC 端安装 adb 安卓调试软件(adb 工具即 Android Debug Bridge(安卓调试桥)tools，是一个命令行窗口，用于通过电脑端与模拟器或者真实设备交互)，然后通过 adb 指令将 tcpdump 软件安装到已经取得 root 权限的安卓手机上，最后使用 tcpdump 命令抓取手机在移动网络环境下的所有流量。

图 2.17　手机数据报文抓取环境

在手机上抓取手机报文流量需要注意的是：① 在安卓手机抓取手机报文流量的方法需要先进行取得管理员权限操作，会给手机系统带来安全问题；② 抓取数据量很大的报文流量需要手机有较大的内存容量。

2）具体案例分析

（1）取得安卓手机 root 权限，root 化就是让我们从使用手机的用户身份，直接变成管理员身份，可以直接对使用的手机内部文件进行改动和修改。取得安卓手机 root 权限可以利用开发自带的 root 权限或者一些 root 工具如 Kingroot 等进行。

（2）电脑上安装 adb 软件，并配置 adb 系统环境变量。配置 adb 环境变量步骤为：右击“我的电脑”→点击“属性”→进入“高级系统设置”→点击“环境变量”在系统变量里找到“PATH”双击再点击新建输入 adb.exe 路径，最后点击“确定”。cmd 控制台输入 adb，如果显示 adb 版本号，则表示配置环境变量成功。

（3）在手机上轻触设置—关于手机—版本号，再返回设置，就可以看到开发者选项。点击开发者选项，打开 USB 调试，如图 2.18 所示。需要注意的是不同的安卓手机打开 USB 调试情形可能会有差异，具体情况可以网上找到参考教程。

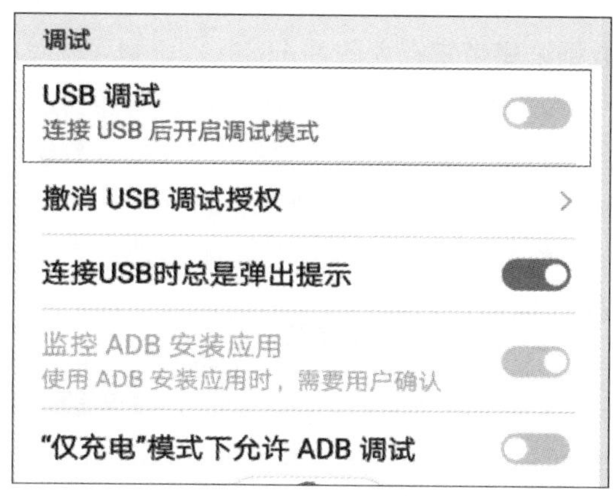

图 2.18　USB 调试

（4）利用安卓数据线连接安卓手机和电脑，进入 cmd 控制台，输入 adb shell 进入 adb 命令交互行，利用 adb push tcpdump/data/local 指令将电脑端 tcpdump.exe 应用程序安装到安卓手机/data/local 路径下，adb push 后第一个路径为 tcpdump.exe 在 PC 端上的路径，第二个路径为想要 tcpdump 安装到手机上的路径。如果出现 error：device not found 错误。检查电脑 USB 接口是否接触不良，或者检查数据线是否具有数据传输功能。

（5）进入 root 权限，使用 chmod 777/data/local/tcpdump 修改 tcpdump 权限。再利用/data/local/tcpdump -p-s 0 -w /sdcard/005.pcap 指令开始抓取经过连接 4G 或者 Wi-Fi 热点的手机的流量。/data/local/tcpdump 为 tcpdump.exe 应用程序在安卓手机文件里的路径。/sdcard/005.pcap 为自己想要保存 pcap 包的路径。Ctrl+C 是结束抓包过程。

（6）利用 adb pull/sdcard/005.pcap f：test.pcap 指令将手机端里保存的 pcap 文件传输到 PC 端，从而利用 Wireshark 软件进行分析。其中/sdcard/005.pcap 为手机端保存的 pcap 包的路径；f：test.pcap 为想要在 PC 端保存 pcap 包的绝对路径。使用 adb push 和 adb pull 命令的时候需要注意绝对路径和相对路径的区别。传输过程中要保持数据线一直连接 PC 和手机。

（7）完成抓包后，就能用 Wireshark 分析抓取的保存在 PC 端的报文流量。

三种抓取手机上流量的方法都要求熟悉 tcpdump 抓包命令，要了解 tcpdump 命令每个参数的使用。另外，在手机上抓取手机报文流量要求熟悉 adb 安卓调试软件的操作；在计算机上抓取手机报文流量要求熟悉 Wireshark 软件的基本使用；在路由器上抓取手机报文流量要求对软路由结构了解，对 Linux 系统使用有基本的了解。

总之，在移动互联网的蓬勃发展下，移动设备流量特征分析、用户行为特征分析、数据挖掘与海量数据处理等将成为互相促进的研究热点，在移动互联网中从各个研究角度对移动设备流量的分析在不断地深入，对于真实状况下的海量移动互联网流量数据分析的相关研究至今仍有待发展。

2.6 课程思政

数据采集是网络测量的基础，然而数据采集系统的计算复杂度与网络带宽成正比，网络传输带宽的飞速增长给数据采集带来很大的冲击。

在早期低速网络环境下，数据采集的计算量较小，以模块的方式在网管系统中实现内置的数据采集就能够满足需求。但是随着网络带宽的不断增长，数据采集的计算量越来越大，数据采集系统作为一个独立的网络设备或者网络设备中的一部分，其体系结构的发展即网络设备体系结构的发展，共经历了三个阶段：① 以通用处理器为核心的体系结构；② 以 ASIC 为核心的体系结构；③ 以网络处理器为核心的体系结构。

在信息技术、用户需求、市场竞争的共同推动下，未来网络的发展趋势出现了新的特征：一方面对高性能的追求依然如故，网络链路的带宽仍旧以每年翻一番的速度增长着；另一方面对网络的灵活性提出了更高的要求，个性化服务的需求日益突出。前面两种体系结构的网络设备都不能满足未来网络发展的需求，不是性能太差就是灵活性不够。为了满足新的发展需求，业界提出了基于通用多核 CPU＋FPGA 的网络处理器的解决方案。

高速网络测量技术成为当今各发达国家竞相发展的高新技术。10 G 及其以上的高速网络测量技术和产品在美国等西方国家是作为军事武器产品，拒绝对我国销售。

从国际上的网络安全测量项目来看，美国目前开展了多个国家网络安全测量计划，如用于定位画像国内外基础设施的藏宝图计划，用于检测反击国外攻击流量的怪兽心灵计划，检测阻断针对美国联邦政府机构的网络攻击行为的爱因斯坦计划。新西兰于 2001 年开启了 DAG 项目，政府和军事人员可以通过 DAG 报文采集卡抓取各种网络环境中的数据包。目前可以支持 10/100/1 000 以太网卡，支持 10 GbE，40 GbE。

我国的相关网络测量技术也在不断发展中，东南大学联合烽火科技近 20 年一直进行高速网络采集卡的研究，2014 年联合研制成功的 40 G 采集器产品获得了江苏省高新技术产品认定证书、国家高新技术产品认定证书。只需要 20 台千兆常规网络安全设备就可以实现对广州城域网主干 1.3 Tb/s 流量的安全防范和网络安全事件监测。2018 年实现了 100 G 采集器，目前在研制 400 G 采集器。支持对全国大型网络安保、1 Tb/s 以上城域网网络安全流量的检测。2019 年开始研制具有完全国内自主知识产权的软硬件协同的网络处理器，支持内生网络防御和态势感知的新型网络处理平台。随着物联网、车联网、工业互联网快速发展，以及 5G 的发展，我们需要研制专门针对新兴网络技术的网络测量技术，实现对这些新兴网络的安全监控。

网络测量器方面我们已经开始超越国外，但是其中的核心芯片和处理器还比较落后，当前国产 CPU 有飞腾、龙芯、申威，FPGA 有紫光同创，但性能较国际最先进水平仍有较大差距。我们在研制高性能网络处理器时就只能使用国外公司的产品，比如 CPU 只能采用 Intel、AMD 的产品，FPGA 只能采用 Xilinx 的产品，而这些都是美国公司。然而，在当前中美贸易战的背景下，这些公司已经暂停与华为等中国公司的商业往来，将来甚至可能对中国实现全面技术封锁。另一方面，从保证国家安全方面出发，我们也迫切需要实现高端 CPU、FPGA 等芯片的国产化，进一步加强在网络测量处理方面的芯片研制工作。

中美贸易战让我们更看清了在核心技术方面受制于人的巨大隐患，也给本土芯片产业提供了一个历史性的机遇。首先，芯片自主化已上升到国家战略层面，近年来国家和地方对本土芯片产业的投入和扶持不断加大；其次，作为限制集成电路产业发展的人才问题，这几年国内已高度重视，很多企业纷纷投入校园计划，为人才培养提供优质平台，通过引进国外高精尖专家和自主培养，人才问题将逐渐得到缓解；此外，通过过去多年的技术沉淀，国内半导体产业链正在不断成熟完善，芯片设计能力也在不断加强。同时，新兴市场也给本土芯片厂商带来更多机会，包括 AI、大数据、物联网在内的新兴行业还在快速发展的阶段，构成了庞大的增量市场。我们应该意识到，最核心的技术是买不来的，核心技术应该是掌握在自己手上，相信经过 5～10 年的潜心研究，以应用为牵引，在不断试错和推广中，我们可以在芯片研发上取得突破，提升国产芯片的性能和体验，助推国产芯片发展。

2.7 本章小结

网络测量离不开数据包捕获技术，本章主要介绍报文流量测量基本方法，包括被动报文获取方法、高速流量报文获取方法、Libpcap 被动报文获取、主动报文发送方法、Libnet 主动报文发送和手机报文获取方法。需要明确的是，各种网络流量测量方法是针对具体的应用需求提出来的，具有一定的局限性，目前还没有一种通用的网络流量测量方法。

随着物联网、大数据、5G 等新技术的发展，智能数据采集将成为网络测量领域的重要研究课题。未来的网络测量应该与人工智能相结合，实现数据的智能采集，实现一个具有机器学习能力的系统，以提高网络数据采集的安全性、有效性和效率。因此，网络测量中的数据融合或智能采样将再次成为网络测量领域的研究热点[13]。其次，由于主动测量技术能够再现网络系统的应用场景和行为，具有准确获取网络攻击和入侵信息的优点，其将成为网络安全测量的主流手段。但这种数据采集机制大多会给网络设备带来负担，影响网络系统的性能。如何提高主动采集的性能，降低主动采集对网络系统性能的影响，以及如何更好地将主被动测量结合应用将一直是一个重要的研究课题。最后，在网络测量过程中，与安全相关的数据收集有时需要收集来自用户的数据，从而可能收集用户敏感信息。如何保护数据隐私，保护相关用户隐私，保证数据安全，使数据脱敏也是需要重点关注的问题。

习题 2

2.1 主被动报文测量分别有什么优缺点？

2.2 你所了解的主动测量工具有哪些？分别可以测量哪些指标？

2.3 Libpcap 可以实现什么功能？利用 Libpcap 被动报文获取的原理是什么？

2.4 使用 Libnet 发送数据包的步骤是什么？

2.5 有哪些主动报文构造方法？它们的特点是什么？

2.6 面对“更多，更快”的网络 IP 流量，针对高速流量的报文获取有哪些解决方案？

2.7 高速流量报文获取中，有哪些常用的数据流技术？

2.8 如何进行移动设备的网络流量采集？

参考文献

[1] Zhou D H, Yan Z, Fu Y L, et al. A survey on network data collection[J]. Journal of Network and Computer Applications, 2018, 116: 9 - 23.

[2] 谭明锋，龚正虎. 基于 ASIC 实现的高速可扩展并行 IP 路由查找算法[J]. 电子学报，2005(2)：209 - 213.

[3] 兰小东. JESD204B 发送端高速串行接口在 ASIC 中的设计与实现[D]. 北京：中国科学院大学（中国科学院人工智能学院），2020.

[4] 耿立中，王鹏，马骋，等. RS485 高速数据传输协议的设计与实现[J]. 清华大学学报（自然科学版），2008(8)：1311 - 1314.

[5] 周爱平，程光，郭晓军. 高速网络流量测量方法[J]. 软件学报，2014，25(1)：135 - 153.

[6] ntop[EB/OL]. [2021-02-26]. https://www.ntop.org/products/packet-capture/pf_ring/.

[7] netmap [EB/OL]. [2021-02-26]. http://info.iet.unipi.it/~luigi/netmap/.

[8] Leland W E, Taqqu M S, Willinger W, et al. On the self-similar nature of ethernet traffic extended version[J]. IEEE/ACM Transactions on Networking, 1994, 2(1): 1 - 15.

[9] Shah-Heydari S, Le-Ngoc T. MMPP modeling of aggregated ATM traffic[C]//IEEE Canadian Conference on Electrical & Computer Engineering. IEEE, 1998: 129 - 132.

[10] Liu W T. Research on remote operating system detection using libnet[C]//2009 International Conference on Industrial and Information Systems, IEEE, 2009: 101 - 103.

[11] Zhang G X, Xie G G, Yang J H, et al. Self-similar characteristic of traffic in current metro area network[C]//2007, 15th IEEE Workshop on Local & Metropolitan Area Networks, 2007. LANMAN. IEEE, 2007: 176 - 181.

[12] Ju F, Yang J, Liu H. Analysis of self-similar traffic based on the on/off model[C]//2009 International Workshop on Chaos-Fractals Theories & Applications, IEEE, 2009: 301 - 304.

[13] Lin H Q, Yan Z, Chen Y, et al. A survey on network security-related data collection technologies[J]. IEEE Access, 2018, 6: 18345 - 18365.

3 网络流的测量方法

测量分析网络中的信息流是网络安全的重要组成部分，网络流(Internet traffic flow)的测量与分析不仅为网络管理员提供更好的管理功能与服务，并且对网络规划、网络安全、取证和反恐等其他方面也起到了重要作用。许多政府要求互联网服务提供商(ISP)具备“合法拦截”网络流量的能力。为了便于流量的分析，网络流的概念应运而生。RFC2722 将流定义为“与呼叫或连接等效的人工逻辑。”RFC3697 将流定义为“从特定源发送到特定单播、任播或多播目的地的数据包序列，流可以由特定传输连接或媒体流中的所有数据包组成。但是，流不一定 1∶1 映射到传输连接”。RFC3917 将流定义为“在特定时间间隔内通过网络中观察点的一组 IP 数据包。”本章第 3.1 节综合学术界对于网络流的定义给出流定义的四个参数。其次针对网络流量分析中数据报文处理的需求，引入了组流方法的概念，通过不同的组流方法将数据报文整合为不同的数据流，给出了流定义参数空间的四个参数，并介绍了常见的组流方法。第 3.2 节介绍了目前互联网产业中常见的流量分析技术并进行对比，使用 NetFlow 应用为例，详细介绍了 NetFlow 的概念与基本原理，对于如何对网络流进行处理进行了介绍，对流的概念与应用方式进行了补充。通过对 NetFlow 的介绍可以更深入地理解网络流的概念与使用方式。第 3.3 节通过 NetFlow 的应用实例详细介绍了网络流处理后的使用方式，进一步认识 NetFlow 进行网络流处理的应用方向。最后介绍一个基于 NetFlow 的 NBOS 的案例对 NetFlow 应用有进一步深刻的理解。

3.1 流定义

3.1.1 流的参数定义

早期在网络流的定义尚未出现时，Jain 和 Routhier[1] 对比数据包在网络中的到达模式，为了描述令牌环局域网络上的流量而构建了包列模型(packet train model)，该模型将信息包列定义为从同一源到达同一目的地的信息包的队列。如果两个包之间的间距超过某个时间间隙，则将它们划分为不同的包列。从包列模型可以反映出，许多网络通信涉及在固定的两个节点之间时间间隔很近的多个包。

由于 TCP 协议的特性，很容易理解采用 TCP 流中的 SYN/FIN 报文来判断一条流的开始和结束。由于网络环境的复杂性，并非所有流量都使用支持 SYN 和 FIN 功能的 TCP 协议，因此需要通过流定义方法。

对于从给定网络测量点处感知的数据报文使用基于超时值的流定义方法，如果满足流规范的数据包在时间上的间隔小于指定的超时值，则判断该流处于活动状态，如图 3.1 所示。对于单个流的超时值检测，在连续的时间间隔内均检测到属于该流的数据包，判断该流处于活跃状态，当某个时间间隔内没有观测到属于该流的数据包时，则在该时间间隔结束时判断该流结束。在大多数研究中采用单一的超时值定义网络中的流，然而对于不同的网络环境而言，单一的超时值并不能满足所有类型流量的定义。

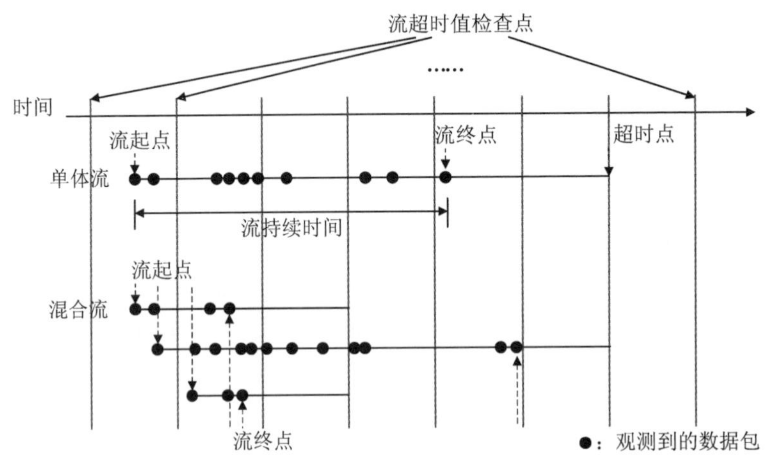

图 3.1　基于超时值的流定义

Claffy[2]等人在 1995 年给出了流可参数化的定义与流的四个特征，这四个特征为流的测量和后续分析提供了框架。Claffy 将通过一个给定网络测量点测量到的一个或两个传输端点的实际流量建立流模型，只要符合流规范的数据包被观察到的间隔小于指定的超时值，流就定义为活动的，并描述了构成流的四个特征：方向性、单端点与双端点、端点粒度和协议层。

1）流的方向性

流可以根据流的方向定义为单向或双向，虽然面向 TCP 的流量通常是双向的，但它在两个方向的流量传输中往往表现出显著的不对称性。每一个从 A 到 B 的 TCP 流也产生一个从 B 到 A 的反向流。Claffy 将流定义为单向，即双向通信表现为两个独立的流。

2）流的单端点与双端点

单端点流和双端点流就是在流量的源或目的地址聚合的流，与由源地址与目的地址共同定义的流。例如，到给定地址的数据流即为单端点流，给定源地址与目的地址的流量即为双端点流。单端点流指定源或目标主机 MAC 地址或 IP 地址，而双端点流使用 IP 地址对、MAC 地址对或进程标识符，由源和目标主机加上源和目标应用程序标识符（即 UDP/TCP 端口号）组成。

3）流的端点粒度

流的端点粒度就是通信实体的范围。粒度包括应用程序、终端用户、主机、IP 网络数量、管理域（AD）、骨干客户服务提供商、骨干节点的外部接口、骨干节点、大型单骨干或多骨干环境（例如不同机构）等方面。这些粒度不一定有固有的顺序，因为单个用户或应用程序可能跨越多个主机甚至多个网络号。

目前 IP 路由器根据包含给定目标网络的下一跳信息的路由表做出转发决策。而随着策略路由问题，数据包的源和目的地址也与路由决策相关，双端流转发的问题也将变得更加重要。此外，随着新的路由机制的使用与 IP 网络编号相关的替代分层定义，所需的粒度将不得不有所发展。网络服务提供商需要定义更粗粒度的流来聚合网络编号对，从而为这些网络编号对创建相应的虚拟链路,例如 ATM 云,每条链路可能捆绑许多更细粒度的 IP 流。为了向应用程序的单个实例(例如视频会议)提供特殊服务,需要更详细的粒度。更加说明了流参数化模型需要具有灵活性。

4) 协议层

流的第四个特征是网络流的功能层或协议层。可以在应用程序层或使用传输连接定义流。例如通过支持显式连接建立和拆卸的 TCP 协议的 SYN 和 FIN 分组即可在传输层定义一条流。为了在所有流量中保持通用性,网络流的判断不与虚拟连接相关联,而是基于网络层指定端点的数据包传输活动来定义流量。这样的流定义不会有到活动 TCP 连接的一对一映射。在某些条件下,单个流可能包含多个活动 TCP 连接,或者随着时间的推移,单个 TCP 连接可能包含在多个可观察的流中。此外,TCP 流量可能与 UDP 流量组成同一条流,使用协议层对流进行定义具有一定的局限性。

3.1.2 单流的测度

单流的参数空间有以下四个影响参数:流超时、组流规则、网络环境、IP 层以上的网络使用情况。

1) 流超时

Claffy 等人对于一系列流超时进行了流的字节量、流的数据包量和流持续时间累积分布的对比实验。使用双端点流粒度,即聚合源目的地址对之间的网络流,不考虑应用程序类型,同时使用 UC-NSF PM 数据集进行统计。数据表明,对于 64 s 或更短的超时值,90%的网络流的报文数小于 50,字节数小于 5.5 KB 以及持续时间小于 100 s。对于 2 048 s 的流超时值,流的长度几乎是无限的。27%的流由小于 100 B 的单个数据包组成。较短的流超时往往会将较长的流分成几个较短的流,因此较小的超时会产生更多的流,持续时间更短的流的占比更大。

2) 组流规则

不同的流聚合方法可以根据端点粒度进行划分,具体的端点粒度有源节点、目的节点、目的网络、双端网络、双端节点。在部分情况下,由于双端节点流的报文数量远低于其他组流规则下的报文数量,在某些时候需要使用不同的组流规则进行流量分析。

3) 网络环境

不同的网络环境下的流特征存在差异性,Claffy 等人收集了五种网络环境的流字节数、流数据包数和流持续时间的数据,使用双端节点组流规则与 64 s 的流超时值。对于主干网络环境,大约 40%的双端节点流由少于 100 B 的单个数据包组成。对于这些广域网环境,一般 50%到 60%的流小于 200 B;70%到 80%的流少于 10 个数据包。随着互联网流量性质的变化,这些差异表现会随之改变。不同网络环境下流量分布的差异可以用网络使用的差异来解释。局域网环境的高字节流与长流往往占比更大,这与工作站和终端等局域网设备的典型使用模式一致。

4) 网络使用情况

不同的网络使用情况对于流的分布特征具有明显影响。不同的使用方式与应用程序所产生的流的预期大小与持续时间明显不同。一个例子是基于所使用的传输协议不同的流特征的差异，对于网络中经常出现的大量 DNS 流，这些流量基于 UDP 传输协议，不需要建立与断开 TCP 连接。此外，在大数据量传输环境下，其他一些基于 UDP 协议的网络流可能长时间存在，例如实时音频和视频应用。因此，对流载荷的深入研究可以对应识别终端系统的某些应用程序。对于互联网中的数据流量而言，大部分由单数据包组成的 UDP 流来自 DNS 协议，在 64 s 流超时值下，65％的 DNS 流由单个数据包组成。

网络流的多维参数空间丰富，使呈现的结果复杂化。不同的应用程序在流的表现情况上具有明显差异，例如，Telnet 作为一种交互协议，在流量持续时间分布上表现出很大的扩散性，最长持续时间的流持续时间远长于 ftpdata 等批量数据传输协议或 WWW-HTTP 和 SMTP 等事务类型协议。批量传输和事务协议的网络流的持续时间具有更高的可预测性，与其典型的单次突发使用情况一致。

应用层协议也会影响其他参数和各个流量指标之间的交互。我们使用流超时参数讨论此类交互的一个示例。在 64 s 超时的情况下，65％的 DNS 流由单个数据包组成，在无限超时的情况下该特性并不会发生显著变化，无穷大的超时值下 50％的 DNS 流由单个数据包组成。ftpdata 配置文件也不太依赖于超时值，使用 64 s 超时值，ftpdata 流中数据包的中位数为 7，而在无限超时的情况下，数据包中位数为 8，并无显著改变。

另一方面，流超时值确实会影响其他协议的数据包量和持续时间。通过对 Telnet 和 SMTP 协议类型的实验，使用 64 s 与无限超时下流数据包量和持续时间的观察。64 s 超时值下的 Telnet 流数据包数中位数为 20。无限超时情况下，数据包中位数为 78，该实验表明 Telnet 协议网络流通常空闲超过 64 s。在该数据集中，超时值对 SMTP 流数据包的中位数和第 95 个百分位影响不大，在 64 s 超时值时的第 5 个百分位为单个数据包，表明在两个主机之间有部分 SMTP 数据包之间时间间隔超过 64 s。这些测量表明，对于至少几种类型的网络流量，不同的流超时值对流量评估的影响较大。

3.1.3 聚合流定义

本节主要从网络的角度介绍聚合流的参数，这些流包括处于活跃状态的流与新增的网络流。这些指标与基于保存流状态信息的内存和处理器资源需求特别相关，这些流参数为路由器设计人员提供了设计指南，并且对于新技术下的设计决策具有一定的影响。

通常情况下路由高速缓存会通过对新流的引用来实现和执行简单的流状态维护机制，并且需要在独立的、更小更快的存储器中实现对最高引用概率的目的地址条目的存储。即使硬件缓存机制已经拥有较快的存取速度，使用软件缓存机制可以在交换过程中仅处理最近引用的记录，并不会对整个路由表进行搜索，可以节省更多的时间。目前，关于流状态的研究与讨论，对互联网服务模型的扩展以及支持流状态维持功能的路由器产品产生较大影响。这些研究假定了流的更一般的定义，即从一个或多个源的指定集合到一个或多个目的地的指定集合的单个分组流，该单个分组流受到中间节点中的单个路径选择约束和排队行为的影响。维护流状态通常需要为每个活动流保存一个条目，然后控制属于该流的数据包的转发行为。在面向虚拟路径的网络服务上实现数据报服务需要建立和断开虚拟连接，并根据实际流量活动对其进行计费。

1）流超时值

维护路由器中的状态需要每条流的存储和计算资源。路由器维护流状态的目标之一是优化不同流的维护状态的权重，包括信息的存储和访问每个交换数据包的状态表的搜索时间。另一个目标是通过更频繁地创建和清除流的方式，维护需要较短流超时值的少数流，这种方式需要的内存资源更少，但需要更大的 CPU 功率和更多内存管理资源。超时值设置过低时，即使观测的网络流尚未结束，流也可能判定为超时，从而产生重新建立该流导致的潜在处理延迟和处理成本。如果流需求大于可用路由器资源，此时需要不断删除和创建流记录。在本节中，我们将探讨超时值设置的影响因素。

Saran 和 Keshav[3] 提出了一种超时策略：如果从该流的最后一个数据包向后的一个时间间隔内，没有属于该流的数据包到达，则判断该流发生超时。Mankin 和 Ramakrishnan[4] 提出了另一种策略，其中超时值根据当前活动流的数量动态变化。该策略提出了三个变量：最短时间、最大时间和适应因子。如果流空闲的时间在不超过最大时间的情况下，等于最小值加上自适应因子乘以可用链路的数量，则判断为超时。对这些变量的调整可以在满足特定网关的需求方面提供较高的灵活性。

(1) 实现最佳超时值设置：路由器的设计者需要使用目标网络环境中流量参数的经验性知识来确定用于设置和清除流的适当的超时值。需要对比两种情况：创建和清除流记录与保持流记录一直存在。其中开销涉及几个组成部分：网络或路由器本身的开销，包括建立流记录的延迟、建立流记录所需的指令数量；保持流记录存在的内存开销，以及维护流状态可能涉及的搜索时间或计算开销。一般根据路由中现存流记录数量与单位时间新增流记录数量决定流的超时值。

(2) 创建流记录：从设备和协议的设计者的角度出发，需要了解流记录优化了哪些流量的传输。假设转发一个普通数据包需要 p 个指令，转发一个已存该流信息的数据包需要 r 个指令，创建一条流表需要 q 个指令，而平均一条流内具有 n 个数据报文。那么当某条流具备下列条件时对该流维持的流表项优化了传输该流所需的路由资源：

$$p+q+(n-1)\times r<n\times p$$

$$q<(p-r)\times(n-1)$$

2) 协议类型

按协议类型划分流配置文件，计费方案的设计者可以选择完全不对小流收费，或者不维护某些协议类型的流记录，或者为指定协议的流设置一个特殊的缓存，直到该流数据包数超过某个设定值。如果创建和清除流记录的开销大于传输该流所占用的资源，短流会对 ATM 或其他链路级链路复用策略产生较大负荷。使用 TCP 协议的 SYN 和 FIN 分组，即可在传输层定义一条流。

3.1.4　组流的一般方式

如图 3.2 为一个简单的路由设备组流流程。具有组流功能的设备在接收到流入网络接口的报文后，对报文头部进行解析，根据组流规范判断该报文所属的网络流。若该报文属于已创建流记录的网络流，则更新该流记录，如数据包数量、字节数等。若属于未创建流记录的未知流，则根据该报文的头部信息创建该流记录，当属于该流的后续报文到达时，路由设备则将该流记录更新后进行转发。对于同属一条流的报文，后续报文会根据流记录直接处理而无需进行查表等操作，提高了路由设备的转发效率，降低了设备资源的占用。

目前通常对于流记录的存储与匹配使用哈希链表的方式，对报文头的五元组进行哈希操作获得该流的流 ID 标识，并据此判定哪些报文属于同一条流。对于流记录的输出判定，目前常用的第一种即为发生流超时时输出，该方式对于网络流测量的影响较大程度上依赖流超时的判断机制，在使用一些流量分析工具对流记录进行分析时较为不便。另一种则根据测量时间粒度，在每个时间间隔的结束点输出所有流记录，该方式无法保证一条流记录即为一条完整流，但是对于流量分析工作更为友好，这些内容在本章 3.2.3 节中详细介绍。

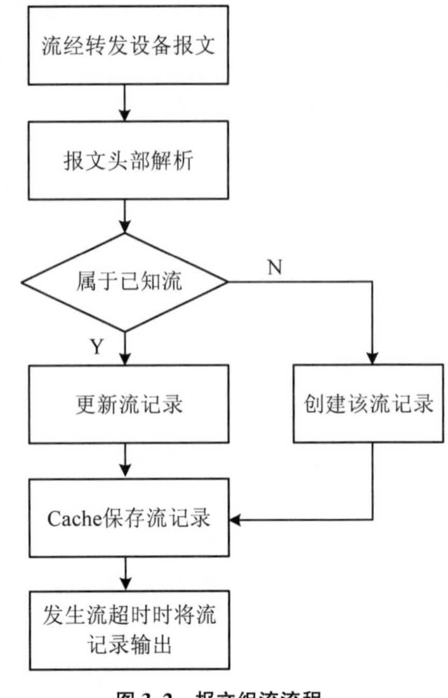

图 3.2　报文组流流程

3.1.5　代码案例

接下来以一段组流代码案例来补充说明组流方法：

(1) 读取 pcap 包，新建哈希链表用于存放流记录；

(2) 遍历 pcap 包中报文，并解析报文五元组；

(3) 根据五元组在哈希表中查找该报文流，若表中没有该记录，则判断该报文属于新流，在哈希表中新建流记录；

(4) 若表中存在该哈希值，则判断该报文属于已有记录的网络流，更新该流记录。

算法：组流

```
    输入：pcapFile 待解析的 pcap 文件
    输出：flowList 以五元组确定的流列表
    pktList=pcap_read(pcapFile)  //读取 pcap 包
    flowList=hashMap()            //创建保存流记录的 hash 表
    for each(pkt,timestamp)in pktList:  //遍历 pcap 包中报文
        ethPkt=EthernetHeader(pkt)  //解析报文
        srcMac,dstMac=ethPkt.src,ethPkt.dst
        if ethPkt.proto==IPv4_PROTO:
            ipPkt=IPHeader(ethPkt.data)
            srcIP=ipPkt.src
            dstIP=ipPkt.dst
            if ipPkt.proto==TCP_PROTO:
                tcpPkt=TCPHeader(ipPkt.data)
                srcPort,dstPort=tcpPkt.src,tcpPkt.dst
            else if ipPkt.proto==UDP_PROTO:
                udpPkt=UDPHeader(ipPkt.data)
                srcPort,dstPort=udpPkt.src,udpPkt.dst
            key=(srcIP,dstIP,srcPort,dstPort,ipPkt.proto)
            if key not in flowList.keys():  //判断流记录是否存在
                flowList[key]=Flow()  //新增流记录
            else:
                flowList[key].appendPkt(pkt,timestamp)
        else ethPkt.proto==IPv6_PROTO:
            //……
      endif
  return flowList
```

3.2 NetFlow 协议

本节首先大致介绍了目前市场上常见的流量分析技术的基本信息，对比介绍其技术特点；然后针对目前应用最为广泛的 NetFlow 技术进行介绍，说明了 NetFlow 的基本原理；接着针对 NetFlow 进行网络流测量的相关技术进行深入介绍；最后通过对 NetFlow 的数据结构与 NetFlow 分析方法的介绍使读者对 NetFlow 有更清晰的认识。

3.2.1 网络流量协议标准

通过分析网络中的流量数据我们可以对网络的性能及故障问题进行检测，目前针对网络流量的分析技术主要可以划分为两类：基于数据包级别与基于流级别。基于数据包的分析包含完整的数据包报头以及数据包有效载荷信息，在于对数据包进行深层次分析。基于流的分析在于对特征相似的数据包进行聚合以便于统计分析。基于流级别的主流分析技术有 NetFlow、sFlow、IPFIX、NetStream。

NetFlow 是由 Darren 和 BarryBruins 于 1996 年在思科开发的流量监控技术。它定义了路由器如何导出路由套接字的信息和统计数据。作为事实上的行业标准，NetFlow 是思科、Juniper 和其他供应商的大多数路由器和交换机的内置功能。网络设备查看到达接口的数据包，并根据采样或过滤配置捕获每个流的流量统计数据，然后创建流缓存，通过 UDP 或流控制传输协议（SCTP）聚合和导出数据。NetFlow 缓存条目由流的第一个数据包创建，针对相似的流特征进行维护，最后根据流计时器或流缓存管理定期将缓存条目导出到收集器。NetFlow 版本 1 到 8 导出格式是固定的。NetFlow 版本 9 之后增加了可扩展性和灵活性，可以与 MPLS、IPv6 和 BGP 以及用户定义的记录相结合。NetFlow 版本 5 和 9 使用最为广泛。抽样 NetFlow 最初是由思科推出的改良版，通过配置采样间隔减少网络流的数量来减轻计算负担。虽然网络流量存在巨大的价值，但是内存、中央处理器和带宽等计算资源较为有限，NetFlow 使用了缓存、采样和 UDP 导出技术。这些技术可能会导致收集的 NetFlow 数据出现以下问题：① 当缓存已满时，一些新流将不会被计算在内；② 采样会降低流量的准确性，尤其是当采样率由流量速率调整时；③ 导出的流量记录不一定对应于流量到达路由器的顺序[5]。

sFlow 由 InMon Inc 于 2004 年开发，现已成为 RFC 3176 中定义的行业标准。与 NetFlow 不同，sFlow 结合内置在交换设备中的芯片，消除了交换设备的 CPU 和内存负担，它是一种使用简单随机采样的技术，在交换机和路由器中嵌入 sFlow 代理。sFlow 代理是一个软件进程，它将接口计数器和采样流组合成 sFlow 数据报，并立即将其发送到 sFlow 收集器。数据的即时转发最大限度地减少了内存和 CPU 的使用。数据包通常由专用集成电路采样。sFlow 数据包含完整的数据包报头和交换/路由信息，并提供网络流量的最新视图。sFlow 能够在数据链路层运行，也能够捕获非 IP 流量。sFlow 收集器是收集 sFlow 数据报的服务器。

IPFIX（IP Flow Information Export）是由 IETF 在 2012 年公布的用于网络中的流信息测量的标准协议，其定义的格式以 NetFlow V9 数据输出格式作为基础，具有很强的可扩展性，对于不同的需求都可以定义不同的数据格式。

NetStream 技术由华为技术公司提出，与 NetFlow 工作流程类似，可部署在接入层、汇聚层、核心层，了解网络中承载的业务，能及时掌握网络流量特征，洞察网络运行状况，尽早发现不合理的网络结构或者网络中的性能瓶颈。相较于 NetFlow 仅对路由器流入流量进行统计，其增加流出方向流量统计功能。

NetFlow、sFlow、IPFIX、NetStream 四种不同技术对比如表 3.1 所示。

表 3.1 不同技术对比

流分析技术	代表厂商	技术特点
NetFlow	Cisco	(1) 市场占有率高 (2) 获得实际流量的准确性高 (3) 配置方便，无需增加新的网络设备 (4) 基于软件实现，性能依赖于 CPU、网卡及带宽 (5) 设备本身提供的数据有限，策略和定制能力相对较差
sFlow	InMon、HP、Foundry	(1) 基于硬件芯片实现，设备资源压力小 (2) 适合大规模流量检测 (3) 可对采样数据实时分析 (4) 不灵活，不可以定制模板 (5) 无法提供实际流量的精确还原
IPFIX	IETF	(1) 统一流量监控标准，简化流输出架构 (2) 输出格式具有较强的可扩展性
NetStream	华为	(1) 支持流入与流出双向流量统计 (2) 灵活，可以通过定制模板，获取网络中流量的关键信息 (3) 需要使用 Cache，受到 Cache 容量的限制，而且成本增加

3.2.2 NetFlow 基本原理

NetFlow 首先在 Cisco 路由器中实现[6]，是当今使用最广泛的流量测量解决方案。同时，大多数的流量分析应用基于 NetFlow 数据实现，因此本章以 NetFlow 为重点介绍对象，通过 NetFlow 对网络流测量的原理来介绍网络流的测量方法。

NetFlow 最初是用于提高 IP 查找性能的缓存，后来适用于流量测量。运行 NetFlow 的路由器维护一个流表项，其中包含描述路由器转发的流量的流记录，然后使用不可靠的 UDP 将这些流记录导出到收集、分析和存档它们的计算机。对于每个路由器接口，网络流由报文头中的重要字段标识：源和目的 IP 地址、协议类型、源和目的端口以及服务字节类型。如果数据包不属于现有流，路由器会为其创建新的流记录。

NetFlow 采用对网络数据进行聚合的数据统计和处理方式，从流的角度展现网络流量，不具体分析网络中单个数据包，而是对流经网络设备的数据流进行特征分析和测量。NetFlow 通过网络层高性能交换技术处理数据流的第一个 IP 数据包，生成 NetFlow 缓存，随后属于该流的数据基于缓存信息使用相同的转发规则。NetFlow 使用五元组来定义不同流，并将该流的统计信息保存在流记录中。

NetFlow 的工作架构主要由数据导出、数据采集、NetFlow 服务器、数据分析四个部分构成，NetFlow 数据导出部分由具有该功能的路由器设备组成，每个 NetFlow 数据导出设备可以在一个或多个端口上启用 NetFlow，并采集对应端口的流。每个 NetFlow 导出设备都可以将产生的流量数据分发给多个流采集设备。导出设备将 NetFlow 网络数据流量信息使用 UDP 网络协议进行封包后发送给采集设备，通常每个 UDP 报文会携带多条流记录，在 NetFlow V5 中，一般单个 UDP 报文中包含 29 或 30 条流记录。

NetFlow 服务器主要负责收集、压缩、存储从 NetFlow 采集设备发过来的 UDP 数据包。可同时接收多个流采集设备采集的数据文件并分发给不同的 NetFlow 流分析设备。数据分析设备主要用于分析 NetFlow 数据，以提供关于网络流量的更多信息，如通信量、访问次数最多的 IP 地址和流持续时间等。NetFlow 数据分析设备可以针对 NetFlow 数据进行网络流量监视、计费管理、服务管理，从而使 IT 管理员提高网络的整体性能。

NetFlow 使用四个规则来决定流何时结束，然后允许导出相应的记录：

(1) 当由 TCP 标志(FIN 或 RST)指示时；

(2) 在看到具有匹配 ID 的流的最后一个数据包后 15 s(可配置)；

(3) 流记录创建后 30 min(可配置)；

(4) 当流缓存已满时。

除了标识流的字段外，每个流记录还保存其他数据，例如流中的数据包和字节数以及第一个和最后一个数据包的时间戳。这些数据允许使用者进行不同的分析：如使用导出流记录中存在的端口号，流量分析时可以按应用程序完成流量细分；使用 IP 地址，可以按来源或目的地生成流量细分。将来自多个路由器的 NetFlow 数据相统合，就可以获得 ISP 客户流量需求的网络范围视图[7]。当一条属于新流的数据包到达路由设备时，NetFlow 在流缓存中查找或创建相应的条目并更新该条目的计数器和时间戳。由于对于高速接口，处理器和保存流缓存的内存无法跟上数据包速率，思科引入了采样 NetFlow[8]，它仅更新采样数据包的流缓存。采样率 $1/N$ 可配置，如图 3.3 所示，NetFlow 线卡仅对每 N 个报文中的一个进行采样。使用采样的 NetFlow 记录时，分析者通过将记录值乘以 N 来补偿采样[9]。

3.2.3 网络流测量时间粒度

流量的分析与可视化工具通常将流量分组为不同的时间粒度。不同的应用使用的时间粒度的大小不同，小的时间粒度以分钟为数量级而较大的跨度可以为几天。通常一次流量分析会解析许多相同大小的时间粒度，如果指示 NetFlow 记录的开始和结束的时间戳都存在于某一粒度中，则该流的所有数据包都将根据该粒度进行计数，并且对于该流的处理分析会较为简单。如果某条流从某个粒度中开始，在另一个粒度中结束，流量分析应用就需要寻找哪些粒度中存在该流的数据报文。此外，采样和流终止启发式的相互影响可能会导致流的分裂，即一条流分裂成多条流从而被多次报告。如图 3.4 所示，通常情况下，适用于流中数据包均匀分布情况下的终止启发式可以很好地给出流 H 的测量结果，但是流 F 产生了流分裂。因为 NetFlow 只能观测到采样的数据包，而连续的数据包之间的时间可能会增加至超过流超时值(默认 15 s)，从而导致 NetFlow 提前终止流记录，并直接上传流记录。

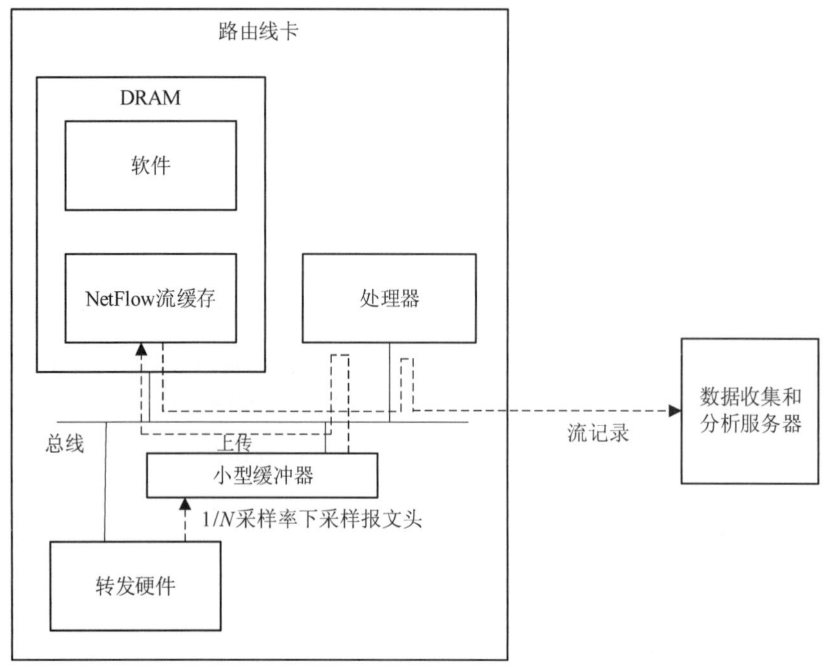

图 3.3　采样 NetFlow 线卡结构

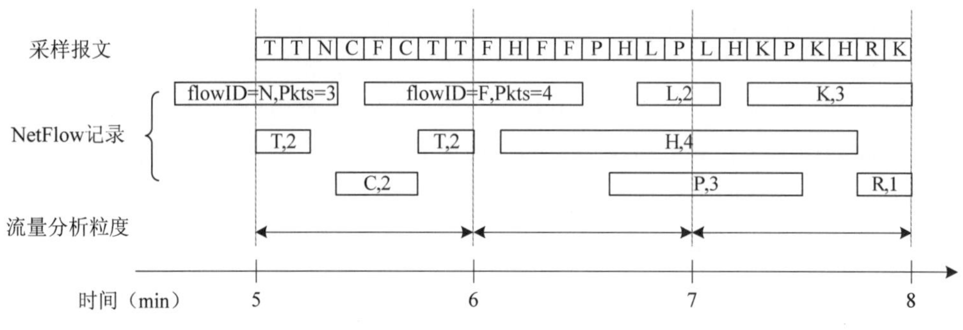

图 3.4　流终止启发式与流量分析之间的不匹配

NetFlow 流终止启发式与流量分析应用所使用的粒度的不匹配的解决方法较为简单，只需要使收集的所有流记录都符合流量分析所使用的粒度即可。使用测量粒度时，NetFlow 不再单独对每条流记录进行超时检测，而会在每个粒度的末端终止所有活动流记录。当 NetFlow 使用测量粒度来代替流终止启发式时，只需要确保分析工具使用的粒度的长度是测量粒度的整数倍，流量分析应用根据流记录属于哪个测量粒度即可将它正确放在对应的分析粒度中。使用该方案后 NetFlow 可以不再存储流记录的首个与末尾的数据包的时间戳，但是为了兼容性考虑仍可将其保留。为了更好地对齐测量与分析粒度，可以使用网络时钟同步协议等方案防止时钟漂移。

测量时间粒度的大小同样会对网络流测量产生较大的影响：较大的测量粒度减少了 NetFlow 报告的流记录（测量粒度所能保存的流记录与内存相关），较小的测量粒度会产生较高的流量报告，从而对网络路径造成负担。测量粒度大小的选择可以参照流超时值的选择，需要参考的因素与权重基本近似。同时测量粒度的大小在网络流的测量过程中应当具备可配置性。

3.2.4 网络流采样与自适应

传统的 NetFlow 使用固定的预设采样率对通过转发设备的数据流进行采样。当网络流量以流进行衡量时，DDoS 攻击、扫描类型攻击、蠕虫等攻击会产生大幅增加的流记录数量，因此对于这些攻击类型可以轻易检测出来。但是该采样方案也存在一些固有问题，因此在很多时候并不能满足流量测量的相关需求。

1）流记录的数量取决于流量情况

由于采样率的固定，因此在不同的流量使用情况下，采样得到的流记录数量是不定的。当遇到大规模 DDoS 攻击以及其他诸如攻击性端口扫描等情况时，固定采样率下 NetFlow 设备产生的流记录数会非常庞大。不仅对设备内存使用造成巨大的负担，同时大量转发到数据收集与分析服务器的流记录也会占用较高的链路带宽资源，并可能造成丢包。Duffield 和 Lund 的研究表明，流量分析中由丢失的 NetFlow 数据包引起的错误比采样误差等因素造成的影响更为严重。

2）只能配置静态的采样率

在为 NetFlow 设备设置采样率时，需要权衡许多因素。采样率越低，采样得到的数据包就越少。虽然减轻了 NetFlow 处理器、内存的负载和网络链路的压力，但是较低的采样率也意味着最终的流量测量与分析的结果与实际情况误差较大。而采样率越高，虽然得到的样本数更加丰富，当发生 DDoS 与端口扫描等攻击时，NetFlow 设备与相连的网络路径存在过载的风险。因此采样率应当考虑流量组合：当流量较小时希望使用较高的采样率来提高测量精度，当流量较大且包含大规模攻击流量时，使用较低的采样率来保护测量设备。

3）对流数量的估计不够精确

如图 3.5 所示，混合流量 1 中每条流包含两个数据包，混合流量 2 由单包流组成。两种混合流量具有相同的数据包数，当使用 1/6 的采样率和相同的采样过程对其进行采样后，产生的流缓存基本相似：均具有三条流记录，且每条记录包计数为 1。任何针对这两组流缓存的分析评估方式对于这两种混合流量都会给出基本相同的评估。但事实上，混合流量 2 中流的数量是混合流量 1 中的两倍，因此在某些情况下固定采样率对于原始数据中流数量结果的评估会与实际情况明显偏离。对于网络测量来讲，我们需要解决的问题不是计算原始流量中流的数目，而是计算特定聚合类型的流的数目（例如 HTTPS 流的数量，源地址为某个特定 IP 地址的流的数量）。统计 TCP 流较为简单，只需要根据 SYN 标记即可很好地计算 TCP 流，本节后续介绍了一种流计数扩展对于非 TCP 流进行精确计数。

接下来介绍如何确定 NetFlow 的最佳采样率，由于过高与过低的采样率都会对流量测量产生负面影响，并且需要考虑不对路由器 CPU 和线卡上的处理器等设备产生过载，因此通常网络运营商需要进行反复实验来确定路由器能够支持的速率。对此 Estan 等人提出了一种自适应采样率方法 ANF（Adaptive NetFlow），该方法首先确定处理器在最坏的网络情况下可以运行的最大采样率，例如在 DDoS 攻击发生时，处理器可以承载的最大采样率，并且在每个测量间隔的起始将采样率设置为该最大采样率。

即使以足够低的采样率对网络流量进行采样，在发生 DDoS 等攻击时创建的流记录仍可能超过可用内存资源。对于大多数的混合流量，使用最大采样率时处理器在 1 min 内创

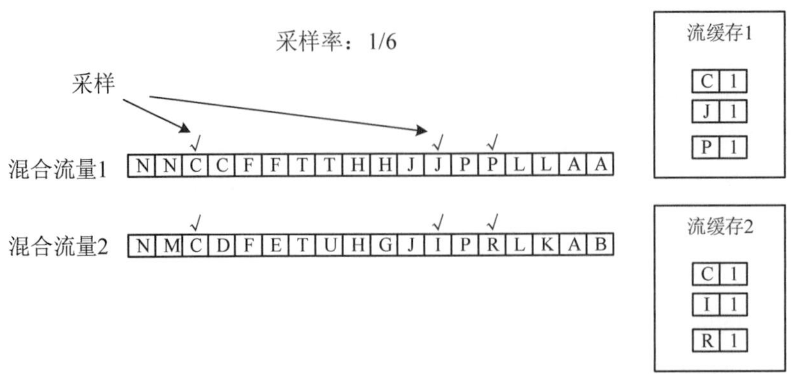

图 3.5　流数估计不精确

建的流记录都会超过为流记录保留的内存资源。ANF 在每个测量间隔的起始将采样率设置为最大采样率，并在测量过程中动态降低采样率，直到使采样得到的流记录刚好适用于内存资源。图 3.6 展示了 ANF 在正常流量与 DDoS 攻击下采样率的调整。

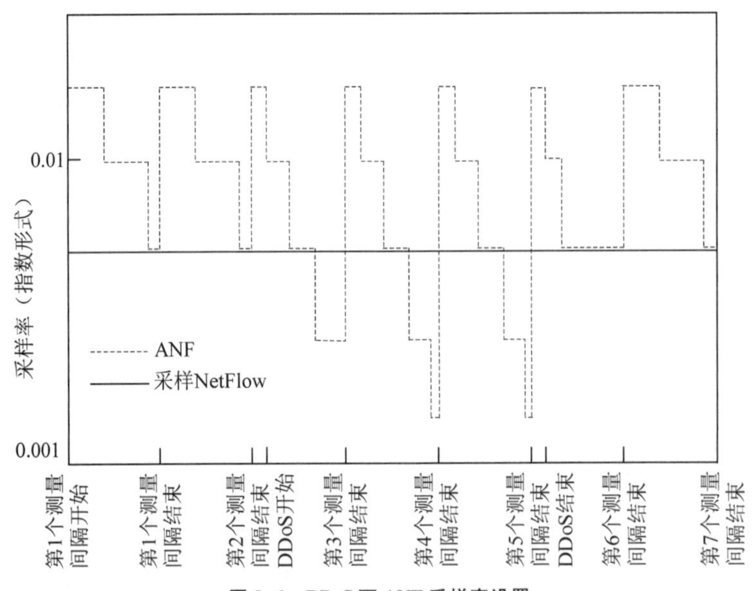

图 3.6　DDoS 下 ANF 采样率设置

流量分析工具将测量得到的流量乘以采样率的倒数以估计实际流量。由于 ANF 在创建流记录过程中不断更改采样率，则在同一个时间间隔内不同时刻的流记录的采样率不同。因此在降低采样率时需要对现有的流记录进行重整化操作。重整化操作相当于停止 NetFlow 的工作并根据采样率的改变重新调整现有流记录的计数器，使调整后的值等于从间隔开始时就使用新采样率所获得的值。这样避免了采样率改变而导致的数据与采样率不匹配的问题。同时，在新采样率下有些流的报文并没有被采样，则舍弃该流记录。通过释放这些流记录，重整化确保有足够的内存来存储新的记录。图 3.7 显示了 ANF 在 DDoS 攻击期间对内存资源的使用情况，ANF 对流记录的重整化不需要停止 NetFlow 工作，而是与 NetFlow 正常进程同时运行。

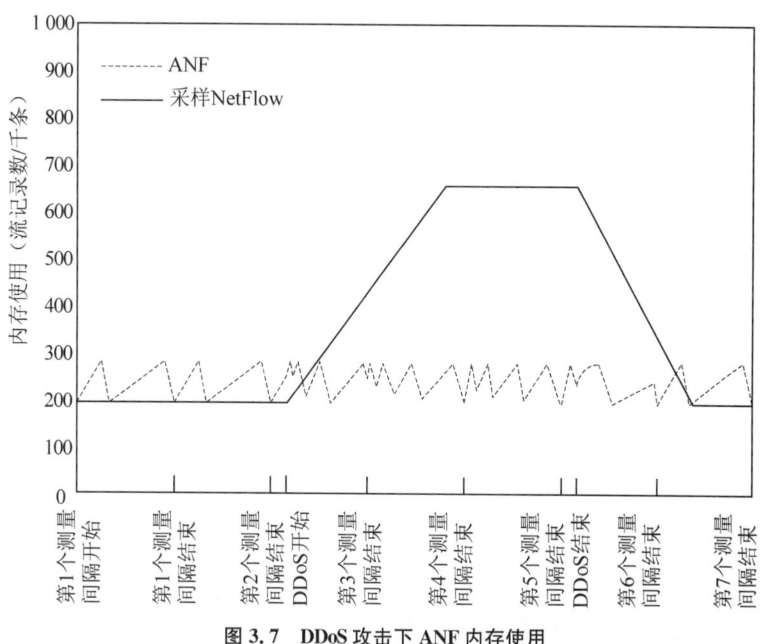

图 3.7　DDoS 攻击下 ANF 内存使用

虽然 ANF 使用动态采样率使不同测量间隔的最终采样率不同，在流量分析时只需要将不同的测量间隔与其对应的采样率相乘后得到的结果合并即可。

在每次调整采样率后，为了使内存中原流记录与调整后的采样率相匹配，还需要重整化流记录。调整采样率与重整化流记录的目的是控制在每个测量间隔内生成的流记录数。当内存中的流记录数超过设定阈值时降低采样率，并将内存中现有流记录重整化，使流记录中的数据与从测量间隔开始时即采用调整后的采样率下该流记录的值相一致。如图 3.8 所示，对于以旧采样率 p_{old} 下未采样到的数据包，在新采样率 p_{new} 下仍未被采样。对于旧采样率下采样到的数据包，在新采样率下以 p_{new}/p_{old} 的概率被采样，以 $1-p_{new}/p_{old}$ 的概率丢弃。当降低采样率时，重整化将流记录对应的数据包与字节数更新为新采样率下的值，包数为 0 的流记录随即清空。图 3.8 中流缓存中的流记录随着重整化而清空了近半。

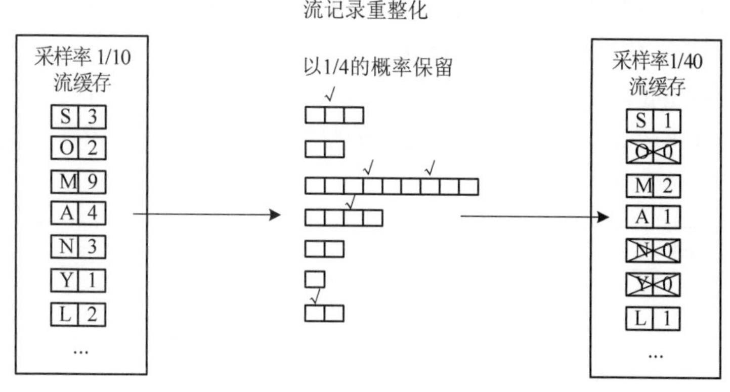

图 3.8　重整化流记录操作

由于实现一次二项式随机分布需要大量的计算，对于一个具有 x 个报文的流记录，并不需要进行 m 次二项分布计算，而可以使用一种更简单的方法更新数据包计算：

相对采样率 $r=p_{new}/p_{old}$，该流记录在新采样率下的报文数 x_{new} 的数学期望 $E[x_{new}]=rx$。如果 rx 为整数，则将 x_{new} 设为 rx。否则将 x_{new} 以 $\lceil rx \rceil - rx$ 的概率设为 $\lfloor rx \rfloor$，以 $rx-\lfloor rx \rfloor$ 的概率设为 $\lceil rx \rceil$。只需要进行一次二项分布判断即可更新该流的报文数记录。

虽然理论上在处理以新采样率采样的数据包之前，内存中的所有流记录都应该重整化完成，实际并无法做到。因为采用这种方法时需要一个非常大的缓存器来存储新采样的数据报文头。在实践中，重整化操作与新数据包的处理同时进行。例如每新采样 10 个数据包，重整化 20 条流记录。对流记录分批重整化，将内存中彼此定位的记录分组，可以改进内存引用的局限性并提高处理器的 Cache 命中率。由于所有流记录都需要在更新前进行重整化，因此，当采样并处理属于尚未重整化的流记录的数据包时，优先对该流记录进行重整化操作。因此可以将规则更改为：每 10 个数据包中有 d 个数据包触发优先重整化操作后，重整化 $20-d$ 条流记录。

为了避免流记录超出设定阈值，重整化释放的流记录数需不小于重整化过程中新创建的记录数。新创建的流记录数以新采样数据包数为上限，因此需要确定新采样率可以释放的流记录数。对于未重整化的流记录，是否被释放的概率取决于该流记录的数据包计数。如果所有的流记录中数据包计数器均为 1，那么使用 1/2 的相对采样率即可将流记录数减少一半；如果所有记录中数据包计数器均为 3，使用 1/2 的相对采样率不会释放任何记录，如同样需要释放一半的空间，则相对采样率应当设置为 1/6。接下来介绍如何寻找到最合适的相对采样率 $r(p_{new}/p_{old})$。

当 $rx \geqslant 1$ 时，该流记录不会被清除。$rx<1$ 时，以 $1-rx$ 的概率清除。使用包计数分布直方图可以很简单地计算出重整化可以释放的预计流记录数 C(n_i 为包计数为 i 的流记录数)。

$$C=\sum_{i=1}^{i<1/r} n_i(1-r\cdot i)$$

每处理过一个数据包，对直方图进行一次加减来维护直方图。当某条流的一个新报文到达后，该流数据包计数旧值所对应的直方图的流计数器减 1，新值所对应的流计数器加 1。虽然为数据包计数器每个可能的值创建直方图需要大量内存。但是本节简化方法使数据包计数高于 $1/r$ 的流记录并不会被清除，因此，只需要维护包计数器小于 $1/r$ 的流计数直方图，即可计算得到重整化可释放的流记录数。

对流记录的重整化需要对每条记录进行一次随机决策来决定是否丢弃，但是由于调用随机数生成器的成本较高，因此考虑使用简单的整数加法、乘法和比较器来实现是否丢弃流记录的决策。

是否丢弃流记录简单决策

```
i:包计数值
v_i=v_i+1
if v_i * r_i+s_i>f_i
    f_i=f_i+1
    return true
else
    return false
endif
```

对于直方图中包计数值 i 对应的流记录集合，保留一个计数器 v_i（该集合中已重整化流记录数）和 f_i（该集合中已释放流记录数），$r_i=1-ri$ 为释放流记录的概率，s_i 为重整化开始前初始化的一个 0 到 1 之间的随机数。对于每条流记录，均使用该决策来决定是否丢弃该记录，极大降低了重整化所需计算资源与时间，并且该决策方案所释放的流记录数的数学期望并没有改变，因此使用该方案代替随机决策并不会引入误差。

使用随机数 s_i 可以提前计算释放的流记录数的精确数量。可以借此快速计算出重整化释放所需流记录数的准确采样率。虽然，在重整化的过程中，由于处理的流记录的随机性，释放的记录数可能小于新增记录数。我们可以根据 T 个元素、以概率 M/T 进行二项随机分布的偏差来确定偏差的上界：即使在最严重的 DDoS 攻击下，远超过 99.87%的概率 $3\sqrt{M(T-M)/T}$ 个额外的流记录数即可满足需求。

3.2.5　流计数扩展

网络流测量对流聚合的统计是为了计算符合特定聚合的流的数量。对于每条 TCP 流的第一个数据包存在的 SYN 标志，NetFlow 可以轻易统计出所有 TCP 流并记录，在流量分析时可以准确估计各种聚合中 TCP 流的数量。但是 NetFlow 并不能准确评估非 TCP 流的数量。为了解决这个问题，可以在路由线卡中额外添加一个 FCE（Flow Counting Extension）硬件设备，如图 3.9 所示。该设备独立于 NetFlow 运行并提供自己的流量测量数据，其唯一目的是提供更精确的流计数。与 ANF 类似，它可以处理任何混合流量并为每个测量间隔生成恒定量的测量数据。使用者需要配置的唯一参数是每个测量间隔需要报告的流记录数。

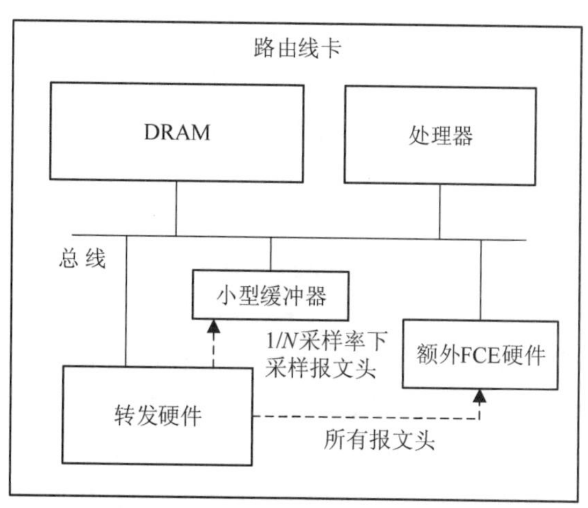

图 3.9　流计数扩展 FCE

首先介绍一个“自适应采样”方法，该方法维持一个保存所有流标识符与流 ID 的哈希值的表，随着测量过程中流记录的增加，当该表被填满时，通过删除流 ID 哈希值第一位不是 0（depth=1）的流记录，来为后续新增记录留出空间。对于每条新增的流记录，当且仅当其流 ID 哈希值以 0 开始时，才将其添加进表。当表再次被填满时，只保留流 ID 哈希值前两位均为 0（depth=2）的流记录，并以此类推。最终只需要将表中流记录数乘以 2^{depth} 即可得到流总数。当最终只保留两个 0 开始的流 ID 哈希值（depth=2），此时仅保留 1/4 的流记录，当表中属于某聚合的流数为1 000 时，则估计原始流量组合中属于该聚合的流数为 4 000。

自适应采样法的问题在于测量间隔结束后输出的流记录数是表大小的50%～100%，因此评估结果的准确性也与之一致。为了使最终报告的流记录数接近 M 条，FCE 使用了一个大小为 $2M$ 的表，因此在每次增加 depth 后，保留的流记录数接近 M。在测量间隔结束时，如果流记录数 $L>M$，则执行一个额外的处理操作使流记录数接近 M，测量间隔结束时，表中的流 ID 的哈希值 $h<H/2^{\text{depth}}$（H 为最大哈希值），此时我们仅保留哈希值 $h<H/2^{\text{depth}} \cdot M/L$，并报告一个校正后的因数 $N=2^{\text{depth}} \cdot L/M$。

FCE 使用的哈希函数是 H3 哈希函数族中随机生成的一个函数。由于该哈希函数的随机性，每条流记录出现在最终结果中的概率是相同的，因此对于流聚合的估计较为精确。如果使用理想的哈希函数，对于每条流记录独立采样，那么输出的流记录数的数学期望为 M，标准差 $\sqrt{M(1-M/L)} \leqslant \sqrt{M/2}$ 较小。同时，对于占总流 f 的流聚合进行评估时，相对标准差非常接近 $\sqrt{1/(Mf)}$。

在高速链路中，因为处理器无法处理每个数据包因此需要对流量进行采样，FCE 扩展还是有必要的。由于 FCE 需要处理每个数据包，因此只能使用额外的硬件来实现，如图 3.9 所示。流 ID 的哈希计算可以通过电路的简单组合逻辑实现，存储表可以使用 CAM 实现。CAM 必须支持快速插入流记录，并且快速删除所有与掩码匹配的记录。当增加 depth 时，使用该硬件原语来清理 CAM 中的记录。在测量间隔的末端，CAM 执行最后一次清理使表中记录数接近 M。对于测量间隔结束后，处理器以低于线速的读取速度读取 CAM 中所有记录。因此需要额外的 CAM 内存来保存下一个测量间隔中的流记录。

3.2.6 NetFlow 数据结构

到目前为止，Cisco 公司发布的 NetFlow 版本有 V1、V5、V7、V8、V9、V10 六个版本，NetFlow V1 为 NetFlow 技术的第一个实用版本，但在如今的实际网络环境中已经不建议使用。NetFlow V5 增加了对数据流边界网关协议(Border Gateway Protocol，BGP)、自治系统(Autonomous System，AS)信息的支持，是当前主要的实际应用版本。NetFlow V7 是思科 Catalyst 交换机设备支持的一个 NetFlow 版本，需要利用交换机的 MLS(MultiLayer Switching)或 CEF(Cisco Express Forwarding)处理引擎。NetFlow V8 增加了网络设备对 NetFlow 统计数据进行自动汇聚的功能(共支持 11 种数据汇聚模式)，可以大大降低对数据输出的带宽需求。NetFlow V9 提出一种全新的灵活和可扩展的 NetFlow 数据输出格式，采用了基于模板(Template)的统计数据输出，方便添加需要输出的数据域。如 Multicase NetFlow，MPLS(Multi-Protocol Label Switch) Aware NetFlow，BGP Next Hop V9，NetFlow for IPv6 等。NetFlow V10 主要在 V9 版本上进行了一些扩展用于识别 IPFIX(IP Flow Information Export)。NetFlow 数据格式包括报头格式和记录格式。不同版本的 NetFlow 具有不同的格式，其中 V9 与以往的版本有很大的区别，V9 采用了模板形式，并且提供对 IPv6 的支持，本章主要针对应用较为广泛的 V5 版本和 V9 这两个版本的数据格式进行说明。

NetFlow V5 的报头格式如表 3.2 所示。其中，Flow_Sequence 为校验信息，数据包的 Flow_Sequence 值是当前数据包第一条记录的序列号，等于前一个数据包 Flow_Sequence 值与前一个数据包的 Count 值的和。由于 NetFlow 数据以 UDP 数据包的形式输出，在传输过程中有可能丢失数据包，利用 Flow_Sequence 值以及 Count 值就可以检验传输中是否出现数据包丢失及计算丢失率。

表 3.2 NetFlow V5 报头格式

字节 1	字节 2	字节 3	字节 4
Version		Count	
SysUptime			
Unix_Seconds			
Unix_Nanoseconds			
Flow_Sequence			
Engine_Type	Engine_ID	Reserved	

NetFlow V9 之前的 NetFlow 版本中流记录格式以及报文中字段都是固定不可更改的。V9 提出模板的概念,使得用户可以根据自己的需求定义流记录中的字段。模板通过提供一种可扩展的方式,使得在不改变现有基础流记录的条件下,增加更多的信息。使用模板有以下好处:

(1) 提供采集器或 NetFlow 显示服务的第三方无需在新的 NetFlow 特性加入后修改自己的产品;

(2) 新的特性可以很快地加入 NetFlow;

(3) 随着协议的发展,NetFlow 可随之发展。

V9 的报头格式如表 3.3 所示,与 V5 的报头格式有以下区别:省去了 V5 中的以纳秒为单位的时间戳;将流记录序列号改为数据包序列号;将最后四个字节设定为 SourceID。V9 中的 SourceID 作用相当于 V5 的引擎类型和引擎号,用来保证从特定设备输出的所有流记录的不变性。SourceID 的具体格式取决于设备提供商,Cisco 公司的格式是保留前两个字节便于以后扩展,第 3 字节标识输出设备(路由器)的路由引擎,第 4 字节标识输出设备的线卡或通用接口处理器。

表 3.3 NetFlow V9 报头格式

字节 1	字节 2	字节 3	字节 4
Version		Count	
SysUptime			
Unix_Seconds			
Package_Sequence			
Source ID			

由于 V9 采用了基于模板式的数据输出方式,其数据输出格式与 V5 有较大区别。网络设备在进行 V9 格式的数据输出时会向数据接收端发送数据流记录和数据包模板。数据包模板确定了后续发送的流记录中数据包的格式和长度,便于数据接收端处理后续数据包。同时为避免传输过程中出现丢包或错误,网络设备会定期发送冗余数据包模板给接收端。

3.2.7 NetFlow 流量分析

通过网络抓包工具监听网络中的 NetFlow 数据的发送设备指定的发送端口即可捕获到包含 NetFlow 流记录的 NetFlow 数据包,如图 3.10 所示为 NetFlow 数据经过 WireShark 解析后的数据包头部,从其中可以得到当前 NetFlow 的版本信息、单个数据包的流数等信息。

```
∨ Cisco NetFlow/IPFIX
    Version: 5
    Count: 29
    SysUptime: 0.001000000 seconds
  > Timestamp: Dec 11, 2020 18:39:37.388122000 中国标准时间
    FlowSequence: 145
    EngineType: RP (0)
    EngineId: 0
    00.. .... .... .... = SamplingMode: No sampling mode configured (0)
    ..00 0000 0000 0000 = SampleRate: 0
```

图 3.10　NetFlow 数据包头部格式

当接收到 NetFlow 数据包后，只需要按照 NetFlow 数据格式解析流量载荷对应的十六进制数据即可拿到相应的字段属性值，如表 3.4 所示，self.rawdata 为 NetFlow 数据包对应的完整十六进制值，其中前 24 字节为包头信息，因此通过指定数据偏移位数即可得到 NetFlow 的相应包头信息。

表 3.4　NetFlow 头部字段值提取

version	int("0x"+self.rawdata[0:4],0)
count	int("0x"+self.rawdata[4:8],0)
sys_uptime	int("0x"+self.rawdata[8:16],0)
unix_secs	int("0x"+self.rawdata[16:24],0)
unix_nsecs	int("0x"+self.rawdata[24:32],0)
flow_sequence	int("0x"+self.rawdata[32:40],0)
sampling_interval	int("0x"+self.rawdata[44:48],0)

在包头信息中包含 count 字段，其指定当前 NetFlow 数据包中包含的 NetFlow 流记录的具体数量。在实际的应用中，往往需要 NetFlow 流记录中包含的字段值，因此通过指定 NetFlow 流记录固定的 96 B 即可对 NetFlow 数据包的流记录载荷信息进行分割，从而进一步通过循环遍历分割后得到的不同部分即可实现对 NetFlow 流记录的提取。不同的应用场景下可以针对性地提取 NetFlow 流记录的字段，如表 3.5 所示，其中依次提取流的源和目的 IP 地址、字节数、包数、流首次出现时间、流最后出现时间、TCP Flag、协议，通过对提取的属性值进行统计即可实现满足相应需求的数据分析。

表 3.5　提取 NetFlow 记录字段值

sa	str(int("0x"+i[:2],0))+'.'+str(int("0x"+i[2:4],0))+'.' +str(int("0x"+i[4:6],0))+'.'+str(int("0x"+i[6:8],0))
da	str(int("0x"+i[8:10],0))+'.'+str(int("0x"+i[10:12],0))+'.' +str(int("0x"+i[12:14],0))+'.'+str(int("0x"+i[14:16],0))
ipkt	str(int("0x"+i[32:40],0))
ibyt	str(int("0x"+i[40:48],0))
first	int("0x"+i[48:56],0)/1000.0
last	int("0x"+i[56:64],0)/1000.0
flg	str(bintoflag(bin(int("0x"+i[74:76],16))[2:]))
pr	proflag(int("0x"+i[76:78],0))

目前开源 NetFlow 监控和分析软件的数量正在持续增加，通过分析利用开源工具，能够

对 NetFlow 有进一步的学习理解，接下来简单介绍一下目前使用量较多的 nfdump。

nfdump 是一个工具集，用于收集和处理从 NetFlow 或 sFlow 等兼容设备发送的 NetFlow 和 sFlow 数据。该工具集支持 NetFlow V1、V5、V7、V9、IPFIX 和 sFlow，并且同时支持 IPv4 和 IPv6[10]。

nfdump 工具集中常用的工具包括以下几种：

nfcapd：NetFlow 数据采集工具。它收集从流设备发送的 NetFlow 数据并将流记录存储到文件中。每 n min 将自动生成新文件(通常每 5 min)。nfcapd 可以从 NetFlow 流中识别出相应版本并且多个 NetFlow 流可以通过单个或多个采集器进行收集。nfcapd 可以监听 IPv6 或 IPv4 流量。此外，其还支持多播。

nfdump：NetFlow 数据处理工具。它从 nfcapd 存储的一个或多个文件中读取 NetFlow 数据。nfdump 针对 NetFlow 的过滤器语法类似于 tcpdump。nfdump 显示 NetFlow 数据，包括流的字节数，数据包的前 n 个统计信息等。nfdump 具有强大而灵活的流聚合功能，也可以用于聚合双向流。用户可以选择输出格式，包括对于后期处理简单的 csv 格式。

nfreplay：NetFlow 数据重放工具。它可以从 nfcapd 存储的文件中读取 NetFlow 数据，并将其通过网络发送到另一台主机。

nfpcap：NetFlow 数据生成工具。支持直接从原始 pcap 数据包生成 NetFlow 流记录，在编译安装 nfdump 期间开启"—enable-readpcap"编译选项可以安装该工具。执行 nfpcapd -r origin. pcap -l output/，将原始 pcap 数据集 origin. pcap 生成 NetFlow 流记录，程序运行结束后，在 output 文件夹中将依次生成流记录，其中默认命名规则依据原始 pcap 数据包中的时间戳，默认流到期时间为 5 min，即每 5 min 生成一个新的 NetFlow 流记录文件。

生成 NetFlow 流记录后，通过执行 nfdump -R output/即可指定 nfdump 读取 output 文件夹下的流记录。

默认情况下 nfdump 显示的字段包括每条流的起始时间、流持续时间、协议、源/目的 IP、源/目的端口、包数、字节数、流数。通过 nfdump 可以对 NetFlow 流记录不同的字段值进行统计分析。

3.3 基于 NetFlow 的应用

NetFlow 的流记录中提供的 IP、端口、包数、字节数等信息能够为网络管理员监测网络中的异常情况提供数据基础，如 DDoS 攻击、网络扫描等对网络性能产生影响的恶意行为。在 SSH 暴力破解攻击中，攻击者所产生的 NetFlow 数据流中的包数和字节数与正常用户的 SSH 服务所产生的 NetFlow 流中所包含的包数和字节数存在差异，可以对 NetFlow 数据进行一定时间的聚合，并且针对属于合法用户忘记密码的失败登录尝试的实例相比于属于暴力攻击的实例将具有更多的 NetFlow 流数的这一特点对流量进行检测。DDoS 攻击中攻击者有时将伪造数据包中的源地址或控制大量僵尸主机发送畸形数据包，这种情形通常具有短时间内网络中字节数包含较少的数据包瞬时增多的特点，相对于正常网络环境下的平均包速率将产生较大偏差，因此可以利用 NetFlow 检测 DDoS 攻击，以便尽早发现网络异常，避免攻击行为对正常业务造成进一步影响。在僵尸网络中，C&C 服务器的流大小分布与良性服务器的流大小分布显著且必然不同，因此可提取流量大小作为检测特征，并且僵尸工具经常与 C&C 服务器建立连接，而良性服务器的客户端则不应该产生类似行为，基于这些特征即可提取 NetFlow 中流数、源端口数量、目的地址数量等信息对僵尸网络进行检测。

3.3.1 网络监控、测量和分析

网络监控和测量为网络管理员、互联网服务提供商和内容提供商提供了有价值的信息。与 SNMP 或 Windows Management Instrumentation(WMI)等其他技术相比，NetFlow 数据包含更多信息，可供进一步分析，例如，它们可以提供带宽分析、特定协议监控和系统性能等。基于 NetFlow 的监控、测量与分析可分为以下几类：网络监控、主机应用监控、安全监控、流量分析应用等。

1) 网络监控

提供有关路由器和交换机的信息以及网络范围的基础视图，包括基于往返时间的网络性能，延迟测量、连接性、带宽滥用、流量表征、特殊目的服务质量监控和故障排除诊断，以及有关网络行为变化信息等，可以用于问题检测和高效的故障排除。

2) 主机应用监控

通过网络提供有关应用程序使用情况的信息，用于规划和分配资源。网络中的主机配置文件和关系可用于资源规划和网络安全分析。Caracas 等人[12]提出了一种基于 NetFlow 数据的算法来描述计算机系统、软件组件和服务之间的依赖关系。Kind 等人[13]提出了一种利用网络流数据揭示信息技术基础设施之间关系的方法。Chen 等人[14]开发了新的启发式方法来分析数据中心间的特性和相关性以及客户端流量，为数据中心的设计和运营提供了帮助。Huebner 等人[15]研究了流长度、包大小、吞吐量等分布的随机特性。对于常用的和数据量庞大的应用，Kalafut 等人[16]提出了一种启发式方法，基于采样的 NetFlow 数据区分需要的和不需要的流量。Lee 等人[17]开发了一个可以监控 VoIP 服务，并基于 NetFlow 统计数据和行为检测 VoIP 网络威胁的网络管理系统。Kobayashi 等人[18]提出了一种基于目标实时传输协议包间隔的方差，利用网络流和单流来测量网络通信流量波动的方法。Deri[19]提出了一个基于协议特性的开源 VoIP 监控系统。

3) 安全监控

提供有关网络行为变化的信息，用于识别 DoS 攻击、病毒和蠕虫以及网络异常。与检测报文内容的入侵检测系统(IDS)相比，基于 NetFlow 的 IDS 使用现有的 NetFlow 数据，避免了隐私问题。然而，由于 NetFlow 数据中的信息有限，基于 NetFlow 的入侵检测更加困难。Sperotto 等人在 2010 年对基于 IP 流的入侵检测进行了概述，重点介绍了基于流的 IDS、流的概念、攻击分类和防御技术。

4) 基于 NetFlow 的流量分析

网络流量中长短流的比例、平均字节数速率等信息通常来说有助于网络管理员对网络瓶颈进行预测从而提出网络配置优化方法。通过历史数据的分析可以在最小化网络总运营成本的同时最大限度地提高网络的性能、容量和可靠性。与此同时可以根据 NetFlow 数据检测到空闲的 WAN 流量、带宽和服务质量(QoS)的状态，通过这些数据可以优化网络并降低运行成本。SolarWinds NetFlow Traffic Analyzer 基于 NetFlow 实现了网络数据流分析

和带宽监控，能够显示整个网络中所有到达流量的源 IP、目的 IP 和协议，可在自定义的图表和仪表板中跟踪和显示当前和历史的性能指标，并且能够通过监视接口识别问题，快速解决问题并优化网络性能。

NetFlow 可以应用在小型局域网或大型的互联网交换中心。企业内部需要实时对内部流量与流向进行监控，从而及时发现潜在的网络攻击行为或网络故障问题。互联网交换中心作为专为 ISP(Internet Service Provider)提供网络互联和交换网络通信的汇聚点，需要及时、准确地掌握各个 ISP 网络间的通信流量和流向数据。Intermapper 可以无延迟、实时监控流量，以及整个网络通信对话信息，可查看历史流量数据，以了解网络容量需求。

网络运营商不仅可以提供数据接入业务，还可以提供 IP 电话、视频和网络存储等业务，而 NetFlow 流量中提供的多种流量特征如 IP 地址、字节数、流持续时间、服务类型等，可使运营商统计特定用户的通信流量、占用的带宽比例等信息，从而为客户提供多种流量计费方式。NetFlow Analyzer 可以提供深入的带宽使用统计信息，可以准确地测量一段时间内的带宽增长，并利用容量规划报表帮助预测带宽的变化，有各种可用的预制报告，从故障排除支持到容量规划和计费。

3.3.2 网络应用分类

网络应用分类将网络流量分为某些应用类别，这些类别可以是粗粒度的，也可以是细粒度的。由于内容加密、动态端口和专有通信协议等混淆技术，网络应用分类是一项具有挑战性的任务。分类方法可以分为四类：基于端口、基于有效载荷、基于使用传输层统计的启发式和基于机器学习的方法。因为某些应用程序会随机分配端口导致基于端口的方法不再可靠。基于有效载荷的方法对加密流量不起作用，并且资源密集，在高带宽下扩展性差。基于启发式和机器学习的方法提供了替代方法。网络流量分类的原因有很多：网络管理员需要网络上运行的应用程序的信息(例如，文件共享)，无论它们是合法用户还是蠕虫；互联网服务提供商和内容提供商需要信息来保证服务质量，这方面的研究已经进行了 10 多年，目前仍在继续推进。CAIDA 网页中收集了 68 篇已发表论文和 86 个数据集的列表。另外几项对于网络应用分类的研究使用了流量分类方法[20]和机器学习方法[21]。

对等网络(P2P)已被广泛用于文件共享、视频分发和语音通信。它们比传统应用程序消耗更多的互联网流量，一直是网络管理员关注的问题和网络安全的挑战。互联网服务提供商和网络管理员对识别和控制 P2P 网络流量很感兴趣。NetFlow 提供了一种替代方法，在存储和处理方面比深度数据包检测(DPI)更有效。最近，在 NetFlow P2P 分析方面已经做出了相当大的努力。其中包括以下方法：

(1) 针对重量级用户的默认 P2P 端口；

(2) 特定 P2P 网络的端口使用模式，如 BitTorrent；

(3) 流量统计特征，如数据包长度和时间间隔；

(4) TCP 标志主机作为客户端和服务器，同时发送/接收带有 SYN 和 ACK 的数据包；

(5) 机器学习，使用诸如 IP 地址和端口、数据包大小、交换的字节等特征。

3.3.3 安全感知和入侵检测

入侵检测系统可以根据它们识别入侵的方式进行分类：基于异常、基于误用(基于知识或基于特征)或基于异常和误用的组合。或者,可以根据目标对入侵检测系统进行分类:基于主机、基于网络或基于主机与网络。

网络异常检测是指发现用户异常行为的模式,也称为基于异常的 IDS。与基于误用的入侵检测系统相比,这些模式以前是未知的。大多数面向内容的系统属于基于经验的检测,它通过检查流量包来寻找恶意软件的已知特征。大多数面向行为的系统属于基于异常的检测,它将异常行为与正常行为区分开来。基于 NetFlow 的 IDS 使用现有的 NetFlow 数据和有限的信息,与面向内容的方法相比,避免了隐私问题。但是,基于 NetFlow 的 IDS 具有一定局限性,因为 NetFlow 数据中的信息有限。本节介绍使用 NetFlow 数据可以实现的安全感知和入侵检测。

1) TOP N

TOP N 是 NetFlow 数据的统计和模型,根据一定的规则对数据进行排序,并从排序列表中选取出最大或最小的 N 个数据,它们反映了网络的基本状况。TOP N 的 NetFlow 分析相对简单,可以用来寻找 big talker 或 heavy hitter,同时还可以用于异常流量检测。

2) 网络蠕虫

蠕虫是一种独立的恶意程序,通过利用软件漏洞或通过社会工程诱骗用户执行以便在网络上复制。蠕虫可以造成较为恶劣的影响,破坏数据或软件、DoS、窃取数据等。蠕虫的检测可以分为面向陷阱、面向数据包和面向连接。端口扫描检测是蠕虫检测的重要步骤之一,因此在这两种类型的检测中都使用了许多类似的方法。类似 NetFlow 的方法是面向连接的,包括根据传入和传出连接分析主机行为,NetFlow 数据和蜜罐日志之间的相关性,以及使用协议图检测命中列表蠕虫。Chan 等人提出了一种基于 NetFlow 数据的流表单系统,包括跟踪器、分析器和报告器。Abdulla 等人提出了一种支持向量机(SVM)方法,该方法基于扫描活动或电子邮件,蠕虫会在没有 DNS 的情况下启动大量流量。

3) 僵尸网络

僵尸网络是位于被感染目标的恶意软件,由一个远程实体控制。它们已经成为助力分布式拒绝服务、垃圾邮件、网络钓鱼、身份盗窃和其他网络犯罪的主要安全威胁之一。许多僵尸网络依赖于不同的通信通道,从集中式 IRC 和 HTTP 到分布式 P2P 网络的各种通信渠道。检测僵尸网络相对比检测端口扫描和蠕虫更困难。François 基于 NetFlow 数据的 PageRank 和主机行为模式对僵尸网络进行检测。

3.3.4 NBOS 应用实例

本节主要对东南大学研究成果 NBOS V1.0(Network Behavior Observation System,网络行为观测系统)进行介绍,从而对 NetFlow 应用有进一步深刻的理解。NBOS 是用于监控和管理 CERNET 网络服务质量和网络安全状态的新型网络流量行为监控系统。该系统在于设计和实现对网络流量的分析、异常发现和应急控制,限制网络异常流量对正常网络服务的影响,为用户提供网络服务质量监测和评估功能。

1) NBOS 系统功能

NBOS 系统是一个基于 NetFlow 流记录,致力于管理网络服务质量、监控网络安全行为的新型网络管理系统。驻地系统是 NBOS 系统功能的主体,它主要根据主干节点采集的

NetFlow 流量对网络服务质量和网络安全进行监测，NBOS 所有的设计功能均通过驻地系统体现[11]。其功能可以分为网络服务质量管理、网络热点流量分析、异常分析(如图 3.11 所示)。

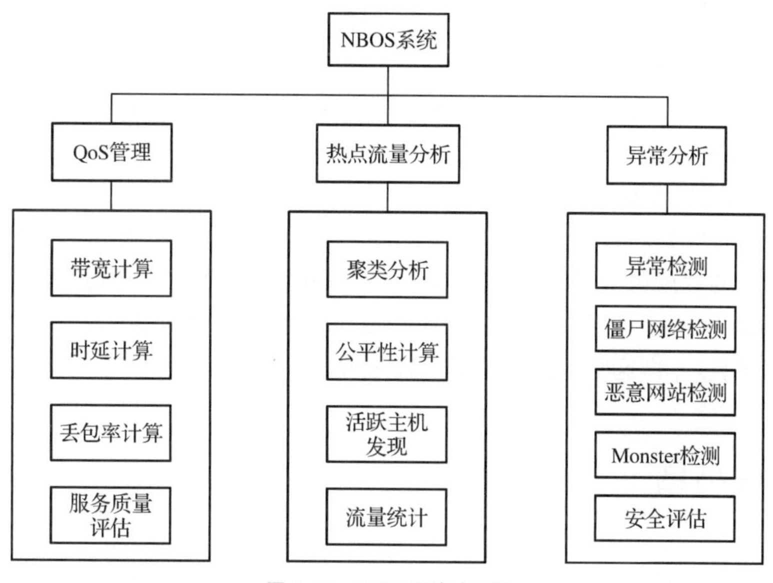

图 3.11 NBOS 系统功能图

2) NBOS 工作原理

NBOS 系统数据的采集平台实时地采集从网络路由器导出的各种数据，其中 NetFlow 流记录是采集的主要数据。数据采集平台将路由器发送来的 UDP 数据包进行解析，通过聚合条件将 NetFlow 流记录合并为 NBOS 流记录，并将相对应的 NBOS 流数据存储在共享内存中，供 NBOS 的多个模块进行测度计算。测度计算的结果通过可视化处理发布到 Web 上供系统管理员进行监控和管理网络。NBOS 系统数据关系如图 3.12 所示。

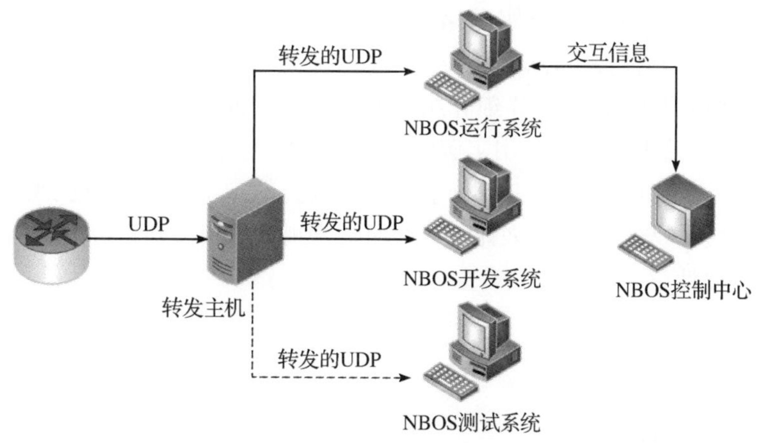

图 3.12 NBOS 系统数据关系图

路由器：开启了 NetFlow 功能的思科路由器，为 NBOS 提供源数据；

转发主机：收集路由器发送的封装着 NetFlow 流记录 UDP 数据包，为 NBOS 运行系统提供源数据；

NBOS 运行系统：安装并运行于各主干网的 NBOS 驻地系统；

NBOS 控制中心:安装于网络中心的 NBOS 中心控制系统;

NBOS 开发系统:处于不断改进和完善的 NBOS;

NBOS 测试系统:经过改进待正式运行的 NBOS;

3) NBOS 流量统计

NBOS 系统可以分为 6 个模块:数据接收模块,统计模块,哈希函数分析模块,数据管理模块,配置管理模块和显示模块。本节主要对 NBOS 统计模块进行介绍,以便于让我们了解如何使用 NetFlow 完成流量统计功能。

统计模块对接收到的数据包(UDP)的类别比例进行统计,并按照配置的时间粒度写入数据库。对接收的数据包进行解包(此为动态统计,也可以对存储在硬盘上的数据进行静态统计),统计 NetFlow 流记录的最大错序值(按照配置的时间粒度),统计时间粒度内的 NetFlow 流记录数,并将这些统计结果写入数据库。

3.4 本章小结

NetFlow 是互联网服务提供商最广泛使用的流量测量解决方案,用于确定网络链路上的流量组合。了解计算机网络中的信息流不仅对网络管理员重要,对网络规划、网络安全、取证和反恐也很重要。互联网上具有不同工作负载特征的不同流量类型在爆炸式增长,包括那些不使用传输协议(如 TCP)来描述流量开始和结束的流量,这使得定义网络流变得更加困难,但也更加关键。第一节提出了网络中流的定义以及相关的流的测度与聚合流定义,并在多个方面进行了网络流的参数化,包括定义流的四个特征或者方向。针对流的参数空间,介绍了单流的测度与聚合流的定义。

本章的第二节通过对当前使用最广泛的流量测量解决方案,即 Cisco 公司的 NetFlow 网络流技术的介绍与分析,来介绍网络流的测量、采样与分析方法。本节简单对比了 NetFlow 与 sFlow 等其他技术,从 NetFlow 的基本概念与工作原理出发对于网络流的测量理念进行补充,并根据 ANF 实例详细介绍了如何采样并处理网络流。后续第 3 节介绍了 NetFlow 的应用,并采用 NBOS 应用实例对 NetFlow 应用进行了补充。

本章主要就网络流的测量方法进行了介绍。从流的定义、单流测度、聚合流测度以及 ANF 对网络流的采样与处理方法来详细介绍网络流测量的相关知识,体现了网络流测量在网络管理中的重要性。

习题 3

3.1 举例说明网络流的定义。

3.2 在基于超时值的流定义下,假定某条流的超时值为 100 ms,结果在最后包装的某条流中时间相邻的两个数据报文间隔超过 100 ms,为什么?对于这条流,相邻报文的时间间隔最大不超过多少?

3.3 举例说明广域网环境中存在的由单个数据包组成的流的传输层和应用层协议。

3.4 对网络流的采样率过低或过高各有什么缺点?

3.5　如果所有流记录中数据包计数器均为 4，如需要释放一半的空间，则相对采样率应当设置为多少？

3.6　假设使用额外的 FCE（流计数扩展）硬件设备对流进行采样，为什么最终报告流记录数只能接近于设定值而非等于设定值？

参考文献

[1] Jain R, Routhier S. Packet trains: Measurements and a new model for computer network traffic[J]. IEEE Journal on Selected Areas in Communications, 1986, 4(6): 986 - 995.

[2] Claffy K C, Braun H W, Polyzos G C. A parameterizable methodology for Internet traffic flow profiling[J]. IEEE Journal on Selected Areas in Communications, 1995, 13(8): 1481 - 1494.

[3] Saran H, Keshav S. An empirical evaluation of virtual circuit holding times in IP-over-ATM networks[C]//Proceedings of INFOCOM'94 Conference on Computer Communications. IEEE, 1994: 1132 - 1140.

[4] Mankin A, Ramakrishnan K. Gateway congestion control survey[R]. RFC Editor, 1991.

[5] Li B D, Springer J, Bebis G, et al. A survey of network flow applications[J]. Journal of Network and Computer Applications, 2013, 36(2): 567 - 581.

[6] Hofstede R, Celeda P, Trammell B, et al. Flow monitoring explained: From packet capture to data analysis with NetFlow and IPFIX[J]. IEEE Commun. Surv. Tutorials, 2014, 16(4): 2037 - 2064.

[7] Feldmann A, Greenberg A, Lund C, et al. Deriving traffic demands for operational IP networks: Methodology and experience[J]. ACM SIGCOMM, Computer Communication Review, 2000, 30(4): 257 - 270.

[8] Sampled NetFlow. http://www. cisco. com/univercd/cc/td/doc/product/software/ios120/120newft/120limit/120s/120s11/12ssanf. htm.

[9] Estan C, Keys K, Moore D, et al. Building a better NetFlow[J]. ACM SIGCOMM Computer Communication Review, 2004, 34(4): 245 - 256.

[10] She B, Qin Z Y, Wang Q, et al. A design and implementation of Network billing system on campus based on hadoop and NetFlow[C]//2018 International Conference on Networking and Network Applications(NaNA), 2018: 197 - 200.

[11] 张俊. NBOS 源数据预分析系统的设计与实现[D]. 南京：东南大学，2011. DOI: 10. 7666/d. Y2054705.

[12] Caracas A, Kind A, Gantenbein D, et al. Mining semantic relations using Netflow[C]//2008 3rd IEEE/IFIP International Workshop on Business-driven IT Management. IEEE, 2008: 110 - 111.

[13] Kind A, Gantenbein D, Etoh H. Relationship discovery with Netflow to enable business-driven IT management[C]//2006 IEEE/IFIP Business Driven IT Management. IEEE, 2006: 63 - 70.

[14] Chen Y, JainS, Adhikari V K, et al. A first look at inter-data center traffic characteristics via yahoo! datasets[C]//2011 Proceedings IEEE INFOCOM. IEEE, 2011: 1620 - 1628.

[15] Liu D, Huebner F. Application Profiling of IP traffic[C]//27th Annual IEEE Conference on Local Computer Networks, 2002. IEEE, 2002: 220 - 229.

[16] Kalafut A J, Van Der Merwe J, Gupta M. Communities of interest for internet traffic prioritization[C]//IEEE INFORCOM Workshops 2009. IEEE, 2009: 1 - 6.

[17] Lee C Y, Kim H K, Ko K H, et al. A VoIP traffic monitoring system based on Netflow v9[J]. International Journal of Advanced Science and Technology, 2009, 4(1): 1 - 8.

[18] Kobayashi A, Toyama K. Method of measuring VoIP traffic fluctuation with selective SFlow[C]//2007 International Symposium on Applications and the Internet Workshops. IEEE, 2007: 89 - 89.

[19] Deri L. Open Source VoIP traffic monitoring[C]//Proceedings of SANE, 2006.

[20] Kim H, Clatty K C, Fomenkov M, et al. Internet traffic classfication demystified: myths, caveats, and the best practices[C]//Proceedings of the 2008 ACM CoNEXT Conference, 2008: 1 - 12.

[21] Nguyen T T T, Armitage G. A survey of techniques for internet traffic classification using machine learning[J]. IEEE Communications Surveys & Tutorials, 2008, 10(4): 56 - 76

4 流量抽样测量方法

物联网、大数据时代的来临让我们每天需要面对大量的数据，由此也产生海量的网络流量。为了缓和存储和计算资源的巨大压力，流量抽样技术应运而生。减小数据规模主要有过滤、聚合、抽样等方法。选择抽样原因和优点是抽样不需要对于被研究事物的属性进行深入了解即可完成。然而，抽样本身还有很多的问题需要解决：

(1) 抽样方法的选择。绝大多数场景会选择均匀抽样，然而均匀抽样也包含很多种类型，例如完全的随机抽样以及确定性的抽样。有些场景则需要不均匀的抽样，因为很多时候较小比例的样本反而更具备研究价值。

(2) 抽样虽然直接地降低了数据规模，但是如果不能从降低规模后的数据对原始数据情况进行较为精确的预测，那抽样就失去了意义。

(3) 在某些网络测量场景当中，如果希望对于具有同一特征的数据报文进行抽样，就需要采用基于哈希的抽样实现对于同样特征的个体选择，实用作出同一决策的一致性。

4.1 抽样方法概述

4.1.1 背景介绍

随着信息技术和互联网技术的飞速发展，对于数据的获取变得容易很多，这不仅体现在数据获取的方式变得多样化，也体现在获取数据的规模、维度的多样，"大数据"这一概念也自然而然地产生了。

大数据的产生方式有很多种，例如：在物理研究中，天文行星运动的相关参数、物理特征；生物医学研究中，生物体的基因序列、个体随时间变化的状态特征；在对于社会活动的研究里面，个体的GPS定位、社会活动记录；商业活动中的消费者的消费习惯和偏好等。

大数据一般具有以下特征：① 大数据本身蕴含内容丰富，且随着时间的推移规模不断递增；② 这些数据当中一般会存在重要的特征和趋势；③ 虽然大数据无处不在，但是对于寻找和处理这些内容的方法，目前还没有明确的、统一的答案。

大数据产生于生活和科学研究的方方面面，网络流量测量，如：丢包率、错误率、链路可用带宽、时延、数据流特征等。但是，不管是进行什么方面的研究，都必须了解网络链路中数据流的内容和特征，因为这是进行网络测量研究中需要获得的最原始的数据。

在实际应用场景中，网络数据流通常是具有相同信息包报头模式的集合，一个流可以被认为是具有相同的源IP地址、目的IP地址、源端口号、目的端口号和协议字段的集合体。一般的，用户可以根据自己的任务需求来定义网络流所需包含的内容，并需要基于不同的IP头模式。

为了区分不同的流，提出了流标识符(flow identifier)的概念，流标识是某些IP报头字段中的值的组合,识别不同的流可以简单地转换为对不同流标识符的识别。对于高速链路中不同类型网络数据流的计数问题,可以理解为是计算在特定测量间隔中看到的不同流标识符的数量。

基于收集的大量的数据流和数据分组的研究点有很多。(1) 根据四元组来进行数据流的分类,数据流标识虽然已经很好地缩减了数据流内容的规模,但是还是难免占据较多的存储空间,这里可以通过哈希函数的方法进一步减小存储的数据量。(2) 进行分类以后,可以进行一些其他的统计和测量,例如数据流中数据分组总数、总字节数,数据流持续时间、活跃流的判断等。借助这些基本信息,也可以进行一些其他方面的研究,例如网络负载测试等。

4.1.2 目的与意义

在网络高度发达的今天,网络数据流量呈现出爆发式增长,海量网络流量通过高速链路持续到达,给网络流量测量与分析带来了极大的困难。此外,新型的网络应用类型也增长迅速,传统的网络测量方法可能无法适应新型的网络应用以及相关的需求。

新型网络应用服务需要更有区分度的测量方法。显然,计算机网络本身“尽力而为”的设计思想无法满足对于细节化测量的网络应用需求。如今,越来越多的服务供应商希望可以把握小规模,甚至是个体级别的流量特征,以便更好地匹配个体以及使用的资源。此外,服务供应商也希望对于单个链路性能进行测量,从而更好地识别网络拥塞情况。从客户的角度出发,客户希望通过流量的信息来验证网络是否达到自己的预期目标。从网络本身来看,当今越来越多的实时应用程序需要更精细的时间尺度来进行测量工作。由于众多个性化测量研究工作的存在,普适的计算机网络结构显然无法面面俱到。

对于数据规模的缩减需求同样也是迫在眉睫的。网络数据的采集和测量需要依赖具体的硬件设备来实现,大量的网络数据对于网络设备造成很大压力:① 例如交换机、路由器等网络设备的计算和存储资源十分稀缺;② 大量的数据传输消耗了大量的带宽;③ 分析和处理数据需要非常昂贵的计算系统。数据规模的缩减至关重要,然而,测量工作又需要尽可能掌握更详细的信息,而现实条件当中的各种限制却要求缩减信息,这就对抽样方法本身提出更高的要求以权衡取舍。

数据缩减工作一般通过在线,单次执行来实现。一般来说,有三种方法可以实现数据的简化和缩减:

聚合:将多个数据基于某种测度组成一个集合,而数据的某些组成部分可能会被丢弃。如果当前测量工作不关注数据本身的具体信息,可以考虑使用聚合方法。

过滤:选择符合特征的个体,剩下的被舍弃。例如,寻找某个 IP 或者端口的流量信息。确定一个好的过滤规则可以更好地筛选需要的流量信息。

抽样:使用随机或者伪随机的方法进行数据筛选,未被筛选到的数据被丢弃。例如,对于报文分组进行简单随机抽样。过滤和抽样本身具有相似之处,抽样算法本身可以理解为一种较为复杂的过滤规则。

聚合和过滤一般需要对研究对象的具体特征进行深入了解以制定规则,而抽样可以在不了解详细特征的前提下保留对象的全部细节,并同时缩减数据规模。此外,抽样具有一定普适性,不局限于某种特定科学研究。在流量观测点以外的地方,对于数据规模的限制可能会有所放松,从而允许更多的作业存储以及对数据的多次传递和批量执行,为除了聚合、过滤、抽样以外的其他缩减方法打开了大门。

图 4.1 展示抽样的作用,抽样的作用简单来说,就是根据需要或者已有的数据特征,来平衡资源限制和查询要求这一对矛盾。个性化的查询要求可能需要较高的精度和准确性,但是资源很可能限制我们获取或者存储更多的东西。抽样就可以较好地平衡这些。

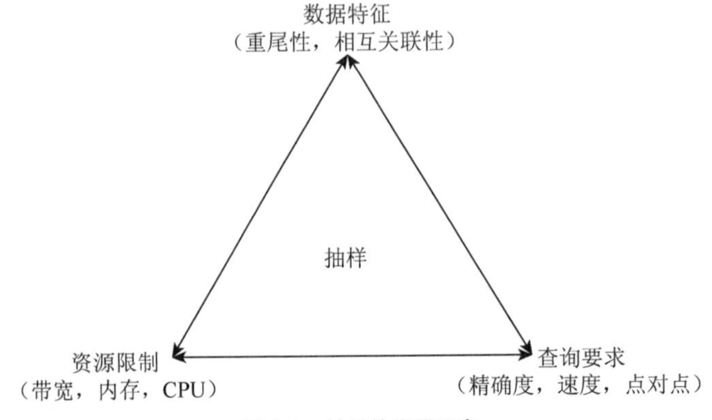

图 4.1 抽样的作用示意

4.1.3 困难与挑战

当前,在抽样技术以及对抽样测量的研究方面,面临着以下困难:

(1) 在数据采集的过程中,绝大部分可能已经经过了采样。由于硬件性能限制,大规模的原始数据很难全部被采集。如何通过已经采样后的数据,尽可能地还原出最原始数据的特征也是当前研究的热点。

(2) 抽样方法的实现受资源以及技术的限制。技术限制导致我们很难从纯粹的统计角度来设计抽样方法,设备供应商也会从不同的需求角度提出不同的近乎理想的方案。抽样的设计思路以及背后的统计分析思想之间的关联也需要明确。

此外,网络数据传输的过程复杂,测量算法也可能在不同的网络节点之间运作,抽样的同时还可能会附带一些预处理或者聚合的工作。每一步都可以进行抽样,而最佳抽样点很难直接确定。

(3) 流量特征本身对抽样方法影响较大。实验数据表明,网络流量在多个时间尺度上呈现明显重尾分布特征。在抽样方法设计时,需要考虑这一点。

(4) 抽样方法需要考虑具体的网络应用类型。对于不同应用类型的数据,最佳的抽样方法往往不一样。目前,还无法找出一组特定的数据来为网络全局的管理提供直接参考。因此,在设计抽样方法时,不仅需要考虑当前场景的适用性,也要考虑跨场景的灵活性。

4.2 抽样类型选择

4.2.1 抽样方法概述

本节将主要介绍一些常见的抽样方法,以及这些方法对于数据分组以及数据流抽样的应用。在后续将介绍当前技术情况以及数据本身的特征是如何影响抽样的选择。此外,还将研究抽样估计方法的准确性。

制定抽样方法需要对特定研究领域的抽样成本和收益进行评估。抽样的目标是评估某些抽样参数对结果样本完整性的影响。一般来说,较大的样本可以更接近地反映真实的总体,但每个采样实例都会带来成本,包括 CPU 时间、缓冲区空间和采样间隔,或用于推导特定估计值的时间量。因此,必须根据给定对象的精度要求和复杂性对采样频率进行权衡。

虽然对于流量信息,更多会使用“抽样”这个词,然而通常更为广泛的说法是“选择”,因为实际上某些数据缩减的工作不需要抽样。例如,某些场合下需要确定性的选择而不是随机选择。根据 IETF 组织当中 PSAMP 工作组的定义,确定性的抽样被称为“过滤”,剩下的称为“抽样”。这样的定义方法更加直观一些,当选择工作不仅仅由个体本身决定时,就需要由外部的抽样策略来完成。

数据流的抽象化描述。网络数据流可以抽象为一个由(t_i,c_i)组成的序列,其中 i 随着时序的递增不断增加。t_i 表示个体 i 被观察到的时间,因此 $t_i \leqslant t_{i+1}$。c_i 表示个体 i 的内容,其取值为一个固定集合 C 中的元素,例如一个长度为 l 的$\{0,1\}$比特串。这就是流量抽样个体的全部描述,抽样的对象可以是报文分组,也可以是流。通常这些个体的长度并不固定,l 则表示为可能需要用到的最大位数。

抽样,以及其他的任意选择算法,本质上是基于计数器 i 的一个规则制定。该规则可以简化为“两步走”:第一步,制定一个触发器,即启动抽样或其他筛选行为所依据的时间或事件;第二步,在触发器启动后,在数据流当中选择对应的个体。

一般来说,有这样两类常见的触发器:基于计数的触发器和基于时间的触发器。基于计数的触发器给出一个递增的计数序列$\{i_n: n=0,1,2,\cdots\}$,而基于时间的计数器则给出一个递增的时间序列$\{\tau_n: n=0,1,2,\cdots\}$。有一个基于时间触发器的例子是泊松过程的形成,即每个触发器在下一个触发器触发前,选择观察到的第一个对象。还有一个更复杂的案例,当观察到一个特定类型的对象时,触发器触发并选择接下来 t s 内观察到的全部对象。

理想情况下,触发器的触发模型应该足够灵活以应对在一个时间段内到达的多个数据包。有以下 2 个要求可以限制数据包选择和触发器这类的时序依赖性:第一个要求是,在完成网络测量任务后,网络控制应用程序会要求其尽快传输测量数据结果。因此,我们给定选择对象的选择决策不会依赖于流当中未来到达的个体。第二个要求是,被抽样个体对于过去的依赖信息不需要大规模的存储。一个简单的示例就是独立抽样。总而言之,过去的决策对于当前采样的决策应该通过一些简单易存储的变量来实现。

下面,将介绍几种常见的抽样方法。

4.2.2　均匀抽样

本节将主要介绍三种常见的均匀抽样方法:系统化抽样,简单随机抽样以及分层均匀随机抽样[8]以及这些方法在被动网络测量当中的应用。

1）系统化抽样

对于基于计数的触发器,抽样模型可以表示为 $i_n=nN+i_0$,其中 N 表示采样的周期。在最简单的情形下,抽样的对象为 i_n;更一般的场景下,抽样的对象为 $i_n, i_{n+1}, \cdots, i_{n+M-1}$,其中 $M \leqslant N$,M 表示被抽样的个数。常见的场景就是对于连续报文流的报文采集。连续报文流的抽样对于理解数据流的动态有一定帮助。类似的,对于基于时间的触发器可以表示为

$\tau_n = nT + \tau_0$. 选择工作还是在触发器触发时进行,例如选择时间 t 后到达的第一个个体或选择时间 t 内到达的全部个体。

系统化抽样的实现很简单,仅需要设置一个计数器,初始值为采样周期。计数器的数值随着报文的到来依次递减,当计数器为 0 时进行报文采样。随后重置计数器并重新开始。这种抽样方法有一个明显弊端:当被抽样的个体也存在明显的周期性,且和我们的抽样频率有一定关联时,系统化采样结果会存在一定偏差。此外,由于抽样过程相对简单,抽样结果往往可预测,抽样过程也可能被人为蓄意操纵或规避。

2) 简单随机抽样

对于简单随机抽样的合理使用,可以很好地规避系统化抽样可能带来的同步化问题,相当于将系统化抽样的间隔变为了具有一定分布规律的随机数。例如,在基于计数的触发器中采用呈几何分布的间隔,或在基于时间的计数器中采用呈指数分布的间隔可以避免抽样结果被预测。

对于加入随机性的抽样的一个简单方法是,在给定触发器之后,立刻生成到下一个触发器的时间间隔。不过,这样的抽样方法也有一些麻烦之处:某些分布可能是无界的,因此,间隔值的生成可能会不利于硬件存储。这种情况下,我们可以将抽样方法简化为对每个个体进行采样决策,当然这样的实现方式会耗费较多的计算资源。

3) 分层均匀随机抽样

在分层均匀随机抽样中,我们往往先根据事物的一些属性划分为层。然后分别在每一层的群体中抽取一定数量的个体。一般来说,层的划分需要保证层间差异明显大于层内差异,以减小抽样整体带来的偏差。对于均匀分层抽样来说,每一层的总数以及在每一层中抽取的数量一致。因此,每个个体的边界抽样概率其实是一致的,当然,受限于实际情况,某些抽样后的组合可能不被允许。

图 4.2 展示了上述三类主要抽样方案:系统抽样、分层随机抽样和简单随机抽样。对于每个类,可以通过基于计数器或基于计时器的机制实现或近似实现任何抽样方法。也就是说,可以使用数据包计数或计时器来触发选择要包含在样本中的数据包。此外,可以改变采样的间隔:1 min、15 min、1 h、1 d 等。由于过程不是时间均匀的,因此将相同数量的样本分散在更长的间隔上也可能会产生不同的结果。

不少研究者也通过不同的指标评价了上述抽样方法的好处。Amer 和 Cassel[8] 通过抽样对于数据分组的统计信息(如数据包长度)估计值的均值和方差的影响进行分析。Claffy、Polyzos 和 Braun[7] 则使用报文 Trace 实验,将完整的数据包长度、包到达时间间隔分布情况跟不同比例抽样后的数据包长度以及包到达时间间隔分布情况作比较,详见 4.4 节内容。另外,研究发现基于时间触发的抽样,其准确性不如基于计数触发的抽样。这和流量本身的模式有很大关系:流量很可能在某个时间段内是突发的。基于时间触发的抽样很可能会忽略这些,并且基于时间抽样的估计值往往有较大的方差。另一方面,不同的基于计数的抽样方法之间的准确度也较为近似。

在系统、简单随机以及分层随机三种抽样中,针对单个报文被抽样的概率都是相同的,然而对于报文的组合的抽样就不相同了。例如,共享一些公共属性(例如流密钥)的背对背报文一般不使用系统抽样。

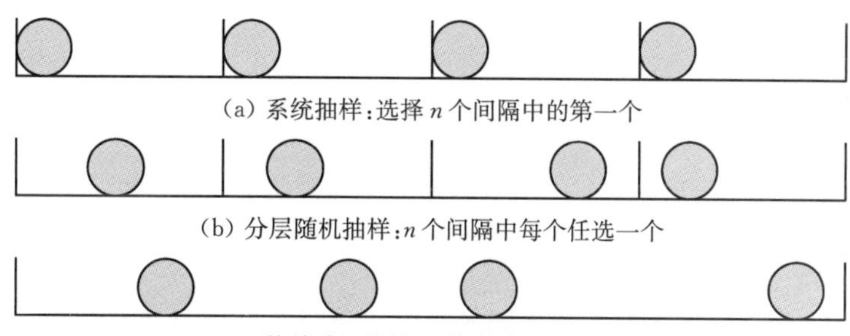

(a) 系统抽样:选择 n 个间隔中的第一个

(b) 分层随机抽样:n 个间隔中每个任选一个

(c) 简单随机抽样:全体中随机选择 n 个

图 4.2 三种均匀抽样方法

4.2.3 不均匀抽样

不均匀抽样是一种将抽样权重与个体本身结合的抽样方法。这种抽样方法在样本不均衡的时候会发挥很大作用,因为某些情况下占比较小的个体种类可能更具备研究价值。例如,在攻击检测与发现方面,攻击流量很可能只占很小一部分,但是对于它的研究更重要。

不均匀抽样的一种常见应用是根据个体大小规模制定抽样权重(例如数据报文中的字节数)的方法。假设在抽样过程中,每一个个体 i 包含一个定量的特征 x_i,每个对象以概率 p_i 被抽样。借助不均匀分布的 p_i,我们可以借助抽样后的样本的平均值对抽样前全体 x 的平均值 $\bar{x}$ 进行无偏估计。例如,在大小为 N 的全集中选择个体 $x_1, x_2, \cdots, x_n$。当全部 $p_i>0$ 时,估计值 $\frac{1}{N}\sum_{i=1}^{n}\frac{x_i}{p_i}$ 是 $\bar{x}$ 的一个无偏估计。当 N 未知时,还有一个无偏估计为 $\sum_{i=1}^{n}1\Big/p(x_i)$。均匀抽样则是一种特殊情况:上式计算可得的 n/N 就是抽样的概率。这个估计值有一个优势就是其方差也是无偏的。然而,虽然方差是无偏的,但是考虑到被选择对象之间的相关程度,这个估计值的方差可能会较大。

假设全部 N 个物体有一个辅助的指标 y_i,在 x_i 与 y_i 大致成比例的情况下,选择与 y_i 成比例的 p_i 是比较好的,根据上述估计值的思想,其方差可能是较低的。在网络测量场景下的一个典型例子是,根据采样的字节数来预估报文的平均长度。当我们可以直接获取被抽样个体的信息时,我们可以设置抽样权重 $p_i = y_i\Big/\sum_{i=1}^{n}y_i$。然而,在无法直接预估个体本身的大小时,这种方法就不太适用。

4.2.4 随机抽样的仿真实现

虽然众多伪随机数发生器已经被开发出来,但是对于计算资源非常稀缺的系统来说,这样的随机抽样算法可能就不太合适。例如,路由器中分给每个报文的计算资源十分有限。

还有一种伪随机生成的方法是通过报文的内容来设计,这种伪随机的抽样其实也可以视为一种过滤,只是这里面的过滤规则较为复杂。这种抽样可能带来的后果需要仔细研究,因为个体内部特征之间的依赖性也可能导致抽样对个体特征产生依赖性。如果从内容转换为伪随机抽样的过程不够复杂,那么攻击者有可能精心制作一组流来破坏抽样的随机性。

需要注意的是,基于内容的伪随机抽样和非均匀的概率抽样是有本质区别的。非均匀的概率抽样是一个样本设计,其被选择的概率取决于内容;而基于内容的伪随机抽样则是通过内容模拟随机选择的一种实现方式。

4.3 抽样估计模型

4.3.1 两种重整化方法

本节将主要讨论均匀抽样中两种不同的重整化估计方法以及如何在实际应用场景中将丢包的影响纳入其中。

重整化(renormalization)在流量或报文抽样中具体指将抽样结果与抽样比例作比值以得到对于原始量的无偏估计的过程[8]。在实际操作过程中,一般有以下两种重整化的方法:

一种是基于抽样比例的方法。在给定流量中某一类有 M 个报文,按照抽样比例 p 进行随机抽样,抽样得到 m 个结果,则我们可以得到 M 的一个无偏估计 $\hat{M}_1=m/p$。对于字节数的估计也是类似的。如果原始 M 个报文的字节数分别为 $b_1,b_2,\cdots,b_M$,则总字节数 $B=\sum_{i=1}^{M}b_i$ 的无偏估计为 $\hat{B}_1=\frac{1}{p}\sum_{i=1,2,\cdots,m}b_i$,这里的求和仅包括被抽样的 m 个报文的字节数。

当测量中有足够多的信息时,可以通过一种基于抽样数的重整化方法。如果需要估计一种特定类型的报文的数量,则可以设定一个"水池"的大小,即在观察点观察到的一段时间内的报文总数。假设这个池的大小为 N,在这一段时间内的报文中随机抽取 n 个,即抽样概率为 n/N,计算属于该类的报文为 m 个,可以假设这种抽样比例适用于全部类型的报文,则原始流量中属于该类的报文数量为 $\hat{M}_2=mN/n$。

对于字节的估计也是可以用类似方法进行的。对于这样的抽样方法,其实可以从报文数或字节数来得到抽样比例。在实际操作中,可以发现基于报文数的估计更好,因为考虑到不同报文的字节数差异较大,基于字节数的估计量有较大的方差。

此外,即便是考虑到丢包的情况,丢包率在这种重整化的估计中影响也是不大的。可以认为丢包率和具体丢包的个体之间是相互独立的。因此,考虑到丢包对于不同类型的报文影响是近乎相同的,丢包对第二种重整化的影响会较小一些。

4.3.2 均匀抽样估计值方差

对于上述两种抽样方法估计值的评价,借助变异系数(coefficient of variation)作为参考。$\hat{M}_1$ 的变异系数为 $s_1=\left(\frac{1-p}{pM}\right)^{1/2}$,而 $\hat{M}_2$ 的方差相对较小:实验发现随着 M,N 的增大,M/N 的值会收敛于 r,根据文献[16]中的 delta 方法,得到 $\hat{M}_2$ 的变异系数为 $s_2=s_1\sqrt{1-r}$。字节数的估计量 $\hat{B}_1$ 的变异系数为 $\left[(1-p)\sum_{i=1}^{m}b_i^2/p\right]^{1/2}/B$。受链路条件限制,单个报文的大小有上限为 $b_{\max}$,上述变异系数的上限可以控制为 $\sqrt{b_{\max}/pB}$。

不难发现,这些估计量的变异系数都与流量规模(报文数、字节数)的平方根成反比,这意味着,在实际网络环境当中,对占比较大的流量的估计往往更加准确。这对于占比较大的应用程序较为有利,因为占比较大的网络应用的相关估计值的相对误差会小于占比较小的那些。这一特性被 Jedwab、Phaal 和 Pinna[9]用来识别频繁项(heavy hitters),该方案假设只有有限的存储空间可以用于对不同流量使用情况进行排序。如果实例化一个新的类型会超过存储空间,则算法只会留下最大的几个类以此来获得排名。实验证明,这种方法可以把排名的误差控制在较小的范围内。

这一发现对于其他的实际应用也会有较大的帮助:例如基于使用情况来进行收费的应用,可以通过延长计费周期来提高估算的准确性。另外,对于入侵检测进行聚类分析,Taylor 和 Alves-Foss[10] 根据 TCP/UDP 的端口号对属于不同应用程序的流量使用了不同比例的报文采样比例,以便获取到的各类报文是可比较的。

4.3.3 丢包对抽样的影响

下面,本节将讨论丢包对于上述两种类型抽样方法的影响。

无论是在观察点、收集点还是传输过程当中,报文丢失都是很正常的事情。丢包本质上也是一种特殊的抽样,但是对于这种抽样的属性我们无法预知。

为了更好地进行重整化,得到准确的无偏估计量,我们最好可以知道丢包率。对于基于抽样数的抽样方法有一个好处在于这类方法已经将丢包的影响纳入考虑,因为丢包现象对于不同类型的流量影响大致类似。

然而,对于基于抽样比例的抽样方法而言,传输率则需要单独确定,可以通过在传输前加入序号,仿照基于抽样数的抽样方法获得最后的传输率。随后,通过将获得的传输率以及给定的抽样概率的乘积来进行重整化完成估计的过程。广域网出口可能由于网络拥塞等原因造成丢包甚至丢包报告丢失的现象,然而由于这类现象对于各类流量都是一样的,因此,这样的估计方法依然可以保证足够的准确性。

4.4 抽样统计推理方法

4.4.1 三大问题

根据 4.1 节的描述,由于数据量以及处理计算资源限制情况,网络测量需要采用抽样的方法进行网络行为分析研究。然而,数据规模的缩减也必然损失一些重要信息。因此,本节将主要探讨如何从抽样后的信息,尽可能推导出原始流量特征,同时还将研究可能导致分析偏差的原因。

本节内容主要在于解决如下三大问题[6]:

(1) 抽样是否会对下游测量设备造成影响。如果在抽样过程当中,同一原始流量的报文在抽样过程中因为流超时机制被截断,产生多个抽样后的流量,我们称这种流量为稀疏流量。随着大文件传输以及大量 P2P 应用的使用,大流在网络流量当中的占比有了很大提升,因此很有必要探讨这种现象对于网络测量与分析的影响。在 4.4.2 节当中,我们选取了流量特征有较大区别的不同网络应用,通过报文跟踪方法,证实了稀疏流对于抽样后结果的影响。

(2) 在考虑流量稀疏性的前提下,原始流量的数据规模、活跃流数量以及计算资源消耗情况能否估计。考虑到有时候很难进行报文跟踪实验,4.4.3 节将提出一个通过流量的角度进行流输出速率以及活跃流情况分析的模型，从而了解计算资源的使用情况，同时还将稀疏性纳入考虑范围，探讨稀疏性对于测量的影响。

(3) 通过基于报文抽样后的流量特征，能否尽可能多地推测出原始流量的特征。

对于报文总数以及字节总数的估计是较为简单的，即便是要区分不同的流，可以直接拿抽样后的数量除以抽样的比例，且这类估计也是无偏的。这里面较难估计的是原始流量的原始流的到达输出速率、原始流的长度等其他特征。一个重要的原因在于，如果某些流量中没有一个报文被抽样，那么将全部结果直接除以抽样比例是不可行的。在 4.4.4 节当中，应当提出一个借助 TCP 流量提供的额外信息，如 SYN 标志，来实现对于流速以及流长的无偏估计。这类数据的分析是十分重要的，它可以帮助我们更好地把握源端流量的特征，例如区分不同的网络应用程序类型；还可以帮助我们更好地把握流量的短时变化，例如发现 SYN 泛洪时大量的短流量。

4.4.2　稀疏流与稀疏应用

本节将主要介绍稀疏流的概念，并通过研究者所进行的实验来具体分析稀疏流量在不同抽样比例下，对抽样结果可能造成的影响。

假设一个原始流量，其报文间隔时间为 τ，报文的抽样比例为 $1/N$，则抽样后的报文间隔为 τN。那么，当 τN 超过了之前设定的流超时阈值，那么原始流将被分成多个抽样后的流。考虑最极端的一种情况：所有抽样的结果都是均匀分布的，那么每一个报文都将成为一个单独的流。如果 τN 没有超过之前设置的阈值，那么抽样后的结果还是一个单独的流。对于具备上述特性的流，我们称为“稀疏流”。显然，稀疏流的一个必要的特征就是持续时间长超过采样周期 N。考虑有稀疏流的情况下，抽样后的结果势必产生多个抽样流，同时增加下游设备的计算存储压力。随着大量 P2P 应用以及流式应用投入使用，这类流的比例有了显著提升，因此，研究这类流量在抽样中的情况以及造成的影响是很有必要的。

AT&T 实验室使用 tcpdump 工具采集了时长约为 37 min 的流量，这些流量一共包含 1 千万个 IP 报文，采用固定的采样周期 N 进行采样，并设置固定的流超时参数 t。具体的流应用名称由对应 TCP 或 UDP 的端口号决定，不采用上述两种协议的报文暂不考虑。

如表 4.1 所示，对于不同的网络应用程序(稀疏流或非稀疏流)，随着采样周期 N 的上升，采样后的流数都随之下降。然而，对于 Napster 以及 realaudio 这类可能产生稀疏流的应用，在 N 不是很大的情况下(小于 100)，最后的采样流数量可能出现一些反转，因为这些流的长度明显超过其他应用。具体的结论如下：

表 4.1　平均报文长度与应用的关系(30 s 流超时)

应用类型	抽样周期			
	1	10	100	1 000
www	6.12	1.91	1.23	1.04
napster	455.31	33.55	2.63	1.15
smtp	5.66	2.33	1.51	1.14
ftp	36.21	10.36	2.42	1.26
nntp	107.23	36.48	7.11	1.22

续表 4.1

应用类型	抽样周期			
	1	10	100	1 000
https	6.34	1.58	1.09	1.01
ms-strm	95.66	24.91	2.11	1.10
pop3	5.19	1.64	1.18	1.01
domain	2.26	1.34	1.07	1.01
realaudio	467.16	17.64	2.45	1.14
quake	19.58	15.30	5.14	1.25
http-alt	4.12	1.47	1.07	1.00
other	22.42	6.06	1.93	1.15
ALL	7.75	2.49	1.44	1.08

(1) 当采样周期足够大,例如到 1 000 的时候。无论流量是否稀疏,最后的流数也是差不多的。因为即便流量特别稀疏,其长度也很少能到达 1 000。因此,最后的结果往往是原始一个流,采样后也是一个流。

(2) 此外,当采样周期到 1 000 的时候,平均流长大约为 1,也就是说抽样后绝大多数的流长均为 1。因为较稀疏的流量会因为抽样最后形成单报文流量,而流长本身较短的流在大多数情况下也会被采样一个报文。

(3) 在本次报文 Trace 实验中,稀疏流在流数和报文数都不占很大比例,约为 10%(如表 4.2 所示)。然而,随着 P2P 应用的增长,在部分服务运营商的网络链路中,稀疏流所占的比例很可能超过 50%。

表 4.2　不同应用报文数,字节数所占比例

应用类型	字节数(Kb)	字节数比例	报文数(千个)	报文数比例
www	2 122 109	0.520	5 500	0.550
other	981 697	0.240	2 140	0.214
napster	282 356	0.069	396	0.039
smtp	211 280	0.051	502	0.050
ftp	126 433	0.031	231	0.023
nntp	101 214	0.024	78	0.007
https	96 671	0.023	345	0.034
ms-strm	41 903	0.010	88	0.008
pop3	33 537	0.008	200	0.020
domain	31 048	0.007	204	0.020
realaudio	26 783	0.006	48	0.004
quake	22 949	0.005	261	0.026
http-alt	1 762	0.000	7	0.000
ALL	4 079 742	1.000	10 000	1.000

(4) 实验发现,对于稀疏流量而言,活跃流的抽样数也会随着 N 的增长而下降,但是下

降趋势较为缓和一些。

下面，将研究流超时参数的设置对于抽样结果的影响。定性而言，加长流超时会减少稀疏流量因为抽样超时造成的分流情况。然而，这会造成活跃流数量的上升，并提高流缓存设备的压力。

研究发现，对于不稀疏的应用程序而言，对于总流数的改变是可以忽略不计的。活跃流上升的同时，抽样后流数下降很少。例如 www 应用，其原始的平均流长在 6 左右，那么对于 $N=10$ 而言，每一个流也就被抽取一个报文左右。当 N 到达 1 000 左右的时候，一个报文的抽样流成为常态。考虑到原始流长往往较短，加长流超时会导致流数相应比例增加，对于抽样数量则不会有特别明显的改变，特别是对于比较大的 N。对于稀疏的应用，例如 Napster 等，增加流超时的影响较为明显。平均流长约为 455 的 Napster，在 N 取值为 100 左右的时候，这种稀疏性会特别明显。对于较大的 N，提高超时阈值带来的影响就没有那么明显了。

总而言之，稀疏应用由于经常产生较长的流，抽样过程可能导致分流，造成抽样后的流数增加的情况。根据实验证明，一些 P2P 和流式应用程序的抽样流在抽样周期在 10、100 左右的时候，抽样流数可能随着周期的上升而上升。但是对于较大的周期而言，最后的结果还是下降的，因为流长度不会无限上升。

不仅仅是 P2P 应用的明显增长，今后其他的稀疏应用也会不断涌现。对于这类流量的特征研究工作也需要推进。在后面的 4.4.3 节，将通过流量本身的特征，提出资源使用情况的估计模型。

4.4.3 资源使用情况估计

在 4.4.2 节当中，探讨了不同网络应用的不同流量特征，并分析了流超时、采样周期、内存以及资源消耗的关系。虽然 4.4.2 节为定量的分析，但是这类分析方法并不普遍适用，因为很多时候无法直接获取到原始报文信息。所以本节的主要任务就是提出一个基于流量角度对于原始流数以及活跃流数量的估计模型，以作为资源使用情况的评估。

假设有一条由 n 个报文组成的流，持续时长为 t，整个流的报文以 $1/N$ 的比例进行抽样，流超时为 T。定义下列两个数量：

$f(n,t;N,T)$：所有被抽样的原始流的数量。

$a(n,t;N,T)$：一条流处于活跃状态的全部时间，定义为第一个报文和最后一个被抽样的报文的时间差加上流超时 T。

显然，在现有条件下，无法直接确定 f 和 a 的值，因为原始流的报文间隔情况以及采用的具体抽样方法未知，如是采用确定性还是完全随机抽样。因为抽样涉及随机选择，所以抽样到流的条数本身就是随机的。对于随机的数量，采用一些数据统计指标或者分布情况来描述。考虑一个具体的情况：对一条包含等距报文的流采用确定性抽样，计算 f 和 a 的平均值。

在确定性抽样的背景下，采用 $1/N$ 的抽样比例，抽取的报文编号分别为 $m,m+N,m+2N,\cdots$ 其中 m 为 1 到 N 之间的随机数。用 f_1 和 a_1 来表示这种抽样情况下的 f 和 a 的期望值。

推论 1：假设确定性抽样，抽样周期为 N，且初始相位随机，那么：

$$f_1(n,t;N,T)=\begin{cases}1, & Nt\leqslant(n-1)T \text{ 且 } N<n \\ n/N, & \text{其他}\end{cases}$$

$$a_1(n,t;N,T)=\begin{cases}t\dfrac{n-N}{n-1}+T, & Nt\leqslant(n-1)T \text{ 且 } N<n \\ nT/N, & \text{其他}\end{cases} \tag{4.1}$$

证明：若 $n\leqslant N$，那么该流中最多只有一个报文被抽中。“有一个报文被抽中”的概率为 n/N。如果抽中该流的一个报文，则有 $f=1,a=T$；若该流中没有报文被抽中，则 $f=0,a=0$。因此 $f_1=n/N,a_1=nT/N$。

若 $n>N$，则该流至少有一个报文被抽中。那么相邻的原始报文之间的时间间隔为 $t/(n-1)$，被抽样后的报文的时间间隔为 $Nt/(n-1)$。若 $Nt/(n-1)\leqslant T$，即抽样后得到的相邻报文之间的时间间隔小于或等于流超时，那么这些抽样后的报文组成一条流：$f_1=1$。这条流有 n/N 个报文，因此 $a_1=\frac{n-N}{N}\cdot\frac{Nt}{n-1}+T=t\frac{n-N}{n-1}+T$。若 $Nt/(n-1)>T$，即抽样后得到的相邻报文之间的时间间隔大于流超时，那么每个抽样后报文都单独组成一个流：$f_1=n/N$。每条流的活跃时间的期望为 $a_1=nT/N$。证毕。

在实践中，可以采取上述方法对多条流进行估计。给定一个由 M 条流组成的原始流集合，持续时间分别为 t_i，报文数分别为 n_i，流量采集总时长为 D，令 $\hat{F}_1$ 表示原始流的总条数的估计值，$\hat{A}_1$ 表示所有原始流的平均活跃时间的估计值，则有：

$$\hat{F}_1=\sum_{i=1}^{M}f_1(n_i,t_i;N,T),\quad \hat{A}_1=\frac{1}{D}\sum_{i=1}^{M}a_1(n_i,t_i;N,T) \tag{4.2}$$

表 4.3 和表 4.4 分别展示了总流数和活跃流数预估值和真实值之间的比例：

表 4.3　总流数预估值与真实值比例

流超时 T	抽样周期 N			
	10	100	1 000	10 000
1	1.22	1.15	1.04	1.00
10	1.21	1.13	1.13	1.02
100	1.23	1.10	1.10	1.09
1000	1.23	1.08	1.10	1.06

表 4.4　活跃流预估值与真实值比例

流超时 T	抽样周期 N			
	10	100	1 000	10 000
1	1.18	1.08	1.01	1.00
10	1.21	1.13	1.08	1.01
100	1.23	1.11	1.10	1.05
1000	1.23	1.09	1.10	1.05

通过报文头部 Trace 实验，我们比较了总流数与活跃流在预估值和真实值的比例情况。如表 4.3 和表 4.4 所示，在 $T=10$ 且 $N=100$ 的情况下，可以满足误差在 10%左右。

此外，当 N 越大，其测量准确度越高。因为此时 N 可以超过绝大多数应用的流量长度，大多数原始流只有一个报文被采样，流的稀疏性与建模的方法关联不大。而对于那些长的稀疏流而言，稀疏性对于 f 和 a 的估计值影响也相对有限。实验表明，对于较大的 N 和较小的 T 而言，稀疏性对于 F 估计值的主要影响主要来源于有多个报文被采样的流（例如 $n/N \gg 1$）且非常稀疏的流（例如 $Nt/n \gg T$）。对于这些流而言，采样报文的时间间隔远大于流超时，因此无论对于什么样的抽样模型，采样后的报文都倾向于成为单个报文的测量流。

4.4.4 原始流特征估计

在使用抽样方法时，人们常常关注如何从抽样后的流量中还原出原始流量中关于流的特征信息。下面考虑三种流特征的估计方法：

1）原始流量的总报文数 P 和字节数 B

对原始流量中的报文数或字节数的估计相对简单：只需要将抽样后流两种中相应的报文数或字节数除以抽样率。下面详细说明了这一点，并给出了估计精度的表达式。

假设一个原始流量，报文数 P 未知，抽样比例为 $1/N$，抽样后流量中报文数为 $\hat{p}$，则可以用公式(4.3)来给出 P 的估计值 $\hat{P}$：

$$\hat{P} = N\hat{p} \tag{4.3}$$

为了进一步分析，令 $\hat{p} = \sum_{i=1}^{P} w_i$，其中 w_i 是一个 0－1 随机变量，当原始流量中报文 i 被抽中时，令 $w_i = 1$；若原始流量中报文 i 未被抽中，令 $w_i = 0$。易得 $P(w_i = 1) = 1/N$，$P(w_i = 0) = 1 - 1/N$。

$\hat{P}$ 是 P 的无偏估计，因为估计值 $\hat{P}$ 的期望为：

$$E(\hat{P}) = N\sum_{i=1}^{P} E(w_i) = P \tag{4.4}$$

若独立抽样，那么估计值 $\hat{P}$ 的方差为：

$$\mathrm{Var}(\hat{P}) = PN^2\,\mathrm{Var}(w_1) = PN(1 - N^{-1}) \tag{4.5}$$

此估计值 $\hat{P}$ 的相对误差为：

$$\sqrt{\mathrm{Var}(\hat{P})}\,/P = \sqrt{(1 - N^{-1})N/P} \tag{4.6}$$

易得该相对误差的上界为 $\sqrt{N/P}$。

字节数的估计与报文数估计方法类似。假设一个原始流量，字节数 B 未知，抽样比例为 $1/N$，抽样后流量中字节数为 $\hat{b}$，则可以用公式 4.7 来给出 B 的估计值 $\hat{B}$：

$$\hat{B} = N\hat{b} \tag{4.7}$$

令 $\hat{b} = \sum_{i=1}^{P} w_i b_i$，其中 b_i 是原始流量中报文 i 的字节大小。

$\hat{B}$ 是 B 的无偏估计，因为估计值 $\hat{B}$ 的期望为：

$$E(\hat{B}) = NE\Big(\sum_{i=1}^{P} w_i b_i\Big) = B \tag{4.8}$$

若独立抽样，那么估计值 $\hat{B}$ 的方差为：

$$\mathrm{Var}(\hat{B}) = N^2\mathrm{Var}(\hat{b}) = N(1-N^{-1})\sum_{i=1}^{P} b_i^2 \tag{4.9}$$

假设单个报文大小的平均值和最大值分别为 b_{av} 和 $b_{\max}$，那么我们可以得到估计值 $\hat{B}$ 的标准误差为：

$$\frac{\sqrt{\mathrm{Var}(\hat{B})}}{E(B)} = \frac{\sqrt{N(1-N^{-1})\sum_{i=1}^{P} b_i^2}}{NPb_{\mathrm{av}}} \leqslant \frac{\sqrt{NPb_{\max}^2}}{NPb_{\mathrm{av}}} = \sqrt{\frac{N}{P}}\cdot\frac{b_{\max}}{b_{\mathrm{av}}} \tag{4.10}$$

易得该标准误差的上界为 $\sqrt{N/P}\cdot(b_{\max}/b_{\mathrm{av}})$。

总结上述推导，得出推论 2：

(1) 假设一个包含 P 个报文、B 个字节的原始流量被以 $1/N$ 的概率独立抽样，得到的抽样流中包含的报文数和字节数分别为 $\hat{p}$ 和 $\hat{b}$，那么

$$\hat{P} = N\hat{p}, \hat{B} = N\hat{b}$$

是 P 和 B 的无偏估计。

(2) $\hat{P}$ 和 $\hat{B}$ 的标准差的上界分别为

$$\frac{\sqrt{\mathrm{Var}(\hat{P})}}{P} < \sqrt{\frac{N}{P}}, \frac{\sqrt{\mathrm{Var}(\hat{B})}}{E(B)} < \sqrt{\frac{N}{P}}\cdot\frac{b_{\max}}{b_{\mathrm{av}}}$$

其中 b_{av} 和 $b_{\max}$ 分别为单个报文大小的平均值和最大值。

2) 原始 TCP 流数量 M

TCP 协议用专门的报文来表示连接的开始和结束，这些报文由 TCP 头部的固定标志位来区分。连接的第一个报文设置了 SYN 标志，而最后一个报文设置了 FIN 标志。因此，通过检查流中的标志位，可以确定是否在流中检测到的任何报文上设置了 SYN 和 FIN 标志。下文将把设置了 SYN 标志的报文称为 SYN 报文。这里我们假设：

① 所有原始 TCP 流都由一个 SYN 报文开始；

② 每个原始 TCP 流都只包含一个 SYN 报文。

因此，如果一个流的 SYN 报文被抽中，那么在抽样后的流中，它必定是该流的第一个报文。

下文给出两种基于 SYN 报文来估计原始 TCP 流数量的方法。设原始 TCP 流数量为 M。

方法一：假如以 $1/N$ 的概率对原始 TCP 流量进行抽样。如果 SYN 报文被抽中，那么则认为其所属流被抽样了。令抽样后流量中 SYN 报文的数量为 $\hat{m}_1$，可得其期望为 M/N。因此，$\hat{M}_1 = \hat{N}m_1$ 是 M 的一个无偏估计。可以看出，方法一中仅仅利用被抽中的 SYN 报文来估计原始 TCP 流的数量，这可能会导致估计值的误差偏大。

方法二：该方法的使用有一个假设条件：没有由于稀疏导致的流的分裂。当设置流超时参数为无穷大时，该假设成立。将原始 TCP 流分为三类，S_1 是只有一个报文且为 SYN 报文被抽中的原始 TCP 流集合，S_2 是至少有一个非 SYN 报文被抽中的原始 TCP 流集合，S_3 是没有

报文被抽中的原始 TCP 流集合。假如所有原始流的第一个报文(SYN 报文)被抽样是相互独立的事件。因为 $S_1 \subset S_2^C$,所以对于一条原始 TCP 流,有 $P[S_1]=P[S_1 \mid S_2^C]P[S_2^C]=(1-P[S_2])/N$。令$\hat{s}_1$ 和$\hat{s}_2$ 分别表示抽样后流量中属于 S_1 和 S_2 的流的数量。定义 $\hat{M}_2=N\hat{s}_1+\hat{s}_2$,其期望为 $E(\hat{M}_2)=MNP[S_1]+MP[S_2]=M$,因此 $\hat{M}_2$ 是 M 的无偏估计。

综上所述,得到推论 3。

推论 3:若假设①② 成立,那么 $\hat{M}_1$ 是 M 的一个无偏估计;若进一步满足无穷大流超时的假设,那么 $\hat{M}_2$ 也是 M 的无偏估计。

下面比较当原始 TCP 流数量逐渐增多时上述两种估计值的方差。考虑一个由长度分别为 $f_1, f_2, \cdots$ 的原始 TCP 流组成的序列,假设 f_i 是具有有限均值 $\bar{f}$ 的随机变量。由大数定律可得,随着 M 的增大,原始 TCP 流中前 M 个流的平均长度 $\bar{f}_M = M^{-1}\sum_{i=1}^{M} f_i$ 逐渐向 $\bar{f}$ 收敛。在下面的分析中,将 M 当作一个固定的值考虑,尽量避免 M 对方差的影响,从而分析估计值的方差和抽样概率 $1/N$ 的关系。

定义指示变量 $(x_{ij})_{i=1,2,\cdots;j=1,2,\cdots,f_i}$,当流 i 的第 j 个报文被抽中时其值为 1,否则为 0。令 $z_i = \prod_{j=2}^{f_i}(1-x_{ij})$,则有若 $z_i = 1$,则流 i 中只有第一个报文被抽中。

推论 4:若假设 ①② 成立,且独立抽样,抽样概率为 $1/N$,则:

(Ⅰ) $M^{-\frac{1}{2}}(\hat{M}_1 - M)$ 的分布收敛于一个均值为 0、方差 $\sigma_1^2 = N(1-N^{-1})$ 的高斯分布。

(Ⅱ) 假设流超时无穷大,且 f_i 是具有有限均值 $\bar{f}$ 的随机变量。那么对于任意长度流组成的序列,$M^{-\frac{1}{2}}(\hat{M}_2 - M)$ 的分布收敛于一个均值为 0、方差 $\sigma_2^2 = \sigma_1^2\bar{z}$ 的高斯分布,其中 $\bar{z} = E[(1-N^{-1})^{f_1-1}]$ 是一条流中没有除第一个报文以外的报文被抽中的概率。

证明:(Ⅰ) $\hat{M}_1$ 可以写作 $\hat{M}_1 = N\sum_{i=1}^{M} x_{i1}$。因为 $\hat{M}_1$ 是独立同分布的随机变量之和,且 $\mathrm{Var}(x_{ij}) = (1-N^{-1})/N$,$\mathrm{Var}(\hat{M}_1) = MN(1-N^{-1})$。由中心极限定理可知,(Ⅰ) 成立。

(Ⅱ) 若 $x_{i1}z_i = 1$,则流 i 属于 S_1;若 $z_i = 0$,则流 i 属于 S_2。因此,可以将 $\hat{M}_2$ 写作 $\hat{M}_2 = \sum_{i=1}^{M}\{1+(Nx_{i1}-1)z_i\}$。结合以下条件:(ⅰ) 独立抽样;(ⅱ) 方差乘法公式 $\mathrm{Var}(AB) = \mathrm{Var}(A)\cdot(E(B))^2 + \mathrm{Var}(B)\cdot(E(A))^2$;(ⅲ) $z_i^2 = z_i$;(ⅳ) $E[z_i] = (1-N^{-1})^{f_i-1}$;(ⅴ) $\mathrm{Var}(x_{i1}) = (1-N^{-1})/N$,我们可以得出 $\mathrm{Var}(\hat{M}_2) = MN(1-N^{-1})\bar{z}_M$,其中 $\bar{z}_M = M^{-1}\sum_{i=1}^{M}(1-N^{-1})^{f_i} \leqslant 1$。由大数定律可知,当 M 增大时,$\bar{z}_M$ 逐渐向 $\bar{z}$ 收敛。由中心极限定理可知,(Ⅱ) 成立。证毕。

根据推论 4,估计值 $\hat{M}_1$ 和 $\hat{M}_2$ 的标准误差分别近似为 $\sqrt{N/M}$ 和 $\sqrt{\bar{z}N/M}$。显然,$\hat{M}_2$ 的标准误差小于 $\hat{M}_1$ 的标准误差。但是估计值 $\hat{M}_2$ 正确的前提是假设原始 TCP 流未被分裂。如果发生了流的分裂,那么会导致属于 S_2 的流的数量被高估。有时候我们可以利用这一点来估计由于流被分裂导致的偏差：当存在流分裂时，$\hat{M}_2-\hat{M}_1$ 是对由于流分裂导致的额外流数的估计。

3）原始 TCP 流的平均长度 $\overline{f}$

基于前面的原始流量报文数和流数的估计，这里给出一个对原始 TCP 流的平均长度 $\overline{f}$ 的估计：$\hat{f}=\hat{P}/\hat{M}_k, k=1,2$。显然，$\hat{f}$ 不是 $\overline{f}$ 的无偏估计。关于 $\hat{f}$，有以下推论：

推论 5：若推论 4(Ⅱ) 中的假设成立，则对于任意长度的流组成的序列，$\hat{P}/\hat{M}_k$ 是 $\overline{f}$ 的一致估计。

证明：

$\hat{P}$ 可以写作 $\hat{P}=N\sum_{i=1}^{M}\sum_{j=1}^{f_i}x_{ij}$。可得 $\hat{P}/M$ 和 $\hat{M}_k/M$ 分别是均值为 $\overline{f}$ 和 1 的独立同分布的随机变量之和。由大数定律可知，当 M 趋近于无穷大时，$\hat{P}/\hat{M}_k$ 收敛于 $\overline{f}$，因此 $\hat{P}/\hat{M}_k$ 是 $\overline{f}$ 的一致估计。证毕。

推论 6：若推论 4(Ⅱ) 中的假设成立，则随着 M 增大，$M^{-\frac{1}{2}}\left(\dfrac{\hat{P}}{\hat{M}_k}-\overline{f}\right)$ 渐近于均值为 0、方差为 η_k^2 的正态分布。其中：

$$\eta_1^2=N(1-N^{-1})\overline{f}(\overline{f}-1).$$
$$\eta_2^2=N(1-N^{-1})\overline{f}(\overline{f}-1)\overline{z}+\overline{f}(1-\overline{z})$$

证明：

方差的估计采用 σ-方法[15]。构建一个长度为 m 的序列 $M^{-\frac{1}{2}}(\hat{X}_1^M,\cdots,\hat{X}_m^M)$，其中序列的每一项随着 M 增大都是渐近于均值为 0 的高斯分布的随机变量，协方差矩阵为 $(c_{ij})_{i,j=1,\cdots,m}$。如果 g 是 $\mathbf{R}^m$ 上的实函数，且在 0 处可微，那么 $M^{-\frac{1}{2}}\left(\dfrac{\hat{P}}{\hat{M}_k}-\overline{f}\right)=M^{-\frac{1}{2}}[g(\hat{X}_1^M,\cdots,\hat{X}_m^M)-g(\mathbf{0})]$ 是随着 M 增大渐近于均值为 0 的高斯分布的变量，其方差渐近于 $g'(\mathbf{0})\mathbf{c}g'(\mathbf{0})^{\mathrm{T}}$。令 $\hat{f}=g\left(\dfrac{\hat{P}}{M}-\overline{f},\dfrac{\hat{M}_k}{M}-1\right)$，其中 $g(x,y)=(x+\overline{f})/(y+1)$。可得 $g'(\mathbf{0})=(1,-\overline{f})$。现在只需要计算 $\hat{f}$ 中分子项 $\hat{P}$ 和分母项 $\hat{M}_k$ 的协方差矩阵 $\mathbf{c}$。

$$c_{11}=\lim_{M\to\infty}\mathrm{Var}(M^{-1/2}\hat{P})=\lim_{M\to\infty}M^{-1}\sum_{i=1}^{M}\mathrm{Var}\left(N\sum_{j=1}^{f_i}x_{ij}\right)=N(1-N^{-1})\overline{f}$$

对于 $\hat{M}_1$，$c_{12}=\lim_{M\to\infty}\mathrm{Cov}(M^{-\frac{1}{2}}\hat{P},M^{-\frac{1}{2}}\hat{M}_1)=\lim_{M\to\infty}M^{-1}\sum_{i=1}^{M}\mathrm{Cov}\left(N\sum_{j=1}^{f_i}x_{ij},Nx_i\right)=N(1-N^{-1})$，由推论 4 可知 $c_{22}=\lim_{M\to\infty}\mathrm{Var}(M^{-1/2}\hat{M}_1)=N(1-N^{-1})$。

对于 $\hat{M}_2$，$c_{12}=\lim_{M\to\infty}\mathrm{Cov}(M^{-\frac{1}{2}}\hat{P},M^{-\frac{1}{2}}\hat{M}_2)=\lim_{M\to\infty}M^{-1}\sum_{i=1}^{M}\mathrm{Cov}\left(N\sum_{j=1}^{f_i}x_{ij},(Nx_{i1}-1)z_i\right)=N(1-N^{-1})\overline{z}$，由推论 4 可知 $c_{22}=\lim_{M\to\infty}\mathrm{Var}(M^{-1/2}\hat{M}_2)=N(1-N^{-1})\overline{z}$。

在完成三类测度的估计之后，从理论和实验来分析时间尺度和精确度。

(1) 理论层面

根据推论 6，得出原始 TCP 流的平均长度 $\bar{f}$ 的估计值 $\hat{P}/\hat{M}_k$ 的标准差近似为$\bar{f}\ \sqrt{N/M}$。已知 $\hat{M}_1 = N\hat{m}_1$ 是对 M 的估计，因此给出可能误差的估计 $\hat{\eta}_1 = \bar{f}/\sqrt{\hat{m}_1}$。

对原始 TCP 流的平均长度 $\bar{f}$ 估计的相对误差为 $\eta_1/\bar{f} \approx 1/\sqrt{\hat{m}_1}$。例如，在时间 t 内在一条速率为每秒 C 字节的链路上收集到原始流量，其平均报文长度 p 字节，平均流长度 l 报文(给定链路速率为 2.4 Gb/s，$N=100$，$p=500$，$l=20$)。经抽样概率为 $1/N$ 的抽样后，假如 $\hat{m}_1 \approx Ct/(Npl)$，那么可以得出相对误差约为 $0.06/\sqrt{t}$。这表明对 1 s 内原始 TCP 流的平均长度 $\bar{f}$ 的估计的相对误差约为 6%。

(2) 实验层面

实验分析方面，同时还是采用 TCP 报文 Trace 实验来进行验证。采用的 TCP 报文分原始未过滤和一种为了估计值更精确的过滤后版本。实验发现，即便是对于原始未过滤的版本，在 1/1 000 的抽样比例当中，误差率还是可以控制在 10%以内。

实验通过在校园网边界采集了时长 5 h 的 9 566 657 个 TCP 报文。考虑到抽样时 SYN 报文可能不在抽样时间的范围内以及可能因为采样原因没有获取到，因此制定了一种过滤后的采集，即过滤仅包含全部由 SYN 报文开始的流量(流超时为 30 s)。据实验统计，过滤后版本包括 6 889 444 个报文组成的 299 875 个流。

根据表 4.5 展示的完整版与过滤后的对比可得，过滤丢弃了大约 28%的报文以及大约 16%的流量。此外，有大约 5%的 SYN 报文并未存在于一个完整的流当中。这些被丢弃的报文可能是因为原始流长较长或者是较为稀疏且超过 30 s 超时阈值的报文。而在过滤后的流对象中，SYN 报文本身的减少也可能是因为出现丢失后在超时范围内进行重传的现象，这样 SYN 报文就在流的中间而不是开头了。当然，采用 FIN 作为统计标准理论上也可以，然而数据证明，在不由 FIN 结尾和不由 SYN 开头这两种意外情况当中，前者显然更普遍。

表 4.5 完整版与过滤后对比情况

实验对象	报文数	流数	SYN 报文数	FIN 报文数
完整版	9 566 657	354 950	315 200	283 357
过滤后	6 889 444	299 875	315 067	270 081

实验还是采用 1，10，100 和 1 000 作为采样周期，结果如表 4.6 和表 4.7 所示。流长平均值的真实值就是 $N=1$ 情况下 $P/\hat{M}_1$ 的取值。观察发现 $P/\hat{M}_1$ 总的来说比 $P/\hat{M}_2$ 更接近真实值，因为 $\hat{M}_2$ 不可避免对流数高估。与此同时，实验列出了 SYN 的流数 $\hat{m}_1$ 以及对于 $P/\hat{M}_1$ 标准差 η_1 的估计值 $\hat{\eta}_1$。如果“所有的流都恰好包含一个 SYN 报文”这一假设是成立的，那么 $\hat{m}_1$ 应随着 N 的增加而下降，然而这一下降趋势却不及 N 的趋势，考虑到实验跟踪的报文当中，SYN 报文不一定开启了一个完整的流，因此 $\hat{M}_1$ 的值有可能高估了流数。实际情况下，只有抽样周期以及 SYN 报文的占比都足够大的时候，SYN 报文数和 $\hat{M}_1$ 才会足够接近。

表 4.6 过滤后平均流长估计结果

N	$P/\hat{M}_1$	$P/\hat{M}_2$	$P/\hat{M}_2(S)$	$\hat{m}_1$	$\hat{\eta}_1$
1	22.97	22.97	22.97	299 875	n/a
10	22.39	22.11	22.49	30 767	0.12
100	22.48	21.88	22.25	3 064	0.40
1 000	22.00	21.69	21.84	313	1.23

表 4.7 完整版平均流长估计结果

N	$P/\hat{M}_1$	$P/\hat{M}_2$	$P/\hat{M}_2(S)$	$\hat{m}_1$	$\hat{\eta}_1$
1	31.90	27.11	27.11	299 875	n/a
10	30.75	29.34	30.80	31 116	0.17
100	30.63	29.27	30.00	3 123	0.55
1 000	29.52	29.27	29.46	313	1.67

对于 $\hat{M}_2$ 来说，有一种办法可以减少由于稀疏流分流带来的高估这一影响，就是增加流超时这一参数的阈值，例如设置为和抽样周期 N 成比例，这一结果由 $P/\hat{M}_2(S)$这一列展示。实验发现，这一做法确实提高了精确度，但是精确度还是不及 $P/\hat{M}_1$。

对于 $P/\hat{M}_1$ 这一数值的精确度，可以将估计值与真实值的差距和 $\hat{\eta}_1$ 进行比较。例如当 $N=10$ 的时候，差距值大约为 $7\hat{\eta}_1$；而对于 $N=1\ 000$ 的时候，差距值为 $\hat{\eta}_1$，这一误差还是在正常的统计误差范围内的。

4.5 流长分布估计方法

4.5.1 流长分布概述

在被动网络行为测量与分析领域内，基于报文的抽样是重要的测量手段之一。分组采样可以有效控制测量任务当中的资源消耗。然而，对于原始流量特征的研究也是同样重要的，特别是源端流量行为的分析以及整体网络资源消耗情况。

被动流量测量越来越多地采用数据包级别的采样来控制测量子系统和基础设施中的资源消耗。例如，许多高端路由器仅从数据包的采样子流形成流统计信息，以限制流缓存查找中涉及的内存消耗和处理周期。此外，由于在大多数情况下，流统计数据的生成速率降低，从而降低了向收集器传输流统计数据的带宽、收集器的处理和存储成本。对网络中的每个数据包进行记录是不可行的，因此路由器上的数据包采样可以控制处理资源的使用、收集器的带宽以及收集器上的处理和存储成本。

采样会导致固有的信息损失。在某些情况偏差很容易纠正，假设平均选择 N 个数据包中的 1 个，则流中的数据包总数可以通过将采样数据包的数量乘以 N 来估计。假设采样决定独立于数据包大小，则字节总数可以以相同的方式估计。

虽然分组抽样在部分测量任务中可以控制测量误差，并尽可能还原原始流量的特征，但是抽样依然不可避免地丢失大量信息。例如，原始流量的某些更详细特征并不容易估计。当在路由器中使用基于报文的采样时，报告的测量是针对采样后数据报文形成的流而不是原始数据报文形成的流的测量。这样形成的统计称为抽样流统计。由于一些原始流根本不会被采样，较长的流比较短的流更有可能被采样。因此，简单地将所有采样流长度按 N 进行缩放将无法很好地估计原始流的数量或其长度的分布。

原始流长分布对于网络行为分析和资源分配有非常重要的参考意义，具体的应用有以下几大方面：

(1) 预估采集流量数据的机器的资源消耗情况：例如流缓存的利用情况，整体网络的传输带宽等。

(2) 分析源端流量行为：流数和流长分布的测量可以用于分析预测网络代理服务器的增长情况等。

(3) 分析网络攻击行为：例如用于抽样后的流量预测产生网络攻击的主机数量。

假设抽样过程平均从原始流中选取 N 个数据包中的 1 个，因此很容易提出以下简单的结论：将长度为 l 的每个采样流的属性指定为长度为 Nl 的原始流。虽然这种方法易于实现，但也有一些缺点。首先，它没有考虑没有数据包被抽样的流，因此原始流的总数估计值偏低。尽管有可能对该偏差进行修正，但这种方法还有第二个缺点：推断的流量长度分布将集中在 N 的整数倍上。在实践中，测量的流量长度分布更平滑，因此需要一些有效的平滑方式。对于较小的流量长度，这种需求尤其明显。当 N 较大时，原始流长度分布中大部分可能比 N 短得多，N 是通过简单倍数缩放推断的最短长度，这个问题需要解决。

对于独立采样或周期采样，长度远小于 N 的流通常最多采样一个数据包。因此，仅使用采样频率来解决原始流分布比 N 短的部分情况是一个挑战。假设有以下两个原始流，如何尝试将它们与它们采样后的流区分开来：① 大小为 2 000 000 的 1 个流；② 1 000 000 个大小为 2 的原始流，分别接受 $1/N$ 数据包采样。在每种情况下，采样数据包的预期数量是相同的。当 N 大到 10 000 时，在每种情况下，大小为 1 的采样流的平均数量为 200(最接近的整数)，并且在情况②下产生至少一条长度为 2 的采样流的概率仅为 1%。这表明，仅根据采样流的频率很难区分原始流频率的巨大差异，需要关于流的进一步信息来区分此类情况。

在采样周期 $N=100$ 的情况下，情况①和②中大小为 1 的采样流数量仅相差 1%，但在情况②中，长度为 2 的采样流数量则平均为 100。因此，任何用于区分短原始流频率的推断方法必须将每个原始频率估计为一组采样频率的函数，而不是简单地缩放单个频率。

本章节介绍的推断方法仅限于原始分布较为平滑的情况。考虑两个原始流长度分布相同，一个分布可以通过将另一个进行简单的位移来获得。从上述论点可以明显看出，对于足够大的采样周期，所得的采样流长度分布将无法区分。因此，关于流长分布情况能做到的最理想情况就是推断出一些平滑的频率集。

4.5.2 TCP 流量特征以及一些重要定理

考虑到原始流长分布信息的重要性，Nick Duffield 等人[4]提出借助 EM 算法[3]，通过抽样后的流量情况预测原始流长分布。在介绍 EM 算法用于流长分布预测之前，先需要介绍一下主流 TCP 流量的重要特征以及一些必要的数学定理。

在 TCP 流量中，TCP 连接的建立和结束情况可以通过 TCP 数据分组的头部特征来观察，一次 TCP 连接的第一个报文为 SYN 报文，最后一个报文为 FIN 报文。我们定义含有 SYN 报文的流为 SYN 流，并作理想情况的假设：所有 TCP 的原始流都恰好有一个 SYN 报文。虽然这种测量仅适用于 TCP 流，但是对于绝大多数主干网络，无论是流、报文还是字节数量来看，TCP 流都占据了绝大多数。

对于原始流长分布情况，可以考虑通过极大似然估计的方法进行估计。下面首先介绍关于二项分布的重要定理或者推论。

定理 1：假设有 n 个物体，经过多次 p 概率的独立抽样，抽取得到 k 个样本。在已知 k 的前提下，n 最有可能的取值为$\lfloor k/p \rfloor$。若 k/p 为正整数，则$(k/p)-1$ 的概率取值和 k/p 一样大。

如果对一条长为 l 的流抽样，抽样概率为 p，那么在忽略分流的情况下，会产生一条平均长度为 lp 的抽样流。反过来看，若已知抽样流的长度，由定理 1 可以得出抽样流的长度除以抽样概率是原始流的最可能的长度。

那么如何从抽样流量中估计出原始 TCP 流长度的分布呢？假设一共有 n 条流，每一条流刚好有一个 SYN 报文，抽样概率为 $1/N$，令 f_i 为原始流量当中含有 i 个报文的流的频数（或频率），令 g_j 为抽样后含有 j 个报文的流的频数（或频率），g_j^{SYN} 为抽样后含有 j 个报文的 SYN 流的频数（或频率）。在之前提到，采用抽样概率和抽样后流长分布简单计算得到原始流长分布估计方法中，有一个明显的缺陷在于没有考虑未被抽中的流的情况，这会导致估计值偏小。定理 2②给出了两种对未被抽样的原始 SYN 流数的无偏估计。

由 4.4.4 节的分析可以得出定理 2。

定理 2：

① $M^{(1)}=N\sum\limits_{i\geqslant 1} g_i^{\mathrm{SYN}}$ 为原始 SYN 流数的无偏估计。

② $g_0=(N-1)g_1^{\mathrm{SYN}}$ 是未被抽样的原始 SYN 流的无偏估计。在不考虑分流的情况下，$M^{(2)}=\sum\limits_{i\geqslant 0} g_i$ 也是原始 SYN 流数的无偏估计。

③ $P=N\sum\limits_{i\geqslant 0} ig_i$ 为原始报文总数的无偏估计。

由定理 2，可以进一步得出原始 TCP 流平均流长度的估计 $L^{(i)}=\dfrac{P}{M^{(i)}}, i=1,2$。

在进行极大似然估计之前，再探究一下 f_i 和 g_j 之间的关系。假设抽样是独立的，抽样概率为 p，原始流长不超过 m，且不考虑分流，则 $E(g_j)=\sum\limits_{i=1}^{m} C_{ji}(m)f_i$，其中 $C_{ji}(m)$ 表示长度为 i 的原始 TCP 流被抽中 j 个报文的概率，又若 $m\geqslant i\geqslant j\geqslant 1$，则 $C_{ji}=B_p(i,j)$；否则 $C_{ji}(m)=0$。其中，$B_p(i,j)=\mathrm{C}_i^j p^j(1-p)^{i-j}$。可以证明：

定理 3：$C(m)$ 为可逆函数，且若 $m\geqslant i\geqslant j\geqslant 1$，则 $C_{ij}^{-1}(m)=B_p(i,j)\cdot p^{-i-j}$；否则为 $C_{ij}^{-1}(m)=0$。

根据定理 3，可以通过估计 g_i 的值来估计 f_i，即 $\hat{f}=C^{-1}(m)g$。但是这种方法具有很明显的缺陷：$C_{ij}^{-1}(m)$ 过大会使得估计值对 g 的变化非常敏感，有时候甚至会产生负的估计。

4.5.3 EM 算法推测流长分布

下面介绍借助 EM 算法对于原始流长分布情况的最大似然估计方法：

假设原始数据中的流数为 n，令 $\emptyset_i$ 表示一个原始流当中含有 i 个报文的概率，所有的原始 TCP 流都恰好含有一个 SYN 报文。抽样是随机的，抽样概率 $p=1/N$。EM 算法的目标是通过抽样后的 SYN 流的流长分布 $g^{\mathrm{SYN}}=\{g_i^{\mathrm{SYN}}\}$ 来估计 n 和 $\emptyset=\{\emptyset_i\}$。首先给定 n 和 $\emptyset$，通过对数似然函数 $J(n,\emptyset)$ 推导 g^{SYN}。

对于一个原始的 SYN 流，抽样后还为 SYN 流的概率是 p（即 SYN 报文被抽中的概率）。因此抽样后得到的 SYN 流总数为 $\gamma^{\mathrm{SYN}}(\gamma^{\mathrm{SYN}}=\sum_i g_i^{\mathrm{SYN}})$ 的概率为 $\mathrm{e}^{K(n)}=B_p(n,\gamma^{\mathrm{SYN}})$。不考虑分流的情况下，抽样后的 SYN 流长为 j 的概率为 $\sum_{i\geqslant 1}\emptyset_i c_{ij}$，其中 $c_{ij}=B_p(i-1,j-1)$。由此推出 $J(n,\emptyset)=K(n)+L(\emptyset)$，其中：

$$L(\emptyset)=\sum_{j\geqslant 1} g_j^{\mathrm{SYN}}\log\sum_{i\geqslant j}\emptyset_i C_{ij} \tag{4.11}$$

因此 K 和 L 的最大化可以分别由 n 和 $\emptyset$ 确定。

由定理 1 可得，K 最大时 n 的最大似然估计值 $n^*=M^{(3)}=\gamma p^{-1}$。

现在我们希望通过 $L(\emptyset)$ 推出 $\emptyset$ 的最大似然估计值，同时需要注意的是 $\emptyset$ 的约束：$\emptyset\in\Delta=\{\emptyset:\emptyset_i\geqslant 0,\sum_i\emptyset_i=1\}$。$\emptyset$ 的最大似然估计值 $\emptyset^*$ 一定是函数 L 的驻点。因为常用对数 log 是凸函数，$L(\emptyset)$ 也是凸函数，因此 $\emptyset^*$ 是 L 的唯一驻点。函数 L 对 $\emptyset_i$ 求偏导，可得：

$$\frac{\partial L(\emptyset)}{\partial\emptyset_i}=\sum_j\frac{C_{ij}g^{\mathrm{SYN}}}{\sum_{k\geqslant j}\emptyset_k C_{kj}} \tag{4.12}$$

令偏导为零，即得出 $\emptyset_i^*$。然而，$\emptyset^*$ 不一定满足 $\emptyset\in\Delta$ 这一条件：有些 $\emptyset_i^*$ 可能是负数。这种情况下，就需要在 Δ 这个范围当中寻找最大似然估计，而不是函数驻点。

对于非函数驻点的最大似然估计，通过理论分析往往很困难，这时候，采用 EM 算法进行迭代：

(1) 初始化：选择初始的流长分布数值 $\emptyset^{(0)}$。

(2) E 步骤：令 f_{ij}^{SYN} 表示原始流长为 i，抽样后流长为 j，且含有 SYN 报文的流数。由此可得 $g_j^{\mathrm{SYN}}=\sum_i f_{ij}^{\mathrm{SYN}}$，令 $f_i^{\mathrm{SYN}}=\sum_j f_{ij}^{\mathrm{SYN}}$ 表示原始流长为 i，且抽样后仍为 SYN 流的流数。用 f_{ij}^{SYN} 来表示似然函数为：

$$L_{\mathrm{C}}(\emptyset)=\sum_{i\geqslant j\geqslant 1} f_{ij}^{\mathrm{SYN}}\log\emptyset_i C_{ij} \tag{4.13}$$

通过已知的 g_j^{SYN}，构建 $L_{\mathrm{C}}(\emptyset)$ 关于 $\emptyset^{(k)}$ 的期望函数 $Q(\emptyset,\emptyset^{(k)})$：

$$Q(\emptyset,\emptyset^{(k)})=\sum_{i\geqslant j}E_{\emptyset^{(k)}}[f_{ij}^{\mathrm{SYN}}\mid g^{\mathrm{SYN}}]\log\emptyset_i C_{ij} \tag{4.14}$$

(3) M 步骤：定义 $\emptyset^{(k+1)}=\underset{\emptyset\in\Delta}{\operatorname{argmax}}Q(\emptyset,\emptyset^{(k)})$，通过求导可得出在 $\emptyset\in\Delta$ 范围内的驻点 $\emptyset^{(k+1)}$：

$$\emptyset_i^{(k+1)}=\frac{E_{\emptyset^{(k)}}[f_{ij}^{\mathrm{SYN}}\mid g^{\mathrm{SYN}}]}{\gamma^{\mathrm{SYN}}}=\frac{\emptyset_i^{(k)}}{\gamma^{\mathrm{SYN}}}\sum_{i\geqslant j\geqslant 1}\frac{C_{ij}g_j^{\mathrm{SYN}}}{\sum_{l\geqslant j}\emptyset_l^{(k)}C_{lj}} \tag{4.15}$$

公式(4.15)当中的第一个等式由勒让德方程可得，第二个等式通过条件概率计算可得。

$\varnothing^{(k+1)}$ 可以看作在已知 g^{SYN} 分布的前提下，利用在概率分布为 $\varnothing^{(k)}$ 的原始 TCP 流上的抽样后的 SYN 流的预期分布对 $\varnothing$ 的更好的估计。

(4) 迭代：重复迭代步骤(2) 和步骤(3)，直到满足终止条件为止。例如部分测度指标落入阈值之内。令 $\hat{\varnothing}$ 表示算法结束后最终求得的概率分布，则估计得到的原始流长分布情况为 $\hat{f}_i^{(3)} = M^{(3)}\hat{\varnothing}_i$。

至此，完成了对于 TCP 流量的流长分布情况的估计。

但是，对于使用UDP协议的流量，这些流量没有SYN或类似的标记帮助判断，这些流量的估计就没法通过上述方法完成。流量是否被抽样以及被抽样的概率，本质上是由流长决定的，然而流长却是需要去估计的。这里采取两步走方法：首先，需要确定流长为 i 且至少有一个报文被抽样条件下的流数 $\varnothing'_i$；其次再考虑没有报文被抽样的流的情况。

仿照公式(4.14)，估计 $\varnothing'$ 的情况，这需要构造在条件下的长度似然函数 L 和 L_C，同时对于迭代的步骤(3)，需要做出以下调整：将 g^{SYN} 替换为 g，γ^{SYN} 替换为 γ，$\varnothing$ 替换为 $\varnothing'$，C_{ij} 替换为 $C'_{ij} = B_p(i,j)/[1-B_p(i,0)]$，这是考虑到有些流没有报文被抽样的可能性。通过这种修正方法产生 $\varnothing'_i$ 的估计量 $\hat{\varnothing}'_i$。最后，流长分布情况 $\varnothing$ 也由条件情况下的流长分布情况 $\varnothing'$ 得来，其中 $\varnothing'_i = \varnothing_i[1-B_p(i,0)]/(\sum_i \varnothing_i[1-B_p(i,0)](i \geqslant 1)$。最后，给出估计的情况：

$$\hat{\varnothing}_i = \frac{\hat{\varnothing}'_i/[1-B_p(i,0)]}{\sum_i \hat{\varnothing}'_i[1-B_p(i,0)]} \tag{4.16}$$

原始流长的估计值为 $f_i^{(4)} = \gamma\hat{\varnothing}_i/[1-B_p(i,0)]$，原始流的总数估计值为 $M^{(4)} = \sum_i f_i^{(4)}$。

4.5.4 EM 算法性能

关于 EM 算法的复杂性，令 $i_{\max}$ 等于要估计其频率的最大原始流长度，令 j_{size} 表示拟采用的非零的采样流量长度频率 g_j 的数量，每个 EM 迭代的复杂度都是$O(i_{\max} j_{size})$。

由此可得，最大采样流长度很大程度影响计算复杂度。在该算法中，迭代包括所有长度为 j 的采样流(即 $g_j>0$)。然而，对采样数据集的尾部当中较长的长度而言，往往只有一个或少数采样流。在某些情况下，会有许多这样的流，即使它们只占所有流的一小部分。通过删除超过一定长度 $j_{\max}$ 的所有采样流，而不是使用简单的缩放方法来处理它们，可以降低迭代计算的复杂性。

对于 EM 算法的准确性，可以借助加权平均相对误差来衡量。在一个实际的研究场景中，如果频率之间的典型相对差异足够小，可以将这两种分布视为“足够接近”。对于给定的长度 i，通过平均值对频率之间的绝对差值进行归一化，以获得相对差值 $2|g_i - g'_i|/(g_i + g'_i)$。为了得到所有长度 i 情况下的相对误差，可以通过平均值 $(g_i + g'_i)/2$ 对它们进行加权，以此来实现相对差的平均。因此，当一个给定大小情况下的相对差出现在更大的频率时，它就会获得更大的权重。由此，推出了加权平均相对差(WMRD)：

$$\text{WMRD} = \frac{\sum_i |g_i - g_i'|}{\sum_i (g_i + g_i')/2}$$

在完成EM算法进行流长分布的公式推导后，可将公式应用于实际数据流量进行测量以判断准确性。基于报文进行一定比例的抽样，并将抽样后的流和原始未抽样的流进行比较，采用加权平均相对误差(WMRD)作为精确度的衡量。如果在不同类型的流量环境当中都可以在较低的误差率范围内，则EM算法就可以很好适用大多数环境。

在Duffield的实验中，一共使用了Campus、Peering、Abilene以及Cos四种类型的数据集。同时，在报文Trace实验时，需要对流量做出一定的调整：仅原始TCP流量由SYN报文开始的数据流才会被保留下来。这样做是为了消除边缘效应，避免在一个流开始一段时间后再进行测量导致误差，即SYN报文没有被获取到(TCP流量需要SYN报文情况进行估计)。这对于Peering流量来说尤为重要，因为这类流量持续时间往往较长，测量起始点很难保证刚好为流量的起始结束点。做出上述限制后，Peering流量中TCP被减少了56%左右，而Campus则减少了15%左右。此外，由于分流行为没有被修正，因此一个原始流产生多个抽样后的测量流也是有可能的。

对于TCP版的EM算法，实验采用Campus和Peering数据集进行分析，在$N=10$的抽样周期下，采用4.5.2节里面的循环终止条件，发现一共需要5轮迭代可以完成，实验证明WMRD值可以控制在5%以内。然而，当采用$N=100$的采样周期时，WMRD值达到50%，这主要是因为数据量以及数据类型不够的原因。对于抽样后的流量，流长为2的流数只有大约100个，最大的流长也就到3，而且流长为3的流仅有13个。然而，上述估计算法对于TCP流的总数的估计却是较准确的，无论在10还是100的抽样周期，误差比例都在6%左右。

对于一般流量的EM算法，实验采用的是Cos数据集进行估计。实验根据流量的目标端口将Cos数据集分成两个部分进行测试，Web流量和DNS流量，抽样周期还是$N=10$和$N=100$。采集数据后发现，在较短的流长范围内，Web流量的流长分布是不平滑的，而EM迭代出来的结果相对平滑一些。DNS流量相比Web流量则更加平滑一些，迭代出来的结果也更加近似。在$N=100$的情况下，预测值比真实值低得比较多，所以特别是对于长流，预测准确性不够是可以预料的事情。为了更好地进行比较，抽样后的流数和抽样前尽可能没有太大关联，对于$N=10$和$N=100$的情况下，DNS抽样后的流数所占比例为2%和20%，而对于Web流量，则是48%和6%。

流长分布的加权平均相对误差和流总数的估计误差如表4.10所示。实验误差较大的原因主要还是EM算法最后结果分布的平滑，以及实际流长分布没有那么平滑之间的差距造成的。对于流长分布较为平滑的流量来说，其结果准确性也更高一些。实际情况下这样的流量只占总数的15%左右。

表4.8还表明了对于Flow数据集而言，不论是TCP和UDP混合的流量，还是采用DNS为主的UDP流量，预测结果的准确性都高于Cos数据集。这应该是由于原始流量频数分布较为平滑造成的。鉴于Flow数据集不包含较精确的报文层面的信息，对于抽样过程就可以用简单的二项分布抽样来描述：即按照$1/N$的概率从k个原始报文抽样出l个。虽然这个过程没有考虑分流的情况，但是根据4.4.4节当中的理论，其误差范围可以控制在

10%左右。

表 4.8　不同流量下流长分布和总流数的加权平均相对误差

数据集	类型	$N=10$		$N=100$	
		WMRD	$M^{(4)}$	WMRD	$M^{(4)}$
Cos	Web	54%	11%	60%	14%
Cos	DNS	16%	8%	37%	32%
Flow	TCP+UDP	—	—	11%	4%
Flow	UDP/DNS	—	—	3%	3%

4.5.5　EM 算法用于感染主机的检测

关于 EM 算法的实际应用，Duffield 等人提出将算法应用于在网络攻击中被感染，且自身还在发送攻击流量的主机数量的估计，特别是对于通过给定收集器或一组采样流统计收集器发送流量的此类主机的数量的估计；再结合路由信息，就可以识别网络不同区域中受感染主机的数量。

例如，在 2003 年 1 月 25 日发生的 MS SQL Server 蠕虫攻击事件当中，受感染的主机向随机选择的目标 IP 地址发送序列攻击数据包。其中，源 IP 地址未被伪造。攻击数据包为目标端口是 1434 的 404 字节 UDP 数据包。由于攻击数据包的目标 IP 地址是从一个数据包到另一个数据包随机选择的，因此在流的数据包间超时时间内，同一攻击者不太可能出现两个具有相同目标 IP 地址的攻击数据包。事实上，此次攻击报告了从每秒 26 000 次扫描的主机中直接观察到的最大攻击率。按此速率，给定的 32 位地址在 30 s 内重复出现的概率约为 0.02%。因此，为了简单起见，可以合理地假设所有攻击数据包都会产生单个数据包流统计。

假设分组抽样的概率为 $p=1/N$。由于原始流包含一个分组，因此每个攻击流都以概率 p 出现在抽样流统计中。因此，计算不同源 IP 地址的数量将低估受感染主机的数量，某些主机可能没有对其攻击数据包进行采样。

为了修正这种偏差，研究人员将检测主机数量的问题映射到以前解决的问题上。对于采样流统计中表示的每个攻击主机（即与配置文件匹配的源 IP 地址），计算采样流统计中检测到的攻击流的数量 i，令 g_i 表示测量的攻击流的绝对频率。然后，使用估计器 $f^{(4)}$ 来估计发起长度为 i 的攻击流的主机的实际数量的分布，可得受感染主机的总数估计为 $M^{(4)}=\sum_i f_i^{(4)}$。

随后，研究人员在 Cos 数据集上测试了该方法。在报文跟踪实验的统计中，一共有来自 49 200 个主机的 4 542 157 个蠕虫数据包。然而，攻击报文的分布高度集中：三个主机分别产生的 Trace 中看到 3 005 083、978 841 和 38 770 个蠕虫数据包，即至少占总蠕虫数据包的 88%。所有其他主机的原始数据包数均少于2 250 个。推测产生最大数量数据包的主机位于校园内；在这种情况下，大多数随机选择的目标地址将位于外部网络上，因此数据报文的路由一般经过 Trace 采集器。

研究人员分别对 $N=10$ 和 $N=100$ 情况下的攻击主机总数进行了推断。对于 $N=10$，取 $j_{max}=50$；发现有 $M_+=72$ 台主机发起了 50 多个数据包。EM 算法推断分布时，在大约 100 次迭代时算法出现振荡现象，此时推断出有 43 403 个宿主；加上 M_+，这个数字大约是真实数字的 88%。对于 $N=100$，取 $j_{max}=10$；有 $M_{+}=16$ 个来自 10 个以上的采样数据包。大约 1 000 次迭代后，算法出现振荡现象，此时推断出有 27 178 个宿主；加上 M_{+}，大约是真实数字的 55%。相比之下，抽样得到的 $N=10$ 的宿主数量为 14 667，$N=100$ 的宿主数量为 3 469。

4.5.6 不足与发展方向

在使用 EM 算法的时候，有一些问题是需要注意或者思考的，主要有这样几个方面：

① 最明显的难题，就是初次猜测的值应该如何确定，如果猜测不当，很可能导致算法不能收敛，最终与真实值偏差很大。在网络测量环境当中，可以根据抽样概率初步确定原始数据流当中包含的分组总数。同时，网络数据流一般有重尾特性，长流的数量一般远小于短流。从先前大量的实验测试也可以表明，初始分布最好方差较大。

② 算法应该在什么时间停下。简单来说，就是在流长总数（未抽样的流数）或者流长概率分布稳定下来。稳定的衡量涉及阈值的设置，然而不同问题需要的不同精确度也会在很大程度上影响阈值的设置，这也是需要认真思考的方面。

EM 算法主要的不足之处有以下方面：

① 容易陷入局部最优。EM 算法本质上是一个通过迭代来完成优化的过程，直到最终的结果不再变好，这就容易出现局部最优的情况。因为，在确定下来初始值之后，不可能尝试每一种情形。

② 效率低下。EM 算法的效率跟初始值的选择有较大关系，如果初始值选择不恰当，很可能出现算法无法收敛的情况。即便根据很多已知或者自身的认知进行判断，但是盲目性依然无法避免。

为了较好地改善上述两种情况，在以后可以考虑引入遗传编程的方法。

4.6 基于哈希的抽样

4.6.1 数据特征

根据前文提及，在独立随机抽样当中，各个样本之间是否被抽样，是相互不关联的。但是，如果遇到这样一种情况，独立随机抽样就不能帮助解决问题：有时候可能需要从多个不同的集合当中抽样，是否抽样这一决策本身跟样本出现次数无关，例如在网络流量当中，可能需要针对不同的数据集抽样。但是，我们希望对于重复项保持不变的抽样决策。

对于这样的问题情境，最好的办法就是构建一个函数来决定是否被抽样，这个函数的输入值就是样本的标识，且确保同一输入、同一输出、同一决策。

可以理解为，这样的函数就是构造一个永久随机数（Permanent Random Number，PRN）。这里有两个关键词：永久，随机。所谓永久，就是当下一次还出现一样标识的样本的时候，函数的输出值还是保持不变。随机，就是这样的函数结果可以看作是完全随机生成的，输入和输出之间没有规律或者很难找到规律。这样的永久随机数可以帮助我们很好地解决本章节开头提出的问题，因为它确保同一输入、同一结果、一致决定。最简单的 PRN 生成方法，就是使用哈希函数。

哈希函数提供了一种基于伪随机数的随机抽样方法，以及一种对享有共性的个体进行一致性抽样的方法。其思想大致如下：设置一个哈希函数 h，函数定义域为集合 C 以及抽样范围 $S \subset h(C)$。当报文 c 满足 $h(c) \in S$ 时，报文 c 被抽样。本质上，基于哈希函数的抽样也是一种过滤方法，即过滤出满足 $c \in h^{-1}(S)$ 的个体。然而，对于较好的哈希函数而言，其逆函数 $h^{-1}(S)$ 的计算是非常困难的。

用于抽样的哈希函数，一般需要满足以下特性：首先是雪崩效应。输入值当中十分微小的变化（如一个比特位的翻转）可以导致输出结果的很大变化。如果上述条件成立，则任何的潜在输入 c 在任意局部区域都可以通过函数 h 在输出域上实现广泛分布。这样，即便输入值 c 的分布不够均匀，输出值 $h(c)$ 的分布也是较为均匀的，即选中的概率近似为 $|S|/|h(c)|$。同时也可以通过调整抽样范围 S 的大小来控制抽样比例。

其次，哈希函数的输入值对于采样结果影响也不能忽视。在实际抽样场景当中，数据报文一般含有多个字段：例如数据报文的源和目的 IP 以及端口号。尽管基于哈希的选择决策是确定性的，但是对于字段的选择也可以影响抽样的结果，这要求哈希函数的结果不能较大依赖于某一个输入字段，即与单个字段的关联性应该是不强的。这需要哈希函数是足够强大的，而且对于任意一个输入的字段 f_1，另外有一个字段 f_2 与 f_1 的关联度是足够小的，即字段之间的独立性是足够强的。

哈希函数的种类比较多，一般来说分为下面三类：

① 密码学哈希函数，例如 SHA 和 MD5。这类函数一般随机性较好，因为会涉及加盐(salt)或者随机数种子(seed)。但是对于当前使用的绝大多数硬件来说，其运行速度普遍偏慢。最后，密码学哈希函数往往会对安全性做出考量，这种安全性在网络测量工作方面，往往是多余的。

② 启发性哈希函数，例如 srand()和 mod 函数。这类函数实现的原理比较简单，运算速率也比较快，但是可能随机性不够。

③ 数学哈希函数，例如 universal hashing，k-wise hashing 函数。数学哈希函数对于输入输出的概率特性有较为精准的分析，实现的速率一般也比较快。

4.6.2　可能遇到的问题

虽然理论上可以通过调整抽样集合 S 的大小来达到目标抽样比例，但是在现实中使用的哈希函数很难保证这一点。网络攻击者很可能会利用哈希函数的某些特性避免自己构造的数据报文被抽样。因此，需要设计足够“强”的哈希函数来尽可能避免上述情况的发生。

在启发性哈希函数当中，对于模的选择可以强化哈希函数。一些常见的哈希函数，例如 CRC32 或 MD5，由于已经在网络设备当中出于其他目的被使用，因此也可能拿来协助采样。然而，不同哈希函数的强度不一样，较强的哈希函数一般用于密码学加密，其他场景可能不需要特别强的哈希函数。考虑实际情况，系统的计算资源很可能不支持使用特别强的哈希函数。因此，在选择哈希函数的时候，需要提前评估哈希函数的统计特性，最好是针对实际数据流的结果。

如果某种哈希函数的使用足够广泛甚至是成为一种标准，那么网络攻击者很可能出于函数本身的特性，设计回避被采样的方法。根据哈希函数的一致性，攻击者可以构造一堆哈希结果完全一样的数据报文，这些报文要么全部被抽样，要么全部不被抽样。但是尽管如此，网络运营商还是可以通过以下两种方法来尽可能避免这种现象。

第一种防御方法是通过选择覆盖的范围，即 S 的范围可以是私有的或者可变的，但是 S 所控制的采样率依旧保持不变。另一种更强大的防御措施是，加入一些参数，同时这些参数保证是私有的。这样保证不同位置的同一特征也会有不一样的计算结果，例如 CRC 算法当中随机生成的初始化向量以及基于模运算当中模的选择，以达到无法预测最后哈希值的效果。

4.6.3 应用场景

不同于简单随机抽样需要完全随机的特性，基于哈希的抽样旨在获取具有相同特征的个体，其应用场景主要包含以下方面。

(1) 数据报文的流式采样。假如说面对通过一个路由器的全部报文，按照流为单位进行随机采样。如果当前资源受限，不可能完成对所有数据报文的跟踪记录时，这种方法可以帮助我们理解数据报文的动态。一种方法是采用流缓存机制，对于新的实例进行随机性的标记。如果标记，则对新的报文以及对应的流五元组进行报告；如果没有标记，则不作报告。这种场景下，如果使用基于哈希的抽样则不需要存储流五元组就可以实现对相同类型的抽样。通过对于流五元组进行基于哈希的抽样，可以确保给定五元组的数据报文要么都被选中，要么都不被选中。

(2) 轨迹抽样。Duffield 和 Grossglauser 提出了轨迹采样[1]。在轨迹采样中，网络中的所有路由器使用相同的哈希函数和选择范围对数据包进行哈希采样。散列的输入字段只能选择那些在不同跳之间保持不变的字段：例如生存时间就不能作为输入字段，因为它每跳递减一次。因此，给定的数据包要么在其通过网络的路径上的所有点上采样，要么不进行采样。不管是否应该对其进行采样，数据报文都通过其哈希函数值向路由器传递自己的特征。

轨迹抽样将测量域抽象为一个图 $G(V,E)$，其中 V 表示边的集合，E 表示节点的集合。所有分组进入该测量域的节点称为入口节点，离开测量域的节点称为出口节点，分组也有可能在中间节点被丢弃。分组 P_k 在该测量域当中被转发的链路集合称为分组 P_k 的轨迹。显然，对于单播分组，其轨迹为入口节点到出口节点的链路，或入口节点到分组被丢弃的节点。对于多播分组，其轨迹为树形结构，树根为某个入口节点，如图 4.3 所示。

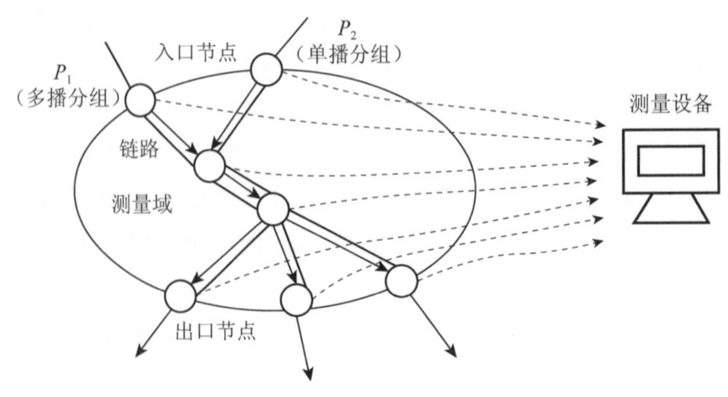

图 4.3 轨迹抽样示意图

由于在测量域当中,每一条链路使用同样的哈希函数,因此每个分组必然在每条链路上都会被抽到,或者在整个测量域当中都不被抽样,由此实现抽样一致性的目标。除此之外,虽然网络节点可以发送整个分组的内容,但是这样的操作十分低效,且具体的分组内容不是这一阶段需要关心的。哈希函数通过流量分组进行标识,降低了测量工作的负载和存储空间。

在轨迹抽样当中,如果需要在流内部进行伪随机的抽样,那么这种情况下哈希函数的输入字段就不能局限于五元组。每一个被采样报文的报告将会导出到一个收集器内,收集器如果可以匹配同一数据报文的不同报告,就可以重建所选数据报文的轨迹,并将它们与不同数据包上的报告区分开来。为此,报告还可以包含一个由分组和时间组成的第二哈希,即标识哈希。

轨迹采样的应用包括:① 网络路径矩阵的估计,即根据网络路径,按流量分类的流量强度;② 路由环路的检测,可以通过自行交叉的轨迹识别;③ 其他一些被动的性能测量,例如提前终止的轨迹,则可以确定数据包丢失和数据包延迟;④ 网络攻击跟踪具有伪造源地址的攻击数据包采取的实际路径。

关于广域网络测量,Cozzani[11]提出了用于识别在不同点测量的数据包的哈希算法。Moon 和 Roscoe[12]在分析后将哈希函数用于多个数据报文元素相关性研究。

关于网络攻击的识别和跟踪,Snoren 等人[13]提出了一种基于数据包的哈希算法,用于识别网络攻击检测的数据包路径。其中,路由器通过 Bloom Filter[14]的形式记录最近到达的数据包的摘要信息,该 Filter 包括数据报文中内容恒定字段的哈希数组。Bloom Filter 是一种数据结构,它紧凑地存储了足够的信息,以确定给定数据包是否存在于摘要集合中,如果测试数据包的哈希都存在于 Bloom Filter 中,则该数据包被判断为之前已完成哈希计算并记录。因此,可能会出现误报,但不会出现漏报。当一个包由于某种原因被认为是可疑的时,可以通过测试它在路由器 Bloom Filter 集合中的成员身份来追溯该包通过网络的路径。

此外,由 Savage 等人[15]提出的另一种追溯方法是,通过路由器在选定的数据包中对其身份信息进行编码。如果发现数据包参与了攻击,则可通过解码确定其路径。这种方法有一个潜在的缺点是 IP 数据包报头中缺少备用字段。因此,必须重用 IP 头字段,例如标识字段。但是这可能会干扰其他应用程序的操作。轨迹采样就是一个很好的例子。在散列输入中包含标识字段对于轨迹采样效果不错,因为在同一个流中不同的数据包标识字段会有所不同,然而对该字段的每跳跟踪修改会破坏轨迹语义。

轨迹采样的一种替代方法是在进入网络时随机标记数据包,然后仅对核心中的标记数据包进行采样。这有着与上一段类似的潜在缺点:在数据包报头中缺少可用的标记位。另一个缺点是,在部署时,网络中的所有边缘路由器必须能够过滤传入时就已经标记的数据包;否则,攻击者可能会用故意标记的数据包来影响测量系统。

4.7 本章小结

本章节主要讲述了各种流量抽样算法。

由于互联网数据庞大,存储空间有限以及访问效率等要求,抽样显得尤为重要。由于抽样在不改变数据本质的同时简化了数据规模,以及其较好的操作性和普适性等特点,在网络测量工作当中发挥较大作用。

伯努利抽样基于简单的二项分布模型,泊松抽样则针对不同个体设定不同的权重。然而,对于总样本数量不确定且不断变化的情况下,伯努利抽样以及泊松抽样很难适应。因此,提出大数据流随机抽样(水塘抽样)方法在适应不断变化的总样本数量的同时,不改变原有抽样思想或方法。

在已知抽样模型以及被抽样结果的情况下,如何估计原始样本情况,EM 算法可以尽可能实现较为准确的估计结果。在流量抽样工作当中,EM 算法可以较好地实现流长分布估计工作。

一般来说,涉及一致性抽样原则的情况下,可以考虑借助哈希函数。这里的一致性原则,可以是对于同样标识的决策一致,也可以是不同时段同样的观测结果的决策一致性。因为哈希函数具有随机和固定的双重特性,随机性是数据分析所需要的,而固定性则是决策一致性所需要的。不过,使用哈希函数之后,问题在某些方面会简化,某些方面也可能复杂化,对于可能复杂化以及带来弊端的方面,我们要在事先就考虑进去。但是,正因为还有各种各样的不足,未来基于哈希函数的抽样方法,还有很大的发展空间。

习题 4

4.1 什么是抽样? 为什么网络测量需要使用抽样?

4.2 什么是均匀抽样? 有哪些常见的均匀抽样方法?

4.3 在抽样估计模型当中有哪些重整化方法? 丢包是否会影响相关数据的精确度? 为什么?

4.4 什么是稀疏流量? 什么应用会产生稀疏流量?

4.5 为什么需要进行流长分布估计? 流长分布估计有什么困难?

4.6 EM 算法有哪些不足之处? 可以考虑从哪些方面改进?

4.7 为什么需要基于哈希的抽样? 哈希函数应具备哪些特性?

4.8 使用基于哈希的抽样可能遇到哪些问题? 如何避免?

参考文献

[1] Duffield N G, Grossglauser M. Trajectory sampling for direct traffic observation[J]. IEEE/ACM Transactions on Networking, 2001, 9(3): 280 - 292.

[2] Manasse M, Mcsherry F, Talwar K. Consistent Weighted Sampling[EB/OL]. [2020-12-23]. https://www.microsoft.com/en-us/research/wp-content/uploads/2010/06/ConsistentWeightedSampling2.pdf.

[3] Dempster A P, Larid N M, Rubin D B. Maximum likelihood from incomplete data via the EM algorithm[J]. Journal of the Royal Statistical Society: Series B(Methodological), 1977, 39(1): 1 - 22.

[4] Duffield N, Lund C, Thorup M. Estimating flow distributions from sampled flow statistics[J]. IEEE/ACM Transactions on Networking, 2005, 13(5): 933 - 946.

[5] Duffield N. Sampling for passive Internet measurement: A review[J]. Statistical Science, 2004, 19(3): 472 - 498.

[6] Duffield N, Lund C, Thorup M. Properties and prediction of flow statistics from sampled packet streams[C]//Proceeding of the 2nd ACM SIGCOMM Workshop on Internet Measurement, 2002: 159 - 171.

[7] Claffy K C, Polyzos G C, Braun H W. Application of sampling methodologies to network traffic characterization[J]. ACM SIGCOMM Computer Communication Review, 1993, 23(4): 194 - 203.

[8] Amer P D, Cassel L N. Management of sampled real-time network measurement[C]//In Proc. 14th IEEE Conference on Local Computer Networks, IEEE, 1989: 62 - 68.

[9] Jedwab J, Phaal P, Pinna B. Traffic estimation for the largest sources on a network, using packet sampling with limited storage[R/OL]. HP Labs Technical Report 92 - 35, Hewlett-Packard Laboratories, Bristol. [2021-01-12]. http://www.hpl.hp.com/techreports/92/HPL-92-35.html.

[10] Taylor C, Alves-Foss J. NATE: Network analysis of anomalous traffic events, a low-cost approach[C]//Proc. 2001 Workshop on New Security Paradigms. New York: ACM Press, 2001: 89 - 96.

[11] Cozzani I, Giordano S. Traffic sampling methods for end-to-end QoS evaluation in large heterogeneous networks[J]. Computer Networks and ISDN Systems, 1998, 30(16/17/18): 1697 - 1706.

[12] Moon S B, Roscoe T. Metadata management of terabyte datasets from an IP backbone network: Experience and challenges[C]//Proc. Workshop on Network-Related Data Management, 2001.

[13] Snoeren A C, Partridge C, Sanchez L A, et al. Hash-based IP traceback[J]. ACM SIGCOMM Computer Communication Review, 2001, 31(4): 3 - 14.

[14] Broder A, Mitzenmacher M. Network applications of Bloom filters: A survey[J]. Internet Mathematics, 2004, 1(4): 485 - 509.

[15] Savage S, Wetherall D, Karlin A, et al. Practical network support for IP traceback[J]. ACM SIGCOMM Computer Communication Review, 2000, 30(4): 295 - 306.

[16] Schervish M J. Theory of statistics[M]. 北京：世界图书出版公司，1999.

5 网络数据流方法

随着互联网的高速发展和新应用的不断涌现，网络流量测量已经被广泛应用于按流量计费、流量工程、网络应用识别、网络安全等领域。网络链路速率的不断提高和网络数据流的剧增，使得在高速骨干网链路上进行网络流量测量迎来了诸如极高计算资源、存储资源等方面的技术挑战。目前，OC-768(40 Gb/s)链路已经在核心网络中部署，OC-3072(160 Gb/s)技术逐渐成熟。100 Gb/s 以太网链路已经开始在大型数据中心以及园区网中采用，400 Gb/s 以太网技术相关的硬件设备已经得到量产。对于高速链路上的流量测量，通常需要在几纳秒内完成对分组的处理，例如在 100 Gb/s 以太网链路中，若要处理平均大小为 32 字节的分组，则平均处理时间约为 2.38 ns。

对于高速网络环境下的流量进行测量，一般有三种解决方案[1]：① 利用高性能的专用硬件如 TCAM，ASIC 等，但高性能的硬件设备极其昂贵；② 利用抽样技术对部分有代表性的网络流量数据进行采集处理，从而降低系统的负荷，但抽样测量方法难免存在较大的误差；③ 利用数据流技术和方法对所有网络流量数据进行处理，有效地减少存储资源的需求，并保持一定的准确性。因此，网络数据流方法具有在线实时处理和有限存储空间的特性。

本章将对典型的网络数据流方法进行详细的介绍。5.1 节介绍数据流方法的相关知识点。5.2 节介绍 Bitmap 类测量方法。5.3 节介绍 Bloom Filter 类测量方法。5.4 节介绍 Sketch 类测量方法。5.5 节对本章进行总结。

5.1 相关概述

5.1.1 数据流的概念

数据流的概念最早出现在通信领域，指通信传输过程中，所对应信息的“数字编码信号序列”。2005 年，文献[2]也引用了“用于表示传输信息的数字编码信号序列”这一观点，并将其视为数据流(Data Stream)的定义，并提出“数据流”代表以非常“高的速度”到来的输入数据，它强调通信和计算基础设施较难传输、计算和存储。

随着互联网技术的广泛发展，网络中出现了大量的“数据流”类型的数据，即网络数据流(Network Data Stream)。通常，网络数据流定义为一个时间区间内顺序到达的报文序列，记为 $I=p_0,p_1,\cdots,p_t,\cdots,p_{n-1}$。其中 $p_t=(s_t,d_t)$ 表示第 t 个报文信息，s_t，d_t 分别表示该报文的源、目的地址。“源”由报文头的一个或多个源字段构成，如：源 IP 地址、源端口、源 IP 地址和源端口的二元组。类似地，“目的”由一个或多个目的字段构成。在 IP 网中，“流”的概念可定义为对一个呼叫或连接的人为逻辑对应，是流量的一部分，也是某时间段内通过一个观测点且具有共同性质的报文集合。

5.1.2 数据流方法

由于高速链路中,网络流具有实时性、连续性、无界性等特点,这使得处理数据流的算法只能对网络流执行一次计算,而且只可以使用有限的计算和内存资源。虽然抽样技术可以通过抽样产生的代表子集来推断网络流量统计信息,但存在一定的误差。因此,数据流算法是高速网络流量测量的重要方法,其具有如下三个特点:

(1) 算法需要使用的空间必须足够小;

(2) 处理和更新必须简单、迅速;

(3) 对于查询必须要保证一定的准确度。

数据流方法应用于近似测量高速链路上网络流量统计信息,如活跃流的计数、大流识别、流长分布、节点连接度、熵估计等,这里简单讨论一下数据流方法在高速链路中的熵估计、流量和流矩阵估计方面的应用。

熵是网络测量中的一个重要测度,网络流量的熵有助于异常检测等许多网络监测应用。在高速链路上流量的熵的测量需要低 CPU、低存储以及较为准确的算法,由于处理能力和存储的限制以及高速链路流量固有的特性,因此对计算和存储要求相对较低的数据流算法可以用于对高速链路上的熵进行估计。

网络中源-目的对(origin-destination,OD)之间的流量称为流量矩阵,对于高效的网络配置和流量工程至关重要。流量矩阵表示了测量区间里,网络中每个 OD 对之间的分组数或者字节数,流量矩阵的准确估计对网络管理有着重要的意义,例如容量的规划与预测、网络故障与可靠性诊断、路由配置与设计等。但流量矩阵的估计对于诸如推断网络运营商的使用模式、检测路由摆动、链路故障、DDoS 攻击检测等流级别应用不能起到足够的作用。相对于流量矩阵,流矩阵表示网络中每个 OD 对之间的流量大小,流矩阵的粒度比流量矩阵更细,因此更加有助于流级别的应用。然而,流量矩阵的估计与流矩阵的估计都是重要的难题,基于统计推断或分组抽样的流量矩阵估计算法不能获得高精度的估计,为了满足高速链路上流量与流矩阵估计,Zhao 等人[3]提出了两种数据流算法,即基于 Bitmap 的数据流算法和基于计数器数组的数据流算法:基于 Bitmap 的数据流算法能够获得至少比之前的算法高一个数量级的流量矩阵估计;基于计数器数组的数据流算法获得比流量矩阵更细粒度的流矩阵估计。这两种数据流算法能够处理高速链路(如 OC-768)上的网络数据流,产生比网络数据流小多个数量级的流量概要。

5.1.3 数据流测量相关数据结构

数据流测量数据结构是高速网络流量测量的重要组成部分,优化的数据结构有助于提高执行效率和估计精度,降低计算和存储开销。现有的数据结构主要包括 Bitmap、Bloom Filter、Count-Min Sketch、Hybrid SRAM/DRAM Counter、Counter Braids 等。本章主要讨论 Bitmap、Bloom Filter、Sketch 类的网络数据流方法,接下来先简要介绍 Bitmap、Bloom Filter 与 Count-Min Sketch 数据结构。

Bitmap 是一个简单的数据结构,其实质是一个 bit 位数组,将某个域映射到 bit 位数组中,用于统计重复元素个数。直接的 Bitmap 是一种流数估计算法,利用 Hash 函数将流标识映射到 Bitmap 中的一位。Bitmap 初始化为 0,当分组到达时,将该分组的流标识映射到

Bitmap 中的一位，并置该位为 1。属于同一流的所有分组映射到 Bitmap 中的同一位置，因此，无论每个流发送多少分组，每个流至多对应于 Bitmap 中的一位。

Bloom Filter 可以看作是对 Bitmap 的扩展，是一个简单、高效、基于概率的随机数据结构，其基础数据结构是一个比特向量。Bloom Filter 可以允许在一定误差的情况下处理更大数据量，进而判断映射是否重复。Bloom Filter 一般用来判断某个元素是否在集合内，具有运行快速，内存占用小的特点，但只能告诉我们一个元素是“绝对不在集合内”还是“可能在集合内”。Bloom Filter 是一类应用广泛的多 Hash 工具，通过联合多个 Hash 函数来进行 Hash 过程和 Hash 核验，使用多个 Hash 函数代替单个 Hash 函数来提高 Hash 核验的精度。Bloom Filter 类算法被广泛应用于多种网络系统，如 Web 代理与缓存、数据库服务器、路由器。

Sketch 是一类被广泛应用在网络测量领域的次线性空间、概率型的数据结构。Sketch 类算法往往利用 Hash 函数等概率方法将元素映射到连续的内存空间上，通过牺牲一定的准确性来达到较小的空间消耗和极快的常数级处理时间。其中 Count-Min Sketch 是较为经典的 Sketch 类算法，Count-Min Sketch 允许在数据流概要中进行基本的查询，如点查询、范围查询和内积查询，同时也可以用于解决数据流中重要的难题，如查找分位数、识别大流。Sketch 其实质也是一种基于多 Hash 的数据结构，为每个 Hash 函数保持独立的 Hash 存储空间，并通过一系列复杂、特殊的映射规则，以及若干附加规则来发现符合特殊要求的数据。

以上是对网络数据流的概念、数据流方法以及数据流测量方法中常用的数据结构所做的介绍。其中，网络数据流方法是高速链路网络流量测量的重要方法，数据流方法对于查询有着一定的准确度保障，对使用空间要求足够小，处理和更新简单而迅速，对于具有实时性、连续性、无界性等特点的高速链路上的网络流测量有着较好的优势。下面将分别对 Bitmap 类、Bloom Filter 类、Sketch 类的网络数据流方法进行详细的讨论与分析。

5.2　Bitmap 测量方法

本节将介绍一系列用于高速链路上不同报头模式、不同流计数问题的 Bitmap 算法。对于高速链路中活跃网络流的计数问题，早期的 Bitmap 算法得到了很好的应用，本节基于这一应用场景，可以很好地从统计概率的角度来分析本节中所列出的 Bitmap 系列算法。

5.2.1　问题描述

在实际应用场景中，一个流可以被认为是具有相同的源 IP 地址、目的 IP 地址、源端口号、目的端口号和协议字段的集合体。用户可以根据自己的任务需求来自定义网络流所需包含的内容，自我定义流标识符(flow identifier)来区分不同的流，通常流标识符可以是某些 IP 报头字段中的值的组合。

在高速链路中对不同类型的网络数据流进行计数，是数据流算法较为常见的应用场景。所谓活跃流的计数问题，可以理解为是计算在特定测量间隔中流标识符的数量。对于活跃流的准确计数，可以有效地应用于端口扫描流量检测、DDoS 流量检测、一般网络测量、数据包调度、连续监测分析程序以及路由设计等领域，例如，通过统计带有目的 IP 和端口对的流标识符,计算每个源 IP 的流数量,即可实现对端口扫描流量的统计;通过统计给定时间内,某一流标识符计数异常的情况,可以判断其是否存在同一源 IP 的攻击流量。

高速链路中的活跃流计数问题,是基于 Bitmap 的网络数据流方法应用最为经典的场景,基于 Bitmap 的数据流算法也是高速链路网络流量测量经典算法,为数据流算法提供了一定的研究基础和方向。

5.2.2 Bitmap 描述

1) Bitmap 原理与流程

首先,对简单的 Bitmap 数据结构的原理和流程进行描述。Bitmap 算法并不是字面意思上的"位图",其基本思想的实质是基于位的映射,通过使用一个 bit 位来标记某个元素对应的 Value,而 Key 即是该元素,通过每一位来表示一个数,其中,0 表示不存在,1 表示存在。由于 Bitmap 采用了 bit 为单位来存储数据,因此可以大大节省存储空间。

例 1 对于计算机内存已经分配的 8 bit 大小的 Bitmap,现在需要存储{2,4,6,7,9,11,15},具体表示方式如图 5.1 所示。其中对于{2,4,6,7}很容易进行表示,即在 b[0]中相应的位置进行存储,并将对应的位置置 1,对于大于 7 的数 N,则通过向下取整运算 $n=[N/8]$,找寻对应的 b[n],再用 N 对 8 进行求余运算,所得余数即为存储位置。

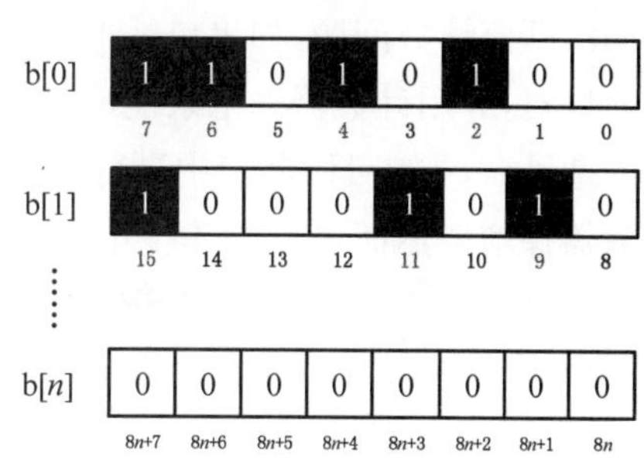

图 5.1 Bitmap 存储过程

以 Java 为例,int 型占 4 字节,如果使用 int 存储 10 亿个整数,需要使用的存储空间约为 $10^9\times4$ B/(1 024×1 024×1 024)≈3.73 GB;但如果采用 Bitmap 结构,即可使用 tmp[0]:0~31、tmp[1]:32~63、…、tmp[n]:$32n$~$32n+31$ 共计 10 亿 bit(仅为 0.116 GB)的存储空间来存储这 10 亿个整数。

2) Bitmap 的基本操作

插入元素操作:对于已经存有元素的 Bitmap,在插入新元素的时候,通常的步骤如下,首先计算该元素属于哪个下标数组,再计算要插入的位置,最后通过左移操作与原先的 Bitmap 进行按位"或"运算。例如,需要在图 5.1 的 Bitmap 中插入 13,首先计算 13/8=1,13 mod 8=5,所以 13 应该在 b[1]的第 5 个位置,于是将 1 左移 5 位,再与原始 b[1]进行"或"运算,如图 5.2 所示。

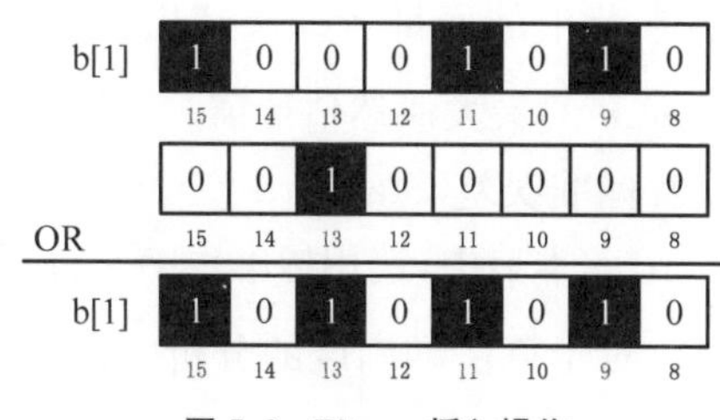

图 5.2 Bitmap 插入操作

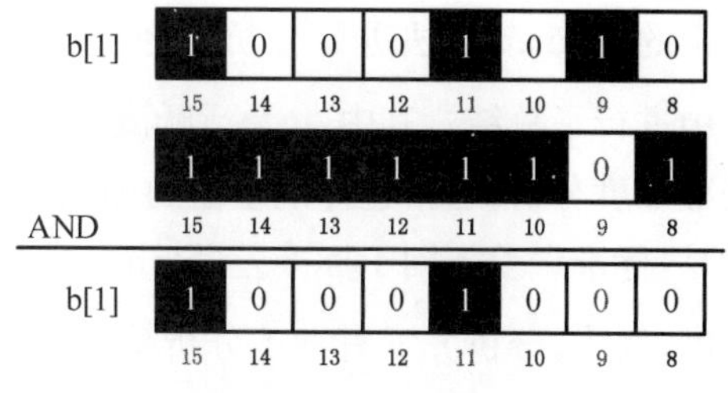

图 5.3 Bitmap 删除操作

清除元素操作:对于已经存有元素的 Bitmap,在删除已有元素的时候,通常的步骤如下，首先计算该元素属于哪个下标数组，再计算要删除的位置，最后通过左移操作，按位取反之后与原先的 Bitmap 进行按位“与”运算。例如，需要在图 5.1 的 Bitmap 中删除 9，首先计算 9/8=1，9 mod 8=1，所以 9 应该在 b[1]的第 1 个位置，于是将 1 左移 1 位，按位取反以后，再与原始 b[1]进行“与”运算，如图 5.3 所示。

查找元素操作：对于已经存有元素的 Bitmap，在查找某元素是否存在的时候，只需要判断这个元素应在位置是否为 1，如果是 1，表示存在，如果是 0，表示不存在。

综上，Bitmap 数据结构对于大量数据的快速排序、查找、去重有着明显的优势。当 Bitmap 用于快速检索关键字状态时，通常需要所查的关键字是一个连续的序列（或者取一个连续序列中的一部分），通常 1 bit 表示一个关键字的两种状态，但根据需要也可以使用 2 bit（表示四种状态）甚至 3 bit（表示八种状态）。

虽然在所有性能优化的数据结构中，Hash 表具有 $O(1)$ 的常量时间复杂度，但是对于高速链路上存在的大量数据流，使用 Hash 表作为解决方案，需要极高的硬件与存储需求。例如活跃流计数问题，如果单纯地使用 Hash 表来存储迄今为止看到的所有不同的 64 位 IPv4 地址对，并用计数器来记录地址对的数量，则会出现如下的情况：当数据包到达时，对于新到的地址对，先在 Hash 表中进行搜索，若无法检索到就将其存入并更新这个 Hash 表，并使计数器递增。然而，当主干链路的数据流数量达到 1.6 亿个，路由器如果通过构造 Hash 表来处理则至少需要 10 Gb 的 SRAM 存储器才能满足这个需求，这将直接增加产品研发和制造的成本（如表 5.1 所示）。

表 5.1　本节变量名称一览表

变量名	意　义
b	Bitmap 大小
z	Bitmap 中未被置为 1 的数量
n	实际的流数量
$\hat{n}$	n 的最大似然估计
ρ	流密度，即某 bit 位的平均流数量，$\rho=n/b$
z/b	未被置 1 的 bit 位占比
u	z/b 的均值，记为：$u=E(z/b)$
N	流的最大数目
ε	可接受的平均相对误差

本节将对 Direct Bitmap、Virtual Bitmap、Multiresolution Bitmap 三种应用在数据流计数场景中的 Bitmap 算法进行分析。为了方便描述，本节中的变量名称及其相应的意义在表 5.1 中进行了总结。其中，n 是活跃流的数量，$\hat{n}$ 表示 n 的最大似然估计值。一般地，对于算法的准确度分析，通常选择期望值的偏差（Bias）以及标准误差（Standard Error），这里需要说明的是，标准误差不同于标准差（Standard Deviation）。本节中，选用标准误差来分析算法的准确度，其中，分析 $\hat{n}/n$ 有助于分析算法的准确度。对于算法准确度的分析，可以等价于 $\hat{n}/n$ 的标准差，用来表示 $\hat{n}/n$ 的变化程度，表示测量中的误差范围。此外，对于 Hash 到某 bit 位的平均流数量，称之为“流密度”，记为 ρ。最后，通过估计值 $\hat{n}$、准确率、测量所需精度

来解释本节的分析。

5.2.3　Bitmap 类算法

1) Direct Bitmap

(1) 算法简述

在 Bitmap 类网络数据流方法中，Direct Bitmap 算法是一种最直接、简单的方法。在流标识上使用 Hash 函数，将每个流映射到 Bitmap 的 1 个位。初始状态下，所有位都设置为零。每当一个包进入时，它的流标识散列到的位被设置为 1。然而属于同一个流的所有数据包都会映射到同一个位，因此每个流最多打开 1 个位，与它发送的数据包数量无关，通常，可以使用 1 的个数来估计流的数量。图 5.4 展示了一个初始状态的 Bitmap。

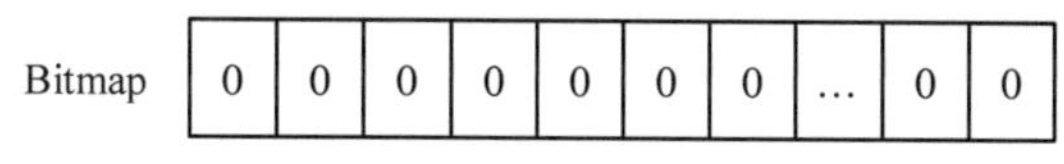

图 5.4　Bitmap 初始形态

图 5.5 展示了 Direct Bitmap 的映射过程，一个由 b 个 bit 位构成的 Bitmap，在初始会将所有的位置为 0；当有元素到达的时候，Hash 函数对该元素进行映射，被映射到的 bit 位则置为 1。对于相同的元素，这个映射过程会将其映射到同一个 bit 位，但是由于 Hash 冲突的存在，不同的元素也有可能被映射到相同的 bit 位上。对于一个确定的 bit 位来说，只有第一次映射会使该位由 0 变为 1，之后的映射不会改变该 bit 位的值，因此使用 Direct Bitmap 算法将不可避免地引入误差。

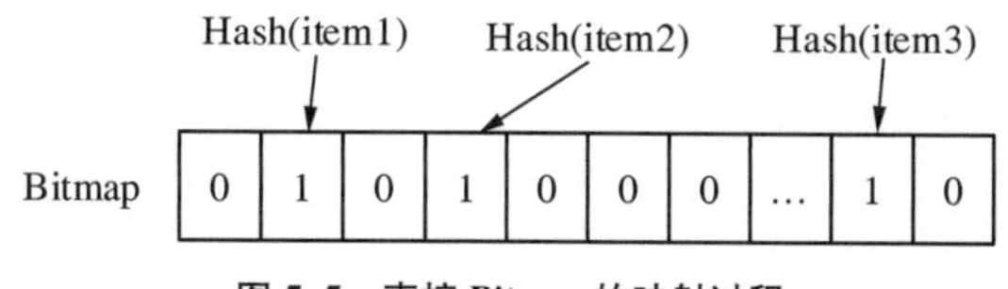

图 5.5　直接 Bitmap 的映射过程

(2) 算法分析

Direct Bitmap 通过概率统计的方法来估计不同元素的个数，对于大小为 b 的 Bitmap，其中未被置 1 的 bit 位的数目为 z。对于给定流，Hash 映射到给定位的概率为 $p=1/b$。假设 n 是活跃流的数量，则没有流被 Hash 映射到给定位的概率是 $p_z=(1-p)^n\approx(1/\mathrm{e})^{n/b}$，则 z 的期望是 $E(z)=bp_z\approx b(1/\mathrm{e})^{n/b}$，所以 n 的估计值即为：

$$\hat{n}=-b\ln(z/b) \tag{5.1}$$

已知测量的 n 个数据流，为了保证精度，测量结束以后，通常希望 Bitmap 中没有赋值的 bit 数不小于总 bit 数的比率为 a，因此可以建立 a 和 b 之间的关系：

$$a\geqslant E(z)/b=E(z/b)=p_z\approx(1/\mathrm{e})^{n/b},b\geqslant n/\ln(1/a) \tag{5.2}$$

若 $b=n$，则 $a=0.368$；若 $b=2n$，则 $a=0.606$；如果 $a=0.5$，则 $b=1.44n$；若我们控制冲突率不高于 90%，则 $b=0.43n$。如果希望测量结束的时候，冲突率不超过 50%，则 Bitmap 的大小必须大于 $1.44n$，每个数据流仅消耗不到 1.44 bit 的 SRAM 内存。如平均每个流有 100 个报文，每个报文的平均长度为 50 B=400 bit，因此 1.44 MB 的 SRAM 可以测量 8 M 个流，支持 320 Gbit 流量的测量，可以支持 OC-768 链路 8 s 的满负载的连续测量。

Direct Bitmap 算法的测量准确率推导过程如下。首先，对于 $\hat{n}=-b\ln(z/b)$ 使用泰勒级数展开，并令 $f(z/b)=-\ln(z/b)$，于是有：

$$
\begin{aligned}
\hat{n} &= -b\ln(z/b)=b\cdot f(z/b) \\
&= b\Big[f(u)+(z/b-u)f'(u)+\frac{1}{2!}(z/b-u)^2 f''(u)+ \\
&\quad \frac{1}{3!}(z/b-u)^3 f'''(u)+\cdots+\frac{1}{n!}(z/b-u)^n f^{(n)}(u)\Big] \\
&= b\left[\rho-\frac{z/b-u}{u}+\frac{\frac{1}{2}(z/b-u)^2}{u^2}-\frac{\frac{1}{3}(z/b-u)^3}{u^3}+\cdots+(-1)^n\frac{\frac{1}{n}(z/b-u)^n}{u^n}\right]
\end{aligned}
$$

对于 $\hat{n}/n$ 的方差 $D(\hat{n}/n)$，取级数展开式的前两项，有：

$$D(\hat{n}/n)=\frac{1}{n^2}D(\hat{n})\approx\frac{1}{n^2}\cdot D\left[b\left(\rho-\frac{z/b-u}{u}\right)\right]=\frac{1}{n^2}\cdot\frac{b^2}{u^2}D(z/b-u)$$

所以

$$D(\hat{n}/n)=\frac{1}{n^2}\cdot\frac{b^2}{u^2}D(z/b)=\frac{1}{n^2}\cdot\frac{b^2}{u^2}\cdot\frac{1}{b}\cdot u[1-(1+\rho)u]$$

则

$$D(\hat{n}/n)=\frac{b(e^\rho-\rho-1)}{n^2}=\frac{e^\rho-\rho-1}{\rho^2\cdot b}$$

即

$$\text{StdError}(\hat{n}/n)=\sqrt{D(\hat{n}/n)}\approx\frac{\sqrt{e^\rho-\rho-1}}{\rho\cdot\sqrt{b}} \tag{5.3}$$

对于内存需求，需要通过两个参数进行推导，即 Bitmap 计数的最大的流数量 N，以及用户或者设计者可接受的平均相对误差 ε。

若流密度 $\rho=N/b$ 保持不变，当 N 增加时，ε 会成比例增加到 $1/\sqrt{N}$（也等于 $1/b$），因此，随着 N 的增加，所需精度 ε 的流量密度 ρ 也会增加。

忽略公式(5.3)中的平方根的常数项，可以得到一个关于 b 如何缩放的紧密边界：

$$\left.\begin{aligned}&\varepsilon^2\lesssim(e^\rho-\rho)/(\rho^2 b)\\&N=\rho b\end{aligned}\right\}\Rightarrow\varepsilon^2 N+1\lesssim e^\rho/\rho<e^\rho$$

$$\rho>\ln(\varepsilon^2 N+1)$$

$$b<N/\ln(\varepsilon^2 N+1) \tag{5.4}$$

所以公式(5.4)即为 Direct Bitmap 中，对于最大流数量 N 以及给定误差 ε 相关的内存使用量 b 的最大上界。例如对于有 100 万条流计数，且误差不超过 5%，则最少需要内存为 15.6 KB。

2) Virtual Bitmap

(1) 算法简述

Virtual Bitmap 算法的实质是对流标识符空间进行采样，并基于流数量的先验知识来调整“采样因子 α”。当流的数量越大，覆盖的流标识符空间的部分就越小。通常 Virtual Bitmap 只需要精准的结果，并外推所设置的比特数，因此只需要存储一个 Direct Bitmap 空间的一小部分，即 Virtual Bitmap 涵盖了 Direct Bitmap。Virtual Bitmap 估计的准确率受 α 影响，若 α 与设计者配置的 Virtual Bitmap 存在很大差异，则最终的估计将是极其不准确的。如果流的数量太大，Virtual Bitmap 也会因此而被填满，从而与 Direct Bitmap 相同，从而影响精度。如果流的数量太小，会出现无法准确估计数量的极端情况。

假设某个 Virtual Bitmap 覆盖了 2%的流标识符空间，且该空间内有 30 个活跃流数；若没有流被 Hash 到 Virtual Bitmap 中，算法则会将流的数量估计为 0，如果有 1 个流被 Hash 到 Virtual Bitmap 中，则算法会将流的数量估计为 50，不等于实际活跃流数。因此，“碰撞误差”和“外推误差”之间的最佳权衡可以得到最优采样因子。

（2）算法讨论与分析

对于 Virtual Bitmap 算法的内存空间，分析如下。对于采样因子 α，其实质为 Virtual Bitmap b 和整个 Hash 空间 h 覆盖的间隔大小的比率，对于给定的数据流，该流 Hash 到 Virtual Bitmap 的概率等于采样因子 α，即：$p_v=\alpha=b/h$。假设 m 是实际 Hash 到 Virtual Bitmap b 中的数据流数量，其概率分布是二项分布，期望值为 $E(m)=\alpha n$。假设 n 是活跃流的数量，对于活跃流数量 n 的估计，需要考虑到 Virtual Bitmap 中未被置为 1 的 bit 数量 z，计算可得：

$$\hat{n}=1/\alpha \cdot b \cdot \ln(b/z)=h\ln(b/z)=-h \cdot \ln(z/b) \tag{5.5}$$

除了冲突中的随机性之外，Virtual Bitmap 还有另一个误差来源：假设 Hash 到物理 Bitmap 的流的数量和所有流之间的比率正好是采样因子 α，而由于过程的随机性，该数量可能不同。对这两个错误及其相互作用的详细分析是可用的，因此，必须考虑它们对结果的累积影响，当流密度过低时，“采样误差”是产生误差的主导因素，当流量密度过高时，“碰撞误差”是产生误差的主要因素。

根据 Direct Bitmap 的推导方式，可以推出：

$$\text{StdError}(v/n)\lesssim\frac{\sqrt{e^{\rho}-1}}{\rho \cdot \sqrt{b}} \tag{5.6}$$

对比公式（5.3）与公式（5.6），Virtual Bitmap 算法比 Direct Bitmap 算法具有更高的精度。

同样的，对于 Virtual Bitmap 的内存需求，也通过两个参数进行推导，即 Bitmap 计数的最大的流数量 N，以及用户或者设计者可接受的平均相对误差 ε。

$$\varepsilon\lesssim\frac{\sqrt{e^{\rho}-1}}{\rho \cdot \sqrt{b}}\Rightarrow\varepsilon^2\lesssim\frac{e^{\rho}-1}{\rho^2 \cdot b}\Rightarrow b\lesssim\frac{e^{\rho}-1}{\rho^2} \cdot \frac{1}{\varepsilon^2}$$

对于函数 $f(\rho)=(e^{\rho}-1)/\rho^2$，在 $\rho\approx1.594$ 时，取得最小值。所以 b 的上界为 $b\lesssim 1.544/\varepsilon^2$，最优平均误差上界为 $\varepsilon\lesssim1.243/\sqrt{b}$。

因此，当流密度为 1.594，若 Virtual Bitmap 有 155 位，无论阈值有多大，估计的平均误差最多为 10%；若有 1 716 位，平均误差最多为 3%；若有 15 442 位，平均误差最多为 1%。

3）Multiresolution Bitmap

（1）算法简述

由于 Virtual Bitmap 需要流计数相关的先验知识，而计数的合理范围却无法准备预判，这是 Virtual Bitmap 算法的缺陷。为了弥补这个缺陷，最直接的解决方式是使用多个 Virtual Bitmap，且各个不同的 Virtual Bitmap 使用相同数量的内存位数以及不同的采样因子，最后通过计算和选择这些范围的并集，来实现尽可能地映射到所有的流标识符上。

为了解决这个问题，文献[4]中提出了 Multiresolution Bitmap 算法，并描述了 Multiple Bitmap 方法来弥补 Virtual Bitmap 所固有的缺陷：当计算流数量的估计量时，可以基于一个简单的规则来调用“精确度”最为合适的 Virtual Bitmap;通过查看位集的数量,选择“最低精确度”Bitmap 和“高精确度”Bitmap。其中,“最低精确度”Bitmap 是一种 Direct Bitmap,在流量很少的情况下调用;“高精确度”Bitmap 覆盖了越来越小的流标识符空间的一部分,并在流数量较大时调用。但使用 Multiple Bitmap 的同时,每个数据包都需要更新一个 Bitmap,这会导致访问更多内存。文献[4]通过对每个传入的数据包执行单独更新,从而弥补这个缺陷。

图 5.6 中展示和对比了 Direct Bitmap、Virtual Bitmap、Multiple Bitmap 和 Multiresolution Bitmap。一个 Multiresolution Bitmap 本质上是多个不同“精确度”的 Bitmap 的组合,对每个数据包进行一次 Hash 计算,只有它映射到的最高精确度 Bitmap 会被更新。因此,每个 Bitmap 会丢失一部分被更高精确度的 Bitmap 所覆盖的位。

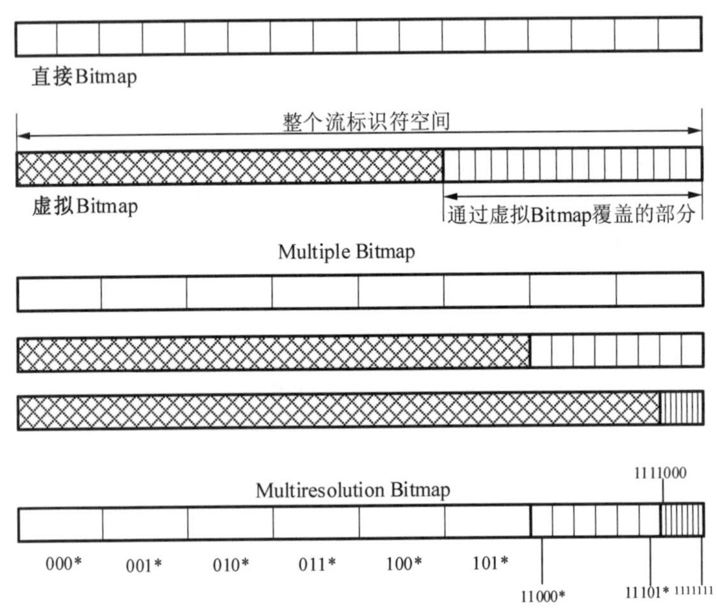

图 5.6　不同类型 Bitmap 对比

Multiresolution Bitmap 算法将具有不同精确度的区域称为 Multiresolution Bitmap 的组成部分,在计算时,基于每个组件中设置的比特数,选择其中一个“*base*”来估计、推断 Hash 到这个“*base*”和所有更高分辨率组件的流数量。例如,如果设置了图 5.6 中最左边的 6 位匹配键 000 * 至 101 *,它们将不会被使用。相反,算法可以选择下一个组件作为“*base*”,并基于下一个组件中的六位和最后一个组件中的八位;最后仅需要通过估计被 Hash 到 Hash 空间的最后四分之一的数量,并将该数量乘以 4 就可以较为准确地估计出流的总数。

表 5.2 总结了 Multiresolution Bitmap 的伪代码。Multiresolution Bitmap 由 c 个组件组成,其中每个组件都经过了调整,以提供特定范围内的准确估计。当算法在计算估计量之前,并不知道哪个组件会提供最准确的估计(即 *base* 组件)。通过选择不超过位的最粗粒度组件来作为基础组件,从而获得最小误差(伪代码的第 1—5 行)。set_{max} 是一个预计算阈值,一旦确定了 *base* 组件,便可以通过公式(5.1)来估计 Hash 到 base 组件和所有高精确度组件的流数量,并将它们加在一起(伪代码 13—17 行)。为了获得结果,该算法只需要执行与

对应采样因子的乘法即可(伪代码 18、19 行)。此外,该算法使用的其他参数是相邻分量的精确度与最后一个不同分量的位数之间的比率。

表 5.2 Multiresolution Bitmap 伪代码

1	$base=c-1$
2	**while** $base>0$ and $bitsSet(component[base])\leqslant set_{\max}$
3	$base=base-1$
4	end **while**
5	$base=base+1$
6	**if** $base==c$ and $bitsSet(component[c])>setlast_{\max}$
7	**if** $bitsSet(component[c])==b_{\text{last}}$
8	return“无法给出估计”
9	**else**
10	warining“估计可能不准确”
11	end **if**
12	end **if**
13	$m=0$
14	**for** i=$base$ to $c-1$
15	$m=m+b\ln(b/bitsZero(component[i]))$
16	end **for**
17	$m=m+b_{last}\ln(b_{last}/bitsZero(component[c]))$
18	$factor=k^{base-1}$
19	return $factor * m$

(2) 算法讨论与分析

下面,计算和分析 Multiresolution Bitmap 估计的平均误差。Multiresolution Bitmap 基于对 Hash 到 $base$ 组件和所有更高精确度组件的流数量进行估计,从而确定活跃流的估计量 $\hat{m}$。这里,对于 Hash 到 $base$ 组件的流数量,不妨令其为 m_{b};对于 Hash 到其他更高精确度组件的流数量,不妨令其为 m_{f},其中 $m=m_{\text{b}}+m_{\text{f}}$。

由于精确的分析需要分别考虑比 $base$ 更佳的所有组件所存在的碰撞误差。因此,过于精细化的分析,势必要考虑计算每一个精确度组件的估计值与平均误差。而实际情况中,并不能实现完整的逐一计算,因此,需要简化运算。考虑通过单个组件来替代所有较细组件,将其大小从 b 增加到 $bk/(k-1)$,这相当于将所有更高精确度的组件的位组合在一起,直到它们都处于 $base$ 组件之后的第一个组件的精确度。这种简化的好处是,计算结果将不依赖于更高精确度组件的数量,简言之,无论使用哪个组件作为 $base$ 组件都将适用。

推导过程可以类比 Virtual Bitmap,假设决定流映射到哪个组件的 Hash 函数和决定流映射到组件的哪个位的 Hash 函数是彼此独立的,由此可以将碰撞错误视为不相关。虽然 $\hat{m}_{\text{b}}$ 和 $\hat{m}_{\text{f}}$ 的采样误差是相关的,但当采样因子较大时,二者的相关性为负,且其值较小,因此可以将其忽略。

$$D(\hat{m}_{\text{b}})\lesssim b(\mathrm{e}^{\rho_{\text{b}}}-1)=b(\mathrm{e}^{\rho}-1)$$

$$D(\hat{m}_{\text{f}})\lesssim\frac{bk}{k-1}(\mathrm{e}^{\rho_{\text{f}}}-1)=\frac{bk}{k-1}b(\mathrm{e}^{\rho/k}-1)$$

$$D(\hat{m})=D(\hat{m}_{\text{b}})+D(\hat{m}_{\text{f}})-\mathrm{Cov}(\hat{m}_{\text{b}},\hat{m}_{\text{f}})<D(\hat{m}_{\text{b}})+D(\hat{m}_{\text{f}})$$

$$D(\hat{m})\lesssim b\left[\mathrm{e}^{\rho}-1+\frac{k}{k-1}(\mathrm{e}^{\rho/k}-1)\right]=\frac{bk}{k-1}\left[\frac{k-1}{k}(\mathrm{e}^{\rho}-1)+\mathrm{e}^{\rho/k}-1\right]$$

$$\text{StdError}(\hat{n}/n)=\frac{\text{StdError}(\hat{m})}{n\alpha}=\frac{\text{StdError}(\hat{m})}{\rho bk/(k-1)}$$

$$\text{StdError}(\hat{n}/n)\lesssim\frac{\sqrt{\frac{k-1}{k}(\mathrm{e}^{\rho}-1)+\mathrm{e}^{\rho/k}-1}}{\rho\sqrt{\frac{bk}{k-1}}} \tag{5.7}$$

4）其他 Bitmap

以上，讨论了流计数问题中所用到的三类的 Bitmap 算法，本小节将简要概述其他类别的 Bitmap 算法。其中，自适应 Bitmap（Adaptive Bitmap）算法通过组合 Virtual Bitmap 和 Multiresolution Bitmap，并依靠流数量的平稳性来实现 Virtual Bitmap 的准确性和 Multiresolution Bitmap 的鲁棒性；触发式 Bitmap 算法（Triggered Bitmap）则是 Direct Bitmap 和 Multiresolution Bitmap 的组合，用于减少在计算少数流数量场景中内存的使用总量。

（1）Adaptive Bitmap

Adaptive Bitmap 是一种结合了大型 Virtual Bitmap 和小型 Multiresolution Bitmap 的算法，拥有 Virtual Bitmap 和 Multiresolution Bitmap 两个算法的最佳特性，即拥有经过良好调整的 Virtual Bitmap 精度，以及 Multiresolution Bitmap 较为宽广的范围。Adaptive Bitmap 依赖于一个简单的观察结果：从一个测量间隔到另一个测量间隔，活跃数据流的数量并不会发生显著的变化。这也说明 Adaptive Bitmap 算法对于追踪可能发生突然变化的攻击并不适合。

一般地，Adaptive Bitmap 测量方法可以使用较小精度的 Multiresolution Bitmap 来检测计数数量级的变化，并使用 Virtual Bitmap 在当前预期范围内进行精确计数。算法预期得到的数据流数量是在前一个测量间隔中测量得到的数据流数量值。由于算法一开始就使用了较大空间以及经过良好调整的 Bitmap 来估计数据流的数量，因此算法在大多数“准平稳”的情况下，具有较高的准确性。此外，在启动时如果遇到活跃数据流的数量出现频繁变化的情况，Multiresolution Bitmap 部分的功能将为数据流计数任务提供一个不太准确的估计。

由于 Adaptive Bitmap 是两种 Bitmap 算法的组合，因此为了避免每个包都要进行两次内存更新的情况，通常是将这两种 Bitmap 合并成一个。具体来说，Adaptive Bitmap 是将 Multiresolution Bitmap 相邻的组件替换为由 Virtual Bitmap 组成的单个大组件，其中 Virtual Bitmap 在 Multiresolution Bitmap 中的位置由计数的当前估计值来确定。若当前流的数量很少，可以使用 Virtual Bitmap 替换精度较差的组件；若当前流的数量较多，可以使用 Virtual Bitmap 替换精度更为精细的组件。Bitmap 的更新流程与 Multiresolution Bitmap 更新流程一致，当且仅当 Hash 值映射到 Virtual Bitmap 组件时，逻辑略有变化。

Adaptive Bitmap 算法与 Multiresolution Bitmap 算法极其相似，但主要区别在于阈值的选择。Adaptive Bitmap 估计的平均误差，很大程度上取决于流的数量：若流的数量极其大或极其小，则 Adaptive Bitmap 的估计准确度会非常低。

（2）Triggered Bitmap

在检测端口扫描的任务中，如果对每个活动源 IP 都采用 Multiresolution Bitmap 算法来计算连接数，则需要能够处理大量的连接，因而导致 Multiresolution Bitmap 的大小会变得相当大。然而现实的情况可能是:大多数流不是端口扫描,只是打开了一个或者两个连接。因此对于每个源 IP 请求一个空间开销较大的 Bitmap 是浪费的。

Triggered Bitmap 将非常小的 Direct Bitmap 和较大的 Multiresolution Bitmap 结合在一起。其中,所有源 IP 都可以被分配一个小的 Direct Bitmap。一旦在小的 Direct Bitmap 中设置的位数超过某个"触发值",就为该源 IP 分配一个大的 Multiresolution Bitmap,并开始对连接进行计数。Triggered Bitmap 对连接数量的估计是由小的 Direct Bitmap 和 Multiresolution Bitmap 计数的流的总和。

通过 Triggered Bitmap,可以获得所有源的准确结果,内存占用方面,则只需为已经打开了大量连接的端口扫描流量开辟一个较大 Multiresolution Bitmap 的内存使用量。

以上详细讨论了 Bitmap 测量方法。为了方便对 Bitmap 的理解,对 Bitmap 数据结构的核心思想、基本操作等基本概念进行了讨论与概述。Bitmap 通过基于位的映射,使用一个 bit 位来标记某个元素对应的 Value,而 Key 即是该元素,通过每 1 位来表示 1 个元素的存在、插入与删除,其结构简单,可以保证在使用极少内存的情况下对高速链路中的活跃流实现计数,但基于 Bitmap 的算法由于存在 Hash 冲突,流计数的估计会存在误差。

在选定高速链路下的活跃流计数场景中,详细讨论了 Direct Bitmap、Virtual Bitmap、Multiresolution Bitmap 三种 Bitmap 算法的原理与性能。其中,对每一种 Bitmap 的估计量都进行了数学分析。结果表明,Bitmap 算法简单且易实现,在应对高速链路下的流计数问题有着较好的效果;且三种算法的准确率伴随着 Bitmap 的增加而增加。但 Bitmap 算法通常会由于 Hash 碰撞而存在不准确的情况,且 Bitmap 类算法通常会低估实际的流数量,导致流数估计的精度不够高。Direct Bitmap、Virtual Bitmap、Multiresolution Bitmap 比概率统计具有更高的估计精度,利用特定计数应用的特征,Adaptive Bitmap、Triggered Bitmap 算法能够进一步提高算法的性能。

此外,基于 Timestamp Vector[5] 的算法是基于 Bitmap 算法的扩展,保留了基于 Bitmap 的流数估计算法的优点,既可以使用极小的内存,还可以进行极快的存储。在基于 Timestamp Vector 的算法中,允许频繁报告实现了报告区间的分离,避免了流数低估问题,有效地提高了流数估计的精度。由于上述两种流数估计算法中每个分组到达时需要多次访问内存、创建新的流记录、处理冲突需要消耗大量的内存资源,在高速网络环境中需要存储大量的流标识,从而需要使用大量的内存资源。Hash 表必须存储在 DRAM 中,访问 DRAM 的时间长于分组相继到达的时间间隔,流数估计算法必须能够及时处理高速网络中每个到达的分组。在 Direct Bitmap 的基础上,基于 Countdown Vector 的算法[6] 在滑动窗口上估计流数,显著地减少了所需的内存和 CPU 资源,提高了流数估计的精度。

5.3 Bloom Filter 测量方法

信息的表示和查询是计算机应用程序的核心问题,Bloom Filter[7] 最初应用于数据库应用、拼写检查和文件操作,可以很好地解决这两个核心问题。它是由 Burton Howard Bloom 在 20 世纪 70 年代引入的一种散列算法,该算法使用少量的额外内存空间。Bloom Filter 结构是一种概率数据结构,它简单高效具有随机性,且具有一定的误差,支持成员资格查询。

Bloom Filter 通过返回“true”或“false”来实现成员过滤。然而，“true”包括真假阳性，“false”包括真假阴性，这注定了 Bloom Filter 固有的误差。但出于 Bloom Filter 在节省空间开销上所具有的优势，使用者往往会忽略、容忍 Bloom Filter 固有的误差。各研究领域出于对自身系统性能提高的要求，对 Bloom Filter 做了大量的研究与应用；随着网络测量中数据量的飞速增长，面对有限的计算空间，Bloom Filter 及其变体在网络测量中得到广泛应用，包括点对点应用、资源路由、Web 缓存、大数据挖掘、IoT 网络测量等。

5.3.1 Bloom Filter 初步设计

在 Bloom Filter 结构中，利用向量 **V** 很简洁地表示一个集合，并能判断一个元素是否属于这个集合，需要使用 k 个 Hash 函数 $h_1, h_2, \cdots, h_k$。初始化(init)、元素插入(insert)和元素查询(search)的具体实施方法如图 5.7 所示。

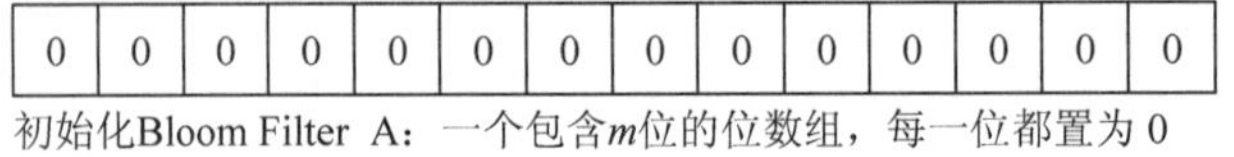

初始化Bloom Filter A：一个包含m位的位数组，每一位都置为 0

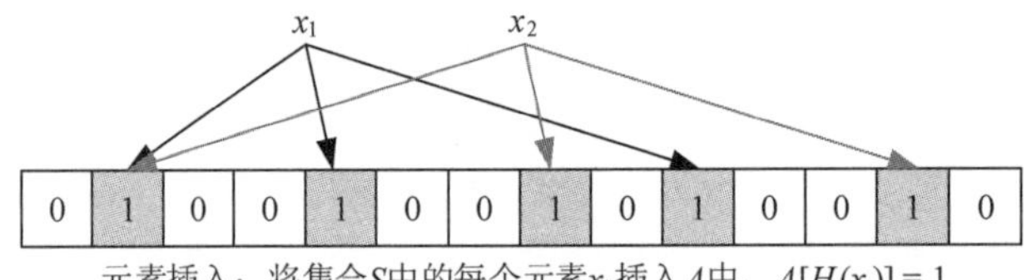

元素插入：将集合S中的每个元素x_i插入A中，$A[H_j(x_i)] = 1$

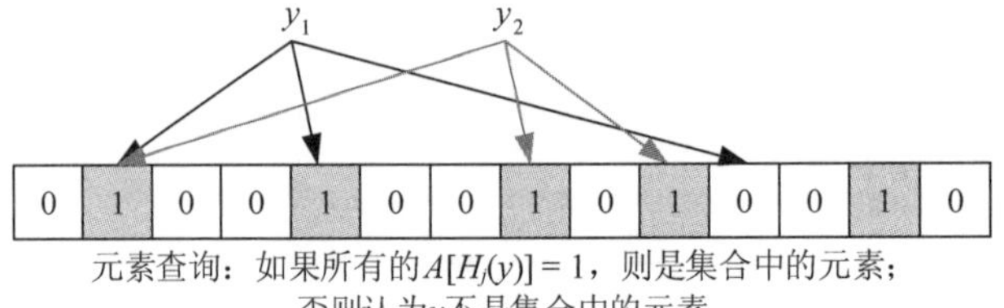

元素查询：如果所有的$A[H_j(y)] = 1$，则是集合中的元素；
否则认为y不是集合中的元素

图 5.7　Bloom Filter 的操作

初始状态时，Bloom Filter 是一个包含 m 位的位数组，每一位都置为 0，为了表达 $S=\{x_1, x_2, \cdots, x_n\}$这样一个 n 个元素的集合，Bloom Filter 使用 k 个相互独立的 Hash 函数，它们分别将集合中的每个元素映射到$\{1, \cdots, m\}$的范围中。对任意一个元素 x，第 j 个 Hash 函数映射到向量 **V** 的位置 $H_j(x)$就会被置为 $1(1 \leqslant j \leqslant k)$。如果一个位置多次被置为 1，那么只有第 1 次会起作用，后面几次将没有任何效果。在图 5.7 的元素插入过程中，$k=3$，且有两个 Hash 函数选中同一个位置。在判断 y 是否属于这个集合时，对 y 应用 k 次 Hash 函数，如果所有 $H_j(y)$的位置都是 $1(1 \leqslant j \leqslant k)$，则认为 y 是集合中的元素，否则就认为 y 不是集合中的元素。图 5.7 的元素查询过程中，y_1 就不是集合中的元素，y_2 或者属于这个集合，或者刚好是一个误判(false positive)。

标准的 Bloom Filter 只支持插入和查找两种操作，不支持删除操作，故无法完成对经常变动的集合进行处理。

5.3.2 标准 Bloom Filter 误判分析

对于集合 $S=\{x_1,x_2,\cdots,x_n\}$，其中 n 是元素的总数，对于图 5.7 中的 Bloom Filter A，我们将 S 中所有的元素都插入 A 中。假设 y_j 是一个随机查询的元素，且 $j=1,2,3,\cdots$。文献[8]中对假阳性(False Positive，FP)、真阳性(True Positive，TP)、假阴性(False Negative，FN)、真阴性(True Negative，TN)做了明确的定义：

假阳性：若 $y_j \notin S$ 且 Bloom Filter 返回查询结果是 $y_j \in A$，则称为该结果为假阳性，即为误判的一种。

真阳性：若 $y_j \in S$ 且 Bloom Filter 返回查询结果是 $y_j \in A$，则称为该结果为真阳性，即查询结果正确。

假阴性：若 $y_j \in S$ 且 Bloom Filter 返回查询结果是 $y_j \notin A$，则称为该结果为假阴性，即为误判的一种。

真阴性：若 $y_j \notin S$ 且 Bloom Filter 返回查询结果是 $y_j \notin A$，则称为该结果为真阴性，即查询结果正确。

Bloom Filter 结构允许误判，且大多数研究仅仅考虑假阳性误判，不考虑假阴性误判，然而元素的删除操作是导致出现假阴性误判的根本原因，因此，传统 Bloom Filter 数据结构并不支持删除的功能。

下面，就标准 Bloom Filter 的假阳性误判进行概述。

设 m 是 Bloom Filter 占用的总内存，n 是 Bloom Filter 的总元素个数，k 是 Hash 函数的总数，p 是 Bloom Filter 中一位为 0 的概率，则 $1-p$ 为一位为 1 的概率。假设 Hash 函数取值服从均匀分布，那么在给定 Bloom Filter 中插入 n 个元素后，Bloom Filter 中任意一位为“0”的概率 p' 为：

$$p'=\left(1-\frac{1}{m}\right)^{nk}\approx \mathrm{e}^{-kn/m}=p \tag{5.8}$$

当不属于集合的元素误判属于集合时，元素在 Bloom Filter 的对应位置都必须为 1。即元素的误判率应为：

$$f(m,k,n)=(1-p')^k\approx(1-p)^k=(1-\mathrm{e}^{-kn/m})^k \tag{5.9}$$

如果给定标准 Bloom Filter 的假阳性误判率上限为 f_0，在过滤器长度和 Hash 函数个数一定的情况下，可以直接通过公式(5.9)计算出 Bloom Filter 可以最多表示的元素个数 n_0：

$$n_0=-\frac{\ln(1-\mathrm{e}^{\ln f_0/k})\cdot m}{k} \tag{5.10}$$

一般地，对于 Hash 函数个数 k，当 k 越大时，元素在 Bloom Filter 中映射的位就越多，表达的元素信息越多，误判率可能会下降；但当 Bloom Filter 中置为 1 的位数越多，误判率可能增加。图 5.8 中，我们选定 $m=10\ 240$ bit，$n=1\ 000$ 的场景，展示了误判率 f 随着 Hash 函数个数 k 的变化趋势，当 $k=7$ 时，误判率最小，约为 0.730%。

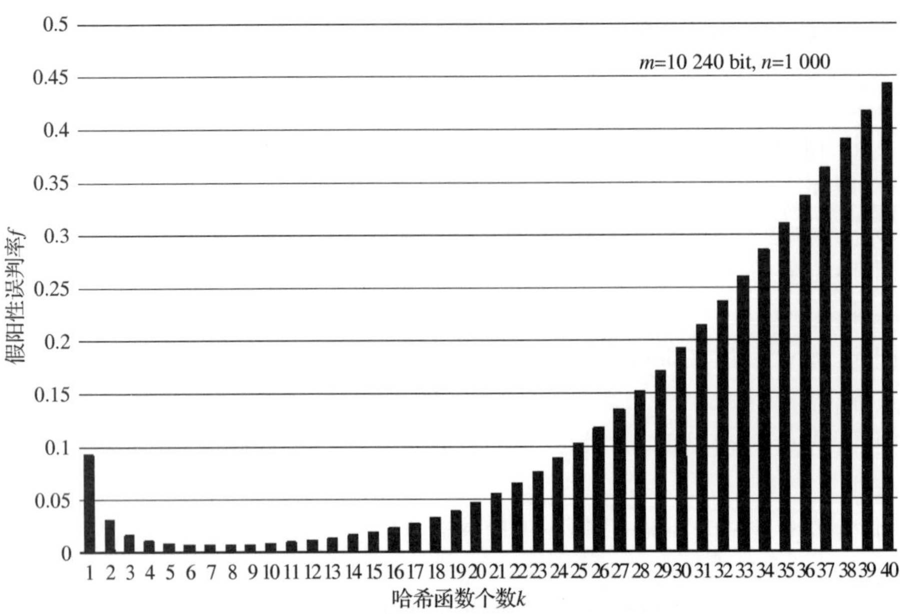

图 5.8 假阳性误判率 f 与 Hash 函数个数 k 之间的关系

5.3.3 标准 Bloom Filter 理论分析

1) Hash 函数个数与 Bloom Filter 误判率

如何选择合适的 Hash 函数个数 k，对标准 Bloom Filter 的假阳性误判率也有一定的影响。因此，对 Hash 函数个数 k 与假阳性误判率 f 之间的关系进行分析。

不妨令 $\varphi(k)=\ln f(k)=k\ln(1-\mathrm{e}^{-kn/m})$，不难看出 $\varphi(k)$ 与 $f(m,k,n)$ 可以同时达到最小值，对 $\varphi(k)$ 求一阶导：

$$\varphi'(k)=\ln(1-\mathrm{e}^{-kn/m})+\frac{kn}{m}\cdot\frac{\mathrm{e}^{-kn/m}}{1-\mathrm{e}^{-kn/m}}$$

令 $\varphi'(k)=0,x=\mathrm{e}^{-kn/m}$，则有：

$$-kn/m=\ln x$$

所以
$$\varphi'(k)=0\Leftrightarrow\ln(1-x)-(\ln x)\cdot\frac{x}{1-x}=0$$

即
$$x\ln x=(1-x)\ln(1-x),x=\frac{1}{2}$$

故
$$\ln\left(\frac{1}{2}\right)=-k_{\min}\left(\frac{n}{m}\right)\Leftrightarrow k_{\min}=(\ln 2)\left(\frac{m}{n}\right)\tag{5.11}$$

当且仅当 $k=k_{\min}$ 可以使得 $\varphi(k)$ 达到最小值，且 $p=1-p=0.5$，于是此时假阳性误判率 f 为：$f_{\min}=f(k_{\min},m,n)=(0.5)^{k_{\min}}=(0.5)^{(\ln 2)m/n}\approx(0.6185)^{m/n}$。

由于 k 为 Hash 函数的个数，则 $k\in\mathbf{N}^*$，当且仅当 $k=\lceil\ln 2\cdot(m/n)\rceil$，且集合 S 中元素个数 n 与 Bloom Filter 大小 m 给定的时候，取到最小的假阳性误判率 f。

2) 标准 Bloom Filter 最小占用空间

对于已经给定的误判率，研究者往往需要明确 Hash 函数的个数，从而确定 Bloom Filter 最小占用空间。由 $f(m,k,n)$ 函数，不难计算出 Bloom Filter 占用空间 m 为：

$$m(k)=-\frac{kn}{\ln(1-f^{1/k})}$$

对 $m(k)$ 求一阶导：

$$m'(k)=\frac{\mathrm{d}m(k)}{\mathrm{d}k}=-\frac{n\cdot[\ln(1-f^{1/k})]-n\cdot\frac{1}{1-f^{1/k}}\cdot f^{1/k}\cdot\ln(f^{1/k})}{\ln^2(1-f^{1/k})}\tag{5.12}$$

令 $x=1-f^{1/k}$，于是由 $m'(k)=0$，可以化简为：

$$x\ln x=(1-x)\ln(1-x)\text{，解得 } x=\frac{1}{2}$$

$$1-f^{1/k}=\frac{1}{2}\Leftrightarrow f^{1/k}=\frac{1}{2}\Leftrightarrow\frac{1}{k}\ln f=-\ln 2\Leftrightarrow f=2^{-k}$$

即
$$1-\mathrm{e}^{-kn/m}=\frac{1}{2}\Leftrightarrow\mathrm{e}^{-kn/m}=\frac{1}{2}\Leftrightarrow kn/m=\ln 2\Leftrightarrow k=\ln 2\cdot\left(\frac{m}{n}\right)\tag{5.13}$$

综上，$k_{\min}=(\ln 2)(m/n)$ 是当集合规模 n 与假阳性误判率 f 一定的情况下，使得 Bloom Filter 所需存储空间最小的 k 值。

当给定假阳性误判率 $f=0.730\%$，标准 Bloom Filter 向量空间大小 m 和 Hash 函数个数 k 的关系如图 5.9 所示，当 $k=7$ 时，存储空间最小值为10 240 bit。

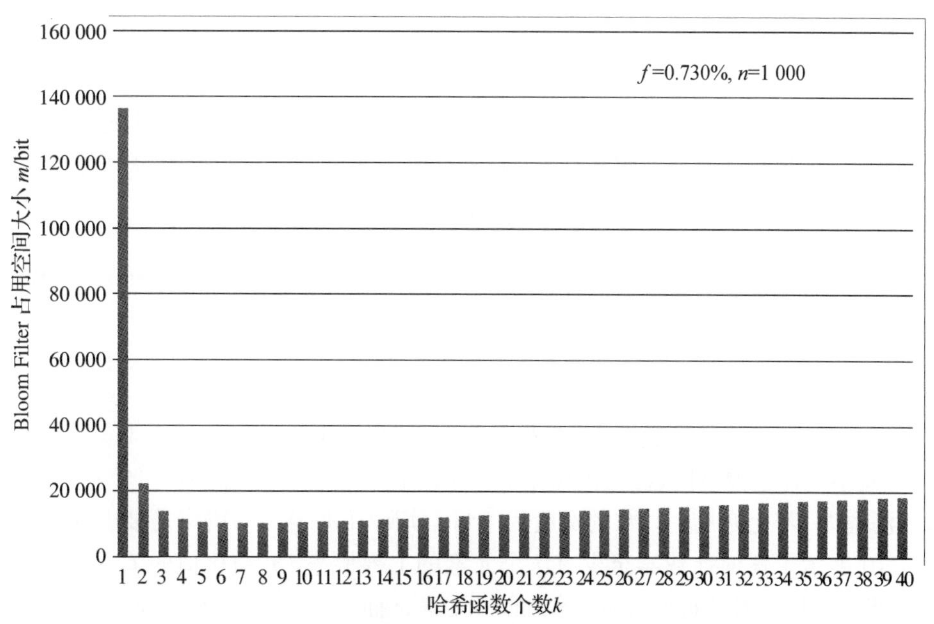

图 5.9 Bloom Filter 向量空间大小 m 和 Hash 函数个数 k 的关系

3) 算法复杂度分析

使用标准 Bloom Filter，增加一个元素到集合，需要进行 k 次 Hash 运算，其一次元素插入操作的时间复杂度为 $O(k)$。在进行元素查找时，同样需要进行 k 次 Hash 计算，完成一次元素查找的时间复杂度为 $O(k)$。对于 n 个元素的集合，只需要 m 位的 Bloom Filter 向量空间，其空间复杂度为 $O(m)$。使用 Bloom Filter 完成集合存储，只需要为每个元素平均保存 m/n 位，因此 Bloom Filter 十分适合于存储空间受限又能允许稍许误判的场合。

5.3.4 Bloom Filter 变体算法

随着应用场景的不断革新，标准 Bloom Filter 已经不能满足相关任务的需求。为了突破标准 Bloom Filter 的一些限制(包括计数、删除、多集、空间效率等)，很多 Bloom Filter 变体算法被提出，形如 Counting Bloom Filter、Space－Code Bloom Filter、Compressed Bloom Filter、Spectral Bloom Filter、Generalized Bloom Filter 等。

1) Counting Bloom Filter

标准 Bloom Filter 不支持元素删除，但可以通过为数据结构的每个元素添加一个计数器，来轻易地对标准 Bloom Filter 进行扩展，使其支持删除的操作。Counting Bloom Filter (CBF)由 Fan 等人[9]提出，可以支持跟踪插入和删除，它实质是一个 m 位的标准 Bloom Filter，不同的是，每个条目都是一个与标准 Bloom Filter 位相关联的小计数器。当一个元素被删除时，相应的计数器被减少。选择足够大的计数器是避免计数器溢出的充分条件。

从 Fan 等人的研究分析表明，大小为 4 bit 的计数器应该足够满足大部分应用，为了确定一个好的计数器大小，可以考虑一个有 n 个元素、k 个 Hash 函数和 m 个计数器的集合使用一个 CBF。设$c(i)$为与第 i 个计数器相关的计数。第 i 个计数器加 j 次的概率是一个二项分布的随机变量：

$$P(c(i)=j)=\mathrm{C}_{nk}^{j}\left(\frac{1}{m}\right)^{j}\left(1-\frac{1}{m}\right)^{nk-j} \tag{5.14}$$

任何计数器至少为 j 的概率都以 $mP(c(i)=j)$为上界。计数器的作用在于计算其位被设为 1 的次数，所有的计数一开始都是 0。任何计数大于或等于 j 的概率为：

$$Pr(\max(c)\geqslant j)\leqslant m\mathrm{C}_{nk}^{j}\left(\frac{1}{m}\right)^{j}\leqslant m\left(\frac{\mathrm{e}nk}{jm}\right)^{j} \tag{5.15}$$

对于标准 Bloom Filter，k 的最佳取值是 $\ln 2\cdot m/n$。因此，不妨假设 Hash 函数的数量小于 $\ln 2\cdot m/n$，可以进一步约束：

$$Pr(\max(c)\geqslant j)\leqslant m\left(\frac{\mathrm{e}\ln 2}{j}\right)^{j} \tag{5.16}$$

若采用大小为 3 bit 的计数器，计数器溢出概率 Pr 的上界可以约为 $9.47\times10^{-6}\times m$；当采用 4 bit 大小的计数器，计数器溢出概率 Pr 的上界可以约为 $1.37\times10^{-15}\times m$。所以，在初始插入过滤器时，若允许每个计数的宽度为 4 bit，实际值 m 溢出的概率是极小的。

图 5.10 展示了任何计数器至少有 j 个元素的上界概率 Pr 与比值的关系。此外，一个 CBF 也有能力保持元素的近似计数。例如，将元素 x 插入三次，将导致 k bit 的位置被设置，并且每插入一次，相关的计数器将增加 1。因此，与元素 x 相关的k 个计数器至少增加三次，如果与其他插入的元素有重叠，有些计数器会增加更多。估算计数可以通过在元素散列到的所有位置中找到计数的最小值来确定。

另外，icara 等人[10]提出了一种多层压缩计数型 Bloom Filter(MultiLayer Compressed Counting Bloom Filter，ML-CCBF)的数据结构，该结构通过在 CBF 之上添加基于 Hash 的过滤器层次结构来扩展 CBF。该研究中，Ficara 等人对上述上界进行了细化，他们通过使用约束条件 $Pr(\max(c)>j)<Pr(\max(c)=j-1)$得到一个更为细化的上界，即：$Pr(\max(c)>15)<1.51\times10^{-16}$。ML-CCBF 用于为计数器添加空间，否则计数器将溢出。Ficara 等人还使用 Huffman 编码来压缩计数器值，以节省空间。总体来说，ML-CCBF 消除了计数器溢出

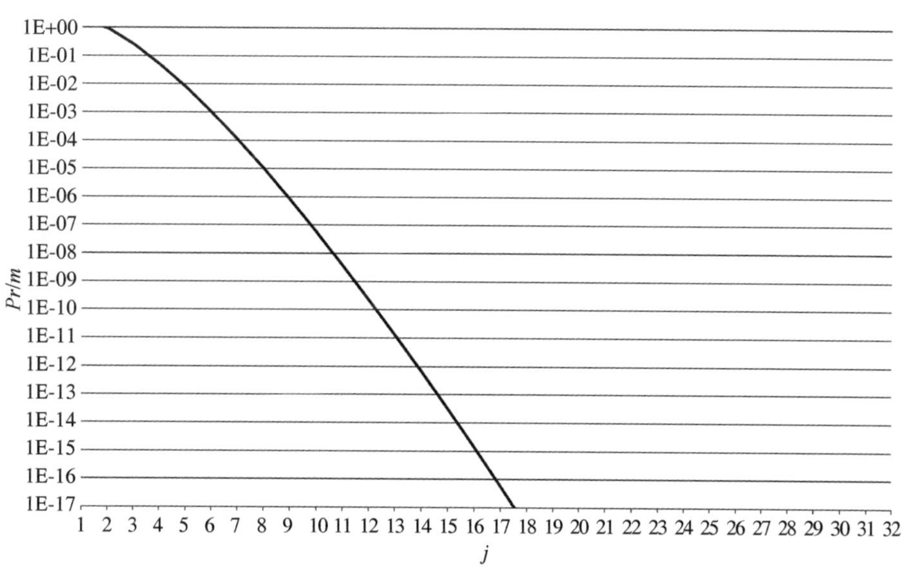

图 5.10　任何计数器至少有 j 个元素的上界概率 Pr 与比值的关系

的可能性，并保留了标准 Bloom Filter 的快速查找，但其缺点在于增加了插入和删除操作的成本。

吴桦等[11]通过使用两层 Counter Bloom Filter 结构，将长流过滤和长流存在分开处理，提出了一种基于双层 Bloom Filter 的长流识别算法(CCBF)，实现了对长流的识别。由于 CCBF 算法将长流过滤和长流存在分开标识，在数据量较大的情况下，该算法具有较小的平均错误率，可以应用于大规模主干网的流量采集。

2）Space Code Bloom Filter

Space Code Bloom Filter(SCBF)[12]利用 Bloom Filter 对数据进行大量的压缩以降低存储要求，同时它通过多个解析度的设计来保证根据压缩后的数据能够估计流量数据中每个流包含的分组数。SCBF 以低存储、低计算复杂性获得了合理的测量精度。SCBF 采用 l 组 Hash 函数，每组包含 k 个 Hash 函数，并通过这些 Hash 函数对流关键字进行 Hash 计算，其 Hash 函数可以如下表示：

$$\{h_1^1(x),h_2^1(x),\cdots,h_k^1(x)\},\{h_1^2(x),h_2^2(x),\cdots,h_k^2(x)\},\cdots,\{h_1^l(x),h_2^l(x),\cdots,h_k^l(x)\}$$

当数据分组到来时，随机选择一组 Hash 函数对流关键字进行 Hash 计算：

$$\{h_1^i(x),h_2^i(x),\cdots,h_k^i(x)\}$$

根据计算结果，Bloom Filter 中对应的位 $A[h_1^i(x)],A[h_2^i(x)],\cdots,A[h_k^i(x)]$被置为 1。由于 Hash 函数是随机选择的，对于一个流，它的每个分组到来时，可以选择同一组 Hash 函数或者不同组的 Hash 函数。但从概率上，如果一个流包含的分组越多，那么被它选择的 Hash 函数组越多，Bloom Filter 中也就有更多的对应位被置 1。为了解决这个问题，可采用多个具有不同解析度的 SCBF，即 Multi-Resolution Space Code Bloom Filter(MRSCBF)，每个 SCBF 对某一范围值(流的大小)有着较高的精度。因此，对于任意大小的流，都有一个适合的 SCBF，使得对它的估计达到一定精度。

实际上，SCBF 是对多集合的近似表示。这个多集合中的每个元素都是一个流，其多重性在于流中包的数量。SCBF 采用极大似然估计方法来测量多集合中元素的多重性。通过对参数进行调优，SCBF 允许在测量精度、计算和存储复杂性之间进行适度的权衡。

3) Compressed Bloom Filter

对于分布式节点间的消息传递场景，通常面临两大挑战：消息的重复传输和带宽的限制。压缩 Bloom Filter(Compressed Bloom Filter)可以实现对 Filter 的优化，通过压缩来控制传输单元的大小，从而提升系统的性能。Compressed Bloom Filter[13]的关键思想是，通过改变 Bloom Filter 中位的分布方式，并基于传输目的对其进行压缩。通过给定散列函数 k 的数量 n 可以得到最小假阳性概率，m 个向量中条目被设置的概率则会小于 1/2。传输后，Filter 被解压缩以供使用。

然而，给定的 n 对于未压缩的 Bloom Filter 来说并不是最佳的，却可能导致对 Bloom Filter 的较小压缩。与标准 Bloom Filter 相比，使用压缩可以使误报率较不使用的时候小，Compressed Bloom Filter 要求对通过网络传输的数据使用一些例如算术编码之类的额外压缩算法。

4) Hierarchical Bloom Filters

Shanmugasundaram 等人[14]提出了一种分层 Bloom Filter(Hierarchical Bloom Filters, HBF)的数据结构，用于支持子字符串匹配，支持检查 Filter 中字符串的一部分是否包含低误报率，其工作原理是将一个输入字符串分割成多个固定大小的块，然后将这些块插入到标准 Bloom Filter 中，进而检查具有块大小粒度的子字符串。除了单独插入块之外，HBF 还将块的连接插入标准 Bloom Filter 中来提高匹配精度。因此，两个后续的单个块匹配可以通过查找它们的连接来验证，从而可以推广到一系列的块中进行验证。但随着更多的块序列被添加到结构中，存储空间需求增长。

有效载荷属性系统，通过 HBF 生成数据包的有效载荷的数据摘要，并与其源主机和目的主机相关联。该系统通过将每个包的有效载荷分成一组固定大小的块来工作，每个块在有效载荷中都附加了它的偏移量，最后对这些块进行 Hash 处理，并将其插入到 Bloom Filter 中。此外，利用 HBF 所得到的结构也可以用于验证给定的字符串是否出现在有效载荷中。通常，搜索会从第一层次开始向上继续，以验证子串是否一起出现在相同或不同的数据包中。

5) Adaptive Bloom Filters

自适应 Bloom Filter(Adaptive Bloom Filters, ABF)[15]是 CBF 的一种替代结构，特别适用于支持大型计数器而没有溢出，或者在不可预测的冲突率动态下的应用(例如，网络流量应用)。ABF 的关键思想是通过增加一组 Hash 函数来计算元素的外观，采用与普通 m-bit Bloom Filter 相同的形式，而不是像传统 CBF 那样使用固定的 c 位计数单元。

为了增加一个元素的计数，ABF 依次检查有多少独立的 Hash 函数(N 个)映射到设置为 1 的位数(在元素插入时设置的 k 位除外)。当第 $N+k+1$ 个散列命中一个空单元时，它被设置为 1，以保证元素频率查询返回至少 $N+1$，对应于迄今为止由元素的顺序散列设置的 1。

在查询任务中，Hash 函数的附加数量 N 表示每个条目的出现次数。前 k 位中的假阳性误判情况，与标准 Bloom Filter 类似。但是，随着 ABF 被填充，由于其他元素设置的位增多，而导致 N 值的增大，这将影响对每个关键元素多重性的精准估计。ABF 的优点在于它需要更少的内存，并且不需要关于单个关键元素的估计多样性的相关先验知识。

6）Generalized Bloom Filters

广义 Bloom Filters(Generalized Bloom Filters，GBF)[16]基本思想是利用两组 Hash 函数，(g_1，…，g_{k_0})用于设置存储位，(h_1，…，h_{k_1})用于重置存储位。GBF 一开始是一个带有 1 和 0 的任意位向量集，通过将选择的位设置为 0 或 1 来编码信息，从而背离了空位单元表示信息缺失的概念。因此，GBF 是比标准 Bloom Filter 更通用的二进制分类器。在 GBF 中，假阳性误判的概率是有界的，它不依赖于 Bloom Filter 的初始条件。然而，由散列函数集合重置比特带来的一般化引入了假阴性，其概率可以是上界的，并且也不依赖于比特过滤器初始设置。

GBF 的元素插入操作是将(g_1，…，g_{k_0})定义的位设置为 0，并将位置(h_1，…，h_{k_1})处的 k_1 位设置为 1。如果发生冲突，该位将设置为 0。类似地，元素查询操作是通过验证(g_1，…，g_{k_0})定义的所有位是否都设置为 0 以及(h_1，…，h_{k_1})确定的所有位是否都设置为 1 来完成的。如果任何位被反转，即被查询的元素不属于高概率集合，则 GBF 返回“假”。可以通过改变散列函数 k_0 和 k_1 的数量来权衡假阳性和假阴性估计。在 IP 回溯的任务场景中，GBF 解决了无状态的单包 IP 回溯，以及牺牲漏报率为代价利用内置的保护抵制 Bloom Filter 被篡改。

5.3.5 Bloom Filter 应用场景

1）网络监控和测量

Bloom Filter 类算法在网络监控与网络测量中得到了广泛应用，例如大流检测、冰山查询、包属性、近似状态机等。监控的关键功能在于流量分类、流量和数据包的近似计数与汇总[7]。

(1) 大流(Heavy Flows)检测：Bloom Filter 在路由器中检测大流是一个特殊且重要的应用，通过将传入的分组 Hash 到 Bloom Filter 及其变体中，并在每个被设置的位用分组的大小增加计数器，可以实现使用相对较小的空间开销以及每个分组的少量操作来检测大量到达的流量。对于给定阈值，可以对到达的流进行判断，当最小计数器超过这个给定阈值，则该流可以被标记为大流。Counting Bloom Filter 是应用于此类场景的代表性算法。

(2) 冰山查询(Iceberg Queries)：所谓冰山查询就是识别频率高于某个给定阈值的所有元素。在实际网络环境中，数据流处理的实时性需求，需要使用一个既可以实现对元素进行计数又可以使用较少内存的数据结构。因此，计数型的 Bloom Filter 及其变体是实现冰山查询的良好结构。例如，在一些应用程序中，有必要跟踪跨域的流量，并执行拥塞和安全监控，冰山查询可用于检测 DoS 攻击。

(3) IP 回溯(IP Traceback)：该测量任务一般可以通过部分路径信息来对每个包进行不同概率的标记；或者将包摘要以 Bloom Filter 的形式存储在路由器上，并通过迭代检查邻近路由器来重建攻击路径。该测量任务的目的是为了避免恶意节点在 IP 欺骗拒绝服务攻击期间伪装其来源。源路径隔离引擎(Source Path Isolation Engine，SPIE)实现了一个包归属系统，并在路由器上跟踪传入和传出的包，但简单存储所有的结果信息显然不可行。因此，Snoeren 等人提出使用 Bloom Filter 来降低状态要求，Bloom Filter 以概率的方式存储数据包信息的摘要，但由于路由器的 Hash 函数相对独立，所以每个路由器必须要维护自己的 Bloom Filter。包信息的摘要，通常是基于包的不可变报头字段和有效负载的前 8 个字节的前缀，并由网络组件在预定义的时间内维护。当安全组件(如 IDS)检测到网络受到攻击时，可以使用 SPIE 跟踪报文通过网络的路径，到达发送方；如果路由路径上的路由器仍然有可用的包摘要，一个包可以被追踪到它的源。前文提到的 GBF，被设想为通过一定概率将包的路由编码到包本身，以无状态的方式处理单包 IP 回溯，GBF 的关键特性是双 Hash 函数集，以 hop-hop 方式设置和重置比特，它提供了内置的保护，以一些假阴性为代价来防止 Bloom Filter 的篡改。

2) 其他应用场景

除了网络测量领域的应用，Bloom Filter 还被广泛应用于各类网络系统中，如 Web 代理和缓存、数据库服务器、路由器等。

(1) Web 服务器和存储服务器的缓存

Bloom Filters 广泛应用于分布式环境中的缓存中。举一个早期的例子，Fan、Cao、Almeida 和 Broder 提出了 Summary Cache 系统，该系统使用 Bloom Filters 来分发 Web Cache 信息。该系统由存储和交换摘要缓存数据结构的协作代理组成，本质上是 Bloom Filter，通过若干个 Bloom Filter 组成 Bloom Filter bank。当本地缓存未命中时，所涉及的代理将尝试使用摘要缓存来查明另一个代理是否具有 Web 资源的副本。如果另一个代理具有副本，则请求将转发到该代理。

(2) 支持 P2P 网络中的处理

在 P2P 网络中，概率结构可以用于总结内容和缓存，Bloom Filter 在 P2P 环境中被广泛应用于各种任务，如紧凑存储、基于关键字的搜索和索引，在网络上同步集，以及汇总内容。

例如，对等点之间关键字列表和其他元数据的交换对 P2P 网络至关重要。理想情况下，状态应该允许查询的精确匹配，并使用次线性空间(或接近恒定空间)。其中，Gnutella 协议的后期版本便应用了 Bloom Filters 来有效表示关键字列表，其每个叶节点将其关键字 Bloom Filter 发送给一个超节点(ultra node)，该超节点可以从其叶节点产生所有 Bloom Filter 的摘要，然后将其发送给邻近的超节点。

定位机制和概率路由算法也是 P2P 网络中较为重要的任务[7]，其目的是确定请求文件何时被复制到请求系统的附近。文献[7]以 OceanStore 项目为例解释了 Bloom Filter 在 P2P 中的应用。研究人员基于一种衰减 Bloom Filter(Attenuated Bloom Filter)的结构来实现路由算法的设计，它是一个简单的 d 标准 Bloom Filter 的数组。第 i 个标准 Bloom Filter 记录了在网络的 i 跳内可以到达的文件。衰减 Bloom Filter 只找到 d 跳内的文件，但是返回的路径很可能是到副本的最短路径。

(3) 数据包的路由和转发

Bloom Filter 类方法在流检测和分类中有重要作用，并且已被用于提高网络路由器的性能，例如，可以使用一个 CBF 来优化网络处理中(例如维护每个流的上下文关系、IP 路由查找和包分类)使用的 Hash 表；小型片内 Bloom Filter 也可以杜绝在没有找到所搜索的流时缓慢的片外查找，对查找次数进一步优化。Bloom Filter 也可被用于高速网络包过滤，例如在 Linux 网络驱动程序的内核空间中可以实现一个由协议、IP 地址、端口组成的三元组来实现签名填充，且带有冲突列表的标准 Bloom Filter。传入的数据包与 Bloom Filter 匹配，并与用户空间的网络监控程序匹配。在填充 Bloom Filter 时将一个元组字段设置为 0,在查询时将输入包设置为 0,从而支持通配符。与仅在用户空间中捕获所有数据包和过滤相比,通过使用 Bloom Filter,研究者获得了当时所有驱动程序四倍的性能。此外,Bloom Filter 也可应用在 IP 查找、环路检测、重复检测、路由转发引擎、深度包扫描和包分类等任务场景中。

(4) 流量准入、入侵检测等安全运营

安全方面,通常体现在无线网络的认证、匿名和隐私保护、防火墙、不当行为检测、重放保护以及节点复制检测等。对于非无线网络的环境,Bloom Filter 被广泛应用于 DoS/DDoS 攻击检测、异常检测中。

以上重点阐述了 Bloom Filter 测量方法及其应用场景,分析了标准 Bloom Filter 的操作和算法性能,并讨论了几种 Bloom Filter 的变体算法。最后,讨论了 Bloom Filter 在网络测量应用场景中的应用,以及其他应用场景中的使用情况。Bloom Filter 是 Bitmap 结构的扩展,是满足高速链路下流量测量任务的一系列解决方案,是典型的数据流方法。

5.4 Sketch 测量方法

Sketch 是一类被广泛应用在网络测量领域的概率数据结构,用于记录多集合或流中元素的频率或估计其基数,且 Sketch 通常比输入的大小要小得多。Sketch 类算法往往利用 Hash 函数等概率方法将元素映射到连续的内存空间上,通过牺牲一定的准确性来满足较小的空间消耗,并实现极快的、常数级的处理时间。因此,Sketch 类算法能很好地应用到网络、数据库等涉及大流量数据流的估计中。

基于 Sketch 的网络测量属于被动测量,通常它不发送任何探测包,也不会在网络中造成额外开销,Sketch 使用“概要”对感兴趣的信息进行有效的存储、检索,从而实现对活跃流的存在及其体积信息进行记录。Sketch 具有很强的灵活性和强大的功能,并且对实际系统的影响很小。Sketch 的核心思想包括两个方面:① 计数器和更新设计,即对统计信息进行记录;② 计数器组合或 Sketch 架构设计。通常,基于 Sketch 的测量方法会选用估计计数器来替代精确计数器,以实现在“减少所需的内存量”与“增加计数器估计中的错误概率”之间得到最优的权衡。基于 Sketch 的网络测量允许处理本地流量状态以及通过特定网络位置流量的全局行为,并提供关于被测量节点的详细信息。对于被动网络测量,监视器需要对路由器和交换机等网络设备进行完全访问,如图 5.11 所示。

一般来说,基于 Sketch 的流量测量可以分为两个步骤:① 根据测量任务,分布式监测器获得负责的任务,并收集经过其监测点的相应流量统计信息;② 收集器结合来自下级监测器的测量结果,并响应测量查询。对于数据流的处理,Sketch 只需要对活跃数据流的流标识、流大小等关键信息进行测量,以减少内存访问量与计算开销。此外,更新和查询是 Sketch 类算法的两个主要操作,更新操作使用数据流中每个元素的键和值来更新 Sketch,查询操作则是用于从查询操作之后的 Sketch 中获得数据流的统计数据(例如,数据流中最频繁的元素或不同元素的数量)。

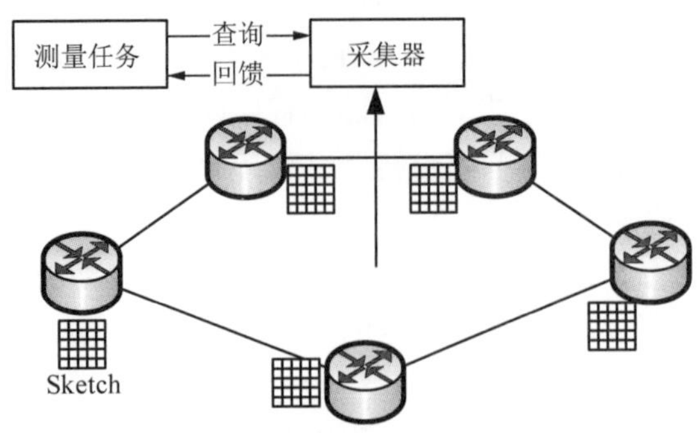

图 5.11　基于 Sketch 的流量测量

5.4.1　Sketch 概述

数据概要(data synopses)是 Sketch 类算法实现利用较小内存记录待测元素的核心对象。对于数据流的处理通常体现在流式摘要的生成上,且对于每个更新都使用相同的处理方式。Sketch 的基本结构可以通过图 5.12 的形式来表示:使用固定的 Sketch 矩阵与数据(表示为列向量)相乘,来生成 Sketch 向量。通常 Sketch 对基础数据的单次更新(插入或删除)仅需修改数据向量中的单个条目,并直接作用于 Sketch 矩阵中。

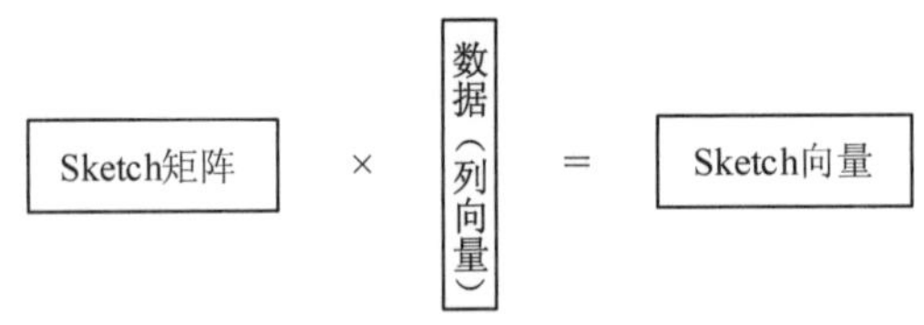

图 5.12　Sketch 基本结构

对于任意 Sketch 都可以定义一组特定的查询,在 Sketch 上执行一个特定的过程以获得特定的查询结果或者近似结果;其次,Sketch 可以通过一个或者多个参数来确定自身恒定的大小,通常可以通过选择参数 δ 和 ε 来分别确定精度和超过精度界限的概率。更新速度方面,当 Sketch 的变换较为密集时,每次更新会影响到 Sketch 中的所有条目,更新时间将与 Sketch 的大小线性相关,若 Sketch 的变换不密集,则每次更新所需要的时间会比逐一更新 Sketch 条目的时间要少;查询时间方面,查询时间与 Sketch 的具体结构相关,通常可以是线性相关或者超线性相关;Sketch 的初始化往往与输入有关,如果输入的是线性变化,其初始化并不重要,若输入的是全零向量,则初始化也为全零向量,若 Sketch 变化是根据散列函数定义的,则可能需要通过从适当的函数簇中选择它们来初始化这些散列函数。

Sketch 结构可以从更新的数据流中创建。在 2005 年,Muthukrishnan[17] 对数据流的模型进行了总结,分别是时间序列模型、收款机模型和十字旋转门模型,Sketch 算法设计的重点大部分都放在收款机模型和十字旋转门模型上。

5.4.2 典型 Sketch 方法

1) Count-Min Sketch

Count-Min Sketch[18]作为应用最广泛的 Sketch，已被用于执行逐流测量、heavy hitter 检测、熵估计、内积估计、隐私保护、高维空间上的聚类和个性化页面排名。Count-Min Sketch 是一种用于汇总数据流的次线性空间数据结构，它允许在数据流概要中进行基本的查询，如点查询、范围查询和内积查询，同时也可以用于解决数据流中重要的难题，如查找分位数、识别大流。用 Count-Min Sketch 解决这些难题，所需要的时间和空间界限显著提高。

Count-Min Sketch 通常包含 d 个数组，$A_1, A_2, \cdots, A_d$，并且每个数组中包含 w 个计数器，每个计数器的大小为 k bit。Count-Min Sketch 是一个二维数组结构，其中它的宽 w，深 d，由参数(ε, δ)决定，其中，$w=\lceil e/\varepsilon \rceil$，$d=\lceil \ln(1/\delta) \rceil$。同时，Count-Min Sketch 还包含 d 个 Hash 函数，$h_1(\cdot), h_2(\cdot), \cdots, h_d(\cdot)$ $(1 \leqslant h(\cdot) \leqslant w)$。数组的每个元素表示一个计数，即 $count[1,1], \cdots, count[d, w]$。数组的每个元素初始化为 0，$d$ 个相互独立的 Hash 函数被均匀、随机地选择。当更新(i_t, c_t)到达时，表项 a_{i_t} 被更新，c_t 被增加到每行的一个计数，如图 5.13 所示。计数器是由 Hash 函数 h_j 决定的，表示为：$count[j, h_j(i_t)] \leftarrow count[j, h_j(i_t)] + c_t$。

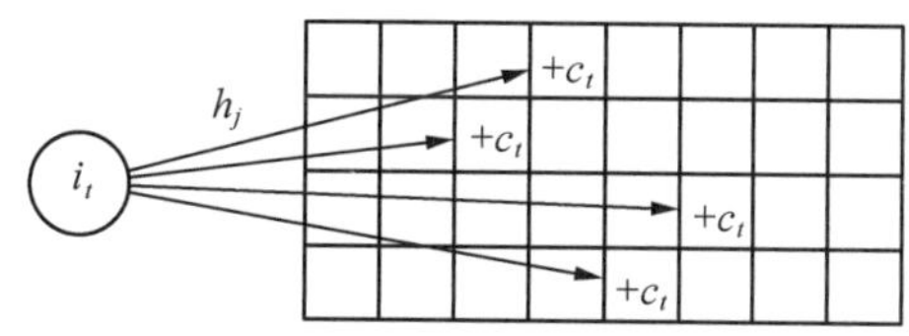

图 5.13 Count-Min Sketch 结构

Count-Min Sketch 支持对数据流的点查询，当需要查询一个元素 i_t 对应的值，首先对 i_t 进行 d 次 Hash 计算，并找到这些 Hash 函数映射的计数器。然后查询出每个计数器的值 $c_1, c_2, \cdots, c_d$。最后找出这些值中的最小值作为该元素的估计值。Count-Min Sketch 对所有需要存储的信息都加到计数器中，同时在映射过程中存在 Hash 冲突。因此，在进行查询时计数器中的值只可能大于或等于真实值，选择最小值作为估计值最准确。

当需要对网络流量进行测量时，(i_t, c_t)对应从数据包中提取出来的关键信息〈key, value〉，其中 key 可以是源 IP 地址或五元组等，value 可以是流出现的次数或是流的大小，根据需要测量的信息来提取数据包中的信息。由于 Count-Min Sketch 支持查询操作，可以对数据流的大小或出现频次进行查询。对于一个元素查询的估计值的准确性与 Count-Min Sketch 的参数有关，估计值的误差如下：

$$P(\hat{a}_i \leqslant a_i + \varepsilon \parallel a \parallel_1) = 1 - \delta, \quad \parallel a \parallel_1 = \sum_{i=1}^{n} a_i$$

其中，$\hat{a}_i$ 表示该元素的估计值，a_i 表示真实值，当 ε 越小(即 w 越大)时，元素估计的误差越小；当 δ 越小(即 d 越小)时，元素估计发生误差的可能性越小。元素查询的时间复杂度为 $O[\ln(1/\delta)]$，空间复杂度为 $O[(1/\delta^2)\log(1/\delta)]$。

Count-Min Sketch 相当简单，已经应用于数据流的变化检测之中，同时，由于 Count-Min Sketch 数据结构本身的特点，无论是分布式部署还是多线程加速，甚至是诸如 GPU、FPGA 等底层硬件加速，都能显著提高性能；但其不足之处在于 Count-Min Sketch 无法用来计算数据流的熵、查询结果高估、对低频流的估计精度低、Hash 冲突等。

针对 Count-Min Sketch 的不足，许多学者提供了不同的解决方案。CU Sketch[19] 通过改进计数器的更新方式来解决查询结果的高估问题，对于计数器值 c、点查询返回值与点查询更新值之和 s，CU Sketch 通常会通过比较 c 与 s 的大小来判断是否要进行更新操作；通过增加比较操作减小更新次数，客观上减小了 k 个查询值的方差，从而减小了高估误差。Amit Goyal 等人结合 Lossying Counting 提出了 LCU Sketch[20]，改进了 CU Sketch，其核心思想是提前把数据流划分成多个窗口，并且设置一个阈值，在每个窗口统计结束后，将小于阈值的计数器频率值减 1。此方法减少低频项的高估误差，提高了低频流的估计精度。

Count-Min Sketch 的误差与 Hash 冲突有关，而流元素个数和一维数组长度是导致 Hash 冲突的主要原因。因此 Zhu 等人[21] 提出了动态 Hash 的方法，即根据流元素的个数来动态增长 Sketch 的数量，该方法可以获得比 Count-Min Sketch 更高的精度。

2）Count Sketch

Count Sketch[22] 与 Count-Min Sketch 类似，同样包含 d 个数组，并且每个数组中包含 w 个计数器，每个计数器的位数为 k bit，同时包含 d 个哈希函数。区别于 Count-Min Sketch 的是，Count Sketch 中每个数组都与两个哈希函数相关，$s_1, s_2, \cdots, s_t$ 是从对象 $\{+1, -1\}$ 映射的哈希函数。

Count Sketch 支持添加操作和估计操作，添加一个元素 q 时，$h_i[q]=h_i[q]+s_i[q], i\in\{1,2,3,\cdots,d\}$；估计一个元素 q 时：$est=\text{median}_i\{h_i[q]\cdot s_i[q]\}$。当新的元素到达时，Count Sketch 根据 $h_i[q]=h_i[q]+s_i[q], i\in\{1,2,3,\cdots,d\}$ 进行更新，由于哈希函数 s_i 是从对象 $\{+1,-1\}$ 映射的哈希函数，故更新过程中对数据的操作有加和减两种，查询可能大于或等于真实值，也可能小于或等于真实值。因此，Count Sketch 需要使用中位数来进行估计。

3）Reversible Sketch

由于基于 Hash 映射的 Sketch 算法不能存储流元素的数据报文 ID，如果要想找出目标值，则要对所有可能的键值进行查询测试，或者提前将键值进行存储。但前者需要额外的计算量，后者会占据巨大的内存空间，这都与 Sketch 简洁的结构相背离。于是设计者通过引入模块化 Hash（modular hashing）和 IP 重组（IP mangling）两种技术提出了 Reversible Sketch[23]，该算法可以更好建立数据流标识符与计数值的联系。

该算法中，模块化 Hash 首先将 IP 地址分成长度相等的若干段并逐一进行 Hash 计算，减少了 Hash 位数，节省了存储空间；模块化 Hash 还将密钥分为$\log(\log n)$个元素，每个元素分别使用不同的 Hash 函数进行 Hash。但大部分 IP 地址具有的共同前缀会导致碰撞概率增加，算法引入的 IP 重组技术便通过可逆的随机化函数对 IP 地址数值进行处理，从而消除相关性。因此，IP 地址的存储空间被大大缩减，实现方便地记录。然而，Reversible Sketch 会导致将非重键和重键散列到同一桶中的碰撞概率更高。此外，在恢复所有重键时，它的计算开销很大，因为它的复杂度与键空间的大小成次线性关系。

4）Augmented Sketch[24]

对于实际网络环境，若两个大象流在哈希过程中发生冲突，则最终统计的数值将是真实值的数倍；若出现老鼠流和大象流发生冲突，老鼠流会被误认为是大象流。由于 Count-Min Sketch 的次线性内存空间存在误差累积，对于上述情况，普遍策略是增大二维数组的大小，但误分类现象始终存在。

若将大象流和老鼠流分离记录，数据包进入 Sketch 之前设置一个过滤器，可以很好地解决上述问题。因此，ASketch(Augmented Sketch)将大象流储存在过滤器中，老鼠流记录在 Sketch 中。过滤器由两个名为 new_count 和 old_count 的计数器组成，其单元为〈数据报文 id，频率〉，当数据包 p 到来时，首先检查过滤器中是否已经存储此数据报文信息，若为真则直接 new_count[p]更新，若过滤器计数器未满则 new_count[p]初始化为 1，old_count[p]初始化为 0；如果以上皆不满足，将数据报文插入 Sketch 中。然后比较过滤器中频率最小值与当前 Sketch 返回值 query(p)的大小，如果前者小于后者，找出过滤器中对应的数据报文 e，如果 new_count[e]与 old_count[e]之差大于零，则将数据报文 e 及其差值插入 Sketch 中，将数据报文 p 插入数据报文 e 的位置，并将 new_count[p]和 old_count[p]设置为 query(p)。查询过程同理，优先在过滤器中查找，若不存在再进入 Sketch 中返回数值。

5.4.3　Sketch 设计与优化

对于网络测量任务，Sketch 类算法通常会负责记录活跃流的摘要信息，对于具体的测量场景，合理的设计与优化可以有针对性地提高测量效果。目前对于 Sketch 设计的相关研究，主要都集中于对 Sketch 结构的优化上[25]。研究者通常会通过 Hash 策略、计数器级别优化和 Sketch 设计优化三个不同的侧重点来研究相关的优化策略。

1) Hash 策略

前面提到，Sketch 算法需要一个可行的空间来存储计数器和一个流到计数器的关联规则，才能让到达的数据包可以以链路速度来更新相应的计数器。几乎所有现有的基于 Sketch 的网络测量都遵循这些不同的流向计数规则设计作为基础。本小节通过分析流和计数器之间的关联规则，来实现对 Hash 策略的详细总结，其中包括传统的和基于学习的哈希策略。

(1) 传统方法

传统方法通常依靠“通过对频率进行统计”和“通过对基数进行统计”两种方案。

其中，对于所熟知的 Count-Min Sketch、Bloom Filter、CBF、Cuckoo Filter 都是通过对频率进行统计，来制定 Hash 策略。此类方法通过将传入的数据包 Hash 到每一个计数单元中，比如 Count-Min Sketch 将数据包 Hash 到 Hash 表的每一行，并在每一行中定位一个计数器，从而更新多样性或者流大小信息。

通过对基数进行统计而制定 Hash 策略的方案，其实质就是通过计算流中不同元素的数量，来提出不同的 Hash 策略，前文提到的 Bitmap 就是采用了这样的 Hash 策略，然而这个策略的空间与基数成线性关系。另一个策略是准备一系列采样 Bucket，以指数方式降低采样概率。为了记录 Bucket 是否接收流元素，每个 Bucket 被分配一个 bit 位。利用这种思想作为底层数据结构的方法有 PCSA、LogLog、HyperLogLog 等。

(2) 基于学习的方法

除了传统的哈希策略，还有一种趋势是结合基于学习的方法来增强估计，以减少碰撞误差和提高估计精度，如结合 K-means 聚类和神经网络。

Fu 等人[26]提出了一种 Locality-Sensitive Sketch(LSS)方案，该方案计算和建立了一种理论等价关系来计算最优 Hash 方案，该理论等价关系主要通过对 Sketch 误差与 K-均值聚类近似误差两者的理论分析来构建。其中，LSS 由一个布谷鸟表作为每个过滤器组成，以测试它是否是一个可见的流，并生成聚类模型收集该流的最近聚类中心，LSS 可以有效地减轻误差方差，并优化估计。Hsu 等人[27]结合神经网络来预测每个流的包计数的对数值，通过这种方式，可以轻松实现将 Heavy Flow 和非 Heavy Flow 分开记录，以减少它们之间的中断。Hsu 等人还通过理论分析证明，基于学习的 Count-Min Sketch 的误差比普通的 Count-Min Sketch 误差小一个对数因子。

Hash 策略的制定，是将流数据包引入 Sketch 统计信息的第一步，流和计数器之间的关联规则可以将传统的基于哈希的算法与当下基于学习的策略相结合，进而可以提高 Sketch 算法的估计精度。虽然基于学习的 Sketch Hash 策略的相关研究处于起步阶段，但在传统的 Sketch 算法的辅助学习方法领域将会有一个爆炸式的发展。

2）计数器级别优化

由于片内存储器的大小有限，如果 Sketch 中的计数器使用大量的比特，计数器的数量就会很小，导致精度较差。在这种情况下，大多数计数器被老鼠流占用以保持一个小值，从而导致它们的有效位被浪费。如果单纯地使用较大计数器解决此类问题，不仅会浪费内存，还会导致精度降低；但如果 Sketch 中的计数器使用的比特数很少，它就不能维持对大象流的记录。为了解决这一矛盾，对于 Sketch 结构的优化，很多研究都专注于如何优化计数器。

（1）使用小计数器

使用小计数器来保持大数目的近似计数是节省空间的，因为由此产生的预期误差可以被相当精确地控制，例如，Count-Min-Log Sketch[28]正是引入了这一思想。CML Sketch 只是用对数计数单元代替了经典的二进制计数单元。计数器以预定义的概率 x^{-c} 增加，其中 x 是对数基数，c 是当前估计的计数。因此，日志计数器可以使用更少的位，并增加相同存储空间的计数器数量，以提高准确性。CML Sketch 还可以利用固定的日志库，并根据当前计数更新计数器，但是，CML Sketch 牺牲了支持删除的能力。CML Sketch 之所以可以以小误差作为代价来表示大值，其根本原因在于它通过概率增加了散列计数器。

（2）使用虚拟寄存器

虚拟寄存器通常用于估计基数，多用来解决 DDoS、端口扫描、超级扩散等问题。通常基数估计任务又可分为寄存器共享和位共享两种。

寄存器共享方案[25]的实质就是通过从一个多比特寄存器池中随机选择几个寄存器来动态地创建流量估计器，通过在多个流之间共享寄存器，充分利用了寄存器的空间，最常见的应用就是估计大象流的计数。这类方案的基本基数估计单元便是寄存器且寄存器数组是非逻辑的，但由于估计器是逻辑的，因此不需要额外的内存分配就可以动态创建。

位共享方案[25]通常是通过从可用位的公共池中获取位，为每个对象创建一个虚拟位向量。此类方案会针对每个对象去计算所有相关对象（如源地址 IP 对应的每一条数据流）的数量，并抽象为线性计数器的多集合版本。其中，每个不同对象都有其自己单独的用于线性计数的虚拟位向量，对于有相同部分属性的对象则会随机共享虚拟向量。

综上，寄存器共享和位共享都为公共内存空间构造虚拟估计器，通过使用紧凑的内存空间，可以以广泛的范围和合理的精度估计基数。

（3）分层计数器共享方案

在传统的 Sketch 中，所有的计数器都被分配了相同的大小，并被定制以适应最大的流量大小。但大象流通常只占流量的一小部分，传统的 Sketch 方法对大象流进行测量会浪费其大多数计数器中的高阶位,进而导致空间效率下降。为了解决这个问题很多方案(Counter Braids、Pyramid Sketch、OM Sketch、Diamond Sketch 等)都使用并设计了分层计数器共享方案来记录流量的大小[25],如图 5.14 所示。它们将计数器组织成一个分层结构,其中较高层拥有较少的内存。低层计数器主要记录老鼠流的信息,而高层记录低层溢出的数量(大象流大小的有效位)。此外,为了减少空间开销,更高层的计数器可以由多个流共享。

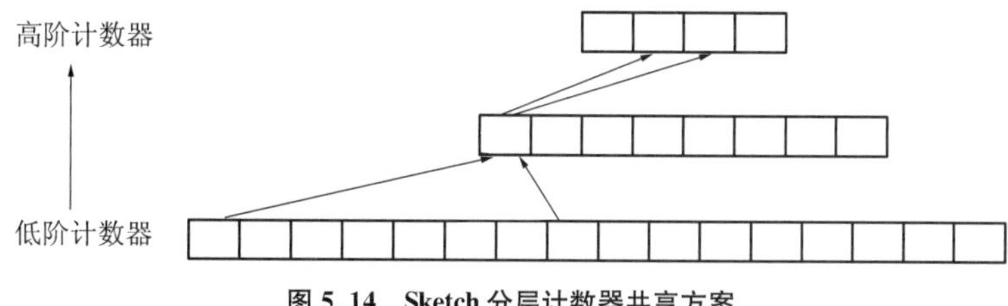

图 5.14 Sketch 分层计数器共享方案

Pyramid Sketch 进一步设计了一个框架,不仅可以防止计数器溢出,也无需预先知道最高频繁项的频率,甚至可以同时实现高精度、高更新速度和高查询速度。它由多个计数器层组成,每层都有最后一层的一半计数器。第一层只有记录多样性的纯计数器,而其他层由混合计数器组成。与 Bloom Sketch 不同,Pyramid Sketch 在混合计数器中为一个子计数器使用两个标志位来记录子计数器是否溢出。

但对于大象流,分层计数器共享策略需要访问所有层,每次插入和查询都需要多次内存访问。OM Sketch 采用多层设计,且计数器数量逐层在减少。当第一次发生溢出时,将在低层计数器中的设置标志。为了缓解最坏情况下的速度下降,OM Sketch 仅采用两层计数器阵列来记录多样性信息。此外,OM Sketch 利用字约束将相应的散列计数器约束在一个或几个机器字内。为了提高 OM Sketch 的准确性,OM Sketch 将溢出流的指纹记录在下层相应的机器字中,以在查询过程中将其与非溢出流区分开来。

(4) 可变宽度计数器方案

可变宽度计数器方案的使用,其目的是为了提高空间效率和估计精度[25],特别是应付不平衡的流量测量。通常,此类方案有如下几种:计数器大小重置,Bucket 扩大、位借用或位组合。其中,计数器大小重置方案,通常会将计数器一个接一个打包,再通过分级索引结构进行定位,实现快速内存的访问。例如在 SBF 算法中,算法采用变宽编码来对抗全局级联效应,进而来减少在有百万个计数器的情况下空间成本过高的情况发生。虽然 SBF 每次更新的预期平均代价保持不变,但在平均情况下,全局级联效应很小,最坏的情况不能有紧密的边界。因此,SBF 的变宽方案,不能保证在每个包到达时对每个包进行快速更新。

对于这个问题,有研究将优化的重点集中在了 Bucket 的溢出处理上,通过 Bucket 的实际负载来动态的修改 Bucket 的大小。如果桶中没有足够的空间,则将通过桶扩展操作从下面的桶中借用空间,这种思想源自线性探测哈希表。基于这种策略思想,TinyTable 被提出。但是这种策略可能会导致桶再次溢出,在这种情况下,TinyTable 会重复这个过程。然而,添加和删除的复杂性随着 Bucket 负载的增加而增加。与 SBF 相比,TinyTable 只需要一个哈希函数,并且以串行方式通过添加、删除操作访问内存。此外,通过从相邻计数器借用位,或者将映射计数器与其相邻计数器组合成一个大计数器,可以提高效率。

(5) 内存访问时间优化

虽然 Sketch 可以设计成提供多个共享计数器对测量对象估计,但不能同时实现高精度和高速度。访问多个计数器需要多次内存访问和哈希计算，并且很可能成为基于 Sketch 度量的瓶颈。为了处理这个瓶颈，现有研究中，已经有几种技术来减少更新或查询 Sketch 时的内存访问和散列计算。

OM Sketch 利用词加速策略，将相应的散列计数器限制在一个或几个机器词内，并为每个插入实现接近一个内存访问。Cuckoo Counter 为保证每个桶操作只保留一次内存访问，将每个桶配置为 64 位，此外，为了有效地处理倾斜的数据流，Cuckoo Counter 使用不同大小的条目来隔离老鼠流和大象流。通过将特定流的虚拟计数器限制在一个或几个字内，Sketch 可以限制内存访问并减少插入和查询开销。由于空间共享的不灵活性和散列设计，Sketch 可以在操作开销方面获得更多的优化。

3) Sketch 设计优化

在总结了对 Sketch 的基本单元——计数器的优化之后，将详细讨论集成 Sketch 设计。Sketch 设计优化可从多层组合、多 Sketch 组合和滑动窗口设计三个方面进行理解[25]。

(1) 多层次组合

多层次组合设计，其实质就是以一个基本单位为基础组合出多层次的 Sketch，以完成不同的测量任务，包括熵估计、提高准确率、可逆性需求、通用性需求等。表 5.3 中总结了与多层设计相关的 Sketch 方法。

表 5.3　基于多层次组合设计的 Sketch

方　法	核心部件	应对场景
MRSCBF	SCBF	应用子空间方法检测异常
IMP	LpSketch	不同分辨率提高估计精度
Sequential Hashing	hash table	推导 OD 熵
RCD sketch	bit array	实现可逆功能
SF-sketch	CM Sketch，Count Sketch	反转连接度大的主机
HashPipe	match-action	保持一个小的传输 Sketch
SketchLearn	bit-level sketch	Heavy Hitter 检测
Diamond sketch	atom sketches	对偏斜的流量执行流量测量

(2) 多 Sketch 组合

通过对不同 Sketch 数据结构的组合，可以组成更多不同的数据结构，进一步支持各种功能。表 5.4 中总结了基于多种 Sketch 结构组合设计的 Sketch 方法。

表 5.4　基于多种 Sketch 结构组合的 Sketch 设计

方　法	核心部件	应对场景
Count-Min Heap	Count-Min Sketch+Heap	top-k 元素查找
DCF	SBF+CBF	简洁地表示多集
FSS	Bitmap filter+Space Saving	最大限度地减少 top-k 列表更新
PMC	FM sketch+HitCounting	高速链路逐流测量
ASketch	Filter+Sketch	提高准确性和整体吞吐量
Bloom Sketch	BF+multi-levels	高效内存计数

(3) 滑动窗口设计

传统的基于 Sketch 的方法侧重于从流量的起点估算流量大小(landmark 窗口模型),但随着时间的推移,越来越多的数据包通过测量节点,Sketch 容量耗尽,就必须定期重置,这是 landmark 窗口模型的固有缺点。对于许多实时应用程序来说,流的最新元素比很久以前到达的元素更重要,这一要求产生了滑动窗口模型。基于 Sketch 的方法中,滑动窗口策略的使用,会让新元素在进入时移除旧的无用元素,因此它总是保持数据流中最近的一些元素。

滑动窗口的设计思想主要有:先入先出、分块、随机老化、时间自适应更新、扫描老化。

先入先出的策略下,当新元素进入时通常会驱逐最古老的元素,对处于最后 w 个单位时间内不同流的数量进行估计。该值小于时间窗口 W,保持一个到达时间列表和与数据包相关的散列值的二进制表示中最左边 1 位的位置,以记录最近数据包的 W 个时间单位的信息。当数据包出了窗口时,它们将从列表中被驱逐,传入的项目将在列表中更新。

分块策略下,通过使用分区块记录信息,Sketch 可以在最老的块上随机进行老化操作,在最新的块上随机进行更新操作。例如,可以在不同的时间间隔使用一系列 Count-Min Sketch。为了在有限的空间内适应误差,该方法对最近的间隔使用较大的 Sketch,对旧的间隔使用较小的 Sketch。随着时间的推移,可以把大 Sketch 的一半加到小 Sketch 的一半上,把小 Sketch 的一半加到大 Sketch 的一半上。

随机老化策略下,设计的 Sketch 通常会保留滑动窗口中最新的 W 个元素,并对滑动窗口模型采用了计数器共享的思想。所谓随机老化策略,就是当新元素出现时,该方法可以消除一个元素。它随机选取数组中的一个计数器,并将其减少 1。但是,随着时间 t 的增大,滑动窗口积累了很多过期的元素,这可能会在尺寸估计中引入更多的噪声。

所谓时间自适应更新策略,就是在更新的时候,人为地夸大与旧元素相比的最新元素的计数,然后,当查询的时候,应用旧元素来估计元素 i 在时间 t 时的频率。

所谓扫描老化策略,就是在每个单元中维护多个计数器,并更新最近的计数器。与上述策略不同的是,此类策略在应用时,应采用扫描操作来删除过时的信息,即一个扫描指针重复遍历每一个 Bucket,滑动窗口的长度决定了扫描指针的速度。然而,扫描指针的过程会对估计的准确性产生很大的影响。

5.4.4 基于 Sketch 的测量平台

1) Open Sketch

Open Sketch[29]是一种面向 SDN 网络的测量框架,由 Yu 等人在 2013 年提出,结构图如图 5.15 所示。Open Sketch 将数据层和控制层解耦,划分为一个简单高效、可自由定义的数据平面和一个可根据测量需求自我编程定制的分析控制器。

为了实现通用性和高效性,Open Sketch 对交换机的测量 API 接口进行了重新设计,并借鉴 OpenFlow 流表的特性将数据流分成三级数据平面管道:哈希、分类和计数。哈希平面管道负责选择要测量的数据报文;分类平面管道负责利用流表规则对报文进行匹配,实现对流的更精准的跟踪;计数平面管道负责使用计数器对流量统计特征进行归纳和存储。Open Sketch 的控制层的设计包含了测量库文件,并支持对不同的测量任务进行自定义编程;数据层可以包含不同结构的 Sketch,从而应对不同的测量任务(如大象流检测、基数检测等),或者将不同的 Sketch 组合起来实现多样的测量任务(例如组合 Count-Min Sketch 和

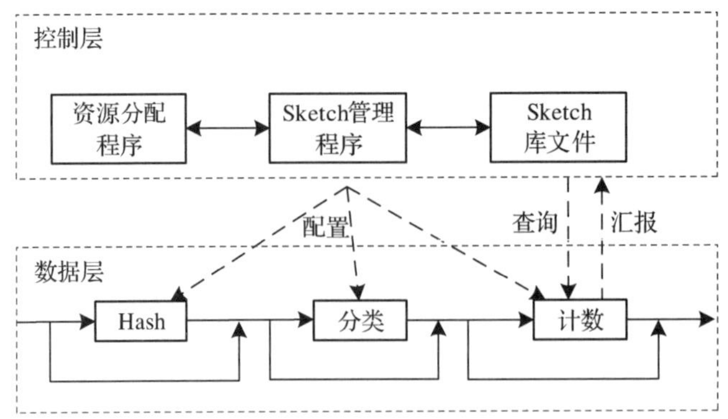

图 5.15　Open Sketch 平台框架

Reversible Sketch 可以实现精度较高的大象流检测)。但由于没有预先包含如二叉树等较为复杂的数据结构,Open Sketch 并不支持所有的流量测量任务。

Yu 等人基于 FPGA 实现了 Open Sketch 的原型,实现了在较高吞吐量下进行网络测量,实现了在 10 Gb/s 速率下的端口上没有数据报文丢失(处理单个 64 字节的报文数据所消耗时间小于单个报文数据的进入速率)。由于系统在硬件中实现了并行处理,因此多个哈希函数操作和多个通配符匹配并没有影响测量性能。

Open Sketch 也存在一定的缺陷:① 由于它依赖所提供的 Sketch 库文件和有效的资源分配,因此无法有效地为每个任务设计和操作新的自定义 Sketch。② 数据平面必须预先提交到一组要监视的特定度量标准,或者需要当前没有跟踪度量标准,这些新的度量标准中可能存在其他度量标准的测量盲点。

2) Univ Mon

Univ Mon 测量框架[30]不同于 Open Sketch 使用多种不同的 Sketch 来构建测量框架,其设计者提出并应用一种 Universal Sketch 的通用数据结构来实现框架的构建。Univ Mon 架构同样借鉴了数据面和控制面分离的思想,且控制面主要用于资源配置,数据面用于执行测量任务。

Univ Mon 定义了一个抽象的"交换机",可以有效监视整个待测量的网络,并且与传统架构相比,它对精度和空间的要求较高。Univ Mon 的主要思想是将数据流方法和抽样方法结合,通过并行流水线的方式处理流数据。设计者将多个 Sketch 数据的叠加方法定义为 G-sum,通过设置不同的 G-sum 函数实现将多个不同的通用 Sketch 组合起来以完成不同的测量任务;同时每级采样的 Sketch 的统计值将被发送至控制平面,然后上面的算法将根据每级上传的数据计算出与测量任务相关的结果。

Univ Mon 架构对数据报文的处理分为四个阶段:采样、绘制 Sketch、top-k 计算和估计。采样阶段在数据平面上,它通过将数据报文键值散列到一个二进制值来决定是否将一个输入包添加到一个特定的子流中;绘制 Sketch 阶段也在数据平面中,从输入子流中计算 Sketch 计数器;top-k 计算阶段识别输入流的 k 个近似最重元素,并在数据和控制平面之间进行分割,识别数据平面中的 top-k 重流键,并使用原始 Sketch 计数器来计算控制平面中的频率;估计阶段在控制平面中收集重计数器并计算所需的度量;Univ Mon 架构如图 5.16 所示。此外,在处理数据报文之前,控制平面需要将 Sketch 职责分配给网络元素。

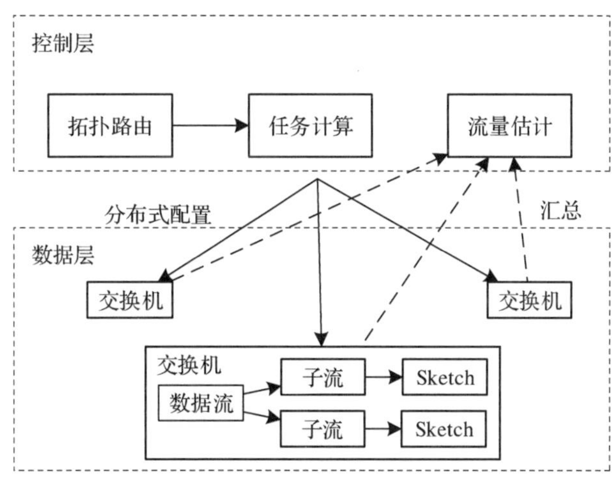

图 5.16　Univ Mon 架构

最后，作者使用 P4 语言在仿真环境中对 Univ Mon 进行了实现，使用 Count Sketch 算法来完成绘制 Sketch 阶段的任务。与 Open Sketch 相比，Univ Mon 由于采样的原因，特别是在流量特性变化较快的情况下，无法达到相同的精度，但 Univ Mon 的侧重点却是 Universal Sketch 的通用性，对于能给出最好精度和返回可逆键的采样方式，该架构并未给出较优的处理方案。

3）Sketch Visor

Sketch Visor[31]是一个健壮的网络测量平台框架，它用于软件包处理，基于快速路径增强数据平面中的测量性能。Sketch Visor 可以提供高性能和高精准度的全网测量，且在高流量负载下对 Hash 碰撞产生的误差可控。Sketch Visor 利用压缩感知进一步恢复精确的全网测量结果。设计者在 Open vSwitch 的基础上建立了一个 Sketch Visor 原型，并通过大量实验验证了 Sketch Visor 在实现大规模网络测量任务中的可行性，且能够实现高精度的测量。

Sketch Visor 由分布式数据平面和一个集中式控制平面组成。数据平面为每个主机部署一个由普通路径和快速路径组合构成的测量模块。其中，普通路径可以基于一个或者多个不同的 Sketch 方法（如调用 Reversible Sketch、Univ Mon 等）处理来自 FIFO 缓冲区的报文。当 FIFO 缓冲区已满且流量负载超过普通路径的处理能力，快速路径部分将利用新的 top-k 算法对大流进行跟踪。为了保证测量结果的准确性，普通路径会尽可能多地处理报文，只有在必要时才会启用快速路径。Sketch Visor 利用内核完成对报文的收集和分发，普通路径作为用户空间守护程序执行，FIFO 缓冲区和快速路径则位于共享内存块中。

Sketch Visor 的控制平面提供了“一个大开关”的抽象概念，以在网络范围内指定和配置测量任务，它从主机收集本地测量结果并将其合并以提供整个网络的测量结果，再利用基于矩阵插值和压缩感测的恢复算法来消除由快速路径测量而产生的额外误差。Sketch Visor 的总体架构如图 5.17 所示。

设计者通过大量实验结果，验证了 Sketch Visor 可以在 10 Gb/s 报文吞吐量的网络中实现所有 Sketch 方法来应对测量任务的可行性；通过控制平面的恢复算法，Sketch Visor 可以达到比使用普通路径处理所有数据报文的理想状态稍低或接近的精度。

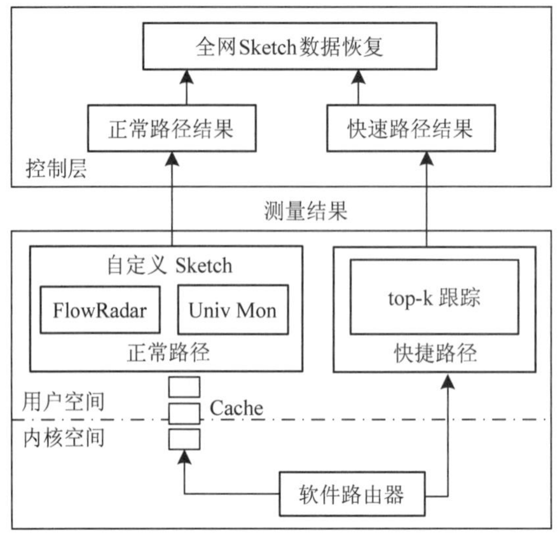

图 5.17　Sketch Visor 测量平台结构图

4) Sketch Learn

Sketch Learn[32]通过刻画资源冲突的固有统计属性来建立多层 Sketch 结构，且每个部分可包含多个 Sketch，每个 Sketch 方法可以实现对不同流标识符进行统计分析。Sketch Learn 可以解决资源冲突时资源分配与准确性之间的矛盾，减轻管理员的配置负担并支持扩展查询。Sketch Learn 的多层次结构可以自适应对大流进行迭代推断和提取，以确保剩余流量频率值较小。Sketch Learn 不仅可以支持如大象流、基数、流量大小分布、熵等正常的网络测量任务，还可以支持扩展查询。其系统结构图如图 5.18 所示。

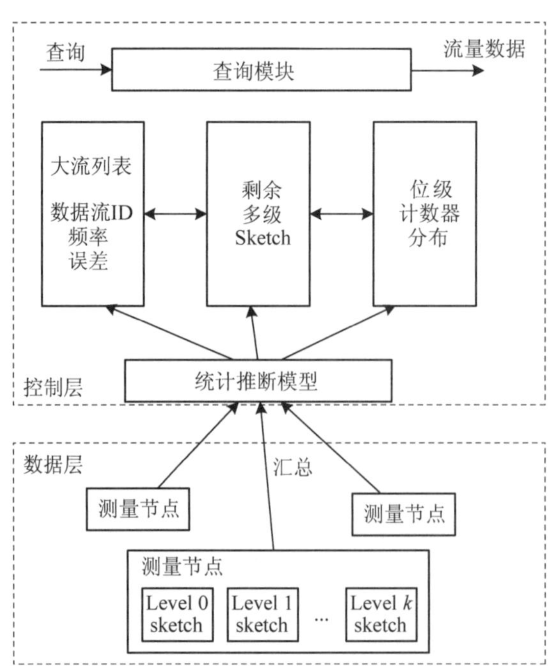

图 5.18　Sketch Learn 测量平台框架

Sketch Learn 可以支持任意流量 ID 的查询，因为它测量原始流量 ID(5 元组)每一位的流量统计量，所以它可以测量这些位的任何组合，并仅按相应级别进行分析。Sketch Learn 还可以为每个流提供估计的误差，在提取时会附加大流量的误差，而小流量的误差则通过高斯分布估算。与 Sketch Visor 类似，Sketch Learn 也包含分布式数据平面和一个集中控制平面，其中数据平面包含多个测量节点，每个测量节点部署一个多级 Sketch 并处理传入的数据包。控制平面需要将多级 Sketch 进行分析和分解为三个部分：① 大流量列表，用于识别大流量并记录估计频率和相应的误差；② 剩余的多级 Sketch，用于存储剩余小流量的流量统计信息；③ 位级计数器分布，每个位模型都模拟剩余多级 Sketch 中每个级 Sketch 的计数器值分布。

本节是对 Sketch 类测量方法的一个介绍。对 Sketch 数据结构做了较为通俗的概述，并对高速网络流量测量的相关需求做了简介。基于高速网络流量测量的相关需求，综述了典型的 Sketch 方法，并综述了 Sketch 结构的设计与优化，通过 Hash 策略、计数器优化、Sketch 设计优化三个方面总结了 Sketch 设计与优化的研究侧重点，最后，调研了基于 Sketch 的测量平台。

Sketch 因其空间效率高而在流量测量中得到了广泛的应用，Sketch 可以作为记录和检索流量统计信息的基本数据摘要。作为成果最多的 Sketch 类测量方法，其应用广泛程度优于 Bitmap 和 Bloom Filter，可以将其视为 Bloom Filter 的扩展。但 Sketch 所具有的优势，势必使得基于 Sketch 的相关应用和设计在未来会更多，尤其是在下一代网络、通信系统和其他领域将会有更多的应用和重新设计。

5.5 本章小结

随着链路速率的提高和网络应用的多样化，巨大的数据流给网络流量测量与分析带来了挑战，高速网络流量测量方法逐渐成为研究热点之一。高速网络流量测量方法大致经历了一个"报文抽样—流抽样—数据流"的发展历程。高速网络流量测量方法的主要目标是：在保证一定准确性的前提下降低所需要的处理和存储开销。虽然抽样类方法可以满足高速网络环境中的部分测量任务，但通过抽样产生的代表子集来推断网络流量统计信息，这势必会存在一定的误差。数据流方法具有单遍扫描、有限的计算和内存资源等特点，是高速网络流量测量的重要方法。

本章讨论了网络数据流方法中比较传统的三类方法，包括 Bitmap、Bloom Filter、Sketch。这些由数据库研究领域引申入网络测量领域的数据结构，在很大程度上促进了网络数据流方法的发展。其中，Bitmap 是最早应用于高速链路流计数场景中的数据流方法，它实现了使用 215 字节大小的内存来检测 DoS 攻击，且误差不超过 2.773%；Bloom Filter 可以看作是 Bitmap 的扩展，Bloom Filter 及其变体被广泛应用于各类网络应用中，包括网络流量测量、P2P 网络路由生成、大流检测与识别、高速链路逐流测量、无线网络安全等场景；Sketch 可以看作是标准 Bloom Filter 的扩展，其本质与 Bloom Filter 近似，Sketch 的出现晚于 Bitmap 和 Bloom Filter，本文通过对典型 Sketch 方法进行综述，分析了相应方法的优缺点，讨论了 Sketch 方法中 Sketch 设计与优化，并调研了现有几种基于 Sketch 的测量平台。

基于对典型算法的讨论,我们总结了未来数据流方法发展的几个主要需求方向:

首先,数据流方法应该更适应于流量的特点。目前很多研究都是事先假定了流量的某些特性,这往往并不能得到最符合实际网络环境的准确结果,导致大多数研究在真实网络环境中并不能实现理论上的准确测量结果。因此,有必要研究、设计出更具适应性和弹性的数据流方法,以适应各种流量特性。

其次,数据流方法应该更适用于互联网的发展。由于 IPv6 协议的部署越来越多,互联网已经成为一个 IPv4 和 IPv6 共存的双栈网络。就流基数和流大小而言,IPv4 和 IPv6 流是完全不等价的。这种情况将在流量的测量结果之间引入更多的推断。此外,5G、IoT 网络的发展,给已经适用的数据流方法带来了挑战,例如,由于 IPv4 和 IPv6 的位长不同,让可逆 Sketch 的设计不再起作用。因此,有必要研究更多新的策略,让数据流方法能够适合双栈网、5G、IoT、云计算等多重网络环境。

再者,数据流方法应该更加适用于 SDN 和可编程交换机。SDN 网络架构中,对控制单元和底层路由、交换机分开处理,形成了"控制平面"和"数据平面",并在网络中引入了可编程能力。因此 SDN 网络的性能主要依托于对网络管理和测量任务之间的协调。网络策略在控制平面中定义,控制平面实施策略,数据平面通过相应地转发数据来执行策略。一方面,控制平面负责管理和监控逻辑的设计,并将该逻辑分配到数据平面中实现。另一方面,数据平面对应于负责转发数据的网络设备。虽然可以使用 SRAM 来执行测量任务,但对于可编程交换机来说,SRAM 的大小非常有限,并且出于路由、管理、性能和安全目的,还需要空间资源与所有在线网络功能共享。因此,面对 SDN 和可编程交换机的发展,数据流方法更需要适配于 SDN 的网络环境和设备环境。

最后,基于机器学习的数据流方法也是一个未来的研究方向。Hash 映射是数据流方法的基础,使用 Hash 函数来确定性地将键值映射到结构内的位置,这也是数据流方法查询信息的有力支撑。相比之下,学习一个模型来代替 Hash 函数,可以减少 Hash 碰撞,可以避免太多不同的键被映射到相同位置,例如文献[33]中,作者提出了将 Sketch 与机器学习相结合的技术,实现了更加精确的信息提取。

习题 5

5.1　高速网络环境下,网络流具有什么特点,数据流方法在应对此类特点时有什么优势?

5.2　Bitmap 的核心是什么?简述元素插入、元素清除、元素查找的简单操作步骤。

5.3　分别简述 Direct Bitmap、Virtual Bitmap、Multiresolution Bitmap 三种算法的核心思想。

5.4　请简述 Bloom Filter 的设计思想和操作。

5.5　请列举 Bloom Filter 的应用场景都有哪些?

5.6　简述基于 Sketch 的流量测量步骤,并说明 Sketch 类算法的两个主要操作是什么,作用是什么?

5.7　如果让你设计 Sketch 类算法,你打算从哪几个方面进行优化设计?

参考文献

[1] 周爱平,程光,郭晓军. 高速网络流量测量方法[J]. 软件学报,2014,25(1):135-153.

[2] http://www. its. bldrdoc. gov/projects/devglossary/_data_stream. html.

[3]Zhao Q G,Kumar A,Wang J,et al. Data streaming algorithms for accurate and efficient measure-ment of traffic and flow matrices[J]. ACM SIGMETRICS Performance Evaluation Review,2005,33(1):350-361.

[4]Estan C,Varghese G,Fisk M. Bitmap algorithms for counting active flows on high-speed links[J]. IEEE/ACM Transactions on Networking,2006,14(5):925-937.

[5] Kim H A,O'Hallaron D R. Counting network flows in real time[C]//IEEE Global Telecom-munications Conference. IEEE,2003:3888-3893.

[6] Sanjuàs-Cuxart J,Barlet-Ros P,Solé-Pareta J. Counting flows over sliding windows in high speed networks[C]//Proc. of the Networking LNCS 5550,2009:79-91.

[7] Tarkoma S,Rothenberg C E,Lagerspetz E. Theory and practice of bloom filters for distributed systems[J]. Communications Surveys & Tutorials,2012,14(1):131-155.

[8] Patgiri R,Nayak S, Borgohain S. Preventing DDoS using bloom filter:A survey[J]. ICST Transactions on Scalable Information Systems,2018,5(19):155865.

[9] Fan L,Cao P. Summary cache:A scalable wide-area Web cache sharing protocol[J]. IEEE/ACM Transactions on Networking,2000,8(3):281-293.

[10] Ficara D,Giordano S,Procissi G,et al. MultiLayer Compressed Counting Bloom Filters[C]//INFOCOM 2008—The 27th Conference on Computer Communications. IEEE,2008:311-315.

[11] 吴桦,龚俭,杨望. 一种基于双重 Counter Bloom Filter 的长流识别算法[J]. 软件学报,2010,21(5):1115-1126.

[12] Kumar A,Xu J,Wang J. Space-code bloom filter for efficient per-flow traffic measurement[J]. IEEE Journal on Selected Areas in Communications,2006,24(12):2327-2339.

[13] Mitzenmacher M. Compressed Bloom Filters and Compressing the Web Graph[J]. IEEE/ACM Transactions on Networking,2002,10(5):604-612.

[14] Shanmugasundaram K,Brönnimann H,Memon N. Payload attribution via hierarchical Bloom filters[C]//CCS04:Proceedings of the 11th ACM conference on Computer and Communications Security. New York,NY,USA. ACM,2004:31-41.

[15] Kumar A,Xu J,Li L,et al. Space-code bloom filter for efficient traffic flow measurement[C]//2003 ACM SIGCOMM Conference on Internet Measurement (IMC 2003),2003:167-172.

[16] Rafael P,Laufer and Pedro B. Belloso and Otto Carlos M. B,Duarte. A. Generalized Bllom Filter to Secure Distributed Network Applications[J]. Computer Networks,2011

[17] Muthukrishnan S. Data streams:Algorithms and applications[J]. Foundations and Trends in Theoretical Computer Science,2005,1(2):117-236.

[18] Cormode G,Muthukrishnan S. An improved data stream summary:The count-min sketch and its applications[J]. Journal of Algorithms,2005,55(1):58-75.

[19] Cormode G,Garofalakis M,Haas P J,et al. Synopses for massive data:Samples,histograms,wavelets,sketches[J]. Foundations and Trends in Databases,2011,4(1/2/3):1-294.

[20] Goyal A,Hal D. Lossy Conservative Update(LCU) sketch:Succinct approximate count storage[C]//Proceedings of the 25th AAAI Conference on Artificial Intelligence,2011:878-883.

[21] Zhu X B,Wu G j,Zhang H,et al. Dynamic count-Min sketch for analytical queries over continuous data streams[C]//2018 IEEE 25th International Conference on High Performance Computing(HiPC). IEEE,2018:225-234.

[22] Charikar M,Chen K,Farach-Colton M. Finding frequent items in data streams[J]. Theoretical Computer Science,2004,312(1):3-15.

[23] Schweller R,Li Z C,Chen Y,et al. Reversible sketches:Enabling monitoring and analysis over high-speed data streams[J]. IEEE/ACM Transactions on Networking,2007,15(5):1059-1072.

[24] Roy P,Khan A,Alonso G. Augmented sketch:Faster and more accurate stream processing[C]. SIGMod'16:Proceedings of the 2016 International Conference on Management of Data. 2016:1449 - 1463.

[25] Li S S,Luo L L,Guo D. Sketch for traffic measurement:Design,optimization,application and implementation[J/OL]. Data Structures and Algorithms,[2021-03-21]. https://arxiv.org/abs/2012.07214v2.

[26] Fu Y D. Li D S,Shen S Q,et al. Clustering-preserving network flow sketching[C]//Proc. INFOCOM. July 6 - 9, 2020,Toronto,ON,Canada,IEEEE,2020:1309 - 1318.

[27] Hsu C,Indyk P,Katabi D,et al. Learning-based frequency estimation algorithms[C]//Proc. ICLR,New Orleans,LA, USA,May 6 - 9,2019.

[28] Pitel G,Fouquier G. Count-Min-Log sketch:Approximately counting with approximate counters[EB/OL]. Computer Science,2015. [2020-12-17]. https://arxiv.org/abs/1502.04885.

[29] Yu M L,Jose L,Miao R. Software Defined Traffic Measurement with Open Sketch[C]//Networked Systems Design and Implementation(NSDI),2013:29 - 42.

[30] Liu Z X,Manousis A,Vorsanger G,et al. One sketch to rule them all:Rethinking network flow monitoring with Univ-Mon[C]. ACM Special Interest Group on Data Communication,2016:101 - 114.

[31] Huang Q,Jin X,Lee P P C,et al. Sketch visor:Robust network measurement for software packet processing[C]//Proc. the Conference of the ACM Special Interest Group on Data Communication,2017:113 - 126.

[32] Huang Q,Lee P P C,Bao Y G. Sketchlearn:Relieving User Burdens in Approximate Measurement with Automated Statistical Inference[C]//Proc. the 2018 Conference of the ACM Special Interest Group on Data Communication, 2018:576 - 590.

[33] Yang T,Wang L,Shen Y L,et al. Empowering sketches with machine learning for network measurements[C]//Proc. the 2018 Workshop on Network Meets AI&ML,August 24,2018. Budapest,Hungary,ACM,2018:15 - 20.

6 主流网络应用流量分析

随着 Internet 的普及与发展，联网设备的数量与网络应用的种类迅速增加，网络应用流量的数量级和复杂度不断膨胀，给网络关键业务的质量保障和安全保障带来了巨大的挑战。网络业务的质量问题是指如何管理和控制网络中的各种网络应用流量，各服务提供商根据不同应用的特点合理分配带宽资源。网络业务的安全保障是指如何在网络入侵攻击发生时，及时警告管理员或主动做出反应[1]。而不论是对网络关键业务的质量保障还是安全保障都离不开对网络流量的分析，网络流量分析[2]是提升网络管理水平、改善服务质量(Quality of Service，QoS)的基础。在加密流量快速增长之前，常见的流量分析方法有基于端口的和基于负载的方法，然而随着用户隐私保护和网络安全意识的增强、服务提供商对端到端(Point-to-Point，P2P)应用的限制，加密流量快速增长并成为主流网络流量，从而出现了一系列新的针对加密流量的分析方法。研究人员需要结合实际应用流量的特点选择合适的方法才能准确高效地分析流量。为了更加深入和全面地了解当前网络应用流量，本章对 Web 应用流量、视频应用流量和游戏应用流量这三大主流网络应用流量进行了分析，并给出了具体的测量分析案例。

6.1 应用流量分析目的

应用流量分析的目的[2]是为网络管理提供决策依据，保障网络关键业务的服务质量和安全。流量分析的常见目的为服务质量(QoS)保障和异常检测等，也包括一些细粒度的分析目的比如用户行为分析。

服务质量(QoS)依据网络服务的数据包丢失、传输延迟和抖动等网络参数，将来自不同应用的流量对应到不同的服务优先级。对网络流量的分析可以得到网络服务的数据包丢失、传输延迟和抖动等参数。

网络的异常行为通常表现为网络中通过的流量的异常，异常检测的核心问题是如何实现正常行为的描述。通常使用能够描述流量正常行为的稳定测度标准来描述流量的正常行为，如研究 IP 报头不同字段统计的随机性，提出并建立基于报文标识的测量模型[1]。网络流量的分析是寻找描述正常行为的稳定测度标准的第一步。

加密协议的出现使得恶意流量的识别更加困难，而流量与用户行为模式之间存在的联系使得用户行为识别成为跟踪恶意行为的一种方法。随着智能手机的快速发展，移动应用的更新速度不断加快，使用社交网络的人数呈指数级增长。随着用户在社交网络上发布自己的想法、分享自己的生活、和熟悉的朋友互动等行为的出现，用户行为识别工作变得更加复杂。对社交应用的流量进行正确分析是用户行为识别、跟踪恶意行为的基础。因此，应用流量的分析是保障网络业务的服务质量和网络安全的前提。

6.2 流量分析挑战及方法

流量分析的流程大致分为流量的采集、传输协议的分析以及根据流量分析的目的选择合适的方法进行具体的分析。传输协议及具体的流量分析方法随应用的不同而不同,本章将对各个具体的应用流量的介绍中展开描述。流量的采集是流量分析的基础,且流量的采集方案是相似的。因此先介绍流量的采集方法,其次介绍流量分析的挑战与方法,以引出流量的分析方法。

6.2.1 流量采集方法

在一般的科研环境中,可以使用 Wireshark、tcpdump 和 openQPA 等工具进行流量的抓取,通过将工具部署在相应的网络节点上进行流量的捕获。针对不同的分析需求,流量采集点可能位于不同的位置。

网络流量的捕获节点可以设置在网络的终端节点或网络的中间节点。如图 6.1 所示,直接在网络的终端节点上安装 tcpdump,实现对网络流量的抓取,注意如果需要在手机上安装 tcpdump,必须获得手机的 root 权限才可正常安装 tcpdump。有些分析工作需要针对网络中间节点数据进行分析,如图 6.2 所示,通过安装了 Wireshark 或者 openQPA 的中间节点采集在服务器和手机终端之间的网络流量,图中手机终端通过连接中间节点即 PC 端的热点实现网络接入操作。如果是需要采集服务器和多个终端之间的流量,可以使用如图 6.3 所示的采集环境捕获多个终端和服务器之间的网络流量。2.5 节已经详细介绍了手机等报文获取方法。

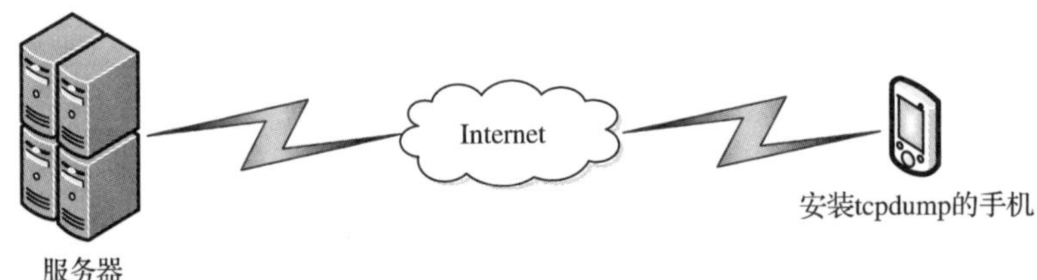

图 6.1 在终端节点抓取流量的实验环境示意图

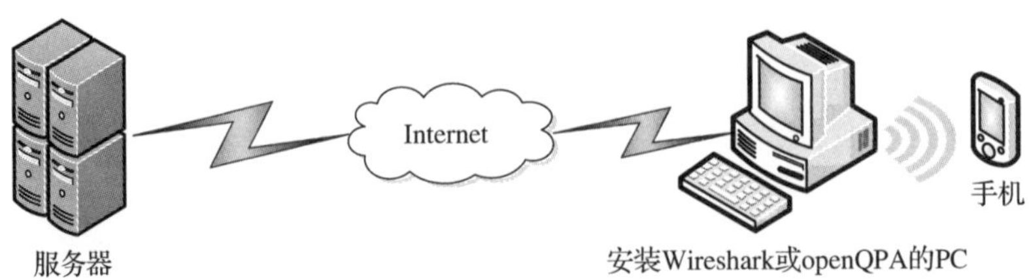

图 6.2 在中间节点采集单个终端与服务器之间的流量的实验环境示意图

针对一些研究目的,需要对不同服务质量网络环境下流量进行分析比较。可以使用如图 6.4 所示的采集环境,该采集环境通过软路由控制实验组手机的网络状况,通过在手机终端安装 tcpdump 抓取手机终端的流量。① 图中的软路由是指利用台式机或服务器配合软

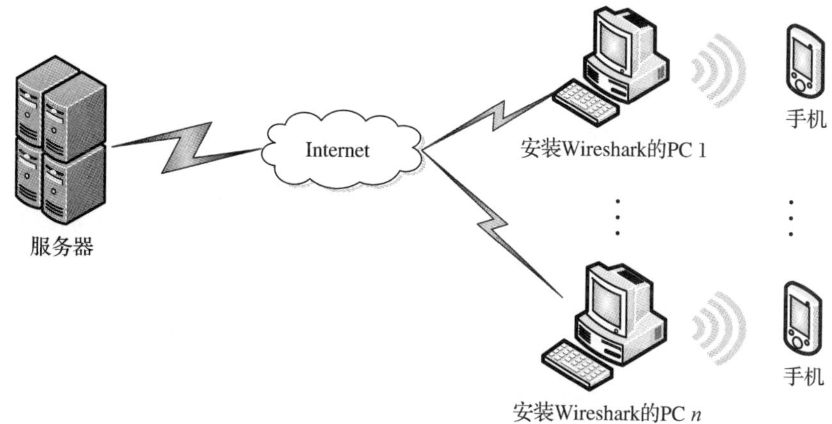

图 6.3　在中间节点采集多个终端与服务器之间的流量的实验环境示意图

件形成路由解决方案，主要靠软件的设置实现路由器的功能。图中软路由一共有四个网口，其中 Eth1 为外网接口，其余三个接口为内网接口。② 软路由中的工具：netem 为 Linux 网络流量控制工具，能够模拟时延、丢包、重复包等。③ 软路由的使用：连接软路由 Eth2 或者 Eth3 网口的 PC 需要安装 xshell 软件，实现在 Windows 界面下对软路由的控制。通过软路由中的 netem 对 Eth0 网口设置延迟等网络参数，从而使得实验组手机和对照组手机的网络状况不一样(如图 6.4 所示)。

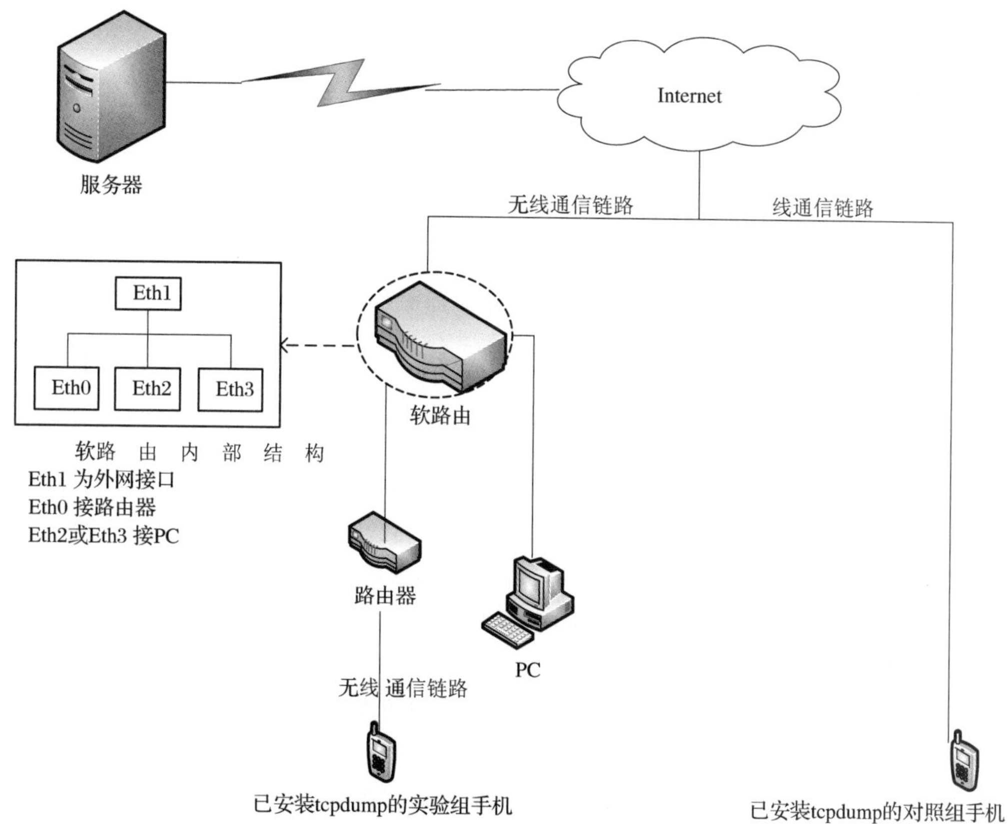

图 6.4　对不同网络环境下的流量进行测量分析

6.2.2 流量分析挑战

即使如上一小节所示采集到了网络流量,对流量的分析面临着诸多挑战。特别是自“棱镜”监控项目曝光后,全球的加密网络流量不断飙升。加密流量使得流量分析方法迎来新的挑战。

加密流量和非加密流量的区别主要体现在以下四个方面[2]。① 由于加密后流量特征发生了较大变化,部分非加密流量的测量方法很难适用于加密流量,如 DPI 方法。② 加密协议常伴随着流量伪装技术(如协议混淆和协议变种),把流量特征变换成常见应用的流量特征。③ 由于加密协议的加密方式和封装格式也存在较大的差异,分析特定的加密协议需要采用针对性的分析方法,或采用多种识别策略集成的方法。④ 当前加密流量测量的研究成果主要集中在特定加密应用类型的测量,距离实现加密应用精细化测量还存在很大的差距。

由于缺乏有效的加密流量分析和管理技术,给网络管理与安全面临着巨大的挑战,主要表现在以下几个方面:① 流量分析和网络管理需要精细化识别加密流量。如大多数公司工作时间不允许玩游戏、观看视频和刷微博等娱乐活动。然而,一些员工通过使用加密和隧道技术突破限制。因此,识别加密和隧道协议下运行的具体应用是有必要的。另外,SSL 协议下运行着各种以 Web 访问为基础的应用,如网页浏览、银行业务、视频或社交网络 SNS,协议下具体运行的应用需要精细化识别。② 加密流量实时识别。加密流量识别不仅要识别出具体的应用或服务,还应该具有较好的时效性。比如 P2P 下载和流媒体,实时识别后服务提供商可以提高流媒体的优先级,同时降低 P2P 下载的优先级。③ 加密通道严重威胁信息安全。恶意软件通过加密和隧道技术绕过防火墙和入侵检测系统将机密信息发送到外网,如僵尸网络、木马和高级持续性威胁。

6.2.3 流量分析方法

随着网络应用的丰富,应用流量不断变化,相应地流量分析的方法也在不断演变中。传统的流量分析方法主要有基于端口的方法和基于负载的方法。针对加密流量的分析方法主要有加密协议分析、加密流量分析方法等。

1) 传统流量分析方法

在大规模应用加密协议之前,应用流量分析分为基于端口的方法和基于负载的方法。

基于端口的流量分类是通过检查分组的传输层端口,根据 IANA 制定的知名端口号与注册端口号列表将分组和应用匹配起来。然而随着网络应用的不断发展,基于端口的分类方法缺陷日益明显,P2P 应用等新型网络应用使用随机端口进行数据传输,从而导致基于端口的分类方法逐渐被淘汰。

随着技术的发展,工业级产品中广泛使用基于负载的流量分类方法,该方法主要分析数据包的有效负载或执行更复杂的语法来判断其是否包含与已知应用相匹配的特征,但是基于负载的方法需要预先知道应用的语法和特征,而且需要提取每个 IP 分组载荷的明文。随着加密应用以及其他新型应用的涌现,由于无法获取数据包的负载明文以及未知应用的语法和特征,从而逐步降低了此方法的分类性能。

2）加密流量分析方法

识别加密流量和未加密流量方法的本质区别在于加密流量的特征发生了改变，流量加密后的变化可以概括如下：① 报文的明文内容变为密文；② 流量加密后负载的统计特性（如随机性或熵）发生改变；③ 流量加密后流统计特征发生改变，如：流字节数、分组长度和分组到达时间间隔等。下面介绍当前主流的加密流量分析技术[2]。

（1）基于有效负载的识别方法

基于有效负载的识别方法通过分析数据包的有效负载来识别流量，加密协议在密钥协商过程中有一部分数据流是不加密或部分加密的，可以从这部分未加密数据流中提取有用的信息来识别协议或应用。Bonfiglio[3]提出一种 Skype 流量实时识别的框架，由于数据包的协议报头未加密，可以通过统计协议报头前 4 个字节的卡方统计值以确定数据流的具体协议，也可以根据 Skype 流量的随机特征（包到达速率、包长度）采用贝叶斯分类器识别出该协议所承载的应用类型（文件传输、音频、视频等）。

（2）数据包负载随机性检测

负载随机性检测方法根据网络应用的数据流并不完全随机加密的特性进行识别，由于每个数据包会携带一些相同的特征字段，这些数据包的字节可能不是随机的，可以根据这些特征字段的随机性来识别。赵博等人[4]提出一种基于加权累积和检验的加密流量盲识别方法，该方法利用加密流量的随机性，对负载进行累积和检验，根据报文长度加权综合，最终实现在线普适识别，实验结果显示加密流量识别率达到 90%以上。

（3）基于机器学习的识别方法

在网络流量数据集中，机器学习从流量特征属性到对应类别的映射关系，从而得到流量分类模型，然后将该分类模型用于待识别的流量，对其进行分类，得到待识别流量的类别。由于加密技术只对载荷信息进行加密而不对流统计特征进行处理，因此，基于流统计特征的机器学习识别方法受加密影响较小。

（4）基于行为的识别方法

基于行为的识别方法是从主机的角度来分析不同应用的行为特征，识别结果通常是粗粒度的，如 P2P、Web，但对于传输层加密无能为力。此外使用网络地址转换（NAT）和非对称路由等技术会因为不完整的连接信息而影响其识别性能。基于行为的识别方法可以分为主机行为和应用行为。Xiong 等人[5]提出一种基于主机行为关联的加密 P2P 流量实时识别方法，该方法基于某些先验知识以及节点和节点之间的连接、节点和服务器之间的连接等通信模式来识别 P2P 流量。虽然基于应用行为的方法根据应用周期性的操作和通信模式能有效地实现精细化识别，但实际上只有部分加密应用可以适用。

（5）基于数据包大小分布的识别方法

在实际网络环境中，为提高用户体验，服务提供商会针对不同的业务类型对数据流中的数据包大小进行处理，如流媒体的数据包不宜过大，否则网络拥塞时影响播放流畅度，而文件下载的数据包通常以最大负载传输。因此，可以根据数据包大小的分布差异来识别数据的业务类型，该方法受加密影响较小。

（6）混合方法

由于很多识别方法只对特定协议有效，因此可以将多种加密流量识别方法集成实现高效的加密流量识别。Sun 等人[6]提出一种签名和统计分析相结合的加密流量识别方法，采用特征匹配方法识别 SSL/TLS 流量，应用统计分析确定具体的应用协议，实验结果表明该方法能够识别 99%以上的 SSL/TLS 流量，F-score 达到 94.52%。

6.3 Web 流量分析

自从万维网(World Wide Web，WWW)诞生以来，它一直是互联网上最受欢迎的应用。在过去的 30 年里，Web 页面变得越来越复杂，从静态文本，到带有图像的文本，再到混合了文本、图像、图形、动画、音频、视频、Flash 动画，以及在 Web 浏览器上执行的 JavaScript 脚本的富媒体。网站上的网页内容可以从网站托管的服务器获取[7]。本节首先介绍 Web 应用的组成成分与信息载体，随后分析 Web 流量的组成，最后给出两个 Web 应用的测量分析实例。

6.3.1 Web 应用的组成

Web 应用程序是典型的浏览器/服务器架构的应用，和普通的应用程序一样，一个 Web 应用程序也是使用标准的程序语言编写的程序，但 Web 应用程序是基于 Web 的，一个 Web 应用由各种执行特定任务的组成成分组成，传递着文本、图片、音频等多种信息。下面分别介绍 Web 应用的组成成分和 Web 应用的信息载体。

1) Web 应用的组成成分

Web 是一种基于 HTTP 协议和超文本标记语言的网络应用，Web 应用的三个重要组成成分为 HTTP 协议、URL 和超文本标记语言。

超文本传输协议(Hyper Text Transfer Protocol，HTTP)是客户端用于从万维网(World Wide Web，WWW)服务器请求并获取信息的传送协议，常见的 HTTP 协议的版本为 1.0，1.1，2.0。

统一资源定位符(Uniform Resource Locator，URL)，或称为统一资源定位器、定位地址、URL 地址，俗称网页地址或简称网址，是互联网上标准的资源地址。它最初是由蒂姆·伯纳斯·李发明用来作为万维网的地址，现在已经被万维网联盟编制为互联网标准 RFC 1738。

超文本标记语言(Hyper Text Markup Language，HTML)是一种利用一系列标签将网络资源链接为一个逻辑整体的标记语言、是当今用于设计和构建万维网网页的主要语言。常用的 HTML 标记为<HTML>…</HTML>、<HEAD>…</HEAD>和<BODY>…</BODY>等。

2) Web 应用的信息载体

Web 应用的信息载体为网页，网页是适用于万维网和网页浏览器的文件，它存放在世界某个地方与互联网相连的某一台或一组计算机中。网页经由统一资源定位符来识别与访问，在网页浏览器输入网址后，经过一段复杂而又快速的程序，网页文件会被传送到用户端，通过浏览器解释网页的内容展示给用户。

下面分别介绍网页的元素和网页的分类。

网页的元素：网页通常含有以下元素：

- 文字数据：在网页中显示的文本信息；
- 图像文件：在网页中显示的图片信息；
- 超链接：超文本内由一个文件连接至另一个文件的链接；
- Applet：在 Web 环境下，运行于客户端的 Java 程序组件。通过各种插件，与用户进行互动，显示动态的画面；
- 客户端脚本：本地客户端内对网页数据进行管理、操作的脚本；
- 层叠样式表：一种用来为结构化文档（如 HTML 文档或 XML 应用）添加样式（字体、间距和颜色等）的计算机语言。

网页的分类：根据网页加载到客户浏览器时是否需要经过服务器的动态生成，可以将网页分为静态页面和动态页面。

静态网页的网址形式通常以.html 结尾，还有以.shtml、.xml（可扩展标记语言）等为后缀的。在超文本标记语言格式的网页上，也可以出现各种动态的效果，如.GIF 格式的动画、Flash、滚动字幕等，这些"动态效果"只是视觉上的，与下面将要介绍的动态网页是不同的概念。静态网页面通常是将超文本标记语言文档存储在服务器的文件系统中，浏览器和 Web 服务器通过 HTTP 协议交互获得网页信息。

动态网页是指跟静态网页相对的一种网页生成方法。静态网页中页面的内容和显示效果基本不会发生变化，而动态网页页面的代码虽然没有变，但是显示的内容却是可以随着时间、环境或者数据库操作而发生改变。

此外，也可以根据网页的展示内容[7]将网页分为新闻页面、教育页面、游戏页面和其他页面等。

6.3.2 Web 流量测量案例

1）Web 流量组成分析实例

为了深入理解网站的复杂性，帮助网页设计者设计出更高效的网页，并帮助研究人员了解 Web 网页流量的组成。Cheng 等人[7]开发了一个基于数据包跟踪的网页复杂性的度量系统。该系统在传输级别和内容级别两个方面测量网页的复杂性，并指出不同类别的网站会有不同的 Web 流量组成。

Cheng 等人根据网页传输内容将网页分为新闻页面、教育页面、Web 游戏页面以及其他的实时页面。

- 新闻页面：新闻页面指页面的呈现内容为新闻的页面。如福克斯新闻网（http://www.foxnews.com/）、有线新闻网（http://edition.cnn.com/）、新浪（http://www.sina.com.cn/）、腾讯（http://www.qq.com/）、网易（http://www.163.com/）。
- 教育页面：教育页面指页面的呈现内容为教育相关信息的页面，常见的教育页面为各大高校的学校官方网址。如东南大学的 http://www.seu.edu.cn、北京大学的 http://www.pku.edu.cn/、斯坦福大学的 http://www.stanford.edu/。

- Web 游戏页面：Web 游戏页面指页面的呈现内容为游戏相关信息的页面。如腾讯的 NARUTO(http://huoying.qq.com/server/website/)、9377 网页游戏(http://news.a9377j.com/12613/? _=_&gid=337&ver=30809cj_djtl&uid=10314kz1 &placement=&creative=)。
- 实时页面：实时页面指页面内容是通过实时传输的数据实时渲染得到的页面，如网络直播、在线视频和在线音乐流量等网站的页面。

为了测量网页复杂度，Cheng 等人开发了两个程序：一个是利用了 Winpcap 设计的数据包捕获程序，另一个是网页复杂度解析器，如图 6.5 所示。

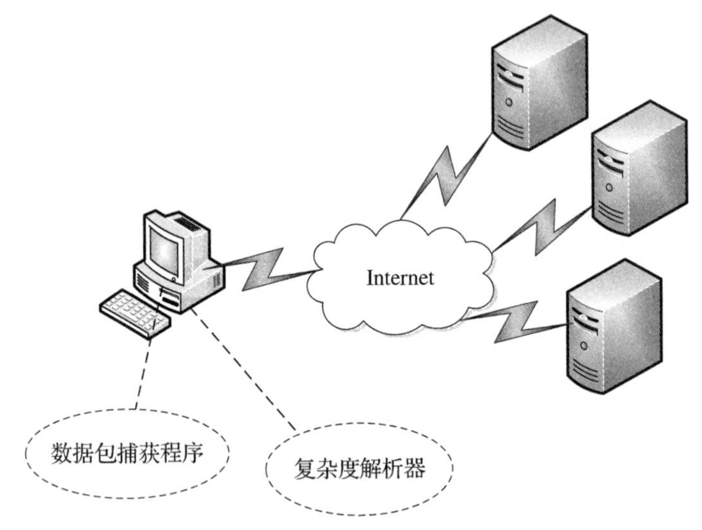

图 6.5 测量系统的体系结构[7]

数据包捕获程序：为了避免对多个网页网络流量的区分，该系统确保一个数据包文件只跟踪记录一个网页的网络流量，被记录的网页是由点击超链接或提交 Web 浏览器地址栏中的统一资源定位器(URL)请求得到的。数据包中包含捕获主机的 IP 地址和子网掩码，以及数据包记录。数据包的每个记录含时间戳组成，该时间戳指示何时捕获该数据包，提取该数据包的长度(帧)以及原始数据等信息。

Web 页面复杂度解析器：网页复杂度分析器以捕获的数据包作为输入，逻辑上由两个模块组成：数据包分析器和复杂性分析器。数据包分析器将捕获主机可见的所有本地主机的网络活动。复杂性分析器从两个层次衡量网页的复杂度，一个是 TCP 流中的流统计信息的复杂度，另一个是数据分组中的传输级复杂度。经过复杂度分析器分析不同类别的网页的结果如下：

与新闻网页相比，教育网页的即时并发 TCP 流的数量少得多。一般来说，新闻网页比教育网页包含更多的元素。通常一个页面的元素多达 100 个，会将小元素放在几个大的容器元素中，通过逐级访问容器元素的方式访问所有的页面元素。每深入一级，网页的访问深度加 1。新闻网页的访问深度通常大于或等于 3，但教育网页的访问深度通常小于等于 3，而登录后的网络游戏页面的访问深度可能为 1。

新闻网页的元素通常位于许多逻辑服务器上，而大多数服务器属于不同的管理域。与新闻网页不同，一半以上的教育网页都只涉及几个逻辑服务器，其中网页的大部分元素只从一个或两个逻辑服务器中获取。而对于登录后的即时战斗型网络游戏流量，客户端和服务端会保持几个 TCP 长连接，大多数网页元素都是从一个逻辑服务器获取的。

登录后网络游戏流量的 numContenType(网页上所有元素的不同内容类型的字符串的数量)通常低于新闻页面，且略低于教育页面。新闻页面最常用的内容类型是“image/jpeg”“image/gif”“image/png”“application/javascript”“application/x-javascript”“text/html”“text/css”。教育页面常用的内容类型为“image/jpeg”“image/png”“text/javascript”“application/javascript”“text/css”。特别的网络游戏流量中包含了更多“application/x-shockwave-flash”类型的元素。

至于网络直播、在线视频和在线音乐等实时网页，分析其流量发现：内容类型和内容长度字段对于网络直播不是必需的，如果存在网络直播元素，则该元素的内容类型可能是“video/x-flv”。在线音乐元素的内容类型可能是“application/octet-stream”“audio/mpeg”等。在线视频元素的内容类型可能是“video/mp4”“video/mp2t”“application/octet-stream”等。

2) Web 应用性能评估实例

为了克服移动环境中高度变化的技术特征与不透明的网络配置，完成对网页的性能的测量和描述，Rajiullah 等人[8]对来自四个国家的十一个商业移动网络的网页性能进行了大规模的实证研究。通过深入研究近 200 万次 Web 浏览会话的测量结果，研究者揭示了不同浏览器和移动技术对 Web 性能的影响。

为了实现广泛的测量活动，研究者使用欧洲的移动网络测量平台(Measuring Mobile Networks in Europe，MONROE)，MONROE 是第一个面向服务提供商独立的、多元的、大规模的用于移动测量的欧洲开放接入平台。研究人员利用自己部署在 MONROE 的 MONROEbrowsertime 的可定制 Docker 容器进行流量采集。

网页性能指 Web 的体验质量(Quality of Experience，QoE)，为了评估 QoE，研究人员设置了三个主要评估指标：首次绘制的时间(First Paint Time，FPT)、页面加载时间(Page Load Time，PLT)和页面呈现速度索引(RUM-Speed Index，SI)。首次绘制的时间是指对应浏览器开始渲染页面中第一个元素的时间。页面加载时间指页面中最后一个对象被下载的时间。页面呈现速度索引指页面呈现速度的模拟，在浏览器处理和下载各种元素的情况下，它会计算绘制事件发生的可能时间。

为了获取元数据特征，研究人员在实验中从 MONROE 中收集以下参数：① 实验背景：包括浏览器的类型、协议、节点类型(固定/移动)和节点在实验期间行进的距离。② 接入网络上下文：包括无线电接入技术(Radio Access Technology，RAT)的参数，具体指 3G 和 4G 技术的相关参数，例如整个实验期间的无线电变化、相对于目标网页服务器的平均 RTT。③ Web 上下文：包括表征单个网页访问的指标，例如对象数量或正在下载的数据总量。

针对两种浏览器、商业移动宽带网络的两种不同场景(移动接入和固定接入的移动终端用户)进行了三个性能评估指标的比较，使用固定互联网提供商连接(以太网)上的浏览性能作为比较基准，计算三个指标的经验累积分布函数(Empirical Cumulative Distribution Function，ECDF)。如图 6.6 所示，实线表示有线连接的固定节点，短横虚线表示移动宽带网络中连接的固定节点，点线表示移动宽带网络中连接的移动节点，图中较小的值对应较好的网页性能。

如图 6.6 可得,移动宽带接入对网页性能的影响是相当大的。例如,与有线接入相比,使用移动宽带的页面加载时间显著增加。这是因为移动带点通过切换基站来保持连续,而切换会导致明显的 Web 性能损失。

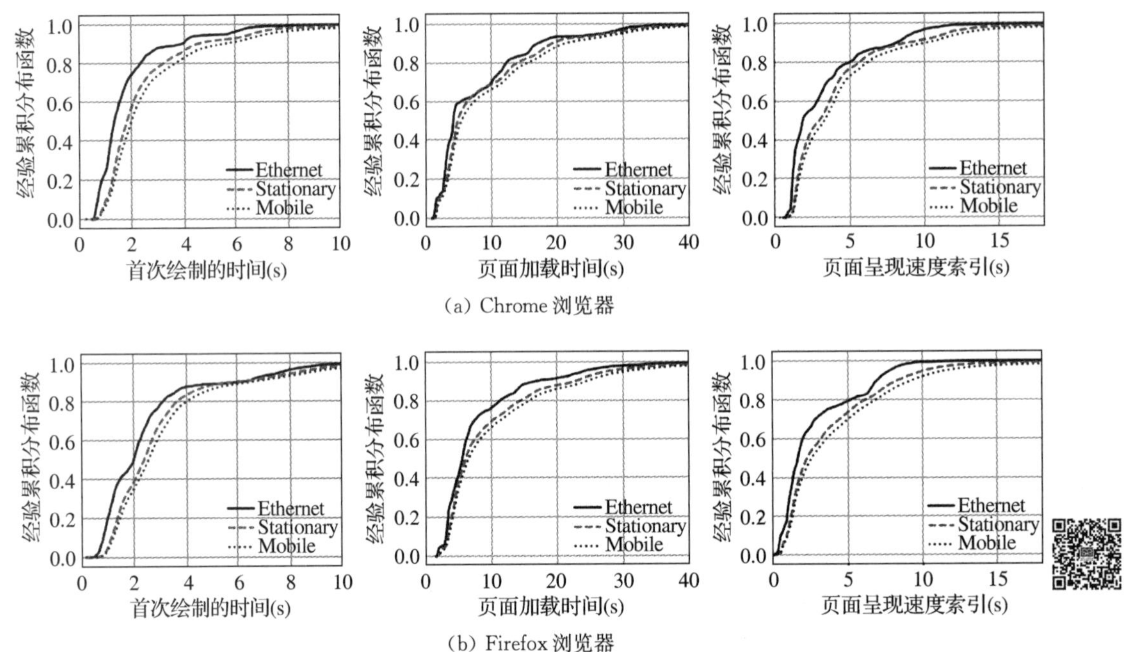

图 6.6　两种浏览器在商业移动宽带网络的两种不同场景下的性能评估[8](扫描见彩图)

(有线接入 Ethernet、固定接入移动带宽网络 Stationary、移动接入移动带宽网络 Mobile)

6.4　视频流量分析

随着互联网技术的不断发展,人们越来越欢迎网络带来的更直观更丰富的新一代媒体信息表现,希望能在网络上看到生动清晰的媒体演示,但另一方面人们又不得不面对视频传输所需的大量流量。相较于音频、图片、文字等信息媒介,视频需要存储更多的信息,其文件体积也大得多。早期的视频观看方法是将视频文件完整下载后,在本地进行播放。这种方法势必会花费大量的时间在视频文件的下载上,用户体验较差。由此能够进行"边下边播"的流媒体技术应运而生。近年来,越来越多的用户选择使用网络流媒体来观看各类点播和直播节目,网络技术也逐渐被应用于数字电视之中,数字电视通过网络协议整合了电影下载和流媒体技术,所以视频流量在互联网上所占比重也与日俱增。因此,对于视频流量的测量和分析十分必要。本节介绍常见的视频传输协议,随后给出视频流量测量分析的具体案例。

6.4.1　视频传输协议分析

视频流量传输的三种常见的顺序流式传输协议为 HTTP 渐进式传输(HTTP Progressive Download,HPD)、基于 HTTP 的动态自适应流(Dynamic Adaptive Streaming over HTTP, DASH)和 HTTP 实时流(HTTP Live Streaming,HLS)。用于视频流量传输的一种常见的

实时流式传输的协议为实时消息传输协议(Real Time Messaging Protocol,RTMP)。

1) HPD 协议机制

HPD 协议是一种基于 HTTP 的连接的渐进式视频下载技术[9]。

用户进行在线视频点播时,需要先从视频服务器获取视频文件,再使用本地播放器进行视频播放。使用传统方法下载文件时,需要从视频服务器下载整个视频文件后,才能正常播放,而采用渐进式下载则不必如此。渐进式下载技术实际上是一种将整个直播数据虚拟成一个巨大的文件,从服务端渐进地下载缓存小分片文件来模拟流式传输的方式。服务端将音视频数据封装为一个个小分片,然后客户端通过 HTTP 请求下载到这些数据,缓存在本地后播放。因此,客户端可以在视频文件没有下载完成的情况下播放已经缓存的视频片段,从而可以在下载的过程中同时实现播放。

图 6.7 是 HPD 技术传输视频文件的过程。客户端向视频服务器请求播放大小为 M 字节的视频文件,客户端依次向视频服务器发送了三次 HTTP 请求,并且每一次请求的视频文件的字节范围不同:第一次请求 0 到 x_1 字节数据,第二次请求 x_1+1 到 x_2 字节数据,第三次请求 x_2+1 到 $M-1$ 字节数据。视频服务器一共向客户端按序发送了三个视频片段分别是 0 到 x_1 字节的视频片段、x_1+1 到 x_2 字节的视频片段以及 x_2+1 到 $M-1$ 字节的视频片段。

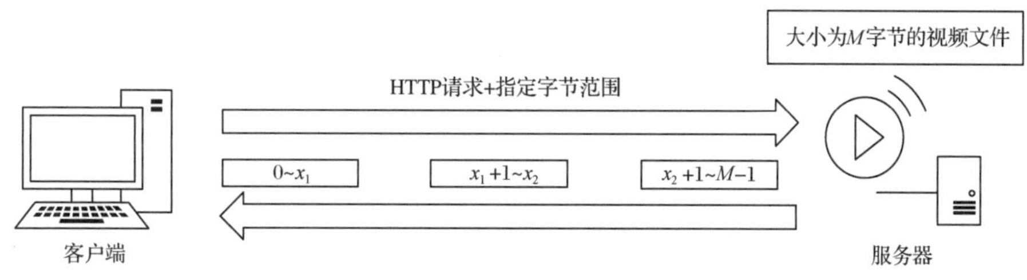

图 6.7　分段下载视频文件

HPD 视频传输技术不考虑视频本身的码率、分辨率、缓冲可播放时长等参数,客户端以自己以及 Web 服务器和网络所能允许的最大速度尽可能快地从服务器请求数据。这种视频传输方式简单直接,对带宽的利用率较高,但是也有一些弊端:

(1) 资源浪费。由于 HPD 视频下载方式不考虑客户端状态,因此当用户中断观看或者跳转进度时会造成之前缓存视频的浪费。

(2) 缺乏视频保护。由于缓冲的视频文件临时存储在客户端本地,容易被复制盗版。

(3) 缺乏自适应播放机制。由于 HPD 视频下载方式不考虑客户端状态,因此不会根据用户网络情况来切换视频资源码率。

2) DASH 协议机制

DASH[10]协议是一种基于 HTTP 的动态自适应码率视频传输技术,旨在提供与动态网络条件下的吞吐量匹配的视频质量,以获取更丰富的用户体验。

DASH 的架构包含三个部分:视频内容准备模块、服务器模块和 DASH 客户端。视频内容准备模块主要是将视频内容按照不同码率水平进行编码切片并产生 MPD 文件;服务器模块主要是视频服务器和 HTTP 服务器,负责视频内容的存储和分发;DASH 客户端的功能主要是对 MPD 文件解析以及视频内容请求和播放。DASH 架构如图 6.8 所示。

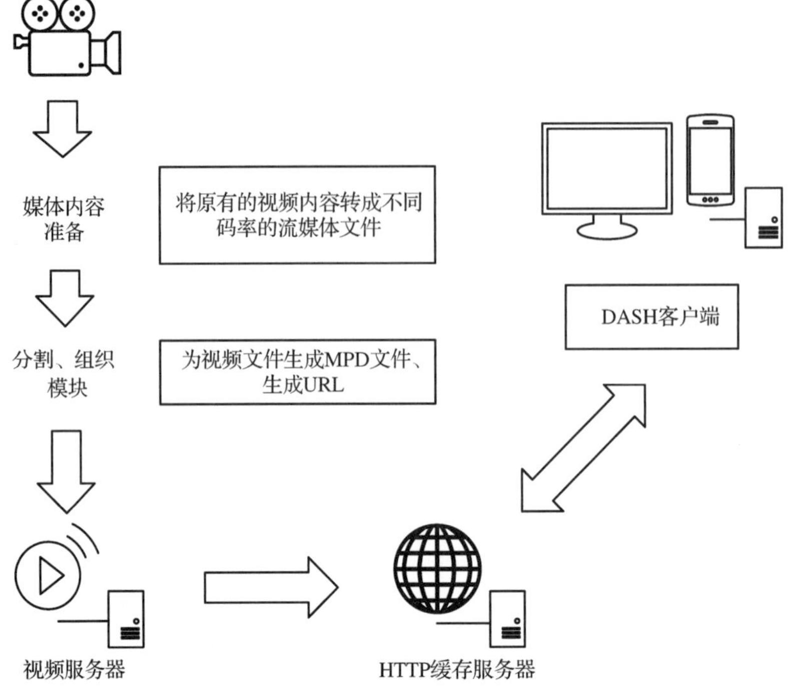

图 6.8 DASH 架构

在 DASH 系统中,视频内容按照不同比特率编码成多个版本,然后将每个编码的视频分割成小的视频片段或块,每个片段只包含几秒钟的视频[11]。来自同一个比特率的块在视频时间线上与来自其他比特率的块对齐,以便客户端可以根据当前网络的拥塞情况在块边界平滑地切换视频比特率[11]。与视频相关的信息,包括元数据、编解码器、字节范围、服务器 IP 地址和下载 URL 等内容存储在媒体呈现描述文件(Media Presentation Description, MPD)中[12]。

如图 6.9 所示,MPD 文件使用 XML 文档的格式进行描述,MPEG-DASH 客户端通过 MPD 文件中所提供的信息,来构造 URL 请求 MPD 文件中提供的视频分段。

一个 MPD 文件包含了以下关键元素[12]:

媒体时段(Period):媒体时段在 MPD 文件中使用<Period>标签来定义。作为 MPD 文件的顶层标签元素,Period 标签中包含诸如开始事件和持续时间等属性。媒体时段是媒体内容的一个分片,一个媒体可以由多个媒体时段组成。多个媒体时段可以被用于不同的场景或者章节,例如广告等不相关媒体可以被插入到这些媒体时段之中。

自适应集合(Adaptation Set):自适应集合在 MPD 文件中使用<AdaptationSet>标签来定义。Adaptation 属于 Period 的子元素,一个 Period 可以由一个或者多个自适应集合组成。简单的情形下,音频和视频被混合在一条流中,并被包含在一个自适应集合中。实际环境中为了减少带宽,更为普遍的情况是不同的媒体流会被分到不同的自适应集合中。

媒体文件描述(Representation):媒体文件描述在 MPD 文件中使用<Representation>标签来定义。它包含诸如高度、宽度、MIME 类型和编解码器等属性。它的父元素自适应集合内可以包含多个媒体文件描述。在自适应集合中允许存在多个内容相同的媒体文件描述,但是这些重复的媒体文件描述被以不同的形式进行编码。例如,它们可能被编码成不同

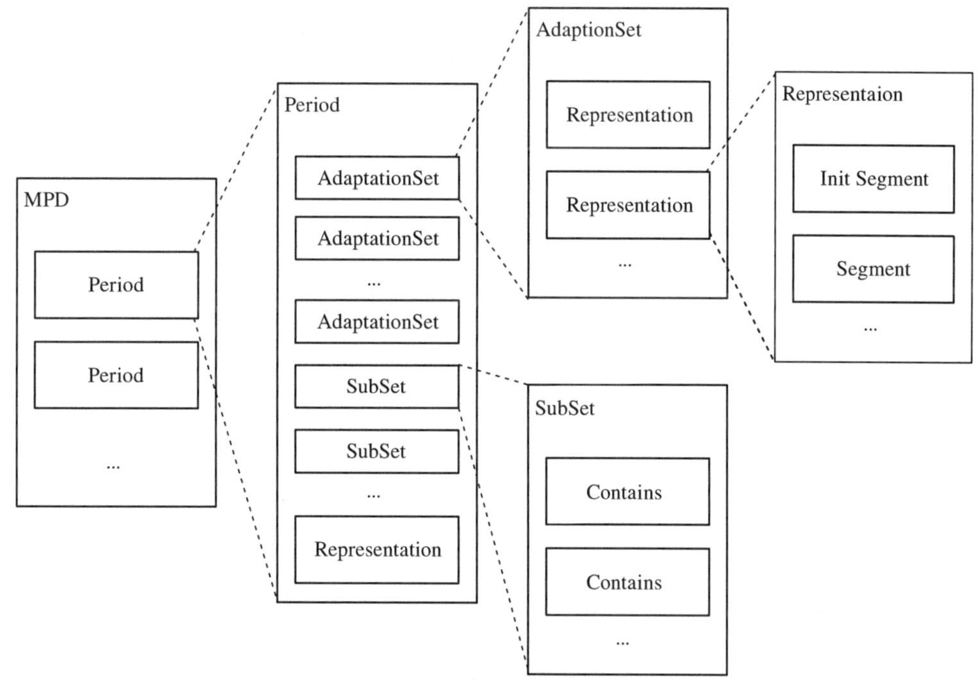

图 6.9 MPD 文件结构

的屏幕尺寸、不同的比特率等。编码成不同的比特率是动态自适应传输的关键，客户端可以基于自己的网络情况在媒体文件描述中选择合适的分段。

切片(Segment)：切片在 MPD 文件中使用<Segment>标签来定义。一个媒体文件描述可以被划分为多个分段，而这些分段就是客户端实际请求和播放的视频文件。对于每个分段，其地址由<BaseURL>标签来提供。客户端基于该标签中的地址，来向服务器请求分段媒体文件。分段有三种类型，分别为 SegmentBase、SegmentList 与 SegmentTemplate。SegmentBase 用于单分段媒体文件描述，SegmentList 用于多分段媒体文件描述。而 SegmentTemplate 是一种模板，可以被放置在比媒体文件描述更高层次的位置，其作用是提供缺省描述信息。这些缺省信息可以被低层次的描述信息所覆盖。分段数据在点播视频中通常被描述为文件中的字节范围，而在直播中常常被划分为单独的文件。

此外，MPEG-DASH 中还定义了一些可选的结构，比如子描述(Sub-Representation)、子切片(Sub-Segment)等。

DASH 客户端首先会获取 MPD，获取到媒体描述文件 MPD 后，通过解析 MPD，DASH 客户端获取节目时长、媒体内容可用性、媒体类型、分辨率、最小和最大带宽等信息。其次，客户端根据自己的带宽，从 MPD 文件中获取对应码率的视频片段 URL 并通过使用 HTTP GET 请求获取数据段来开始流式传输视频内容[12]。

3) HLS 协议机制

HLS[13]协议是 Apple 公司开发的流媒体传输协议。该协议可以实现流媒体的直播和点播，主要应用在 IOS 系统，为 IOS 设备提供音视频的直播和点播方案。

如图 6.10 所示，HLS 协议由三部分组成：服务器组件、分发组件和客户端软件[13]。服务器组件负责获取媒体的输入流并对其进行数字编码，将它们封装成适合传输的格式，并对封装的媒体进行分发。分发组件由标准网络服务器组成，它们负责接受客户请求，并向客户交付准备好的媒体和相关资源。客户端软件负责确定要请求的媒体，并下载这些资源，然后重新组合，以便媒体可以以连续流的形式呈现给用户。简言之，其工作原理是把整个视频按照不同码率分片，客户端在播放时，可以根据自身的带宽限制，选择合适码率的视频片段下载播放。

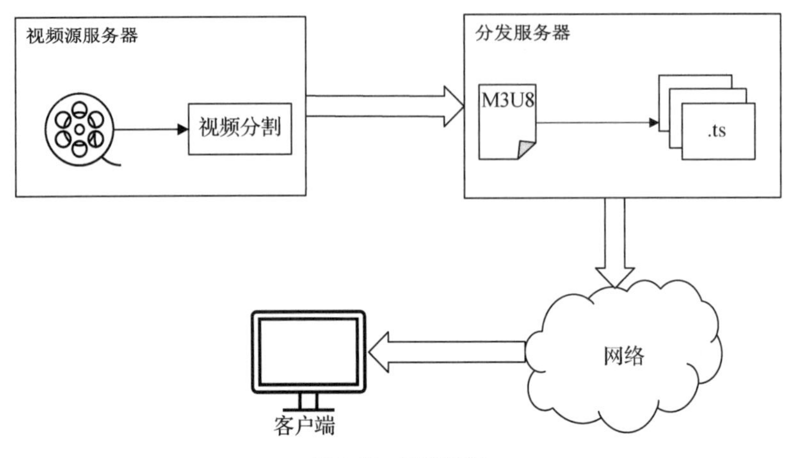

图 6.10 HLS 架构

如图 6.11 所示，HLS 有两级索引：① 第一级索引存放的是不同码率的 HLS 源的 M3U8 地址，也就是二级索引文件的地址。② 第二级索引则记录了同一码率下 TS 切片序列的下载地址。

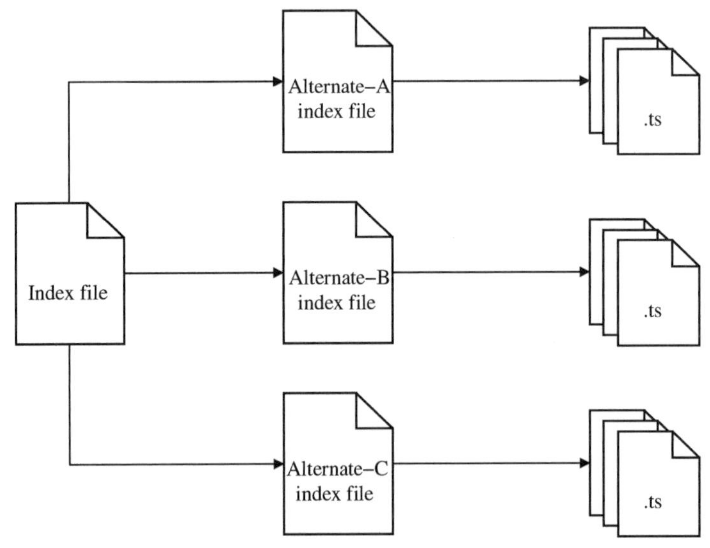

图 6.11 两级 M3U8 索引文件

客户端获取一级 M3U8 文件后，根据自己的带宽，去下载相应码率的二级索引文件，然后再按二级索引文件的切片顺序下载并播放 TS 文件序列。流程如下：

(1) 获取一级 M3U8 索引文件。

(2) 根据自己的带宽从一级索引文件中获取二级索引文件。

(3) 从二级索引文件中获取视频分片的 URL 下载并播放。

4) RTMP 协议机制

RTMP[14]协议是为 Adobe Flash 平台技术(包括 Adobe Flash Player 和 Adobe AIR)之间的音频、视频和数据的高性能传输而设计的,旨在在一对通信对等体之间传输具有相关定时信息的视频、音频和数据消息流。RTMP 协议基于 TCP 的协议族,包括 RTMP 基本协议及 RTMPT/RTMPS/RTMPE 等多种变种。RTMP 是一种设计用来进行实时数据通信的网络协议,主要用来在 Flash/AIR 平台和支持 RTMP 协议的流媒体/交互服务器之间进行音视频和数据通信。RTMP 与 HTTP 一样,都属于 TCP/IP 四层模型的应用层。

RTMP 协议有三种变种:

(1) 工作在 TCP 之上的明文协议,使用端口 1935。

(2) RTMPT 封装在 HTTP 请求之中,可穿越防火墙。

(3) RTMPS 类似 RTMPT,但使用的是 HTTPS 连接。

在基于传输层协议的链接建立完成后,一个 RTMP 协议的流媒体推流需要经过以下几个步骤:

(1) 握手(RTMP 连接都是以握手作为开始)。

(2) 建立连接(建立客户端与服务器之间的"网络连接")。

(3) 建立流(建立客户端与服务器之间的"网络流")。

(4) 推流(传输音视频数据)。

6.4.2 视频流量测量案例

随着计算机技术的发展,视频业务飞速发展,视频服务提供商之间展开了激烈的竞争,各服务提供商都希望能够较为准确地评估视频的用户体验质量(Quality of Experience, QoE),从而推动了视频 QoE 评估的相关研究。

程光等人[15]指出准确测量初始缓冲队列的长度可以计算视频缓冲的发生和总时长,对服务提供商评估用户视频 QoE 有重要参考价值。因为视频是否发生缓冲与初始缓冲队列的长度密切相关,而下载速率、码率等相关参数只能预测发生缓冲的趋势。

针对视频初始缓冲队列长度难以准确测量的问题,对非加密的优酷和加密的 YouTube 两类视频平台进行了研究。通过识别分析视频流量特征,关联流量行为与播放状态,构建视频指纹库,实现了队列长度的准确测量。下面分别介绍非加密的优酷和加密的 YouTube 两类视频平台的测量分析案例。

1) 非加密的优酷视频平台

对于采用非加密协议传输视频的平台,研究初始缓冲队列长度先要确定满足播放所需的最小视频数据量,由于数据未加密,容易算出数据量对应的帧数。

优酷移动端平台采用非加密协议传输视频数据,因此通过采集分析中间端数据,可以实时计算当前终端应用已经接收到的视频数据量。此外,在中间端通过阻断视频数据的传输,可以定量控制终端应用接收到的视频数据量。MP4 文件格式的优酷视频数据格式如图 6.12 所示,解析 MP4 文件可以定位"stco"结构体,其中描述了视频每一帧相对于视频文件头的偏移信息,以此建立优酷视频的视频帧偏移信息指纹库。理论上,逐帧控制优酷终端应用接收的视频数据量,可以找到恰好满足播放条件的帧数,这个值即为优酷移动终端的初始缓冲队列长度。

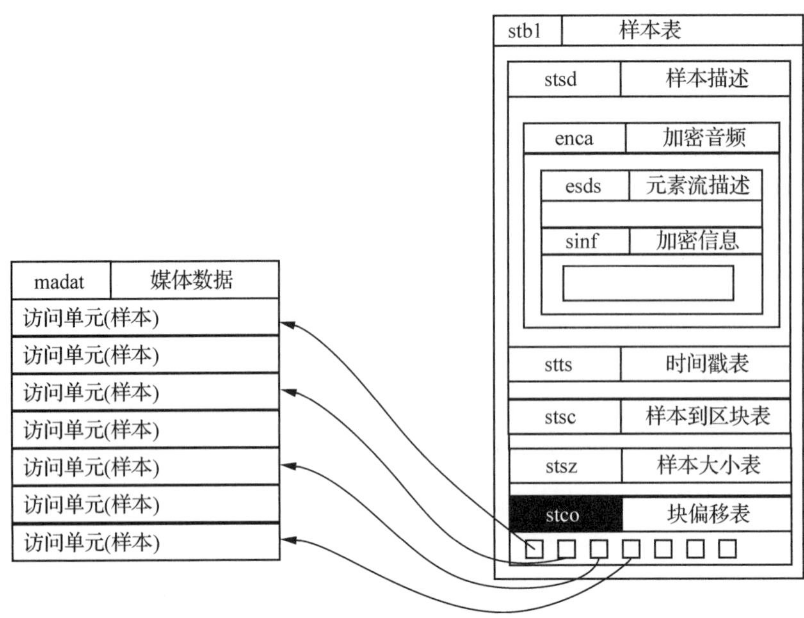

图 6.12　MP4 文件格式[15]

非加密的优酷视频平台的初始缓冲队列长度的测量方法一共包括两个步骤，步骤 1 是建立视频的帧偏移信息指纹库，步骤 2 是中间端视频数据的控制，下面进行具体介绍。

步骤 1 是建立视频的帧偏移信息指纹库。先确定实验视频集，抓取对应分辨率的完整视频，利用表 6.1 的算法 1 解析每个优酷视频 MP4 文件，建立帧偏移信息指纹库。

表 6.1　优酷视频的帧偏移信息指纹库建立算法[15]

算法 1　优酷视频的帧偏移信息指纹库建立算法
输入　优酷视频 MP4 文件 file 输出　优酷视频帧偏移信息指纹库 (1) 查找 file 中“stco”字符串位置 pos，读取帧总个数 N (2) for i=1 to N do ①　　offset=ReadFile(file，pos+12(i−1)，4) ②　　index=i ③　　帧编号 i，偏移 offset 入库 　end for

步骤 2 是中间端视频数据的控制。移动终端连接 PC 共享的 Wi-Fi，中间端的 PC 上部署着基于 Winpcap 开发的优酷视频流测量程序。如表 6.2 的算法 2 所示，中间端程序实时分析数据分组，如果有优酷视频请求，就跟踪该请求的 TCP 流，当此流的视频响应数据总量大于预先设定的断网条件，就在程序中调用程序断网模块，切断 Wi-Fi。此时，移动终端优酷应用接收到的视频数据量约等于预先设定的断网条件，若大于初始缓冲队列长度，终端优酷视频可以播放；若小于初始缓冲队列长度，终端优酷视频无法播放。

表 6.2　控制终端接收定量视频数据算法[15]

算法 2　控制终端接收定量视频数据算法
输入　断网条件 condition 输出　终端优酷视频播放状态，“1”表示播放，“0”表示未播放

续表 6.2

```
(1) 实时监听网络,利用 winpcap 接口读取分组 packet
(2) 判断 packet 是否是优酷视频请求分组
if packet is YoukuResquest do
①  跟踪 TCP 流,嗅探优酷响应分组 yPacket
②  totalSize=0
③  while totalSize<condition do
④     totalSize+=PayloadSize(yPacket)
    end while
⑤  Close Wi-Fi()
end if
(3) 记录终端优酷视频是否播放,“1”表示播放,“0”表示未播放
(4) 数据综合分析
```

每次测量过程中,在移动终端侧使用 tcpdump 采集 pcap 数据分组,用来确定终端优酷应用实际接收到的数据量,配合帧偏移信息指纹库可以确定该数据量对应的帧数和可播放时长。若当次测量优酷视频可以播放,实际接收到的帧数大于或等于初始缓冲队列长度;若当次测量优酷视频无法播放,实际接收到的帧数小于初始缓冲队列长度。

该实验共使用了 4 部测试手机,测试手机的参数信息如表 6.3 所示,图 6.13 给出了非加密优酷平台的实验数据采集环境,手机终端连接中间端 PC 共享的 Wi-Fi,中间端 PC 开发部署优酷视频流测量程序。

表 6.3 测试手机的参数信息[15]

设备型号	系统版本	分辨率	内存(GB)
三星 Galaxy S6	Android 5.1	2 560 像素×1 440 像素	3
三星 Galaxy Note5	Android 6.0	2 560 像素×1 440 像素	4
华为 Mate8	Android 7.0	1 920 像素×1 080 像素	3
华为 Mate2	Android 4.2	1 280 像素×720 像素	2

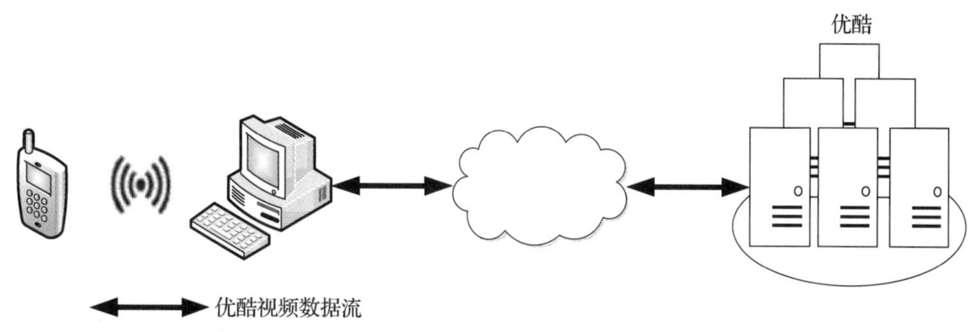

图 6.13 优酷平台实验数据采集环境[15]

该实验针对未加密的优酷视频设置了不同的视频帧率,采集了视频帧的个数,并根据视频帧的个数计算对应的初始缓冲队列长度及其时长。其中视频帧率覆盖了优酷视频目前主流的帧率:15 帧/s、23 帧/s 和 25 帧/s。

图 6.14 给出了帧率为 23 帧/s 的对应实验结果。当实际接收到的帧数≥234 时,该次测量能够播放;当实际接收到的帧数<233 时,该次测量未播放。故该组实验结果表明,对于 23 帧/s 的视频而言,初始缓冲队列长度位于区间[233,234]内。综合所有的优酷实验数据得到的结果如表 6.4 所示,可见 3 种帧率下初始缓冲队列长度值不同,但通过初始缓冲队列长度除以帧率换算成时长,得到的时长都是略大于 10 s。

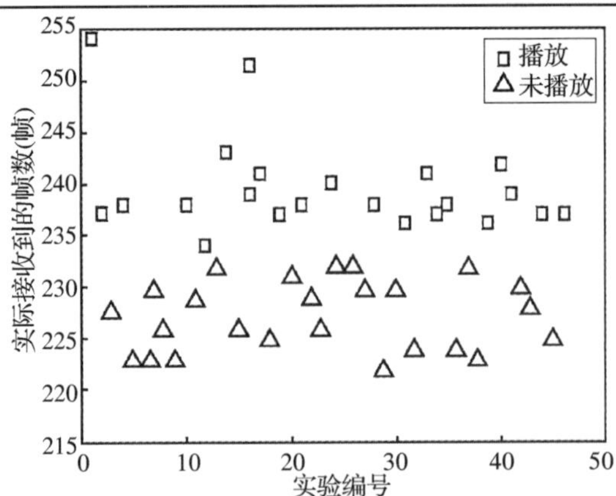

图 6.14 帧率为 23 帧/s 的优酷视频的一组实验结果[15]

表 6.4 优酷平台初始缓冲队列长度测量结果[15]

帧率(帧/s)	初始缓冲队列长度(帧)	换算成时长(s)
15	[155,157]	[10.267,10.467]
23	[233,234]	[10.130,10.174]
25	253	10.120

2) 加密的 YouTube 视频平台

YouTube 等视频服务商为了保护用户隐私和网络安全,相继采用加密协议传输视频数据。加密协议导致基于深度包检测(deep packet inspection,DPI)的传统方法已无法分析加密流量。YouTube 的音频和视频是分离的,音频、视频分片的视频容器主要有 MP4 和 WEBM 这两种文件格式,如图 6.15 所示。解析 MP4 文件中的“trun”结构体,或者读取 WEBM 中每一个采样块“SimpleBlock”的位置,可以计算出每一帧相对于分片文件头的偏移。但是由于 YouTube 采用加密协议,无法直接从加密流量中解析这两种文件格式,本节构建了加密视频指纹库用以解决此问题。所提出的构建加密视频指纹库的改进方案如图 6.16 所示,该方案在中间采集设备上使用代理技术,获得目标视频的明文数据,解析采集的明文数据文件,获得视频的基本信息指纹,并基于 YouTube 视频分发机制和 DASH 传输机制进行组合分析,进一步获得与传输状态相关的视频传输指纹,将这些指纹存入数据库中。

加密 YouTube 视频平台的初始缓冲队列的测量方法如下:优酷初始缓冲队列长度的测量方法是通过控制终端应用接收到的视频数据量,建立播放行为与流量的对应关联模型。参考这一思路,针对采用加密协议传输视频数据的 YouTube 平台,首先建立 YouTube 的加密流量行为模型,关联分析加密流量与视频播放状态,从而在加密流量中识别出初始缓冲阶段的视频数据。

进一步分析,由于 YouTube 采用了加密协议,识别出的初始缓冲数据仍无法直接计算出初始缓冲队列长度值,这一难点可以通过构建加密视频指纹库的方法得以解决。在建立流量行为模型和构建加密视频指纹库的基础上,分析了 YouTube 的传输机制和加密协议对测量过程可能造成的误差,排除相关影响因素,设计合理的实验环境。最后,针对 YouTube 实验视频集,利用实验环境采集数据,综合分析计算初始缓冲队列长度值。

如表 6.5 中算法 3 给出了 YouTube 初始缓冲队列长度测量方法的总体思路和步骤。

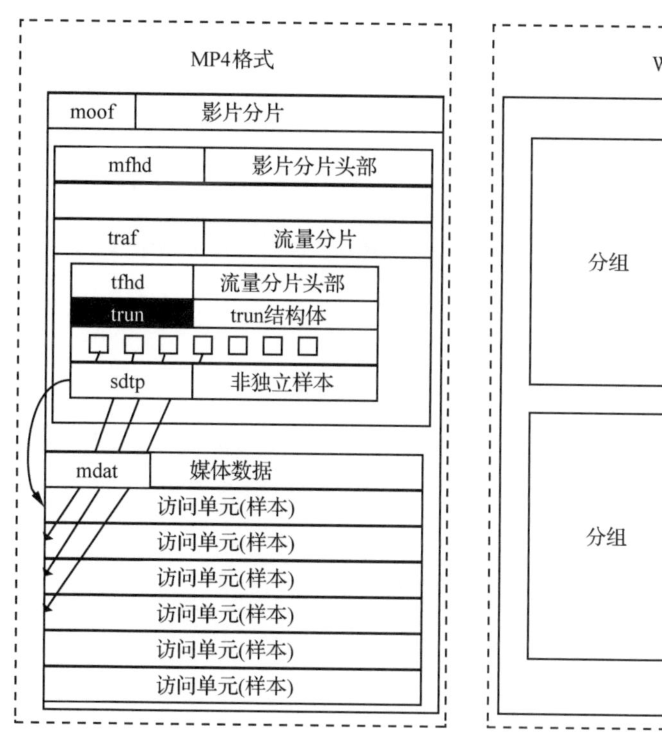

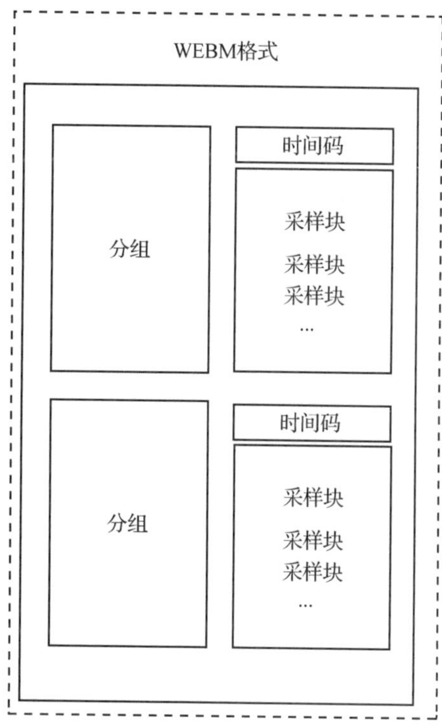

图 6.15 YouTube 的 2 种视频格式[15]

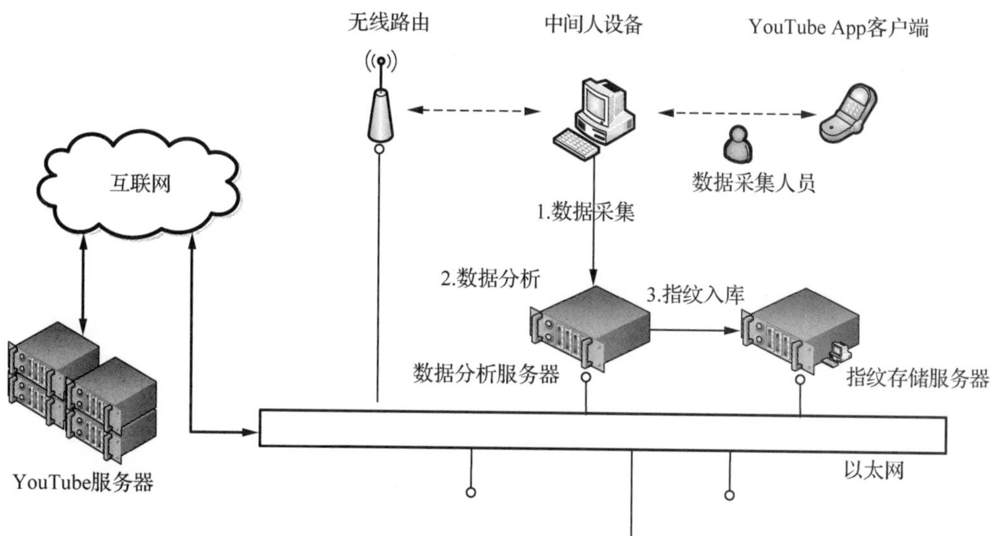

图 6.16 构建加密视频指纹库[15]

表 6.5 YouTube 初始缓冲队列长度测量算法[15]

算法 3 YouTube 初始缓冲队列长度测量算法
步骤 1 建立流量行为模型。分析 YouTube 加密视频流与播放状态的关联关系，从而从加密流中识别出初始缓冲数据。
步骤 2 构建加密视频指纹库。改进传统指纹库构建方案，辅助加密视频流数据的分析。
步骤 3 影响因素分析与排除。分析测量误差，排除干扰因素，设计实验环境。
步骤 4 综合计算分析。利用前三步的流量行为模型、加密视频指纹库和实验环境，采集实验视频集流量数据，分析计算初始缓冲队列长度值。

对于一个视频而言，无法直接确定初始缓冲队列长度具体对应哪一帧，但图 6.17 所示，可以参照指纹库中的帧偏移信息，确定 min 和 max 的具体值，则初始缓冲队列长度位于[min,max]区间内部。

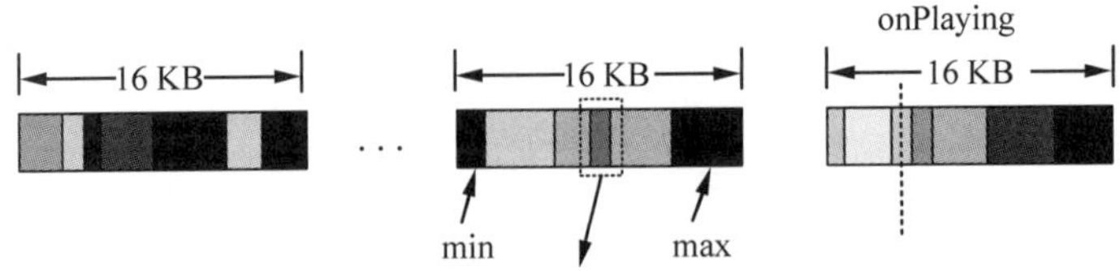

图 6.17　初始缓冲队列长度值所在区间

对于实验视频集而言，每一个视频都可以计算出一个初始缓冲队列长度所在的区间。具体做法是对所有视频计算出的区间取交集，即可得到一个精确到视频帧的初始缓冲队列长度值，具体步骤如表 6.6 的算法 4 所示。

表 6.6　实验视频集处理方法[15]

算法 4　实验视频集处理方法
输入　实验视频集{$V_i \mid i=1,\cdots,N$}
输出　初始缓冲队列长度 L 取值区间，$L\in[\min,\max]$，且 L 为整数
步骤 1　取实验视频集中一个视频 V_i。
步骤 2　限速 1 Mb/s 采集实验数据，计算开始播放(onPlaying 回调函数)前完整的 TLS 块数 B_i。
步骤 3　查帧偏移信息库，计算 $16(B_i-1)$KB 和 $16B_i$ KB 对应的帧数 $\min_i$ 和 $\max_i$，以及 V_i 的帧率。
步骤 4　对所有视频重复步骤一到步骤三，得到 N 个区间$[\min_i,\max_i]$，$i=1,\cdots,N$。
步骤 5　相同帧率视频的$[\min_i,\max_i]$区间取交集，得到$[\min,\max]$。

该实验共使用了 4 部测试手机，测试手机的参数信息如表 6.3 所示，如图 6.18 给出了加密 YouTube 视频平台的实验数据采集环境，YouTube 视频流量数据采集自蜂窝网络(4G)和 Wi-Fi 这两种网络环境。

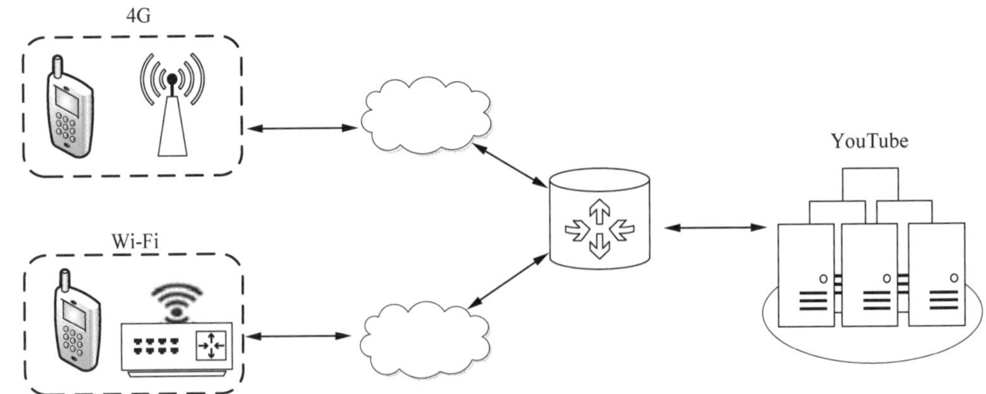

图 6.18　YouTube 平台实验数据采集环境[15]

该实验针对加密的 YouTube 视频设置了不同的视频帧率，采集了视频帧的个数，并根据视频帧的个数计算对应的初始缓冲队列长度及时长。其中视频帧率覆盖了 YouTube 上最普遍的帧率：24 帧/s、25 帧/s 和 30 帧/s 等。

图 6.19 给出了 24 帧/s 视频的测量结果，可见所有结果的区间存在重合，重合区域为

[60,61]。综合所有的 YouTube 实验数据得到的结果如表 6.7 示，可见 YouTube 的初始缓冲队列长度的时长为 2.5 s。对实验结果进行进一步分析，发现初始缓冲队列长度在 YouTube 内部并不是一个不变的值，对于不同帧率的视频，有一个不同的满足播放条件所需的帧数。① 对于 24 帧/s 的视频而言，当已缓冲帧数≥60 时满足播放条件。② 对于 25 帧/s 的视频而言，当已缓冲帧数≥62 时满足播放条件。③ 对于 30 帧/s 的视频而言，当已缓冲帧数≥75 时满足播放条件。

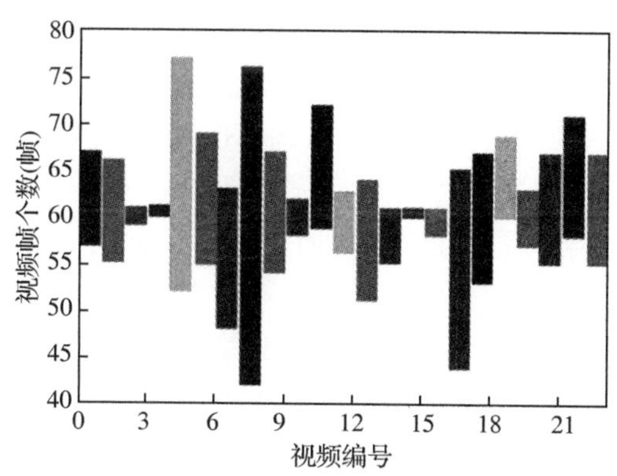

图 6.19　24 帧/s 视频集测量结果[15]

表 6.7　YouTube 平台初始缓冲队列长度测量结果[15]

帧率(帧/s)	初始缓冲队列长度(帧)	换算成时长(s)
24	[60,61]	[2.5,2.542]
25	[62,63]	[2.48,2.52]
30	[75,76]	[2.5,2.533]

至此采集到特定网络环境下实验视频的数据，分析计算了初始缓冲队列长度，并将测量结果精确到了视频帧。

6.5　网络游戏流量分析

网络游戏，又称"在线游戏"，网络游戏是指[16]通常以个人电脑、平板电脑、智能手机等载体为游戏平台，以游戏运营商服务器为处理器，以互联网为数据传输媒介，必须通过广域网网络传输方式(互联网、移动互联网、广电网等)实现多个用户同时参与的游戏。本节中介绍的网络游戏主要包括 VR 游戏、网页游戏、手机游戏等，首先介绍游戏通信协议的概况，随后介绍以上几类游戏的测量分析案例。

6.5.1　游戏通信协议分析

计算机网络的各层及其协议的集合组成计算机网络的体系结构。较为著名的两种计算机网络体系结构是 OSI 互联参考模型和 TCP/IP 架构。OSI 是一个开放性的通信系统互联参考模型，但是由于其过于复杂而未能得到广泛的应用。实际中广泛使用的网络通信标准为 TCP/IP 参考模型，TCP/IP 协议栈从下至上分为：网络接口层、网际层、运输层、应用层。

在以上两种参考模型中，下层为上层提供透明的服务。游戏应用根据不同的场景应用设计需求会选择不同的协议。下面分别介绍四种常用于游戏通信的协议，并根据各协议特点分析该协议适合传输的游戏类型。

1）基于 TCP 协议实现游戏通信

TCP 协议的可靠交付与面向连接保障了数据的可靠性与准确性，然而建立与拆除连接、超时重传机制必然会增加传输的时间，所以 TCP 协议适用于对可靠性要求极高、对实时性要求适中的游戏场景。常见的使用 TCP 协议通信的游戏场景有玩家在游戏中购买或使用道具，登录游戏。由于大多数游戏购买道具时需要支付虚拟游戏币，游戏币关系到游戏提供商的收益，必须保证数据的可靠性，而用户对购买道具时的网络延迟有一定的容忍性。玩家登录游戏时需要查询游戏数据库，数据的可靠性是最关键的，而玩家对登录游戏时的网络延迟有一定的容忍性。这类对可靠性要求高但是可以容忍网络延迟的场景都选用 TCP 协议传输数据。

随着游戏通信协议的发展，基于 TCP 的应用层通信协议逐渐应用于各种游戏通信中，其中主要有基于 HTTP 的协议与基于 WebSocket 的协议。

（1）基于 HTTP 协议实现游戏通信

由于 HTTP 协议基于 TCP 协议，具备简单快速的特点，适用于弱联网游戏场景中的文本传输。微信小程序游戏“欢乐斗地主”使用的游戏通信协议就是 HTTP 协议。玩家 A 出牌（A 客户端发出请求）后等待其余玩家出牌（服务器返回其余玩家的信息），反复此请求和响应过程完成游戏，对应 HTTP 协议的单工通信机制。且小程序游戏强调即搜即用与无需下载，与 HTTP 协议程序规模小，通信速度快的特点相契合。

（2）基于 WebSocket 协议实现游戏通信

HTTP 请求和响应头部的总开销至少为 871 字节，一个较小的有效负载是 20 字节，每一次信息交换浪费的资源相当于 40 条有效数据消息[17]。出于经济考虑，许多在线游戏不适合基于 HTTP 协议实现通信，因此，WebSocket 协议应运而生。

WebSocket 协议[17]支持在受控环境中的客户端与远程主机之间进行双向通信，该协议在 TCP 之上为基于浏览器的应用程序提供一种不需依赖多个 HTTP 连接与服务器进行双向通信的机制。在 WebSocket 通信之前需要先建立一个 HTTP 连接，随后浏览器向服务器发送一个 Upgrade 报头，通知服务器需要建立一个 WebSocket 连接，实现从 HTTP 协议到 WebSocket 协议的切换。在 WebSocket 连接建立后，就无需再使用 HTTP 协议了。

WebSocket 协议有如下的特点：① 基于 TCP：WebSocket 协议的一个使用实例是基于浏览器的游戏，该实例需要低延迟和高更新速率。为了实现低延迟，WebSocket 协议基于可靠的 TCP 协议确保不丢弃任何数据包。② 全双工通信：相比于 HTTP 的单工通信机制，WebSocket 在客户端与服务器之间保持一条持续有效的双向连接，便于客户端频繁地请求数据和服务器端主动向客户端发送实时消息。③ 数据报头较小：由于维持着用于实时通信的双向连接，WebSocket 协议的数据报就不需要每次都携带完整的头部。根据负载大小[17]，WebSocket 协议的负载开销在 8 到 20 字节之间变化，远远小于 HTTP 的负载开销。基于 TCP、全双工通信和数据报头较小的特点，WebSocket 协议适用于对实时性与交互性要求较高的游戏场景。

基于 HTML5 的在线问答对战游戏的通信协议为 WebSocket 协议。在此类问答对战游戏中，用户打开页面进入游戏大厅，选择对手进入答题环节。在游戏进行中两位玩家各回答 10 题，页面上显示出双方玩家的实时的分数。客户端与服务器之间保持一条双向的 TCP 连接，通过此双向连接，客户端可以向服务器实时发送答题信息，服务器也可以主动向客户端发送其余玩家的实时分数，体现了 WebSocket 协议的基于 TCP 全双工通信的特性。

2）基于 UDP 协议实现游戏通信

UDP 是无连接、无拥塞控制、无超时重传机制的协议，虽然缺少这些控制机制使得 UDP 无法保障数据的可靠性，但也正是由于没有这些复杂的机制使得 UDP 的数据传输速度更快。所以 UDP 协议适用于能够容忍一定丢包的、对实时性要求极高的游戏场景。

手机游戏"王者荣耀"的通信协议为 UDP 协议。由于王者荣耀是多人在线战术竞技游戏，多玩家存在时，某玩家的移动数据包的少量丢失不会太影响游戏的体验，与 UDP 协议不可靠的尽力而为的传输特性相契合。作为动作类网络游戏，王者荣耀中的玩家十分关注敌人当前的状态，注重数据传输的实时性，对应 UDP 快速的传输速度。

6.5.2　游戏流量测量案例

随着互联网技术的发展，网络游戏的用户数量急剧增加，网络游戏的内容与形式也在不断创新。为了在未来的游戏应用市场中抢占一席之地，众多研究者对网络游戏的 QoE 评估进行了研究。游戏 QoE 评估的测量方案一般分为 QoE 评估模型的建立、实验环境的设计、游戏流量的采集以及 QoE 评估模型的分析与验证。下面以云游戏为例进行 QoE 的评估与分析。

云游戏是通过云计算，将电子游戏的游戏内容通过网络传输给用户的游戏方式。在云游戏的典型架构[18]中只需在轻量级客户端向服务器发出请求，云游戏服务器接收轻量级客户端的请求。视频游戏引擎位于渲染图形的服务器上，使用视频压缩技术将渲染的场景压缩为比特流，当客户端接收压缩视频流时，视频内容将被解码并显示在轻量级客户端的显示屏上。

通过调研现有云游戏的用户体验质量（Quality of Experience，QoE）的相关研究，发现现有云游戏 QoE 的评估工作大多针对 PC 端，缺少对移动端云游戏 QoE 的评估。而且现有研究中用于评估云游戏 QoE 的关键指标不能较为全面地评估移动云游戏。但是随着 5G 技术的普及，将推动移动云游戏的发展，移动云游戏带来的流量增长是巨大的。所以服务提供商为了更好地向用户提供移动云游戏，对移动云游戏的 QoE 进行评估是必要的。

如图 6.20 所示，将云游戏 QoE 定义为两个部分，一个部分是网络服务质量（Quality of Service，QoS），另一个部分是游戏内容质量（Quality of Content，QoC）。网络服务质量取决于丢包率、网络带宽、时延、游戏连接是否重置等，游戏内容质量为游戏画面分辨率、游戏画面帧率、游戏画面编码方式、游戏类型等。

移动云游戏 QoE 影响因素众多，不同影响因素对应的评价指标对 QoE 影响的权重的选取是很重要的问题。采用模糊层次分析法（Fuzzy Analytical Hierarchy Process，FAHP）计算不同影响因素的权重，从而建立移动云游戏 QoE 的评估模型。

将提出的移动云游戏 QoE 评估模型实际运用于格来云游戏进行实验。图 6.21 为格来云游戏 QoE 评估框架。通过采集移动端真实的网络数据进行 QoE 评估，采集环境如表 6.8 所示，测试终端使用三星 Note5 手机，手机安装的是安卓 6.0.1，测试的格来云游戏的版本

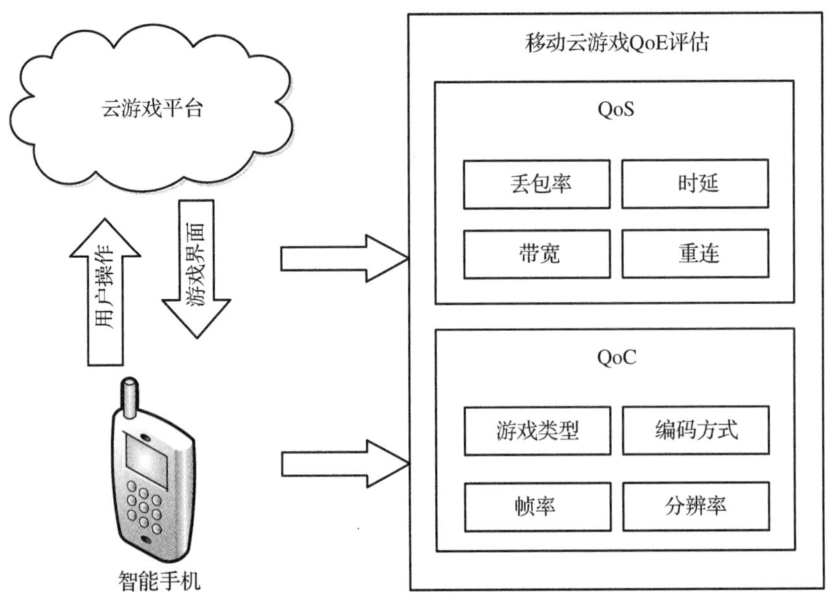

图 6.20 用户移动云游戏 QoE 关键影响因素[19]

为 v3.1.3。网络通过无线路由器 AP 接入网络，接入点是教育网出口。在终端使用 tcpdump 监听手机网卡中生成的数据，使采集的数据贴近终端，减少数据中乱序的情况，使用 tcpdump 需将安卓手机进行 root 获取使用权限。

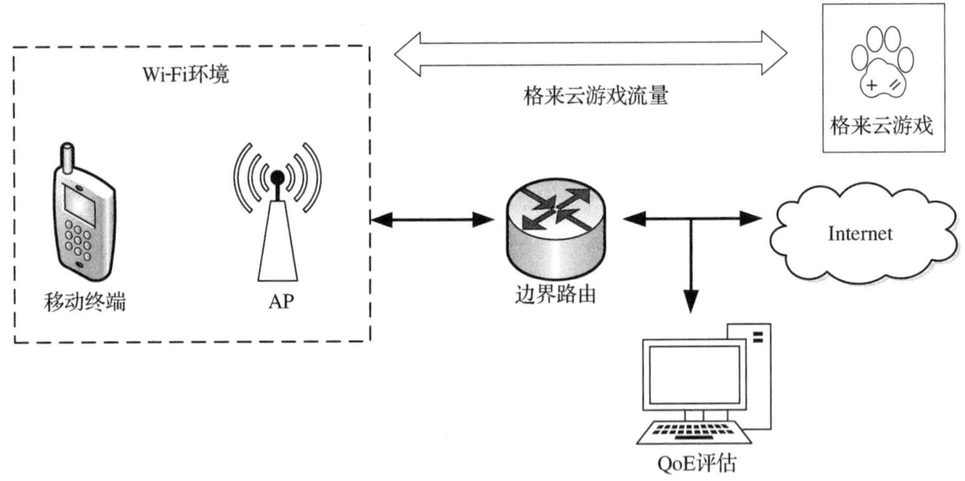

图 6.21 格来云游戏 QoE 评估框架[19]

表 6.8 格来云游戏的数据采集环境[19]

采集环境	具体情况
测试终端	三星 Note5(Android6.0.1)
App 版本	格来云游戏 v3.1.3
网络状况	Wi-Fi：教育网
采集软件	tcpdump

格来云游戏平台自行划分的游戏种类为动作格斗、冒险解谜、体育竞速、飞行射击。本实验在每一个游戏种类下选择比较热门的游戏进行测量。测试样本采集如表 6.9 所示。采集了四种不同类型的游戏:动作格斗类的“火影忍者”、冒险解谜类的“巫师”、体育竞速类的“极品飞车”、飞行射击类的“辐射”。设置了两种不同的分辨率:720 P 和 480 P,以及两种不同解码方式:H. 264 和 H. 265。考虑到移动接入网的能力,将网络状况设置为无限速、限速 1 024 KB、限速 512 KB、限速 256 KB、限速 128 KB,即对应带宽为 100 Mb/s、8 Mb/s、4 Mb/s、2 Mb/s、1 Mb/s。该实验共计采集了不同条件下的 80 个游戏数据流量。

因主观评价的开销较大以及该实验样本采集数量较多,故该实验中采集数据的同时进行录屏,录屏记录了用户的操作以及游戏画面的变化情况。据此来验证书中提出模型计算的平均主观意见分(Mean Opinion Score,MOS)与真实的主观评价的一致性。如图 6.22 所示,对实验采集数据进行分析和计算后,得到了 80 个不同条件下数据的 MOS 分数。对比数据采集时游戏画面的实时录屏文件,发现通过该文件模型得出的 MOS 值可以有效地体现游戏过程中用户的游戏体验。

表 6.9　测试采集样本[19]

游戏选择		分辨率	编码方式	带宽设置(Mb/s)
游戏类型	游戏名称			
动作格斗	火影忍者	720 P/480 P	H. 264/H. 265	100/8/4/2/1
冒险解谜	巫师			
体育竞速	极品飞车			
飞行射击	辐射			

通过分析计算结果,发现同一类型游戏 MOS 分数与网络状况关系较大。以动作格斗类游戏为例进行说明。从图 6.23 可以看出,动作格斗类型游戏在无限速的情况下 MOS 分数得分比限速条件下要高,随着网速的下降 MOS 分数也会发生梯度下降。

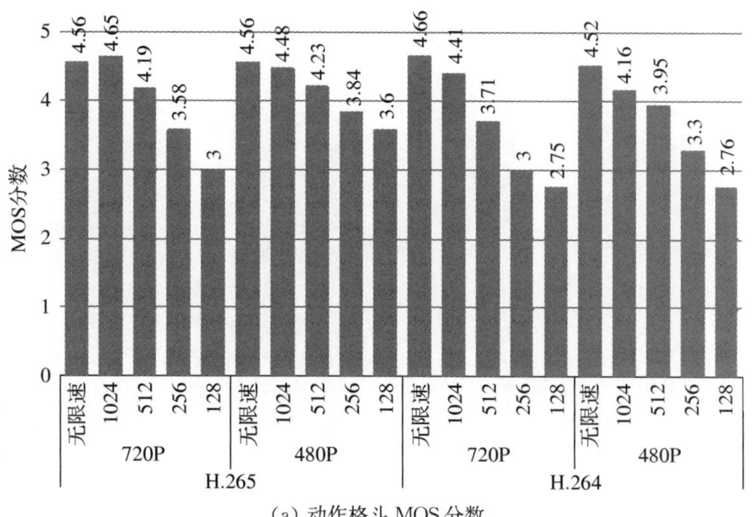

(a) 动作格斗 MOS 分数

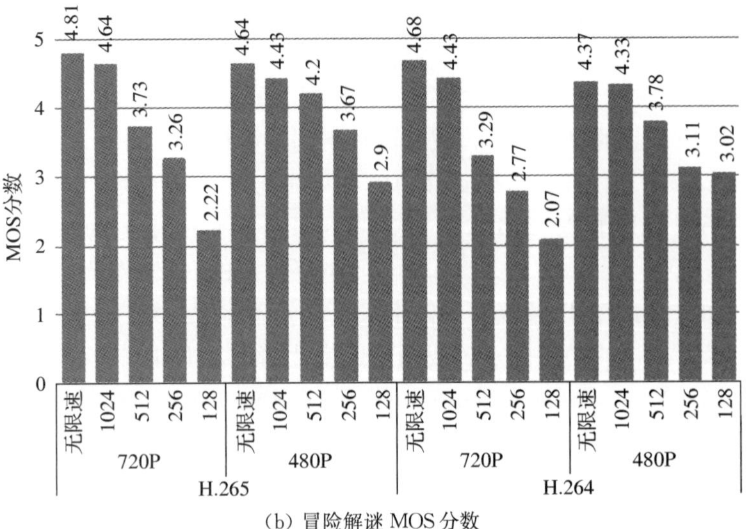

(b) 冒险解谜 MOS 分数

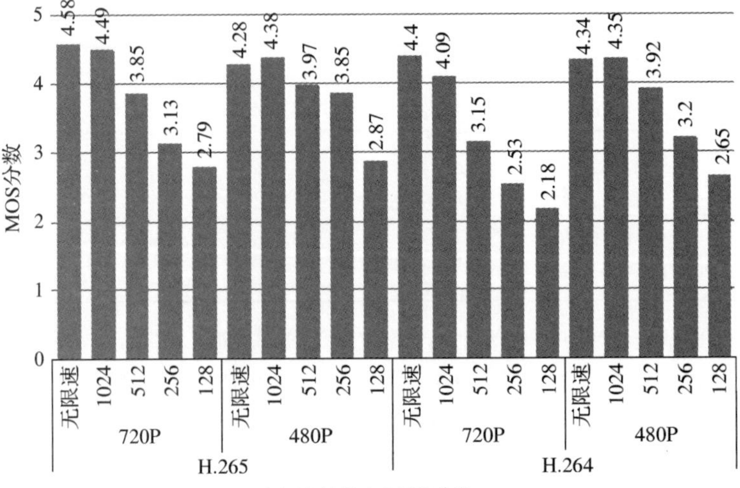

(c) 飞行射击 MOS 分数

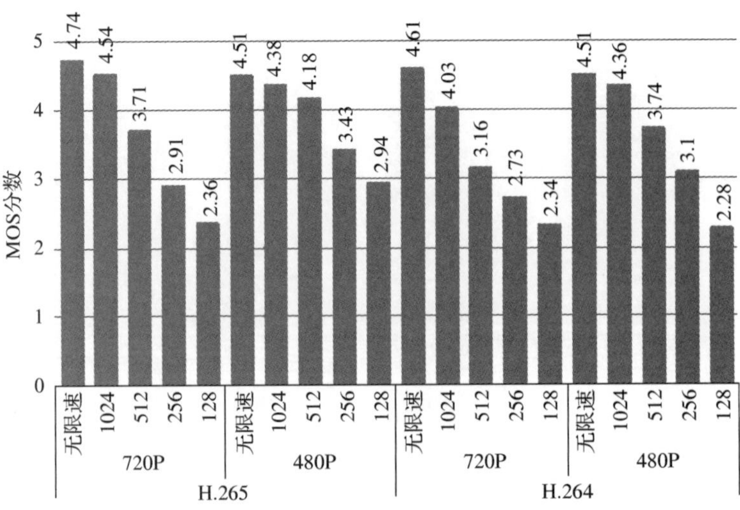

(d) 体育竞速 MOS 分数

图 6.22　实验的 MOS 分数[19]

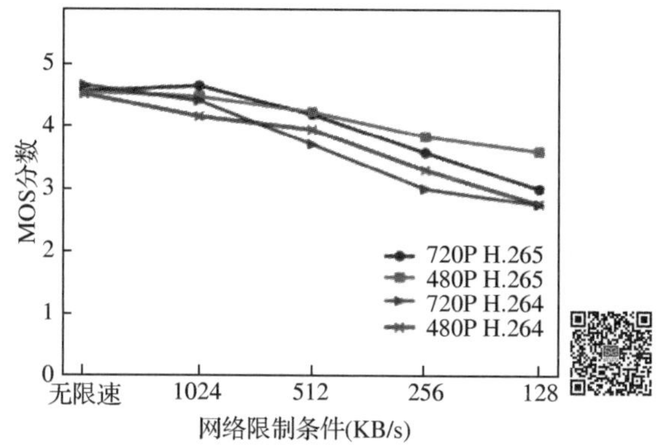

图 6.23 动作格斗类游戏的 MOS 值在不同条件下的分布[19]**(扫描见彩图)**

如图 6.22,从整体的计算中可以发现有部分数据不符合这个结论,这是因为采集数据时网络本身也是变化的,在无限速的情况下,网络状况可能比限速的条件更差。另外对比这些数据的录屏文件,发现在无限速的情况下,有部分画面存在轻微的卡顿情况,这也影响了最后的分数。

如图 6.24 所示,在网络情况好的条件下,不同类型游戏的 MOS 分数基本一致。而在网络质量差的情况下,动作格斗游戏的表现最好,冒险解迷类游戏表现最差,这种情况与所选择的具体游戏相关,并且每次测量的结果也并不完全相同,但就从 MOS 分数来看,不同类型的游戏在同一条件下的用户体验是类似的。

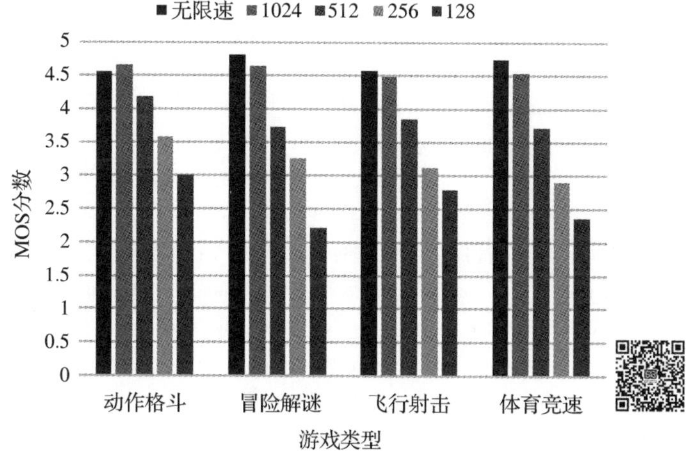

图 6.24 四种不同类型游戏在不同网络条件下的 MOS 值[19]**(扫描见彩图)**

实验结果表明此处提出的移动云游戏评估模型能够较好地对移动云游戏的 QoE 进行评估,简化了原本复杂的 QoE 评估工作,能够使服务提供商高效地得到用户 QoE 的反馈,及时调整自己的服务参数,从而改善用户游戏体验。

6.6 本章小结

本章首先介绍了流量的采集方案、流量分析的挑战与方法，随后对主流的 Web 应用流量、视频应用流量和游戏应用流量进行了原理分析与实例分享。通过本章的学习，可以发现应用流量随着应用的功能需求和传输协议的不同，有不同的测量方法和分析方式，需要结合实际应用设计具体的测量方案和分析方法，才能为网络管理提供准确的决策依据。

习题 6

6.1 应用流量的测量和分析有哪些应用场景？

6.2 假设需要分析手机视频应用的流量，请利用校园网环境设计一个网络流量采集方案，给出采集的网络拓扑和主要步骤。

6.3 简述当前应用流量分析遇到的主要挑战。

6.4 简述面向非加密应用的流量分析方法和面向加密应用的流量分析方法存在的主要区别。

6.5 流媒体传输协议有哪些？它们各自有什么特点？

6.6 简述网络游戏的定义及分类。

6.7 用于游戏通信的主流协议有哪些？每种主流协议适用于什么游戏场景？

参考文献

[1] 程光，龚俭，丁伟. 基于抽样测量的高速网络实时异常检测模型[J]. 软件学报，2003，14(3)：594 - 599.

[2] 潘吴斌，程光，郭晓军，等. 网络加密流量识别研究综述及展望[J]. 通信学，2016，37(9)：154 - 167.

[3] Bonfiglio D，Mellia M，Meo M，et al. Revealing skype traffic：When randomness plays with you[J]. ACM SIGCOMM Computer Communication Review，2007，37(4)：37 - 48.

[4] 赵博，郭虹，刘勤让，等. 基于加权累积和检验的加密流量盲识别算法[J]. 软件学报，2013，24(6)：1334 - 1345.

[5] Xiong G，Huang W T，Zhao Y，et al. Real-time detection of encrypted thunder traffic based on trustworthy behavior association[C]//Trustworthy Computing and Services. Springer Berlin Heidelberg，2013：132 - 139.

[6] Sun G L，Xue Y B，Dong Y F，et al. An novel hybrid method for effectively classifying encrypted traffic[C]//2010 IEEE Global Telecommunications Conference(GLOBECOM 2010)，IEEE，2010：1 - 5.

[7] Cheng W Q，Hu Y Y，Yin Q F，et al. Measuring web page complexity by analyzing TCP flows and HTTP headers[J]. The Journal of China Universities of Posts and Telecommunications，2017，24(6)：1 - 13.

[8] Rajiullah M，Lutu A，Khatouni A S，et al. Web experience in mobile networks：Lessons from two million page visits [C]//WWW'19：The World Wide Web Conference. 2019：1532 - 1543.

[9] Pastushok I，Turlikov A，2016. Lower bound and optimal scheduling for mean user rebuffering percentage of HTTP progressive download traffic in cellular networks[C]//2016 XV International Symposium Problems of Redundancy in Information and Control Systems(REDUNDANCY). IEEE，2016：105 - 111.

[10] Kua J，Armitage G，Branch P. A Survey of rate adaption techniques for dynamic adaptive streaming over HTTP[J]. IEEE Communications Surveys & Tutorials，2017，19(3)：1842 - 1866.

[11] Felici-Castell S，García-Pineda M，Segura-Garcia J，et al，2021. Adaptive live video streaming on low-cost wireless multihop networks for road traffic surveillance in smart cities[J]. Future Generation Computer Systems，2021，115：741 - 755.

[12] Sodagar I. The MPEG-DASH standard for multimedia streaming over the internet[J]. IEEE MultiMedia,2011,18(4):62-67.

[13] Parashar A,Taterh S. Playback protection in HTTP live streaming[C]//2016 International Conference on Emerging Trends in Engineering,Technology and Science(ICETETS). Pudukkottai,India. IEEE,2016:1-4.

[14] Parmar M T H. Adobe's Real Time Messaging Protocol[R]. Adobe Syst. Inc,2012.

[15] 程光,房敏,吴桦. 面向移动网络的视频初始缓冲队列长度测量方法[J]. 通信学报,2019,40(10):67-78.

[16] 2016年中国网页游戏行业研究报告[R]. 艾瑞咨询系列研究报告(2016年第3期):上海艾瑞市场咨询有限公司,2016:644-673.

[17] Muller G L. HTML5 WebSocket protocol and its application to distributed computing[EB/OL]. [2021-01-13]. https://arxiv.org/abs/1409.3367.

[18] Wen Z Y,Hsiao H F. QoE-driven performance analysis of cloud gaming services[C]//2014 IEEE 16th International Workshop on Multimedia Signal Processing(MMSP). IEEE,2014:1-6.

7 网络流量分类方法

近二十年来，网络设备、底层应用和协议的种类及规模不断扩大，网络流量的数量呈指数级别增长。网络管理者需要尽可能地精确把握网络状态，以实现对网络资源的调配，维持网络的正常运转。由于网络流量中包含着大量的信息，因此对网络流量的分析能够帮助网络管理者进行网络管理。

流量分类作为流量分析的重要部分，在网络管理中占有重要的基础地位。通过流量分类能够明确网络中流量的类别以及分布情况，网络管理员能够基于此进行 QoS 管理、故障排除等操作，也能够为网络服务提供商提供一些流量服务定价的参考。为了实现准确的流量分类，研究者提出了多种流量分类方法，而随着网络的不断发展，流量的形式也在不断发生变化，加密、流量整形等操作也给流量分类带来了阻碍。

为了应对这些变化，机器学习和深度学习方法被应用在流量分类中。这些方法基于输入数据的特征，可以用于处理大规模数据以及隐藏了可见部分的流量。

本章主要介绍网络流量分类方法，第 7.1 节介绍流量分类的概念和必要性；第 7.2 节介绍传统的流量分类方法，包括分类指标和面临的挑战；第 7.3 节介绍基于机器学习的流量分类方法，主要从理论部分对机器学习进行概述，罗列常用的机器学习方法、应用和挑战；第 7.4 节介绍机器学习在流量分类中的实际应用；第 7.5 节介绍深度学习在流量分析中的应用；第 7.6 节介绍 Weka 中使用机器学习和深度学习的实例；最后对本章内容进行总结。

7.1 流量分类的概念和必要性

自从第一个互联网应用诞生以来，互联网流量的规模以惊人的速度不断扩大。大规模的网络流量给网络服务质量（Quality of Service，QoS）和网络安全等方面的管理带来了挑战。为了解决网络管理面临的挑战，关键在于如何判断网络中流量的不同种类，以及这些流量代表的不同行为等，即需要实现对流量的分类。目前对于流量分类还没有明确的定义，有文献提出，流量分类在流量识别的基础上进行了延伸，不仅需要确定流量是什么，还能够提取流量的相关信息，如视频分辨率、媒介类型、内容分发网络（Content Delivery Network，CDN）的源头，以及流量的测量特征，如持续时间、计数事件等。也有文献提出，流量分类就是识别网络应用或协议的过程，是识别和分类未知网络类型的第一步。这意味着流量分类的具体内容根据需求的不同发生改变，并且使用的技术也不尽相同。

无论流量分类的具体定义是什么，可以确定的是通过将流量分为预先定义的类别，如正常或异常流量、不同类型的应用程序或不同名称的应用程序，能够协助互联网服务提供商（Internet Service Providers，ISP）和网络设备供应商解决网络管理方面的困难。网络管理者能够根据流量分类的结果了解网络中流量的情况，及时对网络中产生的一些问题做出反应。

网络流量分类能够协助定位网络中的故障设备、检测设备和软件的错误配置，定位数据包丢失和网络错误点，实现网络故障诊断；避免恶意软件，保护个人信息，保障网络安全；保证终端用户获取的应用或服务的可接受性，进行 QoS 管理等。当进行基于流量分类的 QoS 管理时，ISP 可以根据不同用户的流量分类结果以及需求进行合理的服务定价。

除了在网络管理方面的作用，网络流量分类在一定程度上也起到维护国家安全的作用。近年来，各国政府逐步明确 ISP 在流量的“合法截取”(Lawful Interception，LI)方面的义务，ISP 越来越多地被政府要求提供特定个人在特定时间点的网络使用信息。流量分类技术提供了识别流量模式(哪些端点在交换数据包，以及何时交换)的可能性，并能够用于确定用户的应用程序使用情况。根据特定的流量分类方法，这些信息有可能从用户的 TCP 或 UDP 的有效载荷中获得，同时不会违反任何隐私有关的法律。

总的来说，由于流量分类能够用于判断整体网络的流量分布情况，以及识别特定用户的流量行为，因此流量分类在网络安全、网络管理，乃至国家安全方面都起到重要作用。

7.2 传统的流量分类方法

由于流量分类在网络管理领域中的重要作用，为了评估不同分类技术的优劣，需要有合理的评估指标。并且经过多年的发展，可以直接用于流量分类的有效载荷数目不断减少，一些传统的流量分类方法也不再适用。

7.2.1 流量分类指标

当进行流量分类时，预测准确度是用于区分不同分类技术的关键准则，即该种技术或模型处理新数据时做出决定的准确性如何。有一些指标可以用于表示预测准确度。

1）阳性、阴性、准确率、精确率和召回率

假设判断一组流量中是否存在流量分类 X，当使用某种流量分类技术对这组流量进行处理后，分类器会给出某一条流量是否属于这个类的结果，也就意味着这一组流量中每一条流的结果只可能是阳性或者阴性。

与机器学习算法一样，通常使用假阳性(False Positives，FP)、假阴性(False Negatives，FP)、真阳性(True Positives，TP)和真阴性(True Negatives，TN)这 4 个指标来判断某种分类器的优劣。这些指标的定义如下。

- 假阳性：Y 类的成员被错误地分类为属于 X 的百分比；
- 假阴性：X 类的成员被错误地分类到 Y 类的百分比；
- 真阳性：X 类的成员被正确分类到 X 类的百分比；
- 真阴性：Y 类的成员被正确分类到 Y 类的百分比。

一个好的分类器旨在最大限度地降低假阴性和假阳性。有些评估方式也会直接使用准确率作为评价指标，即正确分类的实例数占总实例数的百分比。在机器学习模型中，精确率和召回率也常被用于分类器的评估。

- 召回率：属于 X 类的成员被正确分类为属于 X 类的百分比；

• 精确率：在所有被分类为 X 类的实例中，真正属于 X 类的实例所占的百分比。

2）字节和流的准确性

在进行分类效果评估时，需要注意评估的基本单元是字节还是流。当以流为基本单元时，判断的是每条流被正确分类的准确率，与流的总条数有关；当以字节为基本单元时，判断的是正确分类的流的数据包中包含了多少字节，与字节的总数有关。

一些研究者认为，在评估流量分类器的准确度时，以字节为基本单元更为合适。原因是互联网中的大多数流中包含的字节数量都很少，只占据了网络中总字节数和数据包数量的一小部分（老鼠流），如发邮件、看网页这些操作产生的流量，网络中的大部分字节都由少数的大流产生（大象流）。

实际上，由于分类器的预期用途存在差别，以流还是以字节为评估的基本单元需要视情况而定。例如，当流量分类的目的是进行 QoS 管理时，每一条短时间存在的 QoS 流（如 5 min、32 Kb/s 的电话）与长时间存在的流（如 30 min，256 Kb/s 的视频会议）一样重要。这些 QoS 流都比与管理无关的、流数较少但包含了大量字节的点对点文件共享会话的流量更重要。相反，当 ISP 需要对其网络上的负载模式进行分析时，很可能会对如何正确分类包含大象流的应用感兴趣，这时就需要以字节为评估的基本单元。

7.2.2 传统的流量分类方法

传统的流量分类方法依赖于对 TCP 或 UDP 数据包的端口检测（基于端口号的分类方法），或者重新构建流量负载中的特征签名（基于负载的分类方法）。在当前的网络环境下，这两种传统的流量方法都受到了一定的限制。

1）基于端口号的分类方法

通过使用基于端口号的方法进行流量分类时，只需要将流量的端口号与预先在互联网数字分配机构（The Internet Assigned Numbers Authority，IANA）登记的端口号进行匹配即可。例如，邮件应用使用 25（SMTP）端口发送邮件，110（POP3）端口接收邮件。TCP 和 UDP 协议通过使用端口号在 IP 终端之间实现了流量的复用。在互联网发展的前期，许多应用程序利用其本地主机的开放端口就可以与其他主机进行通信。在网络中的分类器只需要寻找 TCP SYN 数据包就可以获得一个客户服务器 TCP 连接的服务器端的信息，然后通过 IANA 的注册端口列表查找目标端口号，以此来判断应用程序。UDP 也可以使用类似的方法。

然而，该种方法的局限性在互联网的发展中暴露出来。随着对等应用（Peer to Peer，P2P）数量的增长，其使用的端口号可能并未在 IANA 中注册，并且一些应用程序为了避开操作系统的访问控制，会使用其他的端口。另外，动态端口技术也阻碍了该种分类方法的使用。在某些情况下，IP 层的加密也可能混淆 TCP 或 UDP 的头部，隐藏实际的端口号。

2）基于负载的方法

基于负载的方法又称为深度包检测（Deep Packet Inspection，DPI）方法，这种方法通过对流量进行检查获取不同应用的流量特征签名，可用于 P2P 应用的分类。为了避免完全依赖端口号的语义，该方法利用每个数据包的内容进行会话和应用信息的重建。

尽管已有实验证明这种方法能够获得准确的网络流量分类结果，然而该方法也存在许多问题。例如该方法在流量负载中寻找特征时需要大量的硬件资源，给流量处理设备带来了巨大的处理负荷；它必须保持对流量中协议语义的广泛了解，并且能够并发处理大量的流量。此外，目前大量网络应用都使用了加密技术和专有协议以保护数据避免检测，这些原因都导致了 DPI 技术的使用限制。

7.2.3　流量分类面临的挑战

随着网络的发展，一些观点认为流量分类是一种损害用户隐私的攻击，为了保护用户的隐私，一些能够有效阻止流量分类的技术也被提出。常见的技术包括六种类型：加密、隐写术、隧道技术、匿名化、流量变形以及物理层的混淆，如图 7.1 所示。

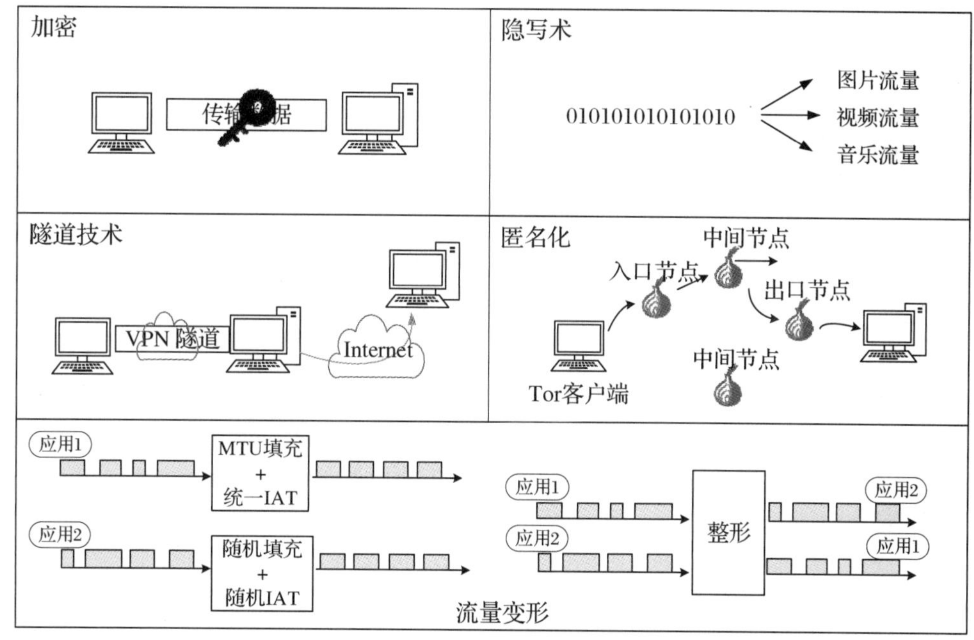

图 7.1　流量分类面临的挑战

为了隐藏互联网中传输的私人信息，HTTPS、FTPS 等应用层安全协议被提出。这些协议隐藏了使用 DPI 技术进行流量分类时需要的应用层签名。而且一些加密算法能够将明文长度固定，这可能影响到应用或者协议的数据包长度分布，进一步影响到分类的准确性，但加密无法隐藏所有的统计信息，例如数据包间隔时间。

在网络领域，隐写术能够将应用数据隐藏到其他应用数据包中。与加密不同，隐写术不仅隐藏了加密数据的内容，还隐藏了数据的传输。例如，将流量信息隐藏到视频通话流量中，通过调整音频采样频率和帧密度以模拟正常的视频通话流量，达到避免检测的目的。

尽管流量加密能够保护应用在会话期间的通信数据，但它不能确保完整的隐私保护。实际上，攻击者有可能获得会话元数据(即 IP 地址、端口号等)，进而损害用户的隐私。隧道技术则旨在隐藏连接元数据，保护用户隐私。虚拟专用网络(Virtual Private Network，VPN)隧道技术依靠一系列安全协议，将本地专用网络扩展到公共网络。

在 TCP/IP 网络中，路由过程能够为流量分类提供足够的信息，如 IP 地址、端口号、MAC 地址。隐藏这些信息是匿名化流量的关键点。多路路由和 NAT 技术能够影响依赖

IP 和端口信息的流量分类方法,包含一系列洋葱路由的 Tor 也能用于提供流量匿名性。

由上可知,流量加密和隧道技术能够隐藏数据包负载中携带的信息以及连接识别符。但是流的统计特征依然可以用于流量分类,特别是数据包间隔时间以及数据包大小。为了避免流量分类,使用流量变形技术对这些统计特征进行了修改。常用的变形技术中,流量填充用于隐藏包大小信息,而流量整形能够隐藏包间隔时间。这两种技术能够干扰分类器,阻止流量分类。此外还有另外一些技术能够使分类器将目标协议或应用进行错误分类。

在无线网络中,可以利用泄露的侧信道信息和信号相关的特征进行流量分类。以上的方法也都可以用于无线网络中阻止流量分类。

7.3　基于机器学习的流量分类

通过上述介绍可知,传统的流量分类技术依赖于数据包的内容(有效载荷和端口号)。为了减轻这种依赖,目前较新的方法是依靠流量的统计特征来进行应用的识别。这类方法的可行性基于如下假设:网络层的流量存在统计特性(如流量持续时间、数据包到达时间和数据包长度的分布等),并且不同类型应用的统计特性不相同。

尽管研究者已经提出了多种技术用于隐藏这些统计特性,但为了不妨碍网络的可用性,依然存在一些不会被隐藏的信息。为了从流量中获取这些信息,需要处理大规模的流量数据以及流量和数据包的多维特征,因此机器学习技术被引入流量分类领域。本节首先对机器学习方法进行整体的概述,接下来介绍常用的机器学习方法及不同的评估手段,然后以一个简单的事例讲解使用机器学习进行流量分类的步骤以及不同方法的优劣,最后总结机器学习的流量分类模型在实际应用中存在的困难与挑战。

7.3.1　机器学习方法概述

近年来,人工智能被广泛应用在研究和生活的各个领域,例如自动驾驶汽车、聊天机器人等。人工智能的历史可以追溯到 20 世纪 50 年代,当时的研究者试图将人类对于事务处理的思考自动化。在很长一段时间内,许多专家都认为,通过制定一套操纵知识的明确规则,可以实现类人的人工智能,该方法也被称为符号人工智能,是 20 世纪 50 年代到 80 年代末实现人工智能的主导方法。尽管符号人工智能成功地处理了下棋这一类定义明确的任务,但其无法用于解决更复杂的任务如语音识别和图像分类。为了应对这一挑战,机器学习作为一种新的方法出现了。

机器学习在编程中引入了一个新的范式。在符号人工智能的范式中,人类输入规则(一个程序)和数据,根据这些规则进行操作,然后产生结果。而在机器学习中,人类输入数据和想从数据中获得的结果,然后机器学习模型产生一个规则。这些规则被应用于新的数据中以获得结果。

机器学习方法被认为是数据挖掘和知识发现的技术结合,能够在数据中搜索并描述有用的结构模式,通过对特征的分析,识别和分类不同种类的数据。该技术能够使计算机在一定的条件下从问题处理的过程中获取相关的知识,进行自动化的学习。

机器学习的应用范围很广,包括搜索引擎、医疗诊断、文本和手写识别、图像筛选等。

1990 年，一个使用机器学习技术的网络流量控制器被提出，该控制器的目的在于最大限度地提高电路交换电信网络中的呼叫完成率，这标志着机器学习技术的应用空间扩展到了电信网络领域。1994 年，在入侵检测的背景下，机器学习首次被用于流量分类。

机器学习的流程包括数据集的处理、特征工程、模型选择和建立，以及最后的模型评估。在实际应用中，这些流程通常存在交叉，当基于数据集提取的特征在模型中表现不佳时，如果通过调整模型的参数也无法达到预期效果，就需要对特征进行重新调整。通过不断重复优化，获得最终可用的机器学习模型。

机器学习以实例数据集的形式接受输入。一个实例指的是数据集中的一个独立的例子。每个实例由能够用于衡量实例的不同方面的特征来描述。特征代表了某种过程或现象中的可测量属性，即可以用于代表数据集的固有属性。

在网络领域，来自同一条流的连续的数据包构成了一个实例，这种实例具有的特征可能包括数据包到达时间的中位数，或者流量中若干连续数据包的长度的标准差等。数据集最终以一个 $M \times N$ 的矩阵形式呈现，其中 M 代表行(实例)，N 代表列(特征)。由于机器学习存在不同的类别以及功能，输入矩阵的列可以二次分解为 X 和 Y 两个部分，X 部分代表数据集的特征，Y 部分表示标签。根据问题的需求，输入机器学习模型的数据也有所不同。

构建机器学习分类器的关键是确定能够实现准确性目标所需的最小的必要特征集。特征集的质量对机器学习算法的性能至关重要，使用不相关或多余的特征往往会对算法的准确性产生负面影响；它还会增加系统的计算开销，因为存储和处理的信息量会随着特征集的维度的增加而增加。因此，选择的特征集应当尽可能的小，但又能保留能够用于分类的有效信息。

特征选择算法大致可分为过滤法和包装法。过滤法基于整体数据的特征进行独立评估。在机器学习开始之前，该种方法依赖某种指标来评价和选择最佳子集，因此最终的选择结果并不偏向某种特定的机器学习算法；而包装法使用机器学习算法对不同的特征子集进行评估。

当数据集输入之后，最终的输出是一个机器学习模型，也可以认为是对已学习知识的描述。而学习过程的具体结果如何表示，在很大程度上取决于正在使用的特定机器学习方法。

7.3.2　常用机器学习方法

机器学习有四种基本的学习类型，包括分类(有监督学习)、聚类(无监督学习)、关联学习，以及数值预测。进行有监督学习时，需要输入一组已经打完标签的实例进行学习，从而建立一套规则(模型)来对新出现的实例进行分类；无监督学习是直接对实例进行分组，即输入的实例并不存在标签，而是利用算法的自学习能力将具有类似特征的实例归为同一组；关联学习是寻求特征之间的关联；进行数值预测时，预测的结果不是离散的类别而是一个数字量。

流量分类中使用的机器学习方法通常包括有监督学习、无监督学习，以及将两者结合的半监督学习。三种方法的区别如图 7.2 所示。

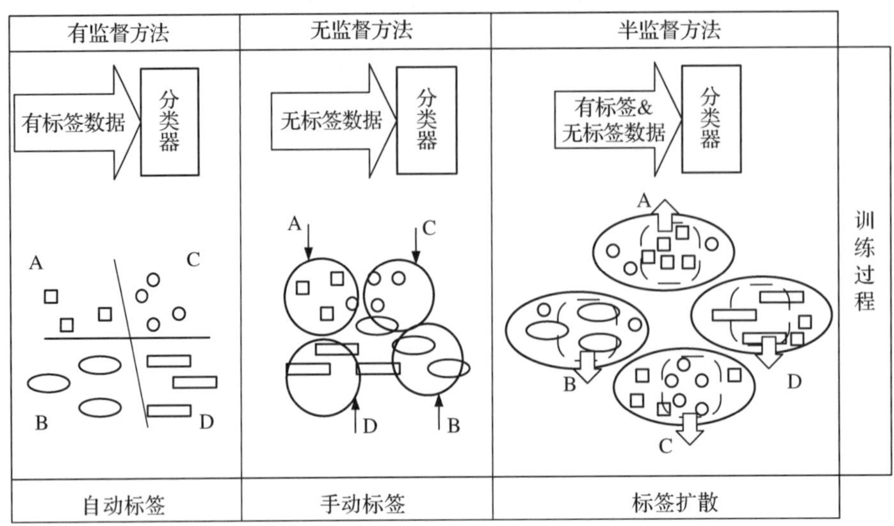

图 7.2　机器学习方法

1）有监督学习方法

有监督学习方法依赖于有标签数据，支持将新的实例分类到预先定义的类别中。在训练阶段，分类器根据规则（如决策树）或者模型参数（如支持向量机）进行函数的优化。在测试阶段，分类器可以自动将测试数据分配到其中一个类中。有监督学习的重要环节是特征的选择和减少过程，通过计算特征和类别标签之间的关联来选择与分类相关的特征。

常见的有监督学习方法包括决策树（Decision Tree，DT）、朴素贝叶斯、支持向量机（Support Vector Machine，SVM）等。

（1）决策树算法：决策树是一种基于规则的方法，其原理类似于日常生活中的“提问—回答”，通过推断分解，逐步缩小待猜测事物的范围。在决策树算法中，用户输入一系列数据进行逐步判断，直到到达叶子节点，将叶子节点存放的类别作为决策结果。基于决策树的分类适用于大型数据集，但容易出现过拟合的情况。为了建立决策树，需要选择区分度高的特征作为这棵树的根。特征重要性可以通过基尼系数、熵和互信息等手段进行衡量。树的深度决定了到达叶子的最大分支数，对深度进行限制能够有助于最大限度地降低过拟合的发生。C4.5 算法是决策树的一种，并且是在流量分类领域表现最好的算法之一。

（2）朴素贝叶斯：朴素贝叶斯是一种基于贝叶斯理论的概率方法。贝叶斯理论可以表述为：$P\left(\frac{Y}{X}\right)=\frac{\left[P\left(\frac{X}{Y}\right)\times P(Y)\right]}{P(X)}$，其中 Y 是输出（类别标签），X 是输入（特征向量）。朴素贝叶斯是贝叶斯方法族中最简单的方法。其他基于贝叶斯的方法可以用于建模更复杂的情况，在这些情况下，不同的特征、输入和输出之间存在依赖关系，它们的概率密度分布之间也存在不同的约束。

（3）支持向量机：支持向量机能够实现超平面的求解，将来自两个不同类的实例的点进行最优分离，这是二维空间可以代表特征向量时的最简单情况。然而，当存在具有多个类别的多维特征向量时，需要使用基于核函数的方法建立多个 SVM 模型，因此，在 SVM 模型中，高度的计算复杂度是主要的缺陷。SVM 的其他局限性包括当训练数据量大的时候训练时间较长，当新的训练数据加入时再训练时间较长等。尽管 SVM 是一种有效的分类方法，但其精度对数据规模、使用的特征和模型参数非常敏感。

当使用不同的算法获得分类器之后，需要对这些分类器进行评估。一个好的分类器会对召回率和精确率进行优化，然而这些指标的重要程度需要根据实际应用场景进行权衡，ROC 曲线、Neyman-Pearson 准则可以用于这些重要程度的权衡。

在使用有监督学习时，还存在一个巨大的挑战是训练使用有标签数据集的大小。理想情况下，用于训练模型的数据集和用于评估算法性能(分类结果的准确性)的数据集都应该足够大，而现实情况下，用于训练的有标签数据集通常数量有限。因此在实际中，当只有小的或有限的数据集可用时，最常使用的是 N 折交叉验证。数据集首先被分割成 N 个大致相等的分区，然后每个分区依次用于测试，而其余的则用于训练。该过程会重复 N 次，能够保证每个实例都被用于测试。最终的召回率和精确率是 N 次测试的平均值。

由于简单地分割成 N 个分区无法保证每个类别在每一个分区中的比例相同，因此进一步增加了分层的步骤，即对数据集进行随机抽样，使每个类在训练和测试数据集中都有适当的比例，当分层和交叉验证结合使用时，被称为分层交叉验证。

2) 无监督学习

无监督学习方法主要对无标签数据进行处理。分类器从训练数据中提取特征，但无法评估分类结果的准确性。不过，无监督方法可以检测出数据集中的未知类，再对不同的类进行手动标签。常见的无监督学习方法包括层次聚类、K-means、EM 算法。

(1) 层次聚类：层次聚类是一种无监督机器学习方法，需要将邻近的数据点进行聚类。进行层次聚类时，主要采用“自下而上”凝聚法或者“自上而下”可分割法。自下而上的方法将每个数据看作一个单独的类，然后将邻近的实例合并到收敛；自上而下的方法将所有的数据作为同一个类，然后将其分割直到收敛。

(2) K-means：K-means 方法首先随机生成 k 个均值，然后根据数据点到均值的距离将数据点聚类成 k 个簇。然后选择均值作为聚类的质心，重复聚类过程直到收敛。

(3) EM 算法：期望最大化(Expectation Maximization，EM)算法旨在寻找参数的最大似然估计。在机器学习领域中，EM 可以用于归纳输出的概率分布，因此，所提取的模型可用于预测任何输入的输出。

除了这些常用的方法，从多个线性和非线性激活的层次中进行特征学习的层次学习方法也是一类无监督学习方法。在此类方法的基础上发展出了人工神经网络(Artificial Neural Network，ANN)等算法，因此层次学习方法与深度学习密切相关。

由于无监督学习算法并不需要输入有标签数据，因此对无监督学习算法进行评估更为复杂。当给定一个数据集时，聚类算法总是可以产生一个聚类的结果，即使是同一算法，不同的参数或不同的输入顺序都可能改变最终结果。

为了有效评估聚类算法，评估标准应该需要回答一些具体的问题，如数据中隐藏了多少个聚类、聚类的最佳数量是多少等。

研究表明，有监督学习方法在粒度要求较细的情况下更加有效，而无监督学习方法能够检测未知类。因此，半监督学习方法能够在一定程度上结合两者的优势。

7.3.3　机器学习在流量分类中的应用

当机器学习方法应用在流量分类中时，为了便于理解，定义了如下三个与流量有关的术语：

- 流/单向流：一系列具有相同五元组（源/目的 IP 地址、源/目的 IP 端口和协议号）的数据包；
- 双向流：一对在同一源/目的 IP 地址和端口之间方向相反的单向流；
- 全流：一个完整的生命周期（从通信连接建立到结束）的双向流。

一个类通常包含由同一个应用或一组应用产生的流量；实例通常指属于同一条流的多个数据包；特征值基于每条流包含的数据包信息进行计算，例如平均数据包长度等。由于并非所有的特征具有相同的重要性，因此实际使用的分类器会选择最小的有效特征子集，以便进行流量分类。

1）训练和测试一个有监督学习的分类器

接下来以一个视频流量分类的实例简要介绍完整的流量二分类流程。图 7.3 描述了分类器建立的整体流程。如前所述，训练有监督学习模型时需要输入有标签数据，当进行视频流量的分类时，需要输入两类标签数据：视频流量、非视频流量。

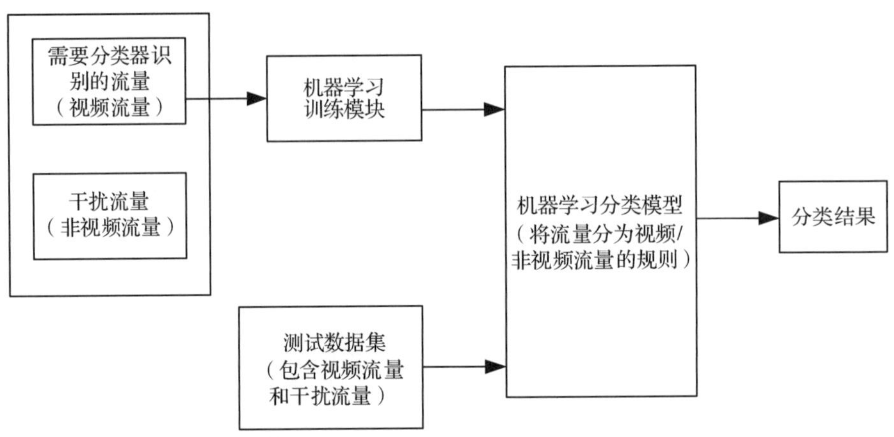

图 7.3　二分类机器学习模型训练和测试过程

图 7.4 介绍了训练分类器的步骤顺序。首先需要收集流量，其中包含视频流量（需要分类的流量）以及其他非视频流量（如 HTTP、DNS、P2P 流量等）；接下来对这些流的统计信息（如平均包到达时间、包长度的中位数等）进行计算，为生成特征集做准备；下一步可以进行数据的抽样，减少机器学习算法需要处理的数据量，抽样时需要从不同分类的实例子集中提取统计信息，将这些抽样后的结果输入、进行训练。当完成统计信息的计算后，可以进行特征的过滤/选择，限制特征数量，进而获得分类器模型。

在训练阶段，可以使用交叉验证进行准确度的评价。如果构成源数据集的数据包的采集时间和测量点都相同，交叉验证的结果可能会高估分类器的准确性。理想情况下，源数据集应该由多源多点采集的数据包构成，或者使用完全独立分开采集的训练集和测试集。

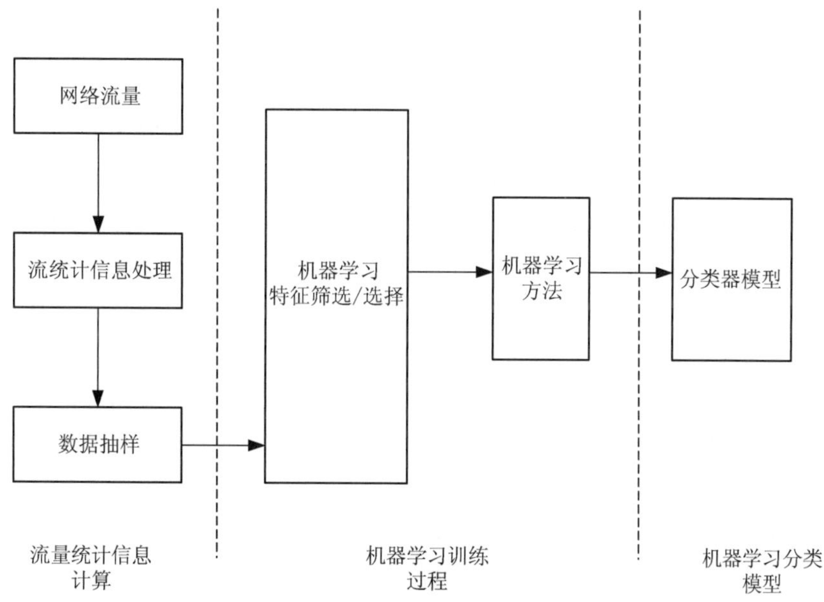

图 7.4 有监督学习流量分类器训练过程

图 7.5 描述了如何应用训练完成的分类器对实时流量进行分类判断。首先需要利用实时采集的流量计算统计数据，从中确定特征（在训练阶段确认的最佳特征子集），然后输入分类器，获得分类结果，即哪些流量属于视频流量。某些分类模型中允许在分类过程中执行图 7.4 中的流程，实现分类器的实时更新。为了更好地测试和评估分类器，也可以使用离线流量来代替实时流量。

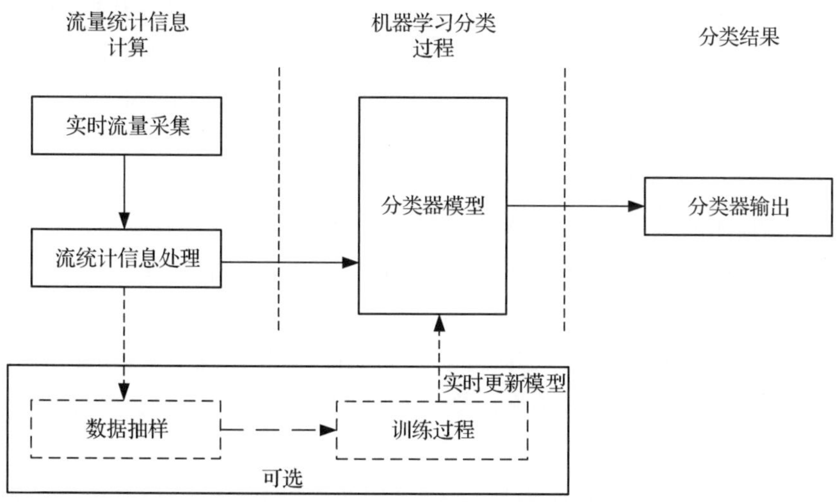

图 7.5 实时流量的分类判断

2）有监督与无监督学习在流量分类中的应用

如本章 7.1 节所述，流量分类不仅需要将流量分类到预先定义的类别中，也需要将流量本身映射到产生其的应用，将两者联系起来。

当使用有监督学习方法时，输入的数据含有标签，标签代表着应用的类别，因此有监督学习适合用于识别特定的或一组应用。当其用于流量分类时，如果所需分类的流量在训练集中都出现过，那么分类器的结果较好，一旦出现未知流量，其性能则会下降。当在实际环境中评估有监督学习方法时，需要考虑的是如何提供足够的训练实例，何时需要重新训练，以及新类型的未知流量如何处理。

与有监督学习相比，无监督学习的一大优势是不需要有标签数据和人工进行特征的选取，通过识别数据集中的"自然"集群来对流量进行分类。而分类的结果依然需要打上标签，以便新的流量实例可以正确映射到所属的应用程序。给分类的集群打标签的好处在于，可以通过关注新集群出现的时间来检测是否出现了之前未知应用产生的流量。

然而无监督学习存在的一个重要问题是，自动形成的集群不一定与应用是一对一的关系。最理想的状态是，形成的集群数量等于要分类的应用类别的数量，并且每个应用主导一个集群。在实际应用中，集群的数量往往大于应用类的数量。一个应用可能会主导好几个集群，或者一个应用也可能出现在多个集群中但不主导任何一个。从集群到应用程序的映射是无监督学习的一个重大挑战。

在实际环境中对无监督学习方法进行评估时，需要考虑的是如何对集群进行打标签的操作，如何在检测到新的应用时更新标签，以及集群的最佳数量。

7.3.4 模型部署方面的挑战

由于流量分类在网络管理方面起到重要作用，所以在不同的网络管理要求下，对于流量分类也有不同的要求。

1）分类的及时性和连续性

一个能够进行及时分类的分类器应该可以做到只需要每条流中的少量数据包，就可以完成分类。当使用少量数据包就可以实现分类时，特征计算期间消耗的内存也会随之减少，这对于需要计算几万条并发流量的特征统计信息的分类器非常重要。有时候根据分类的目的，可能无法对可用流进行抽样操作，因此我们的目的改变为使用每条流中尽可能少的数据包。

然而，仅仅根据流量刚开始的数据包进行分类是不可取的。例如，恶意攻击流在前期可能会伪装成可信应用的流量；或者分类器在启动的时候网络中已经存在了流量，无法获得这些流量的起始数据包。因此，分类器最好也能执行连续的分类，即在每条流的生命周期里重新计算其分类结果。

分类的及时性和连续性需要考虑到随着时间的推移，应用程序流量的统计信息可能会发生改变。然而在理想情况下，一条流在整个生命周期中的划分结果应该是同一个应用。

2）方向的中立性

应用程序发出的流量通常被认为是双向的，因此应用流的统计信息也通常被分为前向和后向进行计算。许多应用在客户端和服务器端的两个方向上都呈现出不同的统计特性，如多人在线游戏。因此，分类器必须能够进一步识别出未知流量的方向，即识别出该条流由客户端还是服务器端发出；或者可以不受方向特征的影响完成应用的分类。

在实际应用中，推断一条流的客户端和服务器端是非常困难的。由于实际的分类器无法假定已经获得了需要进行分类流的第一个数据包，那就无法确定目前分类的流的第一个数据包是往哪一个方向前进的。此外，由于客户端可能使用了不可预测的端口，无法使用

TCP 和 UDP 端口的语义，也无法利用公开的端口号来判断流的方向。

3）计算和存储资源的高效性

在实际环境中部署分类器时，计算和存储资源的消耗是需要重点讨论的方面。分类器的效率会影响到建立、购买和运营大规模流量分类系统的财务成本。无论一个分类器的训练速度有多快、分类结果有多准确，如果其分类效率低下，则并不适合于实际应用。不管分类器会被部署在 ISP 网络流量巨大的中间位置还是流量负载小的边缘位置，都应该尽可能减少消耗。

4）可移植性和稳健性

如果一个分类模型能够在不同的网络环境下使用，那么它就被认为是可移植的；如果它在面对网络层干扰，如丢包、流量整形时分类结果并不受影响，那么就认为这种模型是稳健的。此外，如果一个分类器能够有效地识别出新流量及其映射的应用的出现，那么也认为它是稳健的。

总的来说，尽管机器学习方法用于流量分类在理论上是可行的，但由于实际网络环境中的一些技术因素，例如流量速度和数据量等，以及需要连续进行模型训练等问题的存在，基于机器学习的流量分类技术还未能在实际网络环境中得到大规模的应用。

7.4 应用流量分类的机器学习方法

根据上文可知，特征在流量分类中起到了重要作用，因此当机器学习方法用于流量分类时，最常使用的是有监督学习方法，其次是将有监督与无监督方法结合的半监督方法，最后才是无监督方法。本节将依次介绍三种方法在流量分类领域的具体应用研究及结果，总结研究中所遇到的模型部署的困难。

7.4.1 有监督学习方法

1）使用 NN、LDA 和 QDA 算法的基于统计学特征的方法

早在 2004 年，研究者提出了使用最近邻（the Nearest Neighbors，NN）、线性判别分析（Linear Discriminant Analysis，LDA）和二次判别分析（Quadratic Discriminant Analysis，QDA）算法，将不同的应用映射到预定的 QoS 流量类别中。

可能的特征分为五类：

- 数据包级别：如数据包长度（平均值和方差、均方根）；
- 流级别：流持续时间、每条流的数据量、每条流的数据包数量（平均值、差值等），以单向流为计算基础；
- 连接等级：如 TCP 窗口大小、吞吐量分布和连接的对称性；
- 流内/连接特征：如流内的数据包之间的到达时间间隔；
- 多流：同一组终端之间的多个并发连接。

在这些特征中，最重要的是平均包长度和流的持续时间。这些特征根据每条完整的流

进行计算,然后再根据 24 h 内的流总量计算。

研究中考虑了三种分类情况,分别是三分类、四分类以及七分类。三分类的分类对象包括批量数据(FTP 数据)、交互式流量(Telnet)和流媒体(RealMedia);四分类的对象在三分类的基础上增加了 DNS 流量;七分类则又增加了三种:HTTPS、Kazza 和 WWW。实验证明三分类的错误率最低,随着分类对象数目的增加,错误率不断上升。

2) 基于贝叶斯技术的方法

许多基于贝叶斯的技术已经被应用于流量分类领域,并且贝叶斯方法也会与其他机器学习方法,如神经网络,结合使用进行分类。根据 2020 年的数据,基于贝叶斯的方法在多年以来长盛不衰,仅在 2016 年,就有 10 篇有关流量分类的论文使用了贝叶斯方法。

2005 年研究者发表了一篇基于贝叶斯方法进行流量分类的经典论文,为了确保方法评估的准确性,研究者根据流量内容对实验所使用的流量预先进行了人工分类。

在训练分类器时使用了 248 个基于全流的特征,用于训练的应用流量被归为了不同的类别,例如大数据传输、邮件、WWW、P2P 等。

为了评估分类器的性能,使用了准确率和信任度(相当于召回率)作为评价指标,结果显示使用基础的贝叶斯技术并且不对特征进行筛选,可以达到 65%左右的流量分类准确率。为了提高准确率,研究者使用贝叶斯-核估计方法(Naive Bayes Kernel Estimation,NBKE)和基于相关性的快速筛选方法(Fast Correlation-Based Filter,FCBF)对分类器进行了两次改进。这些改进有助于缩减特征空间并且提升了分类器的准确性,分类准确率达到了 95%以上。这项工作在后期利用贝叶斯神经网络方法进行了拓展,准确性得到了进一步的提高。

3) 基于多子流特征的方法

如上一小节所述,能否及时和连续地对流量进行分类是关系到分类器能否实际应用的重要制约因素。为了解决这个问题,2006 年研究者提出了一种只需要根据流的最近 N 个数据包进行分类的方法,称为分类滑动窗口。使用少量的数据包进行分类能够确保及时性,并且减少了分类过程中存储和计算数据包相关信息的资源消耗。该方法并不要求分类器获取每条流的起始数据包,而是允许在流的任意时间点开始分类。这意味着即使存在物理资源的限制,依然有可能在流的生命周期内及时进行监测。

该方法提出利用多条子流的特征进行分类器的训练。首先,从每条流中提取包含 N 个数据包的两条或多条子流用来代表需要识别的流量种类。每条子流都应该从原始流中存在明显不同统计特征的位置进行提取,如流的起始和中间。每条子流都作为一条实例,其特征值的计算来自其包含的 N 个数据包。然后用这些子流来训练分类器,而不是原始的全流。

研究者使用优化的数据集和贝叶斯方法进行了分类模型的训练,并且使用了双向流。实验表明,当分类器没有捕捉到流量的起始时,基于全流特征建立的分类器的效果很差。而该方法能够获得 95%以上的召回率和 98%的精确率,并且只需要两个方向共 25 个数据包。

尽管该方法在验证时只使用了一种游戏流量,但不可否认该方法的思想能够在一定程度解决流量分类的及时性和连续性。因此,研究者基于这种多子流的方法进一步提出了解决方向中立性的方法,先从全流中提取子流,再将这些子流进行镜像处理,就像流量来源于反方向。

4) 简单的统计协议指纹法

该种方法于 2007 年提出,目的是通过基于数据包的三个属性进行流量分类:数据包长度、到达间隔时间和数据包的到达顺序。定义了一种称为协议指纹的结构以紧凑的方法表示这三种流量属性，并使用一种基于归一化阈值的算法进行流量分类。

可以发现，以上这些方法并未提及能否解决目前流量分类遇到的一大阻碍——流量加密。有监督学习依然是加密流量分类最常用的方法。如果加密行为并没有影响到用于特征计算的数据包统计信息，那么可用于未加密流量的方法也一样适用。然而，如今的加密方法或协议甚至会因应用的不同而产生差别。因此，如何实现对加密流量的有效分类，是现在的研究热点。

7.4.2 半监督学习方法

由于打完标签的流量非常少并且难以获得，有监督学习在训练数据量少的时候并不能表现出优势，并且新应用的不断出现使得流量的种类难以预测。这些原因都使得传统的有监督方法可能会将新流量映射到已知的种类中，导致新类型的流的误判。

因此，一些研究者选择将有监督方法与无监督方法相结合，用于对未知流的分类。半监督学习通常分为两个步骤，第一步是将流量聚类到相同的集群，第二步则是使用有监督学习方法对流量进行分类。

研究者在流量分类方面已经提出了许多半监督学习方法。例如，有研究者提出了一种三阶段聚类方法，第一阶段的聚类使用流的统计特征；第二阶段则使用数据包负载特征；第三阶段将聚类的结果进行整合创建分类器。研究者构建了一个词包模型来表示通过流统计特征获得的聚类内容，然后应用潜在语义分析，根据数据包的有效载荷内容聚合类似的流量集群。

对于加密流量分类，也有研究者提出了一种 K-means 和 KNN 结合的方法来实现在线的分类。这种方法分为两个阶段，其中 K-means 在一个实时的嵌入环境中对流量进行分类，然后利用基于缓存的机制来评估分类器的性能。该方法结合了基于端口和基于统计信息的方法。

7.4.3 无监督学习方法

与其他两种方法相比，无监督学习方法并不能从分类结果中获得准确的流类型，只能获取流的分类数量，因此无监督学习在流量分类中的应用较少，基本上以基础的方法为主。

1）基于期望最大化的方法

早在 2004 年，已经开始无监督学习用于流量分类的研究，研究者最早提出的方法是使用期望最大化算法进行分类，该方法将具有类似的可观察属性的流量聚类为不同的应用类型。

这项工作研究了 HTTP、FTP、SMTP、IMAP、NTP 和 DNS 流量。使用的流量被分类为双向流量。为了实现流量的分类而不是聚类，该方法中使用了一些有监督学习的思想，例如在全流量的基础上计算了流特征。实验中使用的流默认并不会超时，除非超过了流量跟踪能记录的长度。

基于这些特征，EM 算法被用于将流量分成少量的集群，然后根据集群创建分类规则。从这些规则中识别出对分类影响不大的特征，将这些不重要的特征从输入模型的数据集中删除，然后不断重复这个选择特征的过程。该工作允许 EM 在自动找到聚类的数量后进行交叉验证。交叉验证的评估结果能够用于性能的估计,并被用于选择最优的分类器。

该方法被认为可以根据流量类型将流量分成若干类,目前的结果还不足以用于未知流量的确定分类,但该方法可以作为分类的第一步,将具有相似流量特征的应用先进行聚类。

2) 基于 AutoClass 的应用识别方法

自动聚类算法(AutoClass)是一种无监督的贝叶斯分类器,它使用 EM 算法确定来自训练数据的最佳集群。EM 用于保证能够收敛到一个局部的最大值,为了能够找到全局最大值,自动聚类算法从参数空间的伪随机点开始重复的 EM 搜索,直到获得最高概率的参数集模型。

自动聚类算法可以预先配置类的数量,或者算法自动进行估计。首先,数据包会被分类为双向流,计算流特征,每个方向的每条流都需要基于全流进行一系列特征值的计算,流的超时时间被设置为 60 s。

在学习过程中需要进行数据的抽样操作,从流数据中抽取一个子集。一旦完成了类(集群)的学习,就开始对新的流进行分类,学习和分类的结果都将被用于评估算法的性能。

该方法还提出了一种评价聚类的方法,引入了一种称为类内同质性(Intra-class Homogeneity,简称为 H)的指标用于评估所产生的类和分类的质量。一个类的同质性 H 被定义为该类中的某个应用的流的最大部分。一组类的总体同质性 H 是该组中所有类的同质性的平均值。为了分离不同的应用,应该尽量让 H 最大化。

实验结果表明,利用 H 可以实现一些不同应用之间的分类,特别是某些特殊的应用例如某些游戏。当使用不同的特征子集时,研究表明 H 随着特征数量的增加而增加。然而这项研究并没有解决特征数量和计算消耗之间的平衡。

为了计算映射到应用的准确性,研究者计算了每个类别中的主导应用程序(所占流量的比例最大)的准确性和召回率作为评估指标。通过对结果的分析发现,尽管使用 H 可以在一定程度上做到分离不同的应用,但由于聚类算法获得的类数量远大于应用的数量,因此如何识别不主导任何类的应用流量是一个挑战。

3) 基于简单 K-means 识别 TCP 应用的方法

2006 年,研究者提出了一种简单 K-means 的技术,使用每条流的前几个数据包对不同类型的 TCP 应用进行分类。

与之前的工作相比,该方法只需要 TCP 流的前几个数据包就可以检测流量的种类。理论依据在于,TCP 流的前几个数据包代表了应用程序的协商连接阶段,这个阶段的消息序列对于不同的应用而言一般是不同的。

训练阶段是离线进行的。训练的输入是来自各种应用的一小时长度的 TCP 数据包。根据前 P 个数据包对流进行聚类,并且每条流都由 P 维空间中的点表示,其中每个数据包对应一个维度,维度 p 上的坐标是流中第 p 个数据包的大小。训练时使用了双向流,由 TCP 服务器发送的数据包与反方向数据包以正负坐标进行区分。

流之间的相似性由其相关的空间表征之间的欧几里得距离来衡量。在自然聚类形成后,模型定义了能将新流分配到一个聚类的规则,而聚类的数量是通过 K-means 算法的不同聚类数量的实验选择的。分类规则很简单:计算新流与预先定义的集群中心之间的欧氏距离,新流属于距离最近的集群。由于训练集也包含了流的有效负载,所以每个集群中的流可以打上来源应用的标签。学习的输出由两部分组成，一个部分是每个集群的描述（集群的中心），另一部分是集群中包含的应用。这两部分都被用于对流量进行在线分类。

在分类阶段，数据包被组成一个双向流。TCP 连接的初始 P 个数据包被捕获用于分类，TCP 流会首先被分类到集群中，再与该集群中最普遍的应用进行关联。

实验结果显示通过使用每条 TCP 流的前 5 个数据包就可以达到 80%以上的识别准确率。然而该方法能够实现的前提是分类器每次都可以捕捉到流量的起始数据包。此外，由于使用了无监督方法，当 TCP 流聚类到集群后，一旦该集群中不存在主导的应用，如何进行应用的分类是一项挑战。

对于加密流量，K-means 模型也可以用于识别 HTTPS 连接中的加密视频流，并且能够获得良好的平均精度。实验数据集根据不同的比特率进行提取，以证明分类器在不同情况下的性能（IATs 的变化）。类似地，K-means 也可以用于 P2P 流量识别。

4）识别网络核心中的网页和 P2P 流量

在网络核心中进行流量分类存在一些困难，在这个范围内流和其贡献者的可用信息可能是有限的。2007 年研究者提出了仅使用单向流信息就可以进行分类的方法。虽然对于一个 TCP 连接而言，服务器端到客户端的流可能比反方向的流提供了更多的有用信息以及更好的准确性，但并不是在所有的情况下都能获得这个方向的流。他们还开发并评估了一种算法，可以从单向数据包的追踪中估计缺失的统计信息，欧氏距离被用来衡量两个流向量之间的相似性。

单向流由基于全流计算的特征集进行描述，其中可能的流量类别包括网页、P2P、FTP 等。在训练阶段，假定所有训练用的流的标签都是可用的（根据有效载荷内容和协议签名进行手动分类），一个集群会被映射到构成该集群的大多数流的流量类别。一旦有未知流出现，就会根据其与集群中心的距离映射到最近的集群。

该方法以流准确率和字节准确率作为评估的性能指标。实验用了三个数据集：只包含客户端到服务器端数据包、只包含服务器端到客户端的数据包，以及包含两个方向的随机混合数据集。K-means 算法需要输入集群的数量，事实表明，当集群的数量 k 从 25 增加到 400 时，两个指标都有所提高。总的来说，服务器端到客户端的数据集始终保持着最好的准确性。

该方法中还能估计缺失的统计信息，针对基于 TCP 协议的语法和语义进行开发，流的统计信息被分为三大类：持续时间、字节数和数据包的数量。在缺失方向上的流持续时间被估计为在观察的方向上看到的第一个和最后一个数据包之间的持续时间；发送的字节数是根据 ACK 包中包含的信息估计的；发送的数据包的数量是通过跟踪流中看到的最后一个序列号和确认号来估计的，涉及 MSS 的相关信息。通过评估，该估计算法在持续时间和字节数的估计中表现较好，而对数据包数量的估计误差范围相对较大。

该研究探讨了用单向流数据进行流量分类的可能性，并且在后续的工作中解决了使用双向流的方向性的相关问题。

从以上研究中可以总结出，为了在未知流量出现时获得一个准确的分类结果，即结果中能够显示流量类别的名称，用于流量分类的无监督学习基本上都不是单独使用，都存在打标签的步骤。因此，在使用聚类技术进行流量分类时，必须定义一个打标签的规则。

7.4.4 实际部署的挑战

7.3.4 节提到了机器学习的流量分类模型在实际部署中的要求和挑战。结合本节中研究者提出的机器学习在实际网络环境下进行流量分类的研究，可以对这些挑战进行定性的分析。

1）分类的及时性和连续性

大多数回顾性的工作都评估了不同的机器学习算法在应用于完整流量数据集的功效，这些算法都在包含了几千个数据包的全流上进行了训练和测试。

一些研究者探索了当只使用流的前几个数据包时分类器的表现，但是他们无法处理流的初始数据包缺失的情况。为了解决这个问题，另一批研究者探索了使用一个跨时间的小滑动窗口对流量进行连续分类的技术，从而不需要获得流的初始数据包。

2）方向的中立性

在许多研究中，研究者都假设应用流是双向的，在分类之前可以判断出应用流量的方向，并且可以获得每个双向流的第一个由客户端发往服务器的数据包。分类模型基于这个假设进行训练，随后的评估也基于分类器能够计算出正确的前向和后向特征。

由于弄错方向会降低分类的准确性，也有研究者探讨了如何建立不依赖外部方向性指示的分类器模型。

3）计算和存储资源的高效性

实际部署时消耗的资源与分类器的分类性能之间需要做出明确的取舍。尽管一些研究中提出的分类器体现出了优秀的分类精度，然而这些研究普遍使用了大量的特征，这导致了计算资源的大量消耗。虽然计算复杂特征（如基于熵的有效带宽、数据包到达间隔时间的傅里叶变换等）会导致巨大的开销，但如果不使用这些特征，可能会导致分类器的性能下降。

为了在精度与资源消耗之间进行取舍，研究者也提出了一些方法，然而这些方法也存在一些问题。例如，贝叶斯-核估计算法建立分类模型的时间最短，但其分类速度方面的表现最慢。

分类的及时性和连续性倾向于在计算特征时使用滑动窗口方法，增加这个窗口的长度可能会提高分类精度。然而，增加窗口的长度可能会降低分类的及时性并增加在特征计算期间缓冲数据包所需的内存。

4）可移植性和稳健性

当存在丢包、数据包碎片、延迟和抖动的情况时，并没有研究涉及并评估其模型在分类性能方面的稳健性以及可移植性。

总的来说，目前针对机器学习分类模型的研究中，选择算法的依据包括：前人的工作经验；在不同数据集上实验后的性能比较；算法之间的定性优劣，以及流量分类的目的。而对于实际应用而言，需要实现模型的有效性与实际网络的消耗之间的平衡，以及达到网络管理者对于流量分类的需求。随着网络协议的不断发展，对于加密流量的分类也正在成为研究热点。

7.5　基于深度学习的流量分析方法

回到本章开头所述的流量分类概念及必要性，可以发现流量分类的主要目的是用于网络管理，而网络管理以流量分类为基础，包含了更多的流量分析需求。

我们可以发现，机器学习方法在流量分类时也存在一些不足。为了能够识别未知流量并且提高分类的准确率，通常会将有监督与无监督方法结合使用，然而在有监督学习模块中，需要人工提取特征，特征的提取非常耗时。基于此，使用能够自动提取特征的深度学习方法进行流量分析的研究正在逐步展开。

7.5.1　深度学习方法概述

机器学习往往难以处理数量巨大并且结构复杂的数据集，例如包含数千甚至数百万实例的图像数据集。

与机器学习方法相比，深度学习在大数据领域的分析和知识发现起到了关键作用，已经被应用于许多领域，包括计算机视觉、医疗保健、交通和智能农业等。此外，深度学习也得到了大型技术类公司的关注，诸如 Twitter、YouTube 和 Facebook 等。这些公司每天都会产生大量的数据，处理这些数据，获得其中的有效信息对他们来说至关重要。深度学习算法被用来分析产生的数据并提取有意义的信息，而传统的数据处理技术几乎不可能处理如此巨大的数据量。

深度学习不需要进行人工的特征选择，而是在训练过程中自动选择特征。当新类别流量不断出现、旧类别流量的特征发生改变时，深度学习的这一特征非常适合于流量分类。深度学习的另一个重要特点是，与传统的机器学习方法相比，它具有相当强的学习能力，因此可以学习高度复杂的模式。正因为有这两个特点，深度学习不需要将问题分解成特征选择和分类的子问题，就能够学习原始输入和相应输出之间的非线性关系。

可以发现，深度学习是机器学习的一个子领域，并且基于神经网络算法。深度学习中的“深”指的是多层的神经网络，其中深度神经网络（Deep Neural Network，DNN）被用来寻找每一层的数据表示。对于复杂的任务如图像识别，深度学习模型通常有几十甚至几百个连续的隐藏层用于表征数据，而机器学习模型通常只涉及一到两层的数据表示。图 7.6 展示了一个 DNN 架构。

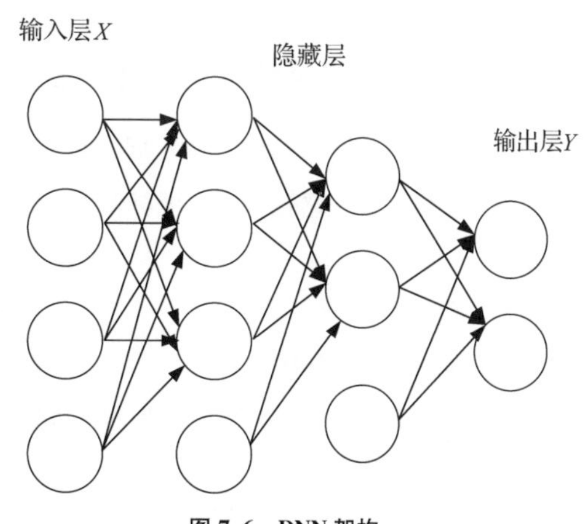

图 7.6　DNN 架构

一般来说，人们认为机器学习能够将输入的数据映射到某个结果（类别），这是利用已经打完标签的数据进行训练实现的。同样的，深度学习通过深度连续的数据转换实现输入到类别标签的映射。深度学习模型通过观察许多输入/分类结果的例子来学习这些转换的过程。

在深度学习模型中，层的权重也被称为参数，决定了该层会对输入的数据进行何种转换。如图 7.7 所示，"权重"可以简单理解为一组数字。深度学习中的"学习"就是指为模型中所有层的权重找到一组正确的值，以便模型能够精确地将输入映射到它们的相关类别标签。由于深度学习模型可能有数以千万计的参数(权重)，因此如何正确确定这些参数的值是一项挑战。图 7.8 显示了人工智能、机器学习和深度学习之间的关系。下文将详细介绍主要的深度学习模型。

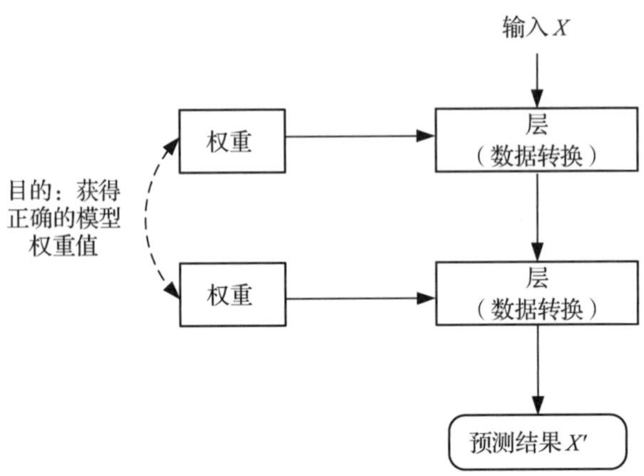

图 7.7　通过权重进行学习的深度学习模型

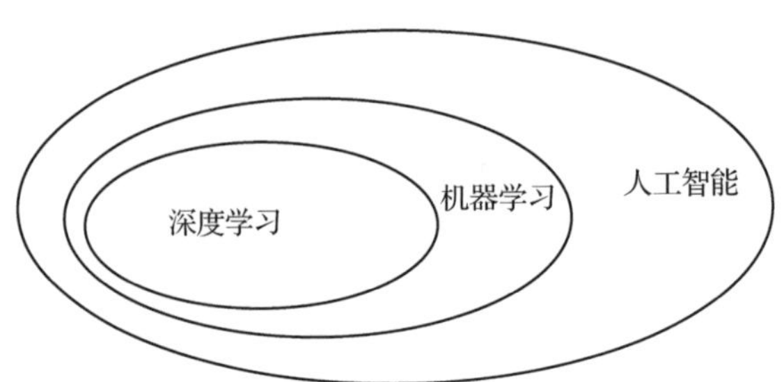

图 7.8　人工智能、机器学习、深度学习之间的关系

7.5.2　常用深度学习模型介绍

随着计算资源和 GPU 的发展，训练多层次的人工神经网络变得更加便利。常用的深度学习方法包括多层感知器、卷积神经网络等，以及近年来新提出的生成对抗网络、多任务学习等。

1）*多层感知器*

多层感知器(Multilayer Perceptron，MLP)，又称为深度前馈网络，是一类经典的深度学习模型。MLP 模型是一个人工神经网络，该网络由至少三层简单层构成，每个层都能够为每个数据点提供一个新的表示。

MLP 模型主要用来模拟某些函数 f。例如，在一个分类器模型中，$y=f(x)$表示将输入的数据 x 映射到标签 y 中。那么，MLP 就需要定义这样一种映射关系：$y=f(x,\theta)$，并且找到参数 θ 的正确值，能够获得最接近的映射结果。数据输入到由数据 x 评估的函数，然后流经定义 f 的中间计算单元，最后获得输出 y。需要注意的是，在 MLP 模型中，数据不可以逆向流动，即从 y 无法映射到 x。

一个 MLP 至少有三层，其中计算单元（或称为神经元）与下一层的单元密集连接。假定一个输入的数据向量 $\boldsymbol{x}$ 和一个标准的 MLP 网络，MLP 中的映射函数如公式(7.1)所示：

$$\boldsymbol{y}=\sigma(\boldsymbol{W}\cdot\boldsymbol{x}+\boldsymbol{b}) \tag{7.1}$$

在这个表达式中，$\boldsymbol{y}$ 是每层的输出，$\boldsymbol{W}$ 表示学习的权重，$\boldsymbol{b}$ 表示偏置神经元。另外 $\sigma(\cdot)$ 是一个激活函数，可以利用它的非线性特性来改善模型的训练成果。最常见的非线性激活函数有以下几种：

- Sigmoid/logistic，$\mathrm{Sigmoid}(x)=\dfrac{1}{1+\mathrm{e}^{-x}}$；
- Tanh，$\tanh(x)=\dfrac{\mathrm{e}^{x}+\mathrm{e}^{-x}}{\mathrm{e}^{x}-\mathrm{e}^{-x}}$；
- ReLU，$\mathrm{ReLU}(x)=\max(x,0)$；
- Leaky ReLU，$\mathrm{Leaky\ ReLU}(x)=\max(\alpha * x,x)$，$\alpha$ 是一个较小的常数，例如 0.1。

ReLU 和 Leaky ReLU 能够解决其他激活函数不能解决的问题——梯度消失。该问题是指，当损失函数的梯度很小时，中间层的更新就会减慢乃至停滞。

2）卷积网络

卷积网络，也称为卷积神经网络（Convolutional Neural Networks，CNN），是一种特殊的神经网络，专门用于处理网格类数据，如时间序列和图像，这些种类的数据可以分别被视为一维的网格和二维的像素网格。卷积网络已被广泛应用于处理各种实际问题，如自然语言处理、计算机视觉、语音识别等。卷积神经网络中的"卷积"一词是指 CNN 使用了一种称为"卷积"的数学运算。卷积运算是一种特定类型的线性运算，指对两个函数/信号的积进行积分。CNN 在其网络中的至少一层使用了卷积运算而不是一般的矩阵乘法。为了提高系统性能，CNN 减少了模型的参数空间，并且应用了三个关键原则：参数/权重共享、稀疏互动和等值表示。

DNN 架构存在一个明显的缺点，即维度过大，特别是当输入过于庞大和复杂的数据时，整个系统的性能都会受到影响。为了处理这个问题，CNN 中引入了卷积算子/卷积层替代 DNN 中的全连接。CNN 的结构受到动物视觉的启发，如图 7.9 所示，包含了多个卷积层、池化层，以及全连接层。

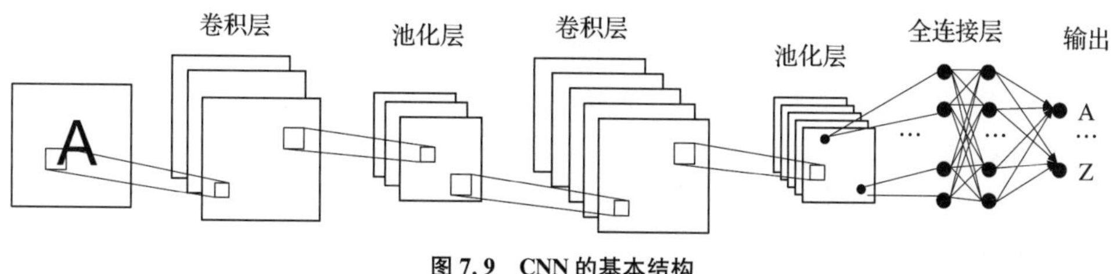

图 7.9　CNN 的基本结构

在卷积层中，一组具有可学习的参数的卷积核用于从上一层的输出中获得特征。为了生成该层的输出，这组卷积核也用于处理全部的输入。通过在一层中使用同组卷积核，可学习的参数的数量会大大减少。此外，在全部的输入上使用这些卷积核，也有助于模型捕捉到具有平移不变性的特征。例如，在图像分类任务中，无论老虎在图像中的位置如何，捕获老虎皮肤特征的卷积核都能检测出这些特征。这对于那些本质上是平移不变的任务特别有帮助，包括网络流量分类，其中一些特征可能在前几个数据包、流量的末端，或者可能在流量的任何部分固定出现。在 CNN 中，每个输入区都与输出的一个神经元相连，这称为局部连接。通过训练，这些神经元能够用于识别抽象概念。

CNN 模型中通常使用的另一层是池化层，主要负责子采样。在卷积层和池化层的最后，通常使用一组全连接层来捕获输入的高级特征。

3）递归神经网络

递归神经网络(Recurrent Neural Networks，RNN)是一类适合用于分析序列数据的人工神经网络。与旨在处理网格状拓扑数据的 CNN 不同，RNN 具有能够处理序列数据的特性。此外，大多数 RNN 都能够处理可变长度的序列。递归网络的基础是在模型的不同层上共享参数，使得模型能够处理不同形式的数据。当一个特定的数据出现在序列的多个位置上时，参数的共享显得尤其关键，这种优化能够显著节省模型占用的内存。图像等二维空间数据也可以使用 RNN 进行处理。与传统的神经网络相比，RNN 能够处理数据序列，因此每个样本都可以被认为是依赖于之前的样本。

如前所述，RNN 专门用于序列建模，并且序列样本之间存在很强的顺序相关性。在每个时间步骤中，RNN 使用给定的输入和已经获得的信息(状态)来产生输出，这种信息是通过单元之间的递归连接传递的。RNN 的架构如图 7.10 所示。

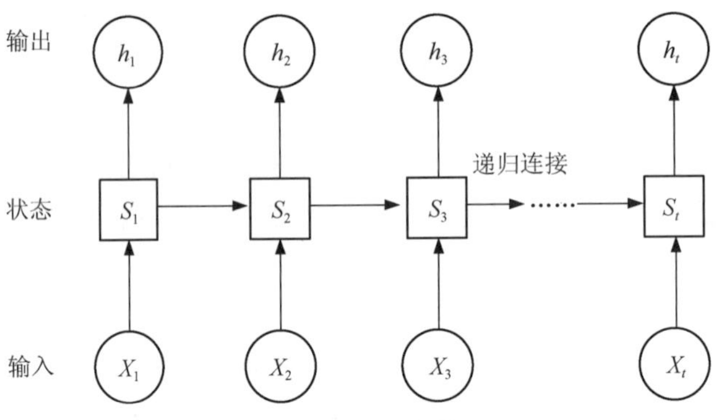

图 7.10　RNN 架构

假设存在这样一组输入 $\boldsymbol{x}=(x_1,x_2,\cdots,x_t)$。RNN 会进行如下计算：

$$S_t=\sigma_s(W_x x_t+W_s S_{t-1}+b_s) \tag{7.2}$$

$$h_t=\sigma_h(W_h S_t+b_h) \tag{7.3}$$

其中 S_t 是 RNN 在 t 时刻的状态，作为 RNN 的记忆单元。为了计算 S_t 的值，需要获得在时间 t 的值 x_t 以及 RNN 的上一个状态 S_{t-1}。此外，W_x 和 W_h 是训练过程中需要学习的权重，b_s 和 b_h 是偏置值。在 RNN 中，随时间反向传播(Backpropagation Through Time，BPTT)算法用于更新权重或训练网络。

4）长短期记忆

RNN 可以使用自循环来长时间存储近期输入事件的梯度，这就是长短期记忆(Long Short-Term Memory，LSTM)的核心思想。LSTM 的出现是为了处理之前技术中的两个严重问题：梯度消失和梯度爆炸。更具体地说，当使用传统的基于梯度的学习方法时，如 BPTT 和实时递归学习(Real-Time Recurrent Learning，RTRL)，错误信号在模型上反向传播时可能会减少或者增加。为了解决错误信号回流的问题，LSTM 网络引入了门集合的概念。LSTM 的结构如图 7.11 所示。

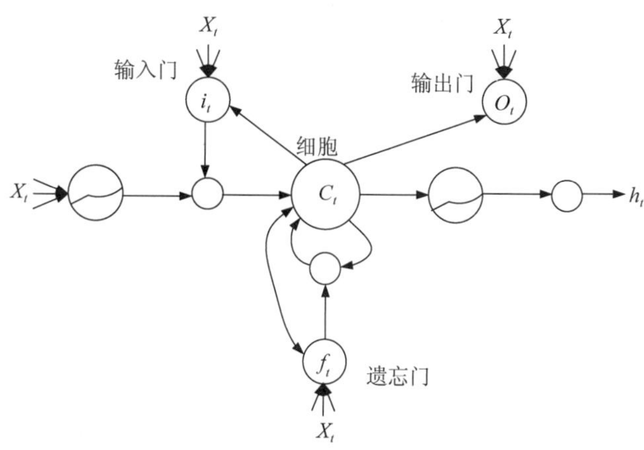

图 7.11　LSTM 的结构

在这个结构中，“遗忘门”决定了细胞（神经元）状态中的哪些不具有代表性的信息会被遗忘。遗忘门通过一个 Sigmoid 层进行遗忘选择，具体操作如下：

$$f_t=\sigma(W_{xf}X_t+W_{hf}H_{t-1}+W_{cf}\odot C_{t-1}b_f) \tag{7.4}$$

在这个表达式中，$\odot$表示哈达玛积，C_t 表示单元状态输出，H_{t-1}表示隐藏状态。遗忘门缓解了梯度消失和梯度爆炸的问题，大大提升了 LSTM 的性能。

LSTM 的另一个基本功能是决定哪些新信息应该被存储在细胞状态中。为此，输入门 i_t 决定哪些信息将被更新，而这些信息将为旧的细胞状态 C_{t-1} 提供更新，所用公式如下：

$$i_t=\sigma(W_{xi}X_t+W_{hi}H_{t-1}+W_{ci}\odot C_{t-1}+b_f) \tag{7.5}$$

$$C_t=f_t\odot C_{t-1}+i_t\odot \tanh(W_{xc}X_t+W_{hc}H_{t-1}+b_c) \tag{7.6}$$

LSTM 的最后一步是根据细胞状态来决定什么该输出。这可以通过输出门 O_t 来完成，它决定细胞状态的哪些信息将输出。细胞状态也需要经过 tanh 函数处理，然后与输出门相乘。具体操作如下：

$$O_t=\sigma(W_{xo}X_t+W_{ho}H_{t-1}+W_{co}\odot C_t+b_o) \tag{7.7}$$

$$H_t=O_t\odot \tanh(C_t) \tag{7.8}$$

5）自动编码器

一般而言，自动编码器（Auto-Encoder，AE）是一个用于有效地学习如何将输入复制到输出的神经网络。AE 中包含一个称为 h 的隐藏层，负责描述一个代表输入的代码。一个 AE 网络由两个主要部分构成：编码函数 $h=f(x)$和解码函数 $r=g(x)$。图 7.12 描述了 AE 的结构。AE 并不是只为了将输入复制到其输出，而是只复制输入中的必要部分，这些部分包含了数据中的有用属性。

假设有一个$\{x^1,x^2,x^3,\cdots,x^n\}$的训练集，每个数据样本 $x^i\in\mathbf{R}^n$。AE 的目标是通过降低重建误差来重新构建网络的输入，即 $y^i=x^i,i\in\{1,2,3,\cdots,n\}$，换句话说，AE 尝试学习压缩后的输入数据。鉴于这一目的，AE 需要最小化以下损失函数：

$$\Gamma(\boldsymbol{W},\boldsymbol{b})=\|\boldsymbol{x}-F_{\boldsymbol{W},\boldsymbol{b}}(\boldsymbol{x})\|^2 \tag{7.9}$$

其中，$\boldsymbol{W}$ 和 $\boldsymbol{b}$ 分别是网络权重和偏置的向量，$F_{\boldsymbol{W},\boldsymbol{b}}(\boldsymbol{x})$是 AE 需要学习的识别函数。AE 主要

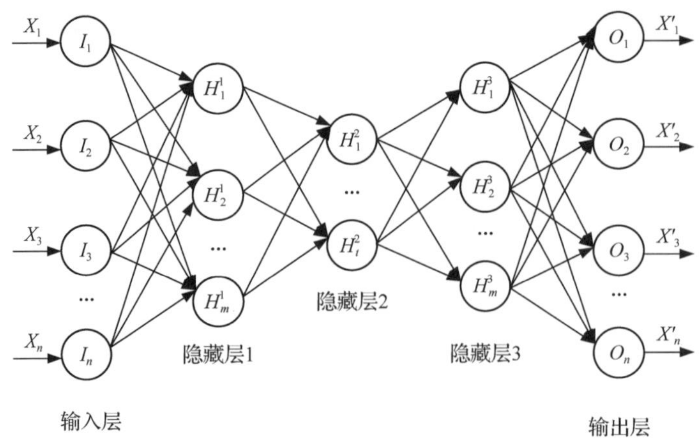

图 7.12　AE 的结构

被用作自动提取特征过程中的一个无监督框架。更具体地说，AE 输出层的输出可以被认为是分类任务的一组抽象的判别特征，特别是对于高维数据而言。

6) 深度生成模型

深度生成模型(Deep Generative Models)，或称为生成式深度学习，是一种有效的学习机制，通过无监督学习获得任何输入数据的分布。常见的生成模型包括玻尔兹曼机、深度信念网络等。根据广义的定义，深度生成模型表征了特定数据集在概率模型方面的生成方式。深度生成模型试图将概率模型能够提供的可解释性表示和可量化的不确定性整合到深度学习的可扩展性和灵活性中。

一般来说，大多数机器学习模型在本质上是判别模型，该种模型并不关心数据是如何产生的，只需要对一个给定的输入数据进行分类。相比之下，生成模型指定数据是如何产生的，以便对输入数据进行分类。判别模型和生成模型的另一个关键区别在于，前者的训练数据集必须是有标签数据。因此，判别模型通常被认为是有监督学习的同义词。而生成模型通常使用无标签的数据集，但也可以使用有标签的数据集，学习如何从不同的类标签中产生数据实例。

生成对抗网络(Generative Adversarial Networks，GANs)是一种新兴的生成模型方法。该网络最大的特点在于能够同时训练两个子模型。以视觉数据作比，可以将其中的一个模型看作艺术伪造者，另一个模型看作是艺术专家。伪造者，在 GAN 中被称为生成器 G，用于制造逼真的图像；专家，在 GAN 中称为判别器 D，用于接收伪造和真实的图像，并且判别图像的真实性。这两类网络同时进行训练，并且互相竞争。

具体来说，G 试图产生尽可能真实的新实例，并增大 D 在判别时被混淆的概率。D 的责任是区分实例的真假。在 GAN 网络中，总体目标是解决一个概率论中的双人最小化问题。GAN 的整体结构如图 7.13 所示。

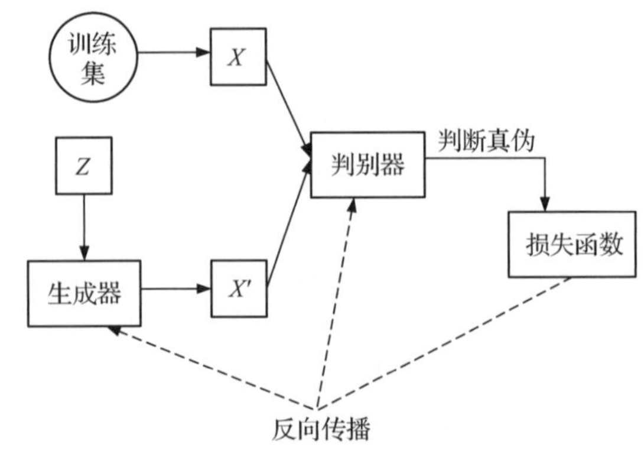

图 7.13　GAN 的结构

7）多任务学习

多任务学习的目的在于在假设任务不是完全独立的情况下，同时进行多个学习任务，一个任务可以提高另一个任务的学习能力。例如，对于自动驾驶而言，检测危险物体和基于距离的危险评估是两个重要的任务。由于这两个任务是相关的并且可以从共享的表示中获益，因此可以定义一种多任务学习方法进行联合学习。多任务学习最常见的方法是硬参数共享，即在任务之间共享深度学习模型的一些参数，而另一些参数则根据任务进行调整。

7.5.3　深度学习方法在流量分析中的应用

随着通信系统和网络的发展，网络中的流量显示出了适合深度学习算法的特征，如大数据、多模态等。传统的机器学习方法处理这些特征时会消耗大量的资源，基于深度学习的流量分析技术展现出了如下优势：

- 深度学习模型不需要大量的人力，而且不依赖于特征的选择。深度学习模型可以部署不同的表征层和高效的算法，从大量的流量数据中提取隐藏的信息。这一优势对大规模流量分析非常有效，因为在大部分的网络管理情况下，流量是不存在标签的。

- 深度学习模型如 LSTM 能够处理时间-空间数据，捕捉两者之间的相关依赖。大多数以时间序列数据形式呈现的网络管理数据都能够使用深度学习模型进行处理，并展现出高度的准确性。为不同的流量分析应用部署准确和有效的技术是非常重要的，例如，准确的移动流量预测对于流量工程（如按需资源分配）、节约能源和蜂窝网络中的用户移动性分析（如移动预测）非常重要。

- 在新的计算范式如雾计算和边缘计算中，涉及的设备都配备了高性能的计算设备如 GPU 来处理数据。由于这些计算范式被广泛用于流量分析，雾设备和边缘设备可以用于实现深度学习，对网络进行监测。此外，新的机器学习范式如联合学习，可以以分布式的方式实现深度学习技术。通过新的机器学习范式实现深度学习模型，使深度学习能够在每台机器上单独训练模型，这有助于从不同的机器收集网络管理信息到中心点进行流量分析。使用分布式机器学习技术进行深度学习模型训练，可以减少网络开销以及降低对安全和隐私的侵害。

基于上述考虑，下面将总结目前深度学习方法在流量分析中的应用，如流量分类、流量预测、故障管理和网络安全等。

1）深度学习用于流量分类

随着深度学习模型数量的迅速增加，研究者发现使用这些模型进行流量分类能够获得较高的准确性。

由于 MLP 网络的复杂性和低准确性，单纯的 MLP 很少被用于流量分类。MLP 存在的缺点是超参数的调整，如隐藏神经元和层的数量，以及对特征缩放的敏感性。当 MLP 用于流量分类时，经常需要与别的深度学习方法结合使用。

移动网络流量的分类选择使用深度学习模型，原因是移动设备的广泛使用扩大了移动流量的规模；移动通信中大量采用加密的网络协议，降低了传统方法的有效性；以及移动应用的不断发展和移动流量的性质变化使得打标签变得更加困难。研究者发现与其他深度学习算法相比，1D-CNN 在 FB-FBMA 和 Android 数据集上表现得最好。

在进行入侵检测时，MLP 网络可以作为分类工具来检测低功率和有损网络中的盗用攻击，甚至可以找到受攻击影响的节点，并确定恶意节点。MLP 网络也可以与顺序特征选择技术相结合，以检测 DDoS 攻击。

与传统神经网络相比，CNN 的主要优势之一是自动检测重要特征和分层进行特征提取。研究者在 2017 年提出了一个简单的 CNN 模型用于加密流量的分类，是最早在流量分类方面使用 CNN 的文献之一。他们将加密流量转化为二维图像，然后将图像送入 CNN 模型进行分类，实验结果表明，1D-CNN 和 2D-CNN 都表现出了在分类准确率方面的优势。与传统的流量分类器相比，这项工作提出的方法体现了如下的优点：将特征的提取/选择/分类阶段整合到一个端到端的框架中，能够对加密的网络流量进行分类。

CNN 也可以用于 IDS 检测。研究者提出了一种称为 HAST-IDS 的新型 IDS，其中 CNN 和 LSTM 模型被分别用来学习网络流量的空间信息有关的低级特征和时间信息有关的高级特征。由于深度神经模型会自动学习关键特征，因此该系统中并不存在特征工程阶段。为了衡量该系统的有效性，研究者使用了 DARPA1998 和 ISCX2012 数据集，在这两个数据集中，HAST-IDS 在训练和测试时间以及准确性方面都优于其竞争对手。例如，在 DARPA1998 数据集中，训练和测试时间分别为 58 min 和 1.7 min，并且在 ISCX2012 数据集上的准确率高达 99.5%。研究者也将 CNN 以自动化的方式应用于恶意软件的检测，可以检测到使用不可预测的端口号和协议的恶意软件，这主要是由于该模型采用了从流中捕获的 35 个不同的特征，而不是从数据包中提取的特征。此外，传统的神经网络已经被用作物联网网络的流量分类器，用于区分这些网络中异构设备和服务的流量/行为。在这项工作中，研究者将 CNN 和 RNN 模型结合起来获得了极佳的检测结果，当他们使用所有特征时，准确率约为 97%。即使在高度不平衡的数据集下，所提出的方法也显示出优异的性能。与经典的机器学习技术相比，基于 CNN 的方法不需要经过特征工程处理，这得益于卷积层能够从输入数据中自动提取复杂的特征。也有另一些研究者利用 CNN 进行了恶意软件的流量分类，并且获得了高达 99.41%的准确率，但他们承认工作中仍然存在局限性，例如使用的数据集的大小和类的数量是固定的，以及提出的方法只利用了网络流量的空间特征。CNN 在面对一些新的协议如 QUIC 时也能够有效进行分类，QUIC 协议减少了网络流量的可见部分，给流量分类带来了挑战，CNN 能够利用基于流量和数据包的特征对分类器进行改进。

AE 主要作为一种无监督的技术被用于进行自动的特征提取和选择。更具体地说，AE 编码部分的输出可以作为分类问题的高层次的判别特征集。AE 模型也被应用于分类问题，例如，研究者采用了被称为 Deep Packet 的叠加自动编码器(Stacked Autoencoders，SAE)模型进行加密流量分类，SAE 将几个 AE 堆叠起来，形成一个深度结构，以获得更好的性能。作者使用 UNB ISCX VPN-nonVPN 数据集来评估该方法的性能，Deep Packet 的表现优于其他方法。研究者也提出了一个改进的 SAE，其中包含的堆叠贝叶斯自动编码器用于理解多源网络流量之间的复杂关系。此外，提出的 SAE 通过反向传播学习算法和有监督学习方式进行训练，以学习网络流量之间的复杂关系，实验结果显示，改进后的 SAE 在准确性方面得到提高。

深度生成模型可用于处理数据集不平衡的问题。不平衡数据集指的是不同数据类别的实例数量存在很大差异。在这种情况下，机器学习方法难以基于数量很少的数据集进行训练，为了缓解这个问题，过采样和欠采样是两种常见的方法。过采样可以通过重复次要标签类的实例来实现，而通过删除主要类别的一些实例，可以实现欠采样。为了解决网络数据的不平衡类问题，深度生成模型（Auxiliary Classifier GANs，AC-GAN），用于生成数据实例，以在次要和主要标签类之间建立平衡。深度置信网络可以用于入侵检测，可以用于检测任何在训练数据集中未出现过的攻击。通过将深度卷积生成对抗网络（Deep Convolutional Generative Adversarial Network，DCGAN）和半监督学习结合，可以用于加密流量的分类，该方法是使用 DCGAN 进行实例的生成，然后利用未标记的流量数据来提高学习的准确性。与其他方法相比，深度学习在加密流量分类以及未知流量检测中都表现出了良好的性能。

2）*深度学习用于流量预测*

网络流量预测是指对网络中链接的未来状态的理解，网络流量预测和建模是衡量电信系统性能的两个关键指标，在蜂窝网络的背景下，对蜂窝网络流量的动态进行准确预测是提高网络性能的关键步骤。考虑到 5G 蜂窝网络部署范围的不断扩大，电信系统和网络的智能性和自组织性有望得到提高。一个自组织的网络（Self-Organizing Network，SON）必须使自己适应动态的使用模式，并提前进行网络的规划、配置、管理和优化。因此，预测和了解未来移动流量的动态性对支持智能和自动管理至关重要。

从物联网服务提供商的角度来看，流量预测是非常有价值的，因为它可以提供关于物联网设备连接的概率分布信息。这些信息可用于准备所需的软件和硬件基础设施，以尽量降低重要服务和相关设备的中断风险。此外，提前了解物联网设备的连接状态可以减少网络中可能出现的连接拥堵。

近年来，越来越多的人发现，网络流量预测是一项具有挑战性的任务。在过去的几十年里，移动数据流量不断增加。此外，通信系统和网络领域的技术进步导致连接到蜂窝网络的设备数量激增，Instagram 和 Facebook 等新兴社交网络进一步增加了网络流量。研究者已经证明了相当一部分移动流量具有很高的不可预测性和随机性。这导致机器学习在流量预测中面临了巨大的挑战，如数据采集、不平衡类、概念漂移等。此外，蜂窝网络流量在空间和时间上的显著变化也是对蜂窝流量进行准确预测的严峻挑战。

尽管有上述种种困难，各种网络流量预测的方法可以分为两大类：经典的预测方法（如 ARMA）、基于机器学习的方法。最常用的线性方法是 ARIMA/SARIMA 模型和 HoltWinters 算法，而最常用的非线性方法是传统和深度神经网络。在大多数情况下，非线性方法的表现比线性方法更好。广义上讲，最佳预测技术的选择可以基于以下的测量因素，如计算成本、较低的平均误差和流量矩阵的特点等。线性方法（如 ARIMA）的一个严重局限性是其对时间序列的突然变化的鲁棒性较低。这是由于该模型倾向于过度重现以前观察到的实例的平均值。当增加新的服务或者当前服务设置中发生了不可预见的变化（如运行了新的耗费带宽的用例）时，对这些方法提出了重大挑战。此外，当输入和预测值不在同一组数据点之内时，这些方法的性能较差。

不同类型的深度学习模型已被应用于网络流量预测，例如蜂窝网络中使用 CNN 和 RNN 来捕捉空间和时间属性。

研究者对 LSTM 和 ARIMA 用于流量预测时进行了比较评估。评估模型中的不同参数对预测效果的影响，模拟结果证明了 LSTM 的优越性，特别是当训练时间序列足够长时。然而，在某些情况下，ARIMA 以较低的复杂程度给出了接近最优的性能。以类似的方式，对三种流量预测模型，即 RNN、ARIMA 和小波变换进行了比较，提出网络流量预测能够帮助拥堵控制、异常检测和带宽分配等。

扩散卷积递归神经网络(Diffusion Convolutional Recurrent Neural Network，DCRNN)也被用于进行流量预测，预测预期流量和网络拥堵情况。此外，将该方法与其他方法，如 LSTM 和全连接神经网络进行了比较，仿真结果显示，DCRNN 在预测能力和网络拥堵预测方面优于参考的同类方法。经典机器学习方法之所以难以用于网络流量预测，是因为机器学习算法是基于欧几里得空间距离，而通信系统和网络中的数据通常是图形结构，DCRNN 作为一种基于图的深度学习算法能够较好地支持网络流量预测任务。

LSTM 在学习长距离依赖的时间序列方面体现出优势，使用 LSTM 对蜂窝网络的时空数据进行建模和预测，并且与支持向量回归(Support Vector Regression，SVR)和 ARIMA 这两种广泛用于时间序列预测的方法进行比较。实验揭示了 ARIMA 并不是一种有用的网络流量预测技术，因为它偏重于历史数据的平均值，而无力捕捉快速变化的基础网络流量数据。SVR 的挑战在于人们必须确定不同模型的参数，而且并没有一个结构化的方法可以用于选择最合适的参数值。

DeepTP 的深度流量预测方法可以预测蜂窝网络流量，DeepTP 包括两个主要部分：一个特征提取器，用于模拟蜂窝流量的空间依赖性以及对外部相关信息进行编码；一个顺序模块，用于模拟重要的时间变化。DeepTP 深度学习来解决蜂窝流量预测问题，主要原因是网络流量的复杂突发性、时间变化、对不同影响成分的依赖性、由用户移动引起的空间依赖等。

为了解决蜂窝网络中的每单元需求预测问题，使用了基于卷积网络和 LSTM 的依赖图来模拟单元间的空间依赖性，只采用基于网格类数据的神经网络时，单元的非均匀空间分布对空间相关性的建模构成了严重的挑战。卷积网络负责对流量数据的空间特征进行建模，而 LSTM 可以对时间方面进行建模。

在人口密集的城市地区，用户的流动性导致移动流量存在极大的时空差异性。为了预测密集城市地区的蜂窝流量，采用基于 CNN 和 LSTM 的时空神经网络架构，该架构的主要优点之一是它只需要少量的真实样本，仿真结果表明，在不同的预测持续时间或步骤中，所提出的方法具有更小的预测误差。

SAE 能够以合理的准确性和有效性应对复杂的流量预测任务，SAE 的一个优点是这种深度学习模型具有无监督训练的性质，与经典的机器学习算法相比，SAE 深度学习算法有多个数据表示层，能够支持提升预测模型的复杂性。

深度学习模型在捕捉隐藏在无线通信中的复杂和非线性的依赖性方面表现出显著的能力，CNN 可以用于城市中流量的预测，CNN 对不同网络单元中流量的空间和时间依赖性进行建模。虽然已经存在了许多对移动网络流量的动态特征(如 ARIMA 和机器学习)的研究，但不同的因素(如用户设备的流动性和多样性)导致了移动网络流量的模式过于复杂。因此，这些线性模型在如此复杂的网络中的表现远不及深度学习模型。通过门控递归单元(Gated Recurrent Unit，GRU)模型和交互式时间递归卷积网络(Interactive Temporal Recurrent Convolution Network，ITRCN)模型的结合，对数据中心的网络流量进行预测。CNN 是 ITRCN 模型的一部分，负责学习图像形式的网络流量，用以发现全网服务的关联性。

3）深度学习用于故障管理

故障管理是指检测、隔离、然后纠正网络的异常情况，它还包括确定异常情况的来源时所需要的一切操作过程。当网络不能成功地提供服务时就会产生错误，其中故障是错误的根本原因。在传统的通信系统和网络中，链路和节点错误是最常见的错误类型，而故障大多与软件错误（如失败的网络服务）或相关硬件的崩溃（如路由器）有关。

故障管理在当今的网络管理中起着至关重要的作用。最近物联网和移动设备数量的增长、通信系统和网络中频繁发生的故障进一步加强了故障管理的重要性。除了常见的网络故障，物联网和万物互联（IoE）的流行也增加了需要应对的故障，如不可靠的硬件、有限的电池寿命、连接失败、恶劣的环境条件等。因此，为了保证通信系统和网络的 QoS 和高性能，故障检测和执行即时有效的行动来治愈和恢复系统是至关重要的。为此，通信系统和网络中引入了针对性的故障处理流程，并归入故障管理系统的范畴。在蜂窝网络不断增长的高要求和依赖性促使研究者设计更好的故障管理系统。

尽管故障管理很重要，但要实现一个有效的故障管理系统依然存在一定困难。例如，物联网传感器和一些物联网设备通常使用电池，电力资源有限。而且这些智能对象需要在部署的环境中自主运行一段时间，这些部署的地点如森林和火山地区可能不便于电池的更换。因此物联网网络中的故障可能比传统网络更频繁和意外地发生。此外，尽管通信系统和网络的分布式性质带来了可扩展性和对故障的容错性，但由于设备数量的庞大以及供应商的不同特点，使得对这种复杂系统进行故障管理具有挑战性。

故障管理可以被认为是一个循环的过程，即在一个连续的周期内运行，并积极寻找网络中的异常情况。尽管每个故障管理系统可能步骤不同，但一般的故障管理周期包括故障检测、定位（或故障诊断）和缓解（或故障解决）步骤。首先，故障管理系统对整个网络进行检查，并发现一个或多个影响网络性能的故障；然后对故障源进行定位，这一步需要确定故障在网络中的哪个物理位置发生，并准确定位故障的原因；最后，需要自动或手动对网络故障进行修复。

2020 年，研究者在文献中首先回顾了物联网系统的故障检测机制，然后提出了一个能够用于由自动驾驶网络（Self-Driving Network，SelfDN）支持的物联网的故障检测架构。为此，引入了高斯-伯努利限制性玻尔兹曼机自动编码器（Gaussian Bernoulli Restricted Boltzmann Machines Auto-Encoder，GBRBM-DAE），以便将故障检测任务转化为分类任务。实验结果显示，所提供的算法比其他常用的机器学习算法显示出更好的检测准确性。研究者提出，物联网设备在网络边缘产生了大量的数据，这导致边缘服务器在线处理的计算负荷很高。因此，使用基于传统机器学习模型的分类技术几乎是无效的。深度学习技术可以处理具有大量特征的海量数据，而不需要人工进行数据预处理阶段和特征工程。

蜂窝小区休眠是移动网络中的一个严重问题，当基站的硬件/软件发生故障时，休眠的小区不会产生任何警报。为了检测这个问题，研究者提供了一个基于自动编码器的框架，用于移动网络中休眠小区的自我治理检测。为了解决蜂窝网络中的小区休眠问题，研究者采用了 RNN 来诊断蜂窝网络中的小区无线性能下降和小区完全中断，与传统的基于机器学习的技术（如 SVM）相比，所提出的方法实现了更高的灵敏度，同时减少了对一些预处理阶段的要求，如降维等。

如前所述，故障定位是故障管理周期的第二步。为了实现故障的检测和定位，HYPER-

VINES的混合框架，通过使用经典的机器学习和深度学习算法，混合了有监督和无监督学习来检测和定位网络功能虚拟化（Network Function Virtualization，NFV）的故障。所提出的框架能够以合理的准确度（>95%）处理故障检测和定位。另外使用RNN能够在分布式系统中进行故障检测和定位，采用去噪AE形式的二维CNN模型与RNN一起，同时对分布式系统进行故障检测和诊断。在这个问题上使用DNN的主要原因是DNN模型有能力处理这种系统的高维度和不确定性。

故障管理周期的最后一步是故障修复。基于RNN深度学习的方法来缓解5G网络的链路故障，以持续跟踪参考信号接收功率（Reference Signals Received Power，RSRP）和参考信号接收质量（Reference Signal Received Quality，RSRQ）作为信号条件，从而预测和缓解链路故障事件。仿真结果表明，RNN模型可以通过用户设备在链路故障事件中的自主决定来缓解故障，与隐马尔可夫模型和N-gram模型等统计模型相比，深度学习模型在预测未来的故障方面表现出更好的性能，因为它们可以有效利用各种特征，表现出更好的数据表示能力。可以发现，随着数据规模和复杂性的增加，基于深度学习的技术在性能方面已经超过了传统技术。

在故障管理方面，可以将故障管理作为一个整体来考虑，通过搭建SON来进行故障管理。例如，用于SON自动故障管理的深度Q学习算法，使用探索和利用的概念提高下行链路的干扰和噪声比（SINR）。仿真结果显示，所提出的算法能够提高蜂窝网络在下行链路的SINR和吞吐量方面的性能。与经典的有监督学习方法相比，基于深度强化的方法有两个显著的优势：不依赖于人类的监督、不需要数据进行训练。此外，网络自愈是网络故障管理领域的一个新概念。自愈性是SON的一个部分，不需要人工干预而解决蜂窝网络中的问题，自愈性SON和尖端的深度学习算法的结合可以用来提前预测故障，这种预测能够支持预防性操作，从而降低意外成本并保持可接受的QoS水平。

在执行关键任务的IT环境中，需要进行系统故障预测。目前的系统管理机制需要大量人力处理，同时，基于文本挖掘方法的自动化机制会导致高维度的特征空间。由此需要有一个能够自动解析日志记录的机制，降低特征空间的维度，对日志进行聚类，然后将每个聚类视为一个词集。此外，采用LSTM可以明显捕捉到序列的长期依赖性以解决标注的样本数量很少的问题。

4）深度学习用于网络安全

2021年，网络攻击在世界范围内每年将导致约6万亿美元的损失。因此，加强通信系统和网络的安全，抵御网络威胁至关重要，特别是由于人们在日常生活活动中越来越依赖无线网络。

由于通信系统和网络对人们生活的影响越来越大，网络安全成为了一个重要的研究领域。网络安全指的是一套完整的政策、方法、技术和流程，它们密切协作，保护计算机系统、网络、程序和数据免受攻击、未经授权的访问和恶意改变。网络防御工具包括防火墙、防病毒软件和入侵检测系统（Intrusion Detection System，IDS）等，这些工具的目的是保护通信系统和网络免受内部和外部威胁。

IDS是提供通信系统和网络安全的基本机制，IDS是一种硬件工具或软件程序，用于监测网络/系统中的恶意活动、攻击、违反安全政策的行为等。根据入侵行为的不同，基于网络的入侵检测系统（Network-based Intrusion Detection System，NIDS）和基于主机的入侵检测系统(Host-based Intrusion Detection System,HIDS)。NIDS 是基于硬件或者软件的系统,可以部署在不同的网络媒介上,如光纤分布式数据接口(FDDI)和交换机,以检查和分析网络流量,保护系统免受攻击和可能的威胁。NIDS 的工作分为误用和异常检测。误用检测方法,通过将这些攻击的签名与已分析的数据相匹配,可以检测出先前已检测过的攻击;异常检测方法旨在通过监测网络数据将异常流量模式与正常流量模式区分开来。HIDS 指的是使用不同日志文件中记录的网络行为进行攻击识别的系统,更注重检测内部攻击,如文件权限的改变。恶意软件和僵尸网络检测是 HIDS 的两个最重要的内容。恶意软件检测通过检测恶意行为来保护系统;僵尸网络是一种特殊的恶意软件,它由大量的僵尸病毒导致,可能用于 DDoS 攻击等恶意活动。

深度学习在 HIDS 方面得到广泛使用。例如,基于深度学习的自适应和自主的误用检测系统,系统中包含 AE 和稀疏 AE,将自学习和 监控—分析—计划—执行共享知识(Monitor-Analyze-Plan-Execute over a shared Knowledge,MAPE-K)架构相结合,以提供一个可扩展的、自适应的和自主的误用检测 IDS。鉴于现代通信系统和网络的巨大规模以及大流量数据的复杂性,IDS 任务的需求超越了传统技术如经典机器学习的范围。通过卷积网络使用虚拟化技术的环境提供了一种虚拟 MAC 欺骗的检测技术,CNN 从信道状态信息(从数据包传输中收集)中获得物理特征,以捕捉虚拟 MAC 欺骗攻击。

网络流量数据的非线性特性是难以使用经典机器学习技术进行异常检测任务的主要原因之一。

为了研究深度学习模型对异常检测系统的适用性,有多种不同的基于深度学习的异常检测方法,包括 CNN、AE 和 RNN,以及经典的机器学习模型,如最近邻、决策树、随机森林和 SVM,仿真结果揭示了基于深度学习的异常检测方法对现实世界应用的适宜性。与浅层模型相比,深度学习模型在不同的分类指标(如准确性和精确度)方面有更好的表现,然而,深度学习模型在训练和测试方面会花费更多的时间。同样地,也有基于深度学习的异常检测技术,包括全连接网络(Fully Connected Networks,FCN)、变异自动编码器(Variational Auto-Encoder,VAE)和序列到序列(Sequence-to-Sequence,Seq2Seq)等。

目前的异常检测方法之所以是低效的,是因为它们的计算复杂性很高,导致了假阳性很高,特别是对于大数据的实时异常检测。针对云数据中心网络的异常检测,灰狼优化(Gray Wolf Optimization,GWO)算法和 CNN 结合进行异常检测的方法。适用于分析网络日志大数据的实时异常检测。

由于边缘设备之间的通信量的不断增加,移动边缘计算(Mobile Edge Computing,MEC)在传输系统中的安全性也需要考虑。基于深度信念网络的特征学习方法,可以识别 MEC 中的未知攻击,与其他四种经典的机器学习算法相比准确性更高。基于深度学习的预防方法来检测和隔离 MCC 中的网络攻击,该方法中采用高斯二进制限制性玻尔兹曼机(Gaussian Binary Restricted Boltzmann Machine,GRBM)网络进行学习,并利用 NSLKDD/UNSWNB15/KDDcup 数据集对所提方法进行评估,与决策树、K-means、K-NN 等九种经典机器学习算法相比,所提出的方法准确率更高。

恶意软件检测是 HIDS 的一个重要部分,因为恶意软件可以对大量的连接设备造成显著影响。典型的恶意软件包括病毒、蠕虫、木马、间谍软件、机器人、rootkits 和勒索软件等。由于恶意软件的数量和种类不断增加,需要改进恶意软件检测技术以保护通信系统和网络。

为此提出了基于深度学习的恶意软件检测系统(Malware Detection Systems,MDS),提高基于深度学习的 MDS 在可扩展性和处理数据分布更复杂的恶意软件数据集方面的性能,采用三种模型(CNN、LSTM 和 RNN)作为其系统的三种结构,每个模型负责学习某一类恶意软件的特定数据分布,与单一 CNN 和 RNN、SVM 和决策树相比,系统具有优越性。基于 SAE 模型的深度学习架构来智能检测恶意软件,SAE 用于贪婪的层级无监督的预训练操作,然后使用有监督学习的参数微调思想来减少预测的误差,能够提高恶意软件检测的整体性能。

僵尸网络检测是 HIDS 的另一个重要部分,僵尸网络是一个由被"僵尸"感染的计算机组成的网络,这些"僵尸"能够与攻击者进行通信。僵尸网络可以被用来进行广泛的颠覆性活动,如 DDoS 攻击、发送垃圾邮件、点击欺诈和比特币挖矿等。基于网络流量的被动监测的僵尸网络检测方法,通常使用机器学习算法来对网络流量进行分类。基于机器学习的方法在提取高水平的网络流量模式和最相关的特征方面存在巨大的困难,而深度学习算法能够自动检测重要的特征并分层提取特征。因此,近年来,深度学习在僵尸网络检测方面获得了很多关注。例如,选择在数据包流上应用深度学习来检测僵尸网络流量,使用 TCP/UDP/IP 包的流量作为叠加去噪自动编码器(Stacked Denoising Auto-encoders,SDAs)网络的输入,自动提取流量特征,然后使用前馈监督的 DNN 进行微调,实现了 99.7%的 P2P 僵尸网络检测精度。另外一些研究将 CNN 和 LSTM 结合用于检测僵尸网络,提出的方法由三个阶段组成,包括特征提取、建立模型和评估阶段。对于物联网中的僵尸网络攻击,采用了深度自动编码器方法,RNN 也可以用于僵尸网络的检测,传统的僵尸网络检测技术之所以并不高效,RNN 进行网络流量行为识别网络数据的不平衡和序列的最佳长度是可行的。RNN 能够以高准确率和低误报率对网络流量进行分类。

7.6 流量分类实例

本节中简单介绍了如何使用机器学习以及深度学习方法对流量进行分类,通过使用 Weka 及其插件,对 KDD99 数据集进行了分类实验。

7.6.1 Weka 介绍

Weka 的全名是怀卡托智能分析环境(Waikato Environment for Knowledge Analysis),是一款免费的,非商业化(与之对应的是 SPSS 公司商业数据挖掘产品—Clementine)的,基于 Java 环境下开源的机器学习(machine learning)以及数据挖掘(data mining)软件。

作为一个公开的数据挖掘工作平台,Weka 集合了大量能承担数据挖掘任务的机器学习算法,包括对数据进行预处理,分类、回归、聚类、关联规则以及在新的交互式界面上的可视化。

由于 Weka 是基于 Java 环境开发的,在下载安装 Weka 之前首先需要确保计算机已安装和配置 Java 环境。

Weka 的 GUI 界面如图 7.14 所示:

打开 Weka 的 GUI(图形用户界面),可以将界面分为三个区域:

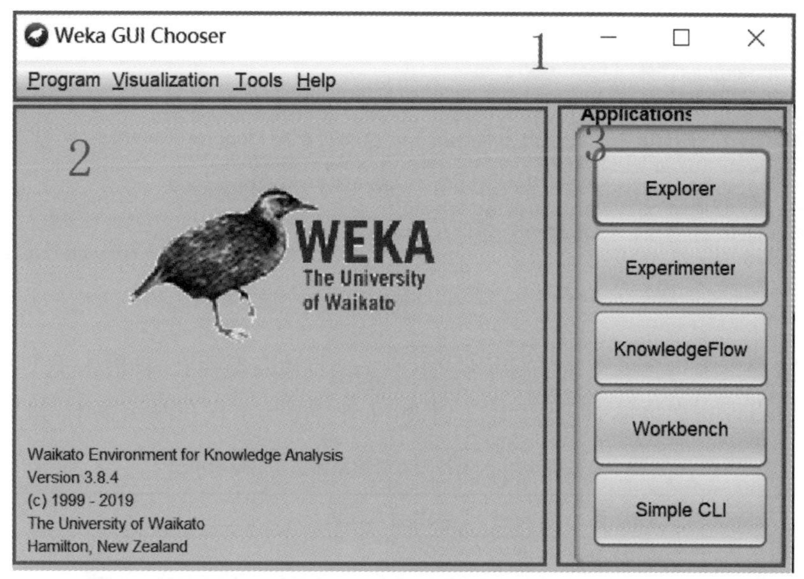

图 7.14　Weka 的 GUI 界面

区域 1 为菜单栏，分为程序、可视化、工具、帮助四个选项，每个下拉栏中有更详细的选项；

区域 2 为 Weka 的简要介绍，包括 Weka 的全称、版本等；

区域 3 为 Weka 包含的 5 个应用，在进行机器学习的操作时，可以根据不同的需求进行选择。

Weka 可以打开多种格式的数据文件，包括.arff 文件、.csv 文件等。

在 Weka 安装完成后，可在安装目录下看到自带的测试数据集，均为 arff 格式的数据集。但实际上更容易获得的是 csv 格式的数据，所以在使用 Weka 之前，首先需要对数据进行预处理。数据预处理是指对所收集数据进行分类或分组前所做的审核、筛选、排序等必要的处理。一个合理的数据预处理是提高数据挖掘质量的重要保障。数据预处理的常用方法为：数据清理、数据变换、数据规约。

7.6.2　KDD99 数据集介绍

KDD 是数据挖掘与知识发现(Data Mining and Knowledge Discovery)的简称，KDD CUP 是由美国计算机协会(Association for Computing Machinery，ACM)的数据挖掘及知识发现专委会(Special Interest Group on Knowledge Discovery and Data Mining，SIGKDD)组织的年度竞赛。

KDD99 数据集就是 KDD 竞赛在 1999 年举行时采用的数据集。该数据集是从一个模拟的美国空军局域网上采集来的 9 个星期的网络连接数据，分成具有标识的训练数据和未加标识的测试数据。测试数据和训练数据有着不同的概率分布，测试数据包含了一些未出现在训练数据中的攻击类型，这使得入侵检测更具有现实性。

KDD99 数据集包含如图 7.15 中的多种数据集。

Data files:

- kddcup.names A list of features.
- kddcup.data.gz The full data set (18M; 743M Uncompressed)
- kddcup.data_10_percent.gz A 10% subset. (2.1M; 75M Uncompressed)
- kddcup.newtestdata_10_percent_unlabeled.gz (1.4M; 45M Uncompressed)
- kddcup.testdata.unlabeled.gz (11.2M; 430M Uncompressed)
- kddcup.testdata.unlabeled_10_percent.gz (1.4M;45M Uncompressed)
- corrected.gz Test data with corrected labels.
- training_attack_types A list of intrusion types.
- typo-correction.txt A brief note on a typo in the data set that has been corrected (6/26/07)

图 7.15 KDD99 数据集

在训练数据集中包含了正常的标识类型(Normal)和四类共 39 种攻击类型。其中 22 种攻击类型同时出现在训练集中,另有 17 种未知攻击类型只出现在测试集中,如表 7.1 所示。

表 7.1 KDD99 入侵检测实验数据训练集的标识类型

标识类型	含 义	具体分类标识
Normal	正常记录	Normal
DoS	拒绝服务攻击	back、land、neptune、pod、smurf、teardrop
Probing	监视和其他探测活动	Ipsweep、namp、portsweep、satan
R2L	来自远程机器的非法访问	ftp _ write、guess _ passwd、imap、multihop、phf、spy、warezclient、warezmaster
U2R	普通用户对本地超级用户特权的非法访问	buffer_overflow、loadmodule、perl、rootkit

由于数据集 correct. gz 数据量较小,而且包含所有 39 种攻击类型,所以在实验中选择该数据集。

KDD99 数据集中每个连接记录用 41 个特征以及一个类别标识(共 42 个标识/列名)来描述。其中一条记录为:[2,tcp,smtp,SF,1684,363,0,0,0,0,0,1,0,0,0,0,0,0,0,0,0,0,1,1,0.00,0.00,0.00,0.00,1.00,0.00,0.00,104,66,0.63,0.03,0.01,0.00,0.00,0.00,0.00,0.00,normal],其中前 41 项特征分为以下 4 大类:TCP 连接的基本特征(共 9 种),TCP 连接的内容特征(共 13 种),基于时间的网络流量统计特征(共 9 种)以及基于主机的网络流量统计特征(共 10 种)。

7.6.3 机器学习分类实验

在进行实验之前,首先需要对 correct. gz 文件进行数据预处理,通过数据清理、数据变换和数据规约的方式使得 Weka 能够识别处理这些数据。

1) 数据清理

首先对数据进行标识。将解压后没有标识的数据文件添加 csv 后缀名,将文本用 Excel 打开,为其添加标识,即列名。

接下来为了便于分类算法的运行,将数据集中的攻击类别标识统一化,通过替换操作将 39 小类攻击和正常类型归纳为表 7.1 中的 5 大标识类型。

最后进行数据清洗,根据 KDD 官网对 KDD99 数据的介绍,确定各标识的取值范围,利用筛选功能对 42 列数据的数值范围进行检查,以清除异常数据。

2）数据变换

数据变换包括文件格式转换、归一化和离散化处理。

归一化是一种简化计算的方式，可以把数变为(0,1)之间的小数。在 Weka 中进行数据归一化的第一步是确定需要进行归一化的数据的标识。需要进行归一化的数据是取值连续且无固定上下界的数据，通过 Excel 的筛选功能确定哪些标识的数据需要进行归一化。

在确定归一化的数据标识后，在 Weka 中利用过滤算法中的 unsupervised-attribute-normalize 算法，将数据归一化。

在完成数据归一化后，需要进行离散化，在不改变数据相对大小的条件下，对数据进行相应的缩小。

在 Weka 中，对于已经进行过归一化的属性，利用 unsupervised-attribute-Discretize 算法可以将它们离散化。

3）数据规约

数据规约包含两个步骤：一是数据抽样；二是特征选取。

数据抽样的目的是考虑到个人电脑的处理速度，需要对数据集中所有数据按照特定属性进行抽样缩减，选择过滤算法中的 unsupervised-instance-resample 算法，该算法按照预测属性的数量按比例抽取，抽样后的数据集中，五种攻击类型的数量比与原数据集相同。

在完成数据抽样后，需要进行特征提取，剔除不相关或冗余的特征，从而提高模型精确度并减少运行时间。Weka 中有自带的属性选择功能。

在完成以上步骤后，处理完成的流量数据可以用来进行实验。

4）J48 实验

进入“Classify”面板，选择“Classifier”：Weka-Classify-Choose-trees-J48，Test options 选择 Cross-validation 交叉验证来评价模型效果。

5）随机森林实验

进入“Classify”面板，选择“Classifier”：Weka-Classify-Choose-trees-RandomForest，Test options 选择 Cross-validation 交叉验证来评价模型效果。实验如图 7.16 所示，正确分类的实例达 96.202 9%。

6）分类结果分析

以上分类算法使用的是同一数据集，预处理过程也相同。但是观察分类结果可知 Random Forest 算法的预测准确度比 J48(C4.5)要高。

J48 即 C4.5 算法使用信息增益率选择属性产生决策树的算法，可以处理连续性数值、处理不完整数据、实现剪枝等。

Random Forest 算法是以决策树为基础学习器、通过对模型进行重采样的方式，构建出多棵决策树；然后引入随机属性：由多个决策树模型投票决定最后的分类结果，可以明显降低模型的方差。

可见 Random Forest 是以多取胜，有更好的分类性能，但同时增加了时间复杂度。

流量机器学习的重点在于如何处理流量数据，使用 Weka 工具可以十分方便地进行流量的处理。机器学习还有其他算法，读者可以选择不同算法进行流量数据的处理，并分析算法的优劣。

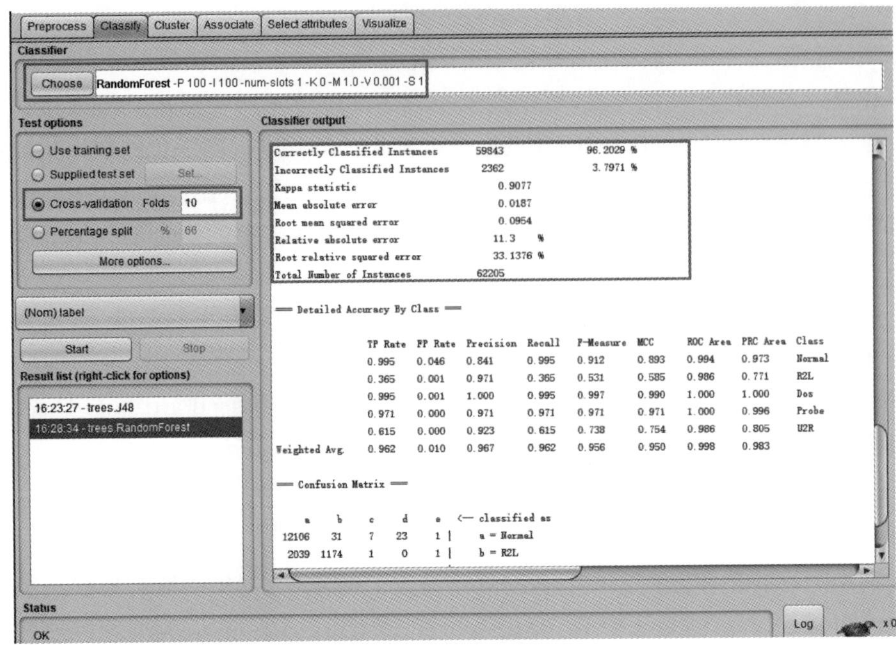

图 7.16　随机森林实验

7.6.4　深度学习分类实验

随着 TensorFlow 等深度学习包的开发和使用，由于 Weka 工具的易用性，用于 Weka 工作台的深度学习包 WekaDeeplearning4j 也被开发出来，它的后端由 Deeplearning4j Java 库提供，该软件包的所有功能都可以通过 Weka GUI、命令行和 Java 编程访问。

在使用 Weka 进行深度学习实验时，需要根据实验机器的性能调整数据集预处理时的相关参数。

由于 Weka 自带了多层感知器，与 WekaDeeplearning4j 相比使用更方便，因此使用多层感知器进行深度学习实验。

在经过了与机器学习分类实验相同的数据处理后，进入“Classify”面板，选择“Classifier”：Weka-Classifiers-functions-MultilayerPerceptron。Test options 选择 Cross-validation 交叉验证来评价模型效果，实验界面如图 7.17 所示，从图中可以看出进行模型训练的样本数只有 311 条。在实验完成后，通过查看 log 文件，可以知道整个实验过程持续了约 1 个小时，分类准确率达到 95.176 8%。

在没有 GPU 的情况下，深度学习对于小型数据集的处理表现并不如机器学习，为了使用深度学习进行大型数据集的处理，常常需要配备 GPU，提高计算速度。

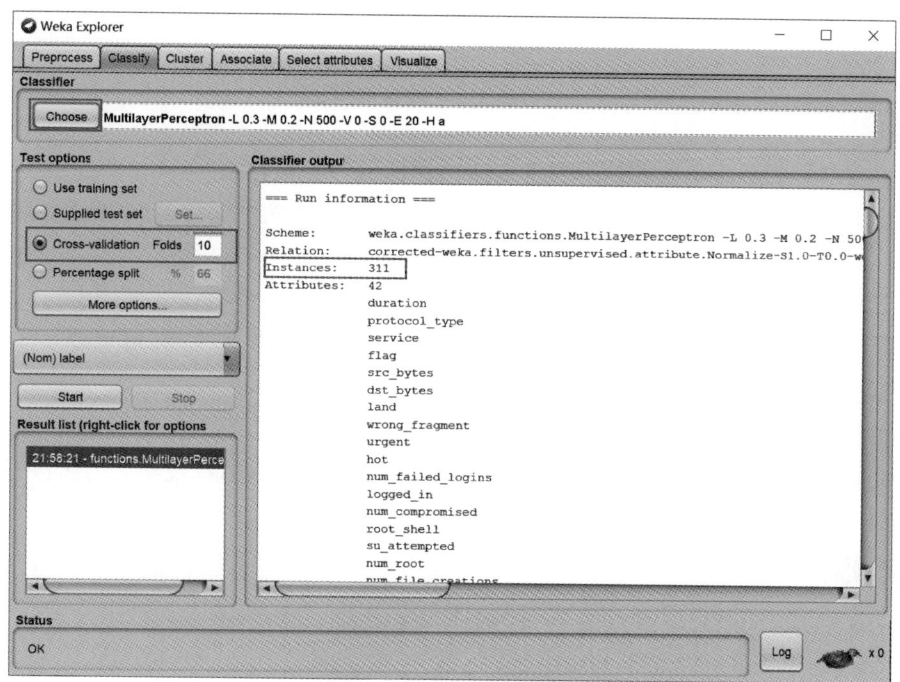

图 7.17 Weka 深度学习实验

7.7 本章小结

流量分类的研究可以追溯到互联网诞生的初始阶段，在多年的发展中，网络流量的研究方面越来越多，对于流量分类的定义也越来越丰富。但流量分类始终是流量分析以及网络管理的基础。

然而随着网络流量数量的激增、网络协议的更新以及安全意识的提高，流量中的可见部分不断减少，能够根据可见部分的信息进行流量分类的方法如基于端口号和有效负载的方法逐步退出了历史舞台，基于统计信息的方法与机器学习等方法相结合，逐步成为流量分类的主流方法。

与传统方法不同的是，机器学习方法并不依赖于流量的可见信息，更多的是依赖于特征，即流统计信息进行分类操作。因此在机器学习方法中，分类的重要一步是进行特征工程。为了能够有效分类，在结果中体现出流量的具体类别，有监督学习用得更多。然而有监督学习对于未知流量的分类无法处理，因此一些研究选择将有监督与无监督结合进行分类。通过理论分析并且结合实际的研究发现，机器学习方法在实际的落地方面依然存在一些不足，需要进行更多的研究。

由于机器学习方法需要进行人工的特征选择与提取，当流量数量过于庞大时，会消耗大量的人力。因此，能够自动进行特征工程的深度学习方法在某些方面取代了机器学习，成为流量分类的主要方法，同时由于其自动学习的特性，在其他的流量分析如流量预测、故障管理等方面也得到了广泛运用。

针对不同的应用场景,应该合理选择不同的网络流量分类方法,以达到希望的效果。

习题 7

7.1 基于端口号和基于负载的流量分类方法被淘汰的原因是什么?

7.2 请给出使用假阳性、假阴性、真阳性和真阴性表示的准确率、召回率和精确率的公式,并给出解释。

7.3 机器学习的有监督方法与无监督方法的主要区别是什么,各有什么优缺点?

7.4 请列出使用有监督的机器学习方法进行流量分类时的主要步骤,并对重要步骤的具体内容进行展开。

7.5 使用机器学习进行流量分类时,常用的特征包括哪些?

7.6 与机器学习相比,深度学习的优势是什么?在流量分析方面,深度学习有哪些应用?

参考文献

[1] Nguyen TT T, Armitage G. A survey of techniques for internet traffic classification using machine learning[J]. IEEE Communications Surveys & Tutorials, 2008, 10(4): 56 - 76.

[2] Salman O, Elhajj I H, Kayssi A, et al. A review on machine learning-based approaches for internet traffic classification [J]. Annals of Telecommunications, 2020, 75(11/12): 673 - 710.

[3] Network S I B. Identifying and measuring internet traffic: Techniques and considerations[R]. An Industry Whitepaper, 2015: 1 - 20.

[4] Shafiq M, Yu X Z, Laghari A A, et al. Network traffic classification techniques and comparative analysis using machine learning algorithms[C]//2016 2nd IEEE International Conference on Computer and Communications(ICCC). IEEE, 2016: 2451 - 2455.

[5] Pacheco F, Exposito E, Gineste M, et al. Towards the deployment of machine learning solutions in network traffic classification: A systematic survey[J]. IEEE Communications Surveys & Tutorials, 2019, 21(2): 1988 - 2014.

[6] Abbasi M, Shahraki A, Taherkordi A. Deep learning for network traffic monitoring and analysis(NTMA): A survey [J]. Computer Communications, 2021, 170: 19 - 41.

[7] Wang Z Y. The applications of deep learning on traffic identification[J]. Black Hat USA, 2015, 24(11): 1 - 10.

[8] Rezaei S, Liu X. Deep learning for encrypted traffic classification: An overview[J]. IEEE Communications Magazine, 2019, 57(5): 76 - 81.

[9] Creswell A, White T, Dumoulin V, et al. Generative adversarial networks: An overview[J]. IEEE Signal Processing Magazine, 2018, 35(1): 53 - 65.

[10] Rezaei S, Liu X. Multitask learning for network traffic classification[C]//2020 29th International Conference on Computer Communications and Networks(ICCCN). IEEE, 2020: 1 - 9.

8 流量安全性分析

随着互联网技术的不断发展，攻击技术不断跟进，新形态的安全威胁不断涌现并在持续进化，而防御技术必须及时地跟上安全威胁的变化步伐，网络空间攻防对抗已成为信息时代背景下的无硝烟战场。网络的攻防双方具有不对称性，攻击者通过周密的准备，几乎可以随时随地攻其不备，即使攻击行动失败也不会造成很大的影响；而防守方只能时刻戒备，面对黑客而疲于应付，一旦系统被攻破往往损失较大。通常，对流量进行安全性分析，可以从"网络的通信行为"和"网络数据包的载荷内容"两个维度去发现其他安全技术手段不能发现的流量异常和内容异常。另外，通过流量安全分析还可以分析网络对象多维度的数据指标，从而在网络安全加固、攻击行为响应、防御策略维护方面发挥出重要作用。

本章从五节探讨流量安全性分析的相关知识，8.1 节从异常类型、网络攻击类型、异常与攻击的映射、异常检测技术四个部分对数据的异常流量检测进行介绍；8.2 节介绍 DDoS 攻击原理、DDoS 攻击的检测方法；8.3 节介绍恶意流量种类、恶意流量特征提取方法以及恶意流量检测技术；8.4 节介绍蜜罐概述、蜜罐技术优缺点、蜜网技术、蜜网工具；8.5 节从沙盒概述、沙盒方法、沙盒工具等三个方面进行介绍恶意样本沙盒流量获取方法。

8.1 异常流量检测方法

异常检测是一项重要的数据分析任务，用于检测给定数据集中的异常或异常数据，它在统计学和机器学习领域得到了广泛的研究。异常对于流量的安全性分析往往是重要的，因为它们表明重大且罕见的事件；例如，网络中不寻常的流量模式可能意味着计算机被黑客入侵，数据被传输到未经授权的目的地；信用卡交易中的异常行为可能表明欺诈活动。异常检测已被广泛应用于大量的应用领域，如医疗和公共卫生、欺诈检测、入侵检测、工业损害、图像处理、传感器网络、机器人行为和天文数据[1]，通过对异常流量进行检测，可以预先对攻击行为或异常行为进行识别，从而采取相应的防御措施，保证网络基础设备或服务器的安全性。

8.1.1 异常类型

异常是指数据中的模式不符合正常模式明确定义的特征，它们是由各种异常活动产生的，如信用卡诈骗、手机诈骗、网络攻击等，这对数据分析人员来说非常重要。异常检测的一个重要方面是异常的性质，如表 8.1 所示，异常可以分为三类：

表 8.1 异常分类

异常类型	异常说明
点异常	当特定数据实例偏离数据集的正常模式时，可以将其视为点异常

续表 8.1

异常类型	异常说明
上下文异常	当数据实例在特定上下文中行为异常时，称为上下文异常或条件异常
集体异常	当一组相似的数据实例相对于整个数据集表现异常时，该组数据实例称为集体异常

8.1.2 网络攻击类型

网络安全的目标是通过维护数据的机密性和完整性以及确保资源的可用性来保护数字信息。通俗来说，威胁或攻击是指任何具有危害网络的有害特征的事件。从网络流量角度而言，可以分为拒绝服务攻击和扫描探测两种攻击。

拒绝服务攻击(DoS)是一种滥用网络或主机资源的行为，其目的是破坏正常的计算环境使服务不可用。例如服务器被大量连接请求淹没时，拒绝合法用户访问 Web 服务。由于发动 DoS 攻击不需要事先访问目标，因此 DoS 被认为是一种危害较大的攻击。

探测(Probe)用于收集有关目标网络或主机的信息，即用于侦察目的。探测是收集目标网络的机器类型和数量信息的常见方式，通过探测以确定安装的软件和使用的应用程序的类型。探测被认为是实际攻击中危害主机或网络的第一步，虽然这些攻击没有造成具体的损害，但它们被认为是具有严重威胁的，因为攻击者可能获得有用的信息来发动一次真实的网络攻击。

对于攻击者而言，其通常将获取目标服务器或目标网络设备的权限作为目标，因此从权限提升角度而言，网络攻击类型又可以分为远程访问到普通用户(R2U)和普通用户到 root (U2R)两种攻击。

当攻击者希望以目标机器的用户身份获得目标本地访问权限，从而拥有通过其网络发送数据包的权限(也称为 R2L)时，会发动从远程访问到本地用户的攻击(R2U)。最常见的情况是，攻击者通过自动脚本、暴力手段等攻击方式猜测密码。还有一些复杂的攻击，例如攻击者通过安装嗅探工具在内网渗透前捕获密码。

U2R 攻击中，攻击者的目标是非法访问管理账户，以操纵或滥用重要资源。通过使用社会工程方法或嗅探密码，攻击者可以访问普通账户，然后利用漏洞获得管理员账户的权限，即达到 root 权限。

8.1.3 异常与攻击的映射

DoS 攻击特征与集体异常相匹配，当一组数据实例表现异常时，称为集体异常，但该组中的单个数据实例并不异常。在 DoS 攻击的情况下，对 Web 服务器的大量连接请求是一种集体异常，但单个请求是合法的，可以将 DoS 攻击视为集体异常。探测基于获取信息和侦察的特定意图，属于上下文异常。U2R 和 R2L 攻击是针对特定条件的复杂攻击，这些攻击被认为是点异常，图 8.1 说明了异常与攻击类型的映射。

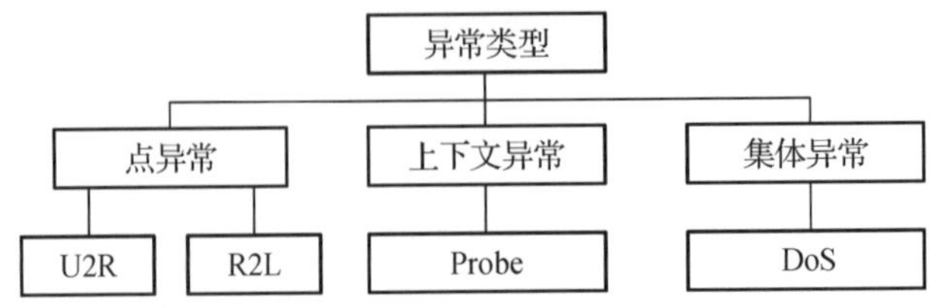

图 8.1 异常与攻击类型的映射

8.1.4 异常检测技术

1)基于分类的异常检测

基于分类的技术依赖于专家对网络攻击特征的深度了解,当网络专家向检测系统提供特征的详细信息时,具有已知模式的攻击一经发起即可被检测到。这取决于只有网络专家预先提供了攻击特征时,系统才能检测到攻击,这也证明该类系统只能检测到满足其内部攻击特征的攻击行为。然而这些攻击不断出现在不同的版本中,并且攻击的特征可能不断变化,即使新攻击的特征被创建并包含在系统中,但系统遭受攻击的损失是无法挽回的,而且检测系统的维护代价极其昂贵。

分类的方法依赖于正常的活动概况,并对其建立知识库,认为活动偏离基线轮廓即为异常,其优势在于能够检测到新型的攻击,前提是此类攻击与正常模式有很大偏差。此外,由于未包含在知识库中的正常流量也会被视为攻击,会出现部分误报。因此,需要对异常检测技术进行训练,以建立一个正常的行为模式,这是非常耗时的,而且还取决于正常的行为数据集的可用性。在实际检测中,获得无攻击流量的难度很大,并且在当今动态和不断发展的网络环境中,要保持正常的行为模式一直处于最新状态是极其困难的。在大量可用的基于分类的异常检测技术中,支持向量机(SVM)、贝叶斯网络、神经网络、基于规则的监督学习等四种主要技术,第7章有专门介绍。

神经网络在图像和语音处理等领域有着广泛的应用,但对计算量的要求很高。对于网络异常检测,神经网络已经与其他技术相结合,例如统计方法以及它的变体。Hawkins 等人[2]使用循环神经网络 RNN 为异常网络流量提供输出因子,它是一种前向多层感知,在输入层和输出层之间有三个隐藏层,其目标是通过训练在输出层以最小的误差再现输入数据模式。$S_k(I_{ki})$函数为层 k 生成单元 i 的输出。

$$\theta = I_{ki} = \sum_{j=0}^{L_{k-1}} w_{kij} Z_{(k-1)j}$$

其中:I_{ki}是单元输入的加权和;Z_{kj}为第 k 层第 j 个单元的输出;L_k 为第 k 层的单元数量。经过 RNN 训练后定义异常值因子如公式(8.1)所示,其中:x_{ij} 为 RNN 的输入值;o_{ij} 为 RNN 的输出值。

$$OF_i = \frac{1}{N}\sum_{j=1}^{n}(x_{ij} - o_{ij})^2 \tag{8.1}$$

基于规则的异常检测技术广泛应用于监督学习中。其基本思想是学习系统的正常行为,任何其他不包含在内的行为则视为异常行为,该技术分为单标签算法和多标签算法两种。从机器学习的角度来看,单标签分类旨在从一组实例中学习,每个实例都与一组不相交的类标签中的唯一类标签相关联;多标签分类允许一个实例与多个可与模糊聚类相关的类相关联。对于给定的训练集[$S=(x_i, y_i)$;$1\leqslant i\leqslant n$],由 n 个训练实例组成,其中($x_i \in x, y_i \in y$),它们独立且服从相同分布,多标签学习最终将产生一个多标签分类器 $n: x \rightarrow y$ 作为网络行为的评估函数。

2) 基于统计的异常检测

Ye 等人[3]将卡方理论用于异常检测,根据这项技术,可以创建信息系统中正常事件的概要,基于卡方检验统计的距离度量如公式(8.2)所示:

$$\chi^2=\sum_{i=1}^{n}\frac{(X_i-E_i)^2}{E_i} \tag{8.2}$$

其中：X_i 表示第 i 个变量的观测值；E_i 表示第 i 个变量的期望值；n 表示变量的总数。当变量的观测值接近期望值时，χ^2 的值较低，按照 $\mu+3\sigma$ 准则，当 χ^2 大于 $\overline{\chi^2}+3S_X^2$ 时，则视为异常。基于统计理论的原理，已经存在不同的技术用来检测异常，主要有以下几类：

(1) 混合模型

基于异常位于大量正常元素中的概念，Eskin[4] 提出了一种从噪声数据中检测异常的混合模型。通常，在混合模型中，每个元素分为以下两类之一：① 拥有小概率 λ；② 与其他大多数元素拥有概率 $1-\lambda$。

Eskin 从入侵检测的角度假设概率为 $1-\lambda$ 的系统访问是合法的，其中入侵的概率为 λ。从混合模型的角度来看，生成数据的两个概率分布称为多数(M)分布和异常(A)分布，其中元素(X_i)由其中一个生成。当数据的生成分布为 D 时，可表示为如公式(8.3)所示：

$$D=(1-\lambda)M+\lambda A \tag{8.3}$$

其中：从 A 分布生成的数据被认为是异常的。

(2) 主成分分析

Shyu 等人提出使用主成分分析(PCA)分析高维网络流量数据集的方法。PCAS 是 p 个随机变量($A_1,A_2,\cdots,A_p$)的线性组合，它们具有以下三个特点：① 不相关；② 其方差按从高到低或从低到高的顺序排序；③ 它们的总方差等于原始数据的方差。假设 $\boldsymbol{A}$ 为每个随机变量 $p(A_1,A_2,\cdots,A_p)$ 上 n 个观测值的 $n\times p$ 的矩阵，$\boldsymbol{S}$ 是 $p\times p$ 的($A_1,A_2,\cdots,A_p$)的协方差矩阵，如果(λ_1,e_1)，…，(λ_p,e_p)是矩阵 $\boldsymbol{S}$ 的 p 个特征值-特征向量对，那么第 i 个主成分如公式(8.4)所示，其中 $i=1,2,\cdots,p$ 并且 $\lambda_1\geqslant\lambda_2\geqslant\cdots,\lambda_p\geqslant0$。

$$y_i=e_i(x-\overline{x})+e_{i2}(x_2-\overline{x_2})+\cdots+e_{ip}(x_p-\overline{x_p}) \tag{8.4}$$

假设正常情况的数量远高于异常情况的数量。主成分分类器(PCC)包含两个分数；每个主要和次要组件中的一个，以及一个数据实例(x)，如果满足公式(8.5)的关系则被视为异常：

$$\sum_{i=1}^{q}\frac{y_i^2}{\lambda_i}>C_1 \text{ 或者 } \sum_{i=p-r+1}^{p}\frac{y_i^2}{\lambda_i}>C_2 \tag{8.5}$$

如果满足公式(8.6)的关系则被视为正常：

$$\sum_{i=1}^{q}\frac{y_i^2}{\lambda_i}\leqslant C_1 \text{ 或者 } \sum_{i=p-r+1}^{p}\frac{y_i^2}{\lambda_i}\leqslant C_2 \tag{8.6}$$

其中：C_1 和 C_2 是设置的误报的异常值阈值。

3) 基于信息论的异常检测

基于信息论的方法可以创建适当的异常检测模型，Lee 和 Xiang[5] 使用熵、条件熵、相对熵、信息增益和信息成本等度量来解释数据集的特征。

熵是信息论的一个基本概念，用来度量数据项集合的不确定性。对于一个数据集而言，其中每个数据项都属于数据中的某一类，例如数据项属于类 D，则表示为($x\in C_D$)，则类 D 的熵值定义为 $|C_D|$，对于该类的定义如公式(8.7)所示：

$$H(D)=\sum_{x\in C_D}P(x)\log\frac{1}{P(x)} \tag{8.7}$$

其中：$P(x)$为数据项 x 在类 D 中的概率。

条件熵是 D 的熵，假设 Y 是概率分布$(P(X|Y))$的熵，那么 D 的条件熵定义如公式(8.8)所示：

$$H(D \mid Y) = \sum_{x,y \in C_D, C_Y} P(x,y)\log \frac{1}{P(x \mid y)} \tag{8.8}$$

其中：$P(x,y)$是 x 和 y 的联合概率；$P(x|y)$是给定 y 下 x 的条件概率。

相对熵是对于数据项 x 属于类 D 下两种不同概率分布的熵值差异，定义如公式(8.9)所示：

$$\text{relEntropy}(p \mid q) = \sum_{x \in C_D} P(x)\log \frac{p(x)}{q(x)} \tag{8.9}$$

信息增益用来衡量数据集 D 中特征 A 的信息获取的度量，定义如公式(8.10)所示：

$$\text{Gain}(D,A) = H(D) - \sum_{v \in \text{Values}(A)} \frac{\mid D_v \mid}{\mid D \mid} H(D_v) \tag{8.10}$$

其中：Values(A)为 A 的一组可能值；D_v 为 D 的子集；v 属于 A 中的一个值。

基于以上知识，可以建立适当的异常检测模型。有监督的异常检测技术需要一组训练数据集以及一组测试数据以评估模型的性能，在这种情况下，使用信息论方法来确定模型是否适合测试新数据集。Noble 和 Cook[6]对 DARPA 和 UNM 审计数据集进行了实验，以证明信息论度量的实用性，并得出基于信息论的方法可用于创建有效的异常检测模型。

4) 基于聚类的异常检测

聚类是指无监督学习，即不需要预先标记的数据来提取规则以对相似的数据实例进行分组。在本小节将介绍正则聚类和联合聚类两种网络异常检测中的聚类方法。正则聚类与联合聚类的区别在于行和列的处理。正则聚类技术，如 K-means 考虑数据集的行对数据进行聚类，而联合聚类同时考虑数据集的行和列以产生聚类。基于正则聚类进行异常检测通常基于以下三个假设：

(1) 由于聚类时为对正常数据的聚类，因此任何后续新数据与现有数据聚类不匹配都被视为异常；

(2) 当一个簇包含正常和异常数据时，正常数据距离簇质心最近；

(3) 在具有各种大小的簇的簇中，较小和稀疏的簇可以被视为异常，较密的簇可以被视为正常，即大小或密度低于阈值的簇的实例被视为异常。

正则聚类：

Kumari 等人[7]对异常数据使用 K-means 聚类来生成正常和异常聚类。一旦实现聚类，将使用以下假设对其进行分析：

(1) 实例 x 若距离正常聚类质心的距离小于异常聚类则为正常，反之为异常；

(2) 如果实例与聚类质心的距离大于阈值则为异常，反之为正常；

(3) 如果实例到正常簇的距离大于预定义阈值，则实例被视为异常。

联合聚类：

联合聚类可以认为是对行和列的同时聚类，联合聚类的数据矩阵中的一行实际数据为一个行实例，一列实际数据为一个列实例。它可以由一组原始例实例生成 C 列族(C)，由一组原始的行实例生成 r 行簇(R)，使用指定的标准同时查找数据矩阵的行和列的子集。与正则聚类相比，联合聚类的优势如下：

(1) 同时对行和列进行聚类可以提供更为压缩的表示，并保留原始数据中包含的信息；

(2) 联合聚类可以视为一种降维技术，适用于创建新的特征；

(3) 显著的降低计算的复杂度，例如传统的 K-means 的复杂度为 $O(mnk)$，其中 m 为行数、n 为列数、k 为簇数，但在联合聚类中，计算的复杂度为 $O(mkl+nkl)$，其中 l 为列簇的数量，显然 $O(mnk) \gg O(mkl+nkl)$。

8.2 DDoS 流量检测方法

DDoS 攻击是以干扰甚至破坏服务器正常业务运行为目标的攻击方式，目前 DDoS 攻击的实时流量大多已达到 TB 级别，虽然这种攻击方式已经存在了相当长一段时间，但是攻击手段与攻击途径的不断改变使得其依旧是当前网络安全的最常见的重要威胁之一。通过流量的安全性分析，能够从流量中提取 DDoS 攻击特征，从而在攻击发生时对 DDoS 攻击流量进行拦截，为了实现该目标，需要对 DDoS 攻击进行一个较为全面的了解。

8.2.1 DDoS 攻击介绍

DDoS 攻击是在短时间向目标服务器发送大量报文，消耗目标服务器带宽等资源甚至导致目标服务器宕机，从而影响目标服务器为正常用户提供服务的网络攻击。如图 8.2 所示，攻击者将操控大量僵尸主机，这些僵尸主机也被称为“肉鸡”，而攻击者发现并控制这些主机的过程被称为“抓鸡”。僵尸主机可能是 PC (Personal Computer，个人电脑)设备、移动设备、服务器或是 IoT(Internet-of-Things，物联网)设备，总之，生活中所有存在漏洞的入网设备都有可能成为攻击者实施 DDoS 攻击的帮凶。

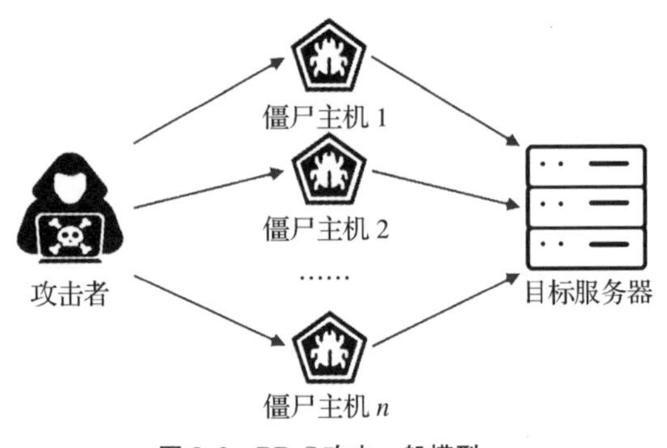

图 8.2 DDoS 攻击一般模型

DDoS 攻击已经存在很长时间，而且是一种相对简单的、可以使用工具自动完成的攻击方式，现在依旧与时俱进，对网络安全造成严峻的挑战。目前百 G 以上规模的攻击在持续增多，流量进入 Tb/s 的规模不再是偶发事件。“肉鸡”不仅仅只是中木马的个人电脑，不安全的 IoT 设备(主要是摄像头、路由器、打印机)在“肉鸡”中的占比也在不断提升。

伴随移动设备与 IoT 设备的增多，未来黑客将更容易获取“肉鸡”，可以轻松地发动更大规模的 DDoS 攻击。随着 5G 的发展，单个设备发送流量的速率会显著增加，从而导致 DDoS 攻击的规模的增大。攻击流量的增大对防御系统中的流量采集设备与流量清洗设备都会带来巨大的压力，一旦攻击的规模持续增大，流量速率超过 1 Tb/s 甚至更高，将对现有的检测方法与设备带来巨大的挑战。并且，目前攻击者可以采取的攻击手段不断增多，单次攻击中仅使用单一手段进行的 DDoS 攻击比例持续降低，对检测方法的检测性能与应对未知攻击的能力提出了更高的要求。

8.2.2 DDoS 攻击原理

虽然 DDoS 攻击的种类很多，但是每一种攻击的原理都较为简单。本节将针对利用 TCP 和 UDP 两类协议发动的 DDoS 攻击进行介绍。

1）基于 TCP 协议的 DDoS 攻击

TCP 协议是一种常用的通信协议，由于 TCP 协议是面向连接的协议，在建立连接时需要经历三次握手的过程，而在断开连接时需要经历四次挥手的过程。攻击者利用 TCP 协议这种过程，通过构造三次握手、四次挥手所需要的报文并大量发送给目标服务器。服务器接收到这些报文后，需要对这些报文进行处理，从而实现对目标服务器资源的消耗，导致无法响应正常用户的请求。

在 TCP 三次握手的过程中，SYN 报文出现在第一次握手中，用于发起 TCP 连接。一方接收到 SYN 报文时，会向另一方发送 SYN-ACK 报文。SYN DDoS 攻击是指攻击者操纵僵尸主机，向目标服务器发起大量的 TCP SYN 报文，当服务器回应 SYN-ACK 报文时，攻击者不再继续发送 ACK 报文，导致服务器上存在大量的 TCP 半连接（没有确认建立的连接），服务器的资源会被这些半连接耗尽，无法响应正常的请求。

在 TCP 三次握手的过程中，SYN-ACK 报文出现在第二次握手中，用于确认第一次握手。服务器收到 SYN-ACK 报文后，首先会判断该报文是不是属于三次握手范畴之内的报文，如果都没有进行第一次握手就直接收到了第二次握手的报文，那么就会向对方发送 RST 报文，告知对方其发来报文有误，不能建立连接。SYN-ACK DDoS 攻击是指攻击者操纵僵尸主机，向目标服务器发送大量的 SYN-ACK 报文，这些报文都属于凭空出现的第二次握手报文，服务器忙于回复 RST 报文，导致资源耗尽，无法响应正常的请求。

在 TCP 三次握手的过程中，ACK 报文出现在第三次握手中，用来确认第二次握手中的 SYN-ACK 报文。ACK DDoS 攻击是指攻击者操纵僵尸主机，向目标服务器发送大量的 ACK 报文，服务器忙于回复这些凭空出现的报文，导致资源耗尽，无法响应正常的请求。

TCP 协议在通信过程中还定义了 FIN 和 RST 报文，FIN 报文用于关闭 TCP 连接，RST 报文用于 TCP 连接的复位或者拒接非法数据。这两种报文也可能会被攻击者利用来发起 DDoS 攻击，目标服务器需要对这些报文进行响应从而导致资源耗尽，无法响应正常的请求。

除了上述的使用正常报文进行 DDoS 攻击，攻击者还可以操纵僵尸主机发送大量异常报文执行 DDoS 攻击，例如向目标服务器发送 TCP flags 异常的报文（TCP flags 是有一定规则的，不符合规则的报文就被认为是异常报文，例如 6 个标志位全部设置为 1）。接收方处理这些异常报文时会消耗系统资源，甚至可能会导致系统崩溃。

2）基于 UDP 协议的 DDoS 攻击

UDP 协议是一种无连接的协议，没有 TCP 协议复杂的建立连接与断开连接的过程，换而言之，攻击者无需建立连接即可将报文发送到目标服务器，这种特性常被用于进行 DDoS 攻击，以下是几种利用 UDP 协议的特性进行的 DDoS 攻击。

UDP DDoS 攻击是指攻击者操作僵尸主机，向目标服务器发送大量 UDP 报文，服务器需要对这些 UDP 报文进行处理，从而耗尽服务器资源，导致正常请求无法被响应的一种攻击方式。

此外,由于目前有很多应用层协议在实现的过程中都使用到了 UDP 协议,攻击者也可以利用其无连接的特性进行 DDoS 攻击。以 DNS 协议为例,攻击者控制僵尸主机向 DNS 服务器发送大量 DNS 请求报文,由于 UDP 不需要建立连接,被攻击的服务器会对每个请求进行响应,从而导致自身资源被大量消耗,无法响应正常的 DNS 查询请求。这种攻击被称为 DNS request DDoS 攻击。

同样,使用 DNS 响应报文也可以进行 DDoS 攻击,攻击者伪造 DNS 响应报文,将其发送给攻击目标。由于这个过程使用 UDP 协议作为传输层协议,目标服务器无法对 DNS 响应报文来源的真实性(来自僵尸主机或者正常的 DNS 服务器)进行判断,会对这些响应均进行处理,导致目标服务器资源的消耗。这种攻击被称为 DNS reply DDoS 攻击。

反射放大攻击也是目前最常用的基于 UDP 的 DDoS 攻击之一,其本质也是向目标服务器发送大量报文导致服务器资源耗尽,但是与基于 TCP 的 DDoS 攻击不同的是,攻击者并不直接攻击目标服务 IP,而是利用互联网的某些特殊服务开放的服务器,通过将报文源 IP 伪造成目标服务器的 IP 地址,向有开放服务的服务器发送构造的请求报文,该服务器会将数倍于请求报文的回复数据发送到被攻目标服务器,从而对后者间接形成 DDoS 攻击,其攻击模式如图 8.3 所示,被用于放大攻击流量的开放服务器被称为放大源。

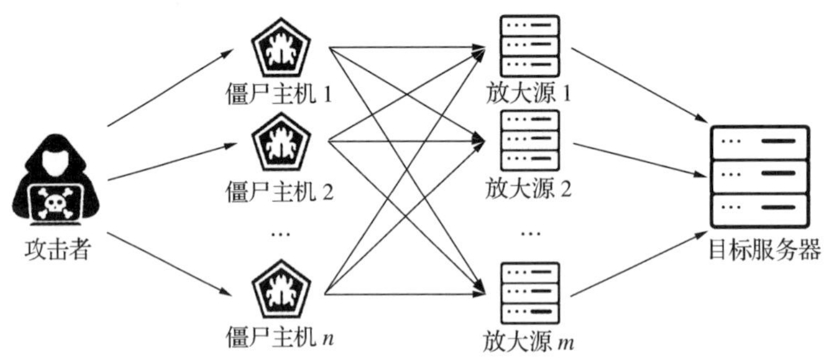

图 8.3　反射放大攻击一般攻击模式图

反射放大攻击的 IP 为僵尸主机伪造的被攻击者 IP,要求被利用协议在实现时使用无连接的 UDP 协议作为传输层协议,若使用 TCP 协议,需要在僵尸主机与放大源之间建立连接,则导致无法实现"反射"过程。同时,为了实现"放大"过程,反射放大攻击还要求被利用的协议在一次请求响应过程中响应流量比请求流量大很多倍,例如响应包比请求包大很多倍,或者一次请求对应多个相对较小的响应包。常用于反射放大攻击的协议有 DNS、SSDP、SNMP 等,它们的放大倍数如表 8.2 所示。

表 8.2　常用反射放大攻击协议与理论放大倍数

协　议	端口号	理论放大倍数
DNS	53	28～54
SNMP	161	6.3
SSDP	1900	30.8
PORTMAP	111	7～28
TFTP	69	60
MEMCACHED	11211	10 000～50 000

8.2.3　DDoS 攻击检测

DDoS 攻击检测可以转换为常见的分类问题，主要是将给定待分类流量分成正常流量与攻击流量。图 8.4 和图 8.5 描述了训练分类器与流量分类的一般流程。由于分类器一般使用成熟的方法(特别是机器学习)，所以 DDoS 攻击检测的关键步骤是特征提取。

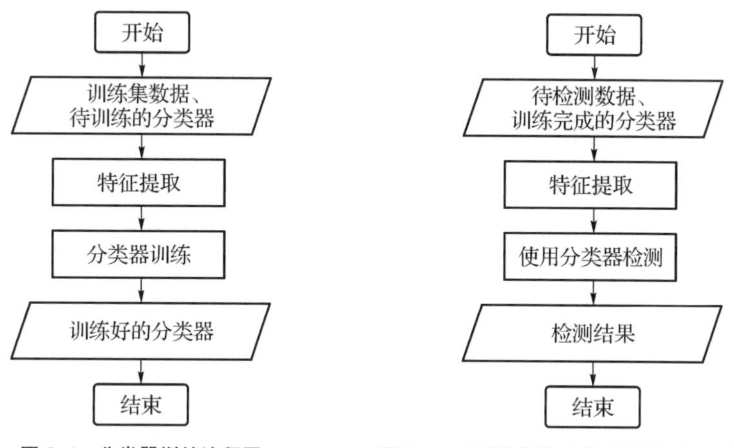

图 8.4　分类器训练流程图　　**图 8.5　用训练好的分类器进行流量分类流程图**

1) 特征提取与预处理

特征提取是 DDoS 攻击检测的第一步，由于绝大多数 DDoS 攻击的数据包单独分析都是正常的数据包，僵尸主机是通过短时间内发出大量这些正常的数据包导致目标服务器资源的消耗、无法响应正常用户的请求。所以一般情况下会选择滑动窗口的方法来提取特征，即提取一个窗口内的所有数据包的统计特征作为一个窗口的特征，而检测则是以窗口为单位进行，这样可以提取出流量的时序特征，例如平均时间间隔等。

(1) 熵值特征提取

由于熵值可以描述不确定性，熵值的变化可以用来进行 DDoS 攻击检测。例如假设一个如下情况，在一个系统正常运行的过程中，单个窗口内协议的分布如表 8.3 所示，协议分布较为均匀，而系统遭遇到 DNS 反射放大攻击时，单个窗口内接收到的 DNS 数据包迅速增加，协议的分布发生了变化如表 8.3 所示。此时可以计算正常情况下窗口内的协议熵值为 1.943 9，而遭受攻击后，窗口内的协议熵值发生了剧烈的变化变成 0.195 9。

表 8.3　该系统正常情况下单个窗口内的协议分布情况

协议类型	正常情况协议数据包数量	受 DNS 反射放大攻击后协议数据包数量
DNS	10	1 000
FTP	11	11
HTTPS	5	5
SSH	8	8

(2) 包特征提取

DDoS 攻击流量相比正常流量是存在比较明显的特征的，因此可以尝试从以下几个方面对流量的特征进行提取，需要注意的是，特征提取的方式有很多。由于篇幅有限，此处只介绍一些相对比较常用的特征，还有很多特征并未介绍，而目前 DDoS 攻击的攻击方式越来越多样，而攻击者在同一时间并不一定会仅仅使用一种攻击方式，所以使用单独的几个特征越来越不能对 DDoS 攻击进行有效的检测，需要对可能遭受的 DDoS 攻击进行充分考虑，在合理的范围内选择较多的特征才能应对越来越复杂的 DDoS 攻击。

① 流量大小特征

窗口内接收数据包数量与接收流量的总字节数是描述 DDoS 攻击的最基本的特征。当出现 DDoS 攻击时，窗口内接收数据包数量与总字节数一般情况下均会增大，直到超过正常情况下的服务器接收到的流量峰值。当然也会有特例，例如出现 HTTP 慢速攻击时，“肉鸡”可以以很低的速率向服务器发送数据。

当服务器遭受 DDoS 攻击时，由于攻击多为“肉鸡”使用工具进行的，数据包的发送时间间隔一般会更短而且更加均匀，导致服务器接收到报文间隔会变短而且更加的均匀。窗口内接收数据包时间间隔的均值与方差也可以作为描述 DDoS 攻击的特征。

反射放大攻击由于其攻击方式，会出现很多没有对应请求的响应流量，所以除去前文所说的几种特征，窗口内请求流量总长度与响应流量总长度的比值也是一个重要的特征。正常情况下，这个比值会维持在一个比较大的值，当出现反射放大攻击时，凭空出现了很多响应数据包，窗口内请求流量总长度与响应流量总长度的比值将会迅速减小甚至接近于 0。

② 关键属性分布特征

对于使用单种攻击方式进行的攻击，窗口内接收到某种协议的数据包会迅速增多，导致该协议的数据包数量在数据包总量中所占的比例增大，从而该协议的熵值减小。但是考虑到目前很多 DDoS 攻击会同时采取多种攻击方式，窗口内协议的熵值的变化可能不会十分剧烈的变化，但是还是可以作为 DDoS 攻击流量的特征之一。

在 DDoS 攻击中，攻击者一般会控制大量“肉鸡”进行攻击，这部分的 IP 会向服务器发送大量数据包。导致一个窗口内会接收到来自少量源 IP 的数据包增多，IP 的熵值会减小。所以，窗口内数据包源 IP 熵值的变化可以作为 DDoS 攻击的流量特征之一。不过，由于“肉鸡”在发送数据包时，如果这些“肉鸡”每一次使用不同的 IP 作为源 IP，则可能导致 IP 熵值的变化不明显。

③ 其他特征

上文中提及的特征主要是针对全体或一类攻击时需要被用到的特征，而以下提到的一些特征主要是针对某种特定的攻击类型的特征。

针对 TCP 异常报文攻击(主要指 TCP flags 异常)，可以提取窗口内异常 TCP 数据包数量，由于在正常情况下，异常的 TCP 报文数量一般是较少的，所以 TCP 异常报文数量可以作为针对 TCP 异常报文攻击的检测特征。

在 HTTP GET DDoS 攻击中，僵尸主机总是会请求一些需要更多计算资源的 URL，被请求的 URL 一般更加集中，熵值减小，所以，窗口内 HTTP GET 请求中 URL 熵值的变化可以作为 DDoS 攻击流量的特征之一。

(3) 流特征提取

随着 DDoS 攻击流量的不断增大(例如现在 DDoS 攻击流量已经达到 Tb/s 级)，传统的提取窗口内包特征进行检测已经无法满足 DDoS 攻击检测实时性的要求，这时需要将数据包聚合成流来进行特征提取。相较于提取数据包特征用于检测，提取流特征用于检测可以减少需要处理的数据量，提高检测方法的性能。但是由前面介绍 NetFlow 的章节中可知，流所包含的信息没有数据包充分，导致获取的信息也将会变少。在使用滑动窗口方法时，上一小节中提到的其他特征由于需要对数据包进行分析，无法从流数据中提取，但是流量大小特征和关键属性分类特征依旧可以提取。

2）DDoS 攻击检测的评价

DDoS 攻击检测的评价标准有很多种，本小节主要对与分类能力相关的指标进行介绍。由于检测的目标是分类出 DDoS 攻击流量，定义正例为 DDoS 攻击流量，反例为正常流量。定义真正例为将真实的 DDoS 攻击流量正确分类成 DDoS 攻击流量，假反例为将真实的 DDoS 攻击流量错误地分类成正常流量，假正例为将真实的正常流量错误地分类成 DDoS 攻击流量，真反例则是将实际的正常流量正确地分类成正常流量。具体的分类结果混淆矩阵如表 8.4 所示。

表 8.4 分类结果混淆举证

	预测为正例	预测为反例
实际为正例	TP(真正例)	FN(假反例)
实际为反例	FP(假正例)	TN(真反例)

下面介绍四个常用的重要指标——精确率、召回率、准确率、错误率，用于对检测方法性能进行描述，所有的描述均以前文中的场景，即 DDoS 攻击流量为正例进行。

精确率(Precision)也被称为查准率，是描述预测为 DDoS 攻击流量的数据中，实际为 DDoS 攻击流量的样本占比情况的指标。精确率为 100%则表示没有正常流量被错误地分类成 DDoS 攻击流量，精确率的计算公式如式(8.11)所示。

$$\text{Precision}=\frac{TP}{TP+FP} \tag{8.11}$$

召回率(Recall)也被称为查全率，是描述在所有 DDoS 攻击流量中被正常分类的样本占比情况的指标。召回率为 100%表示没有 DDoS 攻击流量被错误地分类成正常流量，召回率的计算公式如式(8.12)所示。

$$\text{Recall}=\frac{TP}{TP+FN} \tag{8.12}$$

准确率(Accuracy)是描述所有流量样本中被正确分类的样本(DDoS 攻击流量样本被分类成 DDoS 攻击流量样本，正常流量样本被分类成正常流量样本)占比情况的指标。准确率为 100%则表示没有出现误分类，所有的流量样本都被正常分类，准确率的计算公式如式(8.13)所示。

$$\text{Accuracy}=\frac{TP+TN}{TP+FP+TN+FN} \tag{8.13}$$

与准确率正好相反，错误率(Error Rate)描述的是所有流量样本中被错误分类的样本占比情况的指标。错误率为 0%说明检测方法没有存在误分类。错误率的计算公式如式(8.14)所示。

$$\text{Error Rate}=1-\text{Accuracy}=\frac{FP+FN}{TP+FP+TN+FN} \tag{8.14}$$

当然，以上提及的指标仅仅只是对模型的分类效果进行描述的指标，在很多时候，还需要使用到例如用于描述模型检测实时性、检测方法所造成的延时等多种指标，需要在不同的应用场景下进行适当的选择。

8.2.4 DDoS攻击检测案例分析

DDoS攻击检测方法实验的流程一般分为数据集构建（如果需要使用NetFlow还需要进行NetFlow数据的采集，按照实验需求有的还需要采样）、特征提取（根据需求可以使用主成分分析等方法对特征进行降维）、输入分类器进行学习、测试分类方法的分类效果。本小节以Hou等人[8]提出的检测方法为例，介绍DDoS攻击检测方法实验的一般流程。

1）数据集构建

训练集的生成总共持续七天，每一天使用不同的DDoS工具进行攻击并捕获攻击流量，并混合部分正常流量。生成NetFlow流数据使用1∶1 000的比例进行采样。工具与时间安排如表8.5所示。测试数据集使用CIC-IDS-2017数据集（https://www.unb.ca/cic/datasets/ids-2017.html），从中过滤DDoS攻击流量并与正常流量进行混合生成最后的训练集。

表8.5 训练流量生成表

天　数	流量类型（其中除正常流量外均为使用对应工具生成的攻击流量）
第一天	正常流量
第二天	hping3、DABOSET、正常流量
第三天	slowloris、DABOSET、正常流量
第四天	LOIC、Glodeneye、正常流量
第五天	cPyLoris、Hulk、正常流量
第六天	hping3、LOIC、PyLoris、Slowloris、Hulk、Torshammer、正常流量
第七天	hping3、Hulk、Glodeneye、LOIC、DABOSET、Torshammer、正常流量

2）特征提取

在提取特征前首先确定窗口的大小，实验使用的窗口大小为15 s，即每次均对15 s内采集到的流数据进行特征提取。

实验选择的特征有很多种，包括窗口内发送包总数量、发送流量总长度、发送流总持续时间、接收包总数量、接收流量总长度、接收流总持续时间，此外，还建立发送流的包数量序列、发送流的字节长序列、接收流的包数量序列、接收流的字节长序列，并对每个序列提取最小值、最大值、平均值、25分位数、50分位数、75分位数、标准差、状态转移矩阵作为特征。最后还提取了窗口内总包速率、窗口内总流量速率（总字节数/时间）、流间隔、上行流数据包平均间隔、下行流数据包平均间隔。

3）不同分类器的分类效果比较

实验使用多种方法进行训练并测试，得到的结果如表8.6所示。其中FP按公式(8.15)计算。

表 8.6 使用不同分类方法的分类结果比较

项 目	C4.5 决策树	SVM	Adaboost	随机森林
准确率	0.930	0.908	0.981	0.986
FP 占比	0.049	0.050	0.045	0.024

$$\text{FPRate}=\frac{FP}{FP+TN} \tag{8.15}$$

由此可见，只要学习数据充足、特征提取合理，选用的机器学习方法都能达到较好的效果，其中集成学习(Adaboost、随机森林)相对来说能达到一个更好的效果。

8.3 恶意流量检测方法

8.3.1 恶意流量

恶意流量检测一直是网络安全领域的难点问题。恶意软件可利用伪装、加密、欺骗、零日漏洞等技术实现行为的深度隐藏且它们可以频繁地变种，这些致使互联网中存在大量的恶意流量。恶意流量包含的协议通常有加密的 TLS 以及未加密的 DNS 和 HTTP 流量[9]，不同协议中恶意软件产生的流量与正常软件产生的流量往往存在一定的区别。通过流量的安全性分析，能够对其中使用不同协议的恶意流量特征进行精确识别，从而抵御来自网络中的攻击行为。

1) TLS 恶意流量

恶意软件产生的流量和正常软件产生的流量对 TLS 的使用是截然不同的，TLS 数据包中 clientHello 和 clientKeyExchange 字段包含的未加密 TLS 元数据存储着有价值的信息，其可用于推断客户端的 TLS 库，通常恶意软件作者使用一组不同的 TLS 库和配置信息，例如恶意软件通常在 clientHello 消息中提供一组过时密码套件，包括 0x0004(TLS_RSA_和_RC4_128_MD5)，而在正常流量中，常用 0x002f(TLS_RSA_WITH_AES_128_CBC_SHA)密码套件。在客户端支持的 TLS 扩展中，恶意软件的多样性似乎也相对较小。0x000d(签名算法)是大多数 TLS 流中唯一支持的 TLS 扩展。大约 50%的 DMZ 流量还存在 0x0005(状态请求)、0x3374(下一个协议协商)、0xff01(重新协商信息)三种扩展，这在恶意软件数据集中很少见。客户端的公钥长度也是一个明显特征，大多数 DMZ 流量使用 256 位椭圆曲线加密作为公钥，但大多数恶意流量使用 2048 位 RSA 公钥。serverHello 和 certificate 消息可用于获取有关服务器的信息，serverHello 消息包含选定的密码套件和支持的扩展，恶意流量通常选择过时的密码套件，而 DMZ 流量包含服务器支持的各种 TLS 扩展，certificate 消息将服务器的证书链传递给客户端，通常恶意流量和 DMZ 流量在服务器证书的有效期方面也存在显著差异。

2) DNS 恶意流量

DNS 恶意流量和 DNS 正常流量也不一样。正常流量的域名长度服从均值为 6 或 7 的正态分布并且全称域名 FQDN(Fully Qualified Domain Name)有更长的尾部，然而恶意域名和 FQDN 长度分布在长度为 6 和 10 处有尖峰。在正常 DNS 响应报文的全称域名 FQDN

中数字的比例较高，并且有相当多的正常 DNS 响应报文返回 2 个和 8 个 IP 地址，然而很多恶意 DNS 响应报文返回 4 个和 11 个 IP 地址。正常域名多收录于 Alexa 前 1 000 000 个 Web 站点列表中，恶意流量大约 86%的域名不能在 Alexa 前 1 000 000 个 Web 站点找到。

3) HTTP 恶意流量

通过分析 HTTP 流量的头部信息也能从中发现恶意流量与正常流量存在明显的区别，正常 HTTP 流量更可能利用 Connection、Expires 和 Last-Modified 字段，并且对于 HTTP Request 流量的 HTTP 字段，更多使用 Accept-Language、Accept-Encoding 和 User-Agent 字段，然而恶意 HTTP 流量更多使用 Server、Set-Cookie 和 location 字段。正常流量的 HTTP 头部 Content-Type 字段的值通常为 image/ * ，Server 字段的值为 Apache、nginx、AmazonS3 或 nginx1. 4. 7，User-A gent 字段的值为 Mozilla/5. 0 的相应操作系统版本，然而恶意 HTTP 流量大多数的 Content-Type 字段值为 text/ * 或 text/html，Server 字段为 nginx、LiteSpeed 或 gws，User-Agent 字段值通常为 Opera/9. 50(windowsNT6. 0;U;en)，较少使用 Mozilla/5. 0 和 Mozilla/4. 0。

8.3.2 恶意流量特征提取方法

对于恶意流量的收集必须基于对恶意软件样本的分析，大多数恶意软件往往不具备网络行为特征，因此需要采用逆向分析技术对恶意软件功能模块进行静态分析，确定其是否存在数据包发送或接收模块，接着在虚拟环境中运行恶意软件对恶意流量进行采集并在预处理阶段进行恶意流量特征提取。对于恶意流量的采集与处理方式一般有以下几种：

1) 运行恶意软件采集流量

该方式需要针对恶意软件的运行条件进行适配，在保证其内部网络行为模块能够运行的情况下多次运行恶意软件并尝试改变运行环境使恶意软件能够产生数量类型多的恶意流量。通过搭建环境运行恶意软件虽然能够准确地标记数据包的攻击类别和攻击意图，但由于触发恶意软件网络行为的条件往往难以满足，因此该种方式耗费时间较长且获取的数量有限。

2) 模拟生成恶意软件流量

该方式使用流量生成工具产生恶意流量数据集，其优势是能够在短时间内产生大量恶意流量数据，一般用于评估和验证。模拟生成的恶意软件流量可以非常准确地标记数据包的攻击类别，通过阅读相关的攻击分析文档即可确定一个恶意数据包的攻击意图，然而该方式只能生成已知攻击的流量数据，难以模拟含有恶意软件未知的网络行为特征的数据包。

3) 利用标记跟踪恶意流量

恶意软件通信的流量中有时包含恶意的 DNS 流量，通过对该类流量进行分析即可确定其中域名与相应的 IP 是否为黑名单中所列出的条目相匹配，其中黑名单条目可从公开网站中进行搜集。然而黑名单通常是根据历史经验人为建立的，缺乏统一的衡量标准，因此黑名单标记法也易产生错误。

8.3.3 恶意流量检测技术

传统的机器学习模型对恶意流量进行检测需要依赖于高度专业化的特征以便于获取正

确的结果，然而缺乏标记完善的原始流量以及缺乏共识的输入特征集，加上流量数据的持续变化，静态特征可能无法得到检测技术期望的效果。

本小节将介绍如何通过深度学习(DL)模型[10]对恶意流量进行检测，一般来说，我们希望捕获特定输入数据的时空相关性特征。为了捕获两种流量类型的相关性和学习时空特征，所提出的DL体系结构考虑卷积和递归神经网络作为核心层。卷积层用于构建数据包和流内部空间数据的特征表示。递归层与卷积层一起使用，以提高检测和分类性能，使模型能够跟踪时间信息，全连接层来处理不同的特征组合，以得出最终的分类规则。除了这些核心层，还包括辅助层，其目标是减少泛化误差，改善学习过程，减少过拟合问题。作为辅助层，需要考虑批处理规范化和dropout层。归一化用于训练时对每个小批进行归一化层输入，这样可以得到更高的学习效率，输出的模型对初始化的敏感性较低，并且有助于模型的正则化。简而言之，dropout是一种非常有效的模型平均方法，类似于训练大量不同的网络并平均结果。

模型输入的原始数据包括数据包和流两种，在数据包方法中，将每个数据包视为不同的实例，而在流方法中，考虑一组数据包作为网络的输入。数据包输入如图8.6所示，输入格式为(N,n)，其中：N为数据包个数；n为字节数；流输入如图8.7所示，输入格式为tensor (N,m,n)，其中：N为流的个数；m为数据包个数；n为字节数。

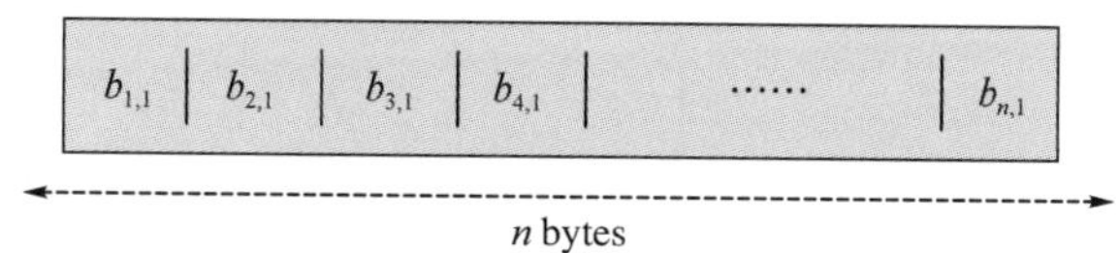

图8.6 数据包输入格式

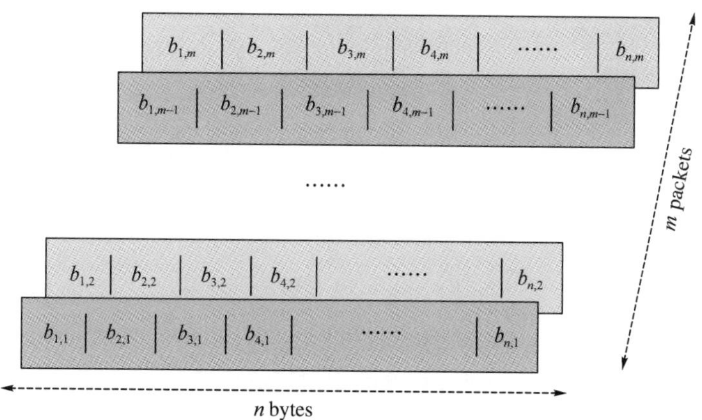

图8.7 流输入格式

在原始数据包表示中，通常选择数据包中的字节数(n)，而在流表示中，通常设置每个流的数据包数(m)，这是因为不同的包和流通常大小不同。通常恶意软件和正常软件流量捕获都是在受控条件下收集的，因此IP和传输协议报头中存在一些偏差。例如IP地址和端口此类固定值，甚至一些传输协议标志都是如此。因此，需要将每个数据包的有效负载作为关键信息来分析和构建数据集。为参数n设置一个固定的阈值，将每个传入数据包截取有效负载的前n个字节。所有字节大于n的数据包都将被截取，而较小的数据包则在末尾进行零的填充。对于每个流的数据包数量，固定一个数字 m，并截取流的前 m 个数据包，丢弃其余的数据包。

使用原始数据包输入表示的深度学习体系结构如图 8.8 和图 8.9 所示，它由两个尺寸均为 5 的 32 和 64 个过滤器的一维 CNN 卷积层组成，以及使用一个大小为 8 的 Max-Pooling 层来对输入进行下采样，其 LSTM 递归层由 200 个单元组成，返回每个单元的输出，最后是两个全连接层(Fully Connected Layer)，每个层有 200 个单元，损失函数采用二元交叉熵。在每个 1D-CNN 和 FC 层之后添加空间和正常批处理归一化层，以简化训练过程。

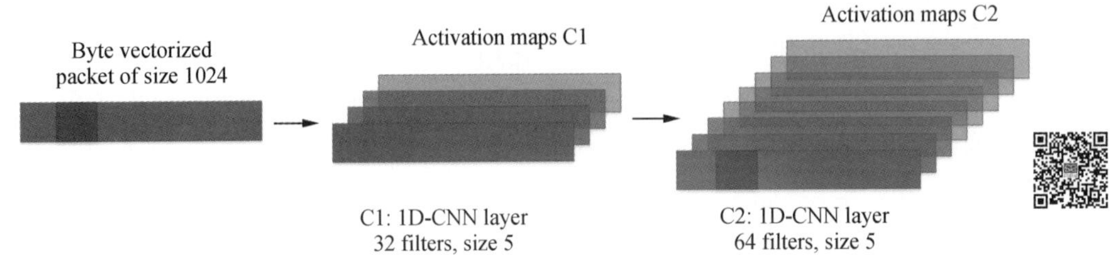

图 8.8　基于数据包 DL 结构——第一部分(扫描见彩图)

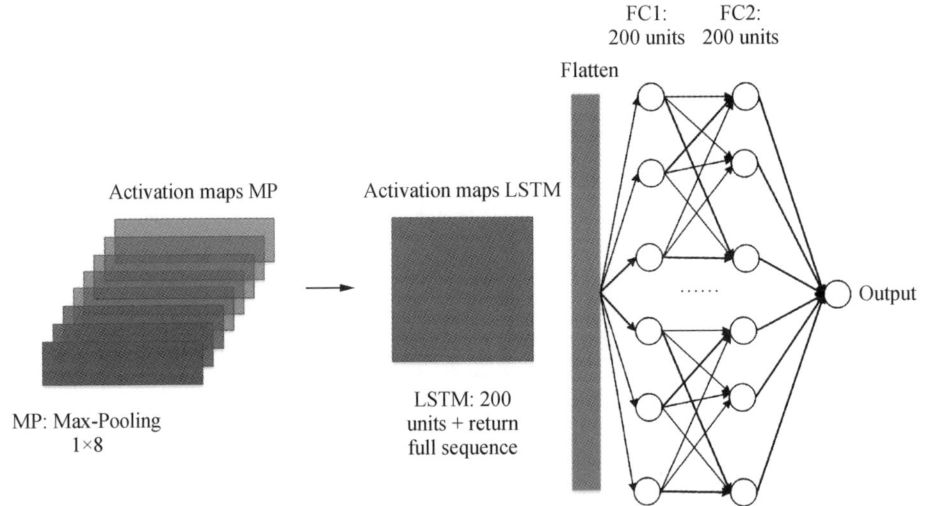

图 8.9　基于数据包 DL 结构——第二部分

使用流输入表示的深度学习体系结构如图 8.10 所示，在流级别操作时要处理的实例数量远远小于基于包输入的情况。因此，模型的容量不必像数据包的情况那样高，在结构中只包含卷积层。在该种情况下，由 32 个尺寸为 5 的过滤器的一维 CNN 层和两个全连接层组成各 50 和 100 个单元。同时，采用二元交叉熵作为损失函数。

以 CTU 大学提供的数据集对两种 DL 结构的实际检测效率进行测试，其中使用原始数据包作为输入的数据集数量约为 250 000，使用原始流作为输入的数据集数量约为 68 000。将原始数据包作为数据集中的每个数据包截取其前 1 024 字节，原始流数据集中每个数据包截取其前 100 字节，每条流中截取其前两个数据包，其中每种数据集中 80%用于训练模型，10%用于模型验证，10%用于模型测试。

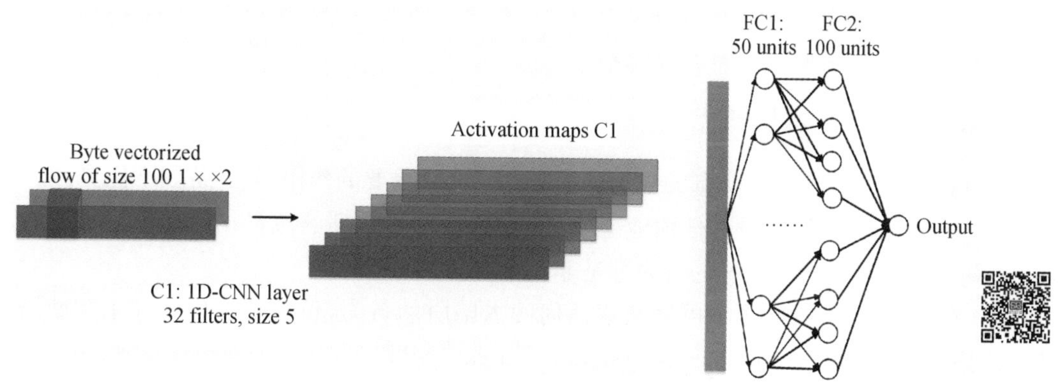

图 8.10　基于流 DL 结构(扫描见彩图)

数据包输入的 DL 结构与随机森林方法的测试结果如表 8.7 所示,流输入的 DL 结构与常用的机器学习模型的测试结果如表 8.8 所示,其中 AUC[11] 用来衡量分类器的训练效果,由此可得在使用原始数据包或流作为输入特征时,深度学习方法的性能明显优于机器学习模型。

表 8.7　基于数据包 DL 结构与随机森林分类效果表

	数据包 DL	随机森林
AUC	0.84	0.74

表 8.8　基于流 DL 结构与常用机器学习模型分类效果表

	流 DL	决策树(CART)	朴素贝叶斯	SVM	KNN
AUC	0.998	0.869	0.835	0.944	0.840

8.4　蜜罐流量获取方法

蜜罐技术的出现改变了网络防御中的被动态势,它通过吸引、诱骗攻击者,研究学习攻击者的攻击目的和攻击手段,从而延缓乃至阻止攻击破坏行为的发生,有效保护真实服务资源。通过在网络中部署一些无业务需求的计算机资源,对攻击者的欺骗技术增加攻击代价、减少对实际系统的安全威胁,在蜜罐与攻击者的交互过程中捕获攻击者所产生的流量进行安全性分析,进而了解攻击者所使用的攻击工具和攻击方法,追踪攻击源、攻击行为审计取证。

8.4.1　蜜罐概述

蜜罐[12]是一个被严密监控的计算资源,其布置的目的是希望被攻击或者攻陷。它没有任何业务上的用途,其价值就是吸引攻击方对它进行非法使用。蜜罐技术本质上是一种对攻击方进行诱骗的技术,通过布置一些作为诱饵的主机、网络服务或者信息,诱使攻击方对它们实施攻击,从而可以对攻击行为进行捕获和分析,了解攻击方所使用的工具与方法,推测攻击意图和动机，从而能够让防御方清晰地了解他们所面对的安全威胁，并通过技术和管理手段来增强实际系统的安全防护能力。

8.4.2 蜜罐技术优缺点

蜜罐技术对于改变传统防御的被动局面起到了非常重要的作用，其具备如下优势：

(1) 误报率为零：蜜罐没有任何业务上的用途，蜜罐收集到的流量均为非正常流量，因而所有闯入或者误入蜜罐系统的行为都是非正常行为。

(2) 可感知未知威胁：蜜罐可以捕获任何闯入陷阱的行为，包括已知攻击和未知威胁，因而对于高可持续攻击(Advanced Persistent Threat，APT)、零日攻击等同样有效。

(3) 指纹伪装：蜜罐技术可伪造系统指纹、网站指纹，伪装迷惑攻击者，使其无法根据一般系统固定结构发起针对性攻击。

尽管蜜罐技术具有很多的优势，但从蜜罐技术自身来看也有如下缺点：

(1) 劳力/技术密集：蜜罐部署之后往往会捕获大量的数据，由于网络攻防博弈的特性，对数据的整理分析往往需要由人工完成，甚至还需要结合 IDS 等不同的安全系统提供的数据进行综合分析。

(2) 局限的视图：蜜罐技术只能针对蜜罐的攻击行为进行监视和分析，其视图较为有限，不像入侵检测系统能够通过旁路侦听等技术对整个网络进行监控。

(3) 不能直接防护信息系统：蜜罐只能捕获攻击者的恶意流量，事后进行分析，因此对信息系统并不提供直接的防护。

(4) 带来的安全风险：安全风险主要有两个方面：一个是发现蜜罐，网络攻防是一个双方博弈的过程，黑客要识别出诱捕环境，进而避免进入哪些系统，甚至向蜜罐反馈虚假、伪造的信息，进而对安全防护造成损害；另一个是攻破蜜罐，对于高交互蜜罐，如果自身的安全防护不够高，一旦被黑客获得蜜罐的 root 权限，黑客很可能会将其用作危害第三方的跳板。解决这类问题需要引入多层次的数据控制机制和人为分析和干预。

8.4.3 蜜网技术

1) 蜜网项目

蜜网项目是一个致力于计算机安全研究的国际性志愿者组织，它成立于 1999 年，是美国伊利诺伊州一个非营利的组织，会员来自超过 25 个国家的活跃分会，这有助于提供全球研究视角，该组织坚定地致力于开源运动的理念。

蜜网项目的目标是了解计算机网络攻击所涉及的工具、战术和动机，这主要是通过使用蜜罐和蜜网进行的。为了支持蜜网项目的研究，该项目开发了一系列的蜜罐和蜜网的相关技术，所有这些都可以从蜜网官方网站免费下载。蜜网项目的成员会以出版物的形式定期地发布关于新威胁的研究。

2) 蜜网技术的原理

蜜网是一种特殊的高互动蜜罐，蜜网将单个蜜罐的概念扩展到高度控制的蜜罐网络。蜜网是一种专门的网络结构，通过以下三个过程来实现：

数据控制：用于处理蜜网内活动的控制；

数据捕获：涉及捕获、监视和记录蜜网内的所有威胁和攻击者活动；

数据采集：将采集到的数据安全地转发到一个集中的数据采集点。

这种架构创建了一个高度受控的网络，在这个网络中放置蜜罐，可以控制和监视各种系统和网络活动。一个基本的蜜网由放置在透明网关——Honeywall（蜜墙）后面的蜜罐组成。作为一个透明的网关，蜜墙是无法被攻击者检测到的，它通过记录所有进出蜜罐网络的活动来达到目的，在实际中，蜜网引进了主动控制、人工智能等思想，如机器学习、数据挖掘、模糊理论、遗传算法等。它们所做的就是改变传统的思路，使其更具主动性、交互性、学习性。它们的主要功能是用来学习入侵者的思路、工具和目的，通过获取这些技能，互联网上的组织将会更好地理解他们所遇到的威胁，并且理解如何防止这些威胁。

3）蜜网技术的发展

Honeynet 蜜罐系统主要由蜜墙和部署了数据捕获软件的蜜罐组成，根据所采用的技术，以及多年来在蜜网中进行数据捕获、控制和收集活动的方式，蜜网已经跨越了三代：

第一代蜜网技术进行一些原理证明性的实验，提出了第一代蜜网架构，如图 8.11 所示。

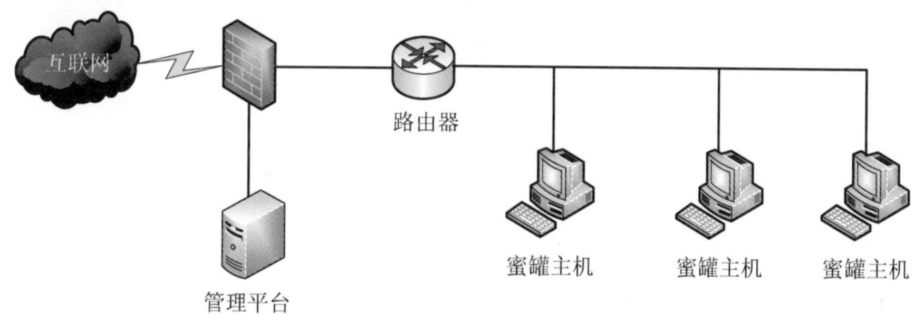

图 8.11 第一代蜜网架构

防火墙把网络分隔为三个部分，分别是陷阱部分、互联网和管理控制平台。所有进出蜜网的数据包都必须经由防火墙过滤，路由器进行补充过滤。防火墙允许任何进入蜜网的连接，但它对向外发送连接的数量做了限制。

在数据控制方面，防火墙是控制输入和输出连接的主要工具。防火墙允许任何输入连接，但控制输出连接，记录有多少连接是从蜜罐内部发起连接到外部互联网的，一旦对外连接达到一定的数量，网关就阻塞任何多余的请求。这也给了入侵者执行所需行动的自由，但同时又防止入侵者用无限的连接来发动攻击。

在防火墙和蜜网之间放置路由器主要有以下两个方面的考虑：

（1）路由器可以隐藏防火墙。当一个蜜罐被攻破时，攻击者会发现在网络外有一个路由器。这就创建了一个更加真实的环境，并使防火墙变得模糊不易被发现。

（2）第二层的访问控制设备。路由器可以弥补防火墙的不足，保证已泄密的蜜罐不被用来攻击蜜网以外的其他系统。路由器充当了第二层的访问控制工具，主要用来防止 ICMP 攻击、Dead Ping、SYN flooding、SMURF 攻击等一些利用伪造端口欺骗的攻击。蜜网中的路由器仅允许源地址是蜜网内部的机器向外部发送数据包。

数据捕获指在不让入侵者发现的情况下尽可能多地获得入侵信息。为了实现这个目的，需要对系统进行修改，但要求系统改变尽可能少。另外，捕获到的数据不能放在蜜罐主机上，否则很可能会被入侵者发现，从而失去系统的诱骗特性。

在数据捕获方面共有三层:防火墙是第一层,记录所有出入蜜网的连接,所有连接都被视为可疑,而且当企图建立连接时防火墙能发出警报。入侵检测系统作为第二层,捕获和记录每一个分组和有效载荷。第三层就是蜜网系统本身,将捕获到的击键和显屏操作远程传输到其他的系统上。

第二、三代蜜网架构的变化是由一个单一设备的引入带来的,该设备处理蜜网的数据控制和数据捕获机制,称为入侵检测系统(IDS)网关或蜜墙。这是作为透明桥实现的,该阶段是对蜜网技术的进一步研究提出了第二代蜜网架构,如图 8.12 所示关键工具——Honeywall 和 Sebek。

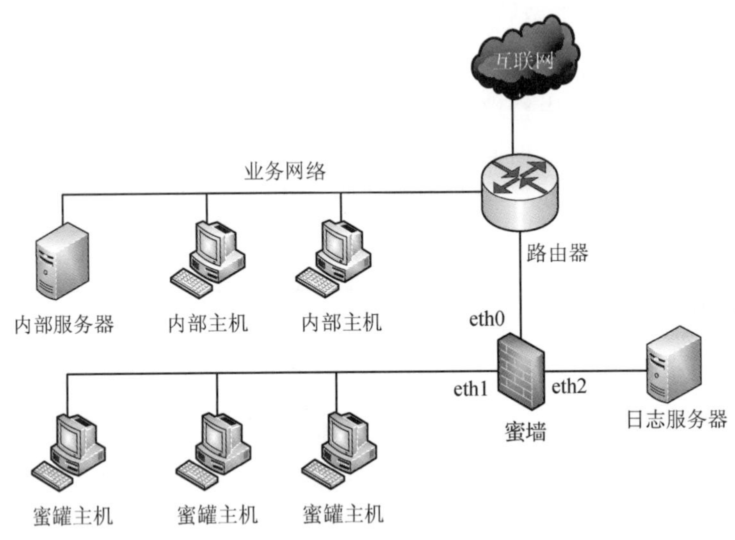

图 8.12　第二代蜜网架构

蜜网网关集成了数据控制、数据捕获和数据收集功能,是一个单一的设备,共有三个接口。路由器(Router)位于第一层,直接与互联网相连,作用是访问控制。接口 0(eth0)位于第二层,连接至业务网络;接口 1(eth1)也位于第二层,连接至蜜罐网络;接口 2(eth2)位于第三层,是蜜网网关的管理接口。

第二代蜜网技术大大增加了蜜网使用的灵活性、可管理性和系统安全性。蜜网将 eth0 和 eth1 使用网桥进行连接,由于网桥没有接口协议栈也就没有接口地址、TTL 缩减等特征,入侵者难以发现网关的存在,同时,所有出入蜜网的通信量必须通过网关,实现了使用单一设备对全部出入通信量的数据控制和捕获功能。

数据控制通过追踪分析入侵者行为内容和目的来鉴别控制越权行为。例如,允许入侵者与第三方进行 FTP 请求连接,但是如果发现他们企图对蜜网之外系统运行 FTP 漏洞利用脚本,蜜网将对这些行为进行限制。

第二代蜜网也增强了第二层数据控制方面的能力。二代技术中的路由控制不再像防火墙那样进行简单的过滤,而是采用类似二层网关的方法根据数据包内容限制或阻止外发攻击,可以采取诸如阻塞特定攻击、控制入侵者外出连接的数目、限制入侵者拒绝服务(DoS)攻击或大规模扫描等方法实现二层数据控制功能。

第二代蜜网使用内核级捕获技术提高了对加密数据的捕获能力。一代技术中大部分数据是通过在网络层防火墙和数据链路层上嗅探收集的。然而,入侵者常使用 SSH 等加密技术，大大削弱了蜜网的网络数据收集功能。二代技术通过在系统内核空间捕获数据来解决这些难题，不必考虑入侵者采用何种通信方式，比如SSH、SSL或IPsec等。

"蜜网项目"组推出了Honeywall. Roo，它在基于第二代蜜网技术的Eeyore的数据控制和数据捕获这个核心的基础上有了很大的改进。明显的改进功能表现在两方面：其一，核心操作系统改为开源的Fedora Core 3 Linux，把Honeywall全部安装到硬盘运行；其二，增加一个功能强大的基于浏览器的数据分析工具(Walleye)，而且支持内核级捕获工具(Sebek 3.x)。这些改进都增强了蜜网的易用性，使蜜网更容易安装和维护。

第二代蜜网的数据控制包含两个方面：一是防火墙IPTables对Outbound连接数的控制；二是Snort_inline对出口异常数据的限制。第三代蜜网的数据控制在这两个方面的基础上对防火墙规则做了改进，主要是增加了黑名单(Black List)、白名单(White List)和防护名单(Fence List)功能。在数据捕获方面，第三代蜜网仍是通过三个层次实现捕获数据：一是防火墙的日志记录；二是嗅探器记录的网络流；三是Sebek捕获的系统活动。

同国外相比，国内对蜜罐的研究开展较少，北大计算机研究所信息安全工程研究中心的狩猎女神项目组是国内唯一加入国际蜜网研究联盟的研究团队，该项目组为国家计算机网络应急技术处理协调中心(CNCERT/CC)构建了分布于全国各个省份的Matrix中国分布式蜜网系统，该系统在实际发现并处置蠕虫爆发、僵尸网络等重要互联网安全事件上为中国互联网安全起到了积极的作用。

现有蜜网体系架构自Gen-Ⅲ提出以后并没取得突破性的发展，随着安全威胁和网络攻击技术的不断改进，导致蜜网原有的数据控制和数据捕获功能无法有效发挥作用。传统蜜网的数据控制机制不能监控网络中恶意软件的内部传播，也不支持蜜罐从一个到另一个的过渡(如低交互蜜罐到高交互蜜罐)，且易受指纹攻击，数据采集能力不足，难以应对日益复杂的网络攻击手段。因此，研究人员一直致力于改进现有蜜网体系，使其朝着具备功能丰富、可扩展化和自动化部署能力的新型蜜网方向发展，例如基于SDN的蜜网架构。

8.4.4　蜜网工具

目前网络中已经有不少开源或者商业的蜜罐工具，通过布置蜜罐工具来对攻击者进行反制并且捕获攻击流量进行特征提取分析是网络防御者的必备技能，在本小节将介绍Kippo和Sebek使读者了解到如何通过蜜罐工具对流量进行捕获。

1) Kippo

Kippo是一个用于研究SSH攻击的中等交互蜜罐，相对低交互蜜罐，Kippo提供了一个可供攻击者操作的shell，攻击者可以通过SSH登录蜜罐，并做一些常见的命令操作，交互性有一定的提升。

当攻击者拿下一台服务器的权限后，很可能会进行小范围的端口探测或者批量的端口扫描，以便横向扩展，获取更多服务器的控制权，因此部署内网SSH蜜罐，把攻击者引诱到蜜罐里来，触发实时告警，安全人员即可及时知道已经有攻击者渗透内网，知道哪台服务器已被控制，以及攻击者在蜜罐上做了哪些操作，并可以对过程中攻击者的所有流量进行记录。

2) Sebek

入侵者使用加密的通道(如SSH)与被侵占主机进行通信，导致普通数据捕获技术(如

Ethereal、tcpdump 等)捕获的数据无法解密,也就无法监视入侵者的攻击行为。因此需要一个新的数据捕获技术,在入侵者对数据进行加密前将数据捕获,并隐蔽地传输到其他安全的主机上。同时,该捕获技术应有很好的隐蔽性,使入侵者难于发现。

Sebek 是一种高性能的数据捕获软件,它挂钩系统读/写调用,以捕获攻击者的击键、文件访问和其他输入/输出活动。然后这些数据以 UDP 数据包的形式通过网络导出,所以 Sebek 可以对攻击者隐藏监视流量,同时在机器上隐藏自身的存在。它使蜜网的部署和维护更加方便,同时提升了数据控制和数据捕获方面的性能。发展至今,其数据捕获软件 Sebek 已经更新至第三版,是目前主流使用的数据捕获软件。Sebek 既可以部署在 Linux 操作系统下也可以部署在 Windows 操作系统下,其部署环境主要是基于 VMware 虚拟机所建立的系统,其最新版本为 3.0.5 版。目前世界范围内基于 Windows 操作系统使用的主流虚拟高交互蜜罐就是由"蜜网项目组"构建的第三代蜜网,通过蜜网网关及数据捕获软件 Sebek 的搭配使用,进而对各类攻击数据及上传文件进行捕获,并将捕获的数据加密传输以日志的形式记录在蜜网网关。

Sebek 有两个组成部分:客户端和服务器端。客户端从蜜罐捕获数据并且输出到网络让服务器端收集,如图 8.13 所示。服务器端有两种方式收集数据:第一种是直接从网络活动的数据包捕获;第二种是从 tcpdump 格式保存的数据包文件。当数据收集后既可以上传到相关数据库,也可以马上显示击键记录。

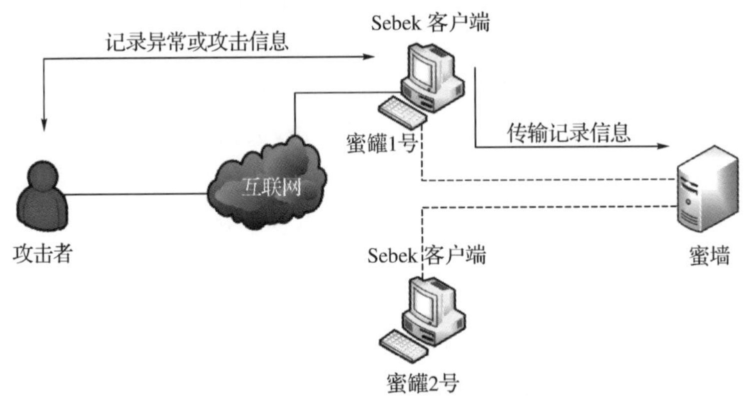

图 8.13 典型的 Sebek 的部署结构

客户端模块安装在蜜罐里,蜜罐里攻击者行为被捕获后发送到网络(对攻击者是不可见的)并且由 Honeywall 被动的收集。客户端完全在蜜罐的内核空间,客户端可以记录用户通过 read0 系统调用的所有数据,运行 Sebek 的蜜罐以难以检测的方式把这些数据输出到服务器端所在的网络,然后服务器端收集所有蜜罐发送的数据。因为这些数据都有一个统一的标准格式,所以服务器端可以收集各种不同操作系统蜜罐的数据。

8.5 基于沙盒的恶意样本流量获取方法

恶意代码一般情况下是指刻意编制或设置的,对网络或计算机系统会产生威胁或潜在威胁的计算机代码。恶意代码按照表现形式可以分为以下几类:网页病毒、脚本病毒、漏洞攻击病毒。通过对含有恶意代码的样本进行采集,并对这些恶意样本产生的流量进行安全性分析,从而对恶意代码的核心逻辑进行分析,对其中包含的恶意行为进行防治。然而恶意程序在运行时对真实的系统通常会造成影响,因此有必要将含有恶意代码的程序放在一个隔离的试验环境中运行,即需要用到本小节介绍的沙盒技术。

8.5.1　沙盒概述

沙盒(Sandbox)可以被认为是一个当前宿主操作系统(Host Operating System)的影子系统(Shadow System),用户可以将可疑程序放入该影子系统中,这样它在一些系统关键区域所作的创建、修改和删除操作都会被虚拟化重定向到一些临时状态或者区域当中,可以随时撤销。换句话说,在沙盒中运行的所有操作都是虚拟的,真实的系统文件和相关配置不会被改动,这样可以确保恶意代码无法对系统关键部位进行破坏。另外,当前的沙盒一般都有部分或完整的类似 HIPSl2 7J(Host-based Intrusion Prevention System)的程序控制功能,程序的一些高危活动会被禁止,如安装驱动,底层磁盘操作等。

图 8.14(a)表示一个应用程序在其传统的计算环境中运行的情况。本地的计算机存储,包括寄存于其上的系统关键区域,例如核心文件和注册表文件,直接暴露给应用程序。在这样的系统运行方式下,尽管应用程序的性能能够得到最大的发挥,但是也给了一些恶意代码成功篡改系统资源的可乘之机。图 8.14(b)表示的是一个典型的沙盒系统应用,应用程序运行在一个虚拟计算环境当中。因为读操作对系统环境不会造成任何改变,大部分的沙盒系统为了保持其自身的监控机制的简洁以及保持应用程序基本性能,一般会让其正常的往来于真实的物理资源和沙盒内部之间的 I/O 路径。对于写操作,沙盒则会让其修改的值作用于沙盒内部的虚拟资源之上。因此,即使这些写操作来自恶意代码,也不会对真实的用户操作系统造成任何更改。

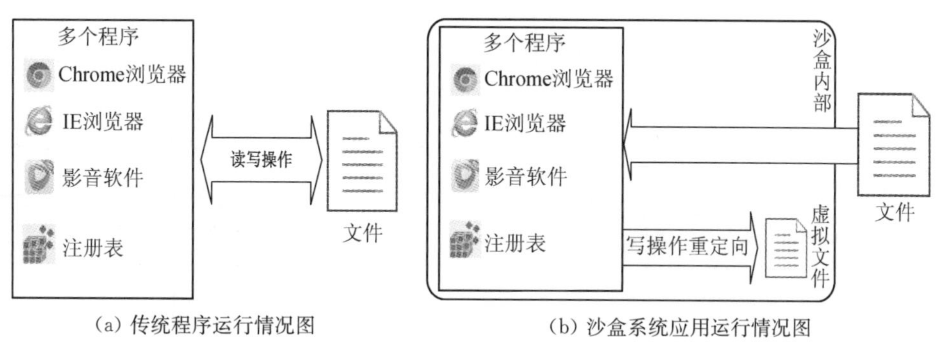

(a) 传统程序运行情况图　　(b) 沙盒系统应用运行情况图

图 8.14　程序运行情况图

8.5.2　沙盒方法

使用传统的沙盒分析方法时,首先需要创造一个虚拟的程序运行环境,然后将目标程序放入其中执行,由于该虚拟环境拥有像真实操作系统一样的环境,目标程序能够正常执行并且会表现出它本身所具有的恶意性,当系统确定待测程序属于恶意程序时,就会终止目标程序的运行,以避免它对真实操作系统造成破坏。沙盒分析结束后,分析系统会生成目标程序的分析日志,用户可以通过该分析日志来确定目标程序是否具有恶意性。基于沙盒技术恶意代码分析方法的一般步骤如图 8.15 所示。沙盒方法的实现中主要利用虚拟化技术与

HOOK API 技术,本小节将对两种技术的基本思想与设计原理进行简单介绍。

图 8.15 恶意代码分析步骤

1) 虚拟化技术

虚拟化是指计算元件在虚拟的环境上而不是真正的环境里运行。这个虚拟环境可以是为了简化管理或是提供优化资源的解决方案。换句话说为了达到某种目的或功能,通过特定的方式来调度或管理硬件资源使它能实现这种功能。

虚拟化可以分为完全虚拟化和半虚拟化以及硬件辅助虚拟化。完全虚拟化的实现思路是在底层硬件和上层服务之间搭建一个抽象层,一般称之为 Hyper-visor。Hyper-visor 可以捕获 CPU 指令,帮助上层操作系统使用和管理硬件和外设。在图 8.16(a)的结构中,可以看到 Hyper-visor 运行在硬件上,由它来直接管理裸机。在它之上可以运行虚拟化服务器来管理客户端操作系统,并同时让各个客户操作系统保持独立。运行在虚拟机上的 VM1 到 VM5 互不影响和干扰。完全虚拟化的优点是客户操作系统不需要改变就可以直接运行,并且操作系统本身不知道自己是否运行在虚拟环境下,实现了透明虚拟化。缺点是 Hyper-visor 会带来处理器的额外开销。因为 VM1 到 VM5 并没有直接使用硬件资源的权利,当运行在上面的应用程序需要硬件资源时,由 Hyper-visor 截获这些请求并调用相关资源来为上层系统服务。目前主流的完全虚拟化有 VMware 和微软的 VirtualPC 以及 Linux 系统开源的 KVM。

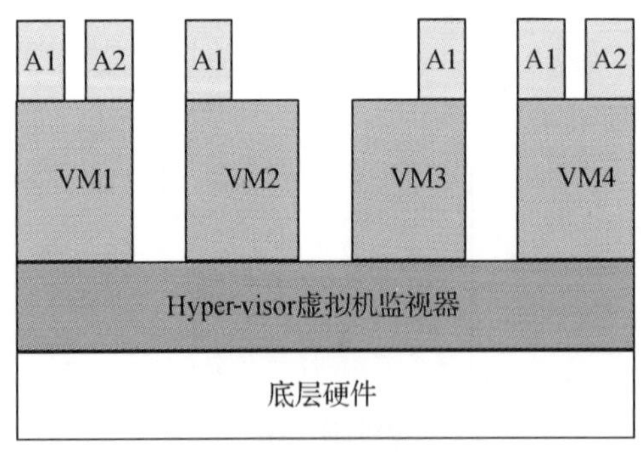

(a) 完全虚拟化结构

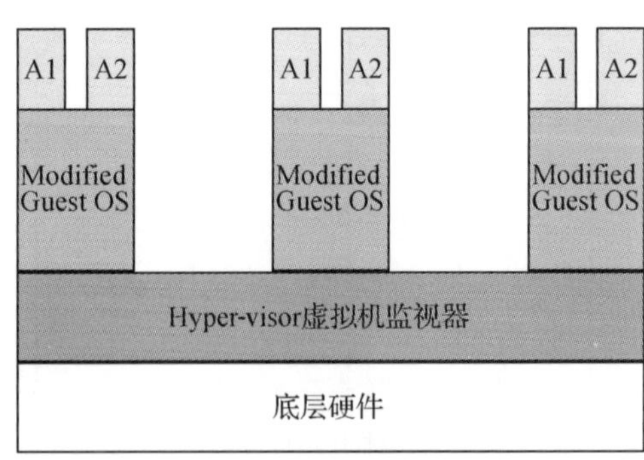

(b) 半虚拟化结构

图 8.16 虚拟化结构图

半虚拟化的设计可以减轻 Hyper-visor 的负担,它通过改变客户操作系统使其能够与 Hyper-visor 协同工作。Xen 是一种典型的半虚拟化技术,运行在 Xen 的 Hyper-visor 上的客户操作系统必须在内核层进行某些改变。因此 Xen 可以很好地用于 BSD、Solaris、Linux 等开源操作系统,但对于 Windows 这种专有的操作系统无法进行相应的改变。如图 8.16(b)所示,半虚拟化也同时支持多个客户操作系统,并且保持各个客户系统的独立性。在 Xen 使用的方法中,没有指令翻译,而是通过以下两种方法之一实现的:① 使用一个能理解和翻译虚拟操作系统发出的未修改指令的 CPU,这在 X86 体系中无法做到;② 修改操作系统,从而使它发出的指令最优化,便于在虚拟化环境中执行。

2) HOOK API 技术

API hooking 即 API 钩子,对 API 函数的调用进行拦截。最初的 Hook 是在 Windows 中提供的一种可以用来替换 DOS 系统下"中断"的系统机制。对特定的系统事件(实际操作的是系统调用)进行 Hook 后,对该事件(系统调用)进行 Hook 的程序(称之为 Hooker)可以在第一时间对此事件做出响应,对事件的直接回应、调整或是封装,也可以是单纯的拦截。

Hook 有很多应用模式:观察模式、注入模式、插件模式、替换模式、修复模式和共享模式。针对系统调用的 Hook 大多采用的是观察模式和注入模式,涉及内核函数的复杂性,当沙盒截获到内核函数时一般不会重新写,而是仅仅加上一些修饰。

沙盒程序需要用到大量的 Hook,应用程序对系统资源的使用或者修改都要通过 API 函数,对 API 函数的监管是实现沙盒安全隔离环境的重要基础。钩子特别是系统调用钩子会带来消息处理时间的开销,这也是沙盒程序不可避免的开销之一。

8.5.3　沙盒工具

目前主流的沙盒有:Geswall、Defensewall、CWSandbox、sandboxie、Cuckoo Sandbox 等,本小节主要对 CWSandbox 和 Cuckoo Sandbox 进行介绍。

1) CWSandbox

CWSandbox 是一款监测用户行为的工具,它可以实时监控每个用户的行为并且将用户行为日志形成报表显示给用户,它满足 Win32 操作系统的自动化、有效性和正确性三个设计标准。CWSandbox 能运行在 Linux 和微软的 Windows 操作系统上,并且提供了一个可视化的 Web 界面,方便用户操作。

CWSandbox 的工作分为三个阶段:初始化、执行和分析。在初始化阶段,由 cwsandbox. exe 应用程序和 cwmonitor. dll 动态链接库组成的沙盒设置恶意软件进程,其中 cwsandbox. exe 是 CWSandbox 的主程序,起着控制台的作用,恶意程序分析任务的提交以及分析过程的管理,都是由它来执行,如图 8. 17 显示了 CWSandbox 的工作原理。在恶意软件执行期间,沙箱将挂钩的 API 调用重新路由到 DLL 中的引用挂钩函数,挂钩函数检查调用参数,以通知对象的形式向沙盒通知 API 调用,然后根据调用的 API 函数的类型,将控制委托给原始函数或直接返回给执行 API 调用的应用程序。在原始 API 调用返回后,钩子函数检查结果,并可能在返回到调用恶意软件应用程序之前对其进行修改。在执行阶段, cwmonitor. dll 和 cwsandbox. exe 之间会发生大量的进程间通信。在分析阶段,CWSandbox 会观察下载请求,如果恶意软件下载并执行了一个文件,它会执行 DLL 注入来启用新进程上的 API 挂钩。

通过将动态恶意软件分析、应用编程接口挂钩和动态链接库注入结合在 CWSandbox 中,可以跟踪和监控所有相关的系统调用,并生成一个自动的、机器可读的报告。该报告包括:描述恶意软件样本创建或修改的文件,在 Windows 注册表上执行的恶意软件示例的更改,恶意软件在执行前加载了哪些动态链接库,它访问了哪些虚拟内存区域,它创建的流程,它打开的网络连接和发送的信息,以及恶意软件对受保护存储区域、已安装服务或内核驱动程序的访问等。

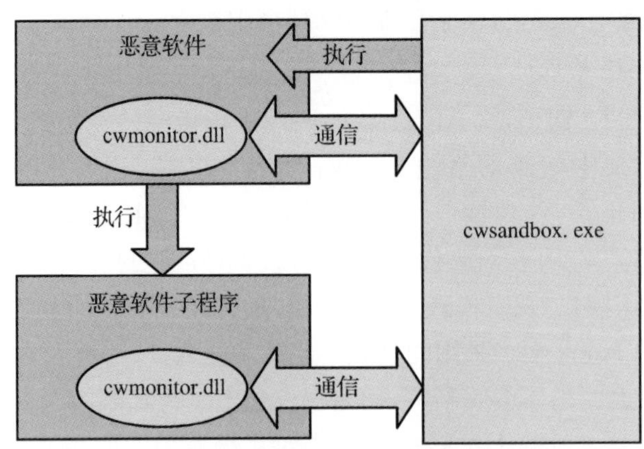

图 8.17　CWSandbox 工作原理图

CWSandbox 在恶意程序的动态分析过程中，提供了系统和完整的检测环境，它能对系统中重要的 API(包括文件系统、注册表和网络操作的 API 等)进行检测，并最终以 XML 报表形式生成一个覆盖面完整的分析结果，对恶意程序的分析工作起到了重要的帮助。此外，CWSandbox 还提供在线检测平台，URL 为 https://f. virscan. org/language/de/cwsandbox. exe. html。使用该平台可以非常方便地完成各类文件的判定，有助于业界人士进行恶意程序代码样本的上传和测试，丰富 CWSandbox 的恶意代码样本库。然而，CWSandbox 存在不足的地方在于它在恶意程序分析结束后，并没有对分析结果作进一步的处理，所形成的分析报告，也不能指出恶意程序所处的恶意等级，往往还需要人工进行分析才能确定目标程序所具有的破坏性。尽管如此，CWSandbox 提供了简易的针对恶意程序的沙盒分析环境，使用者一般不需要阅读大量的资料就可以学会使用这款软件，对于沙盒技术的入门十分有利。

2) Cuckoo Sandbox

Cuckoo Sandbox 是一个开源的自动恶意软件动态分析系统。它用于自动运行和分析文件，并收集所有的分析结果，输出恶意软件在隔离操作系统内运行时的情况，支持功能如表 8.9 所示。

表 8.9　Cuckoo Sandbox 支持功能

(1) 由恶意软件生成的所有进程执行的调用跟踪
(2) 恶意软件在执行期间创建、删除和下载的文件
(3) 恶意软件进程的内存转储
(4) PCAP 格式的网络流量跟踪
(5) 在执行恶意软件期间拍摄的屏幕截图
(6) 机器的完整内存转储

Cuckoo 在业界应用、开发使用非常广泛，由于其高度模块化的设计，Cuckoo 既可以用作独立应用程序，也可以集成到更大的框架中。它可以用来分析通用 Windows 可执行文件、DLL 文件、PDF 文件、Microsoft Office 文件、网址和 HTML 文件等，几乎其他任何文件都可以使用 Cuckoo 进行分析。凭借其模块化和强大的脚本功能，使用 Cuckoo 可以开发实现非常多的功能。

Cuckoo Sandbox 包含一个中央管理软件，可处理样品的执行和分析，每个分析都是在新的隔离的虚拟机或物理机中启动的。Cuckoo 的基础架构的主要组成部分是一台主机(管理软件)和许多客户机(用于分析的虚拟或物理计算机)。主机运行沙箱的核心组件,该组件管理整个分析过程,而客户机则是隔离的环境,恶意软件样本可以安全地执行和分析。Cuckoo 的主要架构如图 8.18 所示。

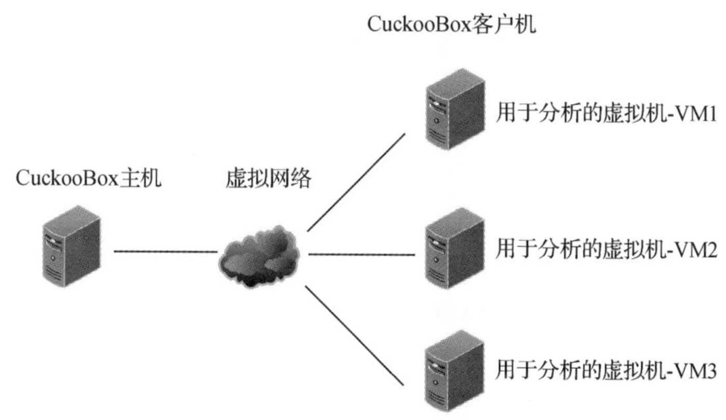

图 8.18 Cuckoo 的主要架构

在利用 Cuckoo 对恶意软件进行检测时,通常需要通过 cuckoo.conf、vmware.conf、reporting.conf 等配置文件对 IP 信息、数据库信息等进行初始化配置,配置结束后即可启动 Cuckoo 服务、上传样本进行自动化分析。

Cuckoo 可以通过命令行来使用,也可以通过 Web 界面来操作,通过浏览器访问虚拟机的 IP 地址和 Cuckoo Web 界面对应的端口进行恶意样本检测。选择需要进行运行的恶意样本并启动 Cuckoo,然后在 Web 的文件上传页面中上传文件,点击右上角分析,即可等待分析结束得到最终的分析结果。

8.6 本章小结

随着网络应用的复杂性以及攻击形式的多样性,从流量中对恶意行为进行提取分析已经是攻防对弈中必不可少的重要一环。本章首先从流量角度分析了异常流量与恶意流量的特征与检测方法,在异常流量检测中对异常类型与攻击类型进行关联,并对常见的四种异常检测方法进行介绍。在恶意流量检测中对常见的不同协议的恶意流量特征进行梳理,并对其提取方法进行总结。针对异常流量中的 DDoS 攻击流量,本章对基于两种不同协议的 DDoS 攻击原理进行介绍,并对 DDoS 攻击的流量特征进行分析,总结了 DDoS 攻击检测的整体流程与常用的分类算法,从而使读者对 DDoS 攻击与检测有更全面的认识。恶意流量与异常流量的分析自然离不开对其相应的获取方式,在本章最后对利用蜜罐与蜜网技术对异常流量进行收集以及利用沙盒工具对恶意流量进行收集的具体原理和方法进行介绍。

流量的安全性分析需要对流量特征的精确提取与流量行为的精确建模,目前的方法大多数还是基于有监督的机器学习方法进行分类与识别,然而流量的复杂性对特征提取而言是一项巨大的挑战,通过对流量特征进行精细化分类以及通过深度学习方式对流量进行安全性分析必然是未来的趋势。攻防的博弈要求防御者在未来不仅要熟悉异常流量和恶意流量的检测技术，更要了解攻击者的攻击技术，从而做到对不同类型流量的精确获取，对潜在风险提前分析与预防，做到知己知彼。

习题 8

8.1 目前的异常检测技术分为几类？分别对应哪些技术？

8.2 针对 TCP 三次握手过程可以进行的 DDoS 攻击方式有哪些？其原理是什么？

8.3 UDP DDoS 的攻击原理是什么？

8.4 恶意流量如何进行采集，请给出步骤。

8.5 蜜罐技术优缺点有哪些？

8.6 蜜网的网络结构如何构成？

8.7 请给出基于沙盒对恶意代码进行分析的步骤。

参考文献

[1] Ahmed M, Naser Mahmood A, Hu J K. A survey of network anomaly detection techniques[J]. Journal of Network and Computer Applications, 2016, 60: 19 - 31.

[2] Hawkins S, He H X, Williams G, et al. Outlier detection using replicator neural networks[M]//Kambayashi Y, Winiwarter W, Arikawa M, editors. Data warehousing and knowledge discovery, Berlin, Heidelberg: Springer, 2002: 170 - 80.

[3] Ye N, Chen Q. An anomaly detection technique based on a chi-square statistic for detecting intrusions into information systems[J]. Qual Relaib Eng Int 2001, 17(2): 105 - 112.

[4] Eskin E, Arnold A, Prerau M, et al. A geometric framework for unsupervised anomaly detection[M]//Barbará D, Jajodia S(editors). Advances in Information Security. Boston, MA: Springer US, 2002: 77 - 101.

[5] Lee W K, Xiang D. Information-theoretic measures for anomaly detection[C]//Proceedings of 2001 IEEE Symposium on Security and Privacy, IEEE, 2001: 130 - 43.

[6] Noble C C, Cook D J. Graph-based anomaly detection[C]//Proceedings of the ninth ACM SIGKDD International Conference on Knowledge Discovery and Data Mining, KDD'03, ACM, New York, NY, USA, 2003: 631 - 636.

[7] Kumari R, Sheetanshu, Singh M K, et al. Anomaly detection in network traffic using K-mean clustering[C]//2016 3rd International Conference on Recent Advances in Information Technology(RAIT), 2016: 387 - 393.

[8] Hou J P, Fu P P, Cao Z G, et al. Machine learning based DDos detection through NetFlow analysis[C]//MILCOM 2018: 2018 IEEE Military Communications Conference(MILCOM), Los Angeles, CA, 2018: 1 - 6.

[9] Anderson B, McGrew D. Identifying encrypted malware traffic with contextual flow data[C]//Proceedings of the 2016 ACM Workshop on Artificial Intelligence and Security. Association for Computing Machinery, New York, NY, USA, 2016: 35 - 46.

[10] Marín G, Casas P, Capdehourat G. DeepMAL—Deep Learning Models for Malware Traffic Detection and Classification[C]//Data Science—Analytics and Applications, 2021: 105 - 112.

[11] Fawcett T. An introduction to ROC analysis[J]. Pattern Recognition Letters, 2006, 27(8): 861 - 874.

[12] The Honeynet Project. About the Honeynet Project[EB/OL]. [2021-03-19]. http://www.honeynet.org/misc/project.html.

9 网络资源探测方法

互联网安全防御存在多种方法，按照防御方式可将互联网防御方法分为主动防御与被动防御，其中被动防御有网络监控系统、防火墙和入侵检测系统等。主动防御有互联网资源探测方法，又称为互联网扫描方法，网络管理员通过网络资源探测方法，找到运行的应用服务，了解其安全配置，能够发现网络和系统的安全漏洞。通过对互联网目标进行资源探测，对其进行相关安全评估与改进。

本章聚焦于网络资源探测方法，本章 9.1 节介绍互联网资源探测方法概念与分类，9.2 节介绍分布式扫描方法，9.3 节介绍快速扫描方法，主要介绍 Zmap 工具，9.4 节介绍 IPv6 地址空间探测方法，9.5 节介绍漏洞探测方法。

9.1 扫描方法概述

互联网资源探测最主要的方法是扫描技术，通过对网络中的各种元素进行扫描，主动探测待测网络环境中各种资源的分布及其相关配置信息，从而进行安全相关审计与评估。网络扫描是一种信息系统安全保护手段，它采用模拟黑客攻击的方法来检测和评估目标系统的安全性。网络扫描的基本原理是通过一系列手段来模拟系统的攻击行为并获得攻击结果，在此基础上，对结果进行分析，以了解目标中的安全配置和应用服务，分析现有安全漏洞，客观评估网络风险级别，指导网络管理员纠正配置中的网络安全漏洞和系统错误，并根据分析结果，在黑客发动攻击之前进行防范[5]。

网络扫描分为不同阶段，首先，在进行网络扫描时，第一阶段是寻找目标活跃主机，通过扫描活跃主机，可以确定下一阶段扫描目标以及目标网络拓扑结构；接着，第二个阶段的任务是探测活跃主机运行的服务，对目标信息进行进一步搜集，所搜集的信息包括服务软件的版本、运行的服务、操作系统类型等，涵盖目标包括操作系统、拓扑结构、对应漏洞等；除此之外，该阶段网络扫描也可以辅助于漏洞检测，通过漏洞扫描主动发现对方系统上存在的漏洞，进而进行维护或者攻击。按照目标的不同，扫描方法可以划分为主机扫描、端口扫描和指纹扫描。

9.1.1 主机扫描

主机扫描的目的是确定在目标网络上的主机是否可达，同时尽可能多映射目标网络的拓扑结构，当对未知网络进行扫描时，首先需要确定目标主机的 IP 地址，以便对其进行更进一步的探测。尤其是在针对网络地址转换（Network Address Translation，NAT）设备之后的网络扫描，采用 NAT 技术的网络，其使用的网络地址空间很可能只占用少量的 IP 地址。例如，在对一个网段内的地址进行扫描时，由于其地址空间中的所有地址不一定都被使用，或者说不一定所有的主机都处于存活状态，这时使用主机扫描就可以进行地址的精简，探测出有哪些主机处于存活状态,进而可更深一步的进行探测。

该扫描主要利用 ICMP 数据包,向目标主机发送特定的 ICMP 数据包,根据目标主机的响应信息做出判断,从而得到目标主机的状态信息。通过对存活的主机进行扫描就是向主机发送特定的数据包,如图 9.1 所示,主机 A 向主机 B 发送 ICMP Echo Request 报文,若主机 B 有响应消息 ICMP Echo Reply 返回则说明该主机处于活动状态,否则主机不存在或处于关机状态。该方法简单易行,但当主机安装的防火墙软件进行了访问控制时(例如禁用了 Ping 响应或者禁用了所有的 ICMP 响应),这时使用常用的 ICMP 扫描方法便会失去作用,需要借助于其他的方法进行探测。

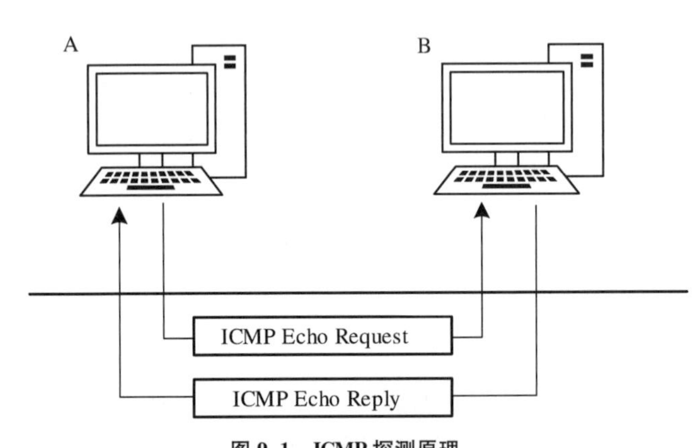

图 9.1　ICMP 探测原理

网络扫描的基础是互联网的协议,通过对协议的分析找到适合网络扫描的协议类型和消息类型。根据互联网的协议标准构造特定类型的数据报,把这些数据报发送到目的主机,从响应消息中提取有价值的信息。随着扫描技术的发展,除了上述利用 ICMP 的 Echo 字段进行扫描,常用的传统扫描手段还依赖于其他特性或者字段,主要有 ICMP Sweep、Broadcast ICMP 和 Non-Echo ICMP 扫描等。

ICMP Sweep 扫描进行扫射式的扫描,即并发性扫描,使用 ICMP Echo Request 一次探测多个目标主机。通常这种探测包会并行发送,以提高探测效率,适用于大范围的评估。

Broadcast ICMP 扫描利用了一些主机在 ICMP 实现上的差异,设置 ICMP 请求包的目标地址为广播地址或网络地址,则可以探测广播域或整个网络范围内的主机,子网内所有存活主机都会给予回应,但这种情况只适合于 Unix/Linux 系统。

Non-Echo ICMP 扫描技术(不仅能探测主机,也可以探测网络设备如路由)利用了 ICMP 的服务类型(Timestamp 和 Timestamp Reply、Information Request 和 Information Reply、Address Mask Request 和 Address Mask Reply),有的目标主机阻塞了 ICMP 回显请求报文,此时可以通过使用 Non-Echo ICMP 扫描目标主机是否存活。例如,大多数主机在收到类型为 17 的 ICMP 报文(地址掩码请求)请求时都会发送一个应答,甚至有些主机还会发送差错的应答。

但随着防火墙和网络过滤设备导致传统的探测手段变得无效,为了突破这种限制,主机扫描高级技术利用 ICMP 协议提供网络间传送错误信息的手段来进行资源探测,其主要原理就是利用被探测主机产生的 ICMP 错误报文来进行复杂的主机探测。按照所依据的特性不同,存在以下几种方式:异常 IP 包头、在 IP 数据包头部设置无效字段值、通过超长包探测内部路由器和反向映射探测等。

异常 IP 包头向目标主机发送包头错误的 IP 包,目标主机或过滤设备会反馈 ICMP Parameter Problem Error 信息。常见的伪造错误字段为 Header Length 和 IP Options。不同厂家的路由器和操作系统对这些错误的处理方式不同,返回的结果也不同。

IP 数据包头中设置无效的字段值方法向目标主机发送的 IP 包中填充错误的字段值,目标主机或过滤设备会反馈 ICMP Destination Unreachable 信息。这种方法同样可以探测目标主机和网络设备。

超长包探测内部路由器利用如下特性:若构造的数据包长度超过目标系统所在路由器的 PMTU 且设置禁止分片标志,该路由器会反馈 Fragmentation Needed and Don't Fragment Bit was Set 差错报文,由此可以探测路由器资源。

反向映射探测用于探测被过滤设备或防火墙保护的网络和主机。具体方法是构造可能的内部 IP 地址列表,并向这些地址发送数据包。当对方路由器接收到这些数据包时,会进行 IP 识别并路由,对不在其服务范围的 IP 包发送 ICMP Host Unreachable 或 ICMP Time Exceeded 错误报文,没有接收到相应错误报文的 IP 地址可被认为在该网络中。

9.1.2 端口扫描

端口扫描就是通过连接到目标系统的 TCP 或 UDP 端口,从而确定目标主机上正在运行的服务。每个端口是一个通信通道,也是一个潜在的入侵通道。从对黑客攻击行为的分析和收集的漏洞来看,绝大多数恶意行为都是针对某一个网络服务,也就是针对某一个特定的端口的。通过向每个端口发送一条消息来执行端口扫描,收到的响应类型表明目标系统是否使用了该端口,是否可以对其进行探测以进一步检查系统安全性弱点。当攻击者或渗透测试者想要查看某台计算机中打开了哪个端口时,可以使用端口扫描技术来进一步识别计算机端口上的漏洞和弱点。在网络安全方面,端口扫描的意图如果是试图寻找入侵入口,端口扫描才算是犯罪,此举是为了区分安全测试,因为安全专家在机器上执行渗透测试时也使用了此技术[1]。通过端口扫描,攻击者可以找到有关目标系统的以下信息:哪些用户拥有这些服务,哪些服务正在运行、是否支持匿名登录以及某些网络服务是否需要身份验证。对目标计算机进行端口扫描,能得到许多有用的信息。

端口对应于主机上的一项服务,互联网数字分配机构(Internet Assigned Numbers Authority,IANA)将端口划分为周知端口(0~1 024)和动态端口,周知端口用于通用互联网服务,例如常见的 HTTP 服务端口为 80,HTTPS 端口为 443,通过对目标主机上的端口进行扫描,便可以获知目标主机所搭载或所支持的服务类型,从而可以为后续扫描确定更细粒度的目标。

在具体实现时,端口扫描技术往往需要借助 TCP/IP 协议特性。传输层有两个重要的传输协议:传输控制协议(Transmission Control Protocol,TCP)和用户数据报协议(User Datagram Protocol,UDP),分别为应用层提供可靠的面向连接的服务和无连接服务。其中,UDP 协议相对比较简单,而大部分常用的应用层协议(如 FTP、Telnet、SMTP 等)都是以 TCP 协议为基础,在网络端口扫描技术中也多用各种 TCP 包作为探测手段[2]。本章主要聚焦于基于 TCP 协议特性的端口扫描技术。TCP 数据包的首部含有六个标志位,即 URG、

ACK、PSH、RST、SYN 和 FIN，它们中的多个可根据需要同时置为 1。大多数系统实现 TCP 时，遵循以下原则：

- 当一个 SYN 或 FIN 数据包到达一个关闭的端口时，TCP 丢弃数据包，同时发送一个 RST 数据包。
- 当一个 RST 数据包到达一个监听端口时，RST 数据包被丢弃。
- 当一个 ACK 位的数据包到达一个监听端口时，数据包被丢弃，并发送一个 RST 数据包。
- 当一个 SYN 位关闭的数据包到达一个监听端口时，数据包被丢弃。
- 当一个 SYN 的数据包到达一个监听端口时，产生“三次握手”会话，同时回送一个 SYN/ACK 数据包。
- 当一个 FIN 数据包到达一个监听端口时，数据包被丢弃；而一个关闭的端口返回 RST 数据包。这种情形在 URG 和 PSH 同时置位或发送没有任何标记的 TCP 数据包时同样发生。

由此可以看出：服务器端的状态转换和响应的报文类型主要依赖于接收到的请求报文。因此，通过有意传送某种类型的报文，诱发服务器发送响应报文，分析响应报文可以推断出服务器端口当前的状态。对于互联网资源探测器而言，其主要关心 TCP 的两个状态：CLOSED(关闭)和 LISTEN(监听)状态。根据扫描时发送端发送的报文类型来分，目前常用的端口扫描技术包括：TCP connect 扫描、TCP SYN 扫描、TCP FIN 扫描、TCP NULL 扫描、XMAS 扫描、Reverse-ident 扫描、分片扫描、TCP FTP proxy 和 UDP ICMP 端口不可达扫描等。

TCP 连接扫描过程中会向目标端口发送 SYN 报文，等待目标端口发送 SYN/ACK 报文，收到后向目标端口发送 ACK 报文，即著名的“三次握手”过程。在许多系统中只需调用 connect()即可完成。TCP connect 扫描方法的方便之处是不需要 root 权限，任何希望管理端口服务的人都可以使用。

TCP SYN 扫描技术通常认为是“半开放”扫描，这是因为扫描程序不必要打开一个完全的 TCP 连接。扫描程序发送的是一个 SYN 数据包，好像准备打开一个实际的连接并等待反应一样(参考 TCP 的“三次握手”建立一个 TCP 连接的过程)。一个 SYN/ACK 的返回信息表示端口处于侦听状态。一个 RST 返回，表示端口没有处于侦听态。如果收到一个 SYN/ACK，则扫描程序必须再发送一个 RST 信号，来关闭这个连接过程。这种扫描技术的优点在于一般不会在目标计算机上留下记录。但这种方法的一个缺点是，必须要有 root 权限才能建立自己的 SYN 数据包。

TCP FIN 扫描向目标主机的目标端口发送 FIN 控制报文，处于 CLOSED 状态的目标端口发送 RST 控制报文，而处于 LISTEN 状态的目标端口则忽略到达报文，不作任何应答。这样，判断是否有报文收到，就可知目标主机的端口状态。该扫描方法的优势在于扫描过程不是 TCP 建立连接的过程，所以比较隐蔽。但是它也存在一定的缺陷，TCP FIN 扫描与 SYN 扫描类似，也需要构造专门的数据包，而且 TCP FIN 扫描在 Windows 平台是无效的，因为在 Windows 平台目标主机总是返回 RST 数据包，无法对目标主机的端口信息进行判断。

TCP NULL 扫描将一个没有设置任何标志位的数据包发送给 TCP 端口，在正常的通信中至少要设置一个标志位，根据 RFC 793 的要求，在端口关闭的情况下，若收到一个没有设置标志位的数据字段，那么主机应该舍弃这个分段，并发送一个 RST 数据包，否则不会响应发起扫描的客户端计算机。也就是说，如果 TCP 端口处于关闭则响应一个 RST 数据包，若处于开放则无响应。该扫描方法的优点是行踪比较隐蔽，不容易被发现；缺点是判断结果不准确，只能粗浅估计操作系统的可能类型，仅适合作为辅助的判断信息。

XMAS 扫描和 NULL 扫描这两类扫描正好相反，NULL 扫描关闭 TCP 包中的所有标志位（URG、ACK、RST、PSH、SYN、FIN），而 XMAS 扫描则设置 TCP 包中所有标志位。主机上关闭的端口会响应一个同样设置所有标志位的包，处于监听状态的端口则会忽略该包而不作任何响应。该扫描方法的优点是扫描过程比较隐蔽，不容易被发现；缺点是主要用于 Unix/Linux/BSD 的 TCP/IP 的协议栈，不适用于 Windows 系统。

ident 协议（RFC 1413）允许看到通过 TCP 连接的任何进程的拥有者的用户名，即使这个连接不是由这个进程开始的。因此用户可连接到 HTTP 端口，然后通过 ident 来发现服务器是否正在以 root 权限运行。Reverse-ident 扫描方法只能在和目标端口建立了一个完整的 TCP 连接后才能看到。

分片扫描本身并不是一种新的扫描方法，而是其他扫描技术的变种，它不是直接发送 TCP 探测数据包，是将数据包分成两个较小的 IP 段。这样就将一个 TCP 头分成好几个数据包，从而过滤器就很难探测到。但一些程序在处理这些小数据包时会出现异常、性能下降或者错误。

TCP FTP proxy 扫描利用 FTP 协议辅助扫描。FTP 协议的一个有趣的特点是它支持代理（proxy）FTP 连接，即入侵者可以从自己的计算机 localhost. com 和目标主机 target. com 的 FTP server-PI（协议解释器）连接，建立一个控制通信连接，然后，请求这个 server-PI 激活一个有效的 server-DTP（数据传输进程）来给互联网上任何地方发送文件。这个协议的缺点是能用来发送不能跟踪的邮件和新闻，使得许多服务器用尽磁盘，容易越过防火墙。利用这个特性便可以使用一个代理 FTP 服务器来扫描 TCP 端口。这样能在防火墙后面连接到一个 FTP 服务器，然后扫描原来有可能被阻塞的端口。如果 FTP 服务器允许从一个目录读写数据，就能发送任意的数据到发现的打开的端口。

UDP ICMP 端口不可达扫描方法的原理是开放的 UDP 端口并不需要送回 ACK 包，而关闭的端口也不要求送回错误包，所以利用 UDP 包进行扫描非常困难。有些协议实现的时候，对于关闭的 UDP 端口，会送回一个 ICMP Port Unreach 错误。这个扫描方法的缺点是扫描速度慢，而且 UDP 包和 ICMP 包传送的信息都不是可靠的；此外用此扫描方法时需要 root 权限才能读取 ICMP Port Unreach 消息。

9.1.3 指纹扫描

指纹扫描特指操作系统指纹扫描，互联网上的所有主机都会通过 TCP/IP 来互通互联。但是每个操作系统，甚至每个内核版本，在 TCP/IP 堆栈中都有很小的差异，并且这些差异使得对相应数据包的响应不同。一些网络扫描工具可以提供响应列表，通过与它进行比较，可以识别目标主机上运行的操作系统。操作系统指纹扫描技术主要包括主动栈指纹探测和被动栈指纹探测[4]。

主动栈指纹探测是主动向主机发起连接，并分析收到的响应，从而确定操作系统类型的技术。按照其所使用指纹特性不同，分为FIN探测、Bogus标志探测、ICMP ERROR报文统计探测、ICMP ERROR报文引用探测。

FIN探测跳过TCP三次握手的流程，给目标主机发送一个FIN包。RFC 793规定正确的处理应是不作响应，但有些操作系统，如MS-Windows，Cisco，HP/UX等会响应一个RST包。

Bogus标志探测基于以下特性：某些操作系统会设置SYN包中TCP头的未定义位(一般为64或128)，而某些操作系统在收到设置了Bogus位的SYN包后，会重置连接。利用该特性可以识别对应操作系统。

ICMP ERROR报文统计探测基于RFC 1812，该RFC规定了ICMP ERROR报文的发送速率，Linux设定了目标不可达消息上限为80个/4 s。操作系统探测时可以向随机的高端UDP端口大量发包，然后统计收到的目标不可达消息。因为要大量发包，并且还要等待响应，所以用此技术进行操作系统探测时时间会长一些。

同样，RFC文件中规定，ICMP ERROR消息要引用导致该消息的ICMP消息的部分内容。例如对于端口不可达消息，某些操作系统返回收到的IP头及后续的8个字节，Solaris返回的ERROR消息中则引用内容更多一些，而Linux比Solaris还要多，ICMP ERROR报文引用探测利用该特性进行操作系统识别。

被动栈指纹探测是在网络中监听，分析系统流量，用默认值来猜测操作系统类型的技术，包括TCP初始窗口尺寸、Don't Fragment位等。

TCP初始化窗口尺寸探测分析TCP响应中的初始窗口大小，这种技术比较可靠，因为很多操作系统的初始窗口尺寸不同。比如AIX设置的初始窗口尺寸是0x3F25，而Windows NT5、OpenBSD、FreeBSD设置的值是0x402E。为了增进性能，某些操作系统在发送的包中设置了DF位，可以从DF位的设置情况中做大概的判断。

TCP ISN采样探测技术利用TCP初始序列号进行指纹探测。建立TCP连接时，SYN/ACK中初始序列号ISN的生成存在规律，比如固定不变、随机增加(Solaris、FreeBS等)，真正的随机(Linux 2.0.＊)，而Windows使用的是时间相关模型，ISN在每个不同时间段都有固定的增量。

9.1.4 常见扫描工具

目前业界常用扫描工具有Nmap和Zmap。

Nmap(Network Mapper)是由Fyodor开发的工具，是最好的基于Unix和Windows的端口扫描器之一，也被用作命令行程序，能够进行多种类型的扫描和操作系统识别，它也有盲扫描和僵尸扫描的能力，它能够控制扫描的速度从慢到快，同时可以用于安全扫描，简单地识别主机正在运行哪些服务，“指纹”主机上的操作系统和应用程序，以及主机正在使用的防火墙类型，或快速清查本地网络。Nmap可用于发现、监视和故障排除，基于TCP和UDP的系统，它支持大多数已知的操作系统，包括Windows、Linux、Unix和Mac Os X。

Nmap中集成了各种流行扫描技术，并添加了一些其他的功能，如SCTP INIT扫描和ICP Maimon，这使Nmap成为功能最丰富的端口扫描工具。Nmap实现了智能化的端口扫描,它首先执行主机发现,然后只针对活跃的主机进行端口扫描。

一般情况下,Nmap 用于列举网络主机清单、管理服务升级调度、监控主机或服务器运行状况。Nmap 以新颖的方式使用原始 IP 数据包来确定网络上可用的主机、这些主机提供的服务、正在运行的操作系统,正在使用的防火墙类型等。它旨在快速扫描大型网络,可以在单个主机上正常运行。除了经典的命令行 Nmap 可执行文件外,Nmap 套件还包括高级 GUI 和结果查看器(Zmap),灵活的数据传输,重定向和调试工具(Ncat),用于比较扫描结果的实用程序(Ndiff)以及数据包生成和响应分析工具(Nping)。

Nmap 在使用过程中一般使用命令行来进行控制,语法的一般结构是:

nmap[Scan Type(s)][Options]{target specification}

表 9.1 列举了一些 Nmap 常用的命令选项,并对这些选项做了对应的解释。

表 9.1 Nmap 常用命令

选　项	描述
-sT	TCP connect()扫描,这种方式会在目标主机的日志中记录大批连接请求和错误信息
-sS	半开放扫描,很少有系统能把它记入系统日志。需要 Root 权限
-sF	秘密 FIN 数据包扫描、Xmas Tree、Null 扫描模式
-sP	Ping 扫描,Nmap 在扫描端口时,默认都会使用 Ping 扫描,只有主机存活,Nmap 才会继续扫描
-sU	UDP 扫描,但 UDP 扫描是不可靠的
-n	不作域名解析
-Pn	扫描之前不需要用 Ping 命令,有些防火墙禁止 Ping 命令。可以使用此选项进行扫描
-vv	显示扫描过程详细信息
-p	指定端口
-o	启用远程操作系统检测,存在误报
-A	全面系统检测、启用脚本检测、扫描等

Zmap 是一个开放源代码的网络探测和安全审核的工具(具体原理参考本章 9.3 快速扫描方法),通常随 Nmap 的安装包发布,它可以支持跨平台。使用 Zmap 工具可以快速地扫描大型网络或单个主机的信息。默认情况下,Zmap 每个端口/IP 组合发送一个探针,并声称在每个主机的单个探针上实现高达 98%的准确性。除了在开放端口上达到 98%的准确性外,Zmap 还可使用千兆位以太网连接在 45 min 内扫描整个 IPv4 地址空间。给定 10 Gb/s 的连接,理论上它可以在 5 min 内扫描整个 IPv4 地址空间。无连接扫描的速度是开发扫描工具时将其作为一种选择进行探索的最大原因。特别注意数据包传输质量不取决于先前的响应和资源的释放[3]。

9.1.5 网络扫描案例

1) 案例一:扫描某 IP 地址端口

此案例是在 Kali Linux 系统中使用 Nmap 对本机端口进行扫描,从图 9.2 可以看出,Nmap 默认情况下是扫描主机的 TCP 端口,从图中可以看出主机的 111 端口处于打开状态。在图 9.3 中的-sU 选项表示该扫描为 UDP 扫描,扫描本主机的 UDP 端口,从结构可以看出 68 端口处于 open|filtered 状态,这种状态主要是 Nmap 无法区别端口处于 open 状态还是

filtered 状态，而 111 端口处于打开状态。

```
└─$ nmap 10.10.10.153
Starting Nmap 7.91 ( https://nmap.org                -05 15:43 CST
Nmap scan report for 10.10.10.153
Host is up (0.84s latency).
Not shown: 994 closed ports
PORT    STATE SERVICE
21/tcp  open  ftp
22/tcp  open  ssh
23/tcp  open  telnet
80/tcp  open  http
2000/tcp open  cisco-sccp
8291/tcp open  unknown

Nmap done: 1 IP address (1 host up) scanned in 1.19 seconds
```

图 9.2　检测 TCP 端口

```
└─# nmap  -sU 10.10.10.153                                   130 ×
Starting Nmap 7.91 ( https://nmap.org                 -05 15:45 CST
Nmap scan report for 10.10.10.153
Host is up (0.00045s latency).
Not shown: 999 closed ports
PORT  STATE      SERVICE
68/udp open|filtered dhcpc
MAC Address: 00:0C:29:53:8B:24 (VMware)

Nmap done: 1 IP address (1 host up) scanned in 55.93 seconds
```

图 9.3　检测 UDP 端口

2）案例二：检测某网段有哪些存活主机

图 9.4 主要是实现扫描 10.10.10.0/24 网段内有哪些主机处于存活状态，-n 选项表示不作域名解析，-sP 选项表示使用 Ping 扫描方法。Nmap 会对该网段内每一个主机进行探测，只有主机处于存活状态才会对其进行扫描。

```
└─# nmap -n -sP 10.10.10.0/24
Starting Nmap 7.91 ( https://nmap.org                -07 12:25 CST
Nmap scan report for 10.10.10.1
Host is up (0.000090s latency).
MAC Address: 00:50:56:C0:00:08 (VMware)
Nmap scan report for 10.10.10.2
Host is up (0.00011s latency).
MAC Address: 00:50:56:E1:4A:C9 (VMware)
Nmap scan report for 10.10.10.153
Host is up (0.00061s latency).
MAC Address: 00:0C:29:53:8B:24 (VMware)
Nmap scan report for 10.10.10.254
Host is up (0.000080s latency).
MAC Address: 00:50:56:F3:94:78 (VMware)
Nmap scan report for 10.10.10.148
Host is up.
Nmap done: 256 IP addresses (5 hosts up) scanned in 1.94 seconds
```

图 9.4　检测某网段有哪些存活主机

3）案例三：检测某网段中有哪些主机提供 FTP 服务

图 9.5 是对 10.10.10.0/24 网段进行扫描，探测出有哪些主机提供 FTP 服务，-p 选项用于指定端口，FTP 服务使用的是 21 号端口，结果会显示该网段内都有哪些主机提供 FTP 服务，并且显示它们的状态信息。

```
└─# nmap -p 21 10.10.10.0/24
Starting Nmap 7.91 ( https://nmap.org                    -05 15:50 CST
Nmap scan report for 10.10.10.2
Host is up (0.000098s latency).

PORT  STATE SERVICE
21/tcp closed ftp
MAC Address: 00:50:56:E1:4A:C9 (VMware)

Nmap scan report for 10.10.10.153
Host is up (0.00019s latency).

PORT  STATE SERVICE
21/tcp open  ftp
MAC Address: 00:0C:29:53:8B:24 (VMware)

Nmap scan report for 10.10.10.254
Host is up (0.00011s latency).

PORT  STATE  SERVICE
21/tcp filtered ftp
MAC Address: 00:50:56:F5:B4:03 (VMware)

Nmap scan report for 10.10.10.148
Host is up (0.000045s latency).

PORT  STATE SERVICE
21/tcp closed ftp

Nmap done: 256 IP addresses (4 hosts up) scanned in 2.32 seconds
```

图 9.5　检测某网段中有哪些主机提供 FTP 服务

4）案例四：Zenmap 扫描主机

图 9.6 和图 9.7 是在 Windows 系统上使用 Nmap 的 GUI——Zenmap，使用 Zenmap 对地址 210.45.240.3 进行扫描，-T4 命令用于加快扫描速度，-v 表示显示扫描的详细过程。从扫描结果中不仅可以查看目标主机的端口开放情况，而且可以查看目标主机的详细信息，比如状态、操作系统等。

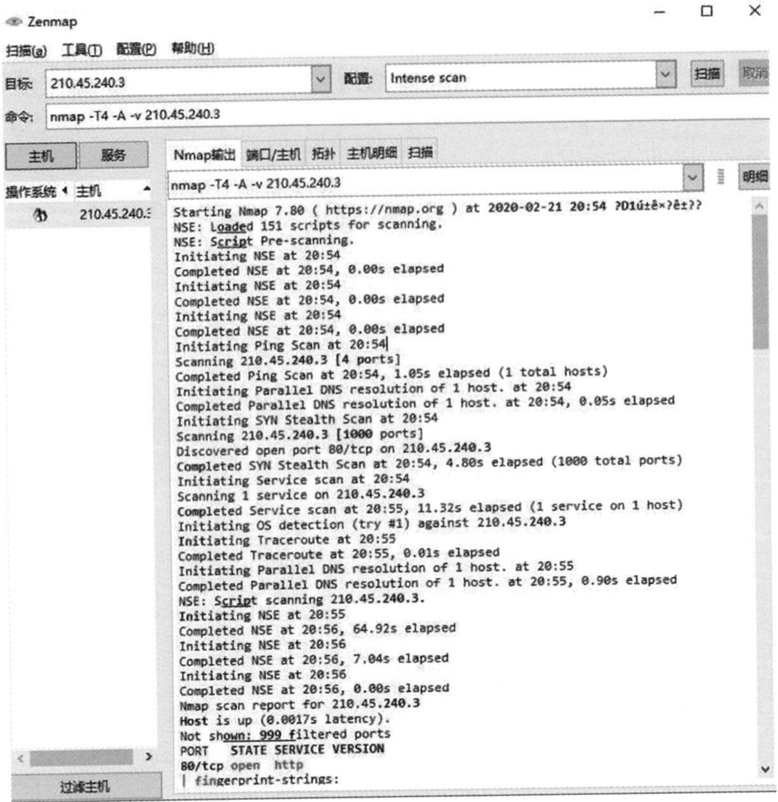

图 9.6　Zenmap 扫描界面

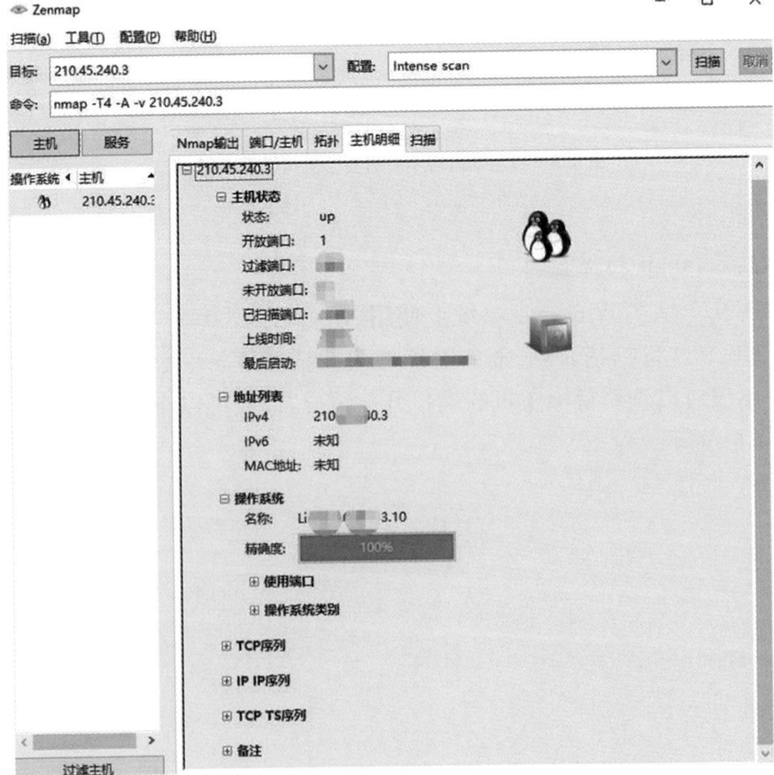

图 9.7　Zenmap 查看主机详细信息

9.2　分布式扫描方法

9.2.1　分布式网络扫描意义

前文所述的扫描都是单点扫描，传统的单点扫描适用于层次简单、规模较小的局域网，但是随着互联网规模的增加、应用性能需求的提升，导致互联网结构日益复杂，在实际管理过程中，互联网管理人员通常将具有一定规模的计算机网络划分为若干子网，并借助 VPN、NAT 和防火墙等技术实现网络安全，面对这样的情况，单点扫描具有较大的局限性。相较于单点扫描，分布式扫描技术将传统的单点扫描拓展为多点共同扫描，并且多节点处于跨区域不同的子网之中，通过动态增加扫描节点，可以提升整体系统的扫描效率。通过分布式扫描技术，可以更快且更隐蔽地进行互联网资源探测。

9.2.2　分布式网络扫描架构

本节介绍文献[10]提出的基于中间件的三层分布式端口扫描架构为案例，如图 9.8 所示。其核心架构组件为控制层、中间件层、感知层。

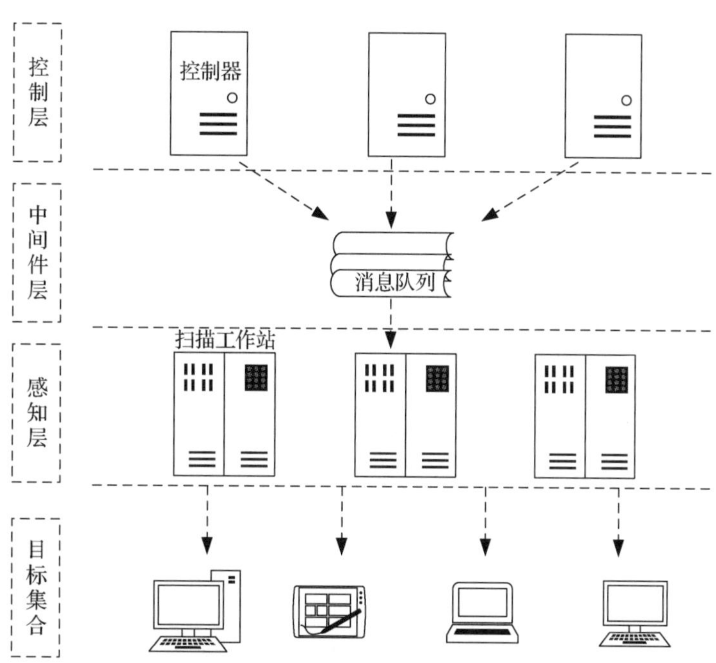

图 9.8　三层分布式扫描架构

控制层是三层分布式扫描架构的核心，承担着扫描任务的分配、定义、注册、调度、下发等责任，其不直接分配扫描任务给指定感知层扫描节点，而是将所有控制信息传递给中间件层，间接与感知层进行扫描交互。

其核心模块如图 9.9，其各模块功能如下：

(1) 分配单元根据任务分配算法将用户定义的扫描任务分配到子任务中。

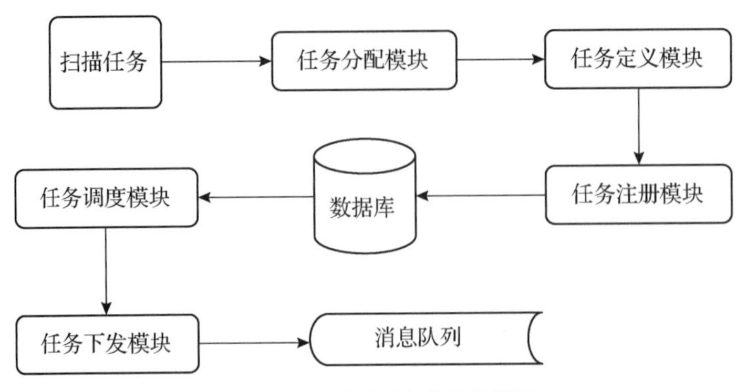

图 9.9　三层分布式扫描的控制层

(2) 定义单元将一个子任务以一个任务对象来实现，任务是调度的基本单元。

(3) 注册单元将会分配任务一个全局唯一的任务 ID，并将其持久化写入数据库。

(4) 调度单元根据调度算法从数据库中取出子任务 ID 交给任务下发单元。

(5) 下发单元将消息队列中的任务消息经过消息中间件发布出去。

中间件层采用消息队列技术，其中存储由控制层下发的任务消息以及由感知层上传的消息结果，通过使用消息中间件，能够将控制层与扫描层解耦合。

消息中间件核心模块如图 9.10 所示，其接收控制层下发的任务，并依据任务中携带的 Routing Key 将不同的任务存储到不同的队列中，交由队列指定的主机进行任务的执行。

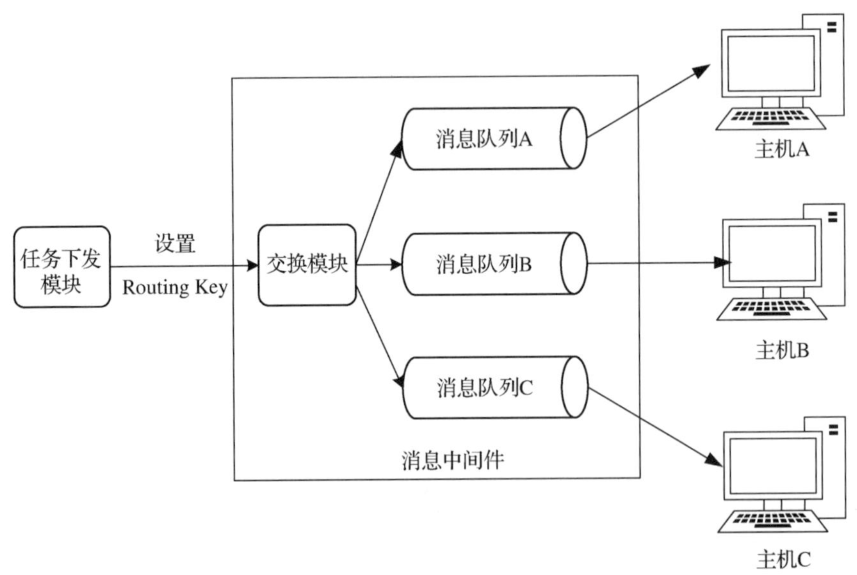

图 9.10　三层分布式扫描的中间件层

感知层负责实际扫描任务的执行，反馈扫描任务结果，获取中间件层传递的控制消息，依据消息来获取扫描目标以及扫描策略，按其所获取的信息进行扫描。

感知层核心模块如图 9.11 所示，其主要任务：

(1) 接收任务消息单元获取中间层的任务消息，并且回传一个确认消息给中间层。

(2) 分析单元根据任务 ID 到注册管理器中获取扫描目标和扫描策略，并且将分析信息发送至扫描器。

(3) 根据扫描策略，启动扫描器。扫描器的扫描技术分为使用 ICMP 协议扫描、TCP 协议扫描、UDP 协议扫描等，将根据扫描策略使用扫描协议。扫描目标是目标主机的集合，即 IP 地址的集合。

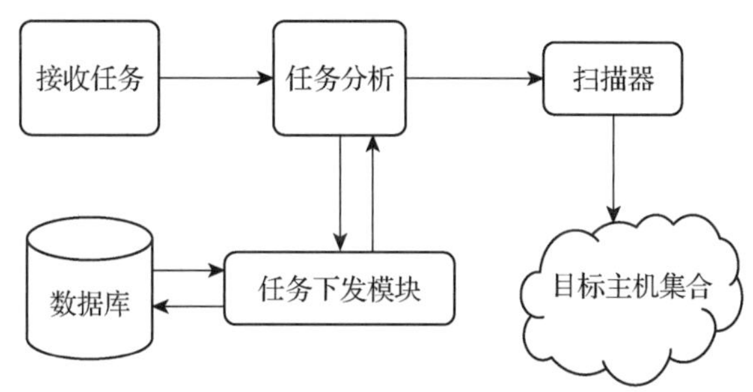

图 9.11　三层分布式扫描的感知层

通过上述分布式扫描技术，采用多层架构将扫描任务下发给多个执行单元，从而能够并行地对单个目标或者多个目标进行资源探测，在提升探测速度的同时，由于采用多节点合作进行扫描，被目标主机探测到并反制可能性小，适用于大型商用目标。

9.3　快速扫描方法

9.3.1　Zmap 概述

传统的扫描方法通常需要遍历整个 IP 地址空间，Nmap 等工具在单一机器上全面扫描公共地址空间可能需要几周的时间，为了解决扫描探测需要花费大量资源(时间资源、计算资源)的问题，2013 年 USENIX 一篇论文提出 Zmap[12]。Zmap 是一款模块化的开源网络扫描器，其专门设计用于执行互联网范围内的扫描，能够使用单台机器在 45 min 内扫描整个 IPv4 地址空间且不需要特定的硬件或者内核模块，该速度接近千兆以太网的理论最高速度。Zmap 的模块化架构支持多种类型的单包测试，包括 TCP SYN 扫描、ICMP Echo 扫描和特定于应用程序的 UDP 扫描，且用户可以借助其接口轻松地实现特定操作，如在已发现主机上完成协议握手，相比于 Nmap，其探测 IPv4 空间的速度快了 1 300 倍。

为了提升扫描效率，Zmap 针对传统扫描器进行了架构优化，其架构优化如下：

1) 优化探测

当 Nmap 调整其传输速率以避免使源或目标网络饱和时，Zmap 假设目标网络资源供应充足(其带宽等资源无法被源主机饱和)，并且目标是随机排序且广泛分散的(因此目的主机对应路径没有被扫描流量完全占用)。因此，Zmap 尝试尽可能快地发送探测，跳过 TCP/IP 堆栈，直接生成以太网帧。实验表明，Zmap 可以以千兆线路速度发送探测数据包，并且 Zmap 的实现完全在用户空间中，与内核无关。

2) 无每连接状态

Nmap 维护每个连接的状态，实时记录当前已扫描过的目标，并针对这些目标处理数据包超时问题，而 Zmap 放弃追踪每个连接的状态。因为其旨在快速扫描，所以 Zmap 可以避免存储其已经扫描或需要扫描的地址，而是根据由循环乘法群生成的随机置换（random permutation generated by a cyclic multiplicative group）来选择地址。Zmap 不跟踪连接超时，在扫描期间接收具有正确状态字段的响应数据包，从而能够从响应中提取尽可能多的数据。为了将有效的探测响应与后台流量区分开来，Zmap 以类似于 SYN Cookies 的方式重载了每个发送数据包中未使用的值。

3）无重传

当 Nmap 检测到连接超时并自适应地重传因数据包丢失而丢失的探测时，Zmap 总是为每个目标发送固定数量的探测，默认情况只发送一个，Zmap 实验表明，在每台主机上针对每个目标仅发送一个数据包就实现了 98％的网络覆盖，即使在最大扫描速度下也是如此，因此这一小部分损失对于典型的研究应用来说是微不足道的。

9.3.2 Zmap 架构

如图 9.12 为 Zmap 架构，Zmap 使用模块化设计来支持多种类型的探测器，并与各种研究应用程序集成。扫描器核心处理命令行和配置文件解析、地址生成、进度和性能监控以及读写网络数据包。可扩展探测模块可以为定制不同种类的探测器，并负责生成探测包和解析传入包是否是有效响应。模块化输出处理程序允许扫描结果通过管道传输到另一个进程，直接添加到数据库，或者传递给用户代码进行进一步操作，例如完成协议握手。Zmap 最重要的架构特性之一是发送和接收数据包发生在独立的线程中，这些线程在整个扫描过程中独立且连续地运行。

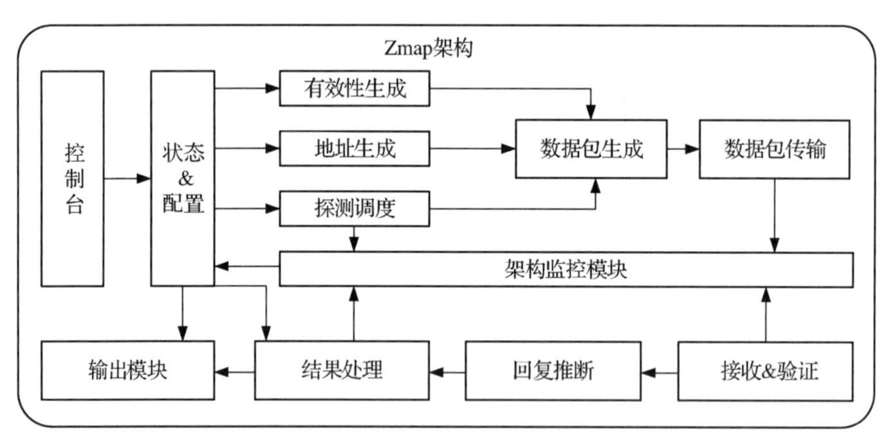

图 9.12 Zmap 架构

Zmap 进行了许多设计选择，以确保这些过程共享尽可能少的状态。其核心模块如下：

1）地址探测

如果 Zmap 简单地按数字顺序探测每个 IPv4 地址，就会产生大量扫描流量使目的网络存在过载的风险，并在远程短暂网络故障的情况下产生不一致的结果。为了避免这种情况，Zmap 根据地址空间的随机排列扫描地址。为了选择地址空间中较小的随机样本，其只需扫描全排列的一个子集。

2）地址排除

Zmap 针对互联网范围的扫描进行了优化，其将目标集表示为完整的 IPv4 地址空间减去一组较小的排除地址范围。出于性能原因，需要排除某些地址范围（例如，跳过 IANA 保留分配）和其他地址范围，以满足其所有者停止扫描的请求。Zmap 通过使用基数树（radix trees）有效地支持地址排除，基数树是一种专门设计用于处理范围数据的数据结构，经常被路由表使用，可以通过配置文件指定排除的范围。

3）数据包接收与转发

Zmap 经过优化，能够以源主机的 CPU 和网卡所能支持的最快速度发送探测器。数据包生成组件跨多个线程异步运行，每个线程都保持一个紧密的循环，通过原始套接字发送以太网层数据包。其在以太网层发送数据包，以便缓存数据包值并减少不必要的内核开销。通过生成和缓存以太网层数据包，Zmap 防止 Linux 内核对每个数据包执行路由查找、arpcache 查找和网络过滤检查。利用原始套接字进行 TCP SYN 扫描的另一个好处是，因为内核中没有建立 TCP 会话，所以在收到 TCP SYN/ACK 数据包时，内核将自动用 TCP RST 数据包进行响应，从而关闭连接。Zmap 可以选择使用多个源地址，并以循环方式在它们之间分发传出探测。

Zmap 的接收组件使用 libpcap 来实现，libpcap 是一个用于捕获网络流量和过滤接收到的数据包的库。尽管 libpcap 是一个潜在的性能瓶颈，但传入的响应流量只是传出探测流量的一小部分，因为绝大多数主机对典型的探测没有响应，实验发现 libpcap 在 Zmap 的测试中能够轻松处理响应流量。收到数据包后，Zmap 会检查源端口和目的端口，丢弃明显不是由扫描发起的数据包，并将剩余的数据包传递给活动探测模块进行解释。

4）探测模块

Zmap 探测模块负责填充探测包的主体，并验证传入的包是否对探测有响应，使这些任务模块化允许 Zmap 支持多种探测方法和协议，并简化了可扩展性。Zmap 提供探针模块，支持 TCP 端口扫描和 ICMP 回显扫描。初始化时，扫描器内核为数据包提供一个空缓冲区，探测模块填充所有目标都相同的静态内容。然后，对于要扫描的每个主机，探测模块用特定于主机的值更新该缓冲区。探测器模块还在扫描器核心进行高级验证后接收传入的数据包，并确定它们是对扫描探测器的肯定响应还是否定响应。用户可以通过在探测模块框架内实现少量回调函数来添加新的扫描类型。例如，为了便于 TCP 端口扫描，Zmap 实现了一种称为 SYN 扫描或半开扫描的探测技术。在主机不可达或没有响应的主要情况下，仅使用单个数据包（来自扫描的 SYN 报文在端口关闭的情况下，交换两个数据包：扫描 SYN 和应答 RST）；在端口打开的不常见情况下，会交换三个数据包（一个扫描 SYN、一个回复 SYN ＋ACK 和一个来自扫描的 RST）。

5）输出模块

Zmap 提供了一个模块化的输出接口，允许用户输出扫描结果或以特定于应用的方式对其进行操作。输出模块回调由特定事件触发：扫描初始化、发送探测包、接收响应、定期进度更新和扫描终止。Zmap 的内置输出模块涵盖了基本用途，包括简单的文本输出（包含特定端口打开的唯一 IP 地址列表的文件流）、扩展的文本输出（包含所有数据包响应和定时数据列表的文件流），以及在 Redis 内存数据库中对扫描结果进行排队的接口。还可以实现输出模块来触发网络事件，以响应肯定的扫描结果，例如完成应用程序级握手。对于 TCP SYN 扫描，实现这一点的最简单方法是用响应地址创建一个新的 TCP 连接，这可以与扫描异步执行,不需要特殊的内核支持。

9.4 IPv6 空间扫描

IP 地址扫描在网络安全领域具有十分重要的意义,前文所述的扫描方法均需要以 IP 地址扫描为基础。2011 年 2 月全球 IPv4 地址枯竭,且自 2014 年以来,IPv4 地址数量止步不前,IPv6 地址数量快速增长。因此,随着 IPv4 逐步演进为 IPv6,IPv6 空间扫描也成为地址扫描技术较为关键的一环,不同于 IPv4 的 32 位地址空间,IPv6 地址长达 128 位,其复杂的地址结构增加了地址扫描的难度。地址结构复杂性一方面来自 IPv6 地址的分配方式,例如在无状态地址自动分配方式下,IPv6 客户端可以决定自己的 IPv6 地址,另一方面大量 IPv6 地址前缀被分配给不同的 ISP,同 ISP 的地址分配策略的自由性使得全网扫描所有子网 IPv6 地址更加复杂。因此,对于 IPv6 地址扫描,庞大的地址空间和地址结构的复杂度使得对 IPv6 网络的遍历扫描方法和扫描工具变得不可行,故有必要探索 IPv6 空间快速探测方法。

Gasser 等人[11]提出了一种混合方法来生成用于扫描的 IPv6 地址列表,其大致步骤如下:

(1) 从被动流数据中提取 IPv6 地址。

(2) 利用公开可用的资源(如 rDNS 数据)来收集更多的 IPv6 地址。

(3) 从多个有利位置进行 traceroute 测量,以获得更多地址。对收集的 IPv6 地址执行多次主动测量,并评估一段时间内的响应速度。

该方法主要收集三类源 IP 地址,分别是被动、主动、traceroute,其中被动类型收集 IPv6 流量的流数据,主动类型获取静态文件并执行附加操作,如解析 DNS 配置文件进行 DNS 解析以获取 IP 地址,traceroute 类型是通过 traceroute 操作获取的路由器 IP 地址。

为了探测收集到的 IPv6 地址,需要对这些地址进行探索和评估,首先要过滤掉不需要的地址,可从以下八个方面着手:① 为了避免引入由测量引起的偏差,需要丢弃由同一源发送来的重复流;② 将这些收集到的 IPv6 流分成单独的地址,并删除其中重复的地址;③ 根据 TeamCymru 每天更新的 fullbogon 列表过滤地址;④ 为了进一步精简探测地址,过滤掉 IANA 特别保留的 IP 范围;⑤ 为了不探测扫描者所在网络,过滤扫描发起者所属网络产生的流量;⑥ 依据 CAIDA 的 pfx2as 列表生成白名单,从而只扫描白名单中已公布的前缀;⑦ 将 BGP 中实际公布的路由列入白名单;⑧ 从黑名单网络中删除相应 IP 地址,该黑名单可以包括那些不想被探测的 IP 地址。

9.4.1 被动数据源

Gasser[11]从两个数据收集点获取被动流量数据,分别是大型欧洲互联网交换节点(Internet Exchange Point,IXP)和莱布尼茨超级计算中心运营的慕尼黑科学网络(Munich Scientific Network,MWN)的互联网上行链路。实验以 1∶10 000 的采样率获取 IXP 的流量数据,接收所有来自 MWN 的流量数据,并针对不同的数据来源将其分为两组:① 2015 年 7 月 28 日至 8 月 10 日;② 2015 年 9 月 3 日至 9 月 16 日。这些流被过滤,然后在每个源处被馈送到扫描引擎，以在特定时间间隔后重复扫描观察到的 IP 地址。表 9.2 给出了详细的统计数据：IXP 总共观察到 1.46 亿个唯一地址，MWN 网络看到了 270 万个唯一地址，同时实验发现，在 MWN 观察到的地址中，超过三分之二被过滤掉，因为它们来自 IANA 专用域。因此得出两个结论：① 与 IXPs 相比，上行链路在与唯一 IP 地址的通信方面缺乏多样化。② 各种隧道技术(IANA 保留 IP 子集)严重扭曲了在上行链路观察到的 IP 地址数量，这种情况没有在 IXP 数据集中发现。

表 9.2 IXP 与 MWN 的 IP 地址数据

项 目	IXP		MWN	
	2015.07.28～2015.08.10	2015.09.03～2015.09.16	2015.07.28～2015.08.10	2015.09.03～2015.09.16
观察到的总 IP	1 606 380 271	827 195 355	1 523 891 579	2 925 494 392
唯一地址	70 288 801(100%)	80 121 373(100%)	4 797 664(100%)	5 901 149(100%)
剔除 fullbogons	−2 656(−0.00%)	−2 930(−0.00%)	−45(−0.00%)	−39(−0.00%)
剔除 IANA 特殊地址	−1 315 539 (−1.87%)	−1 147 247 (−1.43%)	−3 236 590 (−67.5%)	−4 610 143 (−78.1%)
剔除 pfx2as	−726(−0.00%)	−844(−0.00%)	−783(−0.02%)	−863(−0.01%)
最终地址	68 969 997 (98.1%)	78 970 545 (98.6%)	1 560 343 (32.5%)	1 290 242 (21.9%)
平均每天地址	4 926 428	5 640 753	111 453	92.160

图 9.13(a)为两个数据收集点在两周内观察到的 IP 地址数与 AS 数，其可以看出 IXP 与 MWN 新发现的 IP 地址的百分比近似。图 9.13(b)为每天观察到的新 IP 地址的百分比，其中低谷产生的原因为当天是周末，研究人员与学生减少了相应的活动。

表 9.3 是在 IXP 与 MWN 收集数据集中观察到的 Top 10 协议与端口，从其所观测到的 IPv6 数据中，可以明显看到以下几个特征：① 大部分流量来自用户产生的 tcp80/443 流量；② udp443 同样占据较大比率。

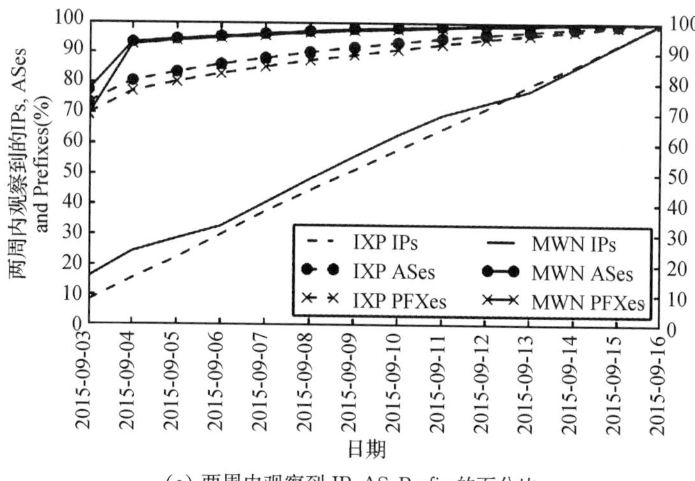

(a) 两周内观察到 IP、AS、Prefix 的百分比

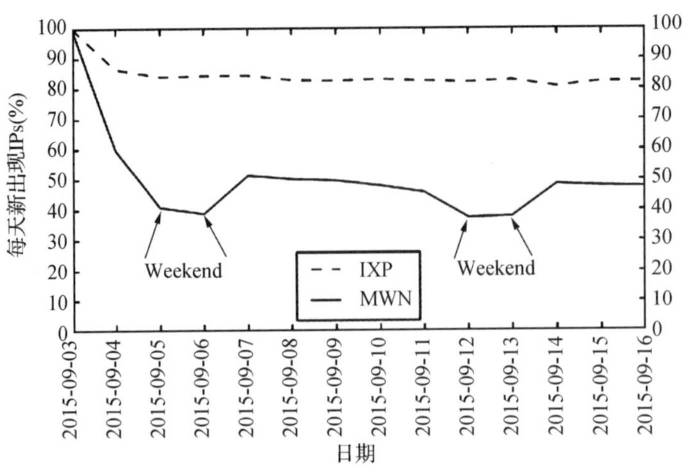

(b) 每天观察到的 IP 百分比

图 9.13　两周内的 IP、AS 观测数据统计图

表 9.3　IXP 与 MWN 所观察到的 Top 10 端口与协议

顺　序	2015.07.28 (IXP)	2015.07.28～2015.08.10 (IXP)	2015.09.03～2015.09.16 (IXP)	2015.07.28 (MWN)	2015.07.28～2015.08.10 (MWN)	2015.09.03～2015.09.16 (MWN)
1	tcp443 (31.65%)	tcp443 (31.42%)	tcp443 (34.31%)	tcp443 (20.05%)	tcp443 (20.91%)	tcp443 (19.84%)
2	tcp80 (13.10%)	tcp80 (13.88%)	tcp80 (10.64%)	udp53 (13.59%)	udp53 (12.10%)	udp53 (12.21%)
3	udp53 (1.26%)	udp53 (1.17%)	udp53 (1.19%)	tcp80 (9.49%)	tcp80 (9.40%)	tcp80 (10.74%)
4	tcp119 (0.47%)	tcp119 (0.52%)	udp443 (0.74%)	icmp6 (3.03%)	icmp6 (3.42%)	icmp6 (1.68%)
5	udp443 (0.45%)	udp443 (0.43%)	icmp6 (0.38%)	udp443 (1.50%)	udp443 (1.53%)	udp443 (1.37%)
6	icmp6 (0.38%)	icmp6 (0.35%)	udp10000 (0.27%)	tcp5228 (0.94%)	tcp5228 (1.08%)	tcp5228 (0.92%)
7	udp10000 (0.36%)	udp10000 (0.32%)	tcp25 (0.25%)	tcp993 (0.74%)	tcp993 (0.75%)	tcp993 (0.64%)
8	tcp25 (0.24%)	tcp25 (0.17%)	tcp119 (0.23%)	udp123 (0.27%)	udp123 (0.36%)	udp123 (0.40%)
9	tcp22 (0.15%)	tcp993 (0.13%)	tcp993 (0.14%)	tcp25 (0.13%)	udp51413 (0.15%)	tcp53 (0.15%)
10	tcp993 (0.14%)	tcp22 (0.12%)	tcp22 (0.10%)	tcp143 (0.11%)	tcp25 (0.15%)	udp51413 (0.14%)

9.4.2　主动数据源

实验主动数据源有:① Alexa 的 DNS 列表;② 由 Rapid7 提供的完整主机列表;③ 顶级域名的区域文件(Zone File);④ 包含 IPv6 地址的 CAIDA 域名数据集。通过上述数据集,查询数据集中 DNS 对应的 AAAA 记录,即查询对应的 IPv6 地址,以进行 IPv6 空间扫描。

表 9.4 为主动数据集详细分析。

表 9.4 主动数据集分析

项 目	Alexa Top 1M	rDNS	DNS any	区域文件
文件大小	22 MB	56 GB	69 GB	2.6 GB
输入行数	1 M(100%)	1.2 G(100%)	1.4 G(100%)	151 M(100%)
原始地址	90 671(9.07%)	1 023 950(0.08%)	9 768 810(0.68%)	4 762 297(3.14%)
目标	43 822(4.38%)	462 185(0.04%)	1 440 987(0.10%)	424 748(0.28%)
自治系统	1 424	4 795	5 708	2 371
前缀数	1 695	6 749	8 506	2 995
自治系统覆盖率	14.0%	47.1%	56.1%	23.3%
自治系统(Unique to Source)	1	30	685	5
自治系统(Normalized)	401.3	1 919.5	2 694.8	734.3
前缀覆盖率	6.57%	26.2%	33.0%	11.62%
前缀(Unique to Source)	7	65	1 379	11
前缀(Normalized)	490.7	2 816.7	4 338.8	955.8
icmp6 响应速率	41 759(95.3%)	317.773(68.8%)	1 046 562(72.6%)	385 023(90.6%)
tcp80 响应速率	41 279(94.2%)	131.403(28.4%)	744 100(51.6%)	375 052(88.3%)
tcp443 响应速率	33 225(75.8%)	98.174(21.2%)	400 182(27.8%)	249 112(58.6%)
自治系统覆盖率(combined)	7 331(71.9%)			
前缀覆盖率(combined)	12 854(49.8%)			

9.4.3 Traceroute 数据源

通过主动数据源与被动数据源获取到足够的 IPv6 地址后，实验采用 traceroute 对上述地址进行测量，以发现中间路由 IPv6 地址，如表 9.5 所示。

表 9.5 traceroute 数据

项 目	基于主动数据源获取的 traceroute 数据						独立数据
	Alexa Top 1M	rDNS	DNS any	区域文件	CAIDA	汇总	CAIDA
原始 IP	155 046	9 681 039	28 260 818	14 249 257	315 123	*n/a*	1 236 960
过滤 IP	50 479	366 183	1 161 900	416 843	90 848	1 259 283	102 580
新发现 IP	8 742	49 549	91 445	26 870	11 714	109 554	102 580
自治系统	1 216	3 354	3 928	2 012	1 014	4 170	5 488
前缀	1 439	4 178	5 007	2 498	1 176	5 367	9 269
自治系统覆盖率	11.9%	32.9%	38.6%	19.7%	10.0%	41.0%	53.9%
前缀覆盖率	5.6%	16.2%	19.4%	9.7%	4.6%	20.8%	36.0%

最终，利用上述主动、被动测量，该方法收集了 1.5 亿个 IPv6 地址，生成的扫描列表覆盖了 72%的已公布 IPv6 前缀和 84%的自治系统，关于其详细的实现原理，可以参考文献[11]的内容。

9.5 漏洞探测

9.5.1 漏洞

漏洞的概念存在于各个行业领域，其内涵相当丰富也十分抽象，网络安全中所讨论的漏洞是指信息安全领域由于处理软件自身或者由于输入“非正常”数据而导致软件运行出现错误的安全隐患。漏洞主要是因为软件开发和测试环节对非正常输入考虑不够全面而形成，根据软件存在缺陷的成因、表现和危害，软件缺陷表现为软件功能存在缺陷和软件安全存在缺陷两部分，功能性缺陷一般不会导致严重错误，而安全性缺陷一旦发现将会产生严重后果。目前，用于网络攻击的安全漏洞大多为安全性缺陷所演变。大多数网络缺乏安全性，容易引发严重的信息安全突发事件。网络中一旦爆发大规模病毒感染事件，将造成巨大损失。因此，迫切需要在网络中发现这些安全隐患。网络资产及其潜在威胁的检测对网络安全具有重要意义[9]。漏洞探测在互联网资源探测中占据了相当重要的部分，主机扫描、快速扫描等互联网探测方式均是为后续的漏洞探测做准备，在确定了目标存活主机及其之上所运行的服务之后，通过漏洞探测可以获取目标服务对应存在的安全问题，并加以修补与利用。

根据漏洞产生的原因，漏洞一般可以分为网络协议漏洞、应用软件漏洞和配置不当引起的漏洞。网络协议漏洞产生的原因是现在网络中使用的协议存在一些安全问题，TCP/IP 协议将网络互连和开放性作为首要考虑的问题，而没有过多地考虑安全性，造成了 TCP/IP 协议族本身的不安全性，导致一系列基于 TCP/IP 的网络服务的安全性也相当脆弱。现在网络中协议扮演着重要的角色，软件系统同样是网络中必不可少的一部分，然而任何一种软件系统都或多或少存在一定的脆弱性，因为很多软件在设计时忽略或者很少考虑安全性问题。应用软件系统的漏洞有两种：一种是由于操作系统本身设计缺陷带来的安全漏洞，这种漏洞将被运行在该系统上的应用程序所继承；另一种是应用软件程序的安全漏洞。此外还有一种漏洞就是由于用户的配置不当引起的漏洞，这是因为在一些网络系统中忽略了安全策略的制定；即使采取了一定的网络安全措施，但由于系统的安全配置不合理或不完整，安全机制没有发挥作用，或在网络系统发生变化后，由于没有及时更改系统的安全配置而造成安全漏洞。

漏洞库是对安全漏洞数据的收集和发布机构，可以全面收纳并总结漏洞的内容。质量比较高的漏洞库系统在网络安全事件中起着至关重要的作用，可以帮助安全工程师们更好地维护系统安全，还可以帮助国家政府更好地维护网络安全环境。

表 9.6、表 9.7 是国内外一些比较著名的漏洞库。

表 9.6 国内官方知名漏洞库

所属组织	漏洞库名称	漏洞库简称
中国信息安全测评中心	中国国家漏洞库	CNNVD
国家信息技术安全研究中心和国家互联网应急中心	国家信息安全漏洞共享平台	CNVD
国家计算机网络入侵防范中心	国家安全漏洞库	NIPC
清华大学	安全内容自动化协议中文社区	SCAP 中文
上海交通大学	教育行业安全漏洞信息平台	

表 9.7 国外官方知名漏洞库

所属组织	漏洞库名称	漏洞库简称
美国国家安全漏洞库	National Vulnerability Database	NVD
美国卡内基梅隆大学 CERT 漏洞库	CMU Cert Vulnerability Notes Database	CVN
澳大利亚计算机应急响应小组漏洞库	Australian CERT	AusCERT
日本脆弱性记录库	Japan Vulnerability Notes	JVN

9.5.2 漏洞探测方法

现在网络安全问题越来越受重视，漏洞扫描可以实现定期的网络安全自我检测、评估。漏洞扫描的作用不可忽视，配备漏洞扫描系统，网络管理人员可以定期地进行网络安全检测服务，安全检测可帮助客户最大可能地消除安全隐患，尽可能早地发现安全漏洞并进行修补，有效地利用已有系统，优化资源，提高网络的运行效率[6]。漏洞扫描是指基于漏洞数据库，通过扫描等手段对指定的远程或者本地计算机系统的安全脆弱性进行检测，发现可利用的漏洞的一种安全检测行为。通过对网络的扫描，网络管理员能了解网络的安全设置和运行的应用服务，及时发现安全漏洞，客观评估网络风险等级。网络管理员能根据扫描的结果更正网络安全漏洞和系统中的错误设置，在黑客攻击前进行防范。如果说防火墙和网络监视系统是被动的防御手段，那么安全扫描就是一种主动的防范措施，能有效避免黑客攻击行为，做到防患于未然。

漏洞探测主要通过以下两种方法来检查目标主机是否存在漏洞:漏洞库的特征匹配方法和功能模块(插件)技术。

基于网络系统漏洞库的漏洞扫描的关键部分就是它所使用的漏洞特征库。通过采用基于规则的模式特征匹配技术，即根据安全专家对网络系统安全漏洞、黑客攻击案例的分析和系统管理员对网络系统安全配置的实际经验，形成一套标准的网络系统漏洞库，然后再在此基础之上构成相应的匹配规则，由扫描程序自动进行漏洞扫描。因此，漏洞库的完整性和有效性决定了漏洞扫描系统的性能，漏洞库的修订和更新的性能也会影响漏洞扫描系统运行的时间。因此，漏洞库的编制不仅要对每个存在安全隐患的网络服务建立对应的漏洞库文件，而且应当能满足前面所提出的性能要求。

插件是由脚本语言编写的子程序，扫描程序可以通过调用它来执行漏洞扫描，检测出系统中存在的一个或多个漏洞。添加新的插件就可以使漏洞扫描软件增加新的功能，扫描出更多的漏洞。插件编写规范化后，甚至用户自己都可以用 Perl、C 等脚本语言编写的插件来扩充漏洞扫描软件的功能。这种技术使漏洞扫描软件的升级维护变得相对简单，而专用脚本语言也简化了编写新插件的编程工作，使漏洞扫描软件具有很强的扩展性。

从安全漏洞扫描的方式看来，现阶段安全漏洞扫描技术主要有：被动式漏洞探测和主动式漏洞探测。

被动式漏洞扫描技术主要是对计算机网络中的各项内容进行扫描和检测，然后形成检测报告，网络管理人员可以依照报告有效地进行研究和分析，最后明确计算机设备以及系统存在的安全漏洞，并采取科学的应对方式。这种方式的优点在于被动扫描一般只需要监听网络流量而不需要主动发送网络包，也不易受防火墙影响。但是它也有缺陷，扫描速度较慢、准确性较差，且当目标不产生网络流量时就无法得知目标的任何信息。

对于主动式漏洞扫描技术，在实际的自动检测期间，利用主机响应来对主机的操作系统以及程序等进行检测，明确其存在的漏洞，然后进行修复，以保证能够达到对网络漏洞进行检测的目的。

从漏洞扫描的对象来看，现阶段的网络扫描技术可以分为基于网络的漏洞扫描技术和基于主机的漏洞扫描技术。

基于网络的漏洞扫描策略是通过网络来扫描远程计算机中 TCP/IP 不同端口的服务，然后将这些相关信息与系统的漏洞库进行模式匹配，如果特征匹配成功，则认为安全漏洞存在；或者通过模拟黑客的攻击手法对目标主机进行攻击，如果模拟攻击成功，则认为安全漏洞存在，该策略运行于单个或多个主机，扫描目标为本地主机或单/多个远程主机。基于网络的漏洞扫描器的设计和实现与目标操作系统无关，通常的网络安全扫描不能访问目标主机的本地文件，扫描项目主要包括目标的开放端口、系统网络服务、系统信息、系统漏洞、远程服务漏洞、特洛伊木马检测和拒绝服务攻击等。

基于主机的漏洞扫描策略则通过在主机本地的代理程序对系统配置、注册表、系统日志、文件系统或数据库活动进行监视扫描，搜集他们的信息，然后与系统的漏洞库进行比较，如果满足匹配条件，则认为安全漏洞存在。比如，利用低版本的 DNS Bind 漏洞，攻击者能够获取 root 权限，侵入系统或者攻击者能够在远程计算机中执行恶意代码。使用基于网络的漏洞扫描工具，能够监测到这些低版本的 DNS Bind 是否在运行。

一般来说，基于网络的漏洞扫描工具可以看作为一种漏洞信息收集工具，根据不同漏洞的特性，构造网络数据包，发给网络中的一个或多个目标服务器，以判断某个特定的漏洞是否存在。该策略运行于单个主机，扫描目标为本地主机；基于主机的漏洞扫描器的设计和实现与目标主机的操作系统相关；可以在系统上任意创建进程；扫描项目主要包括用户账号文件、组文件、系统权限、系统配置文件、关键文件、日志文件、用户口令、网络接口状态、系统服务和软件脆弱性等。

基于网络的漏洞扫描策略从入侵者的角度进行检测能够发现系统中最危险、最可能被入侵者渗透的漏洞，扫描效率更高，而且由于与目标平台无关，通用性较强、安装简单；缺点是不能检测不恰当的本地安全策略，另外也可能影响网络性能。基于主机的漏洞扫描策略可以更准确地定位系统的问题，发现系统的漏洞；然而其缺点是与平台相关升级复杂，而且扫描效率较低(一次只能扫描一台主机)。

9.5.3 漏洞探测工具

常见的漏洞探测工具是扫描器。网络扫描器是通过与远程目标主机的某些端口建立连接和请求某些服务等，并记录目标主机的应答，搜集目标主机相关信息，从而发现目标主机某些内在的安全弱点，并可以通过执行一些脚本文件来模拟对网络系统进行攻击的行为并记录系统的反应，从而搜索目标网络内的服务器、路由器、交换机和防火墙等设备的安全漏洞和在这些远程设备上运行的脆弱服务，并报告可能存在的脆弱性。扫描器除了能扫描端口，往往还能够发现系统存活情况，以及哪些服务在运行，并且暴露网络上潜在的脆弱性。无论扫描器被管理员利用，或者被黑客利用，都有助于加强系统的安全性，它能使得漏洞被及早发现。

评价一个漏洞扫描器的性能优劣可以用多个指标来衡量，比如漏洞检测的完整性、漏洞检测的精确性、漏洞检测的范围、是否能及时更新漏洞库、报告功能以及产品的价格等。所以一个好的漏洞扫描器需要有最新的漏洞检测库，要采用一定的方法监控新发现的漏洞；扫描器必须准确并且误报率减少到最小；扫描器还要有某种可升级的后端，能够存储多个扫描结果并提出趋势分析；理想的扫描器应该包括清晰且准确地提供应对漏洞的修复信息。

Web 应用程序扫描器就是漏洞扫描器中的一种，也称为黑盒扫描仪，使用 Web 浏览器来模拟攻击。有两种基本的扫描类型：一种是查找特定 url 或易受攻击的 cgi；另一种是跟踪 Web 站点的所有链接，然后运行特定的安全测试用例。在任何情况下，Web 应用程序扫描器通常会访问 Web 应用业务，然后尝试将恶意有效负载注入在 HTTP 请求中，并观察产生的 HTTP 响应，通过响应中的信息来判断漏洞是否存在。

Web 漏洞扫描器通常被认为是测试应用程序是否存在漏洞的简便方法。实际上，漏洞扫描器提供了一种自动搜索漏洞的方法，搜索漏洞，避免为每种漏洞类型手动进行数百甚至数千个测试的重复而烦琐的任务[7]。扫描器工作的过程中，首先会扫描目标主机识别其工作状态，如果目标主机处于存活状态，那么扫描器会进一步对目标主机进行扫描，识别目标主机端口的状态(监听/关闭)，识别目标主机系统及服务程序的类型和版本，然后就是根据已知漏洞信息，分析系统脆弱点，最终生成扫描结果报告。

常见的漏洞扫描工具有 NetCat、Nessus、Nmap、X-Scan 和 OpenVAS。

1）NetCat

NetCat 是网络工具中的瑞士军刀，它能通过 TCP 和 UDP 在网络中读写数据。通过与其他工具结合和重定向，可以在脚本中以多种方式使用。NetCat 在两台计算机之间建立链接并返回两个数据流，根据具体情况实现不同功能，比如建立一个服务器、传输文件、与朋友聊天、传输流媒体或者作为其他协议的独立客户端。

2）Nessus

Nessus 号称是世界上最流行的漏洞扫描程序，全世界有超过 75 000 个组织在使用它。该工具提供完整的计算机漏洞扫描服务，并随时更新其漏洞数据库。Nessus 不同于传统的漏洞扫描软件，Nessus 可同时在本机或远端上遥控，进行系统的漏洞分析扫描。对于渗透测试人员来说，Nessus 其运作效能能随着系统的资源而自行调整，如果将主机加入更多的资源(例如加快 CPU 速度或增加内存大小)，其效能可因为增加资源而提高。Nessus 可自行定义插件，为用户提供更方便灵活的功能，采用客户/服务器体系结构，客户端提供图形界面，接受用户的命令与服务器通信，传送用户的扫描请求给服务器端，由服务器启动扫描并将扫描结果呈现给用户，扫描代码与漏洞数据相互独立。Nessus 针对每一个漏洞有一个对应的插件，漏洞插件是用 NASL(NESSUS Attack Scripting Language)编写的一段模拟攻击漏洞的代码，这种利用漏洞插件的扫描技术方便了漏洞数据的维护、更新。Nessus 具有扫描任意端口任意服务的能力；以用户指定的格式(ASCII 文本、HTML 等)产生详细的输出报告，包括目标的脆弱点、怎样修补漏洞以防止黑客入侵及危险级别。

3) Nmap

Nmap 是一个网络连接端扫描软件，用来扫描网上计算机开放的网络连接端。确定各类服务运行在哪些连接端，并且推断计算机运行的操作系统。系统管理员可以利用 Nmap 来探测工作环境中未经批准使用的服务器，黑客会利用 Nmap 来搜集目标电脑的网络设定，从而计划攻击的方法。

4) X-Scan

X-Scan 由国内民间黑客组织“安全焦点”完成，从 2000 年的内部测试版 X-Scan V0.2 到目前的新版本 X-Scan 3.3-cn。完全免费，是不需要安装的绿色软件、界面支持中文和英文两种语言、包括图形界面和命令行方式，X-Scan 把扫描报告和安全焦点网站相连接，对扫描到的每个漏洞进行“风险等级”评估，并提供漏洞描述、漏洞溢出程序，方便网管测试、修补漏洞。

X-Scan 扫描器采用多线程方式对指定 IP 地址段(或单机)进行安全漏洞检测，X-Scan 软件还支持插件功能，提供了图形界面和命令行两种操作方式，扫描内容包括：远程操作系统类型及版本、标准端口状态及端口 BANNER 信息、CGI 漏洞、IIS 漏洞、RPC 漏洞、SQL-SERVER、FTP-SERVER、SMTP-SERVER、POP3-SERVER、NT-SERVER 弱口令用户、NT 服务器 NETBIOS 信息等。

5) OpenVAS

OpenVAS 开放式漏洞评估系统是一个用于评估目标漏洞的框架，与著名的 Nessus“本是同根生”，在 Nessus 商业化之后仍然坚持开源。OpenVAS 漏洞检测系统其核心部件是一个服务器，包括一套网络漏洞测试程序，可以检测远程系统和应用程序中的安全问题[8]。OpenVAS 是检测目标网络或主机的安全性，它的评估能力来源于数万个漏洞测试程序，这些程序都是以插件的形式存在。OpenVAS 基于 C/S(客户端/服务器)、B/S(浏览器/服务器)架构进行工作，用户通过浏览器或者专用客户端程序来下达扫描任务，服务器端负责授权、执行扫描操作并提供扫描结果。

OpenVAS 工作组件主要包含客户层和服务层两个部分，如图 9.14、表 9.8 所示。其中客户层组件包括 OpenVAS 命令行接口、Greenbone 安全助手和 Greenbone 桌面套件。OpenVAS 命令行接口负责提供从命令行访问 OpenVAS 服务层程序。Greenbone 安全助手负责提供访问 OpenVAS 服务层的 Web 接口，便于通过浏览器来建立扫描任务，是使用最简便的客户层组件。Greenbone 桌面套件负责提供访问 OpenVAS 服务层的图形程序界面，主要在 Windows 系统中使用。服务层组件包括扫描器、管理器和管理者。扫描器负责分配扫描任务，并根据扫描结果生成评估报告。管理器负责调用各种漏洞检测插件，完成实际的扫描操作。管理者负责管理配置信息、用户授权等相关工作。

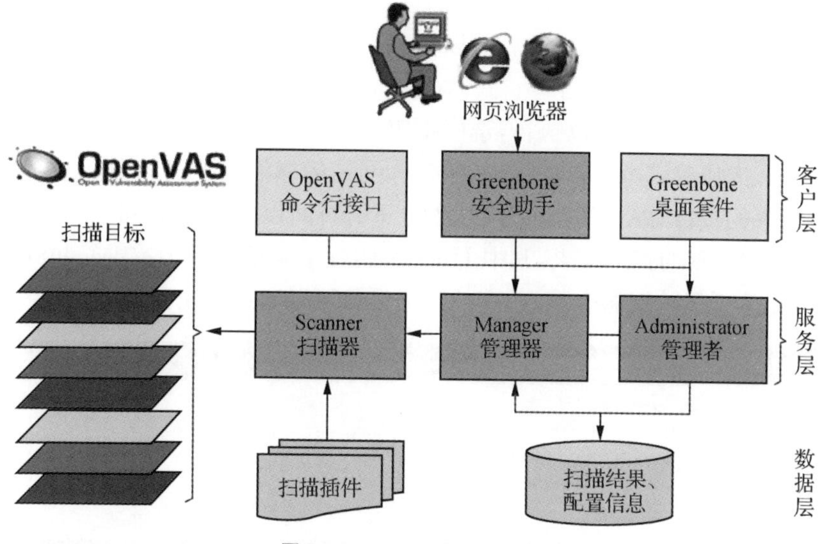

图 9.14 OpenVAS 工作组件

表 9.8 OpenVAS 工作组件

服务层组件(建议都安装)		客户层组件(任选其一安装即可)	
OpenVAS-Scanner	负责调用各种漏洞检测插件,完成实际的扫描操作	OpenVAS-cli	负责提供从命令行访问 OpenVAS 服务层程序
OpenVAS-Manager	负责分配扫描任务,并根据扫描结果生成评估报告	Greenbone-security-assistant	负责提供访问 OpenVAS 服务层的 Web 接口,便于通过浏览器来建立扫描任务,是使用最简便的客户层组件
OpenVAS-Administrator	负责管理配置信息、用户授权等相关工作	Greenbone-Desktop-Suite	负责提供访问 OpenVAS 服务层的图形程序界面,主要在 Windows 系统中使用

9.5.4 漏洞探测实例

1) 实验目的

使用漏洞探测工具 OpenVAS 对目标地址 172.16.16.172 进行漏洞探测,完成漏洞评估任务。

2) 实验步骤

(1) 登录 OpenVAS 服务器

开启 Kali-Linux 系统,打开命令行窗口,在命令行中输入 openvas-start,此时 OpenVAS 系统会自动开启。

OpenVAS 系统开启后输入用户的账号以及密码就可以登录到系统中。

(2) 定义扫描目标

点击 Config 菜单下的 Targets 选项就可以弹出目标设置窗口,设置扫描目标的名称、地址。如填目标地址 172.16.16.172,其他选项默认即可。

(3) 创建扫描任务

点击 Scan 菜单下的 Task 选项就会弹出创建扫描任务窗口，设置任务名称、扫描配置类型以及扫描目标，其余选项默认设置就可以。

(4) 执行扫描，查看评估报告

扫描任务创建好之后就可以执行，选中指定任务，点击执行扫描，就可以开始扫描任务，如图 9.15 所示，完成后就可以查看报告，对目标网站的漏洞情况进行分析查看。如图 9.15 所示为实验结果的报告总结，其指明了实验的开始时间以及结束时间，并实时表示扫描状态，界面下方给出完整的扫描结果，其中 High 表明疑似高危漏洞个数，Medium 指出中风险漏洞个数，Low 为低风险漏洞个数，相应的扫描接口可以通过 Log 进行查看。

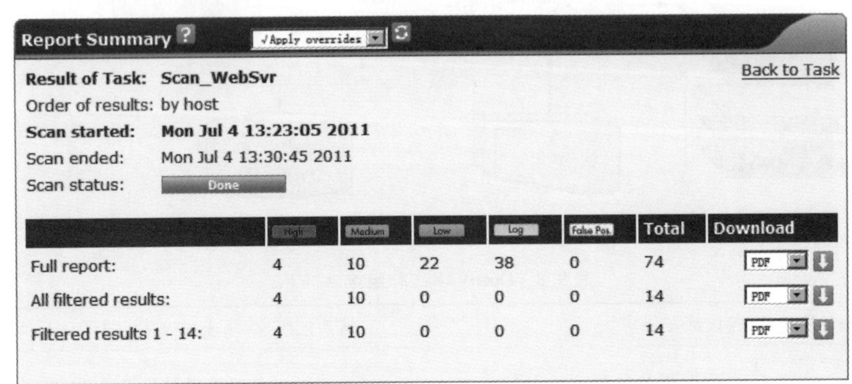

图 9.15 OpenVAS 实验结果报告(扫描见彩图)

9.6 本章小结

本章主要对网络探测技术进行详细的介绍，按照探测目标不同分为主机、端口、指纹扫描，包括介绍网络扫描的原理，功能和特点；讲述了分布式扫描技术，其不同于单点扫描技术，采用多任务分配多节点配合的方式进行快速扫描以及隐蔽扫描；以 Zmap 为例介绍快速扫描方法，并详细介绍了 Zmap 架构及其为了提高扫描速度所作出的优化；随着互联网 IPv6 逐步取代 IPv4，介绍了 IPv6 空间扫描方法，最后，介绍了漏洞扫描原理及其工具。

习题 9

9.1 可用于网络资源探测的协议有哪些?

9.2 请解释分布式扫描的方式及其与传统扫描方法的区别。

9.3 基于中间件的三层分布式扫描架构是什么样的? 请描述其各层次功能。

9.4 快速扫描方法主要利用哪些手段来实现快速扫描。

9.5 常见的安全漏洞库有哪些?

9.6 请描述主动栈指纹扫描与被动栈指纹扫描的含义及区别。

9.7 请描述 TCP SYN 扫描的原理。

9.8 请简述主机扫描的目的与方法。

参考文献

[1] Patel S K, Sonker A. Rule-based network intrusion detection system for port scanning with efficient port scan detection rules using snort[J]. International Journal of Future Generation Communication and Networking, 2016, 9(6): 339 - 350.

[2] Tillapart P, Thumthawatworn T, Santiprabhob P. Fuzzy intrusion detection system[J]. AU J. T., 2002, 6(2): 109 - 114.

[3] Rohrmann R R. Large scale anonymous port scanning[D]. University of Arizona, 2017.

[4] Fan X L, Gou G P, Kang C C, et al. Identify OS from encrypted traffic with TCP/IP stack fingerprinting[C]//2019 IEEE 38th International Performance Computing and Communications Conference(IPCCC). IEEE, 2019: 1 - 7.

[5] Hashida H, Kawamoto Y, Kato N. Efficient delay-based Internet-wide scanning method for IoT devices in wireless LAN[J]. IEEE Internet of Things Journal, 2020, 7(2): 1364 - 1374.

[6] Bau J, Burzstein E, Gupta D, et al. State of the art: Automated black-box web application vulnerability testing[J]. 2010 IEEE Symposium on Security and Privacy, 2010: 332 - 345.

[7] Vieira M, Antunes N, Madeira H. Using web security scanners to detect vulnerabilities in web services[C]//2009 IEEE/IFIP International Conference Dependable Systems & Networks, IEEE, 2009: 566 - 571.

[8] Greenbone. OpenVAS-Open vulnerability assessment scanner[EB/OL]. [2020-12-19]. https://www. openvas. org/.

[9] Zheng R, Ma H, Wang Q Y, et al. Assessing the security of campus networks: The case of seven universities[J]. Sensors(Based, Switzerland), 2021, 21(1): 306.

[10] 胡栋梁. 分布式网络信息主动感知技术研究[D]. 无锡:江南大学, 2020.

[11] Gasser O, Scheitle Q, Gebhard S, et al. Scanning the IPv6 internet: towards a comprehensive hitlist[J]. CoRR, arXiv preprint arXiv: 1607. 05179, 2016.

[12] Durumeric Z, Wustrow E, Halderman J A. ZMap: Fast Internet-wide scanning and its security applications[C]//Proceedings of the 22nd USENIX Security Symposium, 2013: 605 - 620.

10 网络性能测量方法研究

网络性能测量是网络测量领域的核心分支，是指遵照一定的方法和技术，利用软、硬件工具来测试、验证及表征网络性能指标的一系列活动总和，是量化网络性能指标、理解和认识网络行为最基本和最有效的手段，在网络建模、网络安全、网络管理和优化等诸多领域均有广泛应用，是计算机网络领域持续的研究热点之一。虽然不同组织和文献对网络性能参数的定义不尽相同，但绝大多数的研究都将带宽、丢包、时延和抖动作为评价网络性能的基本参数指标，并据此分析网络的连通性、可靠性、稳定性和安全性。上述参数中，抖动是时延值变化情况的体现，只需通过对时延测量结果的分析就能得到对应的抖动值。因此，网络性能测量又可具体分为带宽测量、丢包测量和时延测量。本章介绍了该领域的研究现状与进展，重点讨论了带宽、丢包和时延测量等方面的代表性算法，从算法的基本思想、关键技术、实现机理入手，介绍了带宽、时延和丢包测量领域的一些关键性问题，并在此基础上对网络性能测量面临的挑战、发展趋势和进一步研究的方向进行了讨论。

10.1 网络性能测度

网络性能一般和用户感知的网络服务质量的度量放在一起讨论，根据网络的性质和设计，有不同的测度可以衡量网络的性能，主要的性能测度包括带宽、吞吐量、时延和丢包等。

10.1.1 带宽

带宽是影响网络性能最重要的测度。鉴于互联网服务提供商(ISP)倾向于在其广告活动中声称他们拥有很快的“网速”，因此带宽与网速经常被混淆。用户感受到的互联网速度实际上是客户端每秒接收的数据量，这与延迟等其他性能参数也有很大关系。

带宽测量中通常会涉及背景流量(cross traffic)，这是指网络路径上已经存在的流量。若背景流量在任意时刻的传输速率保持不变，则称背景流为恒定背景流或流体模型，其他类型背景流则称为突发背景流或非流体模型。

带宽又分为链路带宽、路径带宽和可用带宽。链路带宽(link bandwidth)又称为链路容量(link capacity)，是指在无背景流量条件下，链路所能提供的最大传输速率。路径带宽(path bandwidth)又称为路径容量(path capacity)，是指在无背景流量条件下，网络路径所能提供的最大传输速率。可用带宽(available bandwidth)是指在不影响背景流传输速率的情况下，链路能为其他应用提供的最大传输速率。

10.1.2 吞吐量

吞吐量是单位时间内传输的消息数，受可用带宽、信道信噪比和硬件限制。因此，网络的最大吞吐量可能高于实际吞吐量。术语“吞吐量”和“带宽”通常被认为是相同的，但它们是不同的。带宽是指在一个固定的时间内,能通过的最大数据;而吞吐量是指对网络、设备、端口、虚电路或其他设施,单位时间内成功地传送数据的数量(以比特、字节、分组等作为度量)。

吞吐量是通过计算特定时间段内多个位置之间传输的数据量来衡量的,通常以每秒比特数(b/s)为单位,除此之外还有其他单位,如每秒字节数(B/s)、每秒千字节数(KB/s)、每秒兆字节数(MB/s)和每秒千兆字节数(GB/s)。吞吐量可能受多种因素影响,例如底层物理介质的性能限制、系统组件的可用处理能力以及最终用户行为,因此传输数据的实际吞吐量可能明显低于理论最大吞吐量。

10.1.3 时延

在网络数据通信过程中,时延是指一个报文或分组从网络的一端传送到另一端所耗费的时间。时延可能会受到用于传输数据的任何组件的影响,例如:工作站、广域网、路由器、局域网、服务器等。

时延由节点处理时延、排队时延、发送时延、传播时延组成。

处理时延:主机或路由器在收到分组后要花费一定的时间进行处理,比如分析首部,提取数据,差错检验,路由选择等。一般高速路由器的处理时延通常是微秒或更低的数量级。

排队时延:路由器或者交换机处理数据包排队所消耗的时间。一个特定分组的排队时延取决于先期到达的、正在排队等待向链路传输分组的数量。如果该队列是空的,并且当前没有其他分组在传输,则该分组的排队时延为 0;另一方面,如果流量很大,并且许多其他分组也在等待传输,该排队时延将很大。实际的排队时延通常在毫秒到微秒级。

发送时延:发送数据所需要的时间,也就是从网卡或者路由器队列递交网络链路所需要的时间。用 L 比特表示分组的长度,用 R(b/s)表示从路由器 A 到路由器 B 的链路传输速率,传输时延则是 L/R。实际的发送时延通常在毫秒到微秒级。

传播时延:在链路上传播数据所需要的时间。传播时延等于两台路由器之间的距离除以传播速率,即传播时延是 D/S,其中 D 是两台路由器之间的距离,S 是该链路的传播速率。实际传播时延在毫秒级。

10.1.4 丢包

丢包(Packet loss)是指一个或多个数据包(packet)的数据无法透过网上到达目的地。丢包的原因可能是多方面的,包括在网络中由于多路径衰落(multi-path fading)所造成的信号衰减(signal degradation),或是因为通道阻塞造成的丢包(packet drop),或坏的数据包(corrupted packets)被拒绝通过,或有缺陷的网络硬件、网络驱动程序故障造成丢包。此外,丢包也受信号的信噪比(SNR)影响。

丢包可能造成流媒体技术、VoIP、在线游戏和视频会议的抖动(jittering),并会一定程度上影响到其他的网上应用。要特别注意的是,丢包不一定表示有问题,在某种程度上丢包是有可能被传输双方所接受的。

一些网络传输协议如 TCP 提供可靠的数据包交付。在丢包发生时,接收器可以要求发送方重传或自动地重新发送。TCP 可以撤销丢包,但经常发生的重传已丢失数据包可能导致网络吞吐量下降。用户数据报协议(UDP)本身没有规定恢复丢失的数据包,因此使用

UDP 的应用软件需要自行定义机制来处理数据包的丢失问题。

10.2 网络带宽测量

网络带宽是国内外网民关注的重点。美国的联邦通信委员会所使用的测量宽带速度的方法，与我国采用的软件测量方式有一定出入，其主要采取软件和硬件相结合的测量方式。用户路由器可以在连续 24 h 内检测用户网络速度，而且用户家庭网关同 ISP 网络直接连接，处于网络终端地位的用户家庭网关的速度，被称为“最后一公里”的带宽。在考虑中国实际情况基础上，国内的网络带宽测量技术需要不断借鉴其他国家的成熟经验，为推动宽带技术发展提供可能。带宽测量技术的研究可以为我国互联网产业发展提供数据参考依据，将我国互联网技术带上更高层面。本节将介绍各种主流带宽测量的算法和方法，并按照不同测度分类展开，分为链路带宽测量、路径带宽测量、可用带宽测量。

10.2.1 链路/路径带宽测量方法

根据探测包发送方式的不同，链路/路径带宽测量算法分为可变包长（variable packet size，VPS）技术和测量包对（packet pair，PP）技术两类。其中，可变包长测量技术（VPS）主要测量网络路径上的单跳带宽，测量包对技术（PP）主要用于测量路径带宽。

1）可变包长技术

文献[1]提出了可变包长测量技术（VPS）主要测量网络路径上的单跳带宽，算法思想如下：

VPS 方法向测量路径中发送存活时间（time to live，TTL）受限制的探测包，通过使 TTL 值减少为 0，使得探测报文在指定路由器上发生超时，并向源端返回一个 ICMP TTL 超时报文，则源端可通过收到的 ICMP 报文来计算到达指定链路的往返时延 RTT（如图 10.1 所示）。

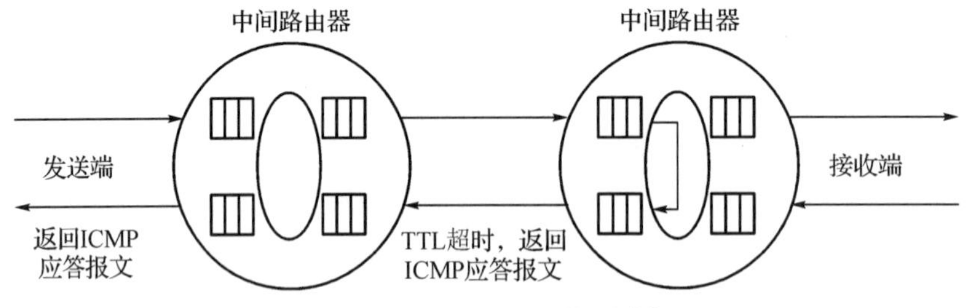

图 10.1 VPS 方法原理示意图[1]

从发送端到路径每跳的最小 RTT 中不包含探测包在路由器中的排队时间，其与探测包大小成正比，与链路带宽成反比，因此可以通过线性回归技术逐跳地测量路径上每一跳链路的容量（如图 10.2 所示），再根据连续两跳的容量关系，算出整条链路的容量。

VPS 方法的主要过程比较简单，设从路径源端发送长度为 L 的探测报文，TTL 为 n，则往返时延的计算方法为公式（10.1）：

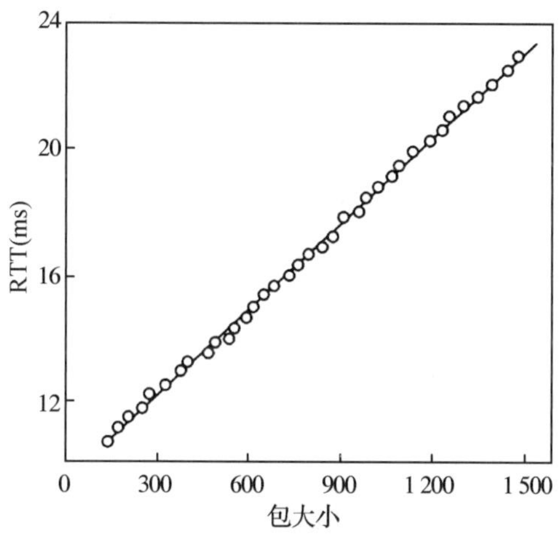

图 10.2　每跳的最小 RTT 和包大小的关系[1]

$$RTT_n=\sum_{i=1}^{n}\left(\frac{L}{C_i}+\frac{d_i}{v_i}+p_i+q_i\right)+\sum_{i=1}^{n}\left(\frac{L'}{C'_i}+\frac{d'_i}{v'_i}+p'_i+q'_i\right) \tag{10.1}$$

其中：L 为探测报文的长度；C_i 为第 i 跳链路的容量；d_i 为第 i 跳链路的长度；v_i 为信号传播速度；p_i 为探测报文在第 i 跳路由器的处理时延；q_i 为探测报文在第 i 跳路由器的排队时延；L'为返回应答报文的长度；C'_i、d'_i、v'_i、p'_i、q'_i 为返回路径上对应的性能参数。

VPS 方法认为：① 通过多次测量，可获得排队时延为 0 的探测包，即多次测量可以得到最小时延；② 相同路径中，其传播时延相同；③ 路由器处理时延相对固定；④ 返回应答报文的长度固定。基于上述条件，公式(10.1)可化简为公式(10.2)：

$$\begin{aligned}\min(RTT_n)&=\sum_{i=1}^{n}\left(\frac{L}{C_i}+\frac{d_i}{v_i}+p_i\right)+\sum_{i=1}^{n}\left(\frac{L'}{C'_i}+\frac{d'_i}{v'_i}+p'_i\right)\\&=\sum_{i=1}^{n}\left(\frac{d_i}{v_i}+p_i+\frac{L'}{C'_i}+\frac{d'_i}{v'_i}+p'_i\right)+\sum_{i=1}^{n}\left(\frac{L}{C_i}\right)=\alpha_n+\beta_n L\end{aligned} \tag{10.2}$$

其中：$\beta_n=\sum_{i=1}^{n}\left(\frac{1}{C_i}\right)$，由此可见，$\min(RTT_n)$ 是由与报文长度 L 有关的以及与报文长度无关的两部分构成。对于每个确定的 n，不同大小的 L 值对应有不同大小的 $\min(RTT_n)$。$\min(RTT_n)$ 是 L 的线性函数，β_n 为函数的斜率。通过向网络发送长度不同的探测报文，在发送端测量每个探测报文的最小往返时延，能获得一系列的样本点$(L,\min(RTT_n))$。通过这些样本点，可以画出一条直线，斜率为 β_n，如图 10.2 所示。同理，也可得到 β_{n-1}，然后通过公式(10.3) 即可得到链路 L_n 的容量 C_n：

$$C_n=\frac{1}{\beta_n-\beta_{n-1}} \tag{10.3}$$

可变包长技术的测量原理是发送多组探测包，通过循环不断逼近真实带宽，测量精度高。但是另一方面，可变包长技术的测量时间较长，同时向链路中注入大量探测包会增加链路负载，消耗的带宽也较大；另一方面，ICMP 回应包可能会被目标网络忽略。

2) 包对技术

测量包对技术(PP)主要用于测量路径带宽，算法的基本思想是：源端向目的端背靠背地发送探测包对，假设背靠背的测量包对仅在瓶颈链路处发生排队，即在瓶颈链路之前和之后的链路中都无排队现象出现；经过瓶颈链路后，测量包对间的间隔时间与包长度成正比，与路径容量成反比，以此来计算路径带宽。

由于包对在源端是以背靠背的方式发送，故包对离开源端时的散布时间为$\frac{L}{C_0}$；当包对经过路径第 i 个链路时，设该跳链路容量为 C_i，并且链路负载为 0，则包对在该跳链路之前的散布时间 D_{in} 和离开该跳链路之后的散布时间 D_{out} 满足公式(10.4)：

$$D_{out}=\max\{D_{in},L/C_i\} \tag{10.4}$$

如图 10.3 为包对进入/离开链路的包间间隔关系。

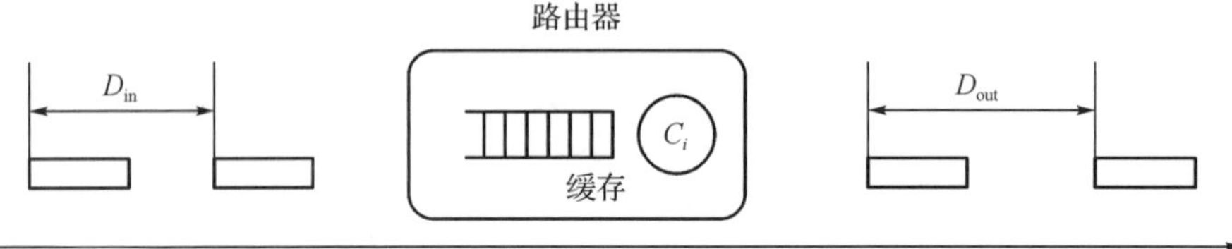

图 10.3　包对进入/离开链路 i 的散布时间关系

若假设包对经过路径中每跳链路时链路都不存在背景流量，则包对在目的端的散布时间为公式(10.5)：

$$\Delta_R=\max_{i=0,\cdots,H}\{L/C_i\}=\frac{L}{\min\limits_{i=0,\cdots,H}(C_i)}=\frac{L}{C} \tag{10.5}$$

其中：L 为探测包长度；C 为路径带宽。在目的端可以记录每个探测包的到达时间，据此可以计算包对在目的端的散布时间 Δ_R，因此，可以根据公式(10.6)来测量路径容量：

$$C=\frac{L}{\Delta_R} \tag{10.6}$$

包对技术的实现较为简单，与可变包长技术相比，注入链路的探测数据包较少，对网络的负载较小。但是包对技术的缺点也比较明显，包对技术受背景流量的影响非常严重，如果背景流量干扰使得第一个测量包出现延迟，则会导致两个测量包之间的间隔时间被压缩，那么测量所得链路带宽值就会偏高；如果干扰流量出现在第一个测量包和第二个测量包之间，那么将会出现排队的情况，则两个测量包之间的间隔将会被拉大，测量所得带宽值就会偏小。

10.2.2　可用带宽测量方法

可用带宽测量是网络测量研究领域中的重点，拥有数量众多的算法。绝大多数可用带宽测量方法可划分为探测间隔模型(probe gap model，简称 PGM)和探测速率模型(probe rate model，简称 PRM)。PGM 的代表性算法有 Jitterpath、Spruce、Cprobe、IGI、bing、AProbing；PRM 具有代表性的算法有 SLDRT、PTR、Pathload、pathChirp、TOPP、Yaz 等。

1) 探测间隔模型

PGM 的算法思想是：自源端向目的端发送测量包，当测量包的速率大于可用带宽时，在瓶颈链路上的探测包就会发生排队现象，测量包之间的间隔就会发生变化。通过研究这种变化，就能得到链路可用带宽值。PGM 算法通常假设窄链路和紧链路为同一链路，且窄链路容量已知。

PGM 算法单次测量时间较短，注入网络的流量较小，因此通常不会对网络造成较大负载，其主要不足为：一方面，PGM 通常假设窄链路和紧链路为同一链路，且窄链路容量必须提前获知，但在实际网络中，由于交叉背景流的存在，PGM 模型假设窄链路与紧链路为同一链路的前提条件不能总是成立。另一方面，PGM 算法假设路径上的背景流是基于流体模型的，即背景流速率在测量时间内是恒定的，所以当路径上有突发性背景流时，测量精度无法保障。

Spruce 运用了 PGM 模型，是最具代表性的算法之一。算法假设有两个前提：一是窄链路和紧链路为同一链路；二是窄链路容量已知。Spruce 将两个大小相同的探测包组成的探测包对注入待测链路中，待测链路的背景流量使包间间隔增大，因此可以根据包间间隔的变化来估算可用带宽，发送多个包对来获取可用带宽的平均估计值。

算法的原理示意如图 10.4 所示。g_{in} 和 g_{out} 分别表示在发送端和接收端探测包对中两个包的包间间隔。

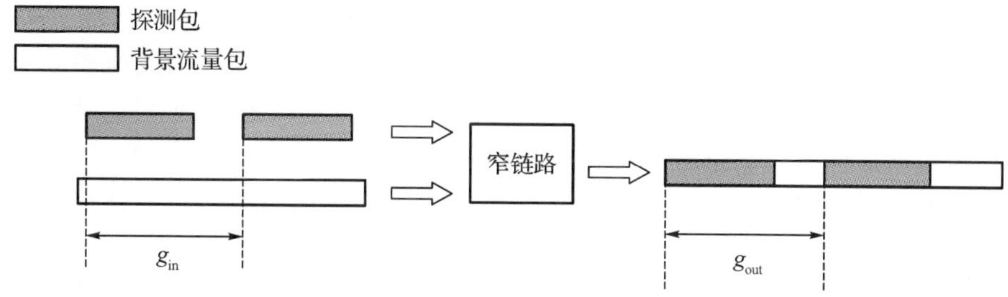

图 10.4　Spruce 原理示意图

由于背景流量的影响，背景流量会插入到包对的两个包之间，这使得包对在经过窄链路后的包间间隔 g_{out} 增大。g_{out} 是瓶颈链路传输第二个探测报文以及背景流量所用的时间，这些背景流量是在 g_{in} 时间段内到达的，那么传输这些背景流量所用的时间为 $g_{out}-g_{in}$，则背景流量的速率可以表示为公式(10.7)：

$$V_{background}=\frac{g_{out}-g_{in}}{g_{in}}C \tag{10.7}$$

因此，可用带宽估测值可表示为公式(10.8)：

$$B=\left(1-\frac{g_{out}-g_{in}}{g_{in}}\right)C \tag{10.8}$$

算法共需要三个参数：C、g_{in}、g_{out}。算法假设 C 已知，g_{in} 可以在发送端人为设置，g_{out} 可以在接收端进行测量。发送一个包对能对应获得一对 g_{in} 和 g_{out}，进而获得一个可用带宽的估测值，在 Spruce 算法的实际操作中，通常发送多个包对来获取可用带宽的平均估测值。

Spruce 算法认为计算公式也满足包对经过窄链路时的情况，并将单跳模型的公式直接应用于多跳链路中，但是这对于测量准确性有一些影响，同时，在实际网络中，算法假设的窄链路与紧链路为同一链路的前提条件不能总是成立。该算法的优点是发送探测流量很少，且准确性和鲁棒性也有很高的保证。

研究者将 Spruce 和其他两个代表算法 Pathload 和 IGI 进行了实验比较，主要从准确性、故障率、测量开销三个方面来评价这三个算法性能。结果表明 Spruce 在测量的准确性和鲁棒性方面均有最优异的表现。测量开销方面，Pathload 发送的探测流量最多，每次在 2.5～10 MB 之间；IGI 的平均探测流量为 130 KB；Spruce 与 IGI 的开销相近，平均为

300 KB。综合来说，Spruce 是三个算法中表现最好的测量算法，同时，Spruce 对可用带宽的契合程度最好。

总的来说，PGM 算法假设背景流为流体模型，当路径上有突发性背景流时，测量精度无法保证。近年来，完全创新的可用带宽测量方法已较少出现，即使最新的研究成果也多是基于已有算法思想的改进。如：AProbing 算法，对 TCP 协议中确认包(ACK packet)进行了重新构造，利用两个连续 ACK 包获得包间隔的变化信息，然后依据 PGM 算法思想对可用带宽进行测量，与典型 PGM 算法对比，精度相同，测量负载减小；GNAPP 算法，利用 ICMP 的应答信息来确定路径跳数和测量可用带宽，测量包列由多个包对组成，包对之间的间隔以线性方式增长，本质上也是利用 PRM 算法思想来测量可用带宽；SigMon 算法，探测包列由包间隔等比增加的 30 个包对组成，利用包间隔变化幅度和拐点变化情况来分析网络瓶颈带宽和可用带宽，其算法思想可看作是路径带宽的测量包对技术和可用带宽测量的 PGM 模型的综合体。

2) 探测速率模型

PRM 算法思想又称为自拥塞原则，其核心思想是：当所发送的探测流速率高于实际待测链路可用带宽时，则该探测流的单向时延将表现出一种递增趋势；如果发送速率小于可用带宽，则探测流的单向时延会呈现一种相对平稳的趋势。通过对时延变化趋势的判断，寻找发送速率和到达速率开始匹配的转折点，将对应探测流的平均速率作为路径可用带宽的测量值。

尽管 PRM 算法在测量时不需要窄链路和紧链路为同一链路这一假设前提，但是 PRM 算法也存在不足之处。PRM 不可避免地会引入较多的测量负载，从而造成路径的短暂拥塞。同时，与 PGM 算法一样，大多数 PRM 算法也假设背景流为流体模型，当路径上有突发性背景流时，测量精度仍无法保证。

Pathload 是使用 PRM 的算法中代表性的算法之一，Pathload 的测量方法称为 SloPS[1]（负载周期流法，self-Loading Periodic Streams)，发送端周期性地发送探测流，接收端测量单向时延，设测得的时延序列为$\{D_1, D_2, \cdots, D_k\}$。如图 10.5(a)所示，当发送速率 $R<$可用带宽 A 时，时延在一定区域内上下波动，无明显上升或者下降趋势；当发送速率 $R>$可用带宽 A 时，时延在整体上呈现上升趋势，尽管期间可能存在个别的波动或者下降点，如图 10.5(c)所示；图 10.5(b)前一半探测流的时延呈现波动趋势，说明发送速率 $R<$可用带宽 A，后一半探测流的时延开始呈现上升趋势，说明可用带宽开始下降，并且小于发送速率。至此，可以得到有效带宽的估计值为 $A\approx R$。通过发送端和接收端的协作，Pathload 能交互式调整发送端的速率，使得发送速率逐步趋向于可用带宽。

例如，如果在第 K 次测量时接收端测量显示 $D(K)>A$，那么发送端在下次测量中减小发送速率，使 $D(K+1)<D(K)$；如果 $D(K)<A$，那么，增大发送速率$D(K+1)>D(K)$。

因此，算法结束的条件是测量发送速率收敛于某个区间，所以测量返回的结果是个区间。

探测包列是发送端发送的探测流。在 Pathload 算法执行中，往往发送 N 个探测包列，每个探测包列速率都相同，每个探测包列都含有 K 个等长等间隔的探测包，也可以说这 N 个探测包列是完全相同的探测包列。如图 10.6，将以上发送 N 个探测包列的过程称为一轮探测。

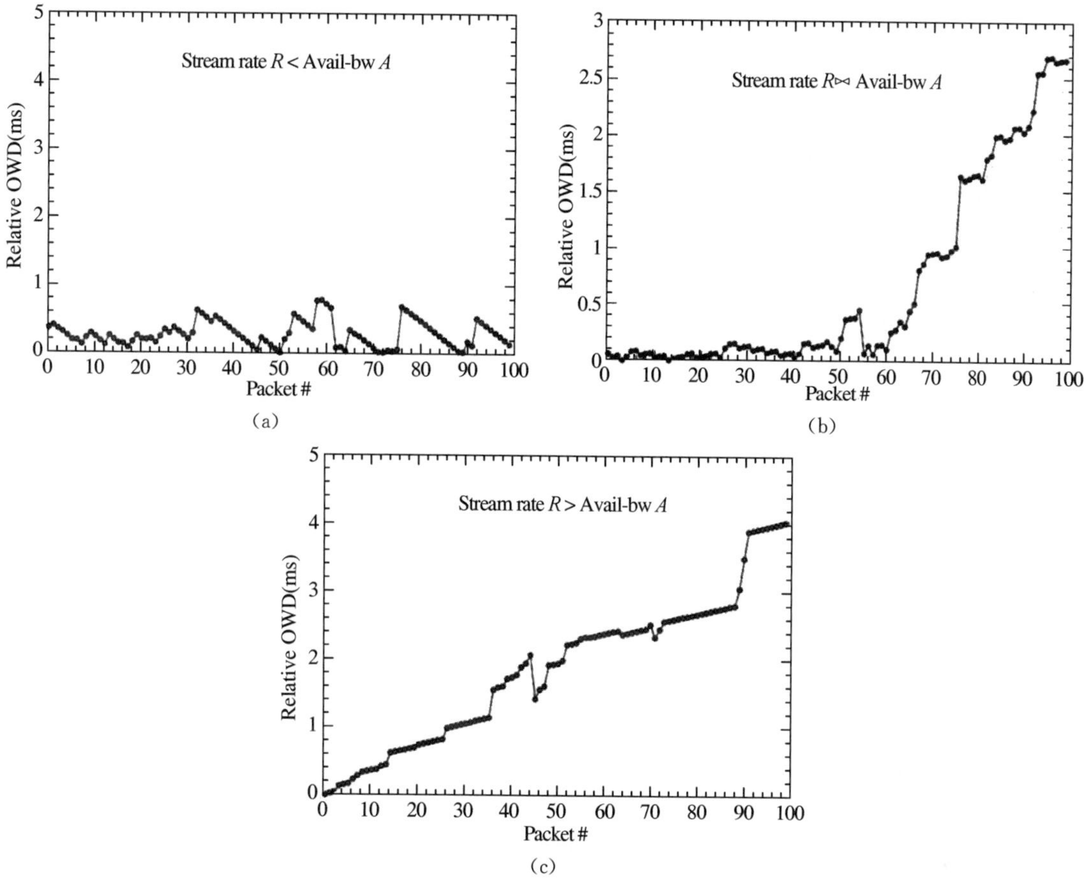

(a)

(b)

(c)

图 10.5 使用时延反映发送速率和可用带宽的关系[1]

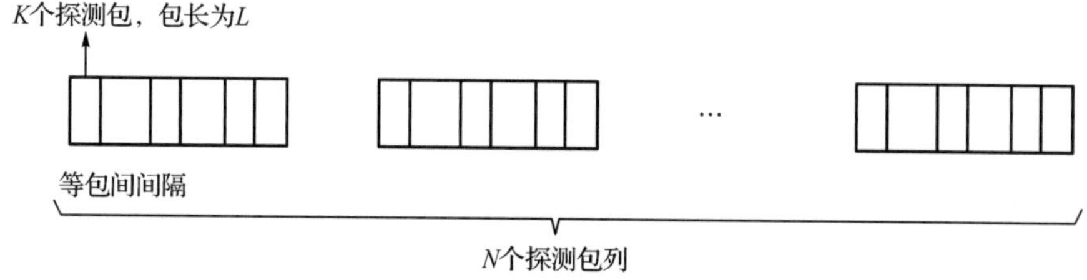

图 10.6 探测包列示意图

对每个探测包列的时延增长趋势进行判断。在一轮探测中，将每一个探测包列的探测包分为 $H=\sqrt{K}$组，求出每一组单向延迟的中位数 D，对于每一组探测包列，可得到一个 PCT 和 PDT 的值，PCT 与 PDT 参数的定义如下：

$$\mathrm{PCT} = \frac{\sum_{K=2}^{H} I(D_K - D_{K-1})}{H-1}$$

$$\mathrm{PDT} = \frac{D_H - D_1}{\sum_{K=2}^{H} I(D_K - D_{K-1})}$$

其中：$I(x)=\begin{cases}1, & \text{若 } X \text{ 为真；}\\ 0, & \text{若 } X \text{ 为假.}\end{cases}$

PCT 表示探测流中单向时延连续上升的探测包数量占所有探测包数量的比例，其取值范围是 $0 \leqslant PCT \leqslant 1$。当 $1 \geqslant PCT > 0.66$ 时，算法认为该速率下的探测包列的单向时延为增长的趋势；当 $PCT < 0.5$ 时，算法认为该速率下探测包列的单向时延为非增的趋势；当 $0.54 \leqslant PCT \leqslant 0.66$ 时，算法认为该速率下探测包列的单向时延变化趋势变化不明显。

PDT 表示探测流单向时延从开始到结束时的变化强度，其取值范围是 $-1 \leqslant PDT \leqslant 1$。当 $0.55 < PDT \leqslant 1$ 时，算法认为该速率下探测包列的单项时延为增长的趋势；当 $-1 \leqslant PDT < 0.45$ 时，算法认为该速率下探测包列的单向时延为非增的趋势；当 $0.45 \leqslant PDT \leqslant 0.55$ 时，算法认为该速率下探测包列的单向时延的变化趋势不明显。

综合两个参数的增长趋势，可得到如表 10.1 的单个包列单向时延的增长趋势的判决依据：

表 10.1 单个包列单向时延的增长趋势的判决依据

PDT	PCT		
	增长	非增	不明显
增长	增长	无效	增长
非增	无效	非增	非增
不明显	增长	非增	无效

一轮探测的探测流含有 N 个探测包列，假设路径的可用带宽为 A，一轮探测的速率为 R，算法根据以下规则来判定该轮探测的探测速率与可用带宽的关系：

- 若 N 个探测包列中有 70% 的探测包列显示增长趋势，那么推断 $R > A$；
- 若 N 个探测包列中有 70% 的探测包列没有显示增长趋势，那么推断 $R < A$。

在每一轮探测结束之后，可以得到该轮探测的探测速率与可用带宽的关系，再利用折半查找的速率调整算法得出下一轮探测的速率，使其逼近端到端的可用带宽。初始化设置 $G^{min} = G^{max} = 0$，速率调整算法如下所示：

Pathload 速率调整算法
输入：首轮探测的探测速率
输出：估计带宽区间

INITIALIZE：G_max=G_min=0； 表示当前的不确定区间
  IF($R(n) < A$) 时延无上升趋势
    $R^{min} = R(n)$；
    IF($G^{min} > 0$)
      $R(n+1) = \frac{G^{min} + R^{min}}{2}$；
    ELSE
      $R(n+1) = \frac{R^{max} + R^{min}}{2}$；
  ELSE IF($R(n) > A$ 时延呈现上升趋势
    $R^{max} = R(n)$；
    IF($G^{max} > 0$)
      $R(n+1) = \frac{G^{max} + R^{max}}{2}$；
    ELSE
      $R(n+1) = \frac{R^{max} + R^{min}}{2}$；
  ELSE 时延分布为灰色区域（无效）
    IF($G^{min} = G^{max} = 0$)

$G^{\min}=G^{\max}=R(n)$;

IF($G^{\max}\leqslant R(n)$)

$G^{\max}=R(n)$;

$R(n+1)=\dfrac{G^{\max}+R^{\max}}{2}$;

ELSE IF($G^{\min}>R(n)$)

$G^{\min}=R(n)$;

$R(n+1)=\dfrac{G^{\min}+R^{\min}}{2}$;

IF($R^{\max}-R^{\min}\leqslant\omega \parallel (G^{\min}-R^{\min}\leqslant\mu \&\& R^{\max}-G^{\max}\leqslant\mu)$)

return($R^{\min}\cdot R^{\max}$);

按上述算法不断迭代 R 和 G，当满足两个阈值 ω 和 μ 时，表示收敛，得到最终的估计带宽区间。

10.2.3 新型带宽测量研究进展

10.2.2 节的带宽测量算法属于带外网络测量，带外网络测量通过监控设备单独发送探测报文，收集链路状态信息，探测报文与网络业务无关，因此测量结果并不准确。与之相对的带内网络测量是一种不需要网络控制平面干预，网络数据平面收集和报告网络状态的框架。在带内网络遥测架构中，交换设备转发处理携带测量指令(Telemetry instructions)的数据包。当测量数据包经过该设备时，这些测量指令告诉具备网络测量功能的网络设备应该收集并写入何种网络状态信息。

针对以往的带宽测量工具需要发送占用带宽的网络探针数据包以及难以部署的问题，Ahmed[3]提出一种名为 FlowTrace 的带内网络带宽测量框架，其实现框架如图 10.7 所示。

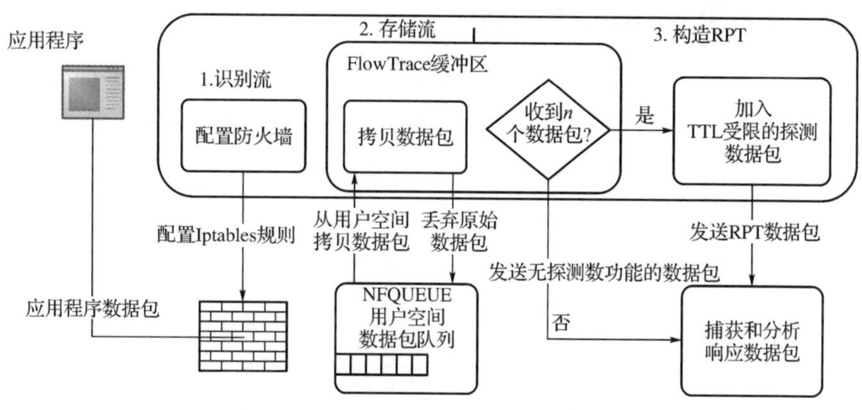

图 10.7 FlowTrace 实现框架[3]

FlowTrace 的具体步骤大致可分为四步：

(1) 确定感兴趣的目标流。根据操作人员定义的 IP 地址或者端口号配置相应的 Iptables 拦截目标应用流。

(2) 存储流。FlowTrace 使用 NFQUEUE 用户空间库，将流以五元组的形式重定向到 NFQUEUE 数据包队列，并且用户空间程序解析数据包信息和有效负载后丢弃原始数据包。

(3) 构造流量探针。当 FlowTrace 缓冲区在限定的时间内收到来自应用程序的 n 个有效负载数据包后，使用 m 个 TTL 受限的大小为 0 的探测数据包和 n 个负载数据包构成 RPT(Recursive Packet Trains，递归数据包序列)，并注入网络。

(4) 捕获和分析响应数据包。监视 RPT 触发的 ICMP 流量。根据每一跳的 ICMP 响应消息，FlowTrace 计算每一跳的数据包时延并确定网络带宽。

FlowTrace 可以透明地创建递归数据包序列，以定位瓶颈带宽，同时对应用程序性能的影响非常小。FlowTrace 不仅可以显著减少活动测量的开销，而且还可以轻松部署在用户空间中，而无需修改内核或专用硬件。

在普通网络下的带宽测量算法不能够直接应用到超高速网络，考虑到在超高速网络背景下，探测分组间隙容易受到突发流量的排队时间带来的噪声影响，文献[2]提出一种用于超高速网络带宽估计的机器学习方法，并在 10 Gb/s 的测试平台下进行了实验，以代价更小的探测数据包序列得到了更加精确的带宽估算结果。文献[2]使用监督学习来自动推导的一种算法，该算法根据每个探测数据包流的分组间发送和接收间隙来估计可用带宽。

该算法的探测数据包流的输入特征向量是根据发送间隙$\{g_i^s\}$和接收间隙$\{g_i^r\}$的集合构造的，将长度为 N 的 pstream 的发送和接收间隙的傅里叶变换序列用作特征向量：$\boldsymbol{x}=\mathrm{FFT}(g_1^s,\cdots,g_N^s,g_1^r,\cdots,g_N^r)$。算法的输出为可用带宽的估计值，对于单速率探测数据包流，可以将可用带宽估计公式化为分类问题：如果探测速率超过可用带宽，则 $y=1$，否则 $y=0$。对于多速率探测数据包流，可以将其公式化为回归问题，其中 $y=$ 可用带宽，然后考虑使用机器学习算法，如 ElasticNet、RandomForest、AdaBoost 和 GradientBoost、支持向量机(SVM)。

研究者生成了 2 万多条探测数据包流，其中 1 万条用于训练，其余用于测试。在探测数据包流上运行的每个测试都会得出输出 y 的估计值。对于单速率探测数据包流，模型的准确性由决策错误率决定；对于多速率探测数据包流，相对估计误差量化为：$e=\dfrac{y-AB_{gt}}{AB_{gt}}$。

10.2.4　常用带宽测量工具介绍

如表 10.2 所示，给出了具有代表性的带宽测量工具，大部分工具可以在 CAIDA 的网站找到：https://www.caida.org/tools/taxonomy/performance.xml，并附有说明文档，可自行下载。

表 10.2　代表性带宽测量工具

类　型	名　称	协　议	采用技术
单端测量	Cprobe	ICMP	报文对
	Pipechar	ICMP	包队列
	BFind	UDP,ICMP	Traceroute
	SProbe	TCP,HTTP	报文队列
	BNeck	UDP,ICMP	包队列
	Abget	TCP,HTTP	自拥塞
双端测量	Delphi	UDP	基于模型
	Pathload	UDP	自拥塞
	Pathchirp	UDP	自拥塞
	IGI	UDP	报文对
	Spruce	UDP	报文对
	TOPP	UDP	自拥塞

有学者做了相关研究，将现有比较经典的带宽测量工具做了汇总，并从三个方面对其综

合性能做了细致的评估。评估的三个方面分别是 RE(测量带宽与实际带宽的相对误差，Related Error)、OET(测量数据包占用实际带宽的比例)、ET(测量时间，Estimation Time)。实验在 100 Mb/s 的链路上进行，按背景流量占比分别为 60%、30%、0%三种情况，实验结果如表 10.3、表 10.4、表 10.5 所示。

表 10.3 100 Mb/s 链路 60%背景流量的实验结果对比

Metrics	RE(%)		OET(%)		ET(s)	
Tools	Min	Max	Min	Max	Min	Max
Abing	−48.50	0.22	0.06	0.14	76.15	87.81
Assolo	−0.16	0.21	2.21	2.51	56.48	64.56
Diettopp	−0.17	0.25	0.43	2.80	8.80	71.67
IGI	0.09	0.24	0.01	1.60	14.25	83.70
PTR	0.22	0.47	0.21	2.09	6.25	83.70
PathChirp	−0.19	0.31	0.29	0.31	85.69	251.0
Pathload	−0.09	−0.04	2.54	10.12	6.78	6.99
Traceband	−0.13	0.23	1.90	2.27	0.63	0.76
Wbest	−0.15	0.25	0.1	0.35	0.62	0.91

表 10.4 100 Mb/s 链路 30%背景流量的实验结果对比

Metrics	RE(%)		OET(%)		ET(s)	
Tools	Min	Max	Min	Max	Min	Max
Abing	0.14	0.26	0.06	0.13	76.91	89.63
Assolo	−0.23	0.21	2.21	2.51	56.48	64.52
Diettopp	−0.16	−0.12	0.33	2.72	8.75	71.61
IGI	0.27	0.68	0.09	1.56	14.25	83.70
PTR	0.08	0.24	0.03	1.98	14.25	83.70
PathChirp	−0.06	0.11	0.29	0.31	84.48	250.56
Pathload	0.01	0.05	7.73	14.01	5.73	7.53
Traceband	−0.07	0.13	1.96	2.30	0.63	0.73
Wbest	0.10	0.22	0.18	0.39	0.35	0.64

表 10.5 100 Mb/s 链路无背景流量的实验结果对比

Metrics	RE(%)		OET(%)		ET(s)	
Tools	Min	Max	Min	Max	Min	Max
Abing	0.02	0.04	0.14	0.19	9.91	13.89
Assolo	−0.17	−0.08	2.43	2.81	23.89	62.04
Diettopp	0.03	0.04	2.37	4.55	9.11	12.39
IGI	−0.17	−0.09	4.66	8.78	2.21	3.92
PTR	−0.22	−0.08	4.66	8.78	2.21	3.92

续表 10.5

Metrics	RE(%)		OET(%)		ET(s)	
Tools	Min	Max	Min	Max	Min	Max
PathChirp	−0.18	0.00	2.53	2.82	5.73	11.42
Pathload	−0.04	−0.02	8.27	17.80	6.74	10.59
Traceband	0.00	0.00	1.87	2.43	0.59	0.77
Wbest	−0.07	−0.04	0.17	0.62	1.76	6.41

由上表可以看出，几乎所有带宽测量工具都会发送测量数据包，从而占用一定的带宽。其中，Pathload 的 OET 最高，平均开销较高，但其准确性(RE)能够达到较高水准。而 Abing 具有较低的开销，但是在背景流量为 60%的情况下，出现较大误差。另外，在测量花费时间方面，除了 Pathload、Traceband、Wbest，其余工具的测量时间都比较长。

10.3　网络时延测量

由于互联网的尽力而为，网络的服务质量在大多数情况下是不可预测的，通过测量网络时延，能够评估当前的网络状态。此外，网络控制系统越来越追求控制的实时性，网络延迟会导致系统的信息交互不流畅，进而造成系统的不稳定，因此要尽可能准确地测量网络延迟并进一步缩短延迟。不同的网络应用对时延指标的依赖程度不尽相同，如单向延迟超过 250 ms 时在邮件应用中基本不会造成影响，但是在 VoIP 应用中就会特别影响用户体验，某些通过网络时延进行精确定位的系统对网络时延的测量精度也要求很高。

网络时延作为一项重要的评估指标在实际的网络质量评估中得到了广泛的应用，当链路上的数据包增多、网络拥塞严重时时延会变大，随着网络负载降低，数据包在该链路传播的时延会变小，因此，网络时延可以反映出数据包在传输过程中排队拥塞的情况，是网络服务质量的关键衡量标准。

通过准确地测量网络时延可以了解网络中潜在的问题，使用技术手段找到网络问题的根源，可在大型的网络故障形成之前做出应对方案。比如，当发现网络单向时延突然变大时，可以通过更改网络协议、变换拥塞控制策略、实现负载平衡，从而提高网络服务质量；在网络电话和网络视频等实时多媒体应用中，报文必须在满足时延要求下进行传输，可以通过时延测量评估应用的服务质量；在网络安全方面，通过实时测量网络的单向时延，对网络流量进行数据分析和数据挖掘，发现各种网络攻击，检测出网络安全问题。同时，网络时延也是许多其他指标测量的基础，随着越来越多的服务质量(QoS)敏感应用出现，这些应用对底层网络基础设施的性能提出了更高的要求，因此互联网服务提供商必须能够掌握网络实时态势，为客户提供高水平的服务质量。对于网络管理者，通过测量网络时延可以帮助深入理解和认识网络，准确了解网络拥塞情况，更好地进行流量负载均衡，使得网络资源的分配更加合理，网络的利用率更加科学。

10.3.1　时延测量方法及其关键问题

时延的测量通常分为往返时延测量和单向时延测量，并由其衍生出时延变化(抖动)等网络性能参数。

往返时延(round-trip time,RTT),指一个固定大小的IP数据报从源端发送出去到确认返回所需要的时间间隔。单向时延OWD(end-to-end delay or One Way Delay)即端到端时延,指发送固定大小的IP探测数据报,到达目的端时刻与离开源端时刻之差。即单向时延=传播时延+传输时延+处理时延+排队时延,也即OWD$=T_t+T_g+T_p+T_q$。

往返时延测量时,由于开始与结束时间都由测量发起端时钟记录,测量简单易行。但在实际使用中,单向时延更能准确地评估网络的质量,如视频点播服务,视频数据流通常是在服务器端到客户端的方向上传输。

有研究指出,在对网络延迟的精度不敏感的应用中可用RTT的二分之一来表示单向时延,但是由于网络的不对称性,上下行链路的单向时延往往并不相等,因此对延迟精度敏感的场合,这种方法计算出的单向时延误差很大。RTT只代表双向网络时延,不能准确反映单一方向的网络状况,准确测量出上行链路和下行链路的单向时延更能帮助我们了解网络当前状况和评估网络的服务质量。

根据互联网工程任务组(IETF)发布的RFC2544中提到的测量方法,端到端的网络时延的测量方法有两种:一种是时延回环测试,测试的是网络往返时延,在测试过程中,测试数据包携带开始时间戳(Start Time,ST)从测试设备Tester的出口流出,从被测网络(Net Under Test,NUT)的其中一个节点i进入被测系统,中间经过众多设备的排队存储转发后,从NUT的另外一个节点j流出并回到测试设备的入口,同时记录下终止时间戳(End Time,ET)。由此可知,网络往返传输时延D_r的表达式为:$D_r=ET-ST$,这种网络往返传输时延很容易就可以达到微秒级别的测量精度,可以说是一种非常理想的往返传输时延的网络性能测试。但是当面对覆盖区域较大的网络时就无法保证数据包从测试设备的一端发出,经网络链路传输转发再路由回测试器的另一端,除非网络路由处于环路状态。

第二种方法是单向时延测量法,适合于广域网和较大的网络,即在测试过程中,测量数据包打上开始时间戳标记从Sender(起始测试设备)出发,经过中间网络设备的存储转发以及节点i,j间的传输之后,到达另外一端的Receiver(终止点测试设备),最后打上终止时间戳标记,这样节点i,j间的网络传输延迟就是时间戳的差值。在这种测试方法中解决了第一种测试方法的缺陷,却引入了时间的同步问题,如果Sender和Receiver在时间上不是同步的,那么根据时间戳差值而得出的网络单向延迟就存在时钟同步误差。

在时延测量中存在以下几点问题和挑战。

(1) 时延测量的随机性。时延测量首先要消除测量中出现的随机性。网络时延测量存在很大的随机性,网络分组的时延是一个随时间变化的随机变量,由固定时延和可变时延两部分构成。固定时延是基本上不变的,由传输时延和传播时延构成。传输时延由分组大小和链路的容量决定,一个分组的大小一旦固定,通过的链路容量便是固定的,其传输时延也是固定的。传播时延由固定的物理传输介质确定并且是固定的。分组时延中的可变时延是由很多因素造成的,可以分成中间路由器处理时延和排队等待时延两部分。对于任何一个分组,中间路由器总要对其进行路由查表以确定其转发端口,这个时间可以看成是处理时间。同时,中间路由器繁忙可能导致分组排队等待处理,也需要一段等待时间。处理时间和等待时间是不固定的,由路由器的具体性能以及链路的拥塞状况而定,是一个随机变量。所以如果链路不出现拥塞,一个分组的最小时延便与该分组的大小成线性关系。分组的时延具有突发性和偶然性，为了能够使测量结果尽可能地反映网络的真实情况，可以采用低通滤波的方法来消除随机性。

(2) 时钟同步问题。根据 RFC2679 的描述，网络单程延迟的测量需要建立在路径两端主机时钟同步的基础之上，消除端系统间的时钟偏差是实现网络同步，进而实现单向时延测量的前提条件。计算机时钟一般是以振荡电路或石英钟为基础，每天的误差达数秒，经过一段时间的累积就会出现较大的误差。不准确的计算机时钟对于网络结构以及其中的应用程序的安全性会产生较大的影响，尤其是那些对时钟是否同步比较敏感的网络指令和应用程序。

在大型网络中，一般使用网络时间协议(NTP)，但随着网络技术的不断发展，许多度量参数(如单向延迟)的测量需要毫秒级的同步精度，因而必须对时钟的偏差进行进一步修正。

时钟同步的相关概念如下：

① 时钟偏差：指在某一时刻时钟时间与参考时间之间的误差，设 $C_S(t)$，$C_R(t)$ 分别为在 t 时刻(t 为标准时间 UTC(coordinated universal time))发送端时钟和接收端时钟，则 C_S 的时钟偏差为 $C_S(t)-t$，C_R 的时钟偏差为 $C_R(t)-t$。假设时钟 $C_S(t)$ 为参考时间，那么 $C_R(t)$ 相对于 $C_S(t)$ 的时间偏差为 $C_R(t)-C_S(t)$。

② 时钟频率：反映了时钟时间变化的快慢程度，时钟 C 的频率 $C'(t)$ 可定义为：

$$C'(t)=\frac{\mathrm{d}C(t)}{\mathrm{d}t} \tag{10.9}$$

③时钟频差：即一个时钟的频率与参考时钟频率之间的差值称为时钟频差，假设时钟 C_S 为参考时钟频率，时钟 C_R 相对于 C_S 的时钟频差为 $C'_R(t)-C'_S(t)$。

由于时钟频差的客观存在，时钟偏差会不断地发生变化。因此，时钟同步包括时钟偏差同步和时钟频差同步，是两者的综合。目前免费的公开时钟同步资源基本上是基于 NTP 的时钟同步服务器。NTP Pool Project 是一个以时间服务器的大型虚拟集群为上百万的客户端提供可靠易用网络时间协议(NTP)服务的项目，成为主流的 Linux 发行版和许多网络设备的“时间服务器”。网址：https://www.ntppool.org/zh/。

该项目拥有 4 000 多个时间服务器，按照洲际和国家分类，能够解决世界各地的时区差异问题，如：阿里巴巴 https://help.aliyun.com/document_detail/92704.html、腾讯 https://cloud.tencent.com/document/product/213/30392、清华大学 https://tuna.moe/help/ntp/、中国科学院国家授时中心 http://www.ntsc.ac.cn、香港天文台 https://www.hko.gov.hk/sc/nts/ntime.htm 等机构、高校、企业都提供了 NTP 时间服务器。

(3) 噪声分组的影响。噪声分组指夹杂在探测分组当中，或处于探测分组之前，或之后对测量结果造成影响的业务分组。若噪声夹杂在探测分组当中，则时延测量过高；若噪声处于探测分组之前，则时延测量过低。消除这个噪声可采用：① 求均值，但是由于“噪声”的随机性，该方法会造成较大误差；② 在带宽估计的分布值中，选择密度最大的点，如采用直方图统计技术，但是事先不知道带宽的分布情况，直方图的条的宽度无法确定；③ 采用在统计学中使用的非参数估计方法的核密度估计算法。

(4) 非对称路径下时延测量问题。往返时延(RTT)测量由于测量开始与结束时间都由测量发起端时钟记录，因此无需测量端系统间的时钟偏差。而单向时延的测量就必须建立在时钟偏差已知的基础上。现有时钟偏差测量算法主要针对对称的网络路径，但是随着互联网规模的不断扩大，网络结构日益复杂，非对称路径(asymmetric paths)已占网络路径的相当部分(互联网技术全球性测试平台 PlanetLab 网络中非对称路径已占其全部路径的10%～15%)。如果测量路径是非对称性的，测量包的时间戳信息与时钟偏差关系就会变得复杂，建立起测量包时间戳、时钟偏差和单向时延之间的函数关系也会更加困难。

10.3.2　时延测量中的时钟同步问题

时钟同步问题可分为时钟偏差和时钟频差问题。消除端系统间的时钟偏差是实现网络同步、进而实现单向时延测量的前提条件。而由于时钟频差的客观存在，又使得时钟偏差在不断地发生变化。因此，与时延测量算法相关的研究常划分为时钟偏差测量和时钟频差测量两类

1) 时钟偏差测量

主流测量时钟偏差的方法可以使用精密时钟同步协议 PTP，网络时间协议 NTP，以及全球定位系统 GPS。如表 10.6 是三种消除时钟偏差主流方法的概述。

表 10.6　三种消除时钟偏差主流方法

方法名称	方法概述
全球定位系统 GPS	• 使用外置天线来接收信号，测量精度最高，为纳秒级 • GPS 授时服务器造价高而且使用环境易受限制，很难被大规模使用
网络时间协议 NTP	• 发送一个类似 Ping 的探测包，接收端在收到探测包后返回一个应答包 • 探测包的发送时间戳和接收时间戳、应答包的发送时间戳和接收时间戳 • 根据这几个时间戳，NTP 计算出两台机器的时钟偏差，从而完成同步
精密时钟同步协议 PTP	• 需要单独的硬件支持，能够在网卡处记录数据包接收、到达的时间戳 • 能够同时为众多节点提供时钟同步 • 采用最佳主时钟算法从集群中选取性能最优的计算机节点作为主时钟 • 主时钟周期性地发布时间同步协议及时间信息，据此计算出主从线路时延及主从时间差，使主从设备时间保持一致来消除时钟偏差

由表 10.6 可知：

(1) GPS 精度最高，但授时造价昂贵且布置环境复杂。

(2) NTP 协议虽然易于实施且原理简单，但是其最新版本的 NTPv4 的精度为毫秒级别。虽然已能满足一般网络应用的时钟同步需求，但是对于网络测量领域来说，误差还是过大。

(3) 相比 GPS，PTP 具备更低的建设和维护成本；同时，PTP 能够满足更高精度的时间同步要求，精度达到纳秒级别。

综上，PTP 优势较为明显，且关于使用 PTP 或者改进 PTP 来进行时钟同步的研究也比较丰富，故下面详细介绍精密时钟同步 PTP 协议。

在 PTP 协议中，时钟从工作类型上可分为普通时钟、边界时钟和透明时钟。普通时钟 OC(Ordinary Clock)：是一般意义上的时钟，它只有一个用于 PTP 同步的端口，可以作为主时钟源或从时钟使用；边界时钟 BC(Boundary Clock)有多个用于精准同步的端口，可以对系统进行简化分解，降低拓扑结构难度；透明时钟 TC(Transparent Clock)对边界时钟进行了优化，减少级联之间的时间延迟累积，提高同步精度。

PTP 使用最佳主时钟 BMC(Best Master Clock)算法，通过比较各个节点的数据集及状

态来选取主时钟,其余时钟节点被称为从时钟。一个简单的 PTP 时钟同步模型如图 10.8 所示。

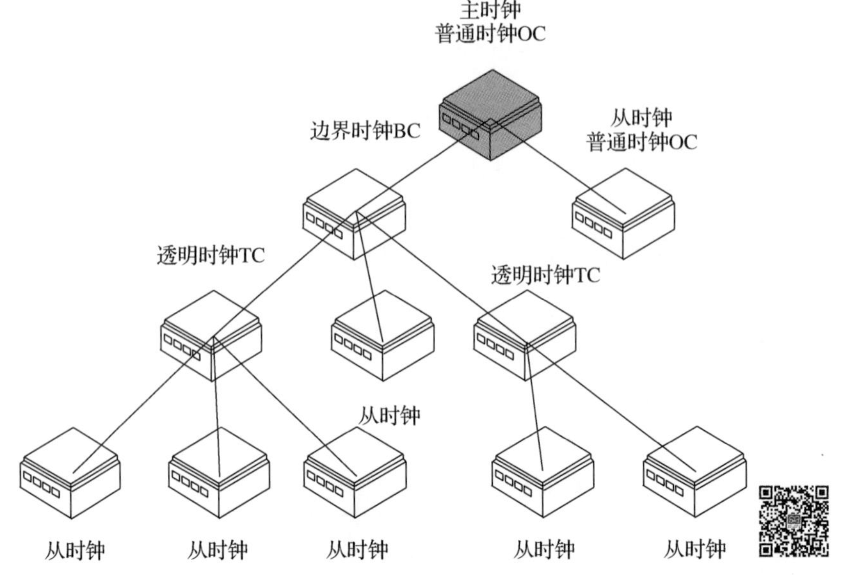

图 10.8 PTP 算法的时钟同步模型(扫描见彩图)

同步报文用于时钟同步,分为通用报文和事件报文,区别在于事件报文在收发时需要加盖硬件时间戳(见表 10.7 所示)。

表 10.7 PTP 同步报文类型

报文类型	报文名称	报文功能
通用报文	时延请求应答报文 Delay_Resp	• 主时钟对从时钟请求的应答,内部含有请求报文到达主时钟的时间信息
	跟随报文 Follow_Up	• 传递同步报文 Sync 发出的精确时间
	通知报文 Announce	• 将 PTP 时钟网络中的时钟进行层次的划分,包含了时钟的主时钟信息
	对等时延请求应答跟随报文 Pdelay_Resp_Follow_Up	• 对报文在透明时钟中停留的时间进行运算
	信息报文 Management	• 传递管理信号,更新和维护 PTP 相应数据集
	信号报文 Signaling	• 传递时钟请求和命令
事件报文	同步报文 Sync	• 主时钟发出,从时钟接收后记录时间戳
	时延请求报文 Delay_Req	• 由从时钟发出,主时钟收到后向从时钟发送 Delay_Resp 报文。从时钟根据报文中的信息运算得出主从时钟之间的相位偏差与网络时延
	对等时延请求报文 Pdelay_Req	• 应用于透明时钟,用于计算从一个时钟端口到另一个时钟端口的时间
	对等时延请求应答报文 Pdelay_Resp	• 是 Pdelay_Req 的回应,应用于透明时钟,计算报文的驻留时间

PTP 最主要用到了四种报文，同步过程如图 10.9 分为四步：

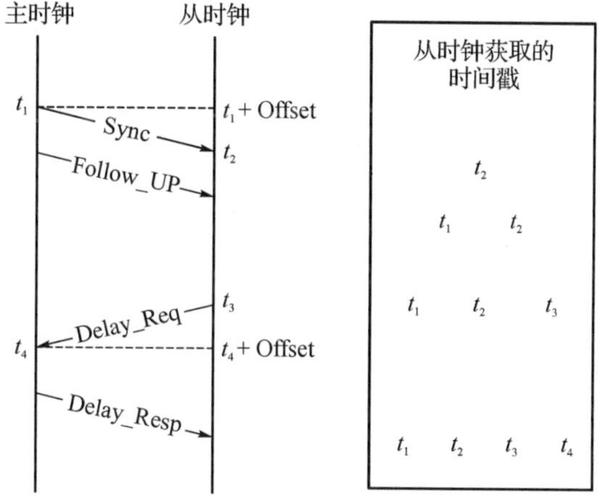

图 10.9 PTP 同步过程

① 主时钟周期性地向从时钟发送 Sync 同步报文，记录发送时刻为 t_1，随后将时间戳 t_1 与 Follow_UP 跟随报文打包发送给从时钟。

② 从时钟收到主时钟发送的 Sync 同步报文后，记录到达时刻为 t_2。

③ 从时钟解析并记录 Sync 同步报文中所携带的 t_1 时间戳，向主时钟发送 Delay_Req 时延请求报文，记录报文的发出时刻为 t_3。

④ 主时钟收到 Delay_Req 时延请求报文并记录到达时刻为 t_4，然后将时间戳 t_4 打包通过 Delay_Resp 时延请求应答报文发送给从时钟。

记主从时钟之间的时钟偏差为 Offset，报文从主时钟到从时钟的传输时延 Delay 的计算如公式(10.10)、公式(10.11)所示：

$$\text{Delay}=t_2-t_1-\text{Offset} \tag{10.10}$$

$$\text{Delay}=t_4-t_3+\text{Offset} \tag{10.11}$$

联立之后得到公式(10.12)：

$$\text{Offset}=\frac{(t_2-t_1)-(t_4-t_3)}{2} \tag{10.12}$$

PTP 协议可以通过纯硬件或纯软件方式实现。纯硬件方式通过硬件嵌入式编程实现，开发难度大。纯软件实现方式 PTPd，是一个开源项目，开发难度大大降低。为了提高计算精度，可使用基于 FPGA 的时钟同步策略可获得更加精确的时间戳，同步精度更高。

除了 PTP 协议，如今快速发展的全球卫星导航系统使得高精度的时间同步成为可能，然而，全球卫星导航系统由于设备和点到点之间的信号传输比较难维护、成本高，支持用户的数量很少，而且不适合普遍推广，因此文献[7]以国家标准时间为基础，研究了一种低成本，高精度的纳秒时间同步方法，该方法利用卫星通用视图建立了用户时间与国家标准时间之间的直接连接，并为用户提供高准确度的国家标准时间。同时，它为高精度时间同步的广泛应用提供了实用的解决方案。通过控制通用时钟源，时间同步偏差可以保持在 10 ns 之内。该方法使用的通用视图设备包括卫星卡、时间间隔计数器、主控制模块、时钟源模块和远程数据传输模块，结构示意图如图 10.10 所示。

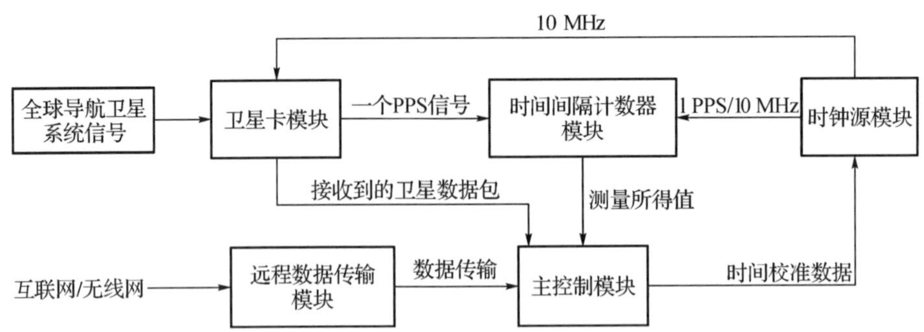

图 10.10 基于卫星卡的高精度时钟同步方法结构示意图

设备卫星卡模块使用 Novatel 的 OEM617D 接收板，将从卫星卡模块接收到的数据包根据需要发送到主控制模块，从而将从卫星卡模块获得的数据进行转换、分类、组合，然后输出到主控制模块。时间间隔计数器模块是设备的测量模块，其基本功能是测试开门通道和两个关门通道之间的时间间隔，以完成本地时间和卫星卡第二信号之间的时间间隔测量。时间间隔计数器工作原理基于 FPGA，范围为 1 s，分辨率为 0.1 ns，结合了粗略测量和精细测量，以满足范围和分辨率的要求。时钟源模块是设备的重要组成部分，其主要功能是生成设备输出的 1PPS 信号、1PPS＋TOD 信号、10 MHz 信号和 5 MHz 信号，并为设备的卫星卡和时间间隔计数器模块提供参考频率信号。采用恒温压控晶体振荡器作为时钟源，使用来自主控制模块的时差数据来控制时钟源的输出，使输出信号与国家标准时间同步。主控制模块是设备最重要的模块，所有硬件和软件模块都需要集成到主控制模块中。远程数据传输模块的目的是通过无线网络透明地转发数据，实现远程设备的点对多点和点对点通信，并方便快捷地实现异地数据传输。

2）时钟频差测量

计算机的时钟频率由石英晶体振荡器决定，任意两台计算机的时钟频率都不相同，受诸多因素如环境、温度、使用年限和老化程度的影响。即使某一时刻两个终端时钟进行了时钟同步，由于两个计算机时钟走的快慢不同，一段时间后两终端节点的时钟偏差会进一步变大。时钟偏差受时钟频差的影响不断变化，要想准确测量时钟偏差需要准确的计算时钟频差。

文献[4－6]将时钟频差消除问题归结为寻找一个线性函数的过程，即对于测量集合 $\Omega=\{v_i=(t_i,d_i),i=1,\cdots,N\}$（表示 t_i 时间测得的单向延迟数据 d_i），求一个线性函数，该函数满足以下条件：

（1）所有(t_i,d_i)在所求的分段函数上方（单向时延没有负值）；

（2）线段最接近测量集合 Ω.

考虑到计算机中产生时间中断的石英晶体振荡器通常较为稳定，计算机的时钟频率通常为定值，则可假设时钟频差的曲线是 $L=\{(x,y)\mid y=\alpha x+\beta\}$，条件（1）就可以表述为 $d_i\geqslant \alpha x+\beta$。对于所有满足以上条件的直线，选取最接近 Ω 的那条［即条件（2）］。

这个问题归结为一个最优化问题，它应从 3 个指标考虑，从而有如下 3 个目标函数。

（1）所有采样点与直线的垂直距离之和最小化。

$$obj_1=\sum_{i=1}^{N}(d_i-\alpha t_i-\beta)=\sum_{i=1}^{N}d_i-\sum_{i=1}^{N}\alpha t_i-N\beta$$

(2) 采样曲线与直线之间的区域面积最小化。

$$obj_2 = \sum_{i=1}^{N}(d_i - \alpha t_i - \beta + d_{i+1} - \alpha t_{i+1} - \beta)\frac{(t_{i+1} - t_i)}{2}$$
$$= \sum_{i=1}^{N}\frac{(d_i + d_{i+1})(t_{i+1} - t_i)}{2} - \frac{t_N^2 - t_1^2}{2}\alpha - (t_N - t_1)\beta$$

(3)使落在直线上的点最多。

$$obj_3 = \sum_{i=1}^{N} l_{\{d_i = \alpha t_i + \beta\}}$$

时钟频差的消除问题可转化为找到一条满足限制条件的直线,使以上 3 个目标函数最大化的问题。

表 10.8 列出了几种经典的时钟频差同步算法。

表 10.8 三种时钟频差同步算法

算法名称	算法概述
Paxson's 方法[4]	基于双向消息通信机制,该方法考虑了网络拥塞的影响,首先对测量结果分段,选择每段中单向时延最小的值,然后使用线性规划算法计算时钟偏差,网络拥塞严重时,该方法的计算精度降低
Moon 方法[5]	基于单向消息通信机制,发送端以固定的时间向接收端发送一次数据包,并记下发送时间和接收时间。由此得到一组由二维坐标点组成的集合,并提出 LPA 算法(linear programming algorithm,线性规划算法),利用回归分析方法试图找出一条倾斜直线,使单向时延的测量值到该直线的距离最小化,从而达到测量时钟频差的目的,但算法计算复杂度较大
Zhang Li 方法[6]	在 Moon 方法的基础上提出了 CHA 算法(convex hull algorithm,凸包算法),把约束条件转化为求时延数据全集 Ω 的凸包问题: $co(\Omega) = \left\{x \mid x = \sum_i \lambda_i v_i, \lambda_i \geqslant 0, \sum_i \lambda_i = 1, v_i \in \Omega\right\}$,将求解目标函数的解归结为如何求凸包集下边界的问题。通过凸包方法检测出逼近各个延迟值的直线从而求解网络单向时延,CHA 算法可在线性时间内解决问题,是一种较为准确、快速的方法

各种方法比较看来,当同步过程中没有外界对时钟的强制调整的情况下:Paxson's 方法的测量中,误差会随着时钟偏移的变大而变大,不够稳定。Moon 方法和 Zhang Li 方法在计算复杂度、稳定性及测量精度方面基本一样,只是 Zhang Li 方法显得更加直观一些。另外,Zhang Li 方法能够测量到系统中的强制的时钟调整点,并进行时钟偏差测量和同步,即便在时钟偏差的速率改变时也能以高精度完成时钟同步工作。然而,Zhang Li 方法的凸包集合点在实际计算中十分不均匀,给同步测量带来很大误差。

10.3.3 时延测量研究进展

面向高带宽和低延迟的应用程序需要保证 QoS 服务质量,文献[8]提出准确及时的测量交互式应用程序的时延发生的变化和异常的方法。普通 Ping 或者 TraceRoute 程序发送 ICMP Echo 和 Echo Replay 消息进行测量,时延测量数据包以指定的时间间隔依次发送到目的设备,由于不可靠的网络条件,Echo Replay 消息有可能在途中被丢弃,或者在路径上到期,因此,文献[8]在测量方法中采取突发 Echo 请求的方式,以避免此类数据包丢失。该方法一次发送一定数量的连续 ICMP 数据包,然后在一个时间间隔后立即发送下一组消息——即周期性的突发 ICMP Echo 传输,避免仅反映单个分组状况的偏差测量。在真实网络环境下,使用一家航空公司的服务器作为目的端,设置了突发数量分别为 1、10、20、30、40、

50 的 ICMP 时延测量数据包，实验结果如表 10.9 所示。

表 10.9　突发 ICMP Echo 实验　　单位：ms

ICMP 探测包数量	实验结果	
	平均时延	时延标准差
1	7.822	0.836
10	6.897	0.806
20	6.721	0.626
30	6.656	0.531
40	6.624	0.478
50	6.602	0.439

由表 10.9 可以看出，可以看出，均值和标准差随着在相同时间范围内发送的数据包数量的增加而减小，随着突发数据包个数的增加，实验的测量也越来越精准。但另一方面，发送更多的 ICMP 数据包以进行延迟测量将增加终端节点以及中间网络组件的处理开销，最终会导致延迟增加。

针对广泛使用的用于测量指定参数的 Ping 方法无法提供准确的结果，文献[9]提出使用双向主动测量协议(TWAMP)来测量 IP 网络的 QoS 参数，其中包括时延。TWAMP 协议由相互关联的两个协议 TWAMP-Control 和 TWAMP-Test 组成。Control-Client 和 Session-Sender 在单个主机上定义为“控制器”，而 Server 和 Session-Reflector 在另一主机上定义为“响应者”，如图 10.11 显示了 TWAMP 的体系结构。

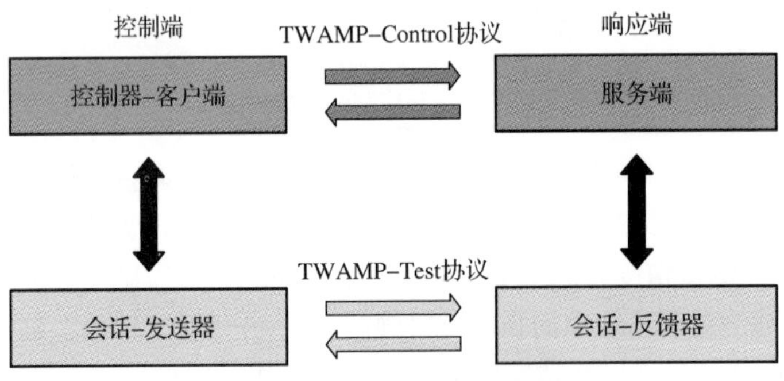

图 10.11　TWAMP 体系结构图

TWAMP-Control 协议有两个子组件：Control-Client 和 Server，Control-Client 是启动和停止 TWAMP-Test 会话的网络节点，Server 是管理一个或多个测试会话的网络节点，为每个会话配置端口。TWAMP-Test 协议也有两个子组件 Session-Sender 和 Session-Reflector，Session-Sender 是在测试期间接收由 Session-Reflector 发送和接收的测试包的消息或信息的网络节点，并收集和记录由 Session-Reflector 传达的信息，以测量双向网络测度。Session-Reflector 是一个网络节点，可接收和响应由 Session-Sender 发送的测试数据包。

TWAMP 能够改变 IPv4 中的 ToS 字段，通过设置 DSCP 位构造不同等级的 IP 探测报文，而 Ping 所使用的 DSCP 为 0，即“尽力而为”交付的报文，使得 Ping 具有丢失报文的弊端。而 TWAMP 将 DSCP 设置为视频(DSCP34)和语音(DSCP46)测试数据包，就能以较低的数据包丢失率比 Ping 协议更准确地进行时延的测量。

MPLS(多协议标签交换)是一种主要的分组和交换网络协议,发展十分迅速。时间延迟对 MPLS 网络的拥塞控制和服务质量非常重要。MPLS 网络的一些其他性能索引,例如延迟抖动、丢包率等,也是通过时间延迟测量。因此,MPLS 网络的延迟测量,尤其是自动仪器无延迟测量对网络的快速部署和网络质量评估具有非常重要的意义。文献[10]基于 PTP 协议和 MPLS(Multi-Protocol Label Switching,多协议标签交换)技术,提出一种具有很高精度且易部署的网络时延测量方法。

MPLS 协议是为了应对网络流量的快速增长和提高 IP 协议的转发效率而开发出来的。多协议意味着它可以支持多种协议,例如 IP、IPv6、IPX、SNA 等。标签交换是指对数据包进行标签并交换标签,而非数据包转发。MPLS 网络位于数据链路层和网络层的中间,被称为 2.5 层协议。在 MPLS 网络中,通过预分配的标签为消息建立了标签交换路径(LSP),在沿路径的每台设备中,仅需要一次搜索和快速标签切换。如图 10.12 所示,入口节点 A 接收该数据包,确定该数据包的转发等效类(FEC),并标记该数据包。仅基于标签和标签转发表,MPLS 网络中的 B 和 C 节点才通过转发单元转发。出口节点 D 删除标签,并根据 IP 头转发到下一跳。

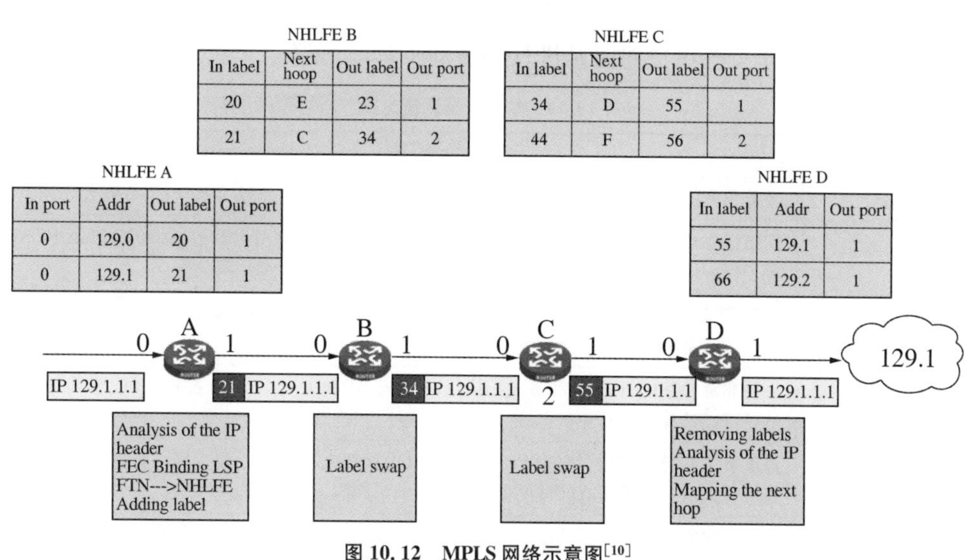

图 10.12 MPLS 网络示意图[10]

整体方法的结构如图 10.13,整个流程如下:

图 10.13 给出了基于 PTP 协议和 MPLS 的时延测量架构,具体步骤如下:

(1) 在整个网络中打开 IEEE 1588 时间同步协议。

(2) 在接收方向,通过 MPLS 协议处理和消息类型分析,如果是 IEEE 1588 消息,则将其发送到 IEEE 1588 处理模块,提取时间戳,完成时间同步,并刷新本地 RTC 的时间信息。

(3) 在接收方向,通过 MPLS 协议处理和消息类型分析,如果是 ETH-1DM 消息,则将其发送到 ETH-1DM 测量模块,并从消息中提取源节点的发送时间 TxTimeStampf。源节点和目标节点之间的时钟是同步的,因此帧延迟等于 RxTimeStampf－TxTimeStampf。

(4) 在发送方向上,周期性地向目的节点发送 ETH-1DM 消息,发送时间 TxTimeStampf 将直接由本地 RTC 标记。尽可能靠近物理层以最小化误差。

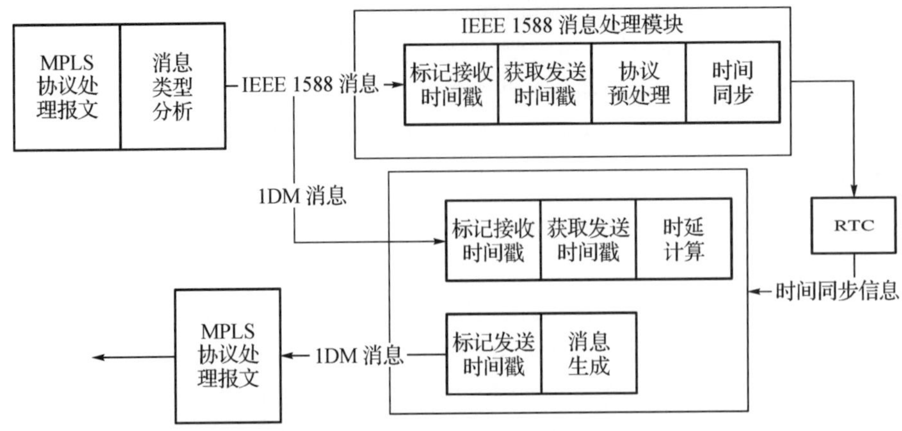

图 10.13 基于 PTP 协议和 MPLS 的时延测量架构

以上方法对网络延迟的测量是无需仪器的，并且通过使用 IEEE 1588 时间同步具有很高的精度，这对网络快速部署和网络服务质量评估具有重要的实用价值。

10.3.4 常用时延测量工具介绍

如表 10.10 所示是一些可以对时延进行测量的工具或协议。

表 10.10 常用时延测量工具

名 称	概 述
Network Pinger	一款免费的网络性能监控软件，提供时延 ping 操作、trace 跟踪、端口扫描等强大功能
qperf	网络性能测试工具，测量两个节点之间的带宽和延迟。它可以通过 TCP/IP 以及 RDMA 进行工作
Ethr	一款 TCP、UDP 和 HTTP 网络性能测量工具，用于跨多种协议对带宽、连接、数据包、延迟、丢失进行全面的网络性能测量
Angry IP Scanner	一种非常快速的 IP 地址和端口扫描仪，对每个 IP 地址执行 ping 操作，以检查其是否存在，然后可以选择解析其主机名，确定 MAC 地址、扫描端口等
Solarwinds Network Perfermence Monitor	提供有关受监视 IP 网络的详细信息，其最大优势之一是可以测量网络延迟，还提供有关网络中延迟值过高的所有区域的信息，并且提供了解决方案，以减少延迟
OWAMP	通过向网络中注入测试数据包流以确定这些数据包从源端到接收器的传输所花费的时间，可用于主动测量 IP 网络中的单向延迟。除了单向延迟外，该协议还可以测量数据包丢失
TWAMP	TWAMP 是 OWAMP 的扩展，不需要时钟同步，提供双向时延的测量。为避免使用 ICMP 消息带来的弊端，TWAMP 使用目标终端设备中内置的时间戳报告数据包的延迟，提高测量精度
TraceRoute	内置于所有操作系统中，使用 ICMP Echo Request 消息

10.4 网络丢包测量

简单来说，丢包(packet loss)，即源端向目的端发送的分组，若在指定时间内该分组没有到达目的端，则称为分组丢失或丢包。由此延伸出的丢包率(packet loss rate)，即丢失分组与发送分组总数的比值。若 a 表示发送分组总数，b 表示接收到的分组总数，则丢包率为

$(a-b)/a$。

导致丢包的原因有很多，最常见的有以下几种：

1）网络拥塞

网络拥塞是丢包的主要原因，通常在发送端发送的数据量超出接收端网络处理能力时发生。发生这种情况时，路由器等网络设备可能会丢弃排队时间过长的数据包，从而导致数据包丢失。

某些 WAN 链接和互联网链路有时会受到提供商的带宽限制。例如，他们可以在 10 Mb/s 的物理电路上提供 2 Mb/s 的带宽。如果尝试在这样的链路上发送超过 2 Mb/s 的数据，WAN 或互联网路由器通常会丢弃额外的流量，从而导致数据包丢失。

2）硬件和软件问题

硬件故障是丢包的另一个原因。例如，具有 100 Mb/s 接口的 WAN 路由器无法传输超过 30 Mb/s 的数据，数据包发生了被丢弃的现象。替换具有完全相同接口配置的 WAN 路由器能够修复该问题，由此确认是路由器硬件问题。

丢包的一个密切相关的原因是运行在网络设备上的软件发生错误，网络设备的固件是计算机程序，开发团队设计的越来越复杂的软件容易受到编程错误的影响。

3）恶意行为

恶意行为（主要以拒绝服务攻击的形式）是丢包的另一个常见原因。当网络攻击者向网络设备发送足够大的流量以致其无法再执行其职责并开始丢弃数据包时，就会出现这种情况。由于正常用户无法控制这种现象的发生，最好的方法是尽量避免恶意行为。

4）配置错误

在许多情况下，人为配置错误通常是罪魁祸首，设备配置错误是另一个最常见的丢包原因之一。例如，接口速度和双工不匹配会导致数据包丢失：当链路的一端设置为全双工而另一端设置为半双工时，会发生冲突并导致数据包丢失。网络设备越来越复杂，容易出错。一般通过配置管理工具实施标准化配置元素来确保配置没有错误。

丢包很常见，它发生在大多数网络上。在丢包率达到临界水平之前，网络很少有明显的影响。但是一旦丢包率达到阈值，会对网络服务产生严重影响。使用面向连接的 TCP 协议的文件传输相对不受影响，因为大多数协议都内置了一些纠错功能，并且可以重新传输丢失的数据包。实时或近实时传输（使用无连接 UDP 协议）会受到明显影响，例如流式传输视频、音频、IP 语音（VoIP），在这些传输中的信息可能会被跳过和中断。

目前来说，丢包测量可分为主动丢包测量和被动丢包测量。

10.4.1　主动丢包测量

Ping 是一种经典且有效的双向链路上的主动丢包测量方法。“Ping”的名称来源于“Packet INternet Groper”（网络包探测器）的缩写，另一方面是参照了海军潜艇的声呐系统，接收反弹声波的行为。

Ping 基于 RFC792 中的因特网控制消息协议（Internet Control Message Protocol，ICMP），通过发送一个 ICMP 数据包到特定的 IP 地址，发送数据包的计算机然后等待（或“监听”）返回数据包。如果连接良好并且目标计算机已启动，则会收到一个良好的返回数据包,并记录所有成功得到响应数据包的个数,通过和已发送请求数据包的个数对比,得到该连接的丢包情况。

Ping 的原理是 ICMP 协议,主要的功能是确认 IP 包是否成功送达目标地址、报告发送过程中 IP 包被废弃的原因和改善网络设置等。ICMP 协议格式如图 10.14 所示。

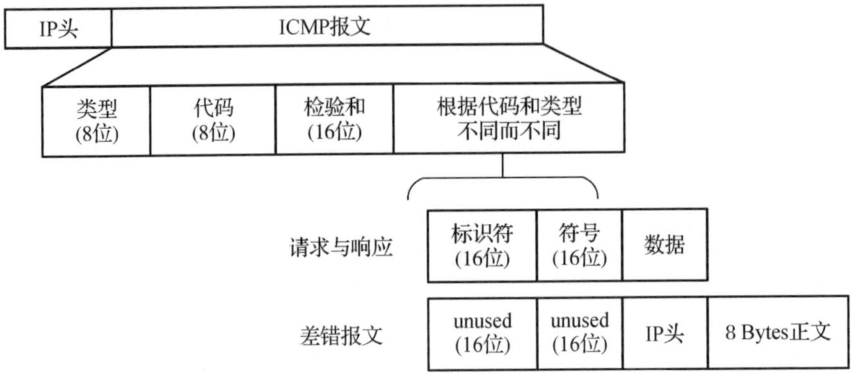

图 10.14　ICMP 协议格式

根据 ICMP 包头的类型字段,ICMP 报文大致可以分为两大类:一类是用于诊断的查询消息,即"查询报文",另一类是通知出错原因的错误消息,即"差错报文",如表 10.11 所示:

表 10.11　ICMP 报文类型

类　型	描　述
0	回应应答(Ping 应答,与类型 8 的 Ping 请求一起使用)
3	目的不可达
4	源消亡
5	重定向
8	回应请求(Ping 请求,与类型 0 的 Ping 应答一起使用)
9	路由器公告(与类型 10 一起使用)
10	路由器请求(与类型 9 一起使用)
11	超时
12	参数问题
13	时标请求(与类型 14 一起使用)
14	时标应答(与类型 13 一起使用)
15	信息请求(与类型 16 一起使用)
16	信息应答(与类型 15 一起使用)
17	地址掩码请求(与类型 18 一起使用)
18	地址掩码应答(与类型 17 一起使用)

源主机向目的主机发送回送请求(Echo Request)报文,当两台主机能够互相正常通信,目的主机向源主机发送一个回送应答(Echo Replay),否则目的主机发送差错报文,即表示发生丢包。

Ping 检测的是双向链路上的丢包现象,实现原理比较简单。但是如果传输过程中防火墙或路由器启用了 ICMP 过滤功能,则 Ping 方法就无法使用。

Zing 算法是基于泊松模型 PASTA(Poisson Arrivals See Time Averages)的丢包测量方法,其使用概率方法独立且随机地发送探测数据包,对网络的入侵度较小。Sting 算法利用 TCP 协议的通信过程来测量丢包率,可测量前向路径(forward path)和反向路径(reverse path)上的丢包情况,但其主要针对基于 TCP 协议的应用。

10.4.2　被动丢包测量

不同于向链路中注入探测流量的主动测量方法,被动丢包测量通过在链路关键节点上部署专有协议或者设备抓取并分析丢包情况,避免了主动测量方法向链路中注入探测包增加对网络的侵入性。

Friedl[11]等人提出了一种基于被动网络监控的准确测量实际生产流量的方法 PckLoss,拥有非常高的精度。该方法利用被动监控传感器的扩散,进行准确的请求数据包的丢失测量。假设在路径两端点上配备有两个被动监视传感器,丢包只是减法问题:将远端发送的数据包数量减去目的端收到的数据包数量,就能找到网络中丢失了多少数据包。

但实际上,减法的时序细节对于正确计算丢包率来说至关重要。方法定义一个流为相同的五元组(源 IP、目的 IP、源端口、目的端口、协议),并设置超时时间(30 s),避免过短的超时时间导致的丢包率升高的问题。如果在指定超时时间内数据包没有到达目的端,则认为该数据包属于新流,这与传统的 NetFlow 或 IPFix 流记录不同。在 TCP 的情况下,当连接被明确关闭时,也可以被认为已经过期,即出现数据包分组的 RST 标志位时。为了计算每个应用程序包丢失,算法周期性地检索来自网络路径的端点的两个被动监视传感器的流记录。每个记录包括流标识符(五元组),分组的数量和传送的字节数,以及流中第一个数据包的 TTL 和时间戳。如果源端和目的端的两个传感器都报告了相同的流记录,但数据包数量不同,则表明该流丢失了一些数据包,实际数据包丢失率可以根据报告的数据包数量的差异计算得出。仅捕获一个数据包的流将被忽略,因为如果数据包丢失将无法匹配。PckLoss 的实验评估和在现实生产环境的部署表明,在监控多个达到千兆速度的链路时,Pcktloss 也可以精确测量数据包丢失率。

Gu 等人[12]提出了一种测量单向链路的丢包估计技术,它不需要任何新的路由器功能或测量基础设施,只使用在运营网络中常规收集的采样流级统计数据即可实现,是一种有效的被动丢包测量方法。方法使用了三种采样方法进行流记录的形成,分析了采样效应带来的方差。

第一种是基于 SYN 和 FIN 的方法。由于 SYN 标志是在 TCP 会话的第一个数据包中被设置,因此如果采样到一个 SYN,可以假设 NetFlow 记录中的该条流开始时间就是 SYN 数据包的到达时间。同理,由于 FIN 数据包是声明 TCP 会话结束的数据包,可以假设 NetFlow 记录中的该条流结束时间就是 FIN 数据包的到达时间。综上,可以记录 SYN 和 FIN 数据包的采样时间 t_S 和 t_F,如果这两个时间在流记录时间(t_1,t_2)内,可以此计算丢包率。

第二种是基于拟合流的方法。第一种方法是在明确的测量间隔时间内确定 SYN 和 FIN 数据包的时间,而基于拟合流的方法针对的是两个路由器上生成的所有流的 NetFlow 记录,对于一个流 F,其开始和结束时间为(t_1,t_2),当采样观测到的 SYN 和 FIN 数据包的到达时间 t_S 和 t_F 都满足 $t_1 \leqslant t_S < t_F \leqslant t_2$ 时,称这个流为拟合的。如图 10.15,对于这些拟合的

流,方法可以从它们在测量间隔期间到达的流记录中获得数据包总数的无偏估计量,以此来计算丢包率。

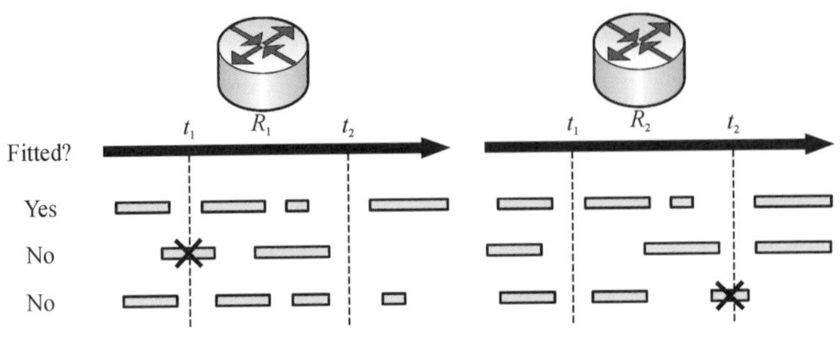

图 10.15 基于拟合流的采样估测[12]

第三种是基于加权流的方法。将未拟合的包看做速率平滑的数据流,统计在 NetFlow 流记录时间中观测到的数据包总时间,对比在两端主机或者路由器上收到的数据包总时间,得到估计的丢包率,如图 10.16 所示。

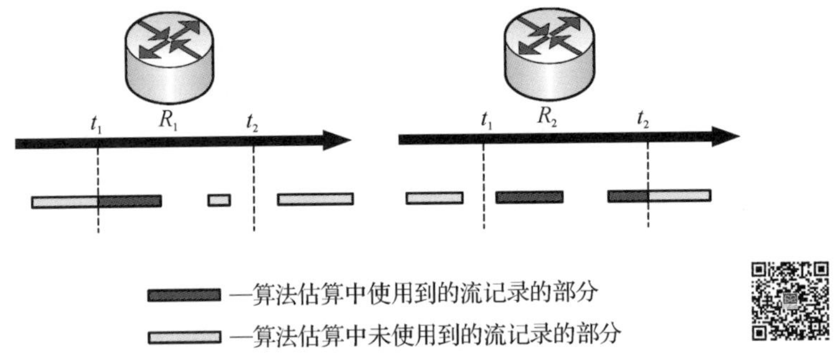

图 10.16 基于加权流采样估测[12](扫描见彩图)

通过实验证明了采样方法的丢包估计精度随着测量间隔、采样率和网络速率的增加而增加,基于拟合流和基于加权流的采样估计可以准确地估计损失率,变化率低,非常接近分析预测的值,是一种有效的丢包率估计方法。

10.4.3 常用丢包测量工具介绍

表 10.12 为常用丢包测量工具。

表 10.12 常用丢包测量工具

名 称	概 述
SolarWinds VoIP And Network Quality Manager	专门的 VoIP 监测工具,可用于监控 VoIP 呼叫质量指标,包括数据包丢失、延迟、抖动和 MOS,并具有自定义性能阈值和报警功能
PRTG Network Monitor	多功能的网络监控系统,通过使用传感器几乎可以监控 IT 基础架构中的任何系统、设备、流量和应用程序
ManageEngine OpManager With VoIP Monitor	网络监控工具,监控的 VoIP 参数包括丢包、延迟、抖动、MOS 和 RTT
VoIPmonitor	开源网络数据包嗅探器,带有用于监控大多数 VoIP 协议的功能

10.5 本章小结

本章介绍了网络性能测量的相关知识，包括带宽测量、时延测量和丢包测量。第一小节介绍了网络性能测度的定义。第二小节重点介绍了带宽测量方法，包括可变包长（variable packet size，简称 VPS）技术和测量包对（packet pair，简称 PP）技术以及探测间隔模型（probe gap model，简称 PGM）和探测速率模型（probe rate model，简称 PRM）。第三小节介绍了时延测量的相关知识，重点介绍了时延测量方法。网络单向时延的测量要建立在路径两端主机时钟同步的基础之上，因此网络单向时延测量的问题，很多时候就转化为如何进行时钟同步的问题，时钟同步可以分为时钟偏差测量和时钟频差测量两部分。第四小节介绍了丢包的相关知识，分析了丢包产生的原因和可能产生的影响，并介绍了丢包测量方法，还分别介绍了主动丢包测量和被动丢包测量的相关算法。

习题 10

10.1 为什么要进行网络拓扑测量？IP 级网络拓扑测量和 AS 级网络拓扑测量的区别是什么？

10.2 基于 traceroute 的 IP 拓扑测量是如何进行的，尝试用这个方法进行拓扑测量并讨论在实际测量中遇到的问题。

10.3 IP 网络拓扑测量的结果如何与地理位置信息结合起来？

10.4 网络拓扑测量如何发现网络异常？可以发现哪些网络异常？

10.5 网络拓扑测量常用的工具有哪些？请列出至少 4 款，并简要介绍其功能。

10.6 尝试使用 pythonpandas 数据分析库下载和分析 Routeviews 或者 RIPE RIS 上 BGPupdate 报文数据，给出程序源代码。

10.7 使用 BPGlay 分析一次 BGP 路由异常？（可以参考 bgpstream. com 上的数据）

参考文献

[1] Jain M, Dovrolis C. End-to-end available bandwidth: Measurement methodology, dynamics, and relation with TCP through put[C]//Proc. the 2002 Conference on Applications, Technologies, Architectures, and Protocols for Computer Communications(SIGCOMM), Pennsylvania, USA, 2002: 295 - 308.

[2] Yin Q, Kaur J. Can machine learning benefit bandwidth estimation at ultra-high speeds? [C]//International Conference on Passive and Active Network Measurement, 2016: 397—411.

[3] Ahmed A, Mok R, Shafiq Z. Flowtrace: A framework for active bandwidth measurements using in-band packet trains [C]//International Conference on Passive and Active Network Measurement. Springer, Cham, 2020: 37 - 51.

[4] Paxson V. On calibrating measurements of packet transit times[C]//Proceedings of the 1998 ACM SIGMETRICS Joint International Conference on Measurement and Modeling of Computer Systems, 1998: 11 - 21.

[5] Moon S B, Skelly P, Towsley D. Estimation and removal of clock skew from network delay measurements[C]//IEEE INFOCOM'99. Conference on Computer Communications. Proceedings. Eighteenth Annual Joint Conference of the IEEE Computer and Communications Societies. The Future is Now(Cat. No. 99CH36320). IEEE, 1999, 1: 227 - 234.

[6] Zhang L, Liu Z, Xia C H. Clock synchronization algorithms for network measurements[C]//Proceedings. Twenty-First Annual Joint Conference of the IEEE Computer and Communications Societies. IEEE, 2002, 1: 160 - 169.

[7] Chen R Q, Liu Y, Li X H, et al. High-precision time synchronization based on common performance clock source[C]//2019 14th IEEE International Conference on Electronic Measurement & Instruments (ICEMI). IEEE, 2019: 1363 - 1368.

[8] Bostanci Y S, Soyturk M. A practical study on accurate delay measurement[C]//2020 5th International Conference on Computer Science and Engineering (UBMK). IEEE, 2020: 1 - 6.

[9] Kocak C, Zaim K. Performance measurement of IP networks using two-way active measurement protocol[C]//2017 8th International Conference on Information Technology (ICIT). IEEE, 2017: 249 - 254.

[10] Yang H J, Liu Y L, Yu X H, et al. Implementation of MPLS network delay measurement with 1588 precision time synchronization protocol[C]//Applied Mechanics and Materials. Trans Tech Publications Ltd, 2015, 701: 969 - 973.

[11] Friedl A, Ubik S, Kapravelos A, et al. Realistic passive packet loss measurement for high-speed networks[C]//International Workshop on Traffic Monitoring and Analysis. Springer, Berlin, Heidelberg, 2009: 1 - 7.

[12] Gu Y, Breslau L, Duffield N, et al. On passive one-way loss measurements using sampled flow statistics[C]//IEEE INFOCOM 2009. IEEE, 2009: 2946 - 2950.

11 网络拓扑测量方法

网络拓扑作为互联网重要的宏观特征，可以理解为互联网地图，网络拓扑测量对了解互联网运行原理机制、网络运行状态监管、网络故障排查有着重要的作用。互联网规模庞大结构复杂，存在不同层次的网络拓扑，可以分为 IP 级网络拓扑和 AS 级网络拓扑。IP 级网络拓扑一般是互联网末端的网络拓扑，以 IP 地址为基本节点，体现局部网络的结构特征；AS 级网络拓扑是互联网骨干网络拓扑，以 AS 作为基本节点，可以表示出互联网整体的拓扑架构。从测量方法上可以分为主动测量和被动测量，比如采用基于 ICMP 协议的 traceroute 进行网络测量就属于主动测量，AS 级网络拓扑测量一般会采用被动测量的方法。IP 级拓扑测量方法，主要有两种测量方法：基于 SNMP 协议的测量方法、基于 ICMP 协议的测量方法。AS 级拓扑测量方法，包括基于 BGP 协议的拓扑测量方法和基于 ICMP 的 BGP 拓扑测量方法。网络拓扑测量一般采用可视化的方式展示测量结果，绘制出网络拓扑图。

本章主要通过以下几个方面对网络拓扑测量方法进行介绍。11.1 节是网络拓扑测量概述，包括网络拓扑的基本概念、网络拓扑测量的意义以及网络拓扑测量的分类；11.2 节是 IP 级拓扑测量方法，基于 SNMP 协议的测量方法和基于 ICMP 协议的测量方法；11.3 节介绍 AS 级拓扑测量方法，包括基于 BGP 协议的拓扑测量方法和基于 ICMP 协议的拓扑测量方法；11.4 节介绍了拓扑测量中的关键问题，主要有 IP 级拓扑测量的关键问题、AS 级拓扑测量的关键问题、拓扑测量的 IP 定位问题和拓扑可视化四个方面的内容。最后介绍使用 Ark 平台和 BGPlay 平台进行拓扑测量实例。

11.1 网络拓扑测量概述

11.1.1 网络拓扑的概念

网络拓扑是指网络中各种物理或逻辑元素的配置方式、形式或结构，一般表示形式为图，在拓扑图中，元素为点，元素间互连关系为边，各个节点的相互连接关系最终构成网络拓扑图。在计算机网络中，把计算机、终端、通信设备等抽象成点，把连接这些设备的链路抽象成线，并将这些点和线所构成的拓扑称为网络拓扑结构。可以通俗地说“拓扑结构”就是描述这些节点如何连接在一起。

11.1.2 网络拓扑测量的意义

伴随着全球互联网络规模的不断扩大以及计算机软件和硬件技术的飞速发展，当今的互联网络已经变得愈加庞大和复杂，这一过程致使人们对网络本身缺乏准确的表述和认识，并在一定程度上制约了对当前网络资源的有效利用，限制了网络技术的发展。为了深入了解当前全球网络，人们开始着手对网络特征进行研究。其中，网络拓扑测量在整个网络特征研究中占有十分重要的地位。网络拓扑测量作为网络管理技术的基础，一直是反映网络基本特征的研究热点，对网络拓扑结构的深入研究与探讨，便于对整个网络进行宏观管理，同时网络拓扑测量也可以方便快捷地发现网络的瓶颈和隐藏的安全问题[1]。

除此之外，网络拓扑测量在以下几个方面也有着重要的应用：

(1) 网络拓扑测量有助于人们对网络的研究。虽然网络拓扑并非实际物理的拓扑图，但是它却真实地反映了路由的连接关系，对物理拓扑图的研究有着极大的帮助，从而方便对网络其他特点进行研究。

(2) 网络拓扑测量有助于了解网络结构，可以用于网络仿真实验。网络中的各种网络实验，大部分需要构建网络拓扑图来模拟真实的网络，利用网络拓扑测量得到的网络拓扑图，为网络仿真实验建立了底层基础。

(3) 网络拓扑测量可用于网络安全方面的工作。网络拓扑测量可以用于网络攻击分析，防范网络攻击行为，此外，它对于发现匿名数据包的来源有着重要的作用。

(4) 网络拓扑测量是网络管理的基石。网络拓扑测量可以帮助网络管理者发现网络瓶颈、查看网络配置是否正确，以及在什么地方需要增加路由器等。

(5) 网络拓扑测量是建设网络的第一步，有助于对各种网络协议进行评估。

虽然网络拓扑测量在多个领域有着重要的应用，但由于互联网设备众多、构成各异、安全技术和安全策略的大量使用，以及各种网络利益关系等原因，网络服务供应商通常是不合作的，网络拓扑信息亦是不可见的。这使得人们在高度依赖互联网的同时，却难以绘制一张精确、细致的“互联网地图”。要实现“互联网地图”的精准测绘，需要突破各类网络条件限制，借助于拓扑测量方法，来推断出非合作网络环境下的网络拓扑图。

11.1.3　网络拓扑测量分类

网络体系结构的层次化设计使得不同层次协议之间的拓扑也是不同的，互联网研究中主要关心的是 IP 级网络拓扑和 AS 级宏观网络拓扑[1]。

IP 级拓扑：在 IP 协议中，路由器等报文交换设备上接口的 IP 地址为点，相邻接口间的跳(hop)为边。

AS 级宏观拓扑：在 BGP 协议中，以 AS 自治域为点，对等体间的互连(peering)关系为边。

1) IP 级拓扑

IP 级拓扑是网络拓扑中的基本拓扑结构。每个节点代表一个 IP 地址，IP 之间的逻辑链路就是相应的连接线。网络中所有的路由器及一部分特定的终端主机都具有多个接口，其每个接口都分配有一个 IP 地址，这些接口在拓扑图中都将体现为一个节点。

2) AS 级拓扑

AS 级拓扑作为互联网宏观结构的抽象，是由多个 AS 自治域连接构成。每个节点代表一个 AS。每个 AS 由上百到上万台路由器组成，AS 内的路由器主要负责传输 AS 域内的流量。每条线代表 AS 的域际关系，AS 间的路由器负责传输 AS 域际流量。

11.2 IP 级拓扑测量方法

IP 级拓扑测量是拓扑测量中最底层的环节,在对应的拓扑图中,每个点代表一个 IP 地址,IP 接口之间的逻辑关系构成了各种各样的拓扑图。因此 IP 级拓扑测量就是对网络中的 IP 节点进行探测、分析出这些 IP 接口在网络层上的逻辑连接关系。目前,IP 级网络拓扑的测量主要有两种方式:基于 SNMP 协议的测量方式和基于 ICMP 协议的测量方式[2]。

11.2.1 基于 SNMP 协议的拓扑测量方法

SNMP 协议(Simple Network Management Protocol,简单网络管理协议)为 IETF (Internet Engineering Task Force,互联网工程工作小组)定义的协议簇,属于一种 TCP/IP 体系下的应用层协议。使用 SNMP 的网络设备可以提取支持网络管理的管理信息库(MIB)信息。该协议使得网络管理者同代理之间传递管理指令和数据成为可能。目前几乎所有用作网关的设备都支持 SNMP 代理,网络拓扑信息主要包含在 MIB 中,通过访问 MIB 中的拓扑信息,可以分析网络拓扑连接[2]。

可以通过 SNMP 请求获取目标网络中各个路由器中的路由表数据并进行综合分析,从而获得目标网络中路由器及子网之间的连接情况[1]。基于 SNMP 协议的拓扑测量过程如下[1-2]:

(1) 任意选择待测网络中的某台路由器作为初始化的起点路由器,将其压入待发现路由队列。

(2) 从队列中弹出队首路由器作为当前路由器,发送 SNMP 请求,读取当前路由器中的 MIB 数据库,从中提取其路由表。

(3) 遍历 MIB 路由表,如果表中的记录为直接连接,则将目的子网掩码同目的 IP 地址进行“与”运算,从而获得当前路由器与这个目的网络的连接情况;如果记录为间接连接,且与当前路由器直接连接的下一跳路由器不在待发现路由器队列中,则将下一跳路由器压入待发现路由器队列的队尾,同时将当前路由器压入已发现路由器队列的队尾。

(4) 若待发现队列为空,则终止算法。否则,从待发现路由器队列中弹出队首路由器并将其作为当前路由器,返回第 2 步继续执行。

基于上述方法,最终可以获得 IP 级网络拓扑结构。

11.2.2 基于 ICMP 协议的拓扑测量方法

另外一种常用的 IP 级测量方法是基于 ICMP 协议利用 traceroute 工具进行拓扑测量。根据之前的学习,我们知道 traceroute 可以得到一条从源 IP 地址到目的 IP 地址的路径。路径信息实际上也是拓扑信息,一条路径信息就对应一条从源 IP 节点到目的 IP 节点的拓扑线路。对这些路径的 IP 信息进行提取和处理,就能够描绘出反映逻辑连接关系的拓扑图。

因此 traceroute 进行拓扑测量的原理是:从源节点向待测网络发送探测数据包。将 TTL 的初始值设置为 1,并逐渐增加,直到到达目的节点为止。此过程中,在源节点收集 ICMP 差错报文,从中读取源 IP 地址(即中间路由器的 IP 地址),从而构建出一条由 IP 地址组成的路由路径[3]。

如图 11.1 所示，节点 A 为源节点，节点 F 为目的节点，节点 B～E 为需要探测的路由器。从节点 A 向节点 F 发送 UDP 探测报文，并将其目的端口设为一个较大的、不可能存在的端口号。

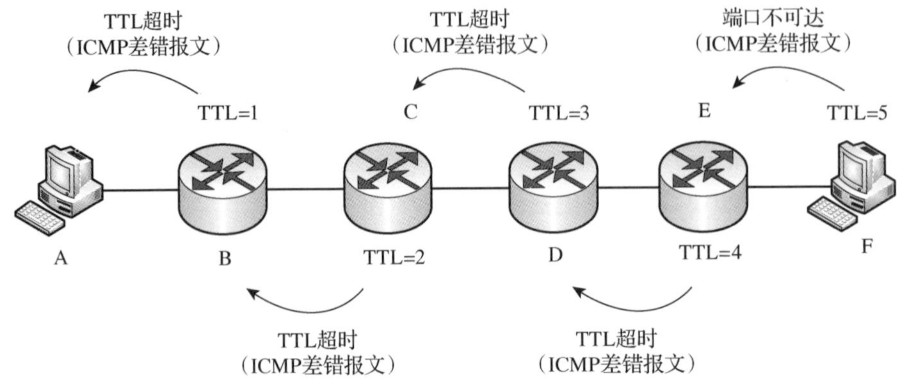

图 11.1 traceroute 拓扑测量原理

首先，将探测包中 TTL 字段的初始值设置为 1，那么当数据包到达节点 B 时，TTL＝0。此时，节点 B 会发送 ICMP 超时报文，提取该差错报文中的源 IP 地址，即为节点 B 的 IP 地址；其次，设置探测报文中的 TTL＝2，当数据包到达节点 B 时，TTL＝1，继续向下传递到节点 C，此时，TTL＝0，则节点 C 向节点 A 发送 ICMP 差错报文，从而可以得到节点 C 的 IP 地址；依次循环，直到探测报设置 TTL＝5，在节点 A 处收到目的节点 F 发送来的端口不可达报文为止[3-4]。

由于 UDP 中设置的目的端口号过大，或者节点 F 中该端口号未开启 UDP 服务，那么节点 F 会向节点 A 发送一个“端口不可达”的 ICMP 差错报文。至此，就可以得到一条从节点 A 到节点 F 的路由路径。

这里以具体的一个 IP 地址举例，对目的地址 223.120.22.10（IP 所在地为广州）进行 traceroute 探测可以得到相应的路径信息如图 11.2 所示，从返回结果可以看到路径中包含了从本地的局域网络经过互联网到达目标地址的每一跳路由节点，其中以“172.16”和以

```
traceroute to 223.120.22.10 (223.120.22.10), 30 hops max, 60 byte packets
 1  _gateway (172.16.20.254)  18.010 ms  18.594 ms  15.863 ms
 2  * * *
 3  * * *
 4  * * *
 5  10.0.3.197 (10.0.3.197)  44.036 ms  44.068 ms  44.171 ms
 6  * * *
 7  202.119.23.129 (202.119.23.129)  10.286 ms  10.347 ms  9.502 ms
 8  202.119.26.113 (202.119.26.113)  8.856 ms  3.107 ms  2.924 ms
 9  10.0.96.1 (10.0.96.1)  3.511 ms  3.944 ms  2.888 ms
10  202.119.26.82 (202.119.26.82)  1.667 ms  1.625 ms  1.688 ms
11  36.154.112.1 (36.154.112.1)  2.755 ms  2.713 ms  2.436 ms
12  5.1.65.223.static.js.chinamobile.com (223.65.1.5)  2.696 ms  2.705 ms  2.604 ms
13  183.207.204.85 (183.207.204.85)  8.105 ms 133.30.207.183.static.js.chinamobile.com (183.207.30.133)  7.973 ms 241.21.207.183.static.js.chinamobile.
14  * * *
15  111.24.5.57 (111.24.5.57)  36.744 ms 221.183.107.50 (221.183.107.50)  41.666 ms  41.391 ms
16  111.24.5.186 (111.24.5.186)  42.920 ms 111.24.14.150 (111.24.14.150)  42.989 ms 111.24.5.166 (111.24.5.166)  37.073 ms
17  221.176.22.158 (221.176.22.158)  36.990 ms 221.183.68.145 (221.183.68.145)  33.533 ms 221.176.22.158 (221.176.22.158)  39.413 ms
18  221.183.25.117 (221.183.25.117)  44.789 ms 221.183.52.86 (221.183.52.86)  42.546 ms  39.358 ms
19  221.183.55.53 (221.183.55.53)  197.771 ms  195.832 ms  195.798 ms
20  223.120.22.10 (223.120.22.10)  47.196 ms  44.044 ms  47.655 ms
```

图 11.2 traceroute 路径探测结果

"10"开头的地址是私有地址，一般在局域网中使用，172.16.20.254 是内部局域网的网关地址，"＊＊＊"表示未获取到相应位置路由器的 IP 地址，其他的地址都是公网地址，探测数据包在互联网上经过多跳后到达目的 IP：223.120.22.10。

11.3 AS 级拓扑测量方法

AS 级宏观拓扑测量作为一项互联网络基础研究，旨在寻找一幅包含 Internet 结构信息的图。Internet 宏观结构可被抽象为一幅以 AS 为点，域际互连关系为边的图。因此 AS 级的拓扑测量就是测出 AS 节点与节点之间的连接关系，并忽略与宏观拓扑结构无关的指标，如网络带宽、网络协议等。

AS 间互连关系作为一种商业协议，如果被公开可能会影响 ISP 的市场竞争力。在无法直接获得 AS 图的情况下，一般使用以下两类收集 AS 拓扑信息的间接测量方法：

（1）基于 BGP 的方法：收集 BGP 路由表或更新消息中向目标前缀推送流量所需经过的 AS 路径。

（2）基于 ICMP 协议的方法：使用将 IP 地址映射到 AS 号的技术将 IP 级拓扑映射为 AS 级拓扑[5-6]。

11.3.1 基于 BGP 协议的拓扑测量方法

由于可以从 BGP 的 AS 路径属性中直接提取到 AS 级拓扑数据，所以 BGP 信息无疑是推测一个 AS 级网络拓扑结构的最好资源。BGP 路由器一般都是网络中的核心路由器，各种权限控制和安全管理比较严格，一般人很难在这些路由器上采集 BGP 数据。如果采用 BGP 路由器主动推送的采集方式，在 Linux 主机上运行 BGP 软件，模拟 BGP 路由器收集 BGP 数据的方式，对硬件的要求也比较高，而且收集不到历史数据。为了便于进行基于 BGP 数据的分析利用，一些院校和研究机构建立了开源的 BGP 数据采集项目，下面介绍两个主流的开源 BGP 数据采集项目。

1）Routeviews

Routeviews 是俄勒冈大学高级网络技术中心创建的一个开源 BGP 数据采集项目，在全球有大约 20 多个数据采集节点，Routeviews 是基于 Quagga 实现的 BGP 数据采集，每两个小时发布一次 RIB 数据(Route Information Base，路由信息库)，每 15 分钟发布一次路由更新报文数据。它使 Internet 用户可以从 Internet 上查看全局的 BGP 路由信息。官网地址是 http://www.routeviews.org。图 11.3 是部分 Routeviews 数据采集服务器列表（页面网址：http://www.routeviews.org/routeviews/index.php/collectors/）。这项数据集在本书第 13 章有详细介绍。

2）RIPE RIS

RIPE RIS 同样是一个 BGP 数据采集开源项目，启动于 1999 年，目前在全网大约有 13 个数据采集节点，可以采集约 600 个对等 BGP 路由节点的数据，每 8 小时发布一次 RIB 数据，每 15 分钟发布一次路由更新报文数据。官网地址是 https://www.ripe.net/analyse/

Route-Views is collecting BGP Updates at the following locations

Host	MFG	BGP Proto	UI	Location
route-views.routeviews.org (route-views.oregon-ix.net)	Cisco	IPv4 uni/multi-cast multi-hop	telnet	U of Oregon, Eugene Or
route-views2.routeviews.org	Quagga	IPv4 uni/multi-cast multi-hop	telnet	U of Oregon, Eugene Or
route-views3.routeviews.org	FRR	IPv4 uni/multi-cast multi-hop	telnet	U of Oregon, Eugene Or
route-views4.routeviews.org	Quagga	IPv4/IPv6 uni/multi-cast multi-hop	telnet	U of Oregon, Eugene Or
route-views6.routeviews.org	Zebra	IPv6 multi-hop	telnet	U of Oregon, Eugene Or
route-views.amsix.routeviews.org	FRR	IPv4/v6 uni/multi-cast non-multi-hop	telnet	AMS-IX AM6 - Amsterda
route-views.chicago.routeviews.org	FRR	IPv4/v6 uni/multi-cast non-multi-hop	telnet	Equinix CH1 - Chicago, IL
route-views.chile.routeviews.org	FRR	IPv4/v6 uni/multi-cast non-multi-hop	telnet	Santiago, Chile
route-views.eqix.routeviews.org	FRR	IPv4/v6 uni/multi-cast non-multi-hop	telnet	Equinix, Ashburn, VA
route-views.flix.routeviews.org	FRR	IPv4/v6 uni/multi-cast non-multi-hop	telnet	FL-IX, Atlanta, Georgia
route-views.fortaleza.routeviews.org	FRR	IPv4/v6 uni/multi-cast non-multi-hop	telnet	IX.br (PTT.br), Fortaleza,
route-views.gorex.routeviews.org	FRR	IPv4/v6 uni/multi-cast non-multi-hop	telnet	GOREX, Guam, US Territ
route-views.isc.routeviews.org	Zebra	IPv4/v6 uni/multi-cast non-multi-hop	telnet	ISC (PAIX), Palo Alto CA,

图 11.3　部分 Routeviews 数据采集服务器列表

internet-measurements/routing-information-service-ris。

路由数据采集节点从互连的 AS 中获取 BGP 路由信息，所以这些 AS 也被称为 feeder（数据获取点），从每一个 feeder 能够发现域间路由的动态变化情况。网络可达信息包括数据到达这些网络所必须经过的 AS 中的所有路径，称之为路径属性。这些信息有效地构造了 AS 连接图，并由此清除了路由环路，制定选路策略[7]。

一般开源的 BGP 数据采集项目会把采集到的数据保存成二进制格式 MRT（Multi-Threaded Routing Toolkit），这是一种路由信息导出格式，MRT 定义了多种路由信息规范，如 BGP、OSPF 等，可以将路由数据以较小的容量存储更多信息。MRT 以二进制格式存储，需要利用特定的解析工具将二进制数据还原成可读的文本格式，常用的解析工具有 BGPdump、zebra-dump-parser 等。

BGPdump 是用 C 语言开发的 BGP 数据解析工具，在 Linux 系统中安装后，可以将二进制格式存储的 MRT 文件解析成可读的文本格式。

zebra-dump-parser 是用来解析 BGP 产生的 MRT 格式数据的工具，使用 Perl 语言开发，与 BGPdump 功能类似。

BGP 使用 TCP 作为其传输层协议，两个运行 BGP 的系统之间建立一条 TCP 连接，然后交换整个 BGP 路由表。这之后当路由表发生变化时，再发送 BGP 更新消息。在拓扑测量中，需要知道 BGP 更新消息的路径属性，主要包括起源（Origin）、AS 路径（AS-Path）和下一跳（Next-Hop）。Origin 是指拥有目标网络地址的 AS；AS-Path 定义了 BGP 更新路由信息所经过的 AS；Next-Hop 定义了相邻的边界路由器 IP 地址，作为到达目的地址的下一跳路由器。

基于 BGP 的 AS 级网络拓扑识别方法是指通过采集 BGP 的路由表信息并加以分析，从而得到相应的路径信息。一个完整的 BGP 路由表格式如表 11.1 所示。

表 11.1　BGP 路由表格式

Network	NextHop	Metric	LocPrf	Weight	Path
24.233.128.0/17	209.161.175.4	0	/	/	14606 4323 1668 10796

其中,利用 BGP 信息识别 AS 级网络有用的信息包括 Network(目的 IP 地址前缀)和 Path(源到目的经过的 AS 路径)两个部分。利用 BGP 信息识别 AS 级网络即是使用 BGP 更新报文或者 BGP 路由表中的 AS 路径属性构建 AS 级网络拓扑结构图,经过对 BGP 路由表中的 AS 路径进行解析能够进一步获取各个 AS 间的互连关系。

具体来说,以表 11.1 中 BGP 路由表数据为例,目标 IP 地址前缀为 24.233.128.0/17,到达目标 IP 地址需要经过的下一跳 IP 地址为 209.161.175.4,源到目的经过的 AS 路径为{14606 4323 1668 10796}。值得注意的是,该 AS 路径是从 NextHop 开始记录,即 14606 为 IP 地址 209.161.175.4 所在的 AS,10796 为目的 AS。通过获取这些 BGP 的更新消息,即可得出 AS 域的拓扑结构。

以下简单介绍通过 BGP 数据分析得到 AS 级拓扑的步骤:

① 通过 Routeviews 网站下载 BGP 数据集。

② 下载得到相应的二进制文件(以 rib 和 updates 开头),在 Linux 中利用 bgpdump 运行 bgpdump-m xxx.bz2 命令对文件进行解析,得到如图 11.4 的解析数据文件。

```
BGP4MP|1580515253|A|206.24.210.80|3561|192.111.11.0/24|3561 209 3356 33111|IGP|206.24.210.80|0|0||NAG||
BGP4MP|1580515253|A|206.24.210.80|3561|192.111.10.0/23|3561 209 3356 33111|IGP|206.24.210.80|0|0||NAG||
BGP4MP|1580515253|A|217.192.89.50|3303|168.121.41.0/24|3303 174 262808 263339 265299|IGP|217.192.89.50|0|0|174:21301 174:22042 3303:
BGP4MP|1580515253|A|45.61.0.85|22652|23.56.143.0/24|22652 3356 20940|IGP|45.61.0.85|0|0|3356:3 3356:86 3356:575 3356:666 3356:2022 209
BGP4MP|1580515253|A|202.93.8.242|24441|45.188.9.0/24|24441 3491 3491 174 53013 267590 268311 269566|IGP|202.93.8.242|0|0||NAG||
BGP4MP|1580515253|A|202.93.8.242|24441|45.188.10.0/24|24441 3491 3491 174 53013 267590 268311 269566|IGP|202.93.8.242|0|0||NAG||
BGP4MP|1580515253|A|137.39.3.55|701|199.245.187.0/24|701 7922 7850 5726 3832|IGP|137.39.3.55|0|0||NAG||
BGP4MP|1580515253|A|137.39.3.55|701|198.148.151.0/24|701 7922 7850 5726 3832|IGP|137.39.3.55|0|0||NAG||
```

图 11.4　部分 BGP 数据解析结果

③ 单条 BGP 数据分析。如图 11.5 从左到右分别是:协议类型、时间戳、当前 BGP 路由器 IP 地址、BGP 路由器所在 AS 域、目的 IP 地址、AS 路径向量。

```
|BGP4MP|1580515253|A|206.24.210.80|3561|192.111.11.0/24|3561 209 3356 33111|IGP|206.24.210.80|0|0||NAG||
```

图 11.5　单条 BGP 数据解析结果

通过这一条 BGP 信息可以得知的 AS 域的拓扑信息就是:BGP 路由器所在 AS 域和 AS 路径向量。可以知道 AS3561 到 AS33111 的路径经过 AS209、AS3356。

④ 多条 BGP 信息可视化。可以通过多条 BGP 数据,构成以 AS 为点,域际关系为边的宏观拓扑图。

11.3.2　基于 ICMP 的 BGP 拓扑测量方法

基于 ICMP 协议的宏观拓扑测量方法在原理上和 IP 级拓扑测量方法类似。该方法是先通过 traceroute 对指定的一些 IP 发送 ICMP 报文,进行路由跟踪,得到的是目的 IP 的路由情况,可以推算出相应的 IP 级拓扑。再通过 IP-to-AS 技术将 IP 级拓扑映射为 AS 级拓扑[5]。

该方法的关键在于 IP-to-AS 技术,一般是通过查询 BGP 路由表,得到 IP 地址数据与其相对应的 AS 之间的映射关系，进而实现对 IP-to-AS 的映射处理。

该映射过程大致可以分成以下两个步骤[8]：

① IP 地址映射为最佳 IP 地址前缀。对于所有获取到的 IP 地址数据，首先需要根据其所属子网信息映射至其最佳 IP 地址前缀。然而这个过程中可能出现众多 IP 地址前缀同时与同一个 IP 地址都匹配的状况，这时便从这众多 IP 地址前缀中找到具有最长匹配长度的一个 IP 地址前缀当作该 IP 地址的最佳 IP 地址前缀。例如，如果 IP 地址 23.27.192.117 同时和 23.27.0.0/15 以及 23.27.32.0/19 两个 IP 地址前缀匹配，则选择最长匹配前缀，即 23.27.32.0/19 作为该 IP 地址的最佳 IP 地址前缀。

② 最佳 IP 地址前缀映射为其所属 AS。对于步骤 1 中得到的最佳 IP 地址前缀，还必须再对应到其所属 AS，该操作便是实现 IP 地址映射为 AS 的过程。目前使用最多的方法之一是根据现有 BGP 路由表表项的内容进行映射操作。一个完整的 BGP 路由表表项由多个部分组成，其中 Network、NextHop 以及 Path 三个部分的信息最为关键。由于需要进行 IP-to-AS 的映射，只需要着重关注表项中 Network 以及 Path 两个部分的内容信息。例如表 11.2 是一个 BGP 路由表表项的一部分，Network 表示目的地址，NextHop 表示下一跳 IP 地址，源地址经过的下一跳 IP 对应的 AS 即为 14606。

表 11.2　IP-to-AS 映射表表项

Network	NextHop	Path
24.233.128.0/17	209.161.175.4	14606　4323　1668　10796

11.4　拓扑测量中的关键问题

11.4.1　IP 级拓扑测量中的关键问题

Traceroute 作为一款网络可达性诊断工具，在网络拓扑测量中被广泛使用，但也存在一定的局限性和测量限制，其中主要的一个问题是如何探测匿名路由器（anonymous routers）[9]。traceroute 探测需要路由器对其探测包做出响应，匿名路由器不响应 traceroute 的探测包文，探测主机获取不到匿名路由器的 IP 地址，在运行 traceroute 后的结果列表中用“*”表示这类匿名路由器，如图 11.6 所示，“*”表示获取不到相应的数据。这种情况在 traceroute 拓扑测量中比较普遍。

```
202.119.26.82 (202.119.26.82)  1.564 ms  1.514 ms  1.556 ms
122.97.189.1 (122.97.189.1)  4.222 ms  4.382 ms  4.177 ms
* * *
122.96.66.101 (122.96.66.101)  8.517 ms 221.6.1.249 (221.6.1.249)  6.952 ms
.918 ms
219.158.100.157 (219.158.100.157)  23.077 ms  23.577 ms *
110.242.66.178 (110.242.66.178)  27.815 ms 110.242.66.166 (110.242.66.166)
.184 ms 110.242.66.162 (110.242.66.162)  29.327 ms
221.194.45.130 (221.194.45.130)  29.174 ms *  29.609 ms
* * *
* * *
* * *
```

图 11.6　traceroute 探测结果列表

路由器不响应 traceroute 探测报文的原因可以归结为以下几种[3]：

- 类型 1:路由器可能被配置为忽略 traceroute 数据包，导致它在所有路径输出中都是匿名的。
- 类型 2:当报文速率超过设定的限速时，路由器可能会采用 ICMP 限速，保持匿名。
- 类型 3:路由器可能被配置为在拥塞时忽略 ICMP 消息，但可能在不拥塞时响应 traceroute 数据包。
- 类型 4:可以将边界路由器配置为过滤来自其管理域内路由器的所有传出 ICMP 响应。这将导致其域中的所有路由器都是匿名的。
- 类型 5:路由器可能有一个私有的 IP 地址。这种私有 IP 地址可能被不同网络中的多个路由器使用，不能保证节点的唯一性。因此，当私有 IP 地址的响应到达探测节点时，会将 ICMP 发送路由器作为匿名路由器处理。

匿名路由器的存在给 traceroute 拓扑探测带来一定的难度和挑战，探测路径中缺少匿名路由器数据信息造成了探测数据的不完整，会影响拓扑测量结果的完整性和准确性，匿名路由器探测是 traceroute 拓扑测量面临的一个主要的问题。文献[9]较早地发现这个问题，并提出了一种启发式拓扑推断方法。研究认为匿名路由器的存在明显让 traceroute 的探测结果变得更加复杂，因为匿名路由器在探测结果中都是用“*”表示，无法将不同的匿名路由器区分开来。因此，根据探测结果构造拓扑是不准确的。举例说明，在图 11.7 中，用圆形表示正常的路由器，方形表示匿名路由器，图中只有路由器 7 和 8 是匿名路由器，根据其探测结果构建的拓扑如图 11.8 所示，其中包含 20 个匿名路由器，造成了拓扑膨胀问题。因此，即使是少数匿名路由器的存在，也会极大地影响所构建的拓扑。

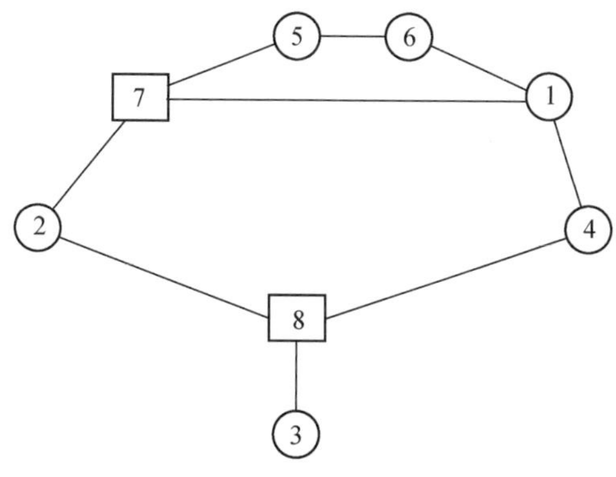

图 11.7 真实的网络拓扑[9]

因此，要获得准确的拓扑结构，需要识别探测结果中哪些匿名路由器对应于同一路由器。这种识别不能使用额外的探测来完成，因为匿名路由器的地址是未知的，不能用作任何探测包的源或目的地址。实际的拓扑必须完全通过分析来推导，Yao 等人[9]将匿名路由器解析问题表述为优化问题。他们的目标是在两个条件下:轨迹保持条件和距离保持条件，通过将匿名节点相互结合，建立一个节点数据量最小的拓扑。他们证明了这些条件下的最优拓扑推断是 NP 完备的，然后提出了一种启发式算法，通过识别匿名节点来最小化所构造的拓扑，这些匿名节点在合并时满足这两个条件。这种方法的主要限制是它的高度复杂性，即

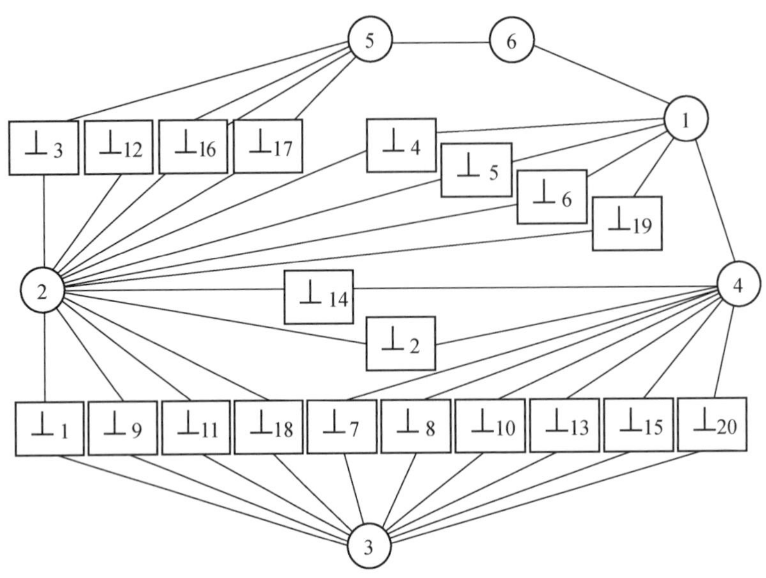

图 11.8　探测结果构建的拓扑结构[9]

$O(n^5)$，其中 n 是匿名节点的数量，这极大地限制了它在现实生活场景中的实用性。第二个限制是使用距离保持条件，即匿名路由器解析过程不应该减少拓扑图中任意两个节点之间的最短路径的长度。这个条件并不一定准确，因为域间路由可能并不总是互联网中最短的路由。

文献[3]提出了一种 GBI(Graph Based Induction)方法来解析匿名路由器，GBI 是数据挖掘领域中从图中获取信息的一种技术。该方法在准确性和实用性方面改善了匿名路由器解析问题。关于准确性，解决了所有五种匿名路由器解析类型，文献[9]只处理三种匿名路由器解析类型。在实用性方面，该算法的运行时间复杂度明显降低。在 iPlane 数据上的实验表明，在最坏的情况下，与之前的方法(大约 10^{12}、10^{18} 或 10^{30} 个操作)相比，该方法的实际运行时间开销(大约 4.5×10^9 个操作)显著减少。

11.4.2　AS 级拓扑测量中的关键问题

BGP 网络中虽然以 AS 作为基本的路由单位，但 AS 之间的地位并不是平等的，每个 AS 都是由独立的机构负责管理运维，管理运维 AS 需要一定的成本，AS 之间转发数据流量也不是免费的，所以 AS 之间是存在一定的商业关系的。AS 之间的商业关系影响着 AS 的路由策略。一般情况下从安全或者商业角度考虑，AS 之间的商业关系是不公开，只能通过 AS 拓扑测量去推断 AS 之间的关系。AS 之间的商业关系可以被分成三类[10]：客户—网络服务商关系(Customer-to-Provider，C2P)、对等关系(Peer-to-Peer，P2P)、同胞关系(Sibling-to-Sibling，S2S)，关系图如图 11.9 所示。在 Customer-to-Provider 关系中，Customer 与 Provider 之间是一种被服务者与服务者的关系，即 Provider 通过有偿或无偿的方式向 Customer 提供网络接入服务，但 Customer 不会为 Provider 提供网络接入服务。在 Peer-to-Peer 关系中，两个 AS 之间没有明显的服务与被服务的关系，两个 AS 互相为对方及其 Customer 提供访问彼此网络的服务，从而减少了经过 Provider 的流量，以达到节省费用的目的。Sibling-to-Sibling 关系通常发生在业务合并或多个 AS 由同一公司或组织拥有和操作的情况。

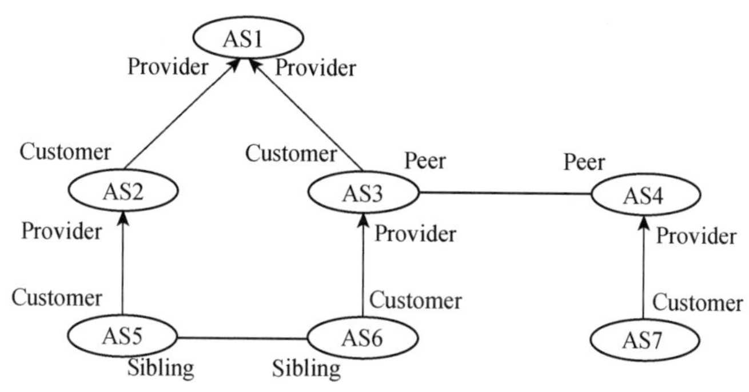

图 11.9　AS 关系图

BGP 允许每个 AS 在选择路由和向其他 AS 传播可达信息时选择自己的策略。这些路由策略受到管理域之间的契约性商业协议的约束。例如，AS 设置了自己的策略，不提供某些链路之间的传输服务。这样的政策意味着，仅凭连通性并不能描述互联网的结构属性。文献[10]以 Customer-to-Provider、Peer-to-Peer、Sibling-to-Sibling 三种关系作为分类基础，根据路径中各 AS 之间的关系，对可能出现在 BGP 路由表中的路由类型进行分类，并提出了从 BGP 路由表推断 AS 关系的启发式算法。算法的思路是通过每个路由表项的 AS 路径，找到最高级的 AS，并让这个 AS 成为 AS 路径的顶级服务提供商。通过了解顶级服务提供商，我们可以推断顶级服务提供商左侧的连续 AS 对具有客户—网络服务商关系或同胞关系，而服务提供商右侧的连续 AS 对同样具有网络服务商-客户或同胞关系。如果 AS 对(u_1, u_2)位于 AS 路径的顶级服务提供商左侧，则 u_2 为 u_1 提供中转服务；如果 AS 对(u_1, u_2)位于 AS 路径的顶级服务提供商右侧，则 u_1 为 u_2 提供中转服务。因此，如果 $u_1(u_2)$为 $u_2(u_1)$提供中转服务，AS 对(u_1, u_2)就具有网络服务商-客户（或客户—网络服务商）关系。如果 AS 对相互提供传输服务，则 AS 对之间存在同胞关系，具体算法如表 11.3 所示。

表 11.3　推断 AS 关系的启发式算法伪代码[10]

输入：BGP 路由表 RT 输出：带注释的 AS 图 G
阶段 1：计算每个 AS 的度数 (1) For each as_path$(u_1, u_2, \cdots, u_n)$ in RT. (2) 　for each $i=1, \cdots, n-1$, (3) 　　neighbor$[u_i]$=neighbor$[u_i] \cup \{u_{i+1}\}$ (4) 　　neighbor$[u_{i+1}]$=neighbor$[u_{i+1}] \cup \{u_i\}$ (5) For each AS u, (6) 　degree[u]=|neighbor[u]|
阶段 2：初始化连续的 AS 对关系 (1). For each as_path$(u_1, u_2, \cdots, u_n)$ in RT, (2) 　find the smallest j such that 　degree$[u_j]=\max_{1<i<n}$degree$[u_i]$ (3) 　for $i=1, \cdots, j-1$, (4) 　　transient$[u_i, u_{i+1}]=1$ (5) 　for $i=j, \cdots, n-1$, (6) 　　transient$[u_{i+1}, u_i]=1$

续表 11.3

阶段 3：给 AS 对分配关系

```
For each AS path(u1,u2,…,un)in RT,
  for i=1,…,n−1,
    if transient[ui,ui+1]=and transient[ui+1,ui]=1
      relationship[ui,ui+1]=sibling-to-sibling
    else if transient[ui+1,ui]=1
      relationship[ui,ui+1]=provider-to-customer
    else if transient[ui,ui+1]=1
      relationship[ui,ui+1]=customer-to-provider
```

算法在公开可用的 BGP 路由表上进行了测试，其中包含 100 万条路由条目。算法推断，超过 90.5%的 AS 连接具有客户-供应商关系，少于 1.5%的已连接 AS 对具有同胞-兄弟关系，少于 8%的已连接 AS 对具有对等关系。通过 AT&T 内部信息来验证推断结果，有 99%的推断结果被证实是正确的。

11.4.3　基于拓扑测量的 IP 定位问题

IP 定位技术就是在给定一个用户的 IP 情况下，实现 IP 地址到地理位置的映射，从而实现对该地址的定位，这是很多互联网应用所需的重要功能。对于 IP 定位的直接应用是定向广告发布，Google Adwords 等在线广告服务商就采用了该方法。通过确定来访客户的 IP 地址，那么就可以根据产品和地域情况决定是否将有关广告信息嵌入到返回给客户的网页中。

在分层架构下的网络，结合拓扑信息可以有效实现目标 IP 的定位[11]。在现有 IP 地址数据库的基础上，通过一些测量节点利用 traceroute 工具向目标节点发送数据包，获取从探测点到目标的拓扑路径。探测得到多条拓扑路径后构建网络拓扑图，分析网络拓扑中不同层次 IP 的连接关系，将 IP 节点进行相应的聚类，得到不同的集群。根据同一集群内部的 IP 节点地理位置往往相同的特点，最终确定目标 IP 所属集群，从而根据集群的地理位置确定目标 IP 的地理位置。

以中国互联网为例，互联网服务提供商 ISP 规模比较大，通常被划分为几个逻辑层，这些逻辑层往往与行政区域有着一致的划分。例如，ISP 通常包括省际骨干网和省内骨干网，一个省包含了大量的城域网，然后将 ISP 网络划分为省级网、城域网等不同等级的区域网络，为了保证网络的安全性、方便管理和网络的开放性，通常由有固定 IP 地址的专用路由器为每个网络转发数据。

在这种情况下，可以在一个 ISP 的网络中，对一些地理位置已知的 IP 利用 traceroute 工具探测，获取一系列的路径信息，形成网络拓扑。由于在一个区域网络中存在一些特定的 IP 地址，这些 IP 地址固定并且是由一些专用路由器为其他区域的网络进行转发数据，这些 IP 地址可以作为一个城市的特征 IP，特征 IP 实现了 IP 地址到区域地理位置的映射。如果 traceroute 目标 IP 地址的路径中出现相应的特征 IP，并且该 IP 地址是作为该路径中与目标 IP 最小跳数的 IP 地址，就可以认为该特征 IP 对应的地理位置就是目标节点的地理位置。

文献[11]中输入的是目标 IP 地址和 traceroute 路径，输出是每个路径的地理定位结果，主要步骤如下：

(1) 选择探测点位置。根据被检测目标的特点和分布，尽量选择到目标 IP 地址路径较长的探测点，使其能够完全遍历骨干网和非骨干网，获得完整的路径信息。

(2) 网络拓扑采集分析。在完整路径信息中移除探测点和主干之间的路径。然后初始化网络拓扑，将所有边的权值设为1。

(3) 分离骨干网和非骨干网网络。使用geoIP数据库初始化所有的IP地址位置信息和ISP信息，然后基于初步的ISP的信息分开骨干网和非骨干网。

(4) 社区检测。该算法分为最大模块化和合并超点两个阶段，这是一个迭代过程。

① 最大本地模块。将骨干网和非骨干网分离后，将所有节点视为一个独立的社区，并进行模块化计算。尝试将每个节点迁移到邻近社区，以增加模块性，直到模块性达到局部最优。

② 社区合并成节点。当模块化达到局部最优的时候，合并每个社区成为网络拓扑中的一个节点，然后查看社区的深层次结构特征。具体来说，有以下三条规则。

- 合并后的节点不会改变权重。
- 被合并的节点将增加一条权值为原社区所有节点权值两倍的自连接边。
- 合并节点之间的边的权值为两个社区之间所有边的权值之和。

③ 判断模块化是否全局最优。如果是，则移到社区投票阶段，否则返回迭代步骤(4)①和(4)③。

(5) 基于投票机制的社区地理定位。通过步骤(4)得到社区划分的结果，每个社区中的节点都使用初始位置投票决定社区的位置，社区中大多数节点的位置作为社区的最终位置，并通过投票纠正节点在社区中的错误位置来修改geoIP数据库。

(6) 目标IP地理位置基于社区位置。目标IP检测路径将被添加到网络拓扑中，然后使用连接到它的节点进行投票，可以决定它属于哪个社区和它的位置信息，而不依赖于geoIP数据库。

11.4.4 拓扑可视化问题

网络拓扑反映了网络的基本结构，虽然网络拓扑是由节点和链路组成的，但实际上很难画出网络拓扑图。原因是我们遇到的很多网络都非常庞大复杂。互联网拓扑有成千上万的路由器作为节点，大量不同种类的网络线路作为链路。随着计算机和网络技术的发展，互联网已经成为最庞大的人工网络。显然，我们不能手工绘制这样的网络拓扑，这样的网络拓扑不仅绘制效率低，甚至是无用的。因此在检测完网络中的拓扑信息，需要使用拓扑可视化工具，对拓扑信息进行一个直观的展示[12]，如图11.10所示。因此网络拓扑可视化的主要目标是呈现节点的目标网络状态和网络连接信息。

网络拓扑可视化技术是通过发现、监控和显示来研究网络拓扑的技术。基于该技术的网络拓扑可视化系统可以帮助网络管理者更方便地实现和管理网络[1]。CAIDA对拓扑可视化做了很多相应的研究，包括IP级可视化工具以及AS域的可视化展示。

1) IP级拓扑测量可视化

Otter是CAIDA发布的一种通用的网络可视化工具，用于可视化任意网络数据，这些数据可以表示为一组节点、链接或者路径，它可以用来处理Internet数据的可视化任务，包括拓扑、性能和路由方面的数据集。Otter使用Java进行编写，因此需要相应的Java环境。用CAIDA设计的可视化工具可以输入IP级拓扑测量数据集，得到IP级拓扑图，如图11.11所示。

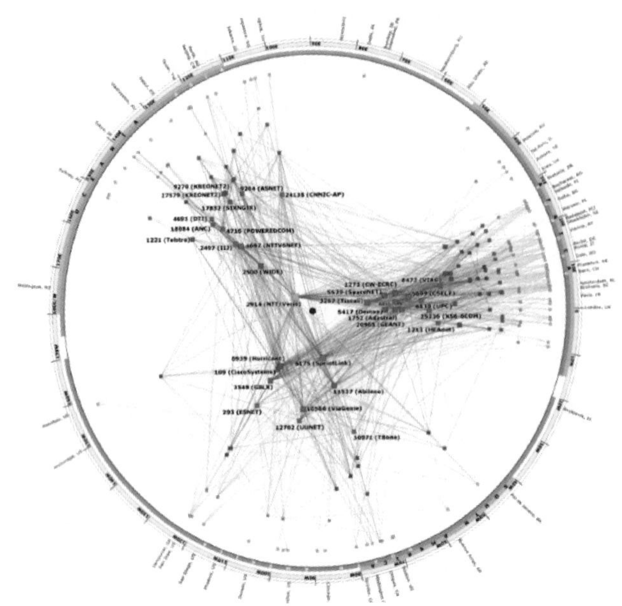

图 11.10　Ark 项目全球拓扑可视化(扫描见彩图)

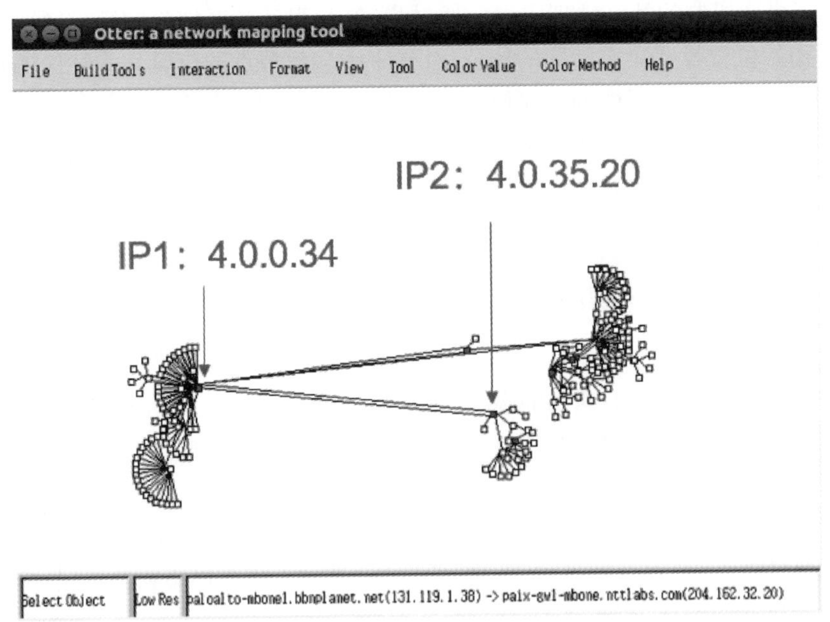

图 11.11　Otter 的 IP 级拓扑示意图(扫描见彩图)

在将拓扑信息汇总成拓扑图之后,可以看出各个点的连接关系。例如在这个拓扑图中 IP1:4.0.0.34 即为一个中心节点,多个 IP 地址需要经过它才能访问到 IP2:4.0.35.20,形成如图 11.11 的树型拓扑结构。该拓扑图就是由多个星型拓扑相互连接构成树型结构,可以清楚地看到哪些节点是该拓扑图的中心节点。

Otter 需要按照说明输入相应格式的文件才能对拓扑进行绘制,按照如图 11.12 的格式输入 AS 域信息。

```
g 0 s Prefix
f 0 Prefix length
t 27
# 14
s 4
n 0 470 282 BBNPLANET(1)
n 1 400 325 UKNET-AS(1290)
n 2 409 268 ANS-BLK1(1673)
n 3 405 254 ANS-BLK1(1675)
n 4 413 284 NYSERNET-AS(174)
n 5 403 244 IBMWATSON-AS(1747)
n 6 418 302 DEMON-SYS(2529)
n 7 418 346 IBM-MMD-AS(2686)
n 8 482 287 MIT-GATEWAYS(3)
n 9 480 297 DEC-WRL-AS(33)
n 10 498 297 CSC-ASN(3360)

p 0 3 14 1 22
u 0 0 8
p 1 6 14 6 4 2 3 5
u 1 0 16
p 2 2 14 7
u 2 0 17
p 3 5 14 13 11 15 10
u 3 0 8
p 4 4 14 13 12 0
u 4 0 8
p 5 5 14 13 12 0 8
u 5 0 8
```

图 11.12　Otter 输入的数据格式

g、f 代表标签、t 代表节点总数、s 代表图表大小、n 代表 AS 节点索引和名称、后面的三个数字分别是编号、位于图中 x 位置、位于图中 y 位置，p 代表 AS 索引路径。

2) AS 级拓扑测量可视化

(1) AS Core 可视化

CAIDA 的 AS Core 可视化描绘了 Internet 的 AS 的地理位置，客户数量和互连情况。该图的绘制是在网络测量平台 Ark 的配合下，CAIDA 从 Ark 的测量点收集数据，汇总成 IP 级数据，生成的 IP 拓扑数据包含近 50 100 万个 IP 地址，4 900 万个路由器和 3 600 万个链接。再将 IP 级拓扑信息向 AS 级拓扑信息映射。生成的 AS 拓扑包含 47 610 个 AS 和 148 455 个链接。

通过图 11.13 中的公式对 AS 拓扑进行绘制。每个 AS 节点都以极坐标(半径，角度)绘制在圆上。角度是借助于商业地理定位服务 NetAcuity，是 AS 的 BGP 前缀在 NetAcuity 中的经度。半径的表示如图中的公式，由 Ark 测量出的 AS 的客户数目决定，是每个 AS 的客户数的倒数。

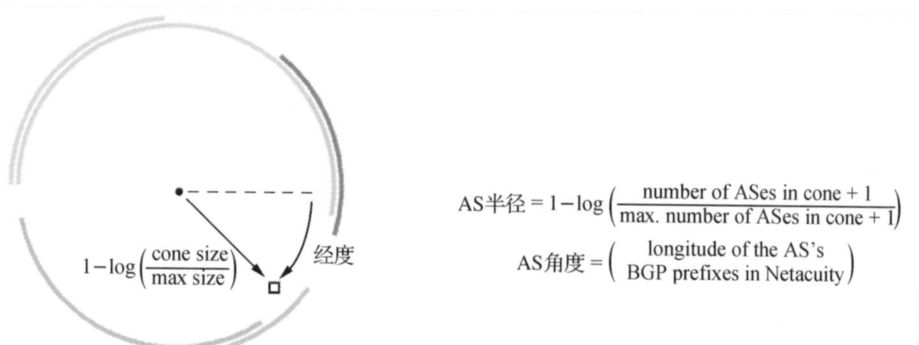

图 11.13　AS 级拓扑可视化公式(扫描见彩图)

从图 11.13 中的公式可以得知圆外围的 AS 没有客户，而位于中心的 AS 拥有最多的客户。根据商业地理定位服务 NetAcuity，可以从其地址空间的加权质心推断出单个 AS 的地理位置。这种拓扑的核心，即拥有最大客户群的 AS 集合，仍然以美国为中心的 AS 占主导地位，如图 11.14 所示。

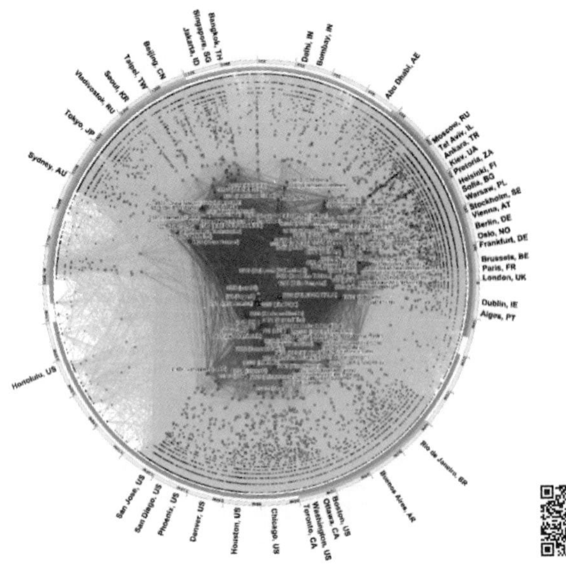

图 11.14　AS 级拓扑可视化图像(扫描见彩图)

(2) BGPlay

BGPlay 是一个展示自治系统间关系和实时拓扑变化的可视化软件,不需要安装第三方插件,可以在浏览器端直接运行。数据源来自 RIPE RIS 项目采集的 BGP 数据,BGPlay 绘制出到达指定目的地址的 AS 拓扑,如图 11.15 所示。官方网址是 https://stat.ripe.net/widget/bgplay。

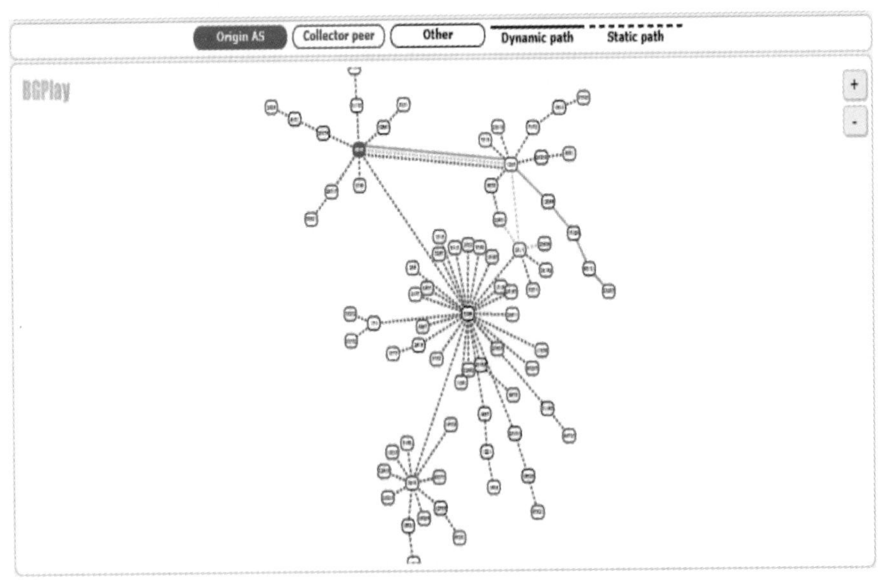

图 11.15　BGPlay 生成的 AS 拓扑(扫描见彩图)

11.5 拓扑测量应用实例介绍

11.5.1 Ark 网络测量平台实例介绍

CAIDA 部署并维护了一个全球分布的测量平台，称之为 Archipelago(Ark)。Ark 是对 Skitter 的改进，保留了 Skitter 的测量源点，相关测量工具是 traceroute，研究的主要内容包括互联网的产生、发展及演化趋势，以及行为、动力特征和宏观拓扑结构的变化规律[6]。

Ark 在地理上尽可能多的部署了 Raspberry Pi 硬件测量节点，遍及 53 个国家/地区的 138 个城市的 136 个自治系统中的 178 个节点，并通过互联网连接到 CAIDA 的中央服务器，如图 11.16 所示。

图 11.16 Ark 项目 2020 年测量节点的全球分布(扫描见彩图)

依托 Ark 网络测量平台，CAIDA 进行了多种网络测量项目，其中部分数据对外公开，可以用于学术研究。

1) Ark 拓扑测量的原理

主要使用 traceroute 测量工具，为了收集拓扑数据，Ark 测量点不断运行 traceroute 进行路由跟踪。通过跟踪从一个源 IP 地址到多个随机目的 IP 地址的方式，得到从主机到目标列表的 IP 转发路径。最后将采集的信息存储在测量点的数据空间内，由中央服务器进行采集处理。

2) Ark 对于 IP 级到 AS 级的转换

在用 traceroute 等技术测量出 IP 级拓扑后，Ark 通过使用 RouteViews 项目的 BGP 数据来识别生成的 IP 路由拓扑数据。通过该数据集来识别与每个 IP 地址关联的自治系统(AS)，并将原始探测的 IP 路径转换为 AS 之间的一组路径[8]。

3) 下载分析 Ark 的 AS 数据集

登录 Ark 数据集的官网，可直接下载 2020 年最新 AS 测量数据，数据如图 11.17 所示。

```
T    1577855274    1577951459
M    192.168.1.10  UNKNOWN       0
M    192.168.2.3   UNKNOWN       1
M    137.50.19.17  UNKNOWN       2

I    41160   49567   4    26
I    41160   49740   3    26
I    41160   49761   3    26

D    1299    27947   0    1    2
```

图 11.17 Ark 项目测量数据

T 表示最早时间戳和最迟时间戳，M 表示 IP 地址和相应 AS 号，如果无法在 BGP 表中找到则为 UNKNOWN，I 表示不直接相连的 AS 域。图 11.17 中的以 I 开头的第一行数据表示这是一个以 AS41160 为初始的拓扑信息，从 AS41160 到 AS49567 需要 4 跳，测量节点编号为 26。D 表示直接相连的 AS 域，后面数字是测量点编号，这条信息说明 AS1299 与 AS27947 直接相连。

11.5.2 BGPlay 网络测量工具实例介绍

在前面拓扑可视化章节里面介绍了 BGPlay 网络测量工具，下面使用该工具对一次现实网络异常事件进行具体分析。首先介绍一下这次网络异常事件的背景，2017 年 8 月 25 日，以日本为主的多个地区出现大规模断网事件，时间为 40 分钟左右，给众多网络用户带来了极大的不便。根据事后的调查结果，结合 BGP 层次的网络测量对此次网络异常事件进行分析，可以判定此次网络异常事件与谷歌公司有关，由于谷歌公司的相关工作人员对谷歌公司所属路由器的错误配置，将大量网络流量引向谷歌公司的自治系统，导致网络拥塞，进而引发此次网络中断事件。

1) 事件分析

这次日本断网事件主要涉及日本的一家最大的互联网服务提供商(ISP)NTT 公司，该公司 ASN(Autonomous System Number)是 AS4713，114.144.0.0/12 网段的地址属于 AS4713。正常情况下 114.144.0.0/12 的子网段在 BGP 路由表中是不可见的，由于谷歌工程师配置错误，谷歌公司泄露了大批量的网段地址，进而影响了互联网中大量 AS 的路由状态，导致很多路由路径发生改变。实验中选取 114.144.0.0/12 这个网段作为例子，通过观察这个网段 BGP 路由变化情况，分析此次断网事件，事件发生时间是 2017 年 8 月 25 日 03:22，利用 BGPlay 将时间设置在以这个时间开始一个小时时间范围内，查看相应 AS 的路由变化情况。

2) BGP 拓扑测量步骤

首先访问 BGPlay 网站，输入查询目标 114.454.133.0/24，将时间设定为 2017 年 8 月 25 日 03:21:00—2017 年 8 月 25 日 04:22:00，具体设置如图 11.18 所示。

然后查看在相应时间段内 AS 路由变化情况，图 11.19 表示在 2017-08-25 03:22:28 这一时刻的 BGP 网络拓扑情况，可以看到并没有明显变化；图 11.20 表示 2017-08-25 03:32:43 这一时刻的 BGP 网络拓扑情况，从图中可以看到 BGP 网络拓扑发生了明显的改变，到达 114.154.133.0/24 网段的路由路径发生变化，大部分 BGP 数据采集节点路由器更新了到达该网段的路由路径，并且路由路径全部需要通过 AS701 和 AS15169。

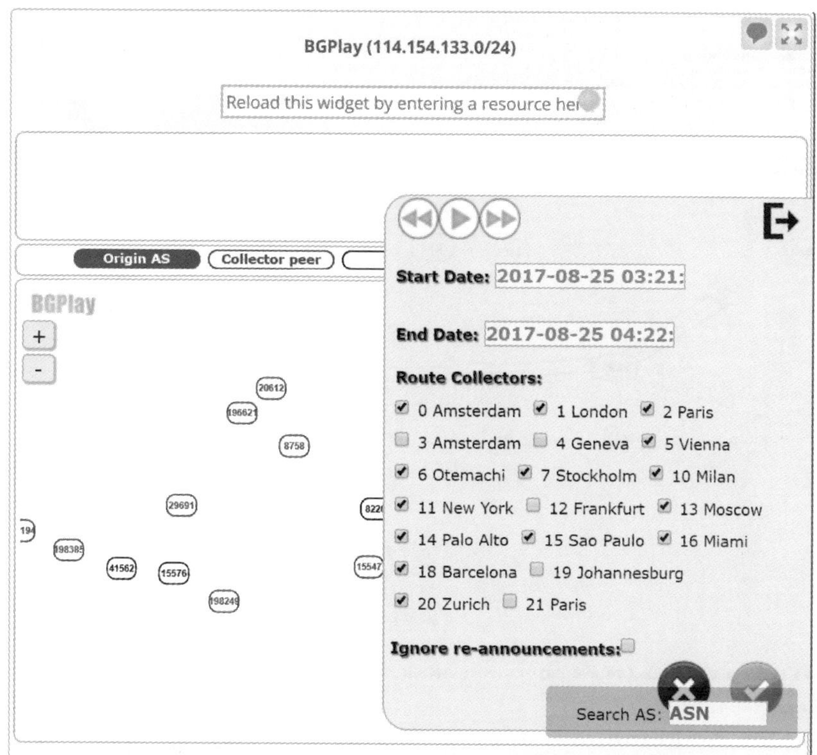

图 11.18　设定 BGPlay 观测时间范围(扫描见彩图)

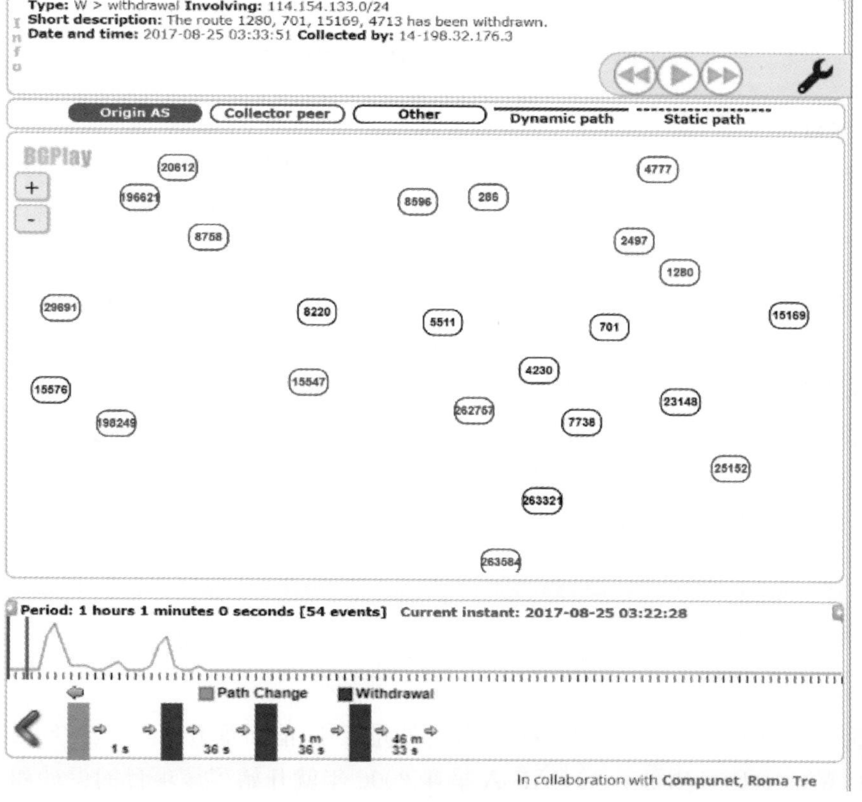

图 11.19　路由变化前的 AS 关系图(扫描见彩图)

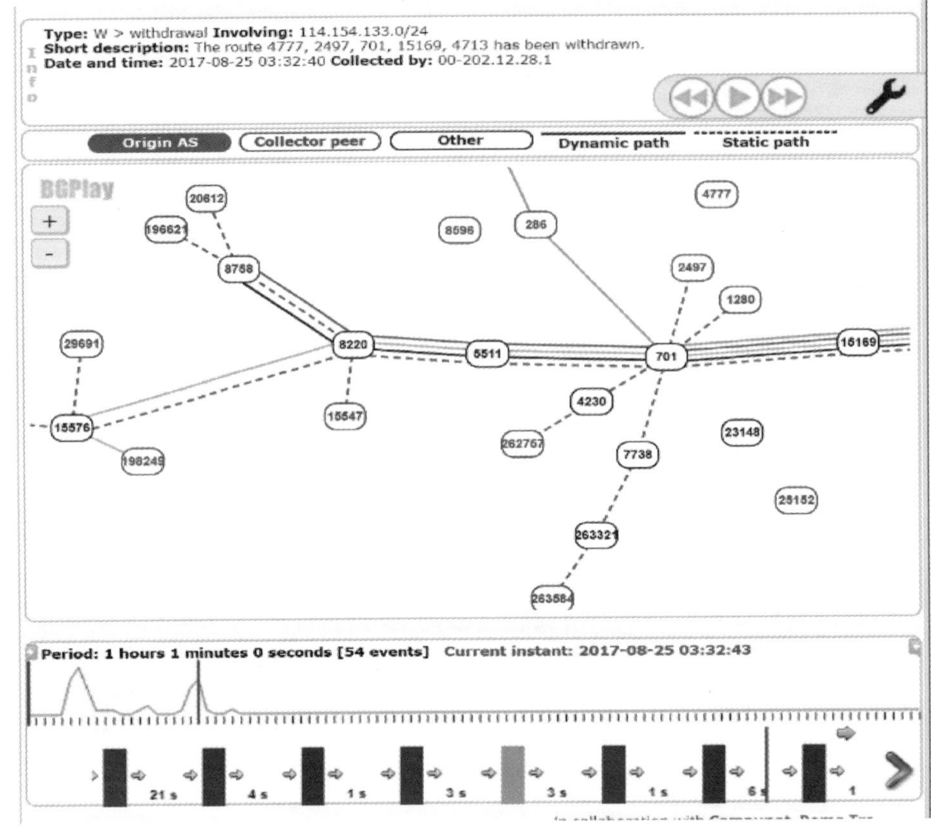

图 11.20 路由变化后的 AS 关系图(扫描见彩图)

3) 结果分析

正常情况下 114.144.0.0/24 应该属于 114.144.0.0/12 网段，到达 114.154.133.0/12 网段的最后一个 AS 应该是 NTT 公司的自治系统 AS4713。从上面 BGPlay 的观测结果可以发现 03:22 时开始，网络中大部分 AS 都获得了到达 114.154.133.0/24 网段的新路径，而且路径上后面两个 AS 是 AS701 和 AS15169。AS15169 属于谷歌公司，AS701 属于 Verizon 公司，由于谷歌工程师配置失误，将大量路由信息(约 16 万条路由)泄露给 Verizon 公司，Verizon 公司是一个大型 BGP 服务提供商，Verizon 公司的 BGP 路由器向其客户转发了这些泄露的路由信息，最终 Verizon 公司客户的 BGP 路由器及其邻接的对等体 BGP 路由器将到达这些泄露网段地址的 BGP 路由路径设置成都要通过 AS701 和 AS15169，导致网络发生拥塞，这就是此次断网事件发生的主要原因。

11.6 课程思政

以美国为代表的西方国家，非常重视网络拓扑测量工作，前面章节的内容已经介绍了美国 CAIDA 的 Archipelago 测量平台，CAIDA 早在 2006 年就开始了该项目的设计和规划，Archipelago 是 CAIDA 继 skitter 之后的下一代主动测量平台，是 CAIDA 宏观拓扑测量项目的重要组成部分。除了 Archipelago 测量平台之外 CAIDA 在 AS 级网络拓扑、AS 排名、互联网拓扑数据工具包以及多种网络拓扑分析应用等领域都有深入的研究和较为成熟的应用。可以说美国在网络拓扑测量研究和应用领域一直处于世界领先水平。

2013 年美国国家安全局前雇员爱德华·斯诺登揭秘了美国国安局(NSA)藏宝图计划:"藏宝图"程序允许各类机构获取整个网络架构的信息,以及随着用户变动的私人路由信息定位图。《纽约时报》指出"藏宝图"提供"近乎实时的、交互式的全球互联网地图"。它收集了 Wi-Fi 网络和地理数据从而提供"30 万英尺的网络视图",涉及多达 5 千万个互联网供应商的独立地址。Archipelago 测量平台是藏宝图计划重要的数据来源之一,提供全球 IP 级别拓扑信息。

藏宝图计划底层是大规模互联网映射、探测和分析引擎,具备建立一个近实时的交互式的全球互联网地图的能力,目标是能描绘任何时间点互联网上任何地点的任何设备。主要应用在敌我双方网络空间安全态势感知、互联网上的常规作战/管控视图(Common Operation Picture)、计算机攻击、漏洞利用环境的准备、网络侦查和管控有效性的测量等领域。

藏宝图计划在全球收集网络基础数据,但该计划是美国主导,多方共建共享,除了美国 16 个独立情报部门,数据只面向五眼联盟成员(5-Eyes Partners:美国、英国、澳大利亚、加拿大、新西兰)开放,是一种联合情报通信系统,其数据管理严格,对美国为首的政治联盟外的国家禁止输出,建立信息壁垒。

网络拓扑测量是和网络空间安全息息相关的重要的基础数据来源,其中 IP 拓扑是网络的基础结构信息,AS 拓扑是宏观的结构信息。为了能够实现精准全球拓扑测量,需要在全球各地布设大量的测量节点,以保证测量数据的完整性和准确性。在网络拓扑测量领域,由于美国在计算机和网络领域具有统治地位,美国利用拓扑测量的全球信息作为其网络安全计划的重要数据来源。

相比较而言,我们国家在网络拓扑测量领域的研究和应用与美国还有较大差距,全球互联网结构的拓扑测量是维护网络空间安全的前提和基础,我们国家为了维护国家网络安全,需要尽快建立、开展网络拓扑探测,尽快打破西方发达国家在这一领域的信息封锁。同时,国外情报机构会在我们国内自己网络内部部署测量节点,探测我国的拓扑情况。因此,我们需要在网络测量数据国际共享方面注意数据的隐私和保护。在国际合作方面,应该同友好国家的网络服务提供单位合作,协同管理全球测量基础设施,最优化利用全球互联网测量资源,建立健全全球互联网测量数据保护规则,打破传统测量数据共享壁垒,推进网络空间命运共同体建设。

11.7　本章小结

本章先对网络拓扑的基本概念进行了的介绍,再从拓扑结构入手,介绍了目前两种不同级别的拓扑:IP 级拓扑和 AS 级拓扑;然后分别阐述了 IP 级拓扑和 AS 级拓扑的拓扑测量的方法,说明了两种主流的拓扑测量方法和原理;从四个方面介绍了拓扑测量中的关键问题,主要有 IP 级拓扑测量中的关键问题、AS 级拓扑测量中的关键问题、基于拓扑测量的 IP 定位问题和拓扑可视化问题;最后介绍 Ark 网络测量平台和 BGPlay。

习题 11

11.1 为什么要进行网络拓扑测量? IP 级网络拓扑测量和 AS 级网络拓扑测量的区别是什么?

11.2 基于 traceroute 的 IP 拓扑测量是如何进行的,尝试用这个方法进行拓扑测量并讨论在实际测量中遇到的问题。

11.3 IP 网络拓扑测量的结果如何与地理位置信息结合起来?

11.4 网络拓扑测量如何发现网络异常? 可以发现哪些网络异常?

11.5 网络拓扑测量常用的工具有哪些? 请列出至少 4 款,并简要介绍其功能。

11.6 尝试使用 pythonpandas 数据分析库下载和分析 Routeviews 或者 RIPE RIS 上 BGPupdate 报文数据,给出程序源代码。

11.7 使用 BPGlay 分析一次 BGP 路由异常?(可以参考 bgpstream. com 上的数据)

参考文献

[1] Li X Y. A method of network topology visualization based on SNMP[C]//2011First International Conference on Instrumentation,Measurement,Computer,Communiction and Control. IEEE,2011:245 - 248.

[2] Yin J B,Li Y M,Wang Q,et al. SNMP-based network topology discovery algorithm and implementation[C]//2012 9th International Conference on Fuzzy Systems and Knowledge Discovery. IEEE,2012:2241 - 2244.

[3] Gunes M H,Sarac K. Resolving IP aliases in building traceroute-based Internet maps [J]. IEEE/ACM Transactions on Networking,2009,17(6):1738 - 1751.

[4] Jin X,Tu W,Chan S H G. Traceroute-based topology inference without network coordinate estimation[C]//2008 IEEE International Conference on Communications. IEEE,2008:1615 - 1619.

[5] Wang Y H,Wang D N,Chen M M,et al. A new power law in topology discovery based on shortest-path[C]//2010 IEEE Globecom Workshops. IEEE,2010:394 - 399.

[6] Faggiani A,Gregori E,Improta A,et al. A Study on traceroute potentiality in revealing the Internet AS-level topology [C]//2014 IFIP Networking Conference. IEEE,2014:1 - 9.

[7] Jiao B. Evaluating the structural model using Internet interdomain topological datasets[C]//2020 International Conference on Cyber-Enabled Distributed Computing and Knowledge Discovery(CyberC). IEEE,2020:283 - 286.

[8] Zhang B B,Bi J,Wang Y Y,et al. Refining IP-to-AS mappings for AS-level traceroute[C]//2013 22nd International Conference on Computer Communications and Networks(ICCCN). IEEE,2013.

[9] Yao B,Viswanathan R,Chang F,et al. Topology inference in the presence of anonymous routers[C]//INFOCOM 2003. Twenty-second Annual Joint Conference of the IEEE Computer and Communications. Societies. IEEE,2003:353 - 363.

[10] Gao L X. On inferring autonomous system relationships in the Internet[J]. IEEE/ACM Transactions on Networking,2001,9(6):733 - 745.

[11] Li M Y,Luo X,Shi W,et al. City-level IP geolocation based on network topology community detection[C]//2017 International Conference on Information Networking (ICOIN). IEEE,2017:578 - 583.

[12] Yang G Z,Lu Y L,Chen H X. A new network topology visualization algorithm[C]//2011 First International Conference on Instrumentation,Measurement,Computer,Communication and Control. IEEE,2011:369 - 372.

12 新型网络流量测量方法

随着互联网的飞速发展，各种新型网络及其协议不断涌现。这些新型网络各自呈现出不同的特点，因此对网络测量方法提出了新的要求。软件定义网络 SDN 集中式控制的特点以及 OpenFlow 协议提供的端口计数器，解决了传统网络中异构设备统计信息获取困难的问题，并出现了基于 OpenFlow 的测量方法，极大地简化了网络测量的复杂性。数据中心网络规模庞大、节点个数众多、流量多和故障种类多样等特点，使得数据中心网络测量面临更严峻的挑战，为了实现在数据中心网络如此复杂的网络环境中排查故障，出现了被动和主动技术相结合的数据包级别测量方法。覆盖网络是一种应用层网络，暗网就是覆盖网络的一个实例，由于暗网的匿名性，极大地提高了服务识别以及用户追踪的难度。物联网中无线 Mesh 网络被广泛地使用，而随着无线 Mesh 网络规模的扩大，跳数增多，通信延迟增大，因此对测量的实时性提出了更高的要求。

本章首先对新型网络进行了介绍，包括 SDN 网络、数据中心网络、覆盖网络以及物联网，接着归纳并总结了每一种新型网络的测量方法与测量实例。

12.1 新型网络介绍

12.1.1 SDN 网络

随着互联网规模的不断扩大，封闭的网络设备中内置过多复杂的网络协议，一方面，增加了运营商定制优化网络的难度，另一方面使得科研人员难以在真实环境中部署新的协议。软件定义网络（Software Defined Networking，SDN），它起源于斯坦福大学 Clean Slate 项目，是一种数据平面与控制平面分离，通过集中式控制器管理整个网络，并且提供网络可编程的新型网络架构，该架构如图 12.1 所示，SDN 控制器使用南向接口访问并收集网络设备的统计数据，南向接口协议屏蔽了底层不同厂商网络设备的实现细节，并提供统一的接口来访问这些设备。目前，OpenFlow 协议[1]是南向接口最常用的协议，已经成为南向协议的标准。SDN 和 OpenFlow 解决了异构设备统计信息难以获取的问题，大大简化了网络测量的复杂性。SDN 控制器一方面需要管理底层的网络设备，计算并构造路由表，另一方面需要通过网络测量将底层的网络资源进行抽象（如网络拓扑、链路带宽等），进而通过北向接口向上层的网络应用提供这些资源。网络应用开发者可以在不需要了解底层网络细节的情况下，通过调用北向接口获取网络资源并进行应用开发。

SDN 解决了异构设备统计信息难以获取的问题，大大简化了网络测量的复杂性。SDN 中的网络测量技术将大大优化网络测量的性能和精度，能够为网络质量提供更好的保障[2]。

12.1.2 数据中心网络

数据中心（Data Center，DC）是指由单一组织拥有并运营的大型专用计算机集群。如

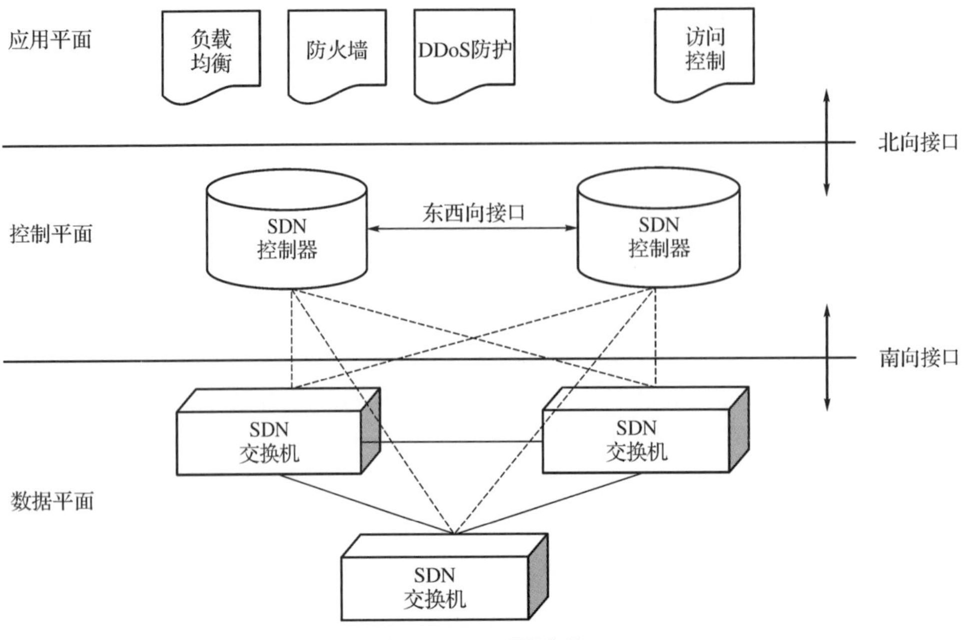

图 12.1 SDN 网络架构

今,大型在线服务提供商,如谷歌、亚马逊、阿里巴巴等,通过在不同的地理位置构建拥有超过一万台服务器的云数据中心,以提供各种基于云的服务,如电子邮件、存储、搜索、游戏、即时消息等。此外,这些服务提供商还利用他们的数据中心来运行大规模的计算密集型任务,例如网页索引或大型数据集分析。数据中心网络通常采用包含接入层、汇聚层、核心层的三层结构,如图 12.2 所示。

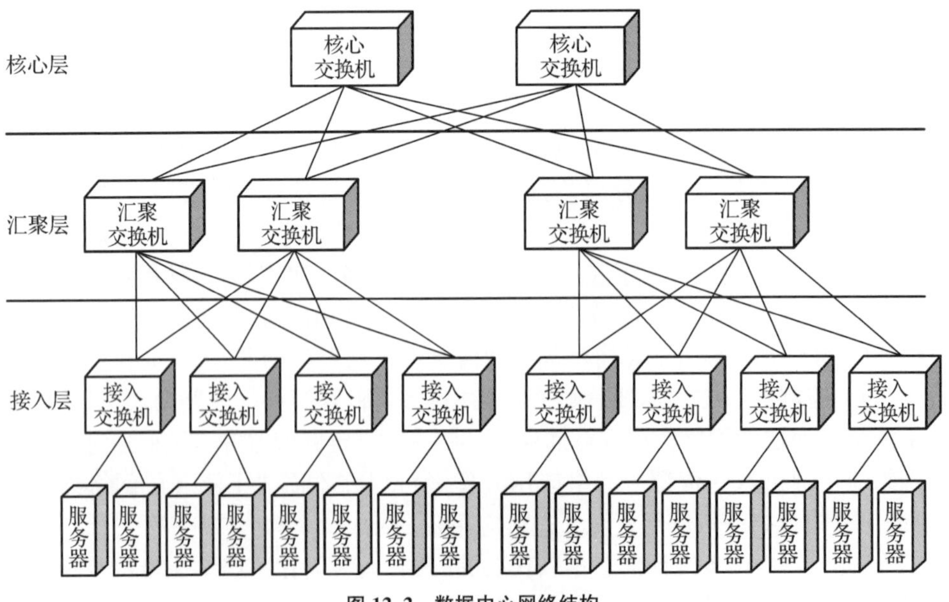

图 12.2 数据中心网络结构

(1) 接入层:用于连接服务器。接入交换机通常位于机架顶部,所以它们也被称为 ToR (Top of Rack)交换机。

(2) 汇聚层:用于接入层的互联,同时提供防火墙、入侵检测、网络分析等服务。

(3) 核心层:核心交换机为进出数据中心的包提供高速的转发,用于汇聚层的互联,并实现整个数据中心与外部网络的三层通信。

12.1.3　覆盖网络

覆盖网络(Overlay Networks)是指在现有的基础网络架构之上创建的虚拟网络,如图 12.3 所示,每个节点通过虚拟链路相连,这些虚拟链路对应底层物理网络的一条路径,该路径可能由多个物理链路组成[3]。

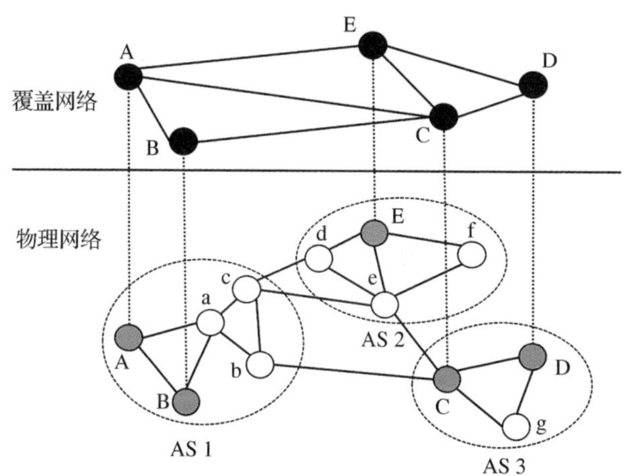

虚拟链路	物理链路
A-B	A-B
A-C	A-a-b-C
A-E	A-a-c-d-E
B-C	B-a-b-C
C-D	C-D
C-E	C-e-E
D-E	D-C-e-E

图 12.3　覆盖网络结构

覆盖网络简单来说就是应用层网络,它借助底层的物理网络来提供特定的应用服务,如文件共享、VoIP 等,对等(Peer-to-Peer,P2P)网络和虚拟专用网(Virtual Private Network,VPN)就是两种典型的覆盖网络。P2P 网络是运行在互联网之上的分布式系统,其中运行在每个节点上的软件提供相同的功能,与客户端-服务器模型不同的是,每个节点既充当客户端又充当服务器,因此每对节点之间可以交换数据。VPN 借助公用网络来构建专用网络,通常还使用隧道协议来实现加密通信,VPN 网络的任意两个节点之间的连接并没有传统专网所需的端到端的物理链路,而是架构在公用网络服务商所提供的网络平台,如 Internet、ATM、帧中继等之上的逻辑网络,用户数据在逻辑链路中进行传输。

此外,覆盖网络的一个应用实例是暗网。暗网(Dark Web)是存在于黑暗网络、覆盖网络上的万维网内容,只能用特殊软件、特殊授权、或对计算机做特殊设置才能访问。其中,Tor 网络、I2P 网络、ZeroNet 都是常见的暗网。

Tor(The onion router,洋葱路由器)是一种在计算机网络上进行匿名通信的技术。通信数据先进行多层加密,然后在由若干个被称为洋葱路由器组成的通信线路上传送。每个洋葱路由器去掉一个加密层,以此得到下一条路由信息,然后将数据继续发往下一个洋葱路由器,不断重复,直到数据到达目的地。这就防止了那些知道数据发送端以及接收端的中间人窃得数据内容。Tor 网络就是由若干个 Tor 节点组成的逻辑网络。

I2P(Invisible Internet Project,隐形网计划),是一项混合授权的匿名网络项目。I2P 网络是由 I2P 路由器以大蒜路由方式组成的表层网络,创建于其上的应用程序可以安全匿名地相互通信。它可以同时使用 UDP 及 TCP 协议,其应用包括匿名上网、聊天、撰写博客和文件传输。

随着区块链技术的发展，一种以 P2P 网络用户为基础构成的类互联网的分布式网络 ZeroNet 出现了。ZeroNet 默认不提供匿名保护，但用户可以使用 Tor 来隐藏 IP 地址以达到匿名效果。ZeroNet 使用了比特币加密技术和 BitTorrent 网络协议。该平台上托管了很多热门网站，而邮件客户端、文件管理器和新闻客户端等功能也为 ZeroNet 的生态系统增加了价值。

12.1.4　物联网

物联网（Internet of Things，IoT）是由嵌入式传感器、软件和其他技术的物理对象（“物”）组成的网络，目的是通过互联网与其他设备实现系统连接和数据交换[4]。物联网的组网方式主要包括无线传感器网络和无线网状网络两种。

无线传感器网络（Wireless Sensor Network，WSN）是一组空间分散的专用传感器，用于监测和记录环境的物理条件，如温度、声音、压力、污染程度、湿度、风等，并将采集到的数据传送到一个中心位置，如图 12.4 所示。更先进的无线传感器网络是双向的，既可以从分布式传感器收集数据，也可以控制传感器的活动。无线传感器网络的发展是由军事应用驱动的，如战场监视。如今，此类网络被用于许多工业和消费应用，如工业过程监控、机器健康监测等。

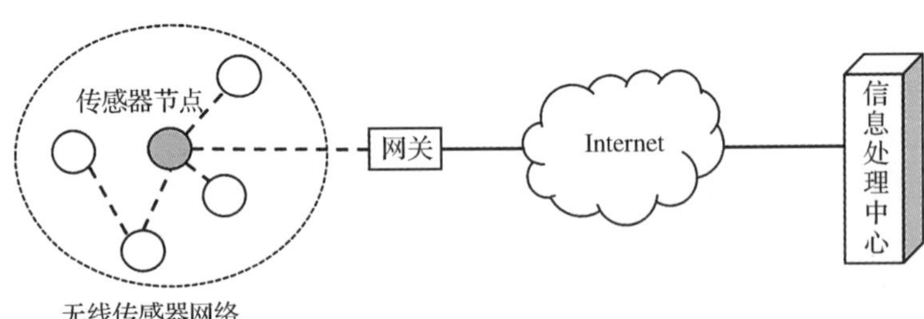

图 12.4　无线传感器网络

无线网状网络（Wireless Mesh Network，WMN）是一种由无线节点组成的采用网状拓扑结构的通信网络，如图 12.5 所示，它通常由 Mesh 客户端、Mesh 路由器和网关组成，使用的通信技术包括 802.11、802.15、802.16 和蜂窝技术，或是混合以上多种通信技术。

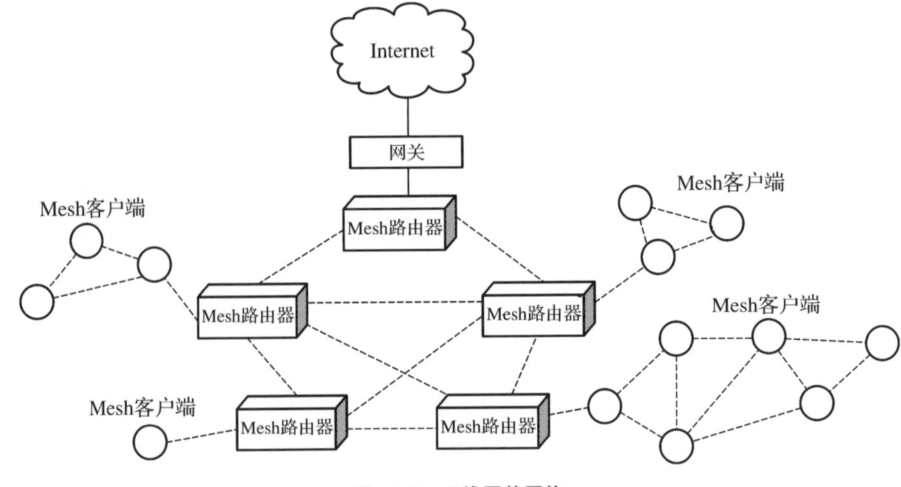

图 12.5　无线网状网络

12.2 SDN 网络测量

在传统的网络架构中，存在各种厂商的设备，并且每个厂商的设备都采用自己的专有协议，不可能通过统一的接口获取设备的状态数据，这使得大规模异构网络的管理难以实现。因此，在传统网络下，无论是主动还是被动的方法都很难对网络进行监控和测量。软件定义网络(SDN)将网络控制平面与数据转发平面分开，通过集中式控制器管理整个网络，可以使用南向协议 OpenFlow 从网络设备收集统计数据。SDN 和 OpenFlow 解决了异构设备统计信息难以获取的问题，大大简化了网络测量的复杂性。此外，SDN 中的网络测量可以通过直接、非侵入性和灵活的方式获取传统大型网络中无法测量的特征。

本节通过测量实例来介绍基于 OpenFlow 的被动测量方法、主动测量方法，以及基于 sFlow 采样的测量方法。

12.2.1 基于 OpenFlow 的被动测量方法

OpenFlow 交换机中定义了多种计数器，记录了每个端口、流表和流表项等不同结构的数据包数、字节数和持续时间等统计量[5]。根据 OpenFlow 协议中定义的统计消息，控制器能够定期查询并获取交换机的计数器统计信息，从而测量丢包率、吞吐量等网络性能指标的方法即为基于 OpenFlow 的被动测量方法。

OpenFlow 统计消息包含 Port-Stats 消息、Flow-Stats 消息、Aggregate-Stats 消息、Queue-Stats 消息、Group-Stats 消息、Meter-Stats 消息和 Table-Stats 消息，这些消息可用于获取 OpenFlow 交换机中指定计数器的统计信息，如 Port-Stats 消息可以用于获取指定 OpenFlow 交换机物理端口的统计信息，包括该端口上接收数据包个数、发送数据包个数、接收字节数、发送字节数、生存时间等内容。Flow-Stats 消息用于获取指定流表项的统计信息，即匹配流表项的数据包个数、字节数、生存时间等内容。

Hamad 等人[6]提出利用 Port-Stats 消息来实现链路丢包率和链路吞吐量测量，Port-Stats 消息具体有两种：一种是 Port-Stats-Request 消息，用于 SDN 控制器请求交换机端口统计信息；另一种是 Port-Stats-Reply 消息，交换机用它来应答 SDN 控制器，具体过程是交换机读取指定端口的计数器，获得端口的统计信息并将其封装在该消息中，然后将消息发送给 SDN 控制器。SDN 控制器可以从 Port-Stats-Reply 消息中获取到交换机端口的接收/发送数据包个数(rx_packets/tx_packets)、接收/发送字节数(rx_bytes/tx_bytes)、丢弃数据包个数(rx_dropped/tx_dropped)、冲突次数(collisions)、端口生存时间(duration_sec 和 duration_nsec)等统计信息，这些信息将用于计算链路丢包率、端口吞吐量。

丢包率是指一段时间内，数据包丢失数与总发送数的比值。假设测量 S1 到 S2 方向的链路丢包率，如图 12.6 所示，SDN 控制器需定期向交换机 S1 和 S2 发送 Port-Stats-Request 消息，来获取 S1 的 1 端口发送数据包个数 $tx\_packets_{S1}$ 以及 S2 的 2 端口接收数据包个数 $rx\_packets_{S2}$。通过每隔一段时间进行轮询，利用公式(12.1)可以计算得到 S1 到 S2 方向的链路在第 $i-1$ 次和第 i 次查询时间段内的丢包率。

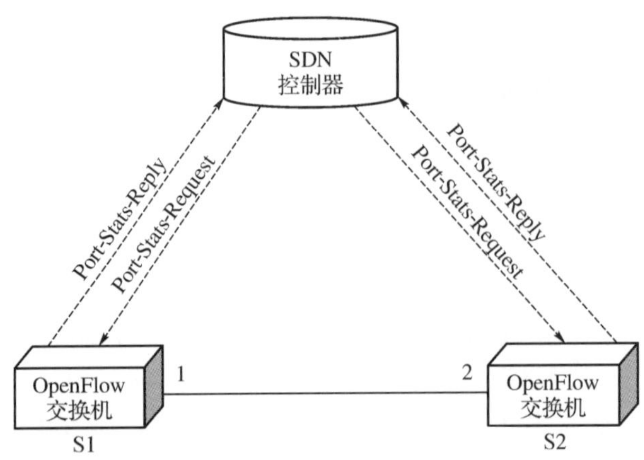

图 12.6 基于 OpenFlow 的 Port-Stats 消息测量链路丢包率原理图

$$Loss(i-1,i)=1-\frac{rx\_packets_{S2(i)}-rx\_packets_{S2(i-1)}}{tx\_packets_{S1(i)}-tx\_packets_{S1(i-1)}} \tag{12.1}$$

吞吐量是指单位时间内传输无差错数据总量。测量交换机端口吞吐量时，SDN 控制器将周期性发送 Port-Stats-Request 消息到指定交换机，并从交换机的 Port-Stats-Reply 消息中获取接收/发送字节数(rx_bytes/tx_bytes)和端口生存时间(duration_sec 和 duration_nsec)，利用公式(12.2)和公式(12.3)可以计算第 $i-1$ 次和第 i 次查询时间段内的吞吐量大小。

$$Throughput(i-1,i)=\frac{bytes_{(i)}-bytes_{(i-1)}}{duration_{(i)}-duration_{(i-1)}} \tag{12.2}$$

$$duration=duration\_sec+duration\_nsec\times 10^{-9} \tag{12.3}$$

12.2.2 基于 OpenFlow 的主动测量方法

SDN 网络中主动测量方法的基本思想是 SDN 控制器生成探测数据包并下发至指定的交换机，当测量过程结束时，被测交换机需要触发相应机制将探测包返回控制器，由控制器分析并计算得到测量结果。由于 SDN 网络中交换机处理数据包的规则，即流表项，需要由控制器指定，因此实现主动测量的关键在于控制器如何生成和回收探测数据包，以及如何制定探测包的转发规则。

OpenFlow 协议规定了控制器和交换机相互发送数据包的消息类型。由控制器发起的 Controller-to-Switch 消息类型中，包含一类 Packet-Out 消息，其格式如图 12.7 所示。控制器能够自定义该消息中携带的数据包内容，以及交换机收到 Packet-Out 消息后的行为。控制器通过在 Packet-Out 消息中封装探测数据包并下发至指定交换机，就能够发起主动测量任务。

在由交换机发起的 Asynchronous 消息类型中，包含 Packet-In 消息，其格式如图 12.8 所示，该消息与 Packet-Out 类似，可以封装交换机上的指定数据包并发送至控制器做进一步处理。当交换机中的流表项无法匹配某个数据包时，会默认触发 Packet-In 消息。由于探测数据包通常与网络中的正常流量有所不同，因此基于 OpenFlow 的 SDN 主动测量可以利用 Packet-In 消息机制实现探测包的回收。

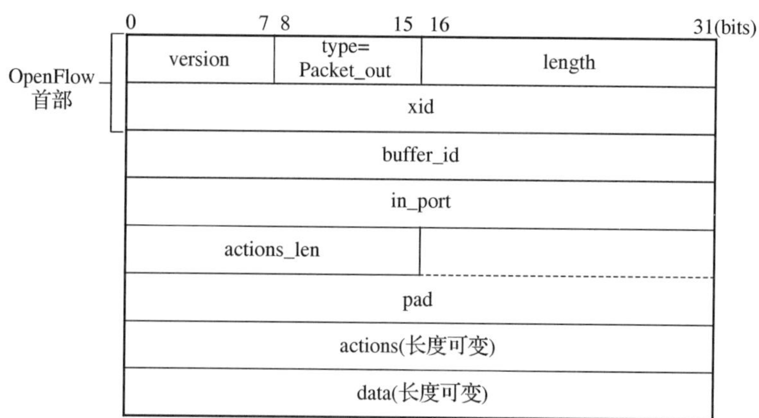

图 12.7　OpenFlow1.3 中 Packet-Out 消息格式

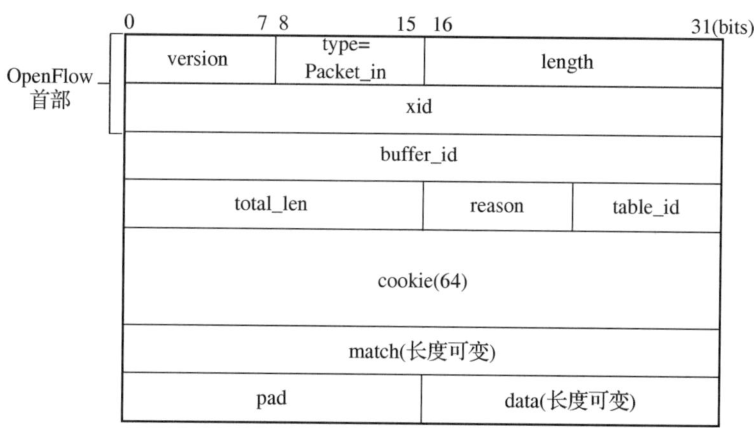

图 12.8　OpenFlow1.3 中 Packet-In 消息格式

基于上述思路，OFDP 协议（OpenFlow Discovery Protocol）[7]实现了 SDN 网络拓扑测量，Yu 等人[8]提出了基于 Packet-Out 和 Packet-In 消息的时延测量方法。

拓扑测量对网络中各个设备之间的链路关系进行定期的检测，并维护完整的网络拓扑，是控制器和上层应用实现对整个网络资源进行统一调度和管理的基础。在传统 IP 网络中，拓扑测量可采用链路发现协议（Link Layer Discovery Protocol，LLDP），其原理是每个网络节点将自己和相邻设备的链路信息发送给其他节点，最终实现在各个网络设备上分散地测量链路信息。LLDP 报文格式如图 12.9 所示，其中包含了 Chassis ID TLV（设备标示符），Port ID TLV（端口标示符）等字段。

Dst MAC	Src MAC	Ether-type: 0x88CC	Chassis ID TLV	Port ID TLV	Time to live TLV	Opt. TLV	End of LLDPDU TLV

图 12.9　LLDP 报文格式

SDN 网络中，也可使用 LLDP 进行拓扑测量，在测量过程中需要使用 Packet-Out 和 Packet-In 消息，其原理如图 12.10 所示，基本思想如下：

（1）控制器构造包含 LLDP 数据包的 Packet-Out 消息下发至交换机 S1，并指定从某端口转发至交换机 S2，其中 LLDP 数据包中的 Chassis ID TLV 字段设置为交换机 S1 的

Datapath ID,Port ID TLV 字段设置为交换机目标转发端口,即 S1 的 1 端口。

(2) S2 接收到 LLDP 数据包,触发 Packet-In 消息,将 LLDP 数据包发回控制器。

(3) 控制器分析 LLDP 报文中 Chassis ID 和 Port ID,结合触发 Packet-In 消息的交换机及端口号,可知 S1 的 1 端口和 S2 的 2 端口存在连接关系,从而获得一条链路信息。通过这种方式,控制器可以实现对整个网络的拓扑测量,发送的 Packet-Out 信息数量与网络中所有交换机活动端口的数量有关。

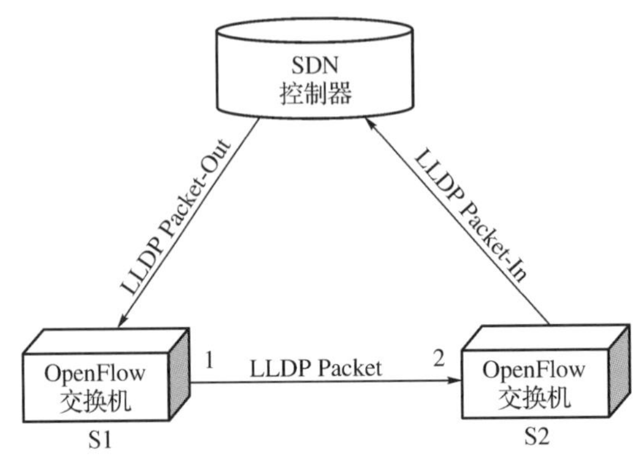

图 12.10　基于 Packet-Out 和 Packet-In 消息测量拓扑原理图

交换机之间传输时延是表明链路运行状态的重要参数。由于 OpenFlow 交换机不具备在正常传输的报文中打时间戳的功能,无法采用传统 IP 网络中的被动测量方式。因此,需要利用主动测量方法,在交换机之间生成并发送探测包。如图 12.11 所示,假设控制器的测量目标是交换机 S1 到交换机 S2 的链路时延,则控制器将探测包发送至 S1,并下发规则指定 S1 将探测包发送至 S2。S2 接收到探测包后,由于没有对应的转发规则,会将探测包返回控制器,控制器则会计算出探测包在路径中传输的总时间。由于控制器和交换机之间的通信也存在时延,因此控制器还需要发送通信消息,获得控制器和各个交换机之间的消息往返时间,通过计算差值,获得最终的链路时延结果。

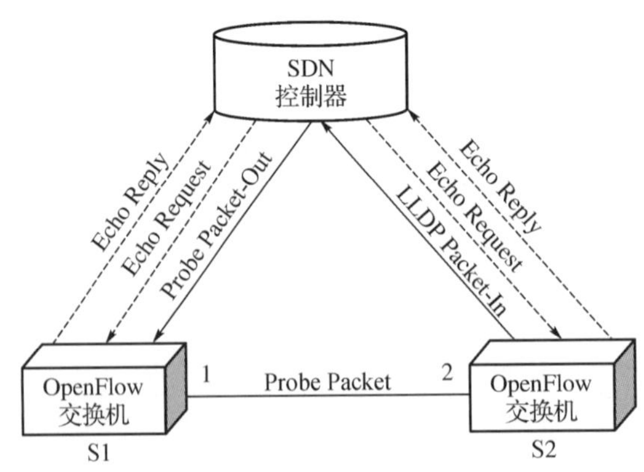

图 12.11　基于 Packet-Out 和 Packet-In 消息测量时延原理图

测量 S1 到 S2 的链路时延的详细步骤如下:

(1) 获得探测包传输时间 T_{travel}:控制器生成探测数据包,其中包含交换机 S1 的目标转发端口(S1 的 1 端口)和生成探测数据包时的时间戳,用来记录探测包的转发路径和发送探测包的时间。然后,控制器通过 Packet-Out 消息封装探测数据包,并下发至交换机 S1,并从指定端口将探测包转发至 S2。S2 接收到数据包后，由于没有匹配的流表项，会触发 Packet-In 消息，将探测包封装并返回控制器。控制器根据探测包中时间戳以及收到探测包的时间计算出探测包在"控制器—S1—S2—控制器"路径上传输的总时间 T_{travel}。

(2) 获得控制器和交换机的往返时间 RTT：得到 T_{travel} 后，还需要知道数据包控制器和交换机往返传输时间，从而计算得到控制器下发探测包以及交换机返回探测包的时延。根据 OpenFlow 协议，控制器生成 Echo Request 消息分别下发交换机 S1 和 S2，并记录收到 Echo Reply 消息的时间，得到控制器和交换机的往返传输时间 RTT。

(3) 计算交换机链路时延：根据上述测量结果，通过公式(12.4)计算得到交换机 S1 和 S2 之间的时延 T_{delay}。

$$T_{delay} = T_{travel} - \frac{RTT_{S1} + RTT_{S2}}{2} \tag{12.4}$$

12.2.3　基于 sFlow 采样的测量方法

sFlow 是一种在交换机上进行流量采样的技术，提供数据包采样和端口计数器采样服务，实现采集流和端口的统计信息。

sFlow 系统如图 12.12 所示，交换机上部署 sFlow Agent，在端口上对数据包进行采样，同时采集端口计数器。sFlow Agent 将采集到的数据封装在 sFlow 报文中发送给 sFlow Collector，由它分析生成流量视图。

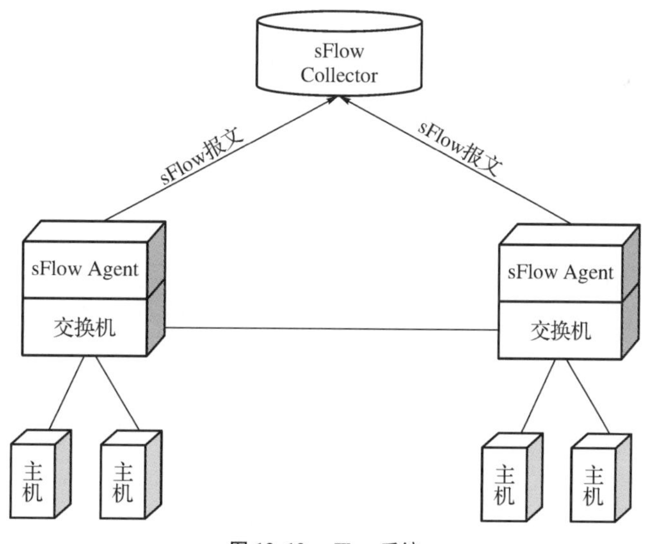

图 12.12　sFlow 系统

sFlow 提供数据包采样和端口计数器采样两种方式。

1) 数据包采样

交换机在每个端口上按照 $1/N$ 的采样率抽取数据包，并将它们的首部和元数据(如采样频率、交换机 ID、时间戳、输入/输出端口等)发送给 sFlow Collector，它能够根据采样数据推算出流的统计信息。

例如：某条流中采样数据包个数＝100，采样比为 1/200，可推算出该流的数据包总数＝100×200＝20 000。

2）端口计数器采样

sFlow Agent 按照采样间隔读取交换机端口计数器，采集端口统计信息（端口接收/发送字节数、接收/发送数据包个数等）发送给 sFlow Collector。

OpenSample[9]是一种针对 SDN 网络，使用 sFlow 技术实现的测量系统，可用于 SDN 网络中实现流速和链路利用率的测量。其架构如图 12.13 所示。

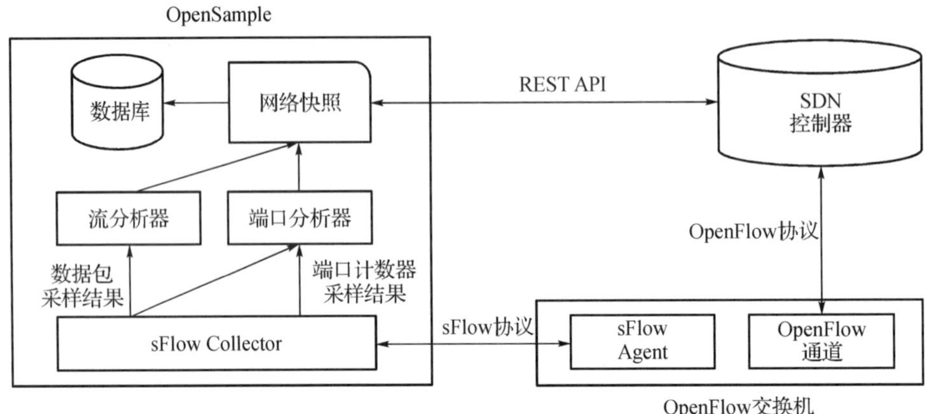

图 12.13　OpenSample 架构

（1）在 OpenFlow 交换机端口上使用 sFlow Agent 直接对数据包以及端口计数器进行采样，采样数据发送给 sFlow Collector。

（2）sFlow Collector 对数据包采样结果和计数器采样结果进行分析获得网络快照（网络状态信息）。

（3）控制器通过 REST API 获取 sFlow Collector 分析结果，可用于流量工程、资源规划、入侵检测等。

OpenSample 可用于测量流速和链路利用率。流速是指单位时间内某条流的传输长度，OpenSample 基于 TCP Seq 来测量 TCP 流速，其原理如图 12.14 所示，将同一条 TCP 流中提取的两个采样数据包 TCP Seq 值相减，除以两采样数据包的时间戳间隔，如公式(12.5)所示，即可得到该条流的近似流速。

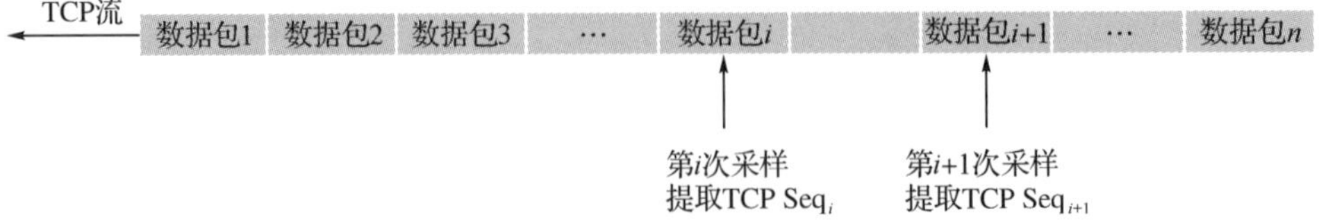

图 12.14　提取 TCP 流中两个采样数据包的 TCP Seq 用于计算流速

$$\text{TCP\_Flow\_Rate}(i,i+1)=\frac{\text{TCP\_Seq}_{i+1}-\text{TCP\_Seq}_i}{T_{i+1}-T_i}\tag{12.5}$$

链路利用率是指链路吞吐量与链路带宽的比值，OpenSample 基于数据包采样测量链路利用率。假设在给定时间段 T_{interval} 内，被测链路端口上采集的数据包数量为 $N_{\text{SampledPackets}}$，端口采样频率为 $\text{Ratio}_{\text{sampling}}=1/N$，数据包平均长度为 L_{packet}，则

（1）通过公式(12.6)计算可得链路上传输的数据包总数

$$N_{\text{TotalPackets}}=\frac{N_{\text{SampledPackets}}}{\text{Ratio}_{\text{sampling}}},\quad \text{Ratio}_{\text{sampling}}=\frac{1}{N} \tag{12.6}$$

(2) 通过公式(12.7)计算可得链路吞吐量

$$\text{Link\_Throughput}=\frac{N_{\text{TotalPackets}}\cdot L_{\text{packet}}}{T_{\text{interval}}} \tag{12.7}$$

(3) 通过公式(12.8)计算可得链路利用率

$$\text{Link\_Utilization}=\frac{\text{Link\_Throughput}}{\text{Link\_Bandwidth}} \tag{12.8}$$

12.3 数据中心网络测量

数据中心网络中传输的流量数据是海量的，即使是分析商用交换机上很小的数据包子集都很难做到，并且将数据包数据发送至分析服务器会导致拥塞甚至瘫痪整个网络，另外，即使是使用能够线速处理(10 Gb/s)数据的分析服务器，在面对海量数据时，也需要使用众多的分析服务器，这将会带来更多的开销。数据中心网络中的故障通常发生在多个交换机上，而要做到高效的故障诊断则需要能够在网络中智能地追踪这部分故障流量的数据包，即需要能够根据复杂的查询模式，比如匹配协议头部、源和目的地址，甚至路径上的特定设备，来搜索数据包的轨迹数据。

而已有的网络测量工作，通常采用被动测量技术，只能捕获到网络的一个瞬时快照，效果有限。因为瞬时快照中显示的轨迹信息不足以判断问题是持久性或是暂时性的，并可能无法提供足够的信息用于定位故障发生的位置。

数据中心网络规模庞大、节点个数众多、流量多和故障种类多样等特点，使得数据中心网络测量面临更严峻的挑战。

本节通过 Pingmesh 和 Everflow 系统分别介绍数据中心网络中的时延和丢包率测量方法以及数据包级别测量方法。

12.3.1 性能测量方法

数据中心网络中测量网络时延，可以采用 RTT 测量方法，即应用程序 A 发送带有时间戳的探测数据包给应用程序 B，B 接收后返回该数据包给 A，A 根据数据包中的时间戳以及接收时间可以计算出 RTT 网络时延，这种方法无需同步服务器时钟，更适用于规模较大、节点众多的数据中心网络。

数据中心网络中丢包率可以通过 TCP 连接建立时间测量得到。当 TCP 连接建立过程中，第一个 SYN 报文丢失，TCP 发送方会在初始超时时间后重传报文，后续每次重传，TCP 都会将超时时间加倍。假设数据中心中 TCP 初始超时时间为 3 s，发送方 SYN 重传次数为 2，那么，如果测量的 TCP 连接 RTT 约为 9 s，表示有一个丢包；如果 RTT 约为 9 s，则有两个丢包。

Pingmesh 是微软于 2015 年提出的用于数据中心网络时延测量和分析的大规模系统[10]，该系统采用了 TCP ping 测量网络时延，通过发送 SYN 报文和接收 SYN/ACK 报文来测量 RTT，并根据 TCP 连接建立时间推测丢包率。Pingmesh 已在微软的数据中心运行了四年多,每天收集数十 TB 的时延数据。Pingmesh 不仅被网络软件开发人员和工程师广泛使用,还被应用程序和服务开发人员以及运营商广泛使用。

微软的数据中心架构如图 12.15 所示。微软数据中心采用 CLOS 架构,在第一层,数十个服务器(例如 40 台)使用 10 GbE 或 40 GbE 以太网网卡连接到架顶式(ToR)交换机并形成一个 Pod 节点。然后将数十个 ToR 交换机连接到第二层节点(汇聚)交换机。这些服务器和 ToR 以及 Leaf 交换机组成一个 Podset。然后,多个 Podset 连接到第三层 Spine 交换机(数十到数百台)。使用现有的以太网交换机,数据中心内部网络可以连接数万个或更多具有高网络容量的服务器。

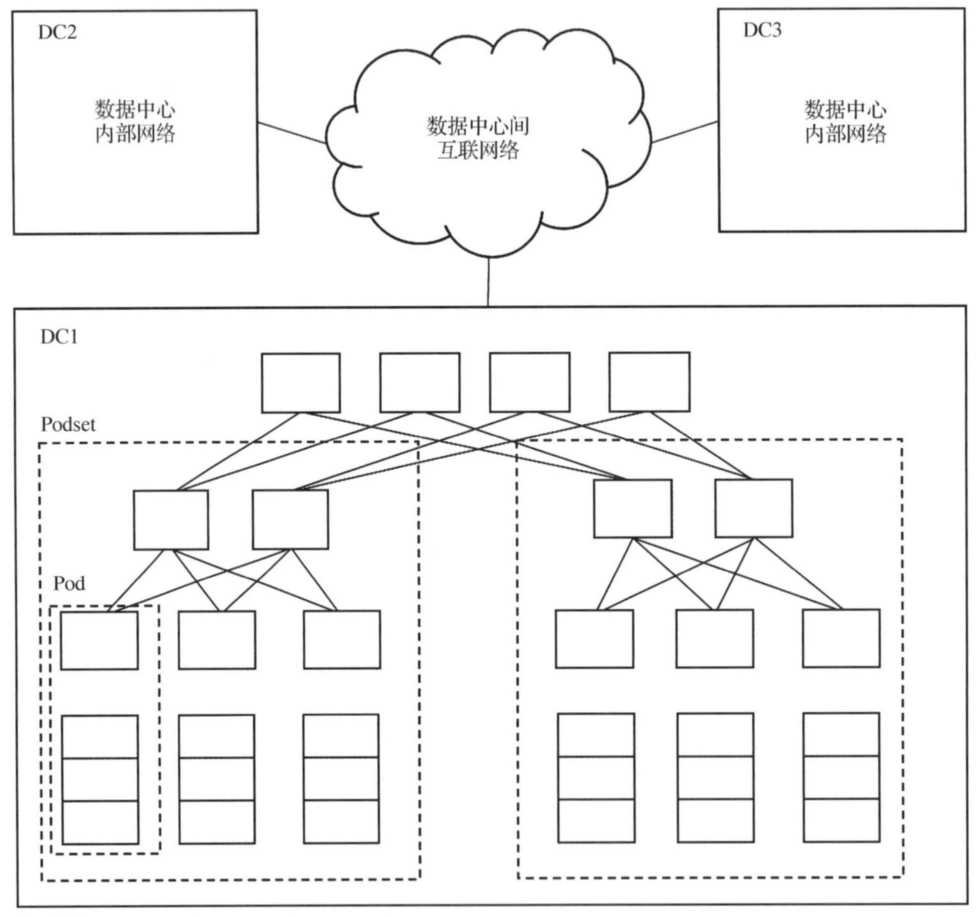

图 12.15　微软数据中心结构

针对该数据中心,微软提出了 Pingmesh 来感知时延问题是否由网络引起,定义和跟踪网络服务水平协议(SLA)以及自动网络故障排除。Pingmesh 系统架构如图 12.16 所示,采用端到端的时延统计,控制系统为微软的 Autopilot 系统,采用 Cosmos 分布式系统进行数据存储。

Pingmesh 系统架构主要包括三个部分:Pingmesh 控制器、Pingmesh 代理和数据存储和分析(DSA)。

(1) Pingmesh 控制器:Pingmesh 控制器是整个系统的大脑,因为它决定了服务器应该如何相互探测。在 Pingmesh 控制器中,Pingmesh Generator 根据网络拓扑为每个服务器生

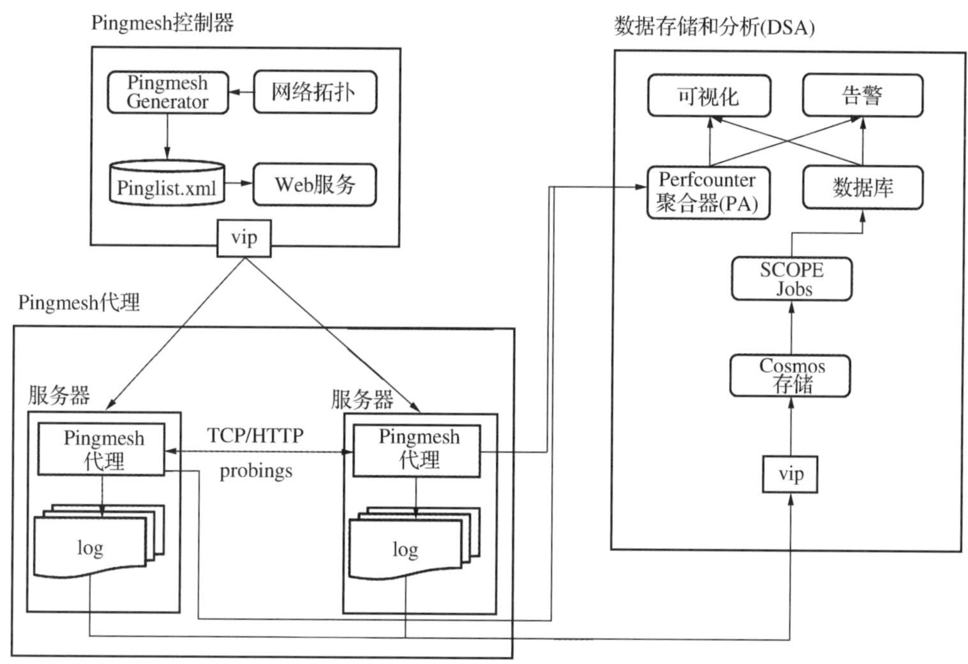

图 12.16 Pingmesh 系统架构

成一个 Pinglist 文件。Pinglist 文件包含对等服务器列表和相关参数。服务器通过 RESTful Web 界面获取相应的 Pinglist 文件。

(2) Pingmesh 代理:每台服务器都运行 Pingmesh 代理。代理从 Pingmesh Controller 下载 Pinglist,然后启动 TCP/HTTP ping 到 Pinglist 中的对等服务器。Pingmesh 代理将 ping 结果存储在本地内存中。一旦计时器超时或测量结果的大小超过阈值,Pingmesh Agent 会将结果上传到 Cosmos 进行数据存储和分析。Pingmesh 代理还公开了一组性能计数器,这些计数器由 Autopilot 的 Perfcounter 聚合器(PA)服务定期收集。

(3) 数据存储和分析(DSA):Pingmesh 代理定期将数据上传到 Cosmos,Pingmesh 代理将数据上传到 Cosmos 之前会先进行本地统计,主要包括丢包率以及延迟统计。在 Cosmos 侧,定期执行三种 SCOPE 任务(SCOPE 为基于 Cosmos 的脚本语言),分别为 10 min、1 h 和 1 d。10 min 任务主要为一些实时任务,比如收集延时、丢包数据进行告警、图表绘制;1 h 和 1 d 的任务为非实时性任务,主要进行服务质量探测、黑洞探测和丢包探测。另外为了减少响应时间,Autopilot 平台还提供了 5 min 任务,主要用于收集一些丢包的计数。

Pingmesh 的优点是能够解决延迟和丢包问题,缺点是量级较大,并且需要在服务器内进行部署,不太方便操作。

12.3.2 数据包级别测量方法

在复杂网络环境中进行故障排查,通常需要捕获并分析数据包粒度的流量数据,而在数据中心网络中,由于其规模庞大、节点个数众多、流量多和故障种类多样,给这一问题带来了严峻的挑战。

为了能够更好地在大型数据中心网络中定位网络故障,2015 年微软研究院提出了一种数据中心网络数据包级别测量方法,该方法采用被动测量技术,充分利用了现有商用交换机提供的"match and mirror"功能，即根据匹配规则对特定数据包进行镜像，在指定服务器上对数据包进行分析来实现数据中心网络内故障检测。此外使用主动测量技术，允许向网络中注入探针(Probe)，使其经过特定交换机，并设置"Debug Bit"来追踪数据包轨迹和行为，结合被动测量的数据包信息来进一步确认故障原因。

微软根据该方法实现了 Everflow 系统[11]，该系统可以根据网管人员配置的规则追踪特定数据包，并使用负载均衡技术将其镜像到多台服务器上进行分析，最后该系统通过发送探测报文来定位可能发生的网络故障。Everflow 系统架构如图 12.17 所示，主要由控制器(Controller)、分析器(Analyzer)、存储(Storage)和改组器(Reshuffler)这四个关键组件构成。此外，Everflow 还提供各种各样的应用程序，这些程序使用测量到的数据包级信息来调试网络故障。控制器负责协调其他组件并提供 API 与应用程序进行交互。在系统初始化期间，控制器将在商用交换机上配置数量较少且精心设计的"match and mirror"规则，匹配这些规则的数据包将镜像到改组器，部署在交换机上的改组器根据负载均衡算法将数据包定向到某台服务器上，该服务器上部署分析器可基于数据包信息进行故障分析，并将分析结果进行存储。

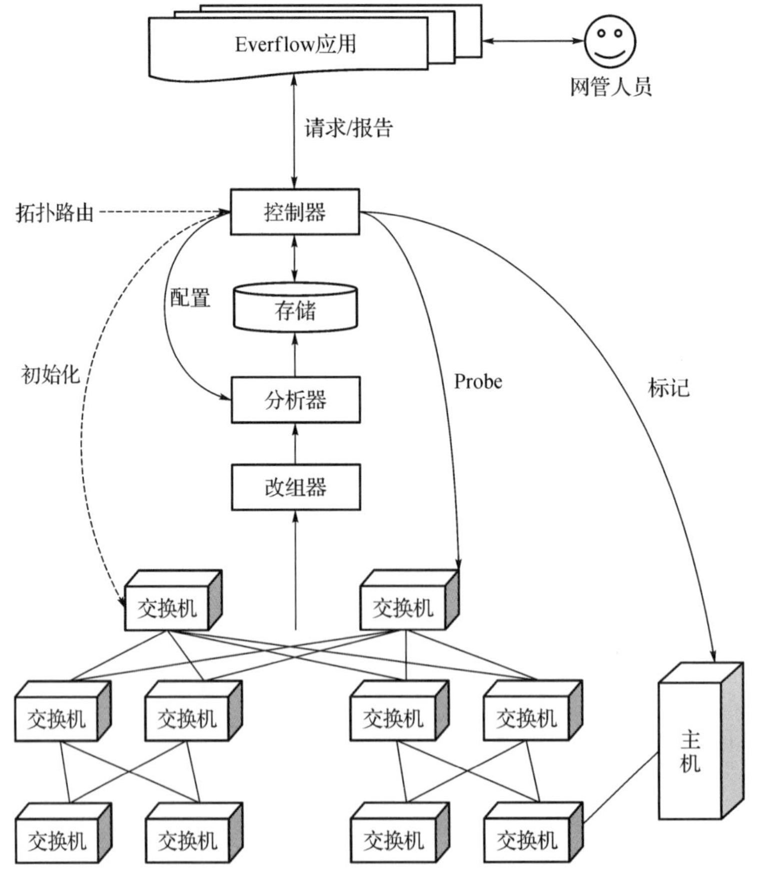

图 12.17　Everflow 系统架构

Everflow 系统可以检测丢包问题。如图 12.18 所示，数据包 p 的路由为"S1—S2"，首先使用被动测量技术，分析器获取到来自 S1 镜像的数据包 p，但没有获取到来自 S2 镜像的数据包 p，因此判断发生丢包，但是没法确定该丢包是偶发性(端口故障导致随机丢包)还是持续性(某个五元组对应的路由表项出现问题)，因此将采用主动测量技术来进一步判断，控制器沿着数据包 p 的轨迹发送探针，若分析器能够获取到来自 S2 的探针镜像，说明是端口故障导致的随机丢包，具有偶发性。否则，说明 S2 上数据包 p 五元组的路由表项可能出现问题，丢包具有持续性。

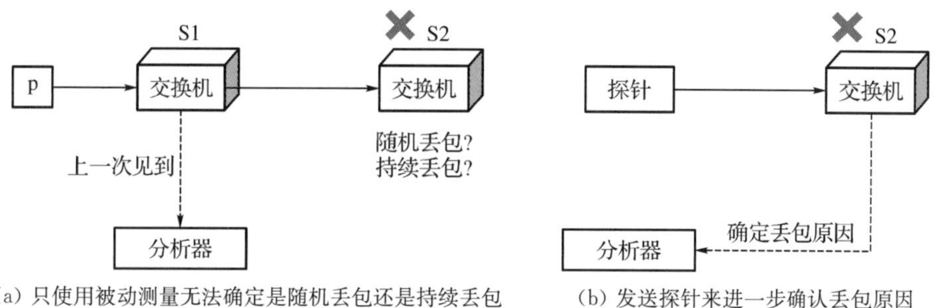

(a) 只使用被动测量无法确定是随机丢包还是持续丢包　　(b) 发送探针来进一步确认丢包原因

图 12.18　结合被动测量与主动测量检测丢包问题

12.4　覆盖网络测量

覆盖网络种类较多，本节主要对 P2P 网络拓扑测量，以及目前主流暗网(Tor、I2P、ZeroNet)测量方法进行介绍。

12.4.1　P2P 网络测量

Gnutella 是一种非结构化的 P2P 文件共享网络，王勇等人[12]根据 Gnutella V0.6 协议特性设计了基于正反馈的分布式对等网络拓扑获取系统 D-Crawler，用于测量 Gnutella 网络拓扑。该系统架构如图 12.19 所示，包括拓扑信息采集、数据分析、系统输出反馈这 3 个部分。其中，拓扑信息采集并行采集网络中的节点及邻接关系数据，存入网络拓扑数据总表；数据分析部分根据网络拓扑总表，通过数据后处理剔除测量过程中引入的部分误差数据，提取 Gnutella 网络拓扑的上层的节点度的概率密度分布特征和节点度的排名信息，将结果发送给系统输出反馈模块；后者根据上层节点度排名信息，调整拓扑信息采集部分的网络入口节点集合，同时，计算测量系统连续两次快照数据的稳定性指数 *S* 作为判定拓扑数据是否“有效”的依据。当稳定性指数 *S* 满足用户设定的阈值时，输出网络拓扑关系数据(标识获取的网络拓扑总表为“有效”)。

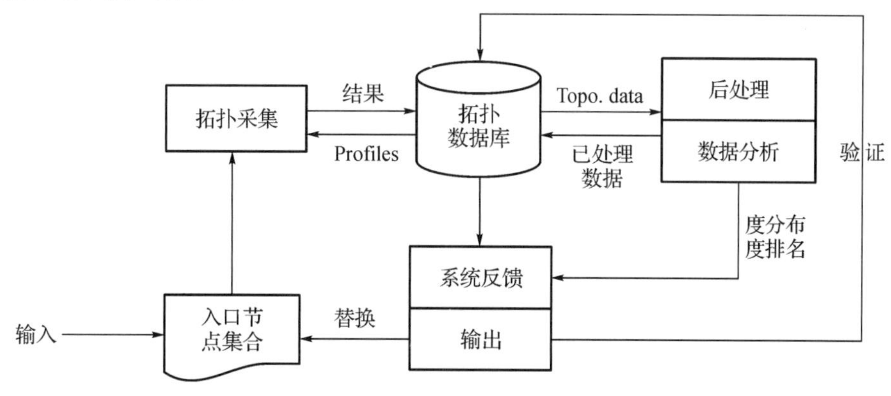

图 12.19　D-Crawler 系统架构

12.4.2　Tor 网络测量

Tor 作为一种计算机匿名通信的技术，不仅允许发送方匿名通信，此外还允许服务器在不透露身份和地点的情况下提供隐匿服务，实现接收方匿名。这给隐匿服务识别和 Tor 网络用户追踪带来了严峻的挑战。

对 Tor 网络的测量主要包括被动测量和主动测量两个方面。在 Tor 网络的被动测量方面，为了能够正确识别出提供 Tor 隐匿服务的服务器，麻省理工学院的学者提出了通过给 Tor 网络电路做指纹特征的方法识别这些服务器，并结合 Web 指纹实现用户跟踪[13]。通过研究 Tor 客户端连接到 Tor 隐藏服务时 Tor 电路的行为，发现在客户端与隐藏服务之间的电路构建和通信阶段，Tor 的流量模式可作为指纹，该模式可让测量者高效、准确地识别通信中涉及的电路并将其与隐匿服务相关联。为了减少监测每条电路带来的开销，测量者仅对高可信度的可疑电路进行识别，然后根据 Web 指纹来识别客户端的隐匿服务活动或对提供隐匿服务的服务器进行去匿名化。

在 Tor 网络的主动测量方面，Chakravarty 等人提出了一种 Tor 网络的实际流量分析攻击方法[14]。先前的研究表明，访问几个互联网交换点足以监视从 Tor 节点到目标服务器的很大一部分网络路径。尽管当前网络的容量使以这种规模进行数据包级监控变得颇具挑战性，但攻击者可能会使用准确性较低但易于使用的流量监控功能(例如 Cisco NetFlow)来发起大规模流量分析攻击。Chakravarty 等人使用 NetFlow 数据评估针对 Tor 网络的实际流量分析攻击的可行性和有效性，提出了一种主动的流量分析方法，该方法基于故意在服务器端干扰用户流量的特征，并通过统计相关性在客户端观察到类似的干扰。它在服务器端流量的模式里加入了一个特殊的摄动(Perturbation)，导致在网关上的网络流有一定的统计特征，然后按照这个摄动的特征持续发送一定的信息。这个摄动在流过 Tor 的整个网络的时候，在客户端上观测到的摄动特征和服务器端发送的特征可以观测到有统计上的关联，而通过这些统计上的关联可以推测出发送消息的源头。

12.4.3　I2P 网络测量

I2P 网络是一种低延迟匿名网络，由基于大蒜路由的 I2P 路由器组成，主要用于保护隐私和防止跟踪，例如逃避审查制度和隐藏举报者，目前对 I2P 测量的研究仍然不够。Liu 等人提出了一种 I2P 匿名网络节点测量方法[15]，包括被动测量和主动测量，并设计了一种本地 I2P 节点分析系统，收集了 16 040 个 I2P 节点并分析了属性，包括国家/地区分布、带宽分布和 FloodingFill 节点属性。该 I2P 网络节点测量分析系统主要用于测量 I2P 节点，分析网络特征和节点属性。系统主要由两个子系统组成，节点测量捕获子系统、节点属性分析子系统。系统架构如图 12.20 所示。

(1) 节点测量捕获子系统：包括主动测量和被动测量两种测量方法。每个测量都覆盖普通节点(也称为路由器节点)和 FF(FloodingFill)节点。

主动测量可以通过设置 I2P 网络中“donotincludePeers”的值来捕获 I2P 节点。捕获系统将 DLM(DataBase Lookup Message)发送到本地数据库中的已知 FF 节点，然后从答复数据包中获取该节点，接着，测量这些获取的节点。

通过设置 I2P 网络中“router. floodfillParticipant”的值，被动测量可以捕获 I2P 节点。

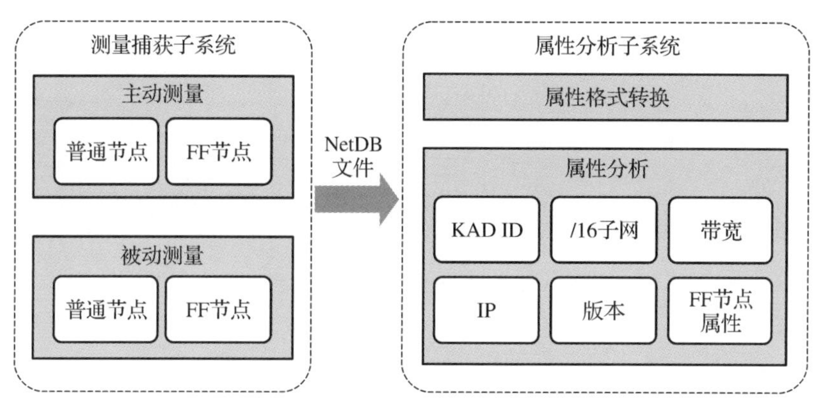

图 12.20 I2P 网络节点测量分析系统架构

如果该值为 true，则将本地节点伪装为 FF 节点，值为 false 则为普通节点，它收集与本地节点通信或交换路由信息的其他普通节点的信息。最后，收集到的节点被保存到本地网络数据库中，以分析其节点属性。网络数据库（NetDB）建立在 Kademlia 协议之上，该数据库存储两种信息：路由器和租约集。

（2）节点属性分析子系统：从上面捕获的节点中提取和预处理所获取的数据，并从以下六个方面分析数据：密钥空间分布、国家分布、/16 子网中 IP 地址的分布、带宽分布、I2P 软件版本和 FloodingFill 节点属性。最后，将其以网页 HTML 的形式表示，并将数据的每日平均值转换为每月属性值。

12.4.4 ZeroNet 网络测量

ZeroNet 与常规 P2P 网络之间存在明显的差异，现有的研究很少涉及 ZeroNet，ZeroNet 的特性和鲁棒性尚不清楚。为了解决上述问题，Wang 等人分别对 ZeroNet 对等资源和站点资源进行了测量，同时提出了针对两者的收集方法[16]。与其他模拟实验不同，该实验是在真实环境下进行的，这也是有关 ZeroNet 的首次测量研究。实验结果表明，ZeroNet 中对等网络的拓扑边缘少、距离短、聚类系数低，其度数分布呈现出特殊的分布。这些表明 ZeroNet 的对等网络具有较差的鲁棒性，ZeroNet 弹性的实验结果证明了这一问题。此外，他们提出了一种改进的对等交换方法，以增强 ZeroNet 的鲁棒性。测量了 ZeroNet 中站点的拓扑特征、语言、大小和版本，并且发现站点的大小和客户端版本也是 ZeroNet 鲁棒性低的原因。

ZeroNet 网址的一般形式为 http://127.0.0.1:43110/(零网站点地址)，安装 ZeroNet 客户端后，利用 NetworkMiner 软件对本机流量进行抓取，然后运行 ZeroNet，浏览器会弹出 ZeroNet 首页，然后访问零网地址 http://127.0.0.1:43110/io-oi.bit/，访问完成后停止抓包。

通过 Wireshark 打开 NetworkMiner 生成的 pcap 文件，如图 12.21 所示，可以看到本机对 ZeroNet 网站进行了 HTTP 请求。

NM_2020-02-21T16-11-25.pcap

文件(F) 编辑(E) 视图(V) 跳转(G) 捕获(C) 分析(A) 统计(S) 电话(Y) 无线(W) 工具(T) 帮助(H)

Apply a display filter … <Ctrl-/>

No.	Time	Source	Destination	Protocol	Length	Info
262	4.824102	127.0.0.1	127.0.0.1	TCP	52	43110 → 58189 [ACK] Seq=184 Ack=772 Win=532480 Len=0 TSval=368481652 TSecr=368481652
263	4.825099	127.0.0.1	127.0.0.1	WebSoc…	113	WebSocket Text [FIN]
264	4.825099	127.0.0.1	127.0.0.1	TCP	52	58189 → 43110 [ACK] Seq=772 Ack=245 Win=532480 Len=0 TSval=368481652 TSecr=368481652
265	4.834075	127.0.0.1	127.0.0.1	HTTP	428	GET /io-oi.bit/js/all.js?lang=zh HTTP/1.1
266	4.834075	127.0.0.1	127.0.0.1	TCP	52	43110 → 58150 [ACK] Seq=226189 Ack=1963 Win=2080 Len=0 TSval=368481661 TSecr=368481661
267	4.839062	127.0.0.1	127.0.0.1	TCP	397	43110 → 58150 [PSH, ACK] Seq=226189 Ack=1963 Win=2080 Len=345 TSval=368481667 TSecr=368
268	4.839062	127.0.0.1	127.0.0.1	TCP	52	58150 → 43110 [ACK] Seq=1963 Ack=226534 Win=2080 Len=0 TSval=368481667 TSecr=368481667
269	4.841056	127.0.0.1	127.0.0.1	TCP	1500	43110 → 58150 [ACK] Seq=226534 Ack=1963 Win=2080 Len=1448 TSval=368481667 TSecr=3684816
270	4.841056	127.0.0.1	127.0.0.1	TCP	1500	43110 → 58150 [ACK] Seq=227982 Ack=1963 Win=2080 Len=1448 TSval=368481667 TSecr=3684816
271	4.841056	127.0.0.1	127.0.0.1	TCP	1500	43110 → 58150 [ACK] Seq=229430 Ack=1963 Win=2080 Len=1448 TSval=368481667 TSecr=3684816

图 12.21 Wireshark 分析 ZeroNet 流量(扫描见彩图)

12.5 物联网测量

物联网目前大多采用无线 Mesh 组网方式,这是因为无线 Mesh 网络设备部署方便,能够提供高带宽、稳定的网络,因此具有更加广泛的应用场景。

针对无线 Mesh 网络,Kolar 等人提出了链路质量测量方法[17],分析了室内 IEEE802.11 Mesh 网络中链路质量测量的统计特性,如接收信号强度和包错误率。结果表明,统计分布和内存属性在不同的链接之间有所不同,但是是可以预测的。他们还提出了一个实时测量框架,使无线网状网络中高层协议的测量成为可能,并且讨论了测量框架的架构。

另外,Kim 等人针对多跳无线网状网络提出了一种高效、准确的链路质量测量框架[18],EAR(Efficient and Accurate link-quality monitoR),它采用了三种互补的测量方案:被动、协作和主动监测。首先,EAR 通过动态地、自适应地采用这些方案中的一种,同时利用网络中存在的单播应用流量来最大化测量精度,并最小化测量开销。其次,EAR 通过测量链路两个方向上的每个链路的质量,有效地识别了无线链路不对称的存在,从而将网络容量利用率提高了 114%。最后,EAR 依赖于网络层和基于 IEEE802.11 的设备驱动程序解决方案,这使得 EAR 可以很容易地部署在现有的多跳无线网状网络中,而无需重新编译系统或修改 MAC 固件。EAR 已经通过基于 NS-2 的模拟和基于 Linux 的实验进行了广泛的评估,都表明 EAR 能够供高精度测量链路质量。

12.6 本章小结

本章对新型网络进行介绍,包括 SDN 网络、数据中心网络、覆盖网络以及物联网,并且对这几种新型网络的测量方法进行归纳和总结。

SDN 网络由于其采用的 OpenFlow 协议提供的端口计数器服务,采用被动测量的方法,基于 OpenFlow 统计消息获取接收、发送数据包个数等统计信息,实现对丢包率和链路吞吐量测量。另外,OpenFlow 提供的 Packet-Out 可以用于构造探测数据包,并基于 Packet-In 机制实现对 SDN 网络拓扑和链路时延的主动测量。除了 OpenFlow 协议外,sFlow 作为一种交换机上进行流量采样的技术,也可以用于采集 SDN 网络中网络流和交换机端口的统计信息,以实现对流速和链路利用率的测量。

数据中心网络具有规模庞大、节点个数众多、流量多和故障种类多样等特点,针对数据中心网络的丢包率测量,微软提出了基于 TCP 连接建立时间的丢包率测量方法,并实现了 Pingmesh 数据中心网络时延测量和分析系统,该系统基于 TCP ping 测量网络时延,通过发送 SYN 报文和接收 SYN/ACK 报文来测量 RTT,并根据 TCP 连接建立时间推测丢包率。为了能够更好地在大型数据中心网络中定位网络故障,微软提出了一种数据中心网络数据包级测量方法,该方法采用被动测量技术,在交换机上根据匹配规则将特定数据包镜像到指定服务器上进行故障检测。此外使用主动测量技术,向网络中注入探针(Probe),使其经过特定交换机,并设置"Debug Bit"来追踪数据包轨迹和行为,结合被动测量的数据包信息来进一步确认故障原因。

针对 P2P 网络拓扑测量,基于 Gnutella V0.6 协议特性,设计了基于正反馈的分布式对等网络拓扑获取系统 D-Crawler。为了能够正确识别出提供 Tor 隐匿服务的服务器,被动测量方法通过给 Tor 网络电路做指纹特征的方法识别这些服务器,并结合 Web 指纹实现 Tor 网络用户跟踪。此外,Tor 网络的实际流量分析攻击方法可以测量 Tor 网络消息源头。I2P 匿名网络节点测量方法针对 I2P 网络节点测量。现有的研究很少涉及 ZeroNet,ZeroNet 的特性和鲁棒性尚不清楚,由此对 ZeroNet 对等资源和站点资源进行了测量,同时提出了针对两者的收集方法。

针对无线 Mesh 网络,提出了链路质量测量方法,针对多跳无线网状网络提出了一种高效、准确的链路质量测量框架 EAR。

正是由于不同的新型网络的特点不一,面临的挑战各不相同,因此新型网络的测量方法需要根据具体的网络场景和测量目标进行设计与实现。

习题 12

12.1 与传统网络相比较,SDN 网络测量的优势是什么?

12.2 简述在 SDN 网络中如何使用被动测量方法测量链路丢包率、链路吞吐量和链路时延。

12.3 举例说明 Pingmesh 系统在数据中心网络中是如何测量丢包率的。

12.4 举例说明 Everflow 系统在数据中心网络中是如何进行丢包检测的。

12.5 简述 P2P 网络拓扑测量 D-Crawler 系统的组成。

12.6 Tor 网络测量的目标有哪些? 并给出实现的方案?

12.7 无线 Mesh 网络中主要围绕哪些进行测量?

参考文献

[1] McKeown N, Anderson T, Balakrishnan H, et al. OpenFlow: Enabling innovation in campus networks[J]. ACM SIGCOMM Computer Communication Review, 2008, 38(2): 69 - 74.

[2] Wang L, Lu Y. A survey of network measurement in Software-Defined Networking[C]//2018 International Conference on Network, Communication, Computer Engineering(NCCE2018), 2018: 113 - 117.

[3] Jiménez J G, Cervero A G. Overview and challenges of overlay networks: A survey[J]. International Journal of Computer Science & Engineering Survey, 2011, 2(1): 19 - 37.

[4] Daponte P, Lamonaca F, Picariello F, et al. A survey of measurement applications based on IoT[C]//IEEE International Workshop on Metrology for Industry. IEEE, 2018: 1 - 6.

[5] OpenFlow Switch Specification-Version 1.3.0[EB/OL]. [2021-04-23]. https://www.opennetworking.org/wp-con-

tent/uploads/2014/10/openflow-spec-v1. 3. 0. pdf.

[6] Hamad D J, Yalda K G, Okumus I T. Getting traffic statistics from network devices in an SDN environment using OpenFlow[C]//Information Technology and Systems 2015 of An IITP RAS Interdisciplinary Conference & School. 2015:951 - 956.

[7] Azzouni A, Trang N, Boutaba R, et al. Limitations of OpenFlow topology discovery protocol[C]//2017 16th Annual Mediterranean Ad Hoc Networking Workshop. IEEE, 2017:1 - 3.

[8] Yu C, Lumezanu C, Sharma A, et al. Software-defined latency monitoring in data center networks[C]//International Conference on Passive & Active Network Measurement. 2015:360 - 372.

[9] Suh J, Kwon T T, Dixon C, et al. OpenSample: A low-latency, sampling-based measurement platform for commodity SDN[C]//2014 IEEE 34th International Conference on Distributed Computing Systems (ICDCS). IEEE, 2014: 228 - 237.

[10] Guo C X, Yuan L H, Xiang D, et al. Pingmesh: A large-scale system for data center network latency measurement and analysis[C]//Proceedings of the 2015 ACM Conference on Special Interest Group on Data Communication. 2015: 139 - 152.

[11] Zhu Y B, Kang N X, Cao J X, et al. Packet-level telemetry in large datacenter networks[C]//Proceedings of the 2015 ACM Conference on Special Interest Group on Data Communication. 2015: 479 - 491.

[12] 王勇,云晓春,李奕飞. 对等网络拓扑测量与特征分析[J]. 软件学报,2008,19(4):981 - 992.

[13] Kwon A, AlSabah M, Lazar D, et al. Circuit fingerprinting attacks: Passive deanonymization of tor hidden services [C]//Proceedings of the 24th USENIX Security Symposium (USENIX Security 15). 2015: 287 - 302.

[14] Chakravarty S, Barbera M V, Portokalidis G, et al. On the effectiveness of traffic analysis against anonymity networks using flow records[C]//International Conference on Passive and Active Network Measurement. Springer, Cham, 2014: 247 - 257.

[15] Liu L K, Zhang H L, Shi J T, et al. I2P Anonymous communication network measurement and analysis[C]//International Conference on Smart Computing and Communication. Springer, Cham, 2019: 105 - 115.

[16] Wang S Y, Gao Y, Shi J Q, et al. Look deep into the new deep network: A measurement study on the ZeroNet[C]// International Conference on Computational Science. Springer, Cham, 2020: 595 - 608.

[17] Kolar V, Razak S, Möhönen P, et al. Link quality analysis and measurement in wireless mesh networks[J]. Ad Hoc Networks, 2011, 9(8): 1430 - 1447.

[18] Kim K H, Shin K G. On accurate measurement of link quality in multi-hop wireless Mesh networks[C]//Proceedings of the 12th Annual International Conference on Mobile Computing and Networking. 2006: 38 - 49.

13 网络测量资源

网络测量对网络研究与发展十分重要，它为网络的稳健、可靠、高效运行提供依据。在开展网络测量研究时，恰当使用网络测量相关资源，将有助于研究工作的推进。网络测量相关资源大致可以分为几类：一、数据资源，即使用现有的公共测量数据开展研究，该类数据一般为个人难以收集的数据内容；二、平台资源，即利用测量工具平台来获取想要的测量数据，进而服务于自己的研究内容；三、网络仿真资源，即使用网络仿真软件来配置网络及流量特性，进而评估相应的网络协议及算法；四、学术资源，即网络测量领域重要的学术会议上所录用的论文及所讨论的主题内容，研究人员们需要不断学习优秀的网络测量方法或技术，使得自己的研究工作朝着正确的方向推进。

本章的章节安排如下：13.1 节对网络测量相关资源进行概述，讨论使用网络测量资源的重要性和必要性。13.2 节对主动测量数据、BGP 数据、无线网数据和恶意代码库这四类公共测量数据进行简要介绍，并提供具体数据集的描述。13.3 节分析主流测量工具平台 PlanetLab 和 ARK 的体系结构及相关应用，并简要介绍 NBOS 系统和 CENI 未来网络试验设施平台。13.4 节对网络仿真方法进行阐述，详细介绍 NS2 和 NS3 这两款主流开源仿真软件的体系结构和仿真流程，同时分别给出简单的仿真实例。13.5 介绍网络测量领域重要的学术会议（IMC、PAM、SigMetrics）的基本信息，并讨论每年各会议关注的主题内容。

13.1 网络测量资源概述

自 20 世纪 80 年代末以来，互联网一直以指数的速度膨胀，其流量日益庞杂并且它的控制机制和行为特征也日益复杂。网络测量是深入认识网络特性的重要手段，也是实施流量工程、进行网络管理和优化设计的重要依据，进而为从事网络理论和技术研究及工程开发人员提供帮助和支持。

测量数据是网络测量技术的基础。测量数据需要尽量准确地记录某一段时间内的被测网络流量，进而为研究者们评估相关网络协议及算法提供数据支撑。当涉及大规模范围内或特定网络的测量数据时，仅依靠单个或少数几位研究人员是很难收集的，如全球 IPv4 拓扑数据集等。幸运的是，目前已有不少公共测量数据供研究人员进行使用及分析，如主动测量的数据、BGP 数据、无线网数据等。

除使用公共测量数据之外，研究人员也可以使用提供网络测量服务的网络试验床，以执行特定的测量任务或收集特定的网络数据。利用诸如 PlanetLab、Ark 等测量工具平台，网络设备和系统能够得到实际应用环境的检验，同时，所获得的测试数据也能够更好地重现真实网络环境。

此外，网络仿真技术作为网络通信研究的重要技术手段之一，也被应用于网络测量相关工作中。网络仿真通过计算机软件建模网络中的节点、路由器、协议等实体，将网络中的行为建模为随机发生的离散事件，通过对离散事件的处理产生网络中的状态数据，从而实现真实网络环境的模拟[1]。网络仿真技术能够灵活可靠地设计和拟合网络，能够以较低的成本进行网络设计和实验，研究人员不仅能对网络通信、网络设备、协议以及网络应用设计研究，还能对网络的性能进行分析和评价。

网络测量和分析是网络行为学研究的基础，通过测量分析可以掌握网络行为的基本特征。网络测量具有广泛的应用范围，包括网络故障诊断、协议排错、网络流量特征分析、业务性能评估、计费管理和网络入侵检测等[2]。合理使用网络测量资源，将对研究人员的工作提供不小的助力。与此同时，研究人员也需关注网络测量领域的重要学术会议如 IMC、PAM、SigMetrics 等，以洞悉当前网络测量工作的热点研究方向等。

13.2 公共测量数据

13.2.1 主动测量数据

应用互联网数据分析中心（the Center for Applied Internet Data Analysis，CAIDA）[3]成立于 1997 年，它致力于网络研究，为科研组织提供大规模的数据收集、整理和数据分发服务。该组织位于联邦政府资助的圣地亚哥超级计算机中心，负责设计、部署和维护日益增长的计算、数据分析和可视化服务，同时也为全球网络运送和维护小型测量仪器，从而拓展其 Archipelago（Ark）网络测量平台，以供互联网以及网络安全研究团体使用。

Ark 是 CAIDA 部署并维护的一个全球分布式测量平台。目前 Ark 主要用于互联网拓扑测量，CAIDA 通过全世界不同的 Ark 节点，动态有策略地在这些节点之间划分探测工作，以协调大规模基于 traceroute 的拓扑测量。CAIDA 提供了多种类型数据集[4]，分别是：① The Ark IPv4 Routed/24 Topology Dataset；② The Ark IPv6 Topology Dataset；③ The Ark IPv4 Routed/24 DNS Names Dataset；④ IPv6 AS Links。基于 Ark 测量基础架构，涵盖 Topology、Domain Name、AS 等领域。

1）The Ark IPv4 Routed/24 Topology Dataset

这个数据集涵盖全球 IPv4/24 地址前缀的数据。CAIDA 通过连续向目标 IP 地址发送 scamper 探测来收集数据，从 Internet 上的每个路由 IPv4/24 前缀中随机选择目的地址，这样每个前缀中的随机地址大约每 48 h 探测一次（一个探测周期）。CAIDA 采用团队探测方法，将探测工作分布在所有 Ark 监测器上，所以在每个探测周期中，一个 Ark 监测器将探测一个/24 前缀的目的地址。当前路由的 IPv4 前缀列表是使用的 2013 年 7 月 3 日 RouteViews BGP 表创建的。

使用该数据集需要注意以下两点：① IPv4 Routed/24 Topology Dataset 使用动态目的地址列表，故在这个数据集中无法测量到一致的 IPv4 地址；② 采用团队探测将测量结果分布在许多 Ark 监测器上，所以在给定路由前缀中随机选择的 IP 地址不会被同一组监视器在一段时间内一致地探测。

目前该类型数据集有两种获取方法，历史数据可以直接从 CAIDA（https://www.caida.org/）下载，受限的最新数据需要注册 IMPACT（https://www.impactcybertrust.

org/)账号下载。

2) The Ark IPv6 Topology Dataset

IPv6 拓扑数据集包含了对研究 IPv6 互联网的 IP 和 AS 拓扑有用的信息。此度量的重点是发现拓扑,而不是寻找响应目的地址。自 2008 年 12 月 12 日以来,由一组全球分布的 Ark 监测器对这些数据进行持续的收集。

CAIDA 使用基于 traceroute 的 scamper 工具,利用 Paris traceroute 技术收集数据,对每个探测路径,CAIDA 收集其所有跃点(包括中间跃点)的 IP 地址、RTT、应答 TTL 和 ICMP 响应。与 IPv4 Routed/24 Topology Dataset 相同,每个 Ark 监测器从 Internet 上的每个路由 IPv6/48 前缀中随机选择目的地址,探测周期为 48 h。截至 2014 年 4 月,35 个 Ark 监测器正在探测 10 269 个路由 IPv6 前缀。目前该类型数据集可以直接从 CAIDA 官网下载。

3) The Ark IPv4 Routed/24 DNS Names Dataset

The IPv4 Routed/24 DNS Names 为 The Ark IPv4 Routed/24 Topology Dataset 中的 IP 地址提供了完全限定的域名,可以在 IPv4 路由/24 拓扑数据集的跟踪中看到,同时还提供了由构造 DNS 名称数据集所需的 DNS 查找所产生的 DNS 查询和响应流量。

基于 Ark 架构,CAIDA 使用定制的 DNS 批量查找服务器执行 DNS 查询,并收集数据,该服务每天执行数百万次 DNS 查询,通常在收集拓扑跟踪后不久就会执行 DNS 查询,以便更好地匹配收集拓扑数据时的网络状态。每获得一个 IP 便立刻查找其对应的 DNS 域名并记录下来,对于查找结果返回正确的 IP,7 天内不再查询;对于查找结果返回失败的 IP,重复查询 2 次,间隔为一天。

从 2008 年 7 月开始,每季度都会收集大约三周的 DNS 历史数据。数据有两种格式:一种是标准的 pcap 文件;另一种是每个 pcap 文件的文本转储,其中包含来自 DNS 响应的最有用的值。2014 年 4 月,由于数据收集程序的变化,该项目停止。

目前该类型数据集有两种获取方法,历史数据可以直接从 CAIDA 下载,受限的数据需要注册 IMPACT 账号下载。

4) IPv6 AS Links

这个数据集对于在自治系统(Autonomous Systems,ASes)级别上研究 Internet 的拓扑非常有用,自治系统近似于在单个管理控制下的网络。ASes 是一个重要的抽象概念,因为它是全球互联网路由系统中的"路由策略单元"。ASes 之间通过对等关系交换流量,这些对等关系定义了高层次的全球互联网拓扑结构。

IPv6 AS Links 提供了定期的 AS 链接快照,这些快照来自 IPv6 Topology Dataset,使用 RouteViews 的 BGP 数据处理 IPv6 Topology Dataset,将 IPv6 地址与 AS 映射,使得原来探测到的 IP 路径折叠成一组 ASes 之间的链接。

目前该类型数据集可以直接从 CAIDA 官网获取,用户可下载从 2008 年 12 月至今的公开的 IPv6 AS Links 数据集。

CAIDA 提供了多种主动测量的数据集供研究人员使用,更多数据集获取可检索网址:https://catalog.caida.org/search?query=types=dataset%20tag:caida。

13.2.2　BGP 数据

Route Views[5]全称为 The University's Route Views project，是俄勒冈大学高级网络技术中心创建的一个项目，最初的构想是作为互联网运营商从互联网周围几个不同骨干网和位置的角度获取有关全球路由系统的实时边界网络协议（Border Gateway Protocol，BGP）路由信息的工具。尽管已有其他工具处理相关任务，但它们通常仅提供路由系统的受限视图（例如，单个提供程序或路由服务器），或者没有提供对路由数据的实时访问服务。

RouteViews 最初是为了帮助互联网服务提供商确定他们的网络前缀是如何被其他人查看，以便调试和优化对其网络的访问。现在，Route Views 在全球部署收集器收集全球 BGP 信息，并向大众提供相关数据集。因此，Route Views 还被用于一系列其他目的，如学术研究等。NLANR 使用 Route Views 数据来可视化 AS 路径，并研究 IPv4 地址空间利用率。还有研究人员使用 Route Views 数据将 IP 地址映射到源 AS，用于各种拓扑研究。

Route Views 提供的数据集有两种数据格式，分别是 Cisco 格式和 Zebra 格式[6]。

1）Cisco 格式

Cisco 格式指的是从 00:00 开始每两个小时进行一次数据收集得到的数据。这个过程相对较慢，因此实际的时间戳会有所不同。任何丢失或截断的数据都可能是由于路由器崩溃或本地网络维护造成的。这种格式的数据是直接由 show ip bgp 命令输出的结果，由 Cisco 直接从它的 CLI 收集。

Cisco 格式内容的数据由图例信息和具体的 BGP 数据两部分组成，如图 13.1 所示，图例信息包含状态码（Status codes）和原始代码（Origin codes）两类。状态码的图例指示 BGP 数据中每一行的前两个字符，并指示路由的状态；原始代码的图例应用于 BGP 数据中每一行的最后一个字符，它是众所周知的 BGP Origin 属性的值。

```
Status codes: s suppressed, d damped, h history, * vaild, > best, i - internal
Origin codes: i - IGP, e - EGP, ? - incomplete
```

图 13.1　Cisco 格式数据的图例内容

每行 BGP 数据除了前两个字符和最后一个字符外，还包含 Network、Next Hop、Metric、LocPrf、Weight 和 Path 这 6 个字段值。其中 Network 字段为当前路由的 BGP prefix，掩码为可选；Next Hop 字段指示到达目的地址的下一跳 IP 地址；Metric 字段即 BGP 的 multi_exit_characterminator 属性，该字段数值越小，则表示优先级越高；LocPrf 字段即 Local_Preference 属性，该字段数值越大，则表示优先级越高；Weight 字段为 Cisco 格式特有的字段，是一个本地值，通常用于通路规划；Path 字段即 AS_Path 属性，记录到达目的 AS 所经过的 AS 编号。

2）Zebra 格式

Zebra 格式的文件分为两类，分别是 RIBS 和 UPDATES。其中，RIBS 是每 2 h 收集的快照，UPDATES 每隔 15 min 记录了正在运行的数据内容。

Zebra 有一种内置的转储 BGP 数据的机制。它可以转储它的 BGP RIB、每个对等体的完整 BGP 数据流以及各种状态信息。这些格式称为 MRT 格式。使用工具 route_btoa 可以读取 MRT 数据并将其转储为 ASCII 码的文本内容。该内容有两种格式，分为人类可读(human readable)格式和机器可读(machine readable)格式。

默认格式为人类可读格式，每一行会显示一个 MRT 记录的一个字段信息，所有的记录包括它被记录的时间(time)和它的类型(type)。其余字段根据记录的类型而异，可以是来自单个 BGP 更新消息的属性，如源 IP 地址、目的 IP 地址、下一条路由的 IP 地址等。

机器可读格式如图 13.2 所示，它包含的字段有 BGP protocal、unix time in seconds、Withdraw or Announce、PeerIP、PeerAS 和 Prefix，每个字段之间用“|”(bar 或 pipe 字符)分隔，并占用一行。由于 BGP 更新消息可以携带多个已撤销(“unfeasible”)和已宣布(NLRIs)消息，因此一个消息可能产生多个行。

BGP protocal | unix time in seconds | Withdraw or Announce | PeerIP | PeerAS | Prefix |

图 13.2 机器可读形式的 Zebra 格式数据

Route Views 提供的 BGP 数据有两种类型：一种是数据归档(Data Archives)形式，可以直接从 Route Views 归档(http://archive.routeviews.org/)下载，使用 BGPScanner 或 BGPDump 等工具查看；另一种是 CLI 形式，该类型数据可以使用 putty 通过 Telnet 服务，利用 23 端口远程登录到 Route Views 或者 Cisco 服务器，登录到服务器之后可以通过 show ip bgp 等命令查看详细内容。

13.2.3 无线网数据

从无线网络(及其用户)获取的数据能够帮助研究人员了解真实的用户、应用程序和设备如何在真实的条件下使用无线网络。然而，收集这些数据具有挑战性且成本高昂，因此达特茅斯学院的研究者们建立了达特茅斯无线数据归档社区资源(Community Resource for Archiving Wireless Data At Dartmouth，CRAWDAD)[7]作为无线网络数据共享的平台。

截至 2019 年 5 月 20 日，CRAWDAD 平台上有 125 个数据集和 22 个工具，平台用户 14 141 名。以下主要对 buffalo/phonelab-wifi 数据集和 cambridge/haggle 数据集进行简要介绍[8]。更多数据集可从 CRAWDAD 官网下载。

1) buffalo/phonelab-wifi 数据集

该数据集隶属于纽约州立大学布法罗分校(University at Buffalo)，是由 PhoneLab 智能手机测试平台于 2014 年 11 月 7 日至 2015 年 4 月 3 日期间收集的涵盖 Wi-Fi 扫描结果和连接状态的数据集，由 Shi Jinghao、Qiao Chunming、Dimitrios Koutsonikolas 和 Geoffrey Challen 提供。智能手机执行 Wi-Fi 扫描，以适应因移动性导致的不断变化的无线环境。从网络监控的角度来看，这种从用户角度进行的扫描可提供类似正常用户使用的网络测量数据。为了观察这样的测量是否可以为监控大规模的无线网络提供新的见解，Shi Jinghao 等人收集了 5 个多月的 PhoneLab 智能手机测试平台的 Wi-Fi 扫描结果数据和其他 Wi-Fi 相关日志。

PhoneLab 是布法罗大学的一个大型智能手机测试平台。参与者将装有仪器的 Nexus 5 智能手机作为主要设备，利用 PhoneLab 平台收集与 Wi-Fi 相关的事件。Android 系统会在某些事件发生时发送广播，如 Wi-Fi 扫描结果可用、Wi-Fi 连接状态改变等，当这些事件发生时,实验记录人员将记录它们。

数据集中出现的标识符(设备 IP,AP SSID、BSSID 等)都已经经过哈希处理,这些标识符在整个数据集中被一致地散列,因此可以在每个数据集中找到相同的标识符。但是该数据集也存在着一些弊端:一方面,由于只是被动地监听 Wi-Fi 扫描结果事件,所以时间粒度完全依赖于 Android 系统的内部扫描频率;另一方面,由于是在 PhoneLab 测试平台进行,参与者大部分是 UB 的教职员工和学生,因此大部分的 Wi-Fi 网络都是 UB 的校园 Wi-Fi 或者每个参与者的家庭 Wi-Fi,参考性大打折扣。

该数据集网址为:www. crawdad. org/buffalo/phonelab-wifi。

2) cambridge/haggle 数据集

该数据集于 2005 年 1 月 6 日至 2006 年 4 月 27 日期间利用英特尔研究所的 iMote 平台进行实验收集而成。iMotes 源自 Berkeley Mote3,实验时的版本基于 Zeevo TC2001P 片上系统,提供 ARM7 处理器和蓝牙支持。每个 iMote 连同 950mAh CR2 电池一起包装,旨在方便测试对象连续携带。实验提供了两种类型的包装:一些 iMotes 被制成钥匙扣,而另一些则被封装在小盒子中。实验参与者自由选择外形尺寸,使他们可以随时随地方便地携带 iMote。

数据由多次实验收集的数据汇总而成。第一次实验来自 8 名在剑桥英特尔研究院工作的研究人员和实习生;第二次实验来自剑桥大学计算机实验室一个研究小组的 12 名博士生和教员;第三个实验是在 IEEE INFOCOM 2005 年迈阿密会议上进行的,41 个 iMotes 被与会者携带了 3 到 4 天;第四个实验追踪不同移动用户之间的联系,以及移动用户与各种固定地点之间的联系,在这次实验中,移动用户主要是来自剑桥大学的学生,他们被要求在实验期间一直随身携带 iMotes。除此之外,实验人员在不同的地点部署了一些固定节点,比如英国剑桥市及其周边的杂货店、酒吧、市场和购物中心。一个固定的 iMote 也被放置在计算机实验室的接待处,其中大部分的实验参与者是学生。

该数据集网址为:www. cambridge. intel-research. net/haggle/。

13. 2. 4 恶意代码库

恶意代码(malicious code)又称为恶意软件(malicious software,Malware),是能够在计算机系统中进行非授权操作的程序,从而达到破坏被感染计算机数据的安全性和完整性的目的。一般情况下,恶意代码可能通过网络安全漏洞、电子邮件、存储媒介或者其他方式植入到目标计算机,并随着目标计算机的启动而自动运行。一旦恶意代码进入目标计算机,它就会扫描操作系统的漏洞并对系统执行非预期的操作,最终降低系统的性能。同时,恶意代码还能够感染其他可执行代码、数据及系统文件等,并在网络上创建导致拒绝服务的过多流量。如果操作系统存在漏洞,恶意软件也可以控制系统并感染网络上的其他系统。

恶意代码大致可以分为后门、逻辑炸弹、特洛伊木马、病毒、蠕虫、Zombie 共六类。其中,后门是某个程序的秘密入口,通过该入口启动程序,可以绕过正常的访问控制过程,因此,获悉后门的人员可以绕过访问控制过程而直接对资源进行访问。逻辑炸弹是包含在正常应用程序中的一段恶意代码,某种条件出现(如到达某个特定日期、增加或删除某个特定文件等)将激发这一段恶意代码,而执行这一段恶意代码将导致非常严重的后果,如删除系统中的重要文件和数据、使系统崩溃等。特洛伊木马会模拟真实程序的行为,如登录 shell

和劫持用户密码，以获得远程控制系统，而其他恶意活动可能包括监控系统、破坏系统资源（如文件或磁盘数据）、拒绝特定服务。病毒是指具有有害意图并具有自我复制能力的程序，病毒代码通常会被附加到可执行文件中，当文件运行时，病毒代码便被执行。并且，病毒可能会通过网络或损坏的媒体（如软盘、USB 驱动器）从受感染的计算机传播到其他计算机[9]。蠕虫是不需要计算机使用者干预即可运行的攻击程序或代码，它会扫描和攻击网络上存在安全漏洞的主机，通过局域网或者国际互联网从一个节点传播到另一个节点。Zombie 俗称僵尸，是一种具有秘密接管其他连接在网络上的系统，并以此系统为平台发起对某个特定系统的攻击功能的恶意代码。

目前，恶意代码的数量仍在持续增长，其复杂程度也因多态、代码混淆等技术手段的应用而不断上升。因此，恶意代码检测技术的发展对于维护网络安全至关重要。恶意代码检测技术可以分为两类：一是基于异常的检测技术（Anomaly-based detection），它利用对正常程序行为构成的信息来确定被检查程序的恶意性；二是基于签名的检测（Signature-based detection），它使用其已知的恶意特征来确定被检查程序的恶意性[10]。通过分析已知恶意代码样本的静态特征（如字节码、字符串等）和动态特征（如 API 调用序列、文件操作等），可以实现恶意代码的分类，并进一步帮助实现恶意代码检测的目标。

恶意代码样本可以从一些提供恶意代码数据集的网站上获取，主要站点有 VirusShare、VirusTotal、MalwareBazaar、BODMAS 等，还有一些供网络入侵研究使用的数据集如 KDD-CUP99 数据集等，具体介绍如下。

1） VirusShare

VirusShare[12]是一个恶意软件样本存储库，可为安全研究人员、事件响应人员、取证分析师等提供服务。出于安全原因，新用户仅能通过邀请才能访问该站点，具体方式是向给定网站工作人员（Melissa97@virusshare. com）发送主题为“access”的电子邮件，该工作人员会审核访问请求并发回一个邀请链接。在登录后，用户即可进行恶意代码样本的搜索和下载，同时也能够对部分实时恶意软件进行访问。

该系统目前包含 4000 多万个恶意软件样本。在下载数据时，网站要求不允许使用机器人、脚本或其他方法从站点抓取数据、以过高的速度下载样本或以其他方式影响站点、后端系统或用户体验的性能。为了安全起见，所有恶意代码样本都以受密码保护的 zip 文件形式提供，所有 zip 压缩形式的恶意代码样本的密码都是“infected”。

该网站的网址为：https://virusshare. com/。

2） VirusTotal

VirusTotal[13]是一个提供恶意软件检测服务的系统，它能够分析用户提交的文件和 URL，并给出详细的报告结果。以 URL 分析报告为例，包含的内容有：审查该文件的 VirusTotal 合作伙伴的总数、认为该 URL 有害的 VirusTotal 合作伙伴的总数、给定 URL 的资源类型（如 html，xml，flash，email，outlook 等）、评审日期与时间、从属于被扫描 URL 的域名网站图标、由 VirusTotal 的社区（注册用户）决定的被扫描 URL 的声誉等信息。

VirusTotal 使用 70 多种防病毒扫描程序和 URL/域阻止列表服务来检查用户提交的项目，此外还有无数从研究内容中提取信号的工具。任何用户都可以使用浏览器从计算机中选择一个文件并将其发送到 VirusTotal。VirusTotal 提供了多种文件提交方法，包括主要的公共 Web 界面、桌面上传器、浏览器扩展和程序化 API。与文件一样，URL 可以通过几种不同的方式提交，包括 VirusTotal 网页、浏览器扩展和 API。

普通用户能够根据需要将任意数量的文件上传到 VirusTotal，但从 VirusTotal 下载恶意软件样本仅限于付费用户。由 VirusTotal 生成的扫描报告将与公共 VirusTotal 社区共享。用户可以对特定内容是否有害进行评论和投票。通过这种方式，有助于用户加深社区对潜在有害内容的集体理解，并识别假阳性(即无害项目被一个或多个扫描仪检测为恶意)。

该网站的网址为：https://www.virustotal.com/gui/home/upload。

3) MalwareBazaar

MalwareBazaar[14]是来自 abuse.ch 的一个项目，其目标是与信息安全社区和威胁情报提供商共享恶意软件样本，而不必一直受到下载限制或支付昂贵的订阅费用。该网站允许用户查看并下载各种病毒数据，还提供了相应 API 供用户做大量样本的下载。用户也能够使用 Web 或者 API 上传恶意软件样本到 MalwareBazaar 语料库中。

与 VirusTotal 不同的是，MalwareBazaar 仅跟踪恶意软件样本，没有良性文件，同时可以根据需要免费地上传和下载任意数量的恶意软件样本。目前，语料库中的恶意软件样本已达 38 万个，样本种类非常丰富，并且更新日期也较新。

该网站的网址为：https://bazaar.abuse.ch/browse/。

4) BODMAS

BODMAS[15]是一个开放的 PE 恶意软件数据集，它主要提供了包含时间戳的恶意软件样本及恶意软件家庭信息的数据集，以供研究人员研究概念漂移和恶意软件家庭演变等内容。BODMAS 数据集包含从 2019 年 8 月到 2020 年 9 月收集的 57 293 个恶意软件样本和 77 142 个良性样本，以及 581 个恶意软件家庭信息。

BODMAS 使用 LIEF 项目(版本 0.9.0)提取特征向量，每个样本都表示为2 381 个特征向量，以及它的标签(良性或恶意)和恶意软件家族(如果是恶意的)。在执行下载等操作后，用户可以得到特征向量，元数据，以及恶意软件样本的原始二进制文件。

该数据集的网址为：https://whyisyoung.github.io/BODMAS/。

5) NSL-KDD 数据集

NSL-KDD 数据集[16]是用于网络入侵检测的数据集，它是对 KDD 99 数据集的改进：① NSL-KDD 数据集的训练集中不包含冗余记录，所以分类器不会偏向更频繁的记录；② NSL-KDD 数据集的测试集中没有重复的记录，使得检测率更为准确；③ 来自每个难度级别组的所选记录的数量与原始 KDD 数据集中的记录的百分比成反比，因此，不同机器学习方法的分类率在更宽的范围内变化，这使得对不同学习技术的准确评估更有效；④ 训练和测试中的记录数量设置是合理的，这使得在整套数据集上运行实验成本低廉而无需随机选择一小部分，因此，不同研究工作的评估结果将是一致的和可比较的。

但是，NSL-KDD 数据集由于缺少基于入侵检测网络的公共数据集，因此并不能完美模拟现有的真实网络。但它仍然可以用作有效的基准数据集，以帮助研究人员比较不同的入侵检测方法。

NSL-KDD 下载地址：https://www.unb.ca/cic/datasets/nsl.html，其包含文件如表 13.1 所示：

表 13.1 NSL-KDD 数据集文件

文件	内容
KDDTrain+.ARFF	带有二进制标签的 ARFF 格式的完整 NSL-KDD 训练集
KDDTrain+.TXT	完整的 NSL-KDD 训练集，包括 CSV 格式的攻击类型标签和难度级别
KDDTrain+_20Percent.ARFF	KDDTrain+.ARFF 的 20%子集
KDDTrain+_20Percent.TXT	KDDTrain+.TXT 的 20%子集
KDDTest−21.ARFF	KDDTest+.ARFF 的子集，不包括难度等级为 21/21 的记录
KDDTest−21.TXT	KDDTest+.TXT 的子集，不包括难度等级为 21/21 的记录

13.3 测量工具平台

13.3.1 PlanetLab

PlanetLab[17]是一个全球范围的用于研究和测试新的网络应用的互联网络，旨在提供一个支持广域覆盖服务的全球试验平台。其最初的体系架构由来自普林斯顿大学、加州大学、英特尔公司等机构的 30 多位研究人员共同开发。

传统网络试验床大多建立在某个孤立的局域网或者广域网上，而 PlanetLab 覆盖于现在的互联网上。这使得在其上进行的试验可以在真实的网络环境中运行，研究人员可以通过互联网获取更加真实的数据。PlanetLab 既支持用户进行短期试验，也允许部署支持客户端工作负载的连续运行服务。任何考虑使用 PlanetLab 的研究组需请求一个 PlanetLab 分片，在该分片上能够试验各种全球规模的服务，包括文件共享和网络内置存储、内容分发网络、路由和组播重叠网、QoS 重叠网、可规模扩展的对象定位、可规模扩展的事件传播、异常检测机制和网络测量工具[18]。

PlanetLab 由数个管理中心（PlanetLab Consortium，PLC）和大量节点（Node）组成。这些节点由许多独立的站点（Site）管理和维护。这些站点一般布置在包括大学、研究机构和 Internet 商业公司等。

一个节点实际上就是一台能够承载一个或多个虚拟机的计算机或服务器。一个节点必须至少有一个非共享的 IP 地址。每个节点由唯一的节点 ID 所标识，这个节点 ID 值被绑定到该节点的一组属性上，如节点的托管站点（由网络前缀表示）、节点的当前 IP 地址、节点的 MAC 地址等。除了站点网络前缀之外，这些属性可以改变以满足节点硬件替换的需求，但节点（及其节点 ID）不能从一个站点迁移到另一个站点[21]。

PlanetLab 节点结构如图 13.3 所示[22]。其中，每个 PlanetLab 节点上同时运行大量条带虚拟机（Sliver），节点的资源（包括 CPU 时间、内存、外存、网络带宽等）被分配给这些虚拟机。切片（Slice）是一组条带虚拟机（Sliver）的集合，每个切片通过虚拟机共享系统硬件资源，底层的隔离机制使得不同切片完全隔离，互不可见。多个切片在同一节点上运行，由虚拟机监视器（VMM）在其中仲裁节点的资源。节点管理模块（Node Manager）驻留在内核之外，用来控制节点资源的分配，包含创建切片、监控节点状态、审计系统活动等。而本地管理模块（Local Admin）提供了较弱的系统权限，其目标是为它们提供一组管理节点的工具，而无需提供完全 root 访问权限。

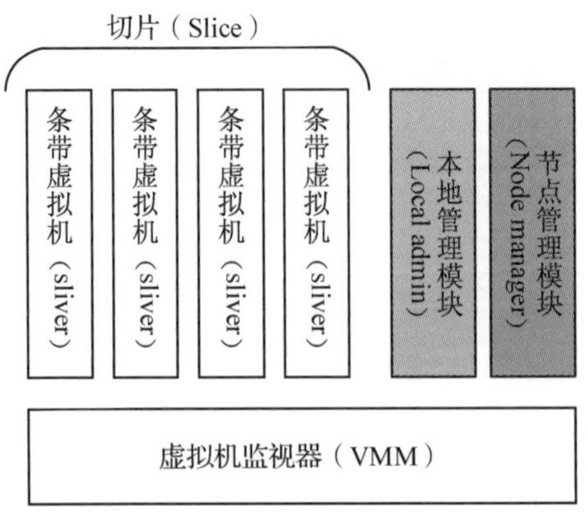

图 13.3 PlanetLab 节点结构

节点所有者(Node Owner)指拥有一个或多个 PlanetLab 节点的组织，每个所有者保留对自己节点的最终控制权，但将管理这些节点的责任委托给受信任的 PLC 中介；用户(User)是在一组 PlanetLab 节点上部署服务的研究人员，可以通过 PLC 中介提供的机制在 PlanetLab 节点上创建切片。PLC 作为一个可信中介，既为节点所有者管理节点，也为用户在这些节点上创建切片以提供服务，三者关系如图 13.4 所示[23]。

图 13.4 节点所有者、可信管理中心和用户的关系

由于 PlanetLab 节点部署在世界各地，因此切片上的虚拟主机也就遍布世界各地，这样用户就获得了一个由遍布世界各地的主机组成的网络试验环境。借此，用户可以进行全球范围的、真实环境下的网络试验。此外，用户与切片之间没有固定的对应关系，即用户能够访问 PlanetLab 试验床内其他用户创建的各类切片。

PlanetLab 账户仅限于与托管 PlanetLab 节点的公司和大学有关联的人员。然而，PlanetLab 上已经部署了一些免费的公共服务，包括 CoDeeN 和 OpenDHT 等。其中，CoDeeN[24]是普林斯顿大学于 2003 建立在 PlanetLab 之上的学术内容分发网络(Content Distribution Network，CDN)测试平台。OpenDHT 则是 PlanetLab 作为评估备选分布式哈希表协议的一个公平的平台而实现的方案。

自从 PlanetLab 在 2002 年首次上线以来，全世界超过 9 000 名来自大学和研究实验室的研究人员使用它开发分布式存储、内容分发、点对点系统、分布式哈希表和查询处理等技术。我国教育和科研计算网(CERNET)于 2004 年 12 月加入 PlanetLab，它首先在中国 20 个城市的 25 所大学中设立 50 个 PlanetLab 节点，使得 CERNET 成为亚洲第一个地区性的 PlanetLab 研究中心。PlanetLab 最多曾在全球建成 717 个站点，节点数目达 1 353 个。

PlanetLab 已于 2020 年 5 月底正式关闭，但在欧洲(PlanetLab Europe[19])仍继续运行，并持续增长，每月注册新站点。

13.3.2　Ark

Archipelago(Ark)[27]是 CAIDA 的主动测量基础设施，自 2007 年以来服务于网络研究社区。Ark 平台由位于圣地亚哥超级计算机中心的中央服务器锚定，由位于 40 多个国家/地区的专用测量节点组成。这些节点由运行 FreeBSD 的 1U 服务器（高可用高密度的低成本服务器平台）和运行 Raspbian 的树莓派（基于 Linux 的单片机电脑）组成，提供了一个硬件和软件平台，为网络研究人员提供了实现临时和高度协调的测量实验的工具。

目前，Ark 研究团队正基于第二代树莓派以部署小型、廉价的网络测量节点。尽管很小，树莓派提供了低端桌面级的性能，并提供了一个灵活的 Linux 驱动的可编程平台，用于进行网络研究。托管站点可以将这些系统定位在任何方便的位置。这种从部署传统机架式服务器到树莓派服务器的转变使得 Ark 平台的基础架构进一步扩大，通过部署具有尽可能多的地理和拓扑多样性的硬件测量节点，进而增强对全球互联网的理解。

Ark 平台实际上是由分布在世界各地网络中的测量节点（机器）组成的，测量节点通过 Internet 连接到中央服务器（在 CAIDA 上），形成逻辑星型拓扑。

测量基础设施是一个分布式系统，它包含许多组件，这些组件必须以复杂的方式一起工作，以实现一个共同的目标。为了便于协调，Ark 提供了一个名为 Marinda 的通用的协调工具：元组空间（tuple space）。元组空间的基本思想起源于 20 世纪 80 年代 David Gelernter 开发的 Linda coordination 语言，它是一种分布式共享内存，结合了少量易于使用的操作。元组空间存储元组，元组是简单值（字符串和数字）的数组。客户端通过模式匹配检索元组。

元组空间是一种多对多的通信和协调媒介。通过这种媒介，测量客户端能够以复杂的方式进行交互，例如在监视器之间交换状态和触发操作。此外，元组空间抽象使得 Ark 平台采用点对点架构，进而让其中的参与者既是客户端也是服务器。多重元组空间区域之间并不相交，各自隔离通信空间以保护隐私和防止干扰。

Ark 平台通过在 Ark 监测器及服务器上部署 RADclock 以实现高精度时间同步。Ark 同时也支持使用主动测量工具 Scamper 以进行跟踪路由测量。此外，Ark 还提供了对 mper 探测引擎、Dolphin（批量 DNS 解析工具）、qr（批量 DNS 解析工具）、tod-client（按需拓扑测量）和 Vela（用于进行拓扑测量的 Web 界面）等软件及工具的支持[28]。

目前，Ark 提供了诸如 IPv4/IPv6 拓扑数据集、IPv4/6 DNS 名称数据集、AS 关系数据集等，为网络测量方面的研究工作提供了巨大助力。在 Ark 测量基础设施上进行的研究工作可分为托管测量、正在进行的测量和按需测量三类，以下将对这三类测量工作分别作简要介绍。

1）托管测量：Spoofer 项目

在与海军研究生院（NPS）和麻省理工学院（MIT）的合作中，Ark 监测器参与了 Spoofer 项目[29]，帮助测量 Internet 对欺骗性源地址 IP 数据包的敏感性。监控器通过接收潜在的欺骗流量并将其转发到 MIT 的 Spoofer 项目的服务器进行分析，从而收集有关 IP 欺骗的数据。

2）正在进行的测量：Internet 拓扑发现

Ark 被用于进行协调的、大规模的基于 traceroute 的拓扑测量。在关键网络基础设施制图能力的支持下，测量数据与数据分析能力集成在一起，以提供全面的带注释的互联网拓扑图，从而提高用户识别、监控和建模关键基础设施的能力。

在 IPv4 方面，Ark 的并行化使研究人员能够在 2 至 3 天的时间内获得对 IPv4 地址空间中所有路由/24 网络的 traceroute 测量。目前，Ark 有 3 个小组在进行工作，每个小组都进行独立测量。

在 IPv6 方面，对于每个探测路径，研究者收集所有活跃点（包括中间活跃点）的 IP 地址、RTT、应答 TTL 和 ICMP 响应。每个 Ark 监测器每 48 h 探测一次所有已声明的 IPv6 前缀（/48 或更短）。一次遍历所有已声明的前缀的探测过程称为循环。在每个周期中，监视器仅探测每个前缀中的单个随机目的地址。不同的监视器以独立选择的随机顺序探测前缀，并探测每个前缀中独立选择的随机目的地址。前缀是随机排列的，以使给定的监视器永远不会在 16 h 内跨周期边界探测相同的前缀，即监视器永远不会在相同的周期内重新探测前缀。

3）按需测量：Vela 服务

Ark 还为用户提供了访问和工具以支持从命令行或通过 Web 界面（通过 Vela Ark Topo-on-Demand 服务）执行特定的度量。

用户能够通过 Vela Web 界面访问 Ark 平台以进行临时测量，它允许用户使用 ping 或 traceroute 选择监视器的子集，如所有亚洲监测器或来自每个大陆的具有 IPv6 连接的 Ark 监测器。

13.3.3　NBOS

NBOS 系统（Network Behavior Observation System，网络行为观测系统）是 CERNET 华东北地区网络中心在国家科技支撑计划课题“新一代可信任互联网安全和网络服务”支持下开发的新型网络管理系统。

它的第一个实用版本是 NBOS 4.0。在随后的 CERNET 主干网升级过程中，重新设计和开发的 NBOS_S 于 2013 年在 CERNET 的全部 38 个主节点成功安装，并一直正常稳定地运行到现在。网络行为观测系统首页如图 13.5 所示。

NBOS 能够基于主干链路上被动测量获取的流数据，以适当的时间粒度为单位，准时地分析流量行为、评估服务质量、发现流量热点和流量异常、检测网络安全事件、限制异常流量和网络攻击对正常网络服务的影响。

NBOS 系统包含总控系统和驻地系统两个部分。总控系统配置维护驻地系统，具体内容有：IP 归属表、被管单位表、黑名单表和参数配置表；各驻地系统向总控系统进行状态汇报，具体内容有：进程状态、系统日志、错误日志和 unknown 地址文件。其中，驻地系统的主要功能可以分为基本流量行为分析、服务质量、热点检测、安全威胁分析四类。

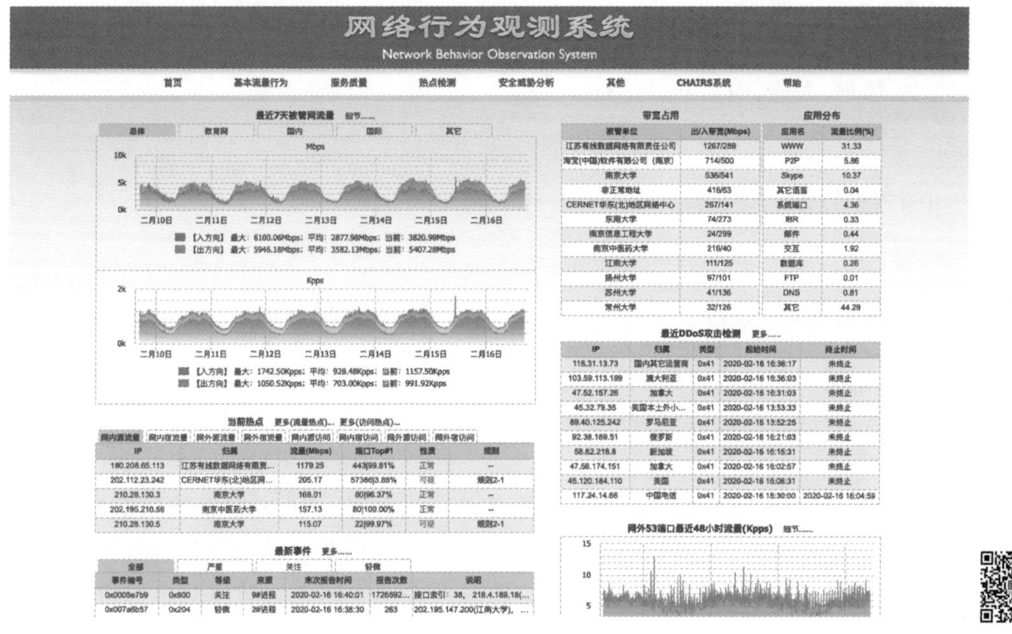

图 13.5 网络行为观测系统首页(扫描见彩图)

13.3.4 CENI

未来网络试验设施(CENI)[30]作为我国信息通信领域唯一的国家重大科技基础设施,旨在面向未来网络前沿科学问题,建设一个开放、易使用、可持续发展的大规模通用未来网络试验设施。该项目由江苏省人民政府作为主管部门,教育部、中国科学院、深圳市人民政府作为共建部门,江苏省未来网络创新研究院作为项目法人单位与清华大学、中国科学技术大学、深圳信息通信研究院联合共建,建设期五年(2019—2023 年)。

CENI 的建设目标是覆盖全国 40 个城市,支撑不少于 128 个异构网络和 4 096 个并行试验。实现与现有网络(IPv4/IPv6)的互联互通,可高效承载已有的互联网业务。具体包括以下四点:

① 设计未来网络试验设施的体系结构,研究并实现分层试验服务、网络管理与资源调度、网络虚拟化、可编程、联邦互联、协议无关转发等关键技术的突破;研制满足项目需求的分层服务网络设备和虚拟化可编程设备、网络操作系统、IP 主干试验网资源调度与试验服务系统、IP 主干试验网网络管理与安全监测系统等核心设备及系统。

② 建设覆盖 40 个城市的基础底层网络和计算存储等基础设施,提供分层试验服务能力;支持可编程虚拟网络的切片服务模式;支持以 IPv6 和 IPv4 为基础的分层服务(L3 和动态 L2);支持计算存储设施的云化部署;建设南京为中心的"一总三分"运营管控中心,并实现与国外主流试验网和现有网络的互联互通。

③ 创建创新实验中心,研发建设典型的示范应用实例,建设未来网络测试和标准化平台,充分展示试验设施在网管调度、分层服务、可编程性、并行无干扰试验、试验资源的可视化管理、异构网络联邦互联等方面的特性和优势。

④ 利用设施开展第三方用户的试验应用实例,促进我国在网络体系结构、关键技术、核

心设备与新型业务等方面的创新与应用，推动全国未来网络技术创新研究的广泛开展。

2019 年 6 月，CENI 在首批 12 个节点城市包括北京、南京、广州、深圳、杭州、合肥、武汉、成都、西安、郑州、太原、南昌开通运行。

13.4 网络仿真方法

13.4.1 网络仿真原理

网络仿真是网络通信研究中的重要技术手段之一，它可以有效地提高网络规划设计的可靠性和准确性，大幅度地降低网络投资风险，在通信网络的建设开发过程中起着不可替代的重要作用。

网络仿真通过网络仿真软件来实现。网络仿真是对网络中随机发生的离散事件如丢包、延迟等的模拟，因此，网络仿真软件的内核大多是离散事件驱动的，这些随机的离散事件是系统状态发生变化的原因。仿真过程中会按离散事件发生的先后顺序对事件进行排序，并通过事件发生时对系统状态的影响来模拟实际系统的运行特性[31]。

仿真软件的实现原理如图 13.6 所示。由于某一随机事件的执行必将引起新的未来离散事件的产生，未来事件列表中便记录着已发生事件所触发的所有未来事件及其发生时刻。在仿真开始时，仿真时钟将置零，并随着仿真的进程而不断更新以给出仿真时间的当前值。离散事件调度器负责按照队列的数据结构来组织离散事件，每次从队首取出一个离散事件进行处理并将其从队列中删除，然后接着取下一个事件，队列为空即为仿真结束。每个离散事件的执行结果将修改系统状态表中记录的状态变量以及统计数据表中记录的过程统计数据。为了模拟现实网络中的随机性如数据包在网络中的逗留或丢失等，仿真系统需要引入能够产生随机分布的随机数发生器。良好的伪随机数发生器将有效模拟网络的随机性，从而使得网络仿真更具真实性[32]。

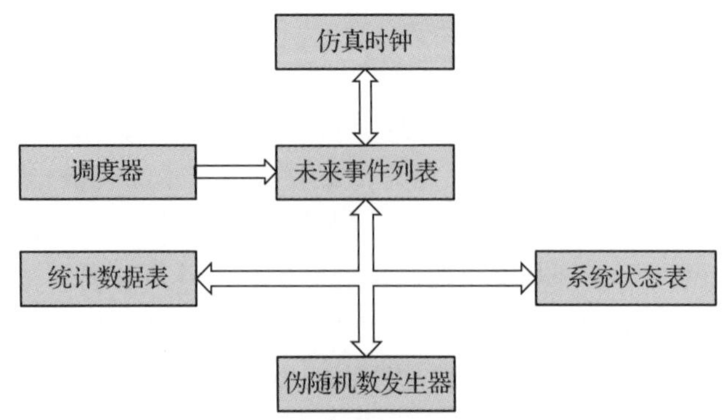

图 13.6 仿真软件的实现原理

目前众多的网络仿真软件中有软件公司开发的商用软件，也有各大学和研究所自行开发的开源软件。商业软件价格昂贵，不具有开放性，但提供了比较全面的建模和协议支持。开源软件是一些具有开放性的软件包，可以作为网络研究的共享资源，但在功能性上可能不如商用软件完善。表 13.2 对目前主流网络仿真软件分别从开源性、编程语言、平台和网络协议支持这几方面进行了总结。

表 13.2　主流网络仿真软件特性总结[33-36]

名称	开源性	编程语言	平台	支持的网络协议
OPNET	商业	C(C++)	跨平台	ATM、TCP、FDDI、IP、以太网、帧中继、802.11、无线
QualNet	商业	Parsec	跨平台	有线和无线网络、广域网络
NS2	开源	C++,OTcl	跨平台	TCP/IP、多播路由、有线和无线网络上的 TCP 协议等
NS3	开源	C++,Python	跨平台	TCP/IP、Wi-Fi、以太网和 P2P 等
OMNet++	开源	C++	跨平台	无线网络
GloMoSim	开源	Parsec	Linux	无线网络

13.4.2　NS2

NS2(Network Simulator Version 2)是美国 DARPA 支持的项目 VINT(Virtual InterNetwork Testbed)中的核心部分,由 LBL,Xerox PARC,UC Berkeley 和 USC/ISI 等美国大学和实验室合作研究开发。它是针对网络研究的离散事件模拟器,实现了如 TCP、UDP、FTP、Telnet 等多种网络协议的模拟,为有线和无线网络上的 TCP、路由和多播协议的模拟提供了实质性的支持,在国际上享有很高的学术声誉,被世界各国的网络研究者广泛使用。

1) 体系结构

NS2 的结构图如图 13.7 所示。它为用户提供了一个可执行命令 ns,该命令带有输入参数,即 Tcl 模拟脚本文件的名称。在大多数情况下,运行会创建一个模拟跟踪文件,并用于绘制图形和创建动画。

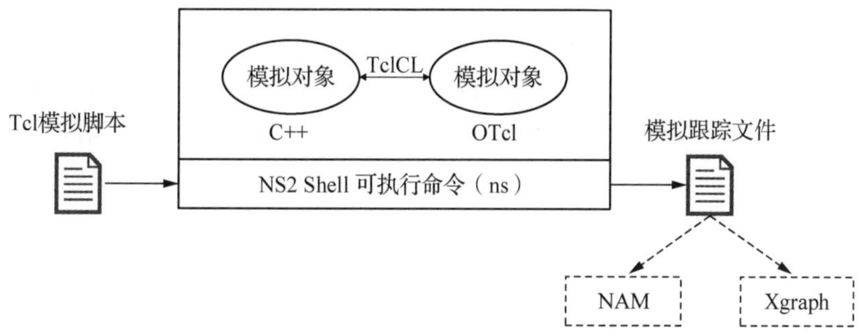

图 13.7　NS2 的基本结构[37]

NS2 的开发语言是 C++和 OTcl,其中 OTcl 是指具有面向对象特性的 Tcl 脚本程序设计语言。C++语言运行速度快,它能够有效地对仿真节点的行为进行建模,但修改后需要重编译,致使其无法以简便的方式来修改网络拓扑等仿真配置,因此仅被用于具体协议的模拟和实现。而 OTcl 运行速度虽然慢得多,但可以非常快速以及交互式地更改网络设计,因此它被用于模拟环境的建立和参数信息的配置,能够在不必重新编译的情况下快速修改网络环境参数和模拟过程,提高模型的效率。因此,两种语言的组合可有效地模拟网络。TclCL 是在 OTcl 基础上的封装,它是 NS2 框架的支撑者。

TclCL 机制把 C++语言和 OTcl 语言中的对象和变量对应起来,使得 OTcl 类可以直接调用 C++类函数。它主要包含 6 个类:Tcl 类、TclObject 类、TclClass 类、TclCommand

类、EmbeddedTcl 类和 InstVar 类。以下对这六类进行简要说明。

- Tcl 类:Tcl 类封装了 OTcl 解释器的实例,并提供了访问解释器的方法。Tcl 类也可以看成是一个 Tcl 的 C++接口类,它提供访问 Tcl 库的接口。此类提供的操作方法有:获取 Tcl 实例句柄,用来调用 OTcl 命令函数,传递/返回 OTcl 命令运行的结果,存储并查询 TclObject 对象,获得 Tcl 解释器的句柄,以对解释器进行直接访问。
- TclObject 类:TclObject 类是 OTcl/C++两个面向对象语言的类库的基类,封装了绑定、跟踪和对相关命令的调用机制。此类的主要功能有:创建/清除模拟器组件的对象,实现从 C++类成员变量到 OTcl 类成员变量的绑定,实现变量的跟踪,实现从 C++类的成员函数到 OTcl 类的成员函数之间的一一对应。
- TclClass 类:TclClass 类是一个纯虚拟类,从该基类派生的类主要提供两个功能:用于注册编译,保持可编译分级的层次结构,给 OTcl 对象提供了创建 C++对象的方法。
- TclCommand 类:TclCommand 类用于定义简单的全局解释命令。TclCommand 类也是一个纯虚拟类,需要派生类实现两个成员函数:构造函数和 command()。
- EmbeddedTcl 类:EmbeddedTcl 类用于定制命令。用户对脚本~tclcl/tcl-object. tck 进行修改,增加 tcl/lib 的文件来对 ns 进行扩展。对于新文件的装载是由 EmbeddedTcl 类的对象来完成的。
- InstVar 类:InstVar 类包含了从 OTcl 访问 C++类成员变量的方法,即 InstVar 类定义了实现绑定机制的方法。

由此可得,OTcl 类和 C++类的关联主要是通过 TclObject 和 TclClass 两个类来实现的。通过相关的类及函数,便可以实现使用 OTcl 来操纵 NS2 的 C++对象,包括动态创建一个新的 C++对象、访问这个 C++对象的属性、调用该 C++对象的方法等。

总的来说,NS2 的体系结构使其具有可操作性与灵活性的特性,它屏蔽了网络组件在 C++中实现的细节,用户在进行网络模拟时只需要编写 OTcl 脚本就能将用 C++实现的各种网络组件组合起来。

2) 仿真流程

在正确安装并编译 NS2 之后,使用该软件进行仿真实验一般需要以下 5 个步骤:

① 分析仿真任务,设定本次仿真的网络环境、拓扑等,了解本次仿真要收集哪方面的数据。

② 查看利用 NS2 提供的现有模块、协议能否满足仿真的要求。如果不能,可能需要对底层的 C++模块做修改,进行修改协议,对扩展 NS2。

③ 编写 Tcl 脚本搭建网络环境,设定网络的相关参数。

④ 进行网络的仿真,仿真的时间、数据文件的名字都可以在仿真脚本里指定。

⑤ 对采集得到的数据文件进行分析,得出相应的结果。

3) 简单实例

NS2 的运行可以通过脚本方式来实现,即输入命令:ns tclscript. tcl,其中 tclscript. tcl 是一个 Tcl 脚本的文件名称,在这个文件中定义了整个模拟的过程,包括网络的拓扑结构以及数据的收发过程等内容。

本节给出的仿真实例 ex1. tcl 模拟了两个节点的简单通信，通过对该例子的简单分析以初步了解 NS2 和 Tcl 脚本。完整代码内容如下：(为后续方便分析，在每一行的第一列加上行号)

```
1 set ns[new Simulator]

2 set tracef[open ex1. tr w]
3 $ ns trace-all $ tracef
4 set namtf[open ex1. nam w]
5 $ ns namtrace-all $ namtf

6 proc finish {} {
7 global ns tracef namtf
8 $ ns flush-trace
9 close $ tracef
10 close $ namtf
11 exec nam ex1. nam &
12 exit 0
13 }

14 set n0[ $ ns node]
15 set n1[ $ ns node]
16 $ ns duplex-link $ n0 $ n1 1. 5Mb 10ms DropTail
17 set udp0[new Agent/UDP]
18 $ ns attach-agent $ n0 $ udp0

19 set cbr0[new Application/Traffic/CBR]
20 $ cbr0 set packetSize_ 500
21 $ cbr0 set interval_ 0. 005
22 $ cbr0 attach-agent $ udp0

23 set null0[new Agent/Null]
24 $ ns attach-agent $ n1 $ null0

25 $ ns connect $ udp0 $ null0
26 $ ns at 0. 5 " $ cbr0 start"
27 $ ns at 4. 5 " $ cbr0 stop"

28 $ ns at 5. 0 "finish"
29 $ ns run
```

各行作用如下：

第 1 行：建立一个新的模拟对象 Simulator；

第 2～5 行：设置跟踪文件，ex1. tr 文件用来模拟过程的 trace 数据，ex1. nam 文件用来记录 nam 的 trace 数据；

第 6～13 行：建立一个名叫 finish 的过程，用来关闭两个 trace 文件，并在模拟结束后调用 nam 程序；

第 14～16 行：新创建两个节点 n0 和 n1，并在节点之间建立一条双向链路，设定链路带宽为 1. 5 Mb/s、时延为 10 ms、队列类型为 DropTail；

第 17～18 行：创建一个 UDP 协议代理，并将其绑定到 n0 节点上；

第 19～22 行：创建一个 CBR(Constant Bit Rate)流量发生器，设定分组的大小为 500 B，发送间隔为 5 ms，然后将其绑定在 udp0 上；

第 23～24 行：创建一个 Null 代理，并将其绑定在 n1 上。Agent/Null 将接收到的分组不做任何处理直接丢弃，因此它作为 UDP 代理的接收器是合适的，因为 UDP 协议是一种无连接的不可靠的协议，它并不要求接收端对分组做出任何响应。

第 25 行：将 udp0 和 null0 这两个代理连接起来；

第 26～28 行：在 0. 5 s 时启动 cbr0，即开始发送数据，在 4. 5 s 停止，在 5. 0 s 调用 finish 过程；

第 29 行：开始模拟。

写好上述 Tcl 脚本后，执行命令 ns ex1. tcl 来运行脚本，程序会自动调用 nam 来演示模拟的过程，如图 13. 8 所示。点击 nam 窗口中的播放按钮，就可以看到整个模拟过程；也可以点击数据包和链路以查看相关属性。

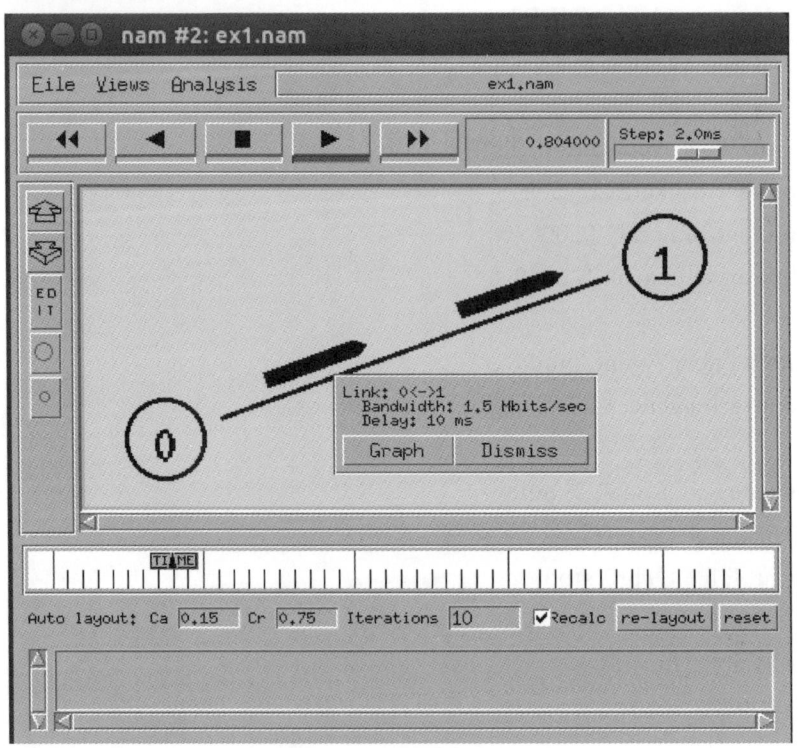

图 13. 8　ex1. tcl 仿真结果

模拟结束后，在保存 ex1. tcl 文件的目录中会生成 ex1. tr 和 ex1. nam 两个文件。ex1. nam 是为 nam 程序生成的模拟记录，而 ex1. tr 记录了整个模拟过程的数据。

13. 4. 3 NS3

NS3(Network Simulator Version 3)是由美国华盛顿大学的 Thomas R. Henderson 教授及其研究小组在美国自然科学基金(NSF)的支持下，于 2006 年开始应用现代网络模拟技术和软件开发技术设计并开发的一个全新网络模拟工具。它广泛汲取了现有优秀开源网络模拟器如 NS2、GTNetS、Yans 等的成功技术和经验，是专门用于教育和研究用途的离散事件模拟器，具备完美的跟踪机制，能够直观观察协议的处理，了解各种环境或因素对网络的影响，便于比较展示各种策略的优缺点。NS3 基于 GNU GPLv2 许可，可以免费地获取、使用和修改。

1) 体系结构

NS3 的结构如图 13. 9 所示。它用 C++实现仿真和核心模型，可选 Python 脚本接口。NS3 作为库构建，可以静态或动态链接到 C++主程序；而 Python 用于包装 C++，由 Python 程序导入“ns3”模块。

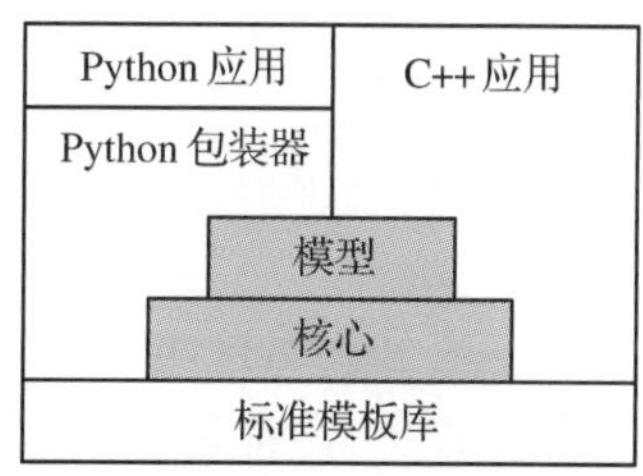

图 13. 9 NS3 的结构

NS3 以较低层次的抽象来构造组件，模拟真实环境，其基本对象是节点、应用、信道和网络设备等，由类表现或实现[38]。

- 节点(Node)：网络上所连接的基本计算单元或终端都被抽象为节点，在 C++中由 Node 类描述(如 NodeContainer 类)，用于追踪一组节点指针。用户可通过对节点添加应用、协议和网卡等进行二次开发。
- 应用(Application)：它可在节点上运行，并与堆栈通信，是数据包的发生器和“消费者”。NS3 应用在 C++中通过抽象 Application 类来实现，该类用于管理用户层应用程序的多种仿真接口。开发者在实现自己定义的应用时，需要继承 Application 类，将其部署在节点，驱动仿真器运行。
- 信道(Channel)：基本的通信子网被抽象为信道。在 C++中由 Channel 类描述，提供管理通信子网对象和节点连接至它们的各种方法，并具有模拟仿真数据包在传输过程中的传播延迟和排队延迟等功能。
- 网络设备(Net Device)：在 NS3 中，要实现节点与信道交流，必须在节点上绑定网络设备，由该设备连接节点和信道，其抽象由 C++中的 NetDevice 类表示。网络设备抽象涵盖了软件驱动程序和仿真硬件，其“安装”在节点内，节点就能够通过信道与其他仿真节点通信。一个节点可经过多个网络设备连接至多个信道。
- 拓扑工具(Topology Helpers)：NS3 用 Topology Helper 类来整合大量分立步骤，使其成为易于使用的模型。例如，由拓扑生成器调用底层核心可以完成节点、网络设备、MAC 地址、信道及协议栈等创建与配置的一系列操作。它还可以实现多节点连接与多子网联网、分配 IP 地址等功能。

NS3 模拟中的一个节点代表一个通信点，例如终端系统或路由器，它是任何事件和交互的基础，相关功能和属性将被添加到节点上，同时，相关的应用程序将形成该节点的实际功能。节点之间通过信道互连，信道代表数据传输的不同形式和媒体。网络设备被绑定在节点上以连接节点和信道，形成现实世界中“网络接口”的效果[39]。

NS3 为各种网络功能提供了许多不同的应用程序，其功能模块组织结构如图 13.10 所示[40]。其中，最底层核心(Core)模块实现了 NS3 的核心功能，如智能指针、事件调度器、回调机制、跟踪记录等功能，同时提供了额外的 C++语法，使编程更容易。网络(Network)模块是数据分组模块，它包括数据包等网络仿真对象，主要描述数据包、Pcap 或 ASCII 文件操作及网卡和套接字等抽象基类、IP 地址、节点与队列等。

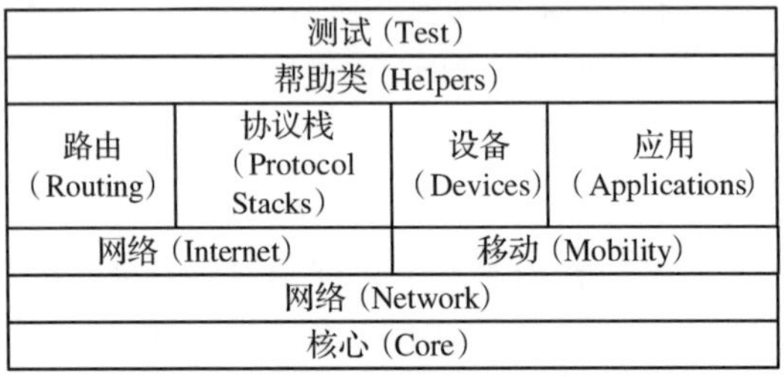

<table>
<tr><td colspan="4">测试 (Test)</td></tr>
<tr><td colspan="4">帮助类 (Helpers)</td></tr>
<tr><td>路由
(Routing)</td><td>协议栈
(Protocol Stacks)</td><td>设备
(Devices)</td><td>应用
(Applications)</td></tr>
<tr><td colspan="2">网络 (Internet)</td><td colspan="2">移动 (Mobility)</td></tr>
<tr><td colspan="4">网络 (Network)</td></tr>
<tr><td colspan="4">核心 (Core)</td></tr>
</table>

图 13.10　NS3 的功能模块组织结构图

核心和网络这两个模块为不同的网络仿真提供一般性服务，其他模块(包括各种协议、应用及设备等)都建立在这个底层模块之上。在网络模块以上的模块的使用要依赖于不同的网络仿真，针对不同网络仿真程序使用的 NS3 模块也并不相同。其中，互联网(Internet)模块包括 IPv4/6 和 MAC-48(EUI-48 在 IEEE 802 的术语)地址类，以及用于 TCP/IP 堆栈的抽象基类；移动(Mobility)模块包含移动模型的抽象基类，为移动网络提供了丰富的移动模型；路由(Routing)模块包含有 OLSR 协议等；协议栈(Protocol Stacks)模块是真实协议的抽象；设备(Devices)模块为多个 NetDevice 类的实现；应用(Applications)模块则为应用程序提供服务；Helper 模块提供了一套简单的 C++类，可实现不用指针即可访问已封装的底层 API。

NS3 从拓扑建立开始，定义要使用的模型，而后通过设置参数、赋予地址来配置模型并执行代码。仿真生成的 Pcap 包文件可以采用 trace 格式输出，最后用 Wireshark 等工具跟踪结果并分析数据，或使用 Net Anim 来实现可视化输出。

2) *仿真流程*

在正确安装并编译 NS3 之后，使用该软件进行网络仿真时一般需要进行以下 4 个步骤：

① 根据实际仿真对象和仿真场景选择相应的仿真模块。如没有相应的模块支持，则需要设计开发自己的网络仿真模块。

② 编写仿真脚本(C++或 Python)。包括：生成节点(如网卡、应用程序和协议栈等)，安装网络设备(如 CSMA、Wi-Fi)，安装协议(一般为 TCP/IP 及应用层协议)，其他配置(如节点移动或能量管理等)。

③ 启动仿真器。

④ 分析仿真结果(包括输出的网络场景和数据图像等)，然后再依据仿真结果调整网络配置参数或修改源代码。

3）简单实例

示例 first. cc 所在位置：ns-3. 29/examples/tutorial，该目录是学习编写 NS3 脚本的基础示例。first. cc 进行的是在两个节点之间建立一个简单的点到点通信。完整代码内容如下，为后续分析方便，在每一行的第一列加上行号：

```
1 #include "ns3/core-module.h"
2 #include "ns3/network-module.h"
3 #include "ns3/internet-module.h"
4 #include "ns3/point-to-point-module.h"
5 #include "ns3/applications-module.h"

6 using namespace ns3;

7 NS_LOG_COMPONENT_DEFINE("FirstScriptExample");

8 int
9 main(int argc,char * argv[])
10 {
11   CommandLine cmd;
12   cmd.Parse(argc,argv);
13   Time::SetResolution(Time::NS);
14   LogComponentEnable("UdpEchoClientApplication",LOG_LEVEL_INFO);
15   LogComponentEnable("UdpEchoServerApplication",LOG_LEVEL_INFO);

16   NodeContainer nodes;
17   nodes.Create(2);

18   PointToPointHelper pointToPoint;
19   pointToPoint.SetDeviceAttribute("DataRate",StringValue("5Mb/s"));
20   pointToPoint.SetChannelAttribute("Delay",StringValue("2ms"));

21   NetDeviceContainer devices;
22   devices=pointToPoint.Install(nodes);

23   InternetStackHelper stack;
24   stack.Install(nodes);

25   Ipv4AddressHelper address;
26   address.SetBase("10.1.1.0","255.255.255.0");
```

```
27 Ipv4InterfaceContainer interfaces=address.Assign(devices);

28 UdpEchoServerHelper echoServer(9);

29 ApplicationContainer serverApps=echoServer.Install(nodes.Get(1));
30 serverApps.Start(Seconds(1.0));
31 serverApps.Stop(Seconds(10.0));

32 UdpEchoClientHelper echoClient(interfaces.GetAddress(1),9);
33 echoClient.SetAttribute("MaxPackets",UintegerValue(1));
34 echoClient.SetAttribute("Interval",TimeValue(Seconds(1.0)));
35 echoClient.SetAttribute("PacketSize",UintegerValue(1024));

36 ApplicationContainer clientApps=echoClient.Install(nodes.Get(0));
37 clientApps.Start(Seconds(2.0));
38 clientApps.Stop(Seconds(10.0));

39 Simulator::Run();
40 Simulator::Destroy();
41 return 0;
42 }
```

各行作用如下：

第 1～5 行：头文件；

第 6 行：NS3 命名空间；

第 7 行：定义日志；

第 8～13 行：定义主函数；

第 14～15 行：将“UdpEcho”应用程序的客户端和服务器端的日志级别设为“INFO”级；

第 16～17 行：生成网络节点；

第 18～20 行：网络节点物理连接，设置数据传输速率为 5 Mb/s、信道的传输延时值为 2 ms；

第 21～22 行：完成设备和信道的配置；

第 23～24 行：为节点安装网络协议栈，主要是 IP 层；

第 25～26 行：声明一个地址助手对象，并告诉它应该从 10.1.1.0 开始以子网掩码为 255.255.255.0 分配地址；

第 27 行：完成了真正的地址配置；

第 28～31 行：安装服务器端应用程序、设置端口号，使 echo 服务应用在 1 s 时开始并在 10 s 时停止；

第 32～38 行：echo 客户端应用设置，其中“MaxPackets”属性指定了客户端在模拟期间能发送的最大数据分组，“Interval”属性指定了 2 个数据分组之间要等待多长时间，

"PacketSize"属性指定数据分组应承载的数据量；

第 39～40 行：启动模拟器和销毁所有被创建的对象。

把该脚本放到 scratch 目录下，执行命令 sudo. /waf-run scratch/first，这样脚本就会被编译执行。在运行脚本之后，可以在终端界面看到回显客户端以及回显服务器的日志构件所打印出的通信活动信息。

13.5　测量学术会议

13.5.1　IMC

IMC[41]（The Internet Measurement Conference）是一个专注于网络测量和分析的年度会议，同时也是网络测量领域顶级的专业会议，由 ACM SIGCOMM 和 ACM SIGMETRICS 主办。该会议录用的论文要求有助于对如何收集或分析网络测量的理解，或对于互联网的行为方式给出洞彻的解析。

IMC 于 2001 年作为一个研讨会开始，旨在为高质量的互联网测量研究提供合适的出版/演示场所。会议一般在十月底或十一月初举行。在作为研讨会的前两年，出席人数有限，但现在作为一个会议，它向所有有兴趣参加的人开放。从 2003 年至 2020 年，IMC 会议中提交的总论文数为 2 367 篇，总录用数为 572 篇，录用比率约为 24%。

每年会议征求的论文主题大致可分为两类：一类是关注网络测量相关的研究；另一类是关于互联网结构和行为的研究。对于网络测量相关的研究，IMC 目前重点关注如下几个主题：① 对于网络结构和网络性能（如流量、拓扑、路由、能源利用）方面进行数据收集和分析，并产生新见解；② 对应用程序和终端用户行为进行数据收集和分析，并就经济、隐私、安全、应用程序与协议的交互等方面产生新见解；③ 基于测量的网络内部和应用程序行为建模（如工作负载、伸缩行为、性能瓶颈的评估）；④ 用于监测和可视化网络现象的方法和工具；⑤ 基于测量研究的系统和算法；⑥ 数据收集、分析和存储方面的进展（如匿名化、查询、共享）；⑦ 对测量界领域未来发展方向及面临的挑战的展望。对于互联网结构和行为的研究，IMC 关注的内容有：① 互联网传输网络；② 边缘网络，包括家庭网络、宽带接入网络和蜂窝网络；③ 数据中心网络和云计算基础设施；④ 点对点网络、覆盖网络和内容分发网络；⑤ 软件定义网络；⑥ 在线社交网络；⑦ 在线服务、平台和内容提供商；⑧ 实验网络、原型网络和未来的互联网架构。

在最终的会议集中，IMC 会按照各录用论文的主题分出数个不同的 Session，每个 Session 下会有 3～5 篇论文。表 13.3 汇总了从 2010 年到 2020 年 IMC 会议论文录取情况。可以看到，每年的主题内容都包含了对测量工具/平台/方法、基于测量研究的系统和算法的研究；在网络结构和网络性能方面，录取论文大部分是关于拓扑和路由的研究；对于终端应用程序，隐私、安全及经济等方面的研究是热点讨论主题之一；与 DNS、TCP 和 IPv6 协议相关的研究也持续受到研究人员的关注；IMC 关注的互联网结构有蜂窝和移动网络、在线社交网络、云计算基础设施、CDN、SDN 等，而随着区块链技术的发展，关于区块链的网络测量研究工作也在近几年的 IMC 会议论文中体现。

除测量工具/平台/方法、基于测量研究的系统和算法这两个主题之外，蜂窝和移动网络由于移动通信技术和即时通信设备的不断发展，始终是网络测量研究中的热门研究内容，通常在每年论文中占 3～5 篇。安全、DNS 和路由分别作为出现频率第二、第三和第四的主题，通常在每年被录用的论文中占 2～4 篇。特别地，在 IMC2020 中，DNS 及 DNS 安全主题下共有 6 篇被录用的论文，占总录用论文数的 11.3%。关于在线社交网络的研究在近 5 年得到的关注有所下降，研究重点将更关注特定平台、内容提供商等所提供的服务中包含的行为研究，如视频点播、网络钓鱼、互联网审查机制、广告等。在近 5 年，IMC 会议中被录用论文主要讨论的热门研究内容还有：流量、拓扑、隐私、IPv6、CDN 等。

表 13.3　2010—2020 年期间 IMC 会议录取论文主题情况

年　份	提交数	录取数	录取率(%)	热门主题内容
2020	216	53	24.5	测量工具/平台/方法、基于测量研究的系统和算法、DNS、蜂窝和移动网络、安全(包含网络钓鱼、虚假广告、敏感域名等)
2019	197	39	19.8	测量工具/平台/方法、基于测量研究的系统和算法、DNS、流量、安全(包含网络钓鱼)、隐私、广告
2018	174	43	24.7	测量工具/平台/方法、基于测量研究的系统和算法、DNS、CDN、区块链
2017	179	42	23.5	测量工具/平台/方法、基于测量研究的系统和算法、路由、网络、安全、蜂窝和移动网络、广告
2016	182	46	25.3	测量工具/平台/方法、基于测量研究的系统和算法、拓扑、路由、DNS、安全、IPv4 和 IPv6、蜂窝和移动网络、在线社交网络、视频点播
2015	169	44	26	测量工具/平台/方法、基于测量研究的系统和算法、路由、DNS、安全、云计算基础设施、蜂窝和移动网络、广告
2014	188	43	22.9	测量工具/平台/方法、基于测量研究的系统和算法、路由、安全、隐私、宽带接入网络、在线社交网络、云计算基础设施、互联网审查
2013	178	42	23.6	测量工具/平台/方法、基于测量研究的系统和算法、路由、DNS、IPv4 和 IPv6、蜂窝和移动网络、云计算基础设施、CDN
2012	183	45	24.6	测量工具/平台/方法、基于测量研究的系统和算法、在线社交网络、蜂窝和移动网络、视频点播、垃圾邮箱
2011	220	42	19.1	测量工具/平台/方法、基于测量研究的系统和算法、TCP、安全、隐私、蜂窝和移动网络、在线社交网络、CDN
2010	211	47	22.3	测量工具/平台/方法、基于测量研究的系统和算法、拓扑、路由、安全、蜂窝和移动网络、在线社交网络、边缘网络

13.5.2　PAM

PAM 会议[42](The Passive and Active Measurement Conference)将研究人员和运营商聚集在一起，讨论网络测量和分析领域的新兴工作。作为一个年度会议，PAM 于 2004 年开始，至今已提交 1 000 余篇论文，录用比率约为 29%[43]。会议的征稿时间通常在十月左右，并在第二年的三月或四月举行。

网络堆栈的所有层都需要测量技术，从硬件组件的功率分析到数据中心的虚拟化，再到应用程序分析甚至用户体验。PAM 包括网络测量的所有领域，但侧重于基于系统的研究和现实世界的数据。PAM 目前重点关注的主题有：应用程序(如网络、流媒体、游戏)、数据中心和云计算、能源、物联网(如智能家居、SCADA、ICS、嵌入式系统)、测量工具和软件、网络安全和隐私、覆盖网络（如 P2P 和 CDN）、物理层、路由、社交网络、拓扑结构、传输/拥塞控制、用户行为和体验、QoE、虚拟化（如 SDN 和 NFV）、可视化、无线和移动网络。

PAM 会议将提交的论文按照不同的主题进行划分。表 13.4 汇总了从 2012 年到 2020 年 PAM 会议论文录取情况。可以看到，被 PAM 会议录取的论文中，热门研究内容有：复杂互联网规模系统的测量与分析、测量平台、测量方法、安全和隐私、网络、DNS、路由等。关于互联网结构研究，主要集中在蜂窝和移动网络、CDN、无线和嵌入式系统、点对点网络、SDN 等，其中，蜂窝和移动网络出现的频率最高。此外，PAM 会议还关注网络表征、网络性能、网络协议分析、互联网故障等研究。

蜂窝和移动网络、网络安全和隐私、路由是在 PAM 录用论文中出现频率最高的几个主题，通常分别在每年被录用的论文中占 3～5 篇。在近 5 年，如何促进网络运营、避免网络中断，并在发生网络中断时准确定位故障，也逐渐成为热点讨论的话题。而 DNS、流媒体、QoE 等主题也是研究人员较为关注的内容。特别地，在 2021 年 PAM 会议录用的论文中，还有关于 DoS、TLS 主题的研究讨论。

表 13.4　2012—2020 年期间 PAM 会议录取论文主题情况

年　份	提交数	录取数	录取率(%)	主题内容
2020	65	19	29.2	主动测量、安全、DNS、拓扑和路由、网络、测量实践
2019	75	20	26.7	蜂窝和移动网络、互联网规模的测量、其他尺度的测量、DNS、安全和隐私、网络、互联网故障
2018	49	20	40.8	网络模型、安全和隐私、CDN、DNS、证书、域间路由、网络协议分析
2017	87	20	23	IPv6、网络和应用程序、安全、性能、时延、网络表征和故障排除、无线网络
2016	93	30	32.3	安全和隐私、蜂窝和移动网络、宽带接入网络、测试平台和框架、网络、DNS 和路由、IXP 和 MPLS、调度
2015	100	27	27	DNS 和路由、蜂窝和移动网络、IPv6、互联网、点对点网络、无线和嵌入式系统、SDN
2014	76	24	31.6	蜂窝和移动网络、测量方法设计与分析、网络行为评估、协议和应用程序行为、网络行为表征、网络安全和隐私
2013	74	24	32.4	蜂窝和移动网络、测量方法设计与分析、网络行为评估、协议和应用程序行为、网络行为表征、网络安全和隐私
2012	82	25	30.5	流量演变和分析、大规模监控、评估方法、恶意行为、新的测量数据、测量工具与方法的评估、互联网结构及服务展望、应用协议

13.5.3　SigMetrics

SigMetrics[44]是 ACM 特别兴趣小组（Special Interest Group，SIG）为计算机系统性能评估社区举办的旗舰会议。会议旨在提供一个高质量论坛来展示结果和讨论想法，以进一步加深研究者们对计算系统和网络的测量、建模、分析和设计的认识和理解。

SigMetrics 创立于 1973 年，通常在每年的 6 月举办。该会议在全年有 3 次提交机会，分别在夏季(7—8 月)、秋季(10 月)和冬季(1—2 月)。从 2000 年至 2020 年，SigMetrics 会议中提交的总论文数为 4 580 篇，总录用数为 683 篇，录用比率约为 15%[45]。2021 年的 SigMetrics 会议于 6 月 14 日在北京召开。

会议征求的论文可以分为两类，一类是对特定网络或系统的定量测量、设计和评估研究，具体包括：计算机和通信网络，协议和算法；无线、移动、ad-hoc 和传感器网络，物联网应用；计算机架构，硬件加速器，多核处理器，内存系统；高性能计算；操作系统、文件系统和数据库；虚拟化、数据中心、分布式和云计算、边缘计算；移动和个人电脑系统；节能计算系统；实时和容错系统；计算机和网络系统的安全和隐私；软件系统和服务，以及企业应用程序；社交网络，多媒体系统，Web 服务；信息物理系统，包括智能电网。另一类是对特定问题的解决方案及测量指标等的研究，具体包括：分析建模技术和模型验证；工作负载表征和基准测试；性能、可扩展性、功率和可靠性分析；可持续性分析和电源管理；系统测量、性能监控和预测；异常检测、问题诊断和故障排除；容量规划、资源分配、运行时间管理和调度；实验设计、统计分析、模拟；博弈论、网络经济学和平台设计；大数据、机器学习、人工智能、数据挖掘、图分析、能源优化等。

SigMetrics 会议将提交的论文按照不同的主题进行划分。表 13.5 汇总了从 2010 年到 2021 年 SigMetrics 会议论文录取情况。可以看到，会议的主流主题为负载均衡、调度、资源分配和性能测量等。而近年来在一些新兴应用领域的发展研究也在会议主题得到体现。如众包和能源优化、图论和社交网络、机器学习、网络经济学、加密货币、虚拟化等。

表 13.5　2010—2021 年期间 SigMetrics 会议录取论文主题情况

年　份	提交数	录取数	录取率(%)	主题内容
2021	84	14	16.7	资源分配、应用程序测量研究、网络经济学、系统设计、负载均衡、背包问题、各类理论分析（如通信网络的输入、动态分布式算法等）、对现有系统及网络结构的测量
2020	286	44	15.4	在线优化、调度、机器学习、网络、网络测量、隐私与区块链、各类系统设计（如操作系统内核配置、用户级线程等）、各类理论分析（如分布式矩阵向量乘法、双边队列等）
2019	317	50	15.8	图学习、负载均衡和多服务器系统、网络测量和性能、计算和内容管理、在线优化、工作负载优化和缓存管理、资源分配、调度、内存和性能、机器学习、图分析
2018	270	54	20	资源管理、调度、机器学习、云计算、网络、系统、负载均衡、性能评估
2017	203	27	13.3	交换机和缓存之间的负载均衡、大规模处理应用所使用的算法、大型网络的漏洞评估、大型系统的性能分析、高效存储、基于新型互联网应用（如命名数据网络、比特币网络等）的设计、经济性资源配置、网络交互分析与控制、准确高效的性能测定
2016	208	28	13.5	排队论、图论、数据中心和 CDN、缓存、分类和数据结构、社交网络、机器学习和优化、网络经济学、网络、用于性能分析的理论工具、内存系统
2015	239	32	13.4	资源配置、无线网络、系统、机器学习和众包、广告和信息传播、基准测试、排队论、网络
2014	237	40	16.9	传感器、移动和无线网络、排队和调度、移动社交网络、内存技术、大规模测量研究、系统跟踪和监控、数据中心资源供应和能源管理
2013	196	26	13.3	Wi-Fi 和蜂窝网络、资源分配、机器学习及相关应用、MAC 和无线接入网络、排队论、非易失性存储器、基于协同优化的内容布局和流量路由、计算机体系结构和系统、树或图的路径优化
2012	203	31	15.3	调度与负载均衡、网络表征、网络、网络经济学、数据中心、系统性能、图论、流量采样

续表 13.5

年　份	提交数	录取数	录取率(%)	主题内容
2011	177	29	16.4	多核、网络协议、故障分析和可靠性分析、资源分配与调度、能源管理、路由、图论、网络表征和建模
2010	184	29	15	性能建模和分析、传感器和多跳网络、网络流量动态、系统、无线网络、网络流量特性和服务、调度负载均衡和资源分配、无线网络

13.6　本章小结

研究网络测量方法和技术对于网络基础理论的研究和开发应用都具有重要的意义。本章主要对网络测量的相关资源进行了介绍。网络研究人员在开展研究活动时，不仅可以使用公共测量数据集，也可以基于测量工具平台获取指定的数据内容。此外，多种多样的仿真平台为网络结构和协议的设计和分析提供了有力的工具。在配置网络和流量特性时，仿真软件可以帮助用户从各种数据集或其他生成器中解析、生成并配置拓扑等。网络测量领域中重要的学术会议，也能够作为网络测量相关资源的一种形式，为研究者获悉网络测量和分析领域的研究内容给出一些建议和启示。

习题 13

13.1　网络测量相关的公共测量数据有主动测量的数据、BGP 数据、无线网数据、恶意代码库等。请选择一种公共测量数据，并介绍其获取方式。

13.2　请简要介绍 PlanetLab 节点的结构。

13.3　目前主流的网络仿真软件有哪些？其各自特点是什么？

13.4　NS2 中 TclCL 机制的作用是什么？

13.5　请描述 NS2 的具体仿真流程。

13.6　请简要介绍 NS3 的功能模块组织结构。

13.7　请描述 NS3 的具体仿真流程。

13.8　网络测量领域重要的学术会议有哪些？

参考文献

[1] 马春光，姚建盛. ns-3 网络模拟器基础与应用[M]. 北京：人民邮电出版社，2014.

[2] 王海涛，朱震宇. 网络测量方法和关键技术综述[J]. 数字通信世界，2010(11)：70 - 74.

[3] Group of CAIDA. CAIDA home page[EB/OL]. (2021-08-17)[2021-08-18]. https://www.caida.org/.

[4] Group of CAIDA. The overview of CAIDA dataset[EB/OL]. (2021-08-17)[2021-08-18]. https://www.caida.org/catalog/datasets/overview/.

[5] Group of Route Views. Route Views home page[EB/OL]. (2021-08-17)[2021-08-18]. http://www.routeviews.org/routeviews/.

[6] Group of Route Views. The introduction of Route Views Data Format[EB/OL]. (2021-08-17)[2021-08-8]. http://www.routeviews.org/routeviews/index.php/archive/.

[7] Group of CRAWDAD. CRAWDAD home page[EB/OL]. (2021-06-09)[2021-08-18]. https://crawdad. org/index. html.

[8] Group of CRAWDAD. The overview of CRAWDAD dataset[EB/OL]. (2021-06-24)[2021-08-18]. https://crawdad. org/all-byname. html.

[9] Moser A, Kruegel C, Kirda E. Limits of static analysis for malware detection[C]//Twenty-Third Annual Computer Security Applications Conference(ACSAC 2007). IEEE, 2007: 421 - 430.

[10] Vinod P, Jaipur R, Laxmi V, et al. Survey on malware detection methods[C]//Proceedings of the 3rd Hackers' Workshop on Computer and Internet Security(IITKHACK'09). 2009: 74 - 79.

[11] Yang L M, Ciptadi A, Laziuk I, et al. BODMAS: An Open Dataset for Learning based Temporal Analysis of PE Malware[C]//Proceedings of Deep Learning and Security Workshop(DLS), in Conjunction with IEEE Symposium on Security and Privacy(IEEE SP). 2021: 78 - 84.

[12] Group of VirusShare. The overview of VirusShare[EB/OL]. (2021-08-31)[2021-08-31]. https://virusshare. com/.

[13] Group of VirusTotal. The overview of VirusTotal[EB/OL]. (2021-08-31)[2021-08-31]. https://www. virustotal. com/gui/home/upload.

[14] Group of MalwareBazaar. The overview of MalwareBazaar[EB/OL]. (2021-08-31)[2021-08-31]. https://bazaar. abuse. ch/browse/.

[15] Group of BODMAS. The overview of BODMAS[EB/OL]. (2021-08-29)[2021-08-31]. https://whyisyoung. github. io/BODMAS/.

[16] Group of NSL-KDD. The introduction of NSL-KDD dataset[EB/OL]. (2021-07-13)[2021-08-18]. https://www. unb. ca/cic/datasets/nsl. html.

[17] Group of PlanetLab. PlanetLab home page[EB/OL]. (2020-12-03)[2021-08-16]. https://planetlab. cs. princeton. edu/.

[18] Chun B, Culler D, Roscoe T, et al. Planetlab: An overlay testbed for broad-coverage services[J]. ACM SIGCOMM Computer Communication Review, 2003, 33(3): 3 - 12.

[19] Group of PlanetLab Europe. PlanetLab Europe home page[EB/OL]. (2021-08-18)[2021-08-18]. https://www. planet-lab. eu/.

[20] Bavier A, Bowman M, Chun B N, et al. Operating systems support for planetary-scale network services[C]//Proceedings of the 1st Conference on Symposium on Networked Systems Design and Implementation, 2004: 19 - 19.

[21] Peterson L, Muir S, Roscoe T, et al. Planetlab architecture: An overview[J]. PlanetLab Consortium May, 2006, 1(15): 1 - 4.

[22] 孙源泽，赵洪利，杨海涛，等. 网络试验床研究综述[J]. 装备学院学报，2014，25(5)：88 - 92.

[23] Peterson L, Bavier A, Fiuczynski M E, et al. Experiences building planetlab[C]//Proceedings of the 7th Symposium on Operating Systems Design and Implementation, 2006: 351 - 366.

[24] Group of CoDeeN. CoDeeN home page[EB/OL]. (2009-01-07)[2021-08-18]. https://codeen. cs. princeton. edu/.

[25] Wang L, Park K S, Pang R, et al. Reliability and security in the CoDeeN content distribution network[C]//USENIX Annual Technical Conference, General Track. 2004: 171 - 184.

[26] Rhea S, Godfrey B, Karp B, et al. OpenDHT: a public DHT service and its uses[C]//Proceedings of the 2005 Conference on Applications, Technologies, Architectures, and Protocols for Computer Communications. 2005: 73 - 84.

[27] Group of Ark platform. Ark platform home page[EB/OL]. (2021-08-17)[2021-08-18]. https://www. caida. org/projects/ark/platform/.

[28] Group of Ark project. Ark project home page[EB/OL]. (2021-08-17)[2021-08-18]. https://www. caida. org/projects/ark/.

[29] Group of Spoofer. Spoofer home page[EB/OL]. (2021-08-18)[2021-08-18]. https://www. caida. org/projects/spoofer/.

[30] CENI 团队. CENI 未来网络试验设施介绍[EB/OL]. (2021-08-18)[2021-08-18]. http://ceni. org. cn/330. html.

[31] 侯宗浩，王秉康，黄泳翔. 网络仿真的研究[J]. 计算机仿真，2003(10)：89-91，136.

[32] 杨林瑶,韩双双,王晓,等. 网络系统实验平台:发展现状及展望[J]. 自动化学报,2019,45(9):1637 - 1654.

[33] Sarkar N I, Halim S A. A review of simulation of telecommunication networks: simulators, classification, comparison, methodologies, and recommendations[J]. Journal of Selected Areas in Telecommunications, 2011(3):10 - 17.

[34] Siraj S, Gupta A, Badgujar R. Network simulation tools survey[J]. International Journal of Advanced Research in Computer and Communication Engineering, 2012, 1(4):199 - 206.

[35] Gupta S G, Ghonge M M, Thakare P D, et al. Open-source network simulation tools: An overview[J]. International Journal of Advanced Research in Computer Engineering & Technology(IJARCET), 2013, 2(4):1629 - 1635.

[36] Campanile L, Gribaudo M, Iacono M, et al. Computer network simulation with ns-3: A systematic literature review [J]. Electronics, 2020, 9(2):272.

[37] Issariyakul T, Hossain E. Introduction to Network Simulator 2(NS2)[M]//Introduction to network simulator NS2. Boston, MA: Springer, 2009:1 - 18.

[38] NS-3 development team. Ns-3 network simulator, ns-3 tutorial[EB/OL]. [2020-08-23]. http://www.nsnam.org/docs/release/3.16/tutorial/ns-3-tutorial.pdf.

[39] Rampfl S. Network simulation and its limitations[C]//Proceeding of the Seminar Future Internet(FI), Innovative Internet Technologies and Mobilkommunikation(IITM) and Autonomous Communication Networks(ACN). 2013:57 - 63.

[40] 茹新宇,刘渊. 网络仿真器 NS3 的剖析与探究[J]. 计算机技术与发展,2018,28(3):72 - 77,82.

[41] Group of IMC Conference. IMC Conference home page[EB/OL]. (2021-08-13)[2021-08-18]. http://www.sigcomm.org/events/imc-conference.

[42] Group of PAM2021. PAM2021 Conference home page[EB/OL]. (2021-06-21)[2021-08-18]. https://www.pam2021.b-tu.de/#.

[43] Group of dblp. The overview of PAM Conference home page[EB/OL]. (2021-08-18)[2021-08-18]. https://dblp.org/db/conf/pam/index.html.

[44] Group of SigMetrics2021. SigMetrics2021 Conference home page[EB/OL]. (2021-06-20)[2021-08-18]. https://www.sigmetrics.org/sigmetrics2021/.

[45] Group of dblp. The overview of SigMetrics Conference home page[EB/OL]. (2021-06-12)[2021-08-18]. https://dblp.uni-trier.de/db/conf/sigmetrics/sigmetrics2020.html.